새로운 접근

회로이론

원리와 응용

엄기홍 지음

KYOWOO

머리말

전기는 우리들의 일상생활이나 산업에 필수 불가결하다. 전기에너지는 제어하기 쉽고 다른 형태의 에너지로 쉽게 변환이 가능하므로 가장 편리한 에너지이다. 소비자들은 필요에 따라 전기에너지를 사용하여 현대 과학기술이 제공하고 있는 여러 가지 문명의 혜택을 누리고 있다. 전등·전열기·전화기·청소기 등은 전기에너지를 빛·열·소리·기계에너지로, 컴퓨터는 빛·소리·기계 에너지로, TV 수상기는 빛·소리에너지 등으로 각각 전환하는 장치들이다. 이런 장치들은 도선으로 연결된 부품들의 전압·전류에 의하여 의미 있는 동작을 한다.

회로이론은 기본적으로 전기 장치들의 전압·전류를 구하는 교과목이다. 간단한 전구에서 복잡한 첨단기기에 이르기까지의 전기장치들의 동작 원리를 이해·응용하여 새로운 장비를 개발하기 위해 전기전자 관련 학부 2학년 학생들이 필수과목으로 수강하는 과목 중의 하나이다. 대부분의 교과서들은 좋은 내용을 많이 다루며, 상세하게 설명을 하고 있다.

이 책은 회로이론을 처음 학습하려는 독자들이 편리하고 쉽게 이해하는데 도움을 주기 위하여 만든 책이며, 새로운 접근법으로 상세히 설명하고 있다. 이 책의 특징은 다음과 같다.

1. 어려운 내용을 쉽게 이해할 수 있도록 기본 개념부터 상세히 설명하고 있다.
2. 스스로 공부하는 흥미와 태도를 기를 수 있도록 다양한 예제와 문제를 제시하였다.
3. 특정 주제를 도입하기 전에 기초개념을 설명하였다.
4. 발전된 개념을 체계적으로 이해할 수 있고, 원리를 파악할 수 있도록 전개하였다.

학습이 능동적이고 효율적으로 이루어 질수 있도록 설명하고 있으므로, 체계적으로 학습해 나간다면 회로이론을 습득할 수 있는 만족스러운 결과를 반드시 거두리라 믿는다.

나아가 이해·응용·창조하는 긍정적이고 적극적인 마음가짐으로써 체계적인 사고방식을 갖게 되고, 기초 실력을 튼튼히 다짐으로써 문제를 보다 쉽게 합리적으로 해결할 수 있고, 원리를 이해하고 탐구함으로써 과학적으로 사고하고 문제를 효율적으로 해결하는 능력을 기르기를 바란다.

책을 만드는 과정에서 여러 방면의 배려를 해 주신 도서출판 (주)교우의 담당자들과 원고 검토 및 자료 수집, 정리를 성심껏 도와 준 동료들에게 고마움을 표시한다.

내용을 충분히 활용하여 전기회로의 물리적 개념을 이해하고 과학적 태도를 길러 현대 사회를 능동적으로 살아가며 사회에서 각자의 역할을 충실히 하는 일꾼으로 성장하기 위한 하나의 작은 도움의 역할을 이 책이 할 수 있기를 기대한다.

Your Attitude Determines Your Altitude!!

(태도가 고도를 결정한다)

2017년 12월 **엄 기 홍**

Contents

새로운 접근
회 로 이 론 원리와 응용

01 Chapter

전기회로의 물리량

이 책의 근본적인 주제는 전기적인 회로 및 시스템을 해석하는 것이다.

특정회로를 해석하려면
회로는 입력단과 출력단을 갖는 2단자 시스템이어야 한다.
입력단 소자로서 전압원과 전류원이 있고, 출력단 소자로서 저항, 인덕터, 커페시터 등이 있다.
각 소자들을 전류, 전압 또는 전력등의 물리량으로 정의한다.

이 장에서는 이러한 물리량들을 살펴보기로 한다.

Chapter

01 전기회로의 물리량

1.1 단위의 정의

1. SI 기본 단위

물리량의 단위를 표시하기 위하여 정의하는 표준단위 시스템은 국제단위시스템(약어로 SI 사용)이며 1960년 무게와 척도에 관한 총회에서 채택되었다. 우리가 사용할 단위 시스템은 1964년에 미국국립표준국에서 채택한 것이다. 그 후 몇 차례의 개정을 거쳐 7개의 기본 단위인 미터, 킬로그램, 초, 암페어, 켈빈, 몰 및 칸델라에 대한 SI를 구축하였다. 이것을 "미터법"이라고 하며 미국에서는 아직 널리 사용하지 않지만 대부분의 나라에서 공통으로 사용하고 있다. 표 1.1은 SI기본 단위를 나타내고 있다. 과학자 이름에서 유래된 기호는 대문자로 쓴다. 문장 중앙에 쓰일 때 마침표를 용하지 않는다. 복수형태로 표기하지 않는다. 부피, 힘, 에너지 등과 같은 다른 양 들의 단위는 이 7개의 기본 단위로부터 만들어진다.

표 1.1 SI기본 단위

기본 물리량	이 름	기 호
길이(length)	미터(meter)	m
질량(mass)	킬로그램(kilogram)	kg
시간(time)	초(second)	s
전류(electric current)	암페어(ampere)	A
온도(temperature)	켈빈(kelvin)	K
물질의 양(amount of substance)	몰(mole)	mol
광도(luminous intensity)	칸델라(candela)	cd

(1) 일(또는 에너지)의 기본 단위는 **주울(joule, J)**이다. 1 주울은 SI 단위로 $1\,\mathrm{kg\,m^2 s^{-2}}$이다. 다른 에너지 단위로는 칼로리(cal)가 있으며 4.2 J과 같다.

(2) 전력(단위 Watt)은 단위 시간당 일을 하거나 에너지가 사용되는 비율이다.

$$1\,\mathrm{Watt} = 1\,\mathrm{Joule/sec}$$

2. 지수 10^n 꼴의 SI 접두어

SI 단위계에서 크고 작은 단위들을 기본 단위에 10진법을 사용하여 편리하게 나타낼 수가 있다. 이미 주어진 표준 접두어로 여러 가지 10의 지수 10^n 꼴로 나타낸다. 표 1.2에 이들의 약어와 함께 실었다.

표 1.2 SI 접두어

10^n 꼴	접두어	기호	10^n 꼴	접두어	기호
10^{-24}	yocto	y	10^{24}	yotta	Y
10^{-21}	zepto	z	10^{21}	zetta	Z
10^{-18}	atto	a	10^{18}	exa	E
10^{-15}	femto	f	10^{15}	peta	P
10^{-12}	pico	p	10^{12}	tera	T
10^{-9}	nano	n	10^{9}	giga	G
10^{-6}	micro	μ	10^{6}	mega	M
10^{-3}	milli	m	10^{3}	kilo	k
10^{-2}	centi	c	10^{2}	hecto	h
10^{-1}	deci	d	10^{1}	deka	da

예제 1

다음의 시간을 nanosecond의 값으로 구하여라.

(a) 0.2 s (b) 50 ms (c) 12 μs

[풀이] (a) $0.2\ \text{s} = 0.2 \times 10^9\ \text{ns} = 2 \times 10^8\ \text{ns}$

(b) $50\ \text{ms} = 50 \times 10^{-3}\ \text{s} = 50(10^{-3})(10^9)\ \text{ns} = 5 \times 10^7\ \text{ns}$

(c) $12\ \mu\text{s} = 12 \times 10^{-6}\ \text{s} = 12(10^{-6})(10^9)\ \text{ns} = 12{,}000\ \text{ns}$

답 (a) 2×10^8 ns ; (b) 5×10^7 ns ; (c) 12,000 ns. ■

문제 1

(a) 15 μs 를 초(s, sec)로 구하여라.

(b) 1 mile 을 km 로 구하여라.

(c) 100 g 의 질량에 300 μN 의 일정한 힘으로 50 m 거리에 작용시킬 때 이루어진 일을 구하여라.

답 (a) 1.5×10^{-5} s ; (b) 1.609 km ; (c) 10 mJ. ■

1.2 시변 물리량과 시불변 물리량

이 책에서 사용할 기호의 규칙을 시변 물리량과 시변 물리량은 다음과 같다.

(1) 전하 (charge)

- 시불변 전하: 시간이 흐르더라도 전하의 양이 변함이 없이 일정한 경우, Q, q로 나타낸다.
- 시변 전하: 시간에 따라 변화하는 전하는 $Q(t)$, $q(t)$, q로 나타낸다.

(2) 전류 (current)

- 시불변 전류: 시간이 흐르더라도 전류의 양이 변함이 없이 일정한 경우, I, i로 나타낸다.
- 시변 전류: 시간에 따라 변화하는 전하는 $I(t)$, $i(t)$, 또는 i로 나타낸다.

(3) 전압 (voltage)

- 시불변 전압: 시간이 흐르더라도 전압이 변함이 없이 일정한 경우, V, v로 나타낸다.
- 시변 전압: 시간에 따라 변화하는 전하는 $V(t)$, $v(t)$, 또는 v로 나타낸다.

(4) 전력 (electric power)

- 시불변 전력: 시간이 흐르더라도 전력 이 변함이 없이 일정한 경우, P, p로 나타낸다.
- 시변 전압: 시간에 따라 변화하는 전하는 $P(t)$, $p(t)$, 또는 p로 나타낸다.

1.3 전하와 전류

전기회로를 해석하기 위하여 사용해야할 법칙 중의 하나는 전하의 보존법칙이다.

전하에는 양(+)의 전하와 음(−)의 전하, 두 종류의 전하가 있다.

전기 장치들의 내부 또는 도선의 내부에서 일어나는 전기 현상을 해석하기 위하여 양(+)의 전하 또는 음(−)의 전하가 이동하는 현상이 나타내는 전류와 전압을 이용한다.

이동하는 양(+)전하는 전류가 된다. 전류 1 암페어(A, ampere)는 일초 동안에 도선의 임의의 단면을 통과하여 흐르는 1 쿨롬(C, coulomb)의 전하가 발생하는 전류이다,

회로의 각 부분을 통하여 시간에 따라 전하가 이동하지만 전하의 총수량에는 전혀 변화가 없다. 즉, 전자(또는 양자)는 생성하거나 소멸되지 않는다.

그림 1.1은 도선을 통해 이동하는 전하를 사용하여 나타낸 전류의 정의를 나타낸다.

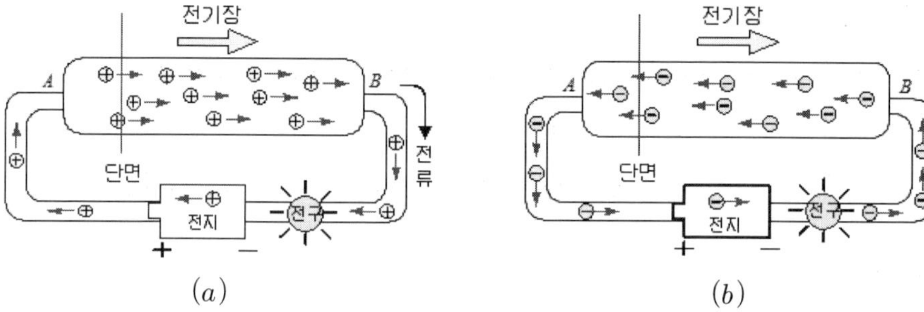

그림 1.1 도선을 통해 이동하는 전하를 사용하여 나타낸 전류의 정의:
(a) 양$(+)$전하의 이동에 의한 전류. (b) 음$(-)$전하의 이동에 의한 전류.

1. 전하

SI 시스템에서 전하의 단위로서 **쿨롬(C, coulomb)**을 사용한다.[1)]

(1) 1쿨롬은 일초 동안에 도선의 임의의 단면을 통과하여 흐르는 전하의 개수를 세어서 **암페어**의 단위로 나타낸다.

(2) 1쿨롬은 1A의 전류가 흐르는 도선의 단면을 1초 동안 통과한 전기량을 나타낸다
(그림 1.2).

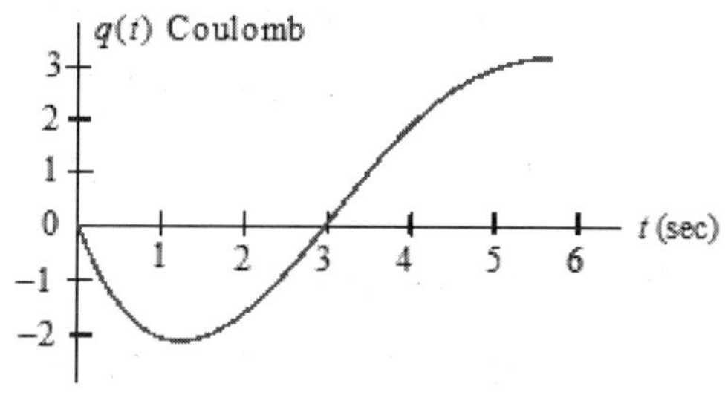

그림 1.2 전하의 순시값 $q(t)$.

(3) 1개의 음전하 또는 전자는 $-1.602\times10^{-19}\,\mathrm{C}$ 의 전기량을 갖는다.
한 개의 양전하는 $1.602\times10^{-19}\,\mathrm{C}$ 의 전기량은 갖는다.

(4) 6.25×10^{18} 개의 음전하 또는 전자는 $-1\,\mathrm{C}$의 전기량을 갖는다.
6.25×10^{18} 개의 양전하는 $+1\,\mathrm{C}$의 전기량은 갖는다.

그림 1.2는 시간 $t=0$ 이후에 기준점을 통과한 전하의 순시값(instantaneous value) $q(t)$를 나타낸 그래프이다.

1) 프랑스의 물리학자에 샤를 드 쿨롱 (Charles-Augustin de Coulomb)을 기리기 위해 이름을 땄다. 사람은 **쿨롱**, 전하량의 단위는 **쿨롬**으로 발음한다.

2. 전류

전하가 이동하면 에너지도 이동한다. 발전소에서 생산한 전기에너지를 전달하기 위하여 케이블(송전선)을 사용한다. 흐르는 전류는 크기와 방향을 갖는다.

전류는 주어진 기준점을 통해 특정 방향으로 흐르는 전하의 이동률을 측정한 것이다.

전류의 방향이 결정되면 어떤 기준 시간 $t=0$ 이후에 정의된 방향으로 기준점을 통과한 전하의 총량을 $q(t)$라 할 수 있다.

예제 1

그림은 도선에서 주어진 기준점을 통과한 전하의 총량 $q(t)$의 변화를 나타낸 것이다. 전하를 저장하는 소자에 흘러들어가는 전하가 $q(t)=t^2-4t$ μC로 주어져 있다.

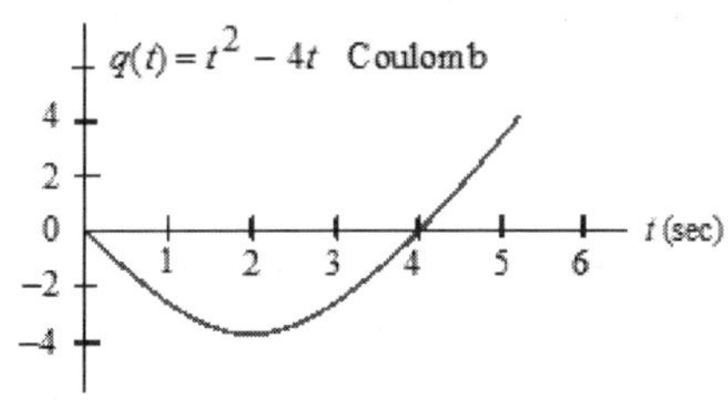

(a) $t=1$ sec 때 저장되는 총전하를 구하여라.

(b) 소자에 흘러들어가는 전류를 구하여라.

(c) $t=1$ sec 때 흘러 들어가는 전류의 그래프를 그려라.

(d) 흘러 들어가는 전류가 0인 때는 언제인가?

[풀이] (a) $q(1)=1^2-4\times1=-3$ C

(b) $i(t)=\dfrac{dq}{dt}=2t-4$ C

(c) $i(1)=\dfrac{dq(t)}{dt}\Big|_{t=1}=2t-4\Big|_{t=1}=-2$ C

(d) $t=2$ sec

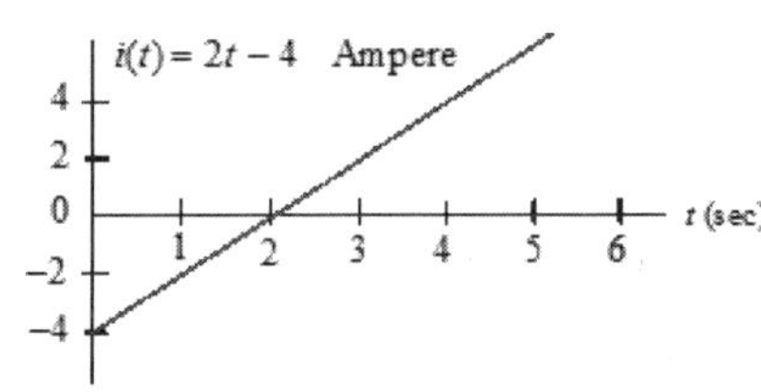

답 (a) $q(1)=-3$ C ; (b) $i(t)=2t-4$ C ; (c) $i(1)=-2$ C ; (d) $t=2$ sec. ■

한 지점을 통과하여 일정한 방향으로 흐르는 전류 $i(t)$는 양(+) 전하의 순간 이동률로 정의된다.2)

2) 이것은 불행하게도 도선에 흐르는 전류는 실제로는 양의 전하가 아닌 음의 전하의 이동에 의해서 결정된다는 사실을 알기 이전에 널리 사용되어온 역사가 있는 정의이다.

$$i = \frac{dq}{dt} \qquad \frac{\text{coulomb}}{\text{sec}} \equiv \text{ampere}$$

$$i(t) = \frac{dq(t)}{dt} \qquad \frac{\text{coulomb}}{\text{sec}} \equiv \text{ampere} \tag{1.1}$$

전류의 단위는 암페어(A)이며 프랑스의 물리학자 A.M.Ampère의 이름에서 따온 것이다. 보통 약어로 "amp"라고 나타내기도 한다. 즉, 1암페어는 1초당 이동하는 1쿨롬의 전하이다.

그림 1.3은 식 (1.1)로부터 구한 순시전류를 나타낸다.

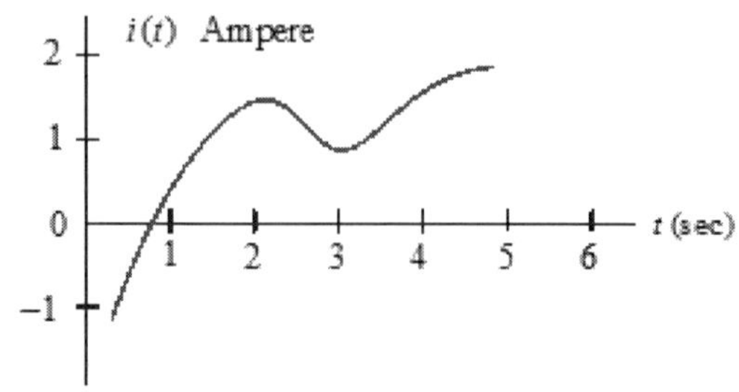

그림 1.3 전하 q에 의하여 만들어 지는 순시전류 $i = dq/dt$.

일정한 시간 간격 (t_0에서 t까지) 동안 이동한 총전하(total charge) q는 정적분

$$\int_{q(t_0)}^{q(t)} dq = \int_{t_0}^{t} i(\tau)\, d\tau$$

으로 나타낸다. 등호 좌변을 계산하면,

$$[q(t)]_{q(t_0)}^{q(t)} = \int_{t_0}^{t} i(\tau)\, d\tau,$$

$$q(t) - q(t_0) = \int_{t_0}^{t} i(\tau)\, d\tau$$

따라서, t까지 전체 시간 동안에 전달된 총 전하량은 초기값 $q(t_0)$를 더하면 되므로 다음식과 같다.

$$q(t) = \int_{t_0}^{t} i(\tau)\, d\tau + q(t_0) \tag{1.2}$$

예제 1

도선의 일정 지점을 지나가는 총 전하가

$$q(t) = 2\sin 10t \text{ C}, \quad t \geq 0$$

이다. 흐르는 전류는 얼마인가?

[풀이] $i(t)=\dfrac{d}{dt}q(t)=\dfrac{d}{dt}2\sin 10t=20\cos 10t\ \text{C},\ \ t\geq 0$

$$i(t)=20\cos 10t\ \text{C},\ \ t\geq 0$$

답 $i(t)=20\cos 10t\ \text{C},\ \ t\geq 0.$ ■

문제 ①

도선의 일정 지점을 지나간 총전류가 그림과 같이 변하였다.

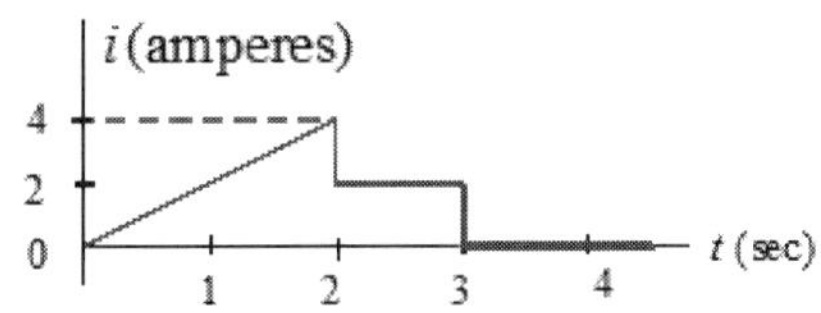

(a) 시간 영역에 따른 전류의 식을 구하여라.

(b) $0\leq t\leq 3\ \text{sec}$ 에 지나간 전하는 얼마인가?

(c) $1\leq t\leq 4\ \text{sec}$ 에 지나간 전하는 얼마인가?

답 (a) 풀이 참조 ; (b) $q(t)=6\,\text{C}$; (c) $q(t)=5\,\text{C}.$ ■

1.4 신호의 형태

전류, 전압 및 전력등의 신호는 형태에 따라 여러 형태로 나타낼 수 있다. 여기는 대표적으로 전류를 고려한다.3)

(1) 시불변 전류(=직류 전류)

그림 1.4는 시간에 따라 변하지 않는 일정한 크기의 전류를 나타내는데 이것을 직류 전류 또는 dc 전류라고 한다.

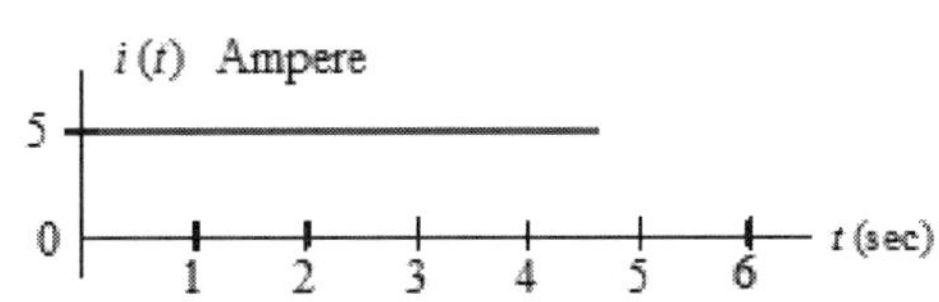

그림 1.4 시불변 전류(=직류 전류)

시간에 따라 변하지 않는 일정한 크기의 전압를 나타내는데 이것을 직류 전압 또는 dc전압라고 한다.4)

(2) 시변 전류

그림 1.5는 시간에 따라 변동하는 전류신호를 나타낸다.

3) "전류" 대신에 "전압, 전력"으로 사용하면 된다.

4) dc는 원래 "direct current"의 약어이므로 "dc current" 또는 "dc voltage"이라고 하면 혼돈을 일으킨다. 그러나, "dc"를 단순히 "constant(일정)"의 동의어로 사용함으로써, "constant current" 또는 "constant voltage"의 의미로 사용하는 게 관습이다.

(a)는 시간에 따라 직선으로 증가하는 전류신호를 나타낸다.

(b)는 시간에 따라 감소하는 지수형 전류이다.

(c)는 시간에 따라 sine 형태로 변동하는 전류이다. 예로서, 가정용 전기회로에 흐르는 전류이다. 이러한 형태의 전류를 교류(또는 ac) 전류라고 부른다.

(d) 시간에 따라 감쇠하는 sine 전류이다.

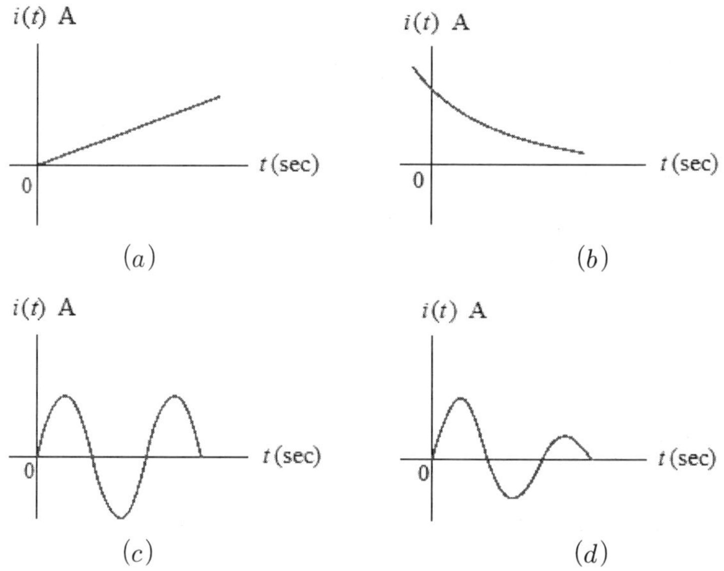

그림 1.5 시변 전류 (a) 직선으로 증가하는 전류신호 ; (b) 지수 감쇠 전류 ; (c) 정현파 전류(ac) ; (d) 감쇠 정현파 전류.

전류는 임의의 방향으로 놓인 도선을 따라 이동한다.

예를 들어, 기준 방향을 $+x$ 축으로 정의하고, 도선을 따라 흐르는 전류의 방향을 나타내기 위하여 화살표를 사용한다.

(1) 그림 1.6 전류를 나타내기 위하여 도선 근처에 화살표를 표시하였다.

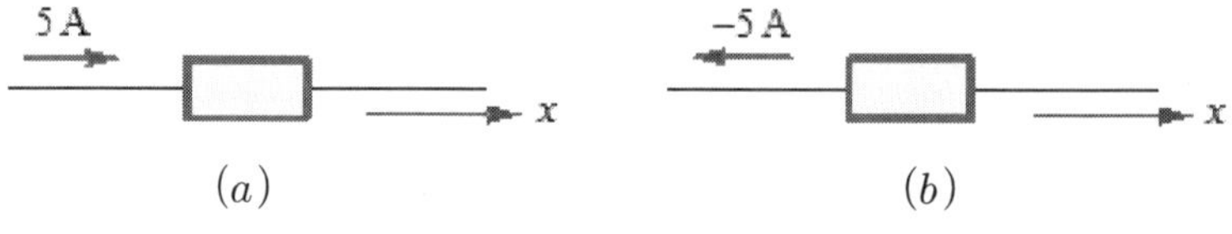

그림 1.6 도선 근처에 화살표 표시.

그림에서 화살표의 방향과 수치 5 A는,

순수 양전하(net positive charge) +5 C이 매초 우측으로 이동하는 현상이다.

순수 음전하(net negative charge) $-5\,\mathrm{C}$이 매초 좌측으로 이동하는 현상이다.

두 그림은 전기적으로 동일한 전류를 나타낸다.

(2) 그림 1.7 전류를 나타내기 위하여도선 위에 화살표를 표시하였다.

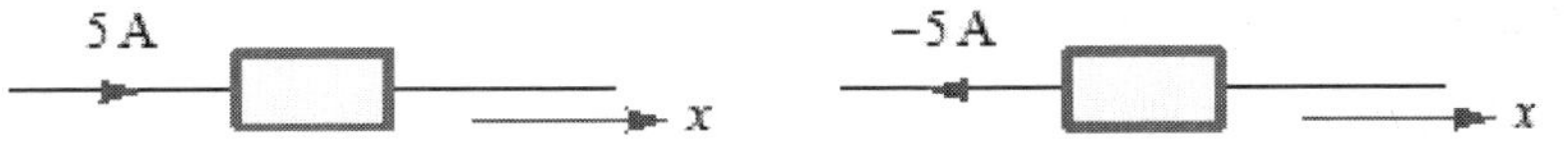

그림 1.7 도선에 화살표를 표시.

그림 1.6과 같은 현상을 나타낸다.

도선을 흐르는 전류는 전자[=음(-)전하]의 이동 방향과 반대방향이고, 양(+)전하의 이동 방향과 같은 방향이다. 전류를 양전하의 이동으로 생각하면 편리하다. 이온화된 기체, 전해 용액, 또는 일부 반도체 매질에서는 양의 전기를 띤 소자의 운동이 전류의 일부 또는 전부를 구성한다. 도선을 흐르는 전류의 방향을 표시하기 위하여 사용하는 화살표는 전류가 흐르는 실제 방향을 나타내는 것이 아니다. "흐르는 전류"를 확실하게 표시하기 위한 편의상 표현에 도선을 흐르는 전류를 그림으로 표시하기 위해서는

도선, 화살표, 수치

3가지를 반드시 표시해야 한다.

예제 1

동쪽으로 (즉, $+x$ 방향으로) 흐르고 있는 전류 $i_1(t) = 5\,\mathrm{A}$를 그림으로 표시하였다.

(1) 그림 (a)에서 오류가 있으면 지적하여라.

(2) 그림 (b)에서 오류를 지적하여라.

(a) (b)

[풀이] (1) 그림 (a)에는 전류의 값은 있으나, 방향을 나타내는 화살표가 없으므로 오류이다.

(2) 그림 (b)에는 방향을 나타내는 화살표는 있으나, 값이 없으므로 오류이다.

문제 ①

그림의 도선에서 평면 xy 위의 $+x$ 방향으로 놓여있는 소자와 도선이 있다. 전자가 왼쪽에서 $+x$ 방향으로 이동한 결과 3 A 의 전류가 흐르고 있다.

(a) 전류 i_1 을 구하여라.

(b) 전류 i_2 를 구하여라.

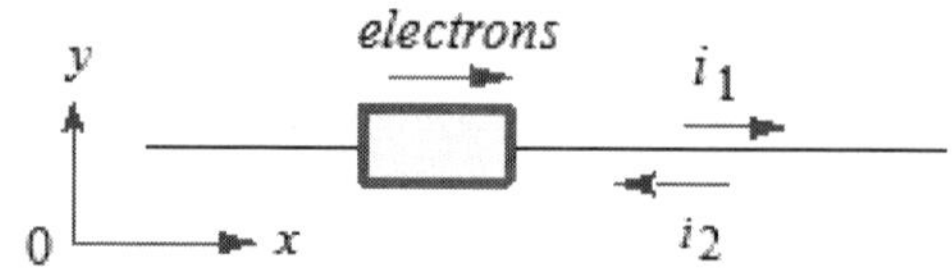

답 (a) $i_1 = -3$ A ; (b) $i_2 = +3$ A. ■

1.5 일반적인 2단자 소자

회로를 구성하는 소자들의 예로서

배터리, 발전기, 커패시터, 인덕터, 저항, 퓨즈, 전구, 손전등, MP3, 컴퓨터, 메모리,,, 등등이 있다. 이러한 전기 장치들은 간단한 회로 소자들이 1개 또는 그 이상 적절하게 연결된 집합 (직렬 and/or 병렬) 으로 구성되어 있다.

전기 소자를 그림 1.8과 같이 2 단자 회로로 나타낸다. 그림에서 두 단자를 A와 B로 구별한다. 두 단자 A와 B는 다른 소자들과 연결하는데 사용된다.

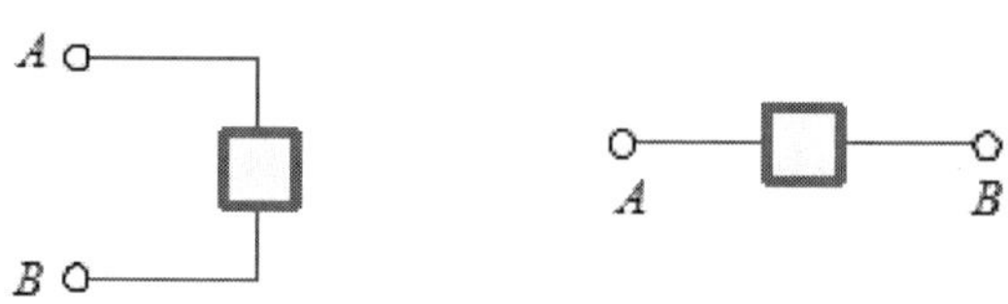

그림 1.8 일반적인 2단자 회로.

전류가 이 소자(element)로 흘러 들어가서 나갈 수 있는 경로가 2개 있다.

(1) 단자 A로 흘러 들어가서 소자를 통과하여 단자 B로 흘러 나간다.

(2) 단자 B로 흘러 들어가서 소자를 통과하여 단자 A로 흘러 나간다.

그림 1.9에서 직류전류가 소자 시스템 S의 단자 A로 흘러 들어가서 회로를 거쳐 단자 B로 흘러 나간다고 가정하자.

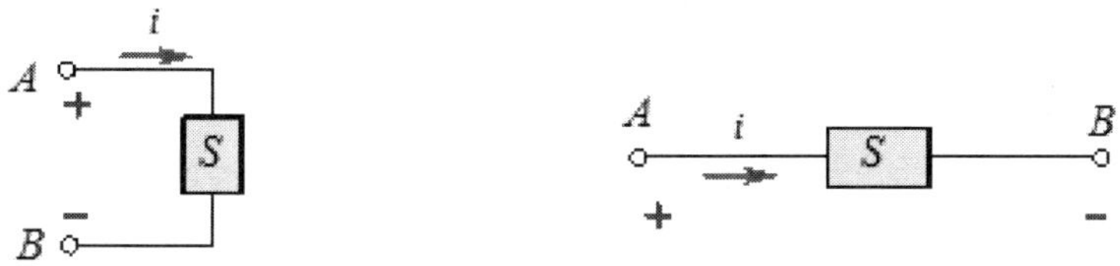

그림 1.9 직류 전류가 흐르는 2단자 회로.

전하를 소자 속으로 밀어 넣기 위해서는 외부에서 일을 해주어야 한다. 에너지를 소모하면서 외부에서 가해주는 단위 전하당 일을 전압(또는 전위차)이라고 한다.

또는 회로 양단에 전압이 걸려있다고 한다. 따라서 한 쌍의 단자 양단에 걸리는 전압은 단위 전하가 이 회로를 통과하는데 요구되는 일의 양을 나타낸다.

전압의 단위는 볼트이며 1볼트는 1J/C이다. 볼트는 기호 V로 나타낸다.

두 단자 사이에

(i) 전류가 흐르는 경우에 전압은 두 단자 사이에 존재할 수 있다.

(ii) 전류가 흐르지 않는 경우에도 전압은 두 단자 사이에 존재할 수 있다.
예를 들면. 자동차의 배터리는 배터리 단자에 아무것도 접속되어 있지 않은 경우에도 단자 양단에 12V의 전압이 걸려 있다.

에너지 보존법칙에 의하면 소자 내부로 전하를 들여보내는데 에너지가 소모되었다면 그 에너지는 다른 어딘가에 사용되어야만 된다.

나중에 전기 소자들을 다루게 되면 이 에너지는 전기적 에너지로 저장되어 다시 사용할 수 있거나 열, 음성 에너지 또는 다른 비전기적 형태의 에너지로 소모되는 것을 확인할 수 있다.

1.6 에너지의 공급과 흡수

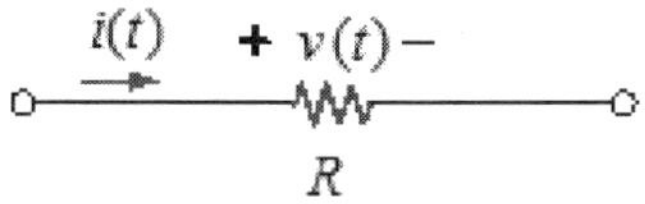

그림 1.10 저항의 기호.

전압원 (배터리, 건전지) 과 저항으로 구성된 가장 간단한 회로를 고려하자.

저항 $R[\Omega]$은 소자에 흐르는 전압과 전류의 비(ratio)

$$R = \frac{v(t)\ \mathrm{V}}{i(t)\ \mathrm{A}}\ [\Omega]$$

값을 갖는 소자이다. 저항 소자의 기호는 그림 1.10과 같다.

소자가 에너지를 외부로 공급하는가?

소자가 에너지를 외부로부터 공급받는가 (즉, 흡수하는가)?

에너지의 공급과 흡수를 명확하게 구분하기 위하여 규약을 정할 필요가 있다.

이 규약은

"단자 A와 단자 B, 둘 중에 어느 쪽의 전압이 높으냐? 낮으냐?"

를 임의로 지정해야 한다.

외부 전원이 에너지를 소모함으로써, 어떤 소자의 단자 A에 전류(양전하)를 공급한다면,

단자 A는 단자 B에 비해 전압이 높다

단자 B는 단자 A에 비해 전압이 낮다

고 한다. 단자 전압의 극성은 "+"와 "-" 기호를 사용하여 나타낸다.

소자가 에너지를 **외부에** 공급하는지 소자가 **외부로부터** 흡수하는지를 정의하자.

(i) 배터리 소자는 (+) 에너지를 단자를 통하여 **외부에** 공급하고

(ii) 저항 소자는 (+) 에너지를 **외부로부터** 단자를 통하여 **흡수한다.**

그림 1.10와 같이 가장 간단한 회로를 고려한다.

회로에는 $i(t) = 2\,\text{A}$의 전류가 흐르고 있다.

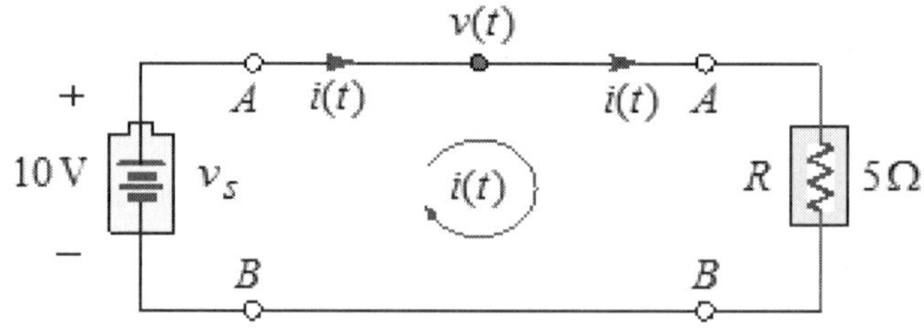

그림 1.11 에너지를 공급하는 배터리와 흡수하는 저항.

회로에서

(i) 배터리 10V는 (+) 단자를 통하여 저항에게 1초당 에너지 (전기일률 = 전력)

$$p = 10\,\text{V} \times 2\,\text{A} = 20\,\text{Joule/sec} = 20\,\text{Watt}$$

를 공급한다.

(ii) 저항 5 Ω는 (+) 단자를 통하여 배터리 10 V 부터 1초당 에너지 (전기일률 = 전력)

$$p = 10\,\mathrm{V} \times 2\,\mathrm{A} \;=\; 20\,\mathrm{Joule/sec} \;=\; 20\,\mathrm{Watt}$$

$$p = i^2 \times R = (2)^2 \times 5 \;=\; 20\,\mathrm{Joule/sec} \;=\; 20\,\mathrm{Watt}$$

를 흡수한다.

외부전원 (배터리)이 자체 에너지를 소모하여 전류 $i(t) = +2\,\mathrm{A}$를 생산(공급)하고, 이 전류가 저항(R)의 (+) 단자 A로 흘러 들어간다면, 저항단자 A는 저항단자 B에 비해 전압이 높다고 한다. 달리 말하면 저항단자 B는 저항단자 A에 비해 전압이 낮다고 한다.
이러한 전압의 극성은 "(+)"와 "(−)" 기호를 모두 사용하여 나타낸다.
그림 1.12는 두 단자 A, B의 전위를 나타낸다.

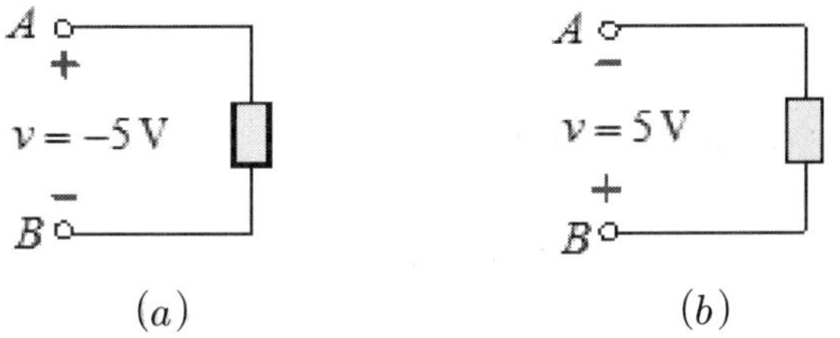

그림 1.12 두 단자 A, B의 전위.

다음과 같이 내용은 같으나 표현을 달리 할 수 있다.

그림 (a) 단자 A에 "(+)"기호를 붙인 것은 단자 A가 단자 B에 비해 $v\,[volt]$만큼 높다고 **가정한** 것이다. 이 경우 $v = -5\,[volt]$ 이므로,

"단자 A는 B에 비해 −5 V 만큼 높다. +5 V 만큼 낮다."
"단자 B가 A에 비해 −5 V 만큼 낮다. +5 V 만큼 높다."

그림 (b) 단자 A에 "(−)" 기호를 붙인 것은 단자 A가 단자 B에 비해 $v\,[volt]$만큼 낮다고 **가정한** 것이다. 이 경우 $v = +5\,[volt]$이므로,

"단자 A는 B에 비해 +5 V 만큼 낮다. −5 V 만큼 높다."
"단자 B가 A에 비해 +5 V 만큼 높다. −5 V 만큼 낮다."

예제 1

그림 (a)와 (b)는 겉보기에 다르나 내용은 같다. 두 소자에서 전압의 높고 낮음을 표현하여라.

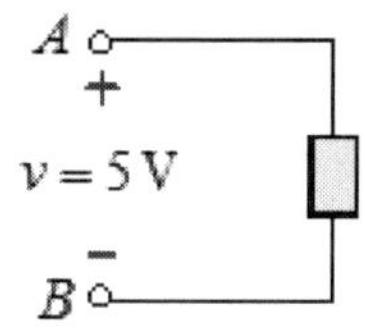

(a)

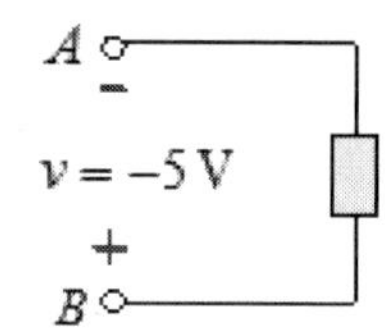

(b)

[풀이]

(a) 단자 A 가 단자 B 에 비해 5 V 가 높다. −5 V 가 낮다.
단자 B 가 단자 A 에 비해 5 V 가 낮다. −5 V 가 높다.

(b) 단자 A 가 단자 B 에 비해 −5 V 가 낮다. 5 V 가 높다.
단자 B 가 단자 A 에 비해 −5 V 가 높다. 5 V 가 낮다.

1.7 컨덕턴스(conductance)

저항 R 의 역수를 컨덕턴스(conductance) G 라고 정의한다.

$$G = \frac{1}{R} \equiv \frac{i}{v}, \qquad \text{단위: } G = \frac{1}{R} \equiv \frac{i}{v} \quad \frac{\mathrm{A}}{\mathrm{V}} \equiv \frac{1}{\mho} = \mathrm{S}$$

즉, 전압 $v(t)$에 대한 전류 $i(t)$의 비율이다. 컨덕턴스의 SI단위는 지멘스(S)이며 $1\,\mathrm{G} = 1\,\mathrm{A/V}$이다. 비공식적인 단위로서 모(mho, $\mho$)를 사용한다.

기호 $\mho$는 카탈로그와 문헌뿐만 아니라 일부 회로도에서 사용되기도 한다.

컨덕턴스와 저항의 회로기호는 동일하며 그림 2.24d 의 기호를 사용한다. 흡수하는 전력은 양(+)의 값이며 컨덕턴스로 표시하면 다음과 같다.

$$p = vi = v^2 G = \frac{i^2}{G}$$

예제 1

저항 $R = 3\,\Omega$에 전류가 2 A 흐른다.

(a) Conductance를 구하여라.

(b) 저항 양단에 걸리는 전압을 구하여라.

(c) 저항에서 소비되는 전력을 구하여라.

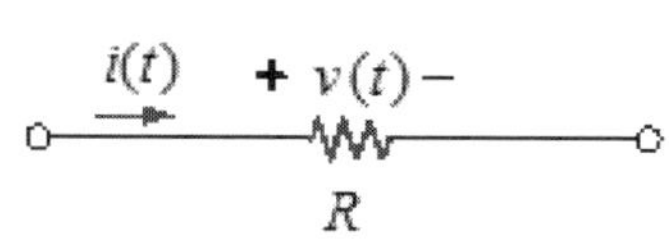

[풀이] (a) $G = \frac{1}{R} = \frac{1}{3}\frac{1}{\Omega} = \frac{1}{3}\,\mathrm{S}$

(b) $v(t) = iR = 2\times3 = 6\ \mathrm{V}$

(c) $p = i^2R = (2)^2\times3 = 12\ \mathrm{W}$

답 (a) $G = \frac{1}{3}S$; (b)$v(t) = 6\ \mathrm{V}$; (c)$p = 12\ \mathrm{W}$. ■

1.8 두 단자 사이의 전압(=전위, 전위차)

전류가 흐르든지 말든지 상관없이 소자의 두 단자 사이에 전압이 존재할 수 있다. 예를 들면

(1) 전류가 흐르는 경우의 예

저항 $5\,\Omega$에 (+) 단자를 통하여 전류 $2\,\mathrm{A}$가 흐르면,
단자 양단에 $10\,\mathrm{V}$의 전압이 걸린다.

(2) 전류가 흐르지 않는 경우의 예

1. 자동차의 배터리 단자에 아무것도 접속되어 있지 않은 경우에도
   단자 양단에 $12\,\mathrm{V}$의 전압이 걸린다.
2. 건전지 두 단자에 아무것도 접속되어 있지 않은 경우에도
   단자 양단에 $1.5\,\mathrm{V}$의 전압이 걸린다.
3. 배터리 $20\,\mathrm{V}$로 오랜 시간 동안 충전한 커패시터에는
   전류가 흐르지 않지만, 양단에 $20\,\mathrm{V}$의 전압이 걸린다.

전류가 흐르든지 말든지 무관하게 소자의 두 단자 A, B에 (+), (−)극성과 **양단전압**이 표시된 경우 어느 단자의 전압이 높은지, 낮은지를 예를 들어 전위차 **5V를 사용하여 1.6절, 예제 1에서** 확인해 보았다.

1.9 전력의 정의

누가 일을 하는가? 일의 주체 및 객체는 누구인가? 무엇인가? 사람, 기계, 전기, 중력, 등은 일을 할 수 도 있고, 일을 받을 수도 있다. 일의 주체가 될 수도 있고, 객체가 될 수도 있다. 일의 단위는 Joule이다. 에너지는 일을 할 수 있는 능력이다. 따라서, 일과 에너지는 같은 물리량이며 단위로서 모두 Joule을 사용한다.

(1) 1 sec동안 1 Joule의 에너지를 공급하거나 흡수(또는 소비)하는 능률
즉, 단위시간에 공급 또는 흡수(또는 소비)하는 에너지의 양

or

(2) 1 sec동안 1 Joule의 일을 수행하거나 받는 능률을
즉, 단위시간에 이루어지는 일의 양

을

일률 or 공률 (工率, 功率)

이라고 하고, 특히 전기에 의한 일률을 전기일률(electric power) 또는 간단히 전력(power) 이라고 한다.

$$p(t) = \frac{dw(t)}{dt}$$

전압과 전류가 발생하는 전력(electric power)를 구해 보자.

전력(electric power)은 기호 P 또는 $p(t)$, p를 사용하여 나타낸다.

1쿨롬(coulomb)의 전하를 어떤 소자에 1초 동안 전달하는데 1주울(joule)의 에너지가 소모된다면, 전달된 에너지는 1와트이다.

소모 전력은,

"1쿨롬당 소자에 전달하는데 필요한 에너지(전압)" v

와

"1초당 전달되는 쿨롬 수(전류)" i

의 곱 비례한다. 따라서

$$p = vi \tag{1.3}$$

이다. 이 식의 단위를 살펴보면

$$\frac{\mathrm{J}}{\mathrm{C}} \times \frac{\mathrm{C}}{\mathrm{sec}} = \frac{\mathrm{J}}{\mathrm{sec}} \equiv \mathrm{Watt}$$

이므로 단위시간에 행하는 일이므로 전력(power)이다.

1.10 능동소자와 수동소자

에너지의 공급 또는 흡수에 따라 능동소자와 수동소자를 정의해 보자.

1. 정의

(i) **능동소자(active element)**

무한대 시간 동안에 0보다 큰 평균전력을 외부장치에 공급할 수 있는 소자를 능동소자라고 정의한다. 회로에 에너지를 생산, 공급한다.

Ex.
독립전압원, 종속전압원,
독립전류원, 종속전류원,
배터리, 발전기
연산 증폭기(operational amplifier)

(ii) **수동소자(passive element)**

무한대 시간 동안에 0보다 큰 평균전력을 외부장치로부터 흡수할 수 있는 소자를 수동소자라고 정의한다. 에너지를 저장하거나 소비한다.
에너지를 다른 소자에 공급할 수가 없는 소자이다.

Ex. 저항, 인덕터, 커패시터
저항 R: 공급받은 에너지를 저장하지 못하고 곧 바로 열로 변환시킨다.
인덕터 - 전류를 공급받아서 주변 전기장에 전기에너지를 저장한다,
나중에 다른 외부 소자로 에너지를 되돌려 줄 수 있다.
커패시터 - 전압를 공급받아서 주변 자기장에 전기에너지를 저장한다.
나중에 다른 외부 소자로 에너지를 되돌려 줄 수 있다.

2. 이 책에서 다루는 총 9가지 종류 소자들

(i) 능동소자 6가지 ;

독립전원(전류원 or 전압원) 2 가지, 종속전원 4 가지(전류원 or 전압원)
- 전압원 3가지 : 독립전압원, 전압종속전압원, 전류종속전압원
- 전류원 3가지 : 독립전류원, 전압종속전류원, 전류종속전류원

(ii) 수동소자 3가지; 저항 R, 인덕터 L, 커패시터 C.

3. 소자의 부호 규칙

(i) 능동소자부호 규칙(ASC)은

$+i$ (양의 전류)가 소자의 + 단자를 떠나가는 규칙이다.

(ii) 수동소자부호 규칙(PSC)은

$+i$ (양의 전류)가 소자의 + 단자로 들어가는 규칙이다.[5)]

예제 1

다음 소자들은

(i) 능동부호 규칙 ; (ii) 수동부호 규칙

중에서 어느 규칙을 만족하는지 분류하여라.

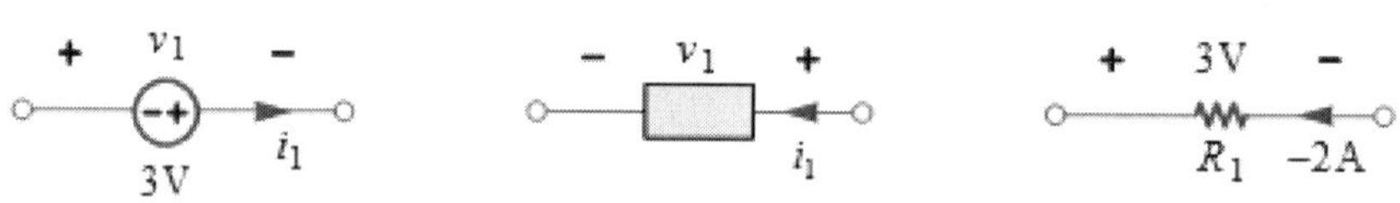

(a) (b) (c)

[풀이] (i) 능동부호 규칙: (+)단자가 전류를 공급한다. (ex.) 배터리.
(ii) 수동부호 규칙: (+)단자가 전류를 흡수한다. (ex.) 저항

답 (i) c ; (ii) a, b. ■

문제 1

다음 소자들은

(i) 능동부호 규칙 ; (ii) 수동부호 규칙

중에서 어느 규칙을 만족하는지 분류하여라.

5) ASC: Passive Sign Convention, PSC: Passive Sign Convention,
Hayt, W., Kemmerly, J., Durbin, S. *Engineering Circuit Analysis, 8th ed.* McGraw-Hill., 2011

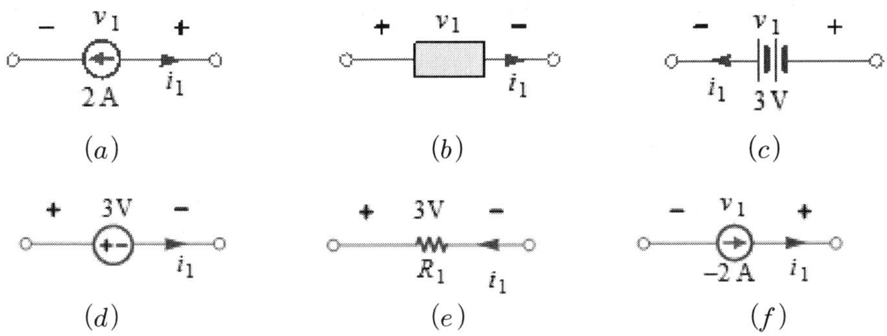

(i) 능동부호 규칙: $(+)$단자가 전류를 공급한다. (ex.) 배터리.

(ii) 수동부호 규칙: $(+)$단자가 전류를 흡수한다. (ex.) 저항

답 (i) a, e, f ; (ii) b, c, d. ■

1.11 전력의 공급과 흡수

능동소자(ex. 베터리, 전압원, 전류원)는 에너지를 생산하는 소자이고, 수동소자(ex. 저항, 인덕터, 커패시터)는 에너지를 저장 and/or 소비하는 소자이다.

그림 1.13은 능동소자(activedevice) or 수동소자(passive device)가 지배하는 전압, 전류 및 전력끼리 성립하는 규칙을 나타낸다.

(a) 능동소자는 "$(+)$" 단자를 통하여 전력을 공급하고,
$(-)$단자를 통하여 전력을 흡수한다.,

공급전력을

$$p = vi$$

로 정의하는 규칙을, 능동소자의 부호규칙 or 능동부호규칙(active sign convention)이라고 한다.[6)]

(a) 수동소자는 "$(+)$" 단자를 통하여 전력을 흡수하고,
$(-)$단자를 통하여 전력을 공급한다.

흡수전력을

$$p = vi$$

6) 영어단어 convention을 "규칙"이라고 하겠다.

로 정의하는 규칙을, 수동소자의 부호규칙 or 수동부호 규칙(active sign convention) 이라고 한다.

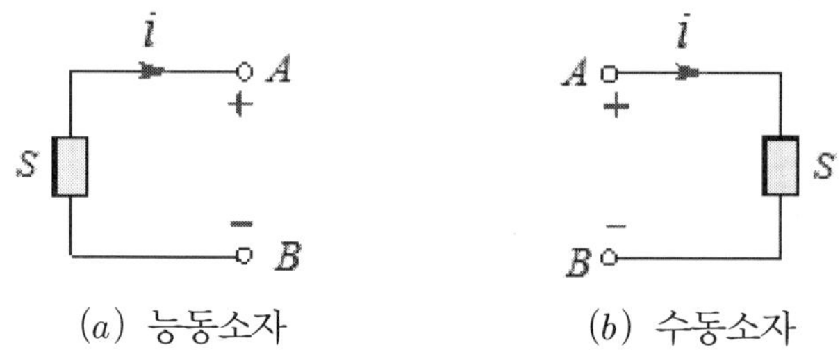

(a) 능동소자 (b) 수동소자

그림 1.13 능동소자와 수동소자.

소자에서 소모하는 전력이 $p = vi$이면, 생성(또는 공급) 소모하는 전력을 $-vi$로 표시한다.

회로소자가 소모하는 전력(electric power, 전기 일률)을 "소자의 양단전압(volatge across)"과 "소자의 통과 전류(current through)"로 나타내보자.

능동소자부호 규칙(ASC)는 $+i$ (양의 전류)가 소자의 + 단자를 떠나가는 규칙이고,
수동소자부호 규칙(PSC)는 $+i$ (양의 전류)가 소자의 + 단자로 들어가는 규칙이다.

예제 1

다음 각 소자들은 ASC 또는 PSC 중에서 어느 규칙이 사용되었는가? 각 소자들이 전력을 공급하는지 흡수하는 지를 판단하여라.

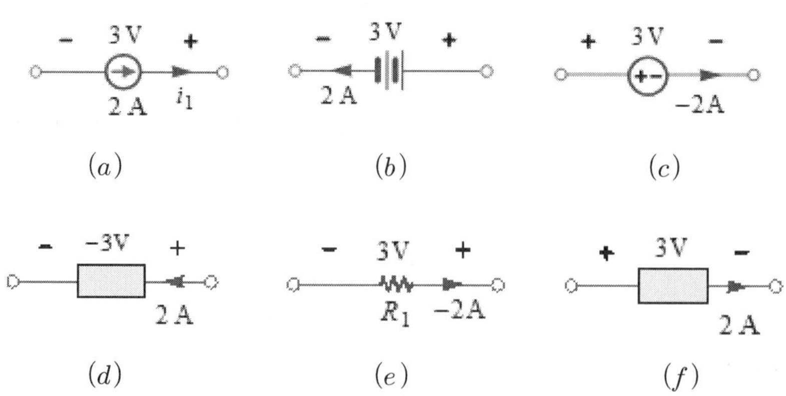

(a) 능동소자부호 규칙 사용(ASC),
전력공급 $p = vi = (3)(2) = 6\,\text{W}$

(b) 수동소자부호 규칙 (PSC),
배터리는 외부의 소자에 의하여 전하가 충전되는 과정을 나타낸다.
전력흡수 $p = vi = (3)(2) = 6\,\mathrm{W}$

(c) 수동소자부호 규칙 (PSC),
전력흡수 $p = vi = (3)(-2) = -6\,\mathrm{W}$
전력공급 $p = vi = (3)(2) = 6\,\mathrm{W}$

(d) 수동소자부호 규칙 (PSC),
전력흡수 $p = vi = (-3\mathrm{V}) \times (2\mathrm{A}) = -6\,\mathrm{W}$
전력공급 $p = vi = (-3\mathrm{V}) \times (-2\mathrm{A}) = 6\,\mathrm{W}$

(e) 능동소자부호 규칙 (ASC),.
전력공급 $p = vi = (3\mathrm{V}) \times (-2\mathrm{A}) = -6\,\mathrm{W}$
전력흡수 $p = vi = (3\mathrm{V}) \times (2\mathrm{A}) = 6\,\mathrm{W}$
(실제의 저항은 항상 전력을 흡수한다. 공급하지 못한다.)

(f) 수동소자부호 규칙 (PSC),
전력흡수 $p = vi = (3\mathrm{V}) \times (2\mathrm{A}) = 6\,\mathrm{W}$

문제 1

그림의 각 회로가 흡수하는 전력을 계산하여라.

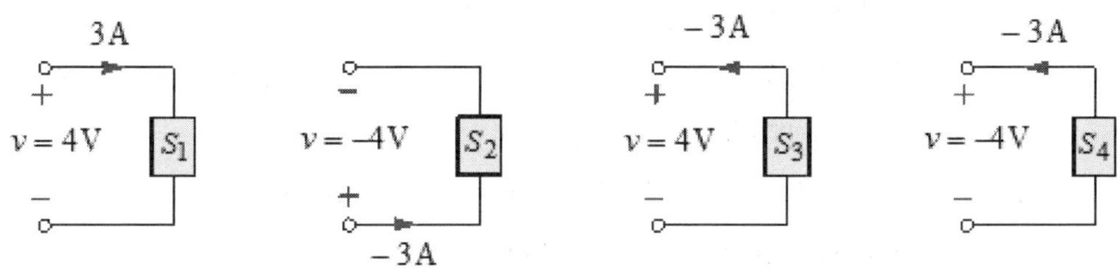

(a) (b) (c) (d)

[힌트] '+' 단자에서 전류가 나가는 소자는 능동부호규약을 따른다.
'+' 단자로 전류가 들어오는 소자는 수동부호규약을 따른다.
능동부호규약을 따르면 소자는 전력을 흡수한다.
수동부호규약을 따르면 소자는 전력을 흡수한다.

답 (a) 12 W ; (b) 12 W ; (c) 12 W ; (d) − 12 W. ■

1.12 전압원과 전류원

전류와 전압의 개념을 사용하면 좀 더 구체적으로 회로소자를 정의할 수 있다. 회로소자를 정의하기 위하여

(i) 물리적 소자 자체

와

(ii) 회로에서의 회로 동작을 해석하기 위하여 사용하는 수학적 모델

을 구별 짓는 것이 중요하다. 수학적 모델은 실제 소자에 대한 근사한 모형일 뿐이다. **"회로소자"**라는 표현이 바로 **"수학적 모델"**을 가리킨다고 약속하자. 어떤 실제 소자에 대한 특정 모델을 선택할 때는 실험 데이터나 경험을 바탕으로 이루어져야 한다. 대부분의 경우 이러한 선택은 이미 결정되었다고 본다.

문제에 쉽게 접근하기 위해서 먼저 단순한 모델로 표시된 이상적인 소자를 다루기로 한다.

모든 회로소자는 그 소자에 대한

통과 전류(current through) $i(t), i$

와

양단 전압(voltage across) $v(t), v$

의 관계에 따라서 분류된다. 예를 들어

(i) 소자의 양단에 걸리는 전압이 소자에 흐르는 전류에 선형적으로 비례하면 **저항(resistor)**이라고 정의한다.

(ii) 소자의 양단의 전압이 그 소자를 통해 흐르는 전류의 시간 미분에 비례하면 **인덕터(inductor)**라고 정의한다.

(iii) 전류가 통해 흐르는 전압의 시간 미분에 비례하면 **커패시터(capacitor)**라고 정의한다.

회로 내의 다른 곳에 위치한 물리량(전압과 전류 등)의 영향을 **받지 않고** 스스로 동작하는 전원을 독립전원이라고 한다. 독립전압원은 하나의 이상적인 전원으로서 실제의 물리적인 전원은 아니다. 그 이유는 실제로 존재하는 물리적인 전압원은 단자로부터 무한대의 에너지를 공급할 수 없지만, 이상적인 전압원은 이론적으로 무한대의 에너지를 단자외부로 공급할 수 있다 따라서 독립전압원은 **하나의 이상적인 전압원(ideal voltage source)이다,** 실제로 존재하는 전압원이 아니다.

회로내의 다른 곳에 위치한 물리량(전압과 전류 등)의 영향을 받아서 동작하는 전원을 종속전원이라고 한다. 종속전원은 전자회로에서 증폭기 회로에서 트랜지스터 의 직류동작 및 교류동작을 모델링하는 데에 많이 사용된다.

1. 독립전압원

독립전압원을 고려한다. 기호는 그림 1.14에 나타낸 바와 같으며 첨자 s 는 이 전압이 "근원 전원(source voltage)"임을 의미하는 것으로서 생략가능하다.

독립전압원은 통과 전류(current through)에는 전혀 영향을 받지 않고 일정한 단자 전압(terminal voltage)을 언제나 외부로 공급한다.

통과 전류가 $0\,\mathrm{A}$, $-2\,\mathrm{A}$, $+5\,\mathrm{A}$, $10^6\,\mathrm{A}$ … 등등, 무엇이든 상관없이 독립 전압원 $v_s = +3\,\mathrm{V}$는 어떤 상황하에서도, 동작하는 평생 동안 양단 전압 $+3\,\mathrm{V}$를 생산하여 외부로 공급한다.

따라서 어떤 독립전압원의 단자 전압이 $3\,\mathrm{V}$라고 하면 여기에 회로가 연결되어 전류가 흐르더라도 흐르는 전류에 상관없이 항상 $3\,\mathrm{V}$를 유지하고 있다.

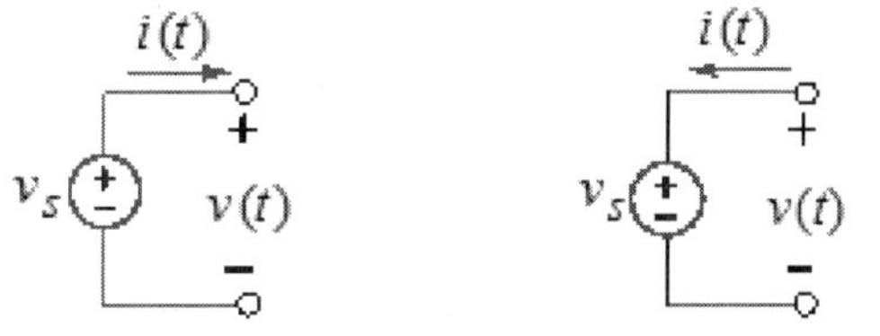

그림 1.14 독립전압원의 전압 및 전류.

그림 1.14의 독립전압원 기호에서

(i) "+" 단자의 전압이 "−" 단자의 전압보다
수치상으로 반드시 더 높은 전압을 의미하는 것은 아니다.

(ii) "+" 단자의 전압이 "−" 단자의 전압보다 "v_s볼트 +"라는 의미이다.

(iii) $v_s = 3\,\mathrm{V}$이라면,
"+" 단자의 전압이 "−" 단자의 전압보다 "$v_s\,(=3\,\mathrm{V})$볼트 +"라는 의미이다.

(iv) $v_s = -3\,\mathrm{V}$이라면,
"+" 단자의 전압이 "−" 단자의 전압보다 "$v_s\,(=-3\,\mathrm{V})$볼트 +"라는 의미이다.
즉, "+" 단자가 아래쪽 "−" 단자에 비해 $v_s\,(=-3\,\mathrm{V})$ 만큼 낮은 단자이다.

그림 1.15에 표시된 전압원에서 전류 $i(t)$는 "+" 단자로 흘러 들어가므로 수동부호 규약을 만족한다. 따라서, 전압원은 전력(electric power) $p(t) = v_s(t)\cdot i(t)$를 흡수한다.

전압원 (발전기, 배터리등)은 다른 소자에 전력을 공급하는 소자이므로 능동소자이다. 다른 소자로부터 전력을 흡수하는 소자가 아니다. 전류의 방향은 어느 방향으로 지정해도 된다. 자연스럽게 동작하는 전압원은 "+" 단자로부터 전류 i 를 공급한다. 그러므로, 그림 c와 같이 "+" 단자로부터 나가는 전류 i 로 표시함으로써 전압원이 전력(electric power) $p = v_s i$ 을 다른 소자에 공급하도록 한다.

이와 같이 능동소자는

"+" 단자를 통하여 전류를 공급하도록 약속한 규약 즉,

능동부호규약(active sign convention, ASC)을 만족한다.

수동소자(저항, 인덕터, 커패시터 등)는

"+" 단자를 통하여 전류 $i(t)$를 흡수하도록 약속한 규약 즉,

수동부호규약(passive e sign convention, PSC)을 만족한다.

단자전압이 교번하는(alternating) 독립전압원을 "독립 ac 전압원"이라고 하고 그림 1.15c 와 같은 기호로 나타낸다.

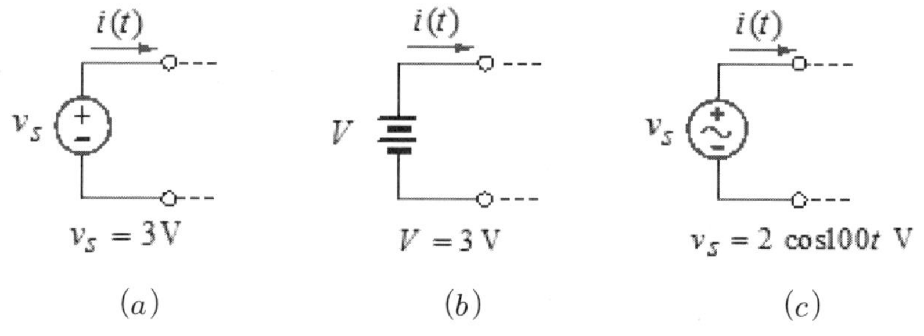

그림 1.15 독립전압원의 종류

(a) 직류전압원 ; (b) 배터리 ; (c) 교류전압원.

2. 독립전류원

또 하나의 이상적인 전원으로서는 **독립전류원(independent current source)**이 있다.

회로 내의 다른 소자에 의하여 영향을 받지 않고 독립적으로 동작하는 전류원을 **독립전류원**이라고 부른다. 독립전류원을 통과하는 전류는 양단전압과 무관하다. 독립전류원의 기호는 그림 1.16과 같다.

독립 전류원에는 전류의 변형에 따라 두 가지

직류전류원 dc current source

교류류전류원 dc current source

로 구분한다. 즉, 통과전류 i_s가 일정한(constant) 독립전류원을 "독립직류전류원"이라고도 하며 그림 (a), (b)로 나타낸다. 통과전류가 교번하는(alternating) 독립전류원을 "독립교류전류원"이라고도 하며 화살표에 기호 "~"를 추가하여 나타낸다. 그림 (c)와 같은 기호로 나타낸다.

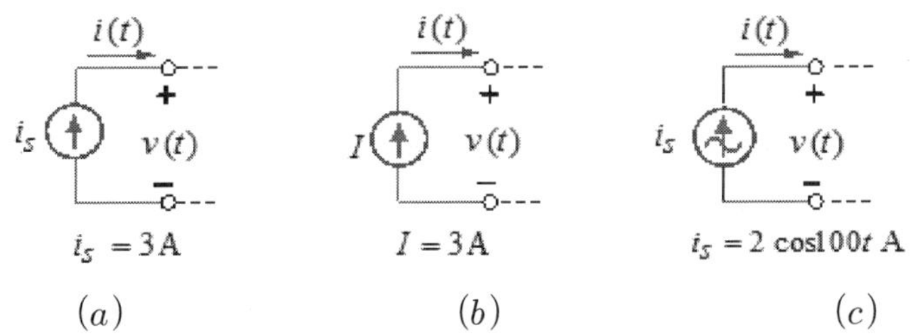

그림 1.16 독립전류원의 기호
(a) 독립직류전류원 ; (b) 독립직류전류원 ; (c) 독립교류전류원.

독립전류원은 실제 소자를 근사하게 대신하는 모델이다. 이론상, 독립전류원은 양단 전압과는 무관하게, 일정 전류를 생산하기 때문에, 단자로부터 전력을 계속 공급할 수 있다.

독립전류원은 일정한 전류를 항상 외부로 공급한다. 양단 전압이 $0\,\mathrm{V}$, $-2\,\mathrm{V}$, $+5\,\mathrm{V}$, $10^6\,\mathrm{V}\cdots$ 등등, 무엇이든 상관없이 독립 전류원 $i_s = +3\,\mathrm{A}$는 어떤 상황하에서도, 동작하는 평생 동안 $+3\,\mathrm{A}$의 전류를 생산하여 외부로 공급한다.

3. 종속전압원

지금까지 소개한 두 개의 이상적인 전원은 회로 내의 다른 소자에 의하여 영향을 받지 않고 독립적으로 동작하기 **독립전원**이라고 부른다. 이와는 달리 이상적인 전원이지만 회로 내에서 다른 전압이나 전류에 종속하여 동작하는 전원을 **종속전원**이라고 한다[7].

종속전압원은 그림 1.17과 같이 다이아몬드 형태의 기호를 사용하여 표시한다.

종속전압원에는 2가지 종류가 있다.

7) 종속전원들은 복잡한 시스템을 모델링하는 데에 아주 유용하게 사용되며 시스템을 쉽게 대수적으로 해석할 수 있도록 해준다. 종속전원은 트랜지스터, 연산증폭기, 집적회로 등의 등가 모델에서 사용된다. 이러한 예로 게이트 전압에 비례하는 전계효과 트랜지스터의 드레인 전류나 입력전압의 차이에 비례하는 아날로그 직접회로의 출력전압이 있다.

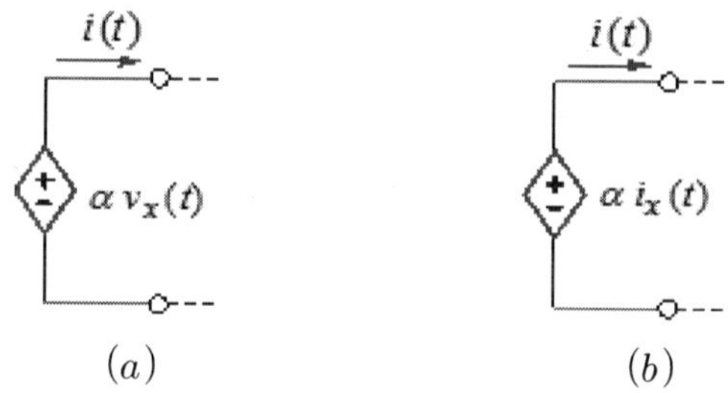

그림 1.17 2종류의 종속전압원: (a) 전압종속 전압원 (b) 전류종속 전압원.

4. 종속전류원

종속전류원은 그림 1.18과 같이 다이아몬드 형태의 기호를 사용하여 표시한다.
종속전압원에는 2가지 종류가 있다.

그림 1.18 2 종류의 종속전류원
(a) 전압종속 전류원 ; (b) 전류종속 전류원.

1.13 전기회로망과 전기회로

두 개(같은 종류 and/or 다른 종류) 이상의 간단한 회로소자(전압원, 전류원, R, L, C 등)를 마구잡이로 연결한 구조물을 **전기회로망(電氣回路網, electrical network)**이라고 한다. 전기 회로망들 중에서 적어도 한 개의 폐경로를 갖는 전기 회로망을 **전기회로**(electric circuit)라고 한다.[8)]

그림 1.19는 전기회로망과 전기회로를 나타낸다. 회로는 회로망의 부분집합이다. 따라서, 회로는 모두 회로망이지만 회로망이 모두 회로인 것은 아니다. 독립 전원(전류원 or 전압원)과 종속 전원(전류원 or 전압원)은 **능동소자**(active elements)이다. 능동소자를 하나 이상 포함하는 회로망은 능동 회로망이다.

능동소자를 전혀 포함하지 않는 회로망은 수동 회로망이다.

8) 그러나, 이 규칙은 반드시 지켜지지는 않고, 구별않고 사용하게 습관이다.

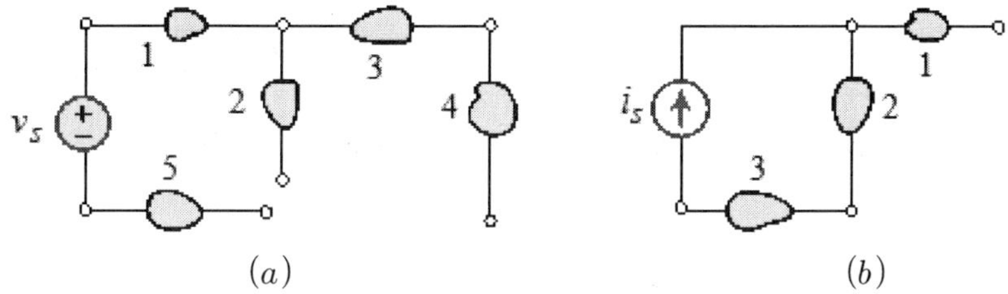

그림 1.19 전기회로망과 전기회로
(a) 회로망이지만 회로는 아니다. ; (b) 회로망임과 동시에 회로이다.

1.14 단락회로와 개방회로

저항은 단락회로(short circuit) or 개방회로(open circuit)라는 두 용어를 정의하는데 사용된다.

1. 단락회로

그림 1.20는 단락회로(short circuit)를 나타낸다.

(i) 저항값이 영(0)인 도선으로 연결된 두 단자를 단락회로라고 한다.
즉, 저항값이 영(0)인 소자를 단락회로라고 한다. 따라서, 단락회로는 옴의 법칙

$$v = iR$$

에 의하여 통과 전류 i와 무관하게 양단전압이 0이 된다.

(ii) 단락회로의 전압이 영(0) 일 때에도, 전류는 일반적으로 영(0)이 아니다.

(iii) 실제의 전선이 단락되어 있는 경우, 작은 값의 저항을 가지고 있다.
그러나, 특별한 언급이 없는 한 저항이 0인 것으로 가정한다.
따라서, 우리가 이 책에서 다루는 모든 회로에서
전선(또는 도선, conducting wire)은 "완전한 단락회로"라고 간주한다.

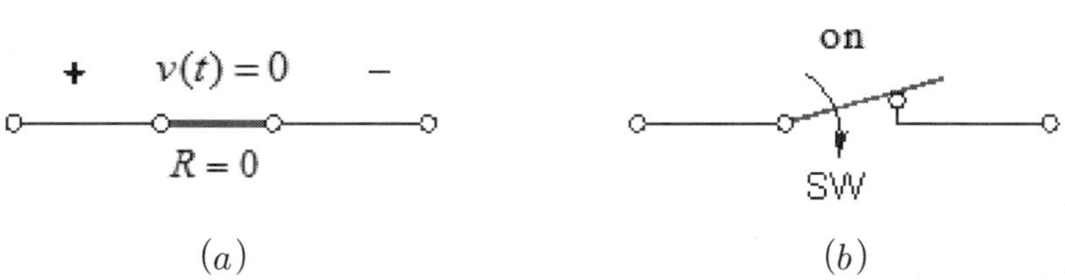

그림 1.20 단락회로: (a) 전선에 의한 단락회로, (b) 스위치에 의한 단락회로.

예제 1

다음 회로의 어느 곳에서도 전류가 생성되거나 소멸하지 않는다.
전류 i_5를 구하여라.

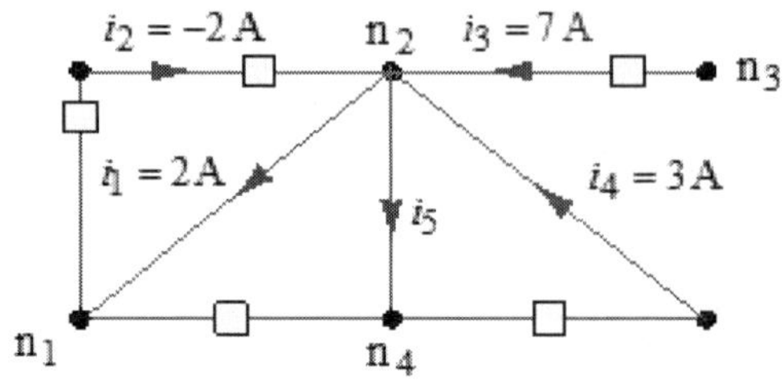

[풀이] 접속점 (node) n_2 를 들어가는 전류는 모두 나온다.

$$(i_2)+(i_3)+(i_4)=(i_1)+(i_5)$$

전류 i_5 는

$$i_5=-(i_1)+(i_2)+(i_3)+(i_4)$$

이다.

$$\therefore\ i_5=-(2)+(-2)+(7)+(3)=6\,\text{A}$$

답 $i_5=6\,\text{A}$. ■

문제 1

회로의 어느 곳에서도 전류가 생성되거나 소멸하지 않는다. 전류 i_{SC}를 구하여라.

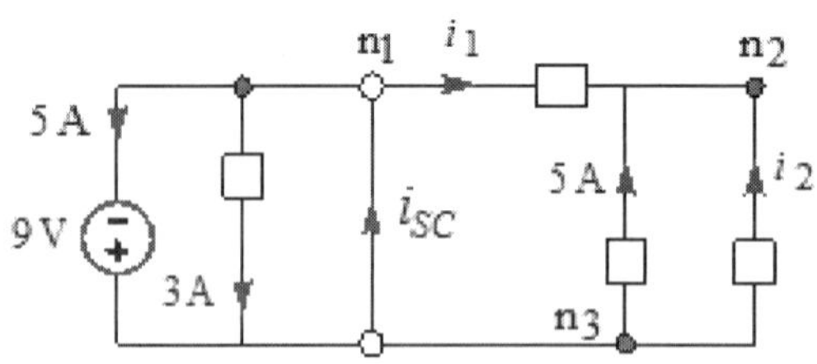

(a)

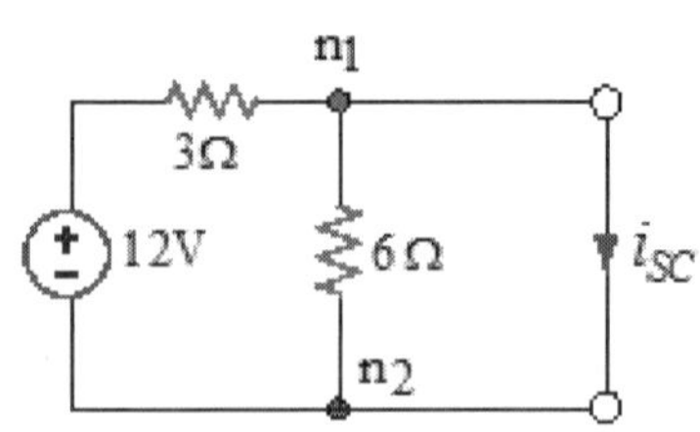

(b)

답 (a) $i_{SC}=3-i_2$; (b) $i_{SC}=4\,\text{A}$. ■

2. 개방회로

그림 1.21은 개방회로(open circuit)를 나타낸다.

(i) 연결이 없어서 저항값이 무한대(∞)인 두 단자를 개방회로라고 한다.
즉, 저항값이 무한대인 소자를 개방회로라고 한다.
따라서 개방회로는 옴의 법칙

$$i=\frac{v}{R}$$

에 의하여 양단전압 v와 무관하게 통과전류 i는 0이 된다.

(ii) 개방회로의 양단의 전압은 일반적으로 영(0)이 아니다.

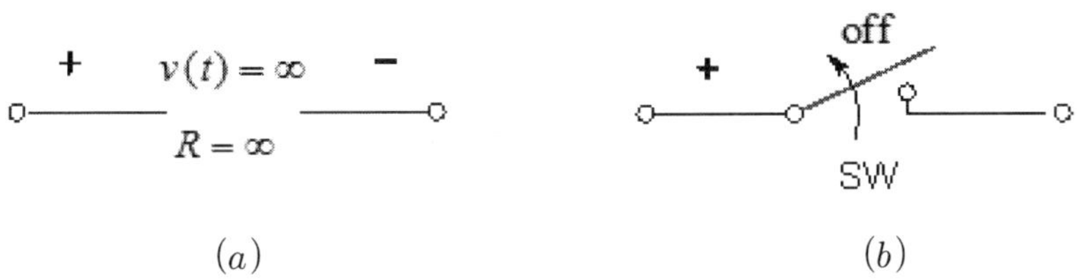

그림 1.21 개방회로:
(a) 전선에 의한 개방회로 ; (b) 스위치에 의한 개방회로.

예제 1

다음 회로에서 개방 전압 v_{OC}를 구하여라.

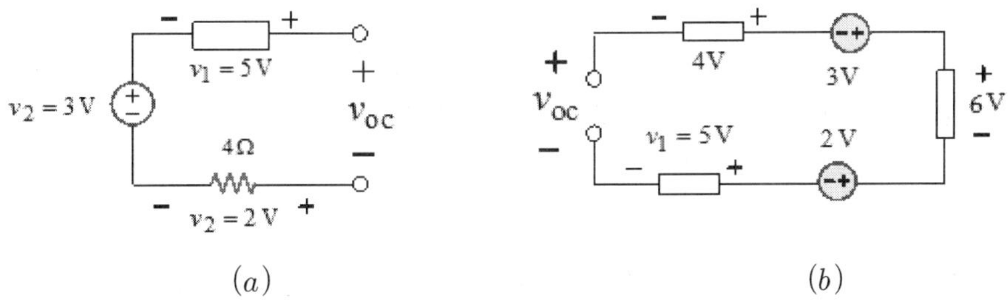

[풀이] (a) 전압 v_{OC}는 3개 소자의 양단전압과 같다.

$$v_{OC}=(5)+(3)+(-2)=7\ \text{V}$$

(b) 전압 v_{OC}는 5개 소자의 양단전압과 같다.

$$v_{OC}=(-4)+(-3)+(6)+(2)+(5)=7\ \text{V}$$

답 (a) $v_{OC}=7$ V ; (b) $v_{OC}=7$ V. ■

문제 ①

다음 회로에서 전압 v_{OC}를 구하여라.

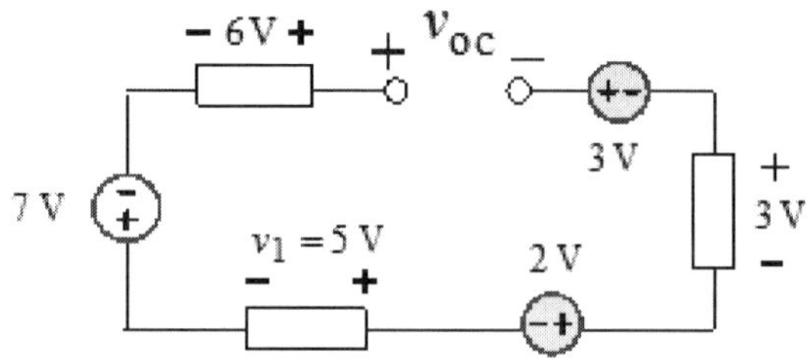

(a)

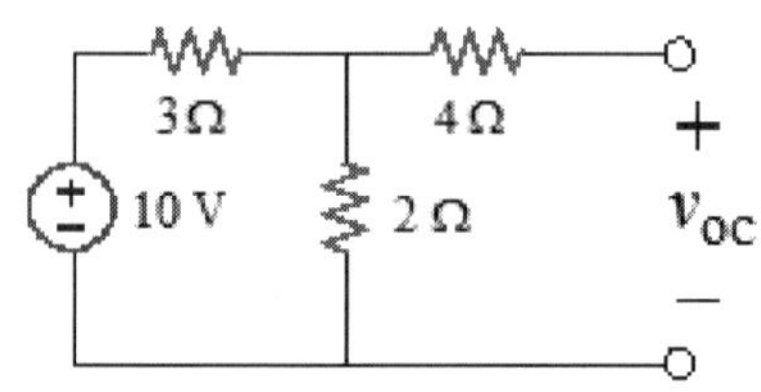

(b)

답 (a) $v_{OC} = -14$ V ; (b) $v_{OC} = 4$ V. ■

연 습 문 제 A

01 전하와 전자에 관하여 물음에 답하여라.

(a) 단위 양전하(unit positive charge)란 무엇인가?

(b) 한 개의 전자가 갖는 전기량은 얼마인가?

02 어떤 사람이 질량 10 kg인 물체에 $+x$ 방향의 힘 20 N을 가하고 있다.

(a) 힘을 가하여 물체가 거리 3 m 이동시켰을 때, 사람이 수행한 일을 구하여라.

(b) 거리 3 m 이동시키는데 걸린 시간이 2분 소요되었다면, 일률을 구하여라.

03 질량 4 kg의 물체가 얼마의 속력으로 이동해야 운동에너지 50 J을 갖게 되느냐?

04 어떤 입자가 빛의 속도($\doteq$ 300 Mm/s)로 이동하고 있다. 이 입자가 20 ns 동안 이동한 거리들 구하여라.

05 도선의 일정 단면을 지나가는 총전하가 $q(t) = 2\sin 10t$ C, $t \geq 0$이다. 흐르는 전류는 얼마인가?

06 전기 회로의 소자를 잇는 구리 도선의 단면을 지나가는 양전하(positive charge)가 그림과 같이 시간의 함수로서 변동한다. 양전하가 발생시키는 전류파형을 그려라.

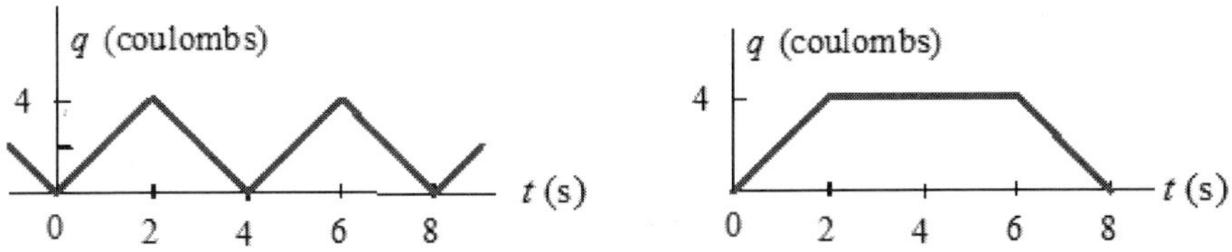

(a) (b)

07 구리 도선의 단면을 지나가는 양전하가

$$(a)\ q(t) = Q_0 \cos 10t \ \text{C} \ ; \ (b)\ q(t) = Q_0\, e^{-2t} \ \text{C}$$

와 같이 시간의 함수로서 변동한다. 단면을 통과하는 전류를 구하여라.

08 양단전압이 $6\ \text{V}$인 어떤 소자의 양(positive)의 단자가 흡수하는 전하(charge) $q\,[\text{mC}]$가 그림과 같다.

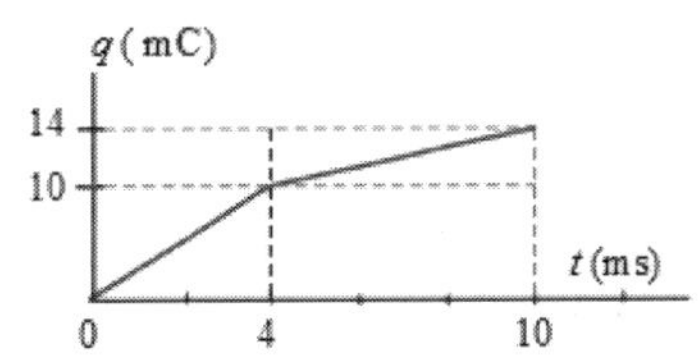

(a) 전류파형을 그려라.

(b) 일순간 $t = 3\ \text{ms}$ 일 때 소자가 흡수하는 전력과 ;

(c) 일순간$t = 7\ \text{ms}$ 일 때 소자가 흡수하는 전력과 ;

(d) 시간 0과 $10\ \text{ms}$ 사이에 소자가 흡수하는 전체 에너지를 구하라.

09 어떤 전기소자로 흘러들어가는 전류가 그림과 같은 경우, 다음 시간 동안에 소자에 들어간 전하를 구하여라. 시각 $t = 0$ 에서의 소자의 전하는 $q(0) = 3\ \text{C}$ 이다.

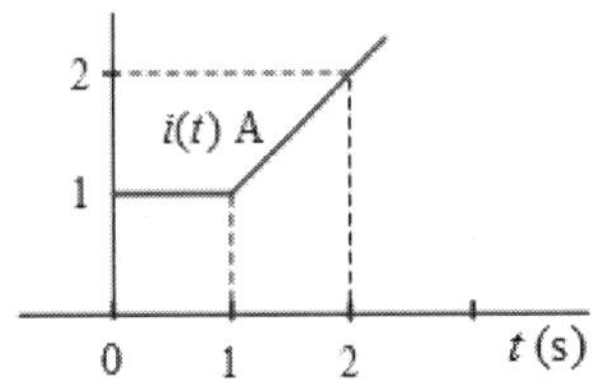

$(a)\ 0 \le t \le 0.5\ \text{sec}$; $(b)\ 0 \le t \le 2\ \text{sec}$.

10 어떤 전기 소자의 양단 A, B 의 전위(electric potential)가 주어져 있다. 양단전압 $v(t)$를 구하여라.

(a) (b)

11 그림과 같이, 소자 5개를 직렬로 연결한 회로에서 단자 x, y는 개방회로(open circuit)이다. 개방회로의 양단전압 v_{OC}를 구하여라.

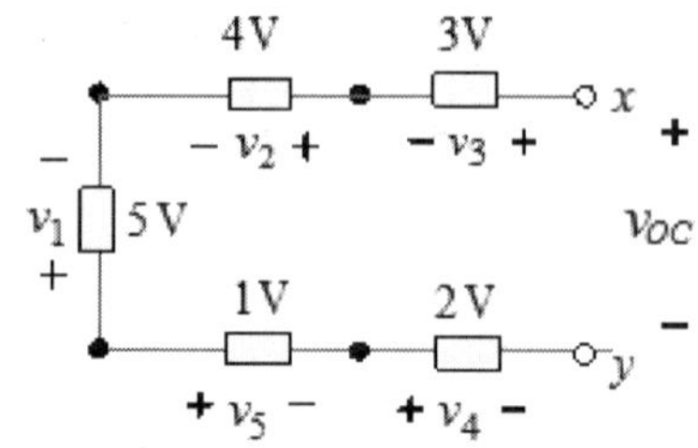

12 그림과 같이 전류 $i(t)$가 전압원 $v(t)$를 통과하고 있다. 다음 문장의 (　)를 채워라.

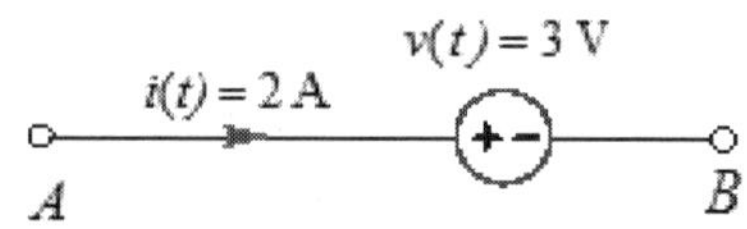

(a) 점 B는 점 A보다 전압이 (　) V 낮다.

(b) 점 A는 점 B보다 전압이 (　) V높다.

(c) 점 A에서 점 B로 전압이 3 V 높다.

(d) 점 B를 기준 전위로 하면 A점의 전위는 (　) V이다.

기호로 $V_{AB} = V_A - V_B = v(t) =$ (　) V라고 표시한다.

13 다음 두 소자가 공급하는 전력을 각각 구하여라.

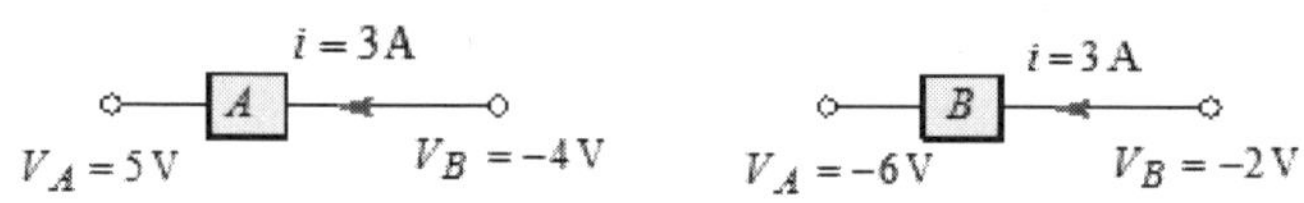

(a)　　　　(b)

14 그림과 같이 두 소자 A, B가 주어져 있다.

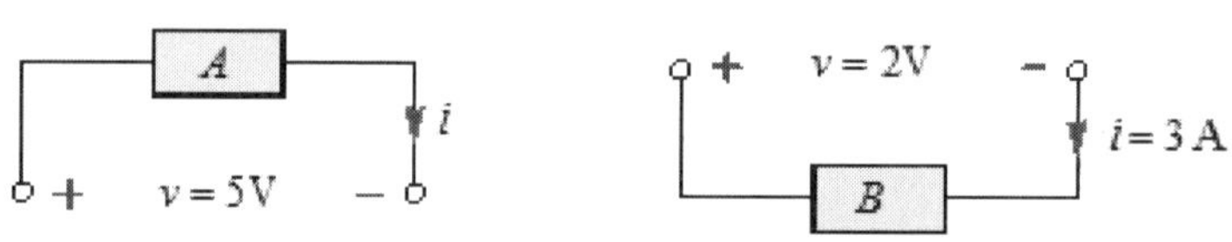

(a) 소자 A가 전류 $i = 3\text{ A}$를 흡수할 때, 흡수하는 전력을 구하여라.

(b) 소자 A가 전류 $i = -2\text{ A}$를 흡수할 때, 흡수하는 전력을 구하여라.

(c) 소자 B가 공급하는 전력을 구하여라.

15 다음 각 소지들이 흡수하는 전력을 각각 구하여라.

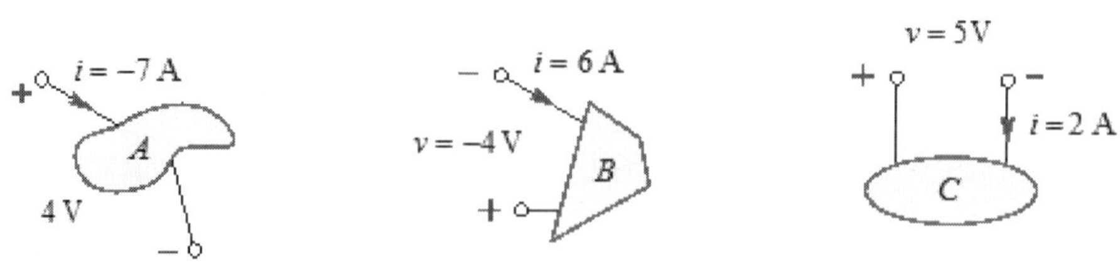

(a)　　　　(b)　　　　(c)

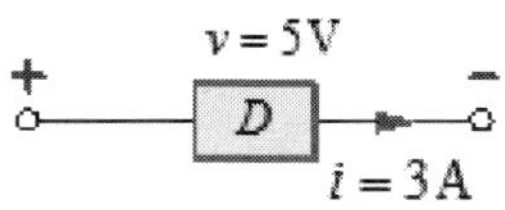

(d)

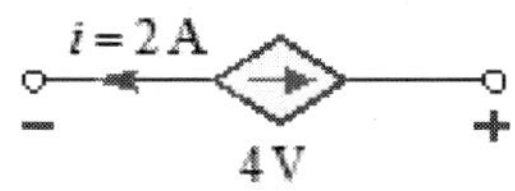

(e)

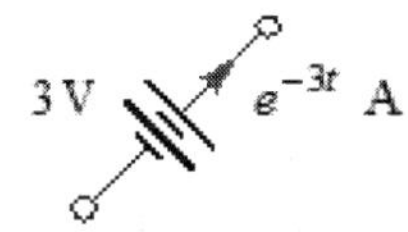

(f)

연 습 문 제 B

01 물체에 일정한 힘 5 N을 가하여 거리 10 m 이동하였다. 일률이 20 kW이기 위해서 이동해야 할 시간(ms)을 구하여라.

02 두 지점 사이에 한 개의 전자가 이동할 때, 전자의 위치에너지(potential energy)가 7.2×10^{-16} J이다. 두 지점 간의 전압(voltage)를 구하여라. 전자 한 개가 갖는 전하량의 크기는 1.6×10^{-16} C이다.

03 좌표 평면의 x 축에 직선 도선이 놓여 있다. 매 0.5 sec 동안 +3 C의 전하가 $+x$ 방향으로 이동하고, 매 0.2 sec 동안 −2 C의 전하가 $-x$ 방향으로 이동하고 있다. 이때, $+x$ 방향으로 흐르는 총전류를 구하여라.

04 어떤 회로소자의 양(positive) 단자로 들어오는 전하가

$$q(t) = \cos 125\pi t \ \text{C}$$

이다. 양단전압이

$$v(t) = 2\sin 125\pi t \ \text{V}$$

일 경우,

(a) 모든 시간에서 소자가 흡수하는 전력을 구하여라.

(b) 일순간 $t = 2$ ms 일 때 소자가 흡수하는 전력을 구하여라.

05 다음 물음에 답하여라.

(a) 전자 10^7개는 얼마의 전하량 Q (단위 pC)를 갖느냐?

(b) 전자 10^8개와 양성자 2×10^7는 얼마의 전하량(단위 pC)을 갖느냐?

(c) 전하량 $q(t) = 3e^{-10t}$ C이 있다. 일순간 $t = 0.2$ s에서 전하량은 얼마인가?

06 어떤 전기소자로 흘러들어가는 전하가

$$(a)\ q(t) = 2t + 5\ \mathrm{C}\ ;\ (b)\ q(t) = e^{-2t} + 3\ \mathrm{C}$$

과 같은 경우, 소자의 통과 전류를 구하여라.

07 어떤 전기소자로 흘러들어가는 전류가 다음과 같은 경우, 소자를 통과하는 전류를 구하여라. 시각 $t = 0$에서의 전하는 $q(0) = 3\ \mathrm{C}$이다.

$$(a)\ i(t) = 2t\ ,\ t \geq 0\ \mathrm{A}\ ;\ (b)\ i(t) = e^{-2t}\ ,\ t \geq 0\ \mathrm{A}.$$

08 어떤 전기소자로 흘러들어가는 전류가 그림과 같은 경우, 소자에 들어간 전하를 구하여라.

시각 $t = 0$

에서의 소자의 전하는 $q(0) = 3\ \mathrm{C}$이다.

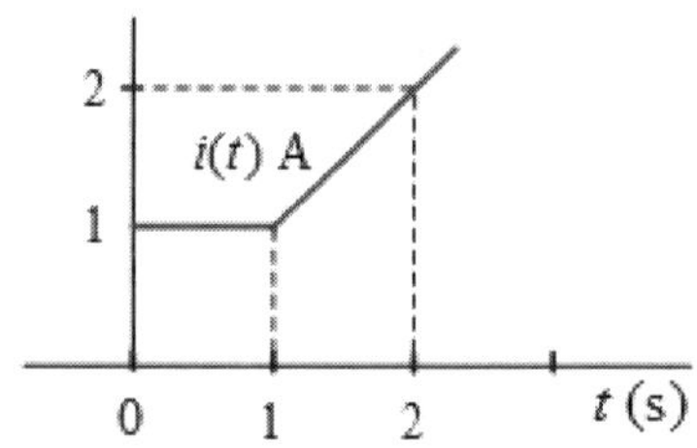

09 그림과 같이, 입력전류 $i(t)$를 흡수하여, 출력전압 $v(t)$가 발생시키는 소자가 있다. 입출력 관계식이

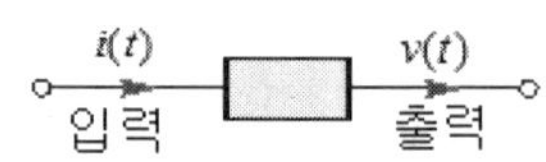

$$v(t) = L\frac{di(t)}{dt}\ (L\text{은 상수})$$

인 경우, 이 소자가 선형소자임을 증명하여라.

10 그림과 같이 소자 S로 공급되는 전류가 $e^{-|t|}$ 일 때, 다음을 구하여라.

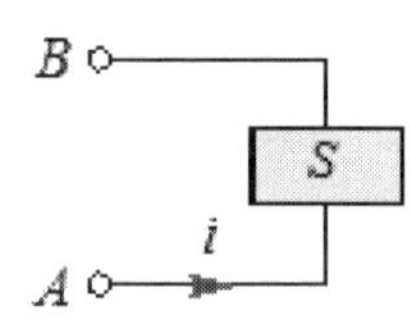

(a) 시각 $t = 0$까지 소자에 공급된 총 전하;

(b) 시간 $-1 \leq t \leq 1\ \mathrm{s}$ 동안 소자 A를 떠난 전하;

(c) 시각 $t = 1\ \mathrm{s}$ 에서 소자 A를 떠나는 비율.

11 그림과 같이 소자 S에서,

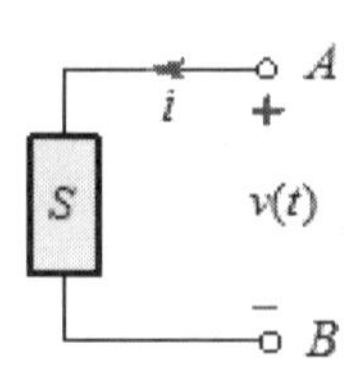

(a) 전류 $i = -3\mathrm{A}$, 전압 $v = -4\ \mathrm{V}$이다. 시각 $t = 0$에서 소자 S가 흡수하는 전력을 구하여라.

(b) 전류 $i = 3\cos(120\pi t + 60°)\mathrm{A}$, 전압 $v = 4\cos(120\pi t + 120°)\ \mathrm{V}$ 이다. 시각 $t = 0$에서 소자 S가 흡수하는 전력을 구하여라.

12 그림과 같이 주어진 회로가 있다.

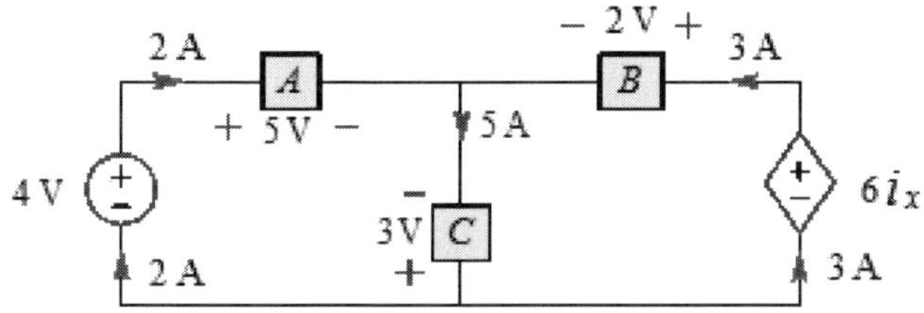

다음 각각의 소자가 흡수하는 전력을 구하여라.

(a) 전압원 $4\,\mathrm{V}$; (b) 소자 A ; (c) 소자 B ;

(d) 소자 C ; (e) 종속 전압원 $6i_x$.

13 그림과 같은 전류(current)를 어떤 소자에 공급하고 있다.

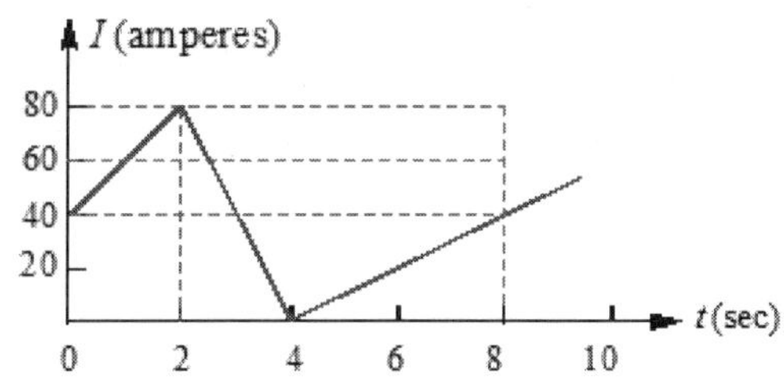

(a) 시간 $0 \le t \le 3\,\mathrm{sec}$ 동안 이동한 총전하를 구하여라.

(b) 시간 $0 \le t \le 6\,\mathrm{sec}$ 동안 이동한 총전하를 구하여라.

14 전기에너지를 저장하는 소자의 양단전압이 다음과 같다.

$$\begin{cases} v(t) = 0\ \mathrm{V}, & t < 0 \\ v(t) = e^{-t}\ \mathrm{V}, & t \ge 0 \end{cases}$$

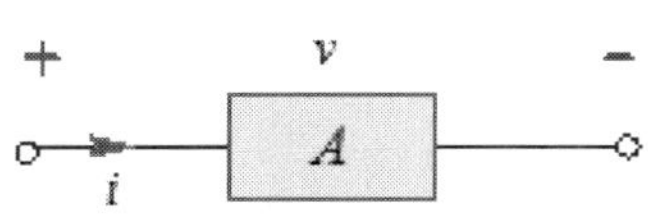

양단전압 $v(t)$과 유입한 전하량 $q(t)$은 다음 관계가 있다.

$$v(t) = 2q\ \mathrm{V}$$

(a) 전류를 구하여라.

(b) 시각 $t = 0.1\,\mathrm{sec}$에서의 전류를 구하여라.

(c) 시각 $t = 0.1\,\mathrm{sec}$ 전력을 구하여라.

(d) 시각 $t = 0\,\mathrm{sec}$에서 저장된 에너지가 $w(0) = 5 \times 10^{-2}$ Joule 라면, $t = 0.1\,\mathrm{sec}$에서 저장된 에너지를 구하여라.

15 충전용 5 V짜리 배터리가 있다. 이 배터리에서 양(+) 단자로 전류가 공급되고 있다.

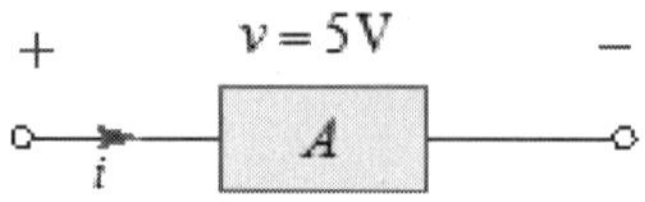

공급되는 전류는

$$i(t) = \begin{cases} 0 & , \ t < 0 \text{ sec} \\ e^{-t} \text{ A} & , \ 0 \le t < 3 \text{ sec} \\ 0 & , \ t \ge 3 \text{ sec} \end{cases}$$

의 형태를 갖는다.

(a) 시간 $0 \le t \le 3$ sec에서 배터리에 공급되는 총전하를 구하여라.

(b) 배터리에 공급되는 최대 전력을 구하여라.

(c) 배터리에 공급되는 총에너지를 구하여라.

(d) 시간 $0 \le t \le 3$ sec에서 배터리에 공급되는 평균 전력을 구하여라.

02 Chapter

전압법칙과 전류법칙

회로 or 회로망을 구성하는 소자들 중에는

에너지를 공급하는 소자 (예: 배터리, 전류원, 전압원 등),
에너지를 흡수 and/or 저장 하는 소자 (예: 인덕터, 커페시터),
에너지를 흡수 and 소비 하는 소자 (예: 저항)

가 있다. 소자는 2단자 시스템(system)으로서 에너지를 받아들이는 입력단자와 내보내는 출력단자가 있다. 소자들은 여러 형태로 의미있게 연결되어 동작한다.

소자의 양단에는 전압(zero or nonzero의 값을 갖는)이 걸리고,
소자를 통과하는 전류(zero or nonzero의 값을 갖는)가 흐른다.

시스템의 입력신호가 전압이면 출력신호가 전류이고, 입력신호가 전류면 출력신호가 전압이다. 전류와 전압을 곱하면 전력을 구할 수 있다.

이 장에서는 회로 and/or 소자에서 성립하는 회로해석을 위한 용어를 정의하고, 전력의 공급 흡수, 소자들의 연결, Ohm의 법칙, 컬곱(Kirchhoff)의 전압 법칙, 전류법칙, 전압 전류의 분배 등을 정의 간단한 회로들을 해석하기로 한다.

Chapter 02 전압법칙과 전류법칙

1장에서 모두 6개 종류의 전원[9] 및 저항에 대하여 학습하였다. 독립 전원은 다른 소자들에 의한 아무 영향을 받지 않고 동작한다. 종속전원은 회로 내 다른 곳에서 동작하는 전압과 전류에 종속되어 동작한다.

저항이 주어진 경우는 수동부호규칙(passive sign convention)

$$v(t) = R(t) \cdot i(t)$$

에 의하여,

양단전압 v 을 알면 통과전류 i 를 구할 수 있고
통과전류 i 를 알면 양단전압 v 를 구할 수 있다.

그러나 전류원 or 전압원의 경우는 그러지 않다.

회로해석을 하기 위해서는 소자의 양단전압과 통과전류를 모두 구해야만 한다.
세 종류의 간단한 법칙 즉,

(1) Ohm 의 법칙
(2) Kirchhoff 의 전류법칙(KCL) = 전하의 보존법칙
(3) Kirchhoff 의 전압법칙(KVL) = 에너지의 보존법칙

을 이용하여 양단전압과 통과전류를 구할 수 있다. 이 장에서는 이 법칙들을 이용하여 간단한 회로들을 해석하고, 이 후의 여러 장에서는 좀더 효율적인 방법을 사용하여 좀 더 복잡한 회로들을 해석하기로 한다.

2.1 회로해석을 하기 위한 용어의 정의

두 개 이상의 회로소자로 구성된 간단한 회로를 해석해 보자.

회로를 구성하는 모든 소자들은 도선과 연결되어 있고, 전류가 도선[10]을 따라서 소자를 통과하면 소자양단에서 전압차이가 발생한다.

9) 독립전압원, 전압종속전압원, 전류종속전압원, 독립전류원, 전류종속전류원, 전압종속전압원.
10) 소자 양 끝에 도선이 연결되어 있다.

소자에는 전압이 걸리지만, 도선은 저항값이 0(영)으므로 전류가 흘러도 전압이 걸리지 않는다. 각각의 소자에서, 전압-전류 관계를 살펴보자.

회로에서 소자에만 전압-전류 관계가 성립하고, 도선들은 소자가 아니라고 취급한다.

전압-전류 관계를 고려하지않는 회로망을 집중정수회로망(lumped parameter network)[11]이라는 부른다.

우리가 이 책의에서 다루는 모든 회로망은 집중정수회로망(lumped parameter network)이다.

회로를 해석하기 위하여 필요한 다음의 용어들이 있다.

1. 노드(node, 접속점),
2. **경로(path)**
3. **폐경로(closed path), 루프. 메쉬**
4. 가지(branch)
5. **접촉(touching) 횟수**

하나 씩 살펴보기로 한다.

1. 노드(node, 접속점)

회로에서는 소자들을 연결한 지점(접속점)이 반드시 있다. 이 접속점을 **노드(node)라고 정의한다.**

정의

노드(node, 접속점): 두 개 또는 그 이상의 소자가 연결되어 있는 지점

두 노드(node, 접속점) 사이에는 하나 이상의 소자가 있다.[12] 예를 들면, 그림 2.1의 회로는 3개의 node와 5개의 소자로 구성된 회로를 나타낸다.

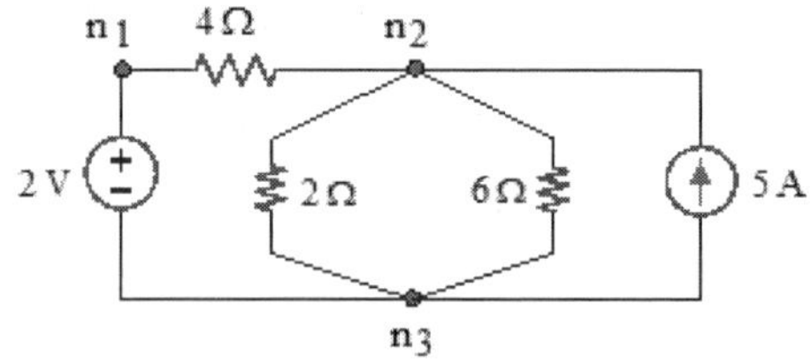

그림 2.1 3개의 node와 5개의 소자로 구성된 회로.

그림 2.2는 노드와 소자의 관계를 나타낸다.

그림 (a) ; 이웃 소자와 연결되지 않은 소자는 노드(node)를 갖지 않는다.

그림 (b) ; 이웃 소자와 연결된 소자는 연결 지점이 하나의 노드(node)이다.

11) **분포정수회로망(distributed parameter network,** 예: 전송선로) 은 무수히 많은 수의 미소한 소자들이 회로망 전체에 분포하기 때문에 단위 길이당 소자들(R, L, G, C)을 나타내는 모델을 사용한다. 해석하기가 다소 어렵다.

12) 노드(node)는 소자들을 연결하기 위하여 납땜(soldering)하는 지점이다. 소자가 하나 뿐이면 연결지점이 없으므로 **노드(node, 접속점)를 정의하지 않는다.**

그림 (c) ; 하나의 노드(node)에는 반드시 둘 이상의 소자들이 연결되어 있다.

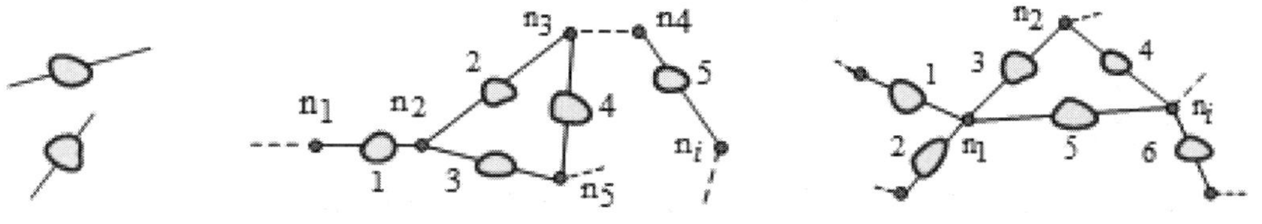

(a) (b) (c)

그림 2.2 노드와 소자의 관계.

그림 2.3은 노드 2, 3 즉, n_2, n_3을 별개의 두 노드로 분리시키고 저항이 0인 도선으로 연결하여 나타낸 회로이다. 이 회로는 실제의 노드 개수보다 더 많은 노드를 갖는 것처럼 나타내어 언뜻 보기에는 node가 5개인 것처럼 착각할 수 있다. 그러나, 실제로는 앞의 그림 2.1의 node 2와 3을 저항을 갖지 않는 전선을 사용하여 분리시켜 놓은 것에 불과하므로 노드(node) 개수가 변동된 것이 아니다. 따라서 node를 식별하는 간단한 방법은 노드(node)에 접속되어 있는 모든 도선(perfect electric conductor, PEC ; 완전전기도체)을 노드(node)라고 간주하는 것이다.13)

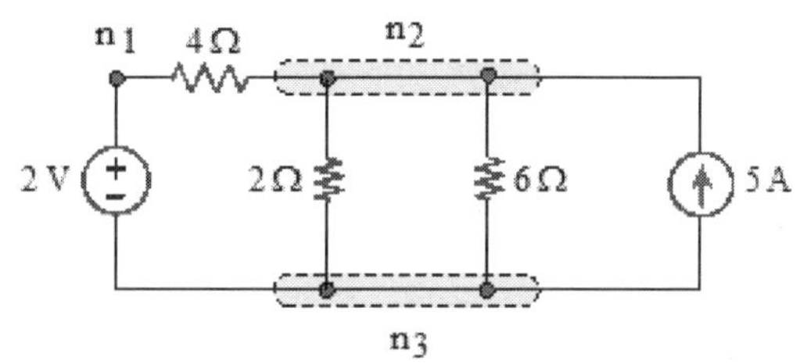

그림 2.3 3개의 node와 5개의 소자로 구성된 회로.

2. 경로(path)

회로에서 노드(node)를 touch(접촉, encounter) 하면서 여행(travel)하는 경우를 고려한다.

(1) 임의 개수의 노드(node)를 선택한다.

(2) 임의의 출발 노드(node) n_1 와 임의의 도착 노드(node) n_2 를 선택한다.

출발 노드(node)와 도착 노드(node)가 같은 노드이면 둘 다 n_1 으로 선택한다.

(3) 출발 노드(node) n_1 에서 최소 거리를 따라 여행한 후 도착 노드(node) n_2에 도착한다.

13) 실제로 존재하는 회로에서 모든 도선은 유한한 크기의 내부저항을 갖고 있다. 그러나, 회로 내의 다른 저항에 비해서 값이 작으므로 무시할 수 있다. 따라서, 우리가 다루는 회로는 모두 이상적인 회로이므로 도선의 내부저항이 없는 것으로 간주한다.

노드(node)를 touch(접촉, encounter) 하면서 여행(travel)하는 과정에서 단 한 번만 touch 하도록 선택한 소자와 node와 집합을 경로(path)로 정의한다.

> **정의**
> <u>경로(path) ; node와 소자를 단 한번만 touch 한 **회로망의** 집합</u>

3. 폐경로(closed path), 루프. 메쉬

여러 경로들 중에서 출발 지점 node와 종착 지점 node가 일치하는 여행 경로를 **폐경로**(closed path)라고 한다. 폐경로 중에서 지름길이 있든지 없든지의 폐경로를 **루프**라고 한다. 지름길이 없는, 즉 최소 폐경로를 **메쉬(mesh)**라고 한다.

> **정의**
> 1. **폐경로(closed path)**: 경로들 중에서 출발지점 node와 종착지점 node가 일치하는 여행 경로
> 2. **루프 (loop)**: 폐경로들 중에서 지름길이 있든지 없는 폐경로
> 3. **메쉬(mesh)**: 지름길이 없는, 즉 최소 폐경로

4. 접촉(touching) 횟수

회로의 노드(node)와 도선을 따라서 노드를 접촉(touching) 하면서 여행을 종료하게 된다. 노드(node)를 출발하여 노드에 도착한 과정에서 노드(node)을 몇 번 접촉(touching) 하였는지를 다음과 같이 정의한다.

(1) 출발 노드(node)의 경우,

출발 후 되돌아 와도 한번 touch, 되돌아오지 않아도 한번 touch로 정의한다.

노드를 출발하고 그 노드를 한 번 통과하면 두 번 touch로 정의한다.

(2) 도착 노드(node)의 경우,

도착하면 한번 touch로 정의한다.

도착 전에 한 번 통과했으면 두 번 touch로 정의한다.

예제 1

그림과 같은 회로가 주어져 있다.
임의의 노드(node)를 출발하여 여행하는
몇 가지 여행 경로를 고려한다.

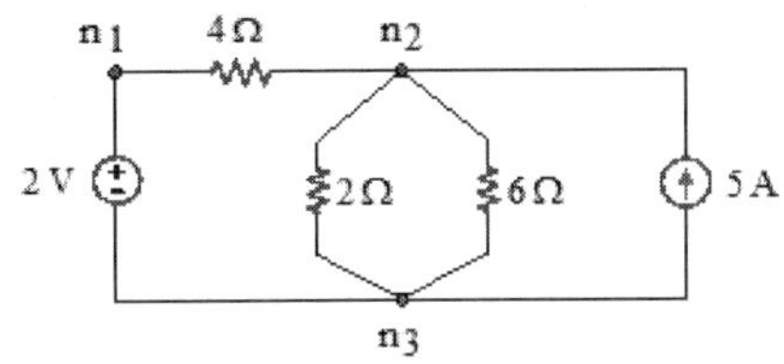

(a) 여행 노드(node)

$n_1 \rightarrow n_2 \rightarrow 5\,A$ 전류원 $\rightarrow n_3 \rightarrow 2V \rightarrow n_1$ 의 경우,

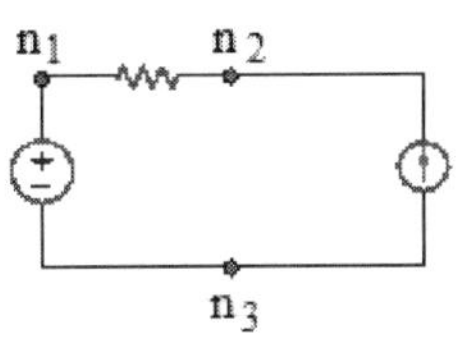

노드(node)를 한번 만 통과하므로 경로이다.
출발 node와 도착 node가 일치하는
경로이므로 루프(loop)이다.

(b) 여행 노드(node) $n_1 \rightarrow n_2 \rightarrow 5\,A$ 전류원 $\rightarrow n_3$ 의 경우,

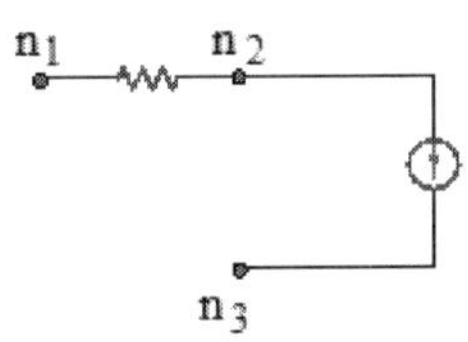

노드(node)를 한번 만 통과하므로
경로이다. 출발 node와 도착 node가
일치하지 않는 경로이므로 루프(loop)가 아니다.

(c) 여행 노드(node) $n_2 \rightarrow n_1 \rightarrow 2V \rightarrow n_3 \rightarrow 6\Omega \rightarrow n_2 \rightarrow 2\Omega \rightarrow n_3$ 의 경우,

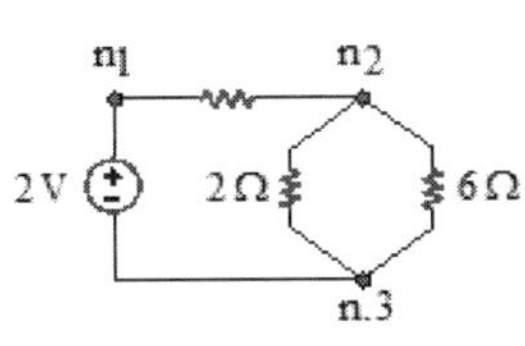

n_2 을 출발하여 n_3 에 도착한다.
노드(node,) 2, 와 3을 한 번
이상 (즉, 2 번) touch하므로 경로가 아니다.

(d) 여행 노드(node) $n_1 \rightarrow n_2 \rightarrow 6\Omega \rightarrow n_3 \rightarrow 2V \rightarrow n_1$ 의 경우,

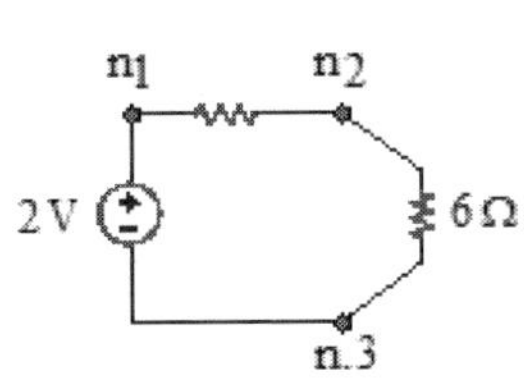

노드(node)를 한번 만 통과하므로 경로이다.
출발 지점 node와 종착 지점 node가
일치하는 경로이므로 루프(loop)이다.

■

문제 1

그림과 같이 5개의 소자로 구성된 회로가 있다. 소자의 접속점(노드, node)은 두 개다. 노드(node) n_1 과 노드(node) n_2 를 선택하였다. 노드(node) n_1 에서 소자 1을 처음으로 통과하여 화살표를 따라 가장 가까운 거리를 여행한다고 한다.

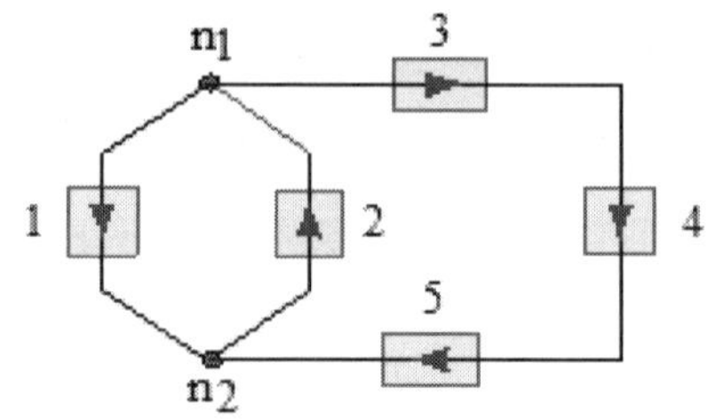

(a) 다음 순서에 따라. 노드(node) n_1 을 출발하여 노드(node) n_1 로 되돌아오는 여행을 하였다.

$$n_1 \rightarrow 1 \rightarrow n_2 \rightarrow 2 \rightarrow n_1 \rightarrow 3 \rightarrow 4 \rightarrow 5 \rightarrow n_2 \rightarrow 2 \rightarrow n_1$$

노드 n_1 , n_2 를 각각 몇 번 씩 touch 하였느냐?

(b) 다음 순서에 따라. 노드(node) n_1 을 출발하여 노드(node) n_1 로 되돌아오는 여행을 하였다.

$$n_1 \rightarrow 1 \rightarrow n_2 \rightarrow 2 \rightarrow n_1 \rightarrow 3 \rightarrow 4 \rightarrow 5 \rightarrow n_2$$

노드 n_1 , n_2 를 각각 몇 번 씩 touch 하였느냐?

답 (a) 두 번, 두 번 ; (b) 두 번 ; 두 번. ■

5. 가지(branch)

회로 해석을 하기 위하여 정의하는 중요한 용어로서 가지(branch)를 정의한다. 회로에서, 하나의 소자와 그 소자의 양쪽 끝에 있는 두 개 노드(node)의 집합을 가지(branch)라고 한다. 따라서, 가지(branch)는 가지의 개수는 소자의 개수이다.[14]

> **정의**
> **가지(branch): 하나의 소자와 그 소자의 양쪽 끝에 있는 두 개 노드(node)의 집합**

14) 노드(node) 2, 3을 각각 두 개인 것처럼 분리시켜서 4개로 그렸으나, 실제로 node 2은 한 개의 node, node 3은 한 개의 node이다.

그림 2.4의 **회로는** 4개의 노드(node)와 6개의 **가지(branch)로 구성된** 회로를 나타낸다.

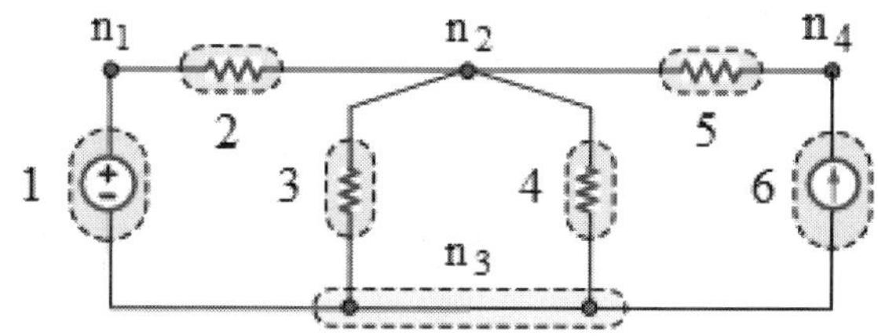

그림 2.4 노드(node) 4개와 가지(branch) 6개를 갖는 회로.

예제 2

폐경로들 중에서, 최소의 폐경로를 메쉬(mesh)라고 한다. 다음 회로에서 굵은 선으로 표시한 가지들의 집합은 경로, 폐경로, 메쉬(mesh) 인가?

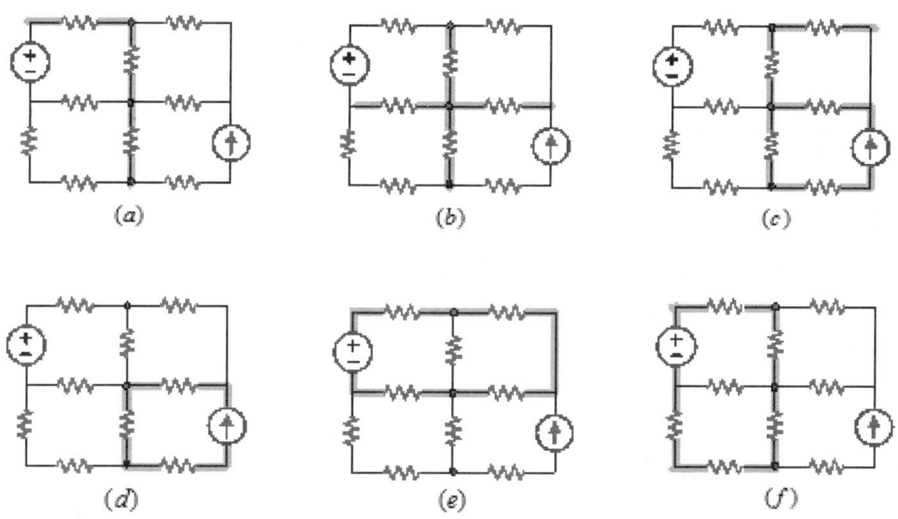

[풀이] (a) Yes, No, No ; (b) No, No, No ;
(c) Yes, No, No ; (d) Yes, Yes, Yes ;
(e) Yes, Yes, No.

■

문제 ②

다음 회로에서 표시한 가지들의 집합은 경로, 폐경로인가?

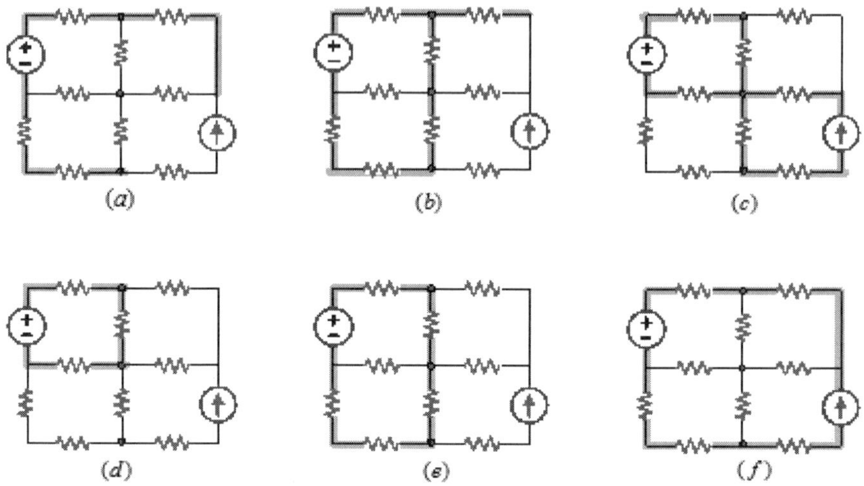

■

2.2 옴의 법칙

전원에는 다음과 같이 6가지 종류가 있다.

독립 전압원, 전압종속전압원, 전류종속전압원

독립 전류원, 전압종속전류원, 전류종속전류원

이 전원들은 실제 소자를 근사적으로 나타낸 이상적인 능동소자이다.

또 하나의 이상적으로 취급하는 소자 즉, (선형)저항을 살펴보자. 저항은 가장 간단한 수동 소자이다. 독일 물리학자 옴(George Simon Ohm)은 1827년 발표한 논문에서 최초로 특정소자의 전류들과 와 전압들을 측정하였다. 측정한 하나의 결과를 수학적으로 기술하였는데, 전압-전류 사이의 기본적인 관계[15]에 대한 것이었다. 오늘날 우리는 수학적 관계식을 옴의 법칙(Ohm's law)이라고 한다.

15) 이후에 이 결과는 이미 46년이나 앞서 영국에서 헨리 캐번디쉬(Henry Cavendish)에 의해 반결되었음이 확인되었다. 옴의 논문이 발표되고 나서 처음 수년 동안은 부당한 비평과 조소를 무수히 받았다. 그러나 그 후에 인정을 받게 되고 그의 이름이 세상에 알려지게 되었다.

Ohm의 법칙을 수식으로 표현하면

$$\text{정의:} \qquad v = Ri \tag{2.1}$$

이다. 비례상수 R을 저항이라고 한다. 말로 표현하면,

도체의 양단에 걸리는 전압은 그 도체를 통해 흐르는 전류에 정비례한다.

저항의 단위는 옴(Ohm)으로서 기호 Ω을 사용한다.

$$1\,\Omega = 1\,\frac{\text{V}}{\text{A}} \tag{2.2}$$

이다. Ohm의 법칙 $v = Ri$을 v-i 평면에 그리면 그림 2.5와 같이 원점을 지나는 직선이 된다. 관계식 $v = Ri$은 **선형 방정식**[16)]이며 선형 저항을 정의하기 위하여 이 식을 사용한다.

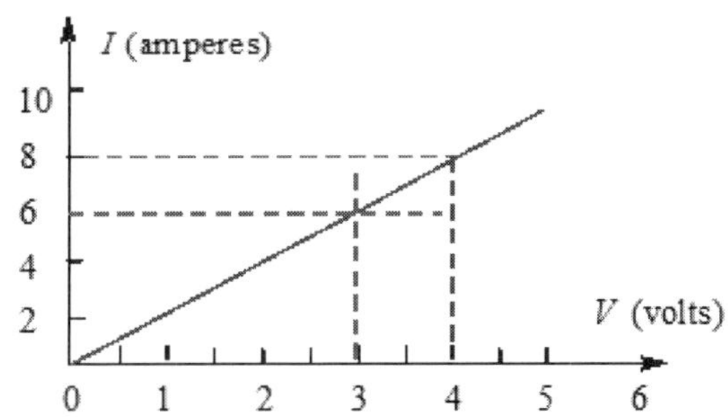

그림 2.5 선형 저항의 전압-전류 관계.

일반적으로 저항은 양(+)의 값을 갖는다고 간주하지만, 특별한 회로를 해석할 경우, 다음의 값을 지정할 수도 있다.

실제 제품 저항의 전압-전류 관계는 온도와 기타 주변 환경 요인에 따라 변동하기 때문에 특정한 범위 내의 전류, 전압, 또는 전력 값에 대해서만 전압과 전류가 선형관계를 갖는다.

우리는 실제 제품 저항을 근사화 시켜서 이상적인 선형 회로 소자라고 간주하여, 하나의 편리한 수학적 모델로서 선형 저항을 사용한다.

선형 저항은 간단히 저항이라고 부르고, 비선형 특성을 갖는 저항은 비선형 저항이라고 부른다.[17)]

16) 수학에서는 $y = ax + b$의 꼴을 일차 방정식(선형 방정식) 이라고 하지만, 공학에서는 $y = ax$인 꼴을 "선형 방정식"이라고 한다.

17) 비선형 저항을 바람직하지 않은 소자라고 생각할 필요는 없다. 일반적으로 비선형 저항은 회로 해석을 복잡하게 만드는 것은 사실이지만 어떤 장치의 성능은 이러한 비선형 특성에 의하여 크게 개선되는 경우도 있다. 예를 들면, 과전류 보호 퓨즈와 전압조정용 Zener diode는 매우 심한 비선형 특성을 나타낸다. 특정 회로 설계에서는 이 특성을 매우 유용하게 이용하고 있다.

예제 1

그림과 같은 저항 $R = 3\,\Omega$ 의 가지(branch)는 전기회로의 일부이다.
이 저항에 흐르는 전류를 구하여라.

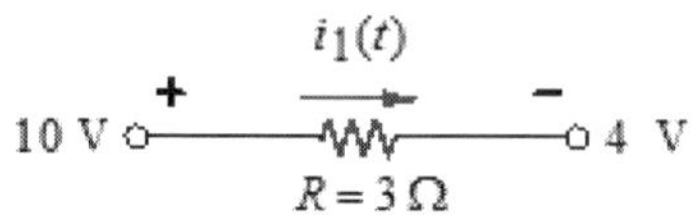

(a)

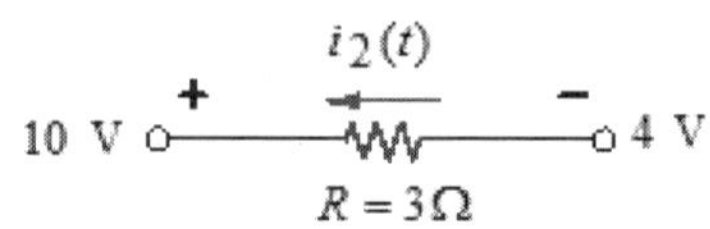

(b)

[풀이] (a) 저항의 $(+)$단자로 전류가 인가된다 (수동부호규칙을 따른다).

$$i_1(t) = \frac{(10) - (4)}{3} = 2\,\mathrm{A};$$

(b) 저항의 $(-)$단자로 전류가 인가된다 (수동부호규칙을 위배한다).

$$i_2(t) = \frac{(4) - (10)}{3} = -2\,\mathrm{A}.$$

답 (a) $i_1(t) = 2\,\mathrm{A}$; (b) $i_2(t) = -2\,\mathrm{A}$. ■

예제 2

그림과 같이 두 전원으로 구동되는 회로가 있다.
(a) 전류 i 를 구하여라.
(b) 전압 v 를 구하여라.

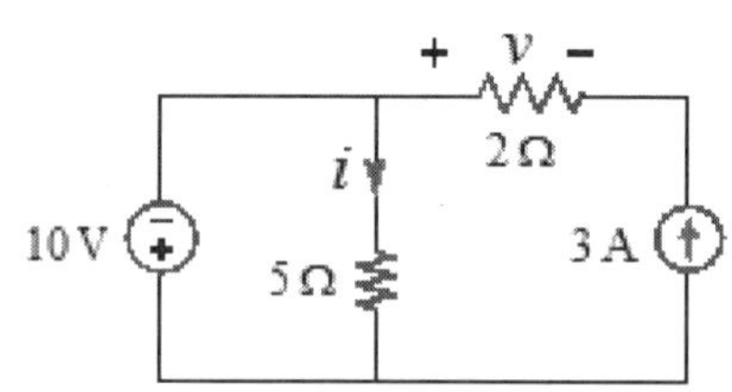

[풀이] (a) $i = \dfrac{V}{R} = \dfrac{-10\,\mathrm{V}}{5\,\Omega} = -2\,\mathrm{A}$;

(b) $v = R \times (-i) = (2\,\Omega) \times (-3\,\mathrm{A}) = -6\,\mathrm{V}$;

답 (a) $i = -2\,\mathrm{A}$; (b) $v = -6\,\mathrm{V}$. ■

문제 ①

그림과 같은 저항 $R = 2\,\Omega$ 의 가지(branch)는 전기회로의 일부이다. 이 저항의 통과전류와 양단전압을 구하여라.

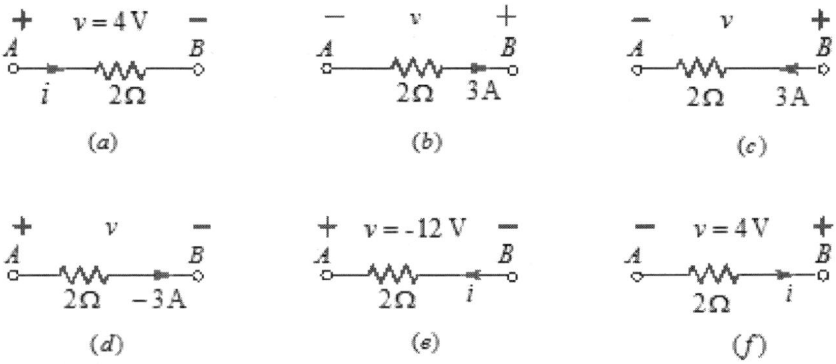

답 $(a)\ i = 2\,\mathrm{A}$; $(b)\ v = -6\,\mathrm{V}$; $(c)\ v = 6\,\mathrm{V}$; $(d)\ v = 6\,\mathrm{V}$; $(e)\ i = 6\,\mathrm{A}$; $(f)\ i = -2\,\mathrm{V}$. ■

문제 ②

그림과 같은 회로가 주어져 있다.

(a) 전압 v_2 를 구하여라.

(b) 전압 v_4 를 구하여라.

(c) 전압 v_6 를 구하여라.

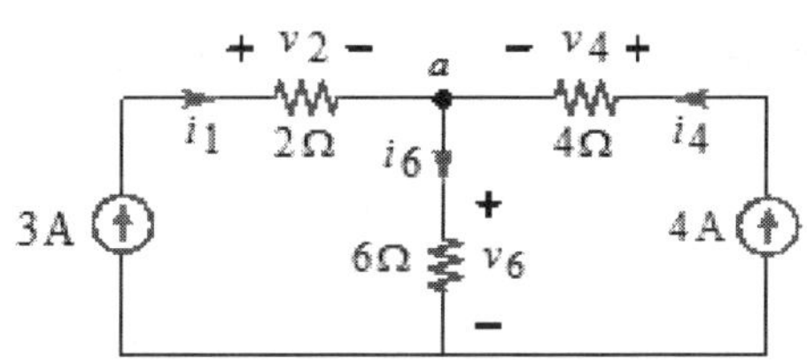

답 $(a)\ v_2 = 6\,\mathrm{V}$; $(b)\ v_4 = 16\,\mathrm{V}$; $(c)\ v_6 = 36\,\mathrm{V}$. ■

2.3 전력의 소모(=흡수)

그림 2.6은 실제의 저항과 이상적 모델을 나타낸 그림이다.

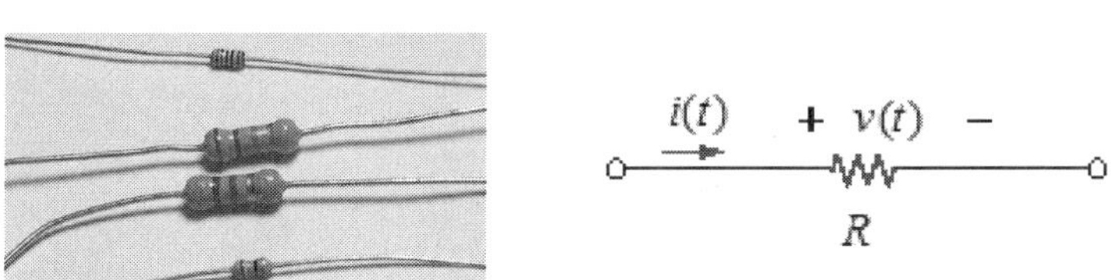

(a) (b)

그림 2.6 (a) 실제 저항. (b) 저항을 나타내는 기호.

저항은 수동소자이다. 전력을 생산하지 못하고 소비한다.

수동 부호 규약에 의하여 저항에서 흡수(또는 쇠비)되는 전력은

$$p = vi \tag{2.3}$$

이다. 즉, 저항에서 소모되는 전력은 전압 v 와 전류 i 의 곱으로 계산한다.

저항에서 소모된 전력은 열 and/or 빛의 형태로 전환되며 항상 양의 값이다.

양(+)의 저항은 수동소자이므로 에너지를 공급하거나 저장하지 못하는 소자이다.

소모 전력을 다른 형태로 표현하면 다음과 같다.

$$p = vi = i^2R = \frac{v^2}{R} \tag{2.4}$$

예제 1

그림과 같은 저항 $R = 5\,\Omega$ 에 $i(t) = 3\,\text{A}$ 의 전류가 흐른다.

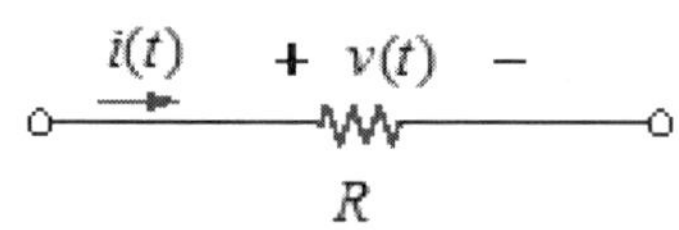

(a) 저항 양단에 걸리는 전압 $v(t)$ 를 구하여라.

(b) 저항에서 소모되는 전력 $p(t)$ 를 구하여라.

[풀이] (a) 저항 양단에 걸리는 전압은 옴의 법칙에 의해 구할 수 있다.

$$v(t) = R(t) \cdot i(t) = (5)(3) = 15\ \text{V}$$

(b) 여러 가지 방법으로 구할 수 있다.

(i) 이미 저항의 양단전압과 저항에 흐르는 전류를 알고 있으므로

$$p(t) = v(t) \cdot i(t) = (15\ \text{V})(3\ \text{A}) = 45\ \text{VA} = 45\ \text{W}$$

(ii) 아래와 같이 다른 형태의 두 수식으로 전력을 구할 수 있다.

$$p(t) = \frac{v^2(t)}{R} = \frac{(15\,\text{V})^2}{(5\,\Omega)} = \frac{225\ \text{V}^2}{5\,\Omega} = 45\,\text{W}$$

$$p(t) = i^2(t) \cdot R = (3\ \text{A})^2 \cdot (5\,\Omega) = 45\,\text{W}$$

답 (a) $v(t) = 15\,\text{V}$; (b) $p(t) = 45\ \text{W}$. ■

예제 2

그림과 같이 두 전원으로 구동되는 회로가 있다.

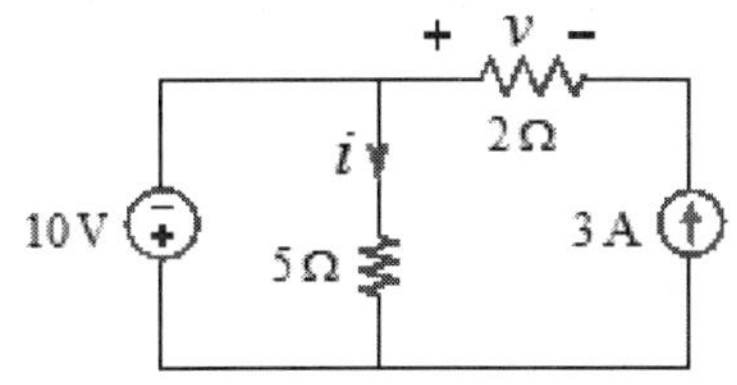

(a) 전류 i, 전압 v를 구하여라.

(b) 저항 $5\,\Omega$이 흡수하는 전력을 구하여라.

(c) 저항 $2\,\Omega$이 흡수하는 전력을 구하여라.

[풀이] (a) $i = \dfrac{V}{R} = \dfrac{-10\,\text{V}}{5\,\Omega} = -2\,\text{A}$;

$v = R\times(-i) = (2\,\Omega)\times(-3\,\text{A}) = -6\,\text{V}$;

(b) $p_{5\Omega} = (-2\,\text{A})^2\times(5\,\Omega) = 20\,\text{W}$; (c) $p_{2\Omega} = (3\,\text{A})^2\times(2\,\Omega) = 18\,\text{W}$.

답 (a) $i = -2\,\text{A}$, $v = -6\,\text{V}$; (b) $p_{5\Omega} = 20\,\text{W}$; (c) $p_{2\Omega} = 18\,\text{W}$. ■

문제 ①

실험을 위하여 제작한 어떤 장치가 전력을 소모하고 있다.

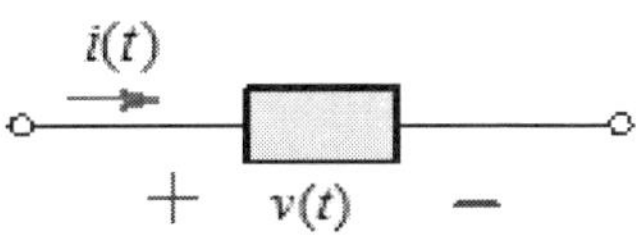

양단 전압이 $v(t) = 4\cos 10t$ V

통과 전류가 $i(t) = 2\,\dfrac{dv}{dt}$ A

일 때, 이 장치가 소모하는 전력을 구하여라.

답 (a) $p(t) = -320\sin^2 10t$ W. ■

문제 ②

그림과 같은 저항소자에 통과전류와 양단 전압이 표시되어 있다.

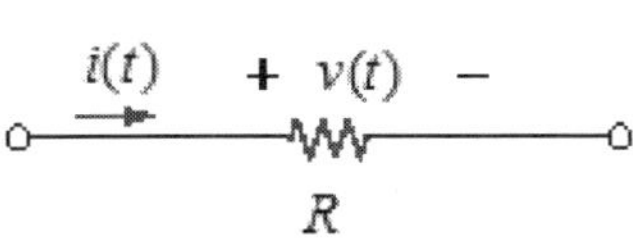

(a) 만약 $R = 2\,\Omega$ 이고 $v = -10$ V 일 때, i는 얼마인가?

(b) 만약 $R = 5\,\Omega$ 이고, 이 저항이 $p = 20$ W을 흡수할 때 v는 얼마인가?

(c) 만약 $R = 4\,\Omega$, $v = -8$ V 일 때, 이 저항이 흡수하는 전력은 얼마인가?

(d) 만약 $i = -5$ A 이고 저항이 16 W를 흡수한다면 R은 얼마인가?

(e) 만약 $G = 5\,℧$ 이고 $i = -15$ A 라면, v는 얼마인가?

답 (a) $i = -5$ A ; (b) $v = \pm 10$ V ; (c) $p = 16$ W ; (d) $R = 4\,\Omega$; (e) $v = -3$ V. ■

보충학습 저항의 색깔띠

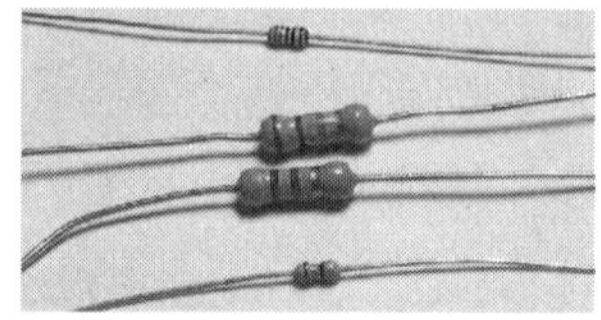

전기 회로에 사용되는 저항은 색깔 띠를 사용하여 저항 값 뿐만 아니라 그 오차까지도 나타내는데, 첫 번째 띠와 두 번째 띠는 첫 번째와 두 번째 숫자이다. 세 번째 띠는 두 수 뒤에 붙을 0의 개수를 표시하고 네 번째 띠는 저항 값의 오차가 5% 이내인지 10% 이내인지를 알려 준다.

저항의 색깔 코드

첫 세 개의 띠	검정	갈색	빨강	주황	노랑	초록	파랑	보라	회색	흰색
숫자 및 개수	0	1	2	3	4	5	6	7	8	9
네 번째 띠		무색 27%			은색 10%				금색 5%	

예제 다음 그림에서 저항의 값이 얼마인지 구해 보자.

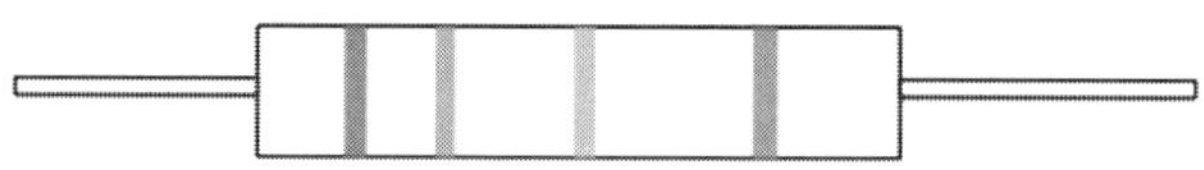

풀이 초록, 보라, 주황, 금색의 순서로 되어 있다. 따라서 $57k\Omega \pm 5\%$ 이다.

2.4 소자들의 직렬연결 및 병렬연결

제작되어 동작하는 회로에서, 구성 소자들은 여러 형태로 의미 있게 연결되어 각각 동작한다. 여러 개의 전원들이 연결된 경우도 있고, 여러 개의 저항들끼리. 여러 개의 인덕터들끼리. 여러 개의 커패세터들 끼리 연결되어 동작한다. 여기서는, 세 **소자** A **,** B **,** C **를 예로 들어** 직렬연결, 병렬회로 및 직병렬 연결의 개념을 알아보자.

(1) 직렬연결

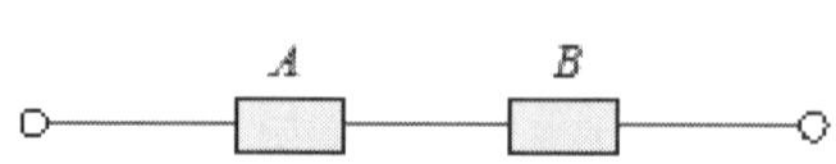

그림 2.7 직렬연결된 두 소자.

$N(\geq 2)$개의 소자가 하나의 도선으로 연결되어 있어서 동일한(the same) 전류가 흐르는 소자를 직렬(series)로 연결되어 있다고 말한다. 전체 소자에 걸리는 전압은 각 소자에 걸리는 전압의 합과 같다.

(2) 병렬연결

$N(\geq 2)$개 소자의 $N(\geq 2)$개 도선이 한 끝을 하나의 노드에, 다른 끝을 다른 노드에 접속된 연결을 병렬(series)로 연결이라고 한다.

모든 소자들은 동일한(the same) 양단전압을 갖는다. 전체 소자에 흐르는 전류는 각 소자에 흐르는 전류의 합과 같다.

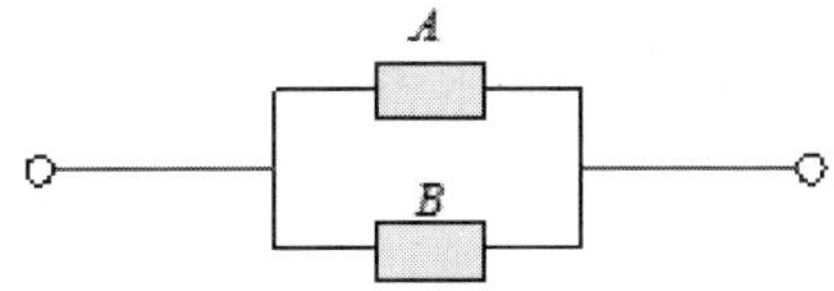

그림 2.8 병렬연결된 두 소자.

(3) 직·병렬 연결

직렬연결과 병렬연결 모두 갖는 연결이다.

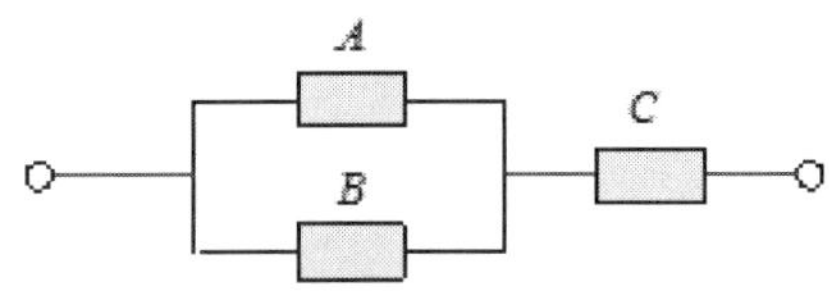

그림 2.9 직·병렬연결된 세 소자.

예제 1

크리스마스 트리에 사용되는 전구들은 직렬연결된 전구들인가?
아니면 병렬연결된 전구들인가?

[풀이] 전구의 연결 상태에 따른 크리스마스 트리의 종류는 3종류이다.

(1) 직렬연결된 전구만을 사용한 트리 ;
도선하나에 동일한 전류가 흐르도록 구성한 간단한 회로이다. 전구 하나가 고장나면 다른 모든 전구들에 전류가 흐르지 못하므로 트리의 전구 전체가 off 된다.

(2) 병렬연결된 전구의 전구만을 사용한 트리 ;
한 개의 전구가 고장 나더라도 일부 전구는 off 되지만 일부 전구는 on 상태를 유지하도록 구성한 회로이다. 도선이 많이 사용된다.

(3) 직·병렬 연결된 전구를 사용한 트리 ;
위의 직렬연결과 병렬연결의 장단점을 모두 고려하여 구성한 회로이다. ■

예제 2

다음의 회로(a), (b)에서 병렬연결 또는 직렬연결된 각각의 소자들을 말하여라.

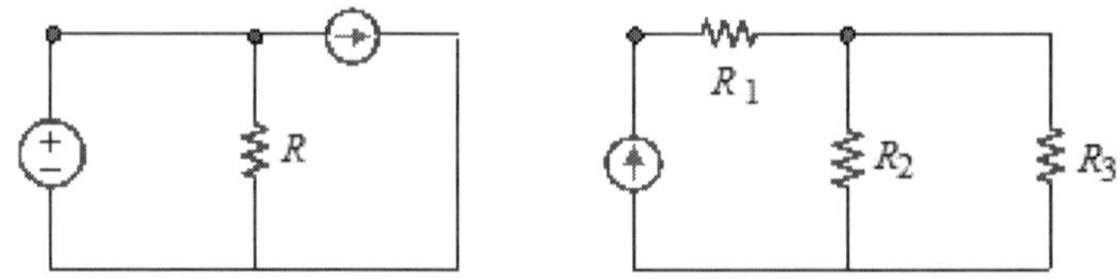

(a) (b)

[풀이] 회로(a)에서 병렬연결된 소자들 ;

전압원과 저항 R, 저항 R과 전류원.

회로(b)에서 직렬연결된 소자들 ;

전류원과 R_1, 병렬연결된 소자들 ; R_1 과 R_2 . ■

문제 ①

다음 제품들은 직렬연결된 소자들인가? 병렬연결된 소자들인가?

(a) 가정에서 사용되는 가전 제품들 끼리 ; (b) 회로 차단기

[풀이] (a) 스위치를 on/off 할 때 다른 제품들은 영향을 받지 않는다. ∴ 병렬연결;

(b) 위급할 때 한꺼번에 전기가 차단된다. ∴ 직렬연결.

답 (a) 병렬연결 ; (b) 직렬연결. ■

문제 ②

가정에서 전기 제품을 많이 연결하면, 회로차단기가 off 되어 전기가 차단된다.
이유를 말하여라.

답 서로 병렬연결된 가전제품들이 함께 차단기에 직렬연결되어 있다. ■

문제 ③

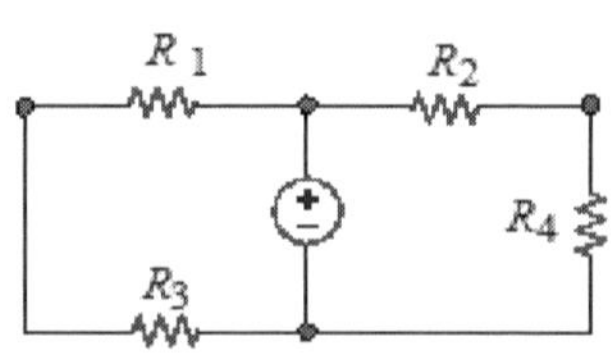

다음의 회로에서 연결 관계를 답하여라.

(a) 직렬연결된 소자들은 어떤 것들인가?

(b) 소자들을 따로 따로 고려했을 때 병렬 연결된 소자들은 어떤 것들인가?

(c) 직렬저항을 하나의 저항으로 나타낼 경우, 전압원과 병렬연결된 소자들은 무엇인가?

답 (a) (i) 저항R_1, 저항R_3 ; (ii) 저항R_2, 저항R_4 ; (b) 없다. ;
(c) 저항R_1, 저항R_3를 함께 생각한 저항은 전압원과 병렬연결이다.
저항R_2, 저항R_4를 함께 생각한 저항은 전압원과 병렬연결이다. ■

2.5 전압원의 직렬연결 및 전류원의 병렬연결

직렬 또는 병렬 회로를 지배하는 방정식을 표기하여 회로를 해석할 때, 회로의 전원을 합하여 하나의 등가 전원으로 나타내면 편리한 경우가 있다. 등가로 표시하지 않고 그대로 남아있는 회로 부분에서의 전압, 전류 및 전력의 관계는 변하지 않는다.

1. 전압원의 직렬연결

그림 2.10과 같이 직렬로 접속되어 있는 전압원은 한 개의 등가 전압원으로 대체할 수 있다. 병렬로 접속되어 있는 소자들은 필요에 따라 순서를 바꾸어 주어도 된다.

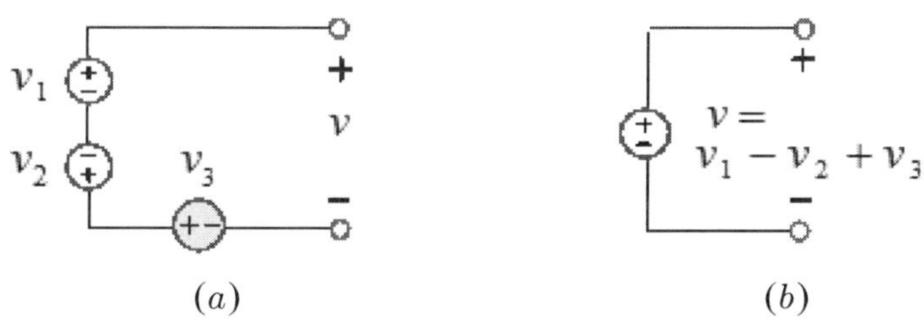

그림 2.10 직렬로 접속되어 있는 전압원 ;
(a) 직렬연결된 세 전압원. (b) 하나의 등가 전압원.

예제 1

그림 1과 같이, 4개의 전압원이 직렬로 접속되어 있는 단일 루프 회로가 있다. (a)전압원을 하나로 합성한 등가회로; (b)전류 i; (c)저항 R_2가 소비하는 전력을 구하여라.

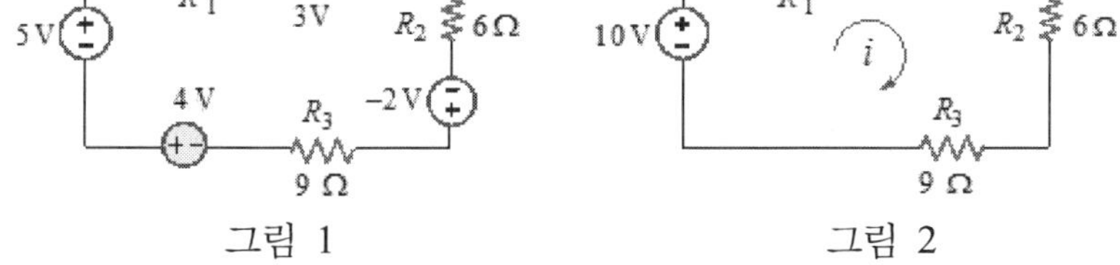

[풀이] (a) 전압원 4개가 직렬로 접속되어 있다. 메쉬(mesh)를 따라서 전압의 대수적인 합을 구하면 다음과 같다.

$$-5-3-(-2)-4=-10\text{ V}$$

따라서, 등가회로는 그림 2와 같다.

(b) 등가회로에서 옴의 법칙을 이용하여 KVL을 나타내면,

$$-10+(5+6+9)i=0$$

전류 i 를 구하면 다음과 같다.

$$i=\frac{10}{20}=0.5\text{ A}$$

(c) $p_{6\Omega}=i^2R=(0.5)^2\times 6=1.5\text{ W}$

답 (a) 그림 2, (b) $i=0.5\text{ A}$; (c) $p_{6\Omega}=1.5\text{ W}$. ■

2. 전류원의 병렬연결

그림 2.11과 같이 병렬로 접속되어 있는 전류원은 한 개의 등가 전류원으로 대체할 수 있다.

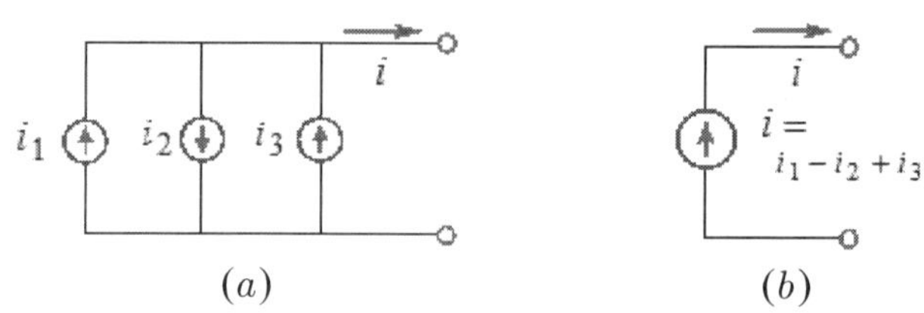

그림 2.11 병렬로 접속되어 있는 전류원 ;
(a) 병렬연결된 세 전류원. (b) 하나의 등가 전류원

예제 1

다음의 회로에서 전류원을 하나로 합성한 등가회로를 구하여라.

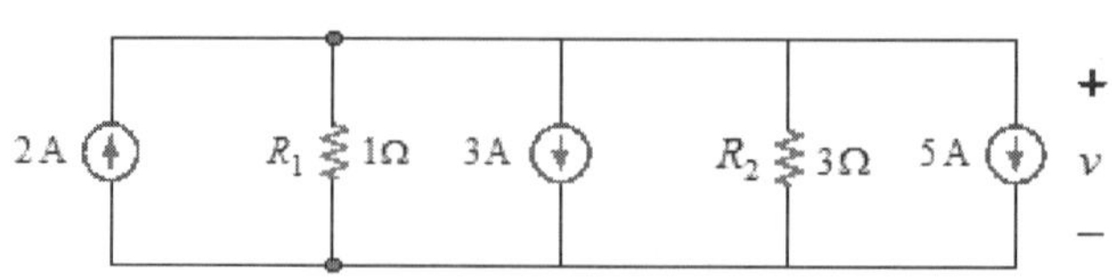

[풀이] 전압원 3개가 병렬접속 되어있다. 위쪽의 단자를 "+"로 갖는 전류원으로 대체하기 위하여 우측 5 V 전원을 기준으로 전류의 대수적인 합을 구하여 나타내면 그림과 같다.

$$2-3-5=-6\text{ V}$$

등가회로는 아래 그림과 같다.

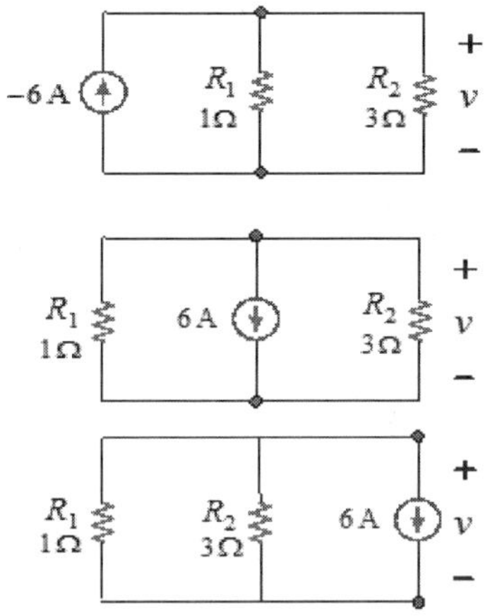

(i) 전류원 2A 위 위치에
3A, 5A를 중첩한 등가회로
전류원 2A, 3A, 5A를 중첩하여
하나의 전류원으로 표시한다.

(ii) 전류원 3A 위 위치에
2A, 5A를 중첩한 등가회로

(iii) 전류원 5A 위 위치에
2A, 3A를 중첩한 등가회로 ■

문제 1

그림의 회로에서, 다음을 구하여라.

(a) 세 전류원을 하나로 합성한 등가회로; (b) 전압 v ;

(b) 저항 R_2가 소비하는 전력.

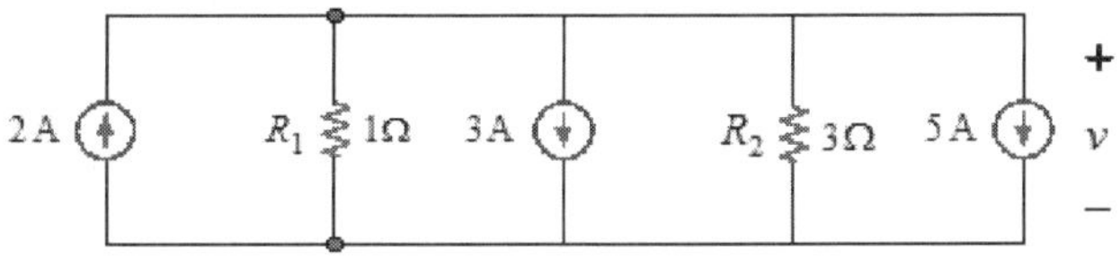

답 (a) 생략 ; (b) $v = -\dfrac{9}{2}\text{V}$; (c) $p_{3\Omega} = \dfrac{27}{4}$ W. ■

3. 전압원 및 전류원의 유효한 연결

예제 1

그림의 회로 중에서 어느 것이 유효한 회로인가? 설명하여라.

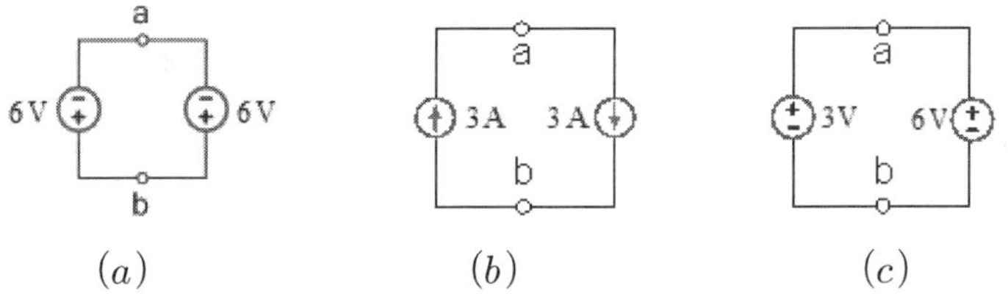

[풀이] (a) Yes. !!

각 전압원이 동일 단자 a, b에 같은 크기 전압 6 V을 공급하고 있다.
따라서, 존재가능하다.

(b) Yes. !!

각 전류원이 동일 단자 a, b에 같은 크기 전류 3 A을 공급하고 있다.
따라서, 존재가능하다.

(c) No. !!

각기 다른 두 전압 3 V, 6 V를 동일 단자 a, b에 공급할 수 없다.
따라서, 존재 불가능하다.

답 (a) Yes. ; (b) Yes. ; (c) No. ■

문제 1

그림의 세 회로 (a), (b), (c) 중에서 어느 것이 유효한 회로인지 결정하여라.

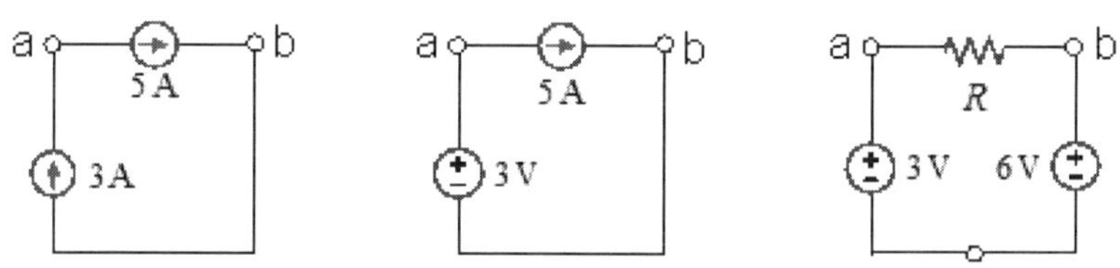

(a) (b) (c)

답 (a) No. !! ; (b) Yes. !! ; (c) Yes. !! ■

2.6 저항의 직렬연결, 병렬연결 및 직·병렬연결

$N(\geq 2)$개의 저항을 $M(1 \leq M \leq N-1)$개의 등가 저항으로 나타 낼 경우가 있다.

여러 개 저항들에서 각각 저항의 전류, 전압 또는 전력을 구하려는 경우에는 등가저항으로 낼 필요가 없이 그대로 두고 해석한다.

그러나, 등가저항을 사용하여 회로를 해석하면 매우 편리할 경우가 많다.

등가로 변환한 저항을 제외한 나머지 부분에서는 전류, 전압 및 전력의 관계가 전혀 변하지 않는다.

1. 저항의 직렬연결

그림 2.12에는 N 개의 저항이 직렬로 접속되어 있다. N 개의 저항을 하나의 등가저항 R_{eq} 로 대체하여 회로를 간단히 만들고자 한다. 이때 등가저항 R_{eq} 를 사용하더라도 회로의 나머지 부분(이 경우는 전압원)은 영향을 받지 않는다. 이 회로에서 전압원에서의 전류, 전압 및 전력은 대체 이전이나 대체 이후나 동일해야 한다.

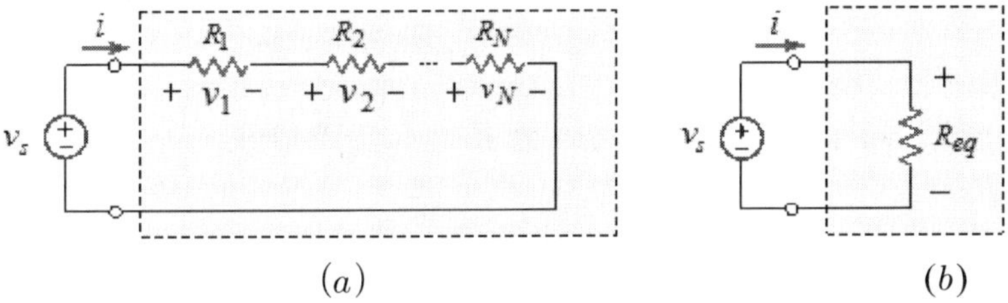

그림 2.12 (a) N 개의 저항의 직렬연결 ; (b) 등가회로.

(1) 그림 2.12a 의 원래 회로에서 KVL을 적용하면

$$v_s = v_1 + v_2 + \ \cdots \ + v_N \tag{2.5}$$

을 얻으며 옴의 법칙을 적용하면 다음 식이 된다.

$$\begin{aligned} v_s &= R_1 i + R_2 i + \ \cdots \ + R_N i \\ &= (R_1 + R_2 + \cdots\cdots + R_N) i \end{aligned} \tag{2.6}$$

(2) 그림 2.12b 의 회로에서 KVL을 적용하면

$$v_s = R_{\text{eq}} i \tag{2.7}$$

두 식이 같아야 하므로, N 개의 직렬로 접속되어 있는 저항의 등가저항은

$$R_{\text{eq}} = R_1 + R_2 + \ \cdots \ + R_N \tag{2.8}$$

가 된다. 그러므로

"N 개의 저항이 직렬로 접속되어 있는 2단자 회로망(그림 2.12a)"

과

"하나의 2단자 소자 R_{eq} (그림2.12b)"

는 동일한 v-i 관계를 갖는다.

예제 1

그림의 회로는 여러 개의 전원들과 여러 개의 저항들이 직렬 구성된 1-mesh 회로이다.

(a) 그림의 1-mesh 회로에서 KVL 식을 나타내고, mesh 전류를 구하여라.

(b) 전압원을 하나의 등가전압원으로, 저항을 하나의 저항으로 나타낸 회로의 mesh 전류를 구하여라.

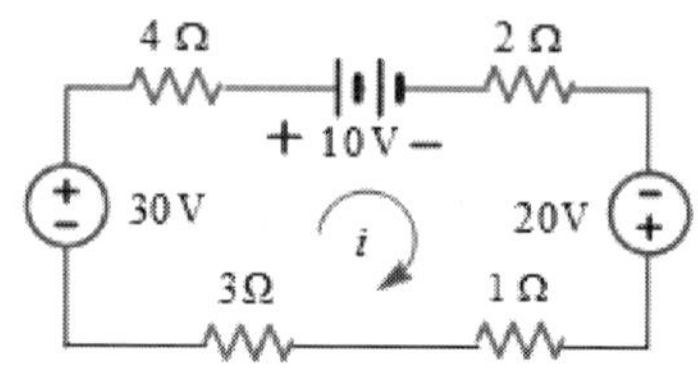

[풀이]

(a) 시계 방향의 mesh current를 가정하고 KVL을 적용한다.

$$(-30)+(10)+(-20)+(4i)+(2i)+(1i)+(3i)=0$$

$$(-40)+(10\,i)=0$$

$$\therefore\ i=4\ \text{A}$$

(b) 소자의 위치를 이동하여 그린 등가 회로는 좌측 그림과 같다. 전압원 3개를 합성하여 하나의 등가 전압원 40 V로 나타내고, 저항 4개를 하나의 등가저항으로 합성하면 우측 그림과 같이 된다.

$$(-40)+(10\,i)=0 \quad \therefore\ i=4\ \text{A}$$

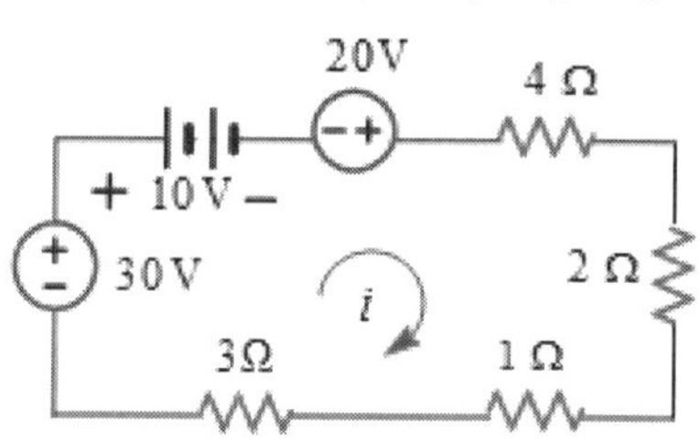

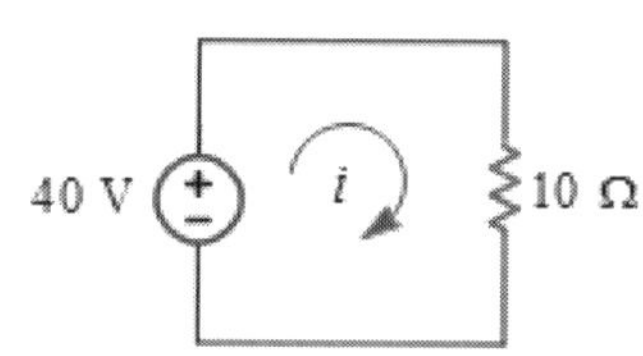

■

문제 1

그림과 같이 1-mesh 회로가 주어져 있다.

(a) 세 전압원이 공급하는 전체 전력을 구하여라.

(b) 세 저항이 소비하는 전체 전력을 구하여라.

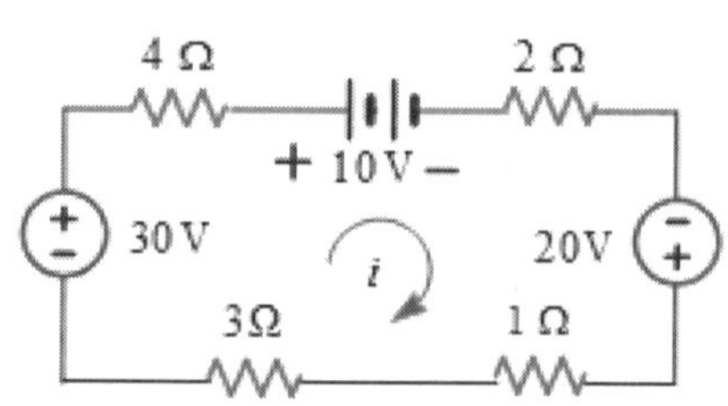

답 (a) $p_{공급}=160\ \text{W}$; (b) $p_{소비}=160\ \text{W}$. ■

2. 저항의 병렬연결

그림 2.13에는 N개의 저항이 병렬로 접속되어 있다. N개의 저항을 하나의 등가저항 R_{eq}로 대체하여 회로를 간단히 만들고자 한다. 병렬저항을 등가저항을 사용하여 회로를 간단하게 해석할 수 있다.

이때 등가저항 R_{eq}를 사용하더라도 회로의 나머지 부분(이 경우는 전압원)은 영향을 받지 않는다. 이 회로에서 전압원에서의 전류, 전압 및 전력은 대체 이전이나 대체 이후나 동일해야 한다.

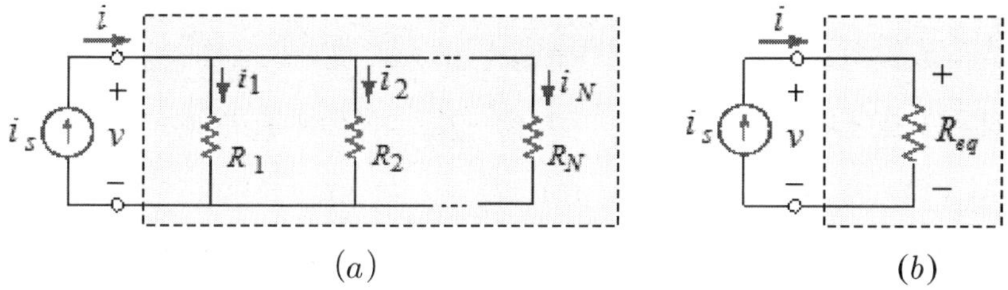

그림 2.13 (a) N개의 저항의 병렬연결 ; (b) 등가회로.

그림 2.13a와 같이 N개의 저항이 병렬로 접속되어 있는 회로에 KCL을 적용하면

$$i_s = i_1 + i_2 + \cdots\cdots + i_N \tag{2.9}$$

전압-전류간의 관계를 사용하여 다시 쓰면 다음 식을 얻는다.

$$\begin{aligned} i_s &= \frac{v}{R_1} + \frac{v}{R_2} + \cdots\cdots + \frac{v}{R_N} \\ &= \frac{v}{R_{eq}} \end{aligned} \tag{2.10}$$

따라서 등가저항은 다음과 같이 표현된다.

$$\frac{1}{R_{eq}} = \frac{1}{R_1} + \frac{1}{R_2} + \cdots\cdots \frac{1}{R_N} \tag{2.11}$$

병렬연결을 간단히 표현하기 위해 기호 $\|$를 사용한다. 예를 들어 저항 R_1, R_2, R_3가 병렬이면 다음과 같이 간단하게 표시한다.

$$R_{eq} = R_1 \| R_2 \| R_3 \tag{2.12}$$

특히 두 개의 저항이 병렬인 경우 등가저항은

$$R_{eq} = R_1 \| R_2 = \frac{1}{\frac{1}{R_1} + \frac{1}{R_2}} \tag{2.13}$$

이며, 간단히 정리하면 다음과 같다.

$$R_{\text{eq}} = \frac{R_1 R_2}{R_1 + R_2} \tag{2.14}$$

이 식을

$$R_{\text{eq}} = \frac{\text{두 저항의 곱}}{\text{두 저항의 합}}$$

으로 기억해 두면 회로 해석에 편리하게 적용할 수 있다.[18]

예제 1

다음과 같은 회로에서 저항 R_1, R_2 가 다음 값을 가질 때 등가저항 R_{eq} 를 구하여라.

(a) $R_1 = 3\ \Omega$, $R_2 = 6\ \Omega$　　(b) $R_1 = 6\ \Omega$, $R_2 = 12\ \Omega$

(c) $R_1 = 15\ \Omega$, $R_2 = 30\ \Omega$　　(d) $R_1 = 12\ \Omega$, $R_2 = 24\ \Omega$

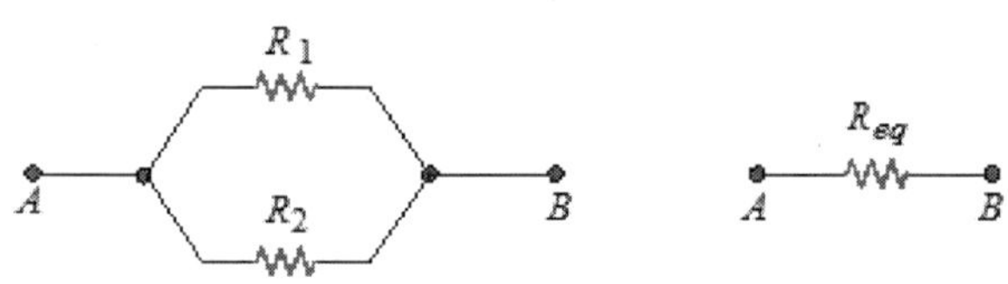

[풀이] (a) $\frac{1}{R_{eq}} = \frac{1}{3} + \frac{1}{6} = \frac{6+3}{3\times 6}$ $\therefore R_{eq} = \frac{3\times 6}{3+6} = 2\ \Omega$

(b) $\frac{1}{R_{eq}} = \frac{1}{6} + \frac{1}{12} = \frac{12+6}{6\times 12}$ $\therefore R_{eq} = \frac{6\times 12}{6+12} = 4\ \Omega$

(c) $\frac{1}{R_{eq}} = \frac{1}{15} + \frac{1}{30} = \frac{30+15}{15\times 30}$ $\therefore R_{eq} = \frac{15\times 30}{15+30} = 10\ \Omega$

(d) $\frac{1}{R_{eq}} = \frac{1}{12} + \frac{1}{24} = \frac{24+12}{12\times 24}$ $\therefore R_{eq} = \frac{24\times 12}{12+24} = 4\ \Omega$

답 (a) $R_{eq} = 2\ \Omega$; (b) $R_{eq} = 4\ \Omega$; (c) $R_{eq} = 10\ \Omega$; (d) $R_{eq} = 4\ \Omega$. ■

---

18) 그러나 저항이 3개 이상인 경우에 이 식을 확대 적용하여

$$R_{\text{eq}} = \frac{\text{세 저항의 곱}}{\text{세 저항의 합}},\quad R_{\text{eq}} = \frac{R_1 R_2 R_3}{R_1 + R_2 + R_3}$$

으로 하면 틀린다. 이 식에서 양변의 단위가 일치 하지 않는다.

예제 2

회로 (A)는 세 개의 저항 $R_1 = 4\ \Omega$, $R_2 = 18\ \Omega$, $R_3 = 36\ \Omega$이 전압원과 병렬연결되어 있고 회로 (B)는 하나의 등가저항 R_{eq}이 전압원과 직렬연결되어 있다. 두 회로가 공급하는 전류가 같도록 다음 방법에 의하여 R_{eq}를 구하여라.

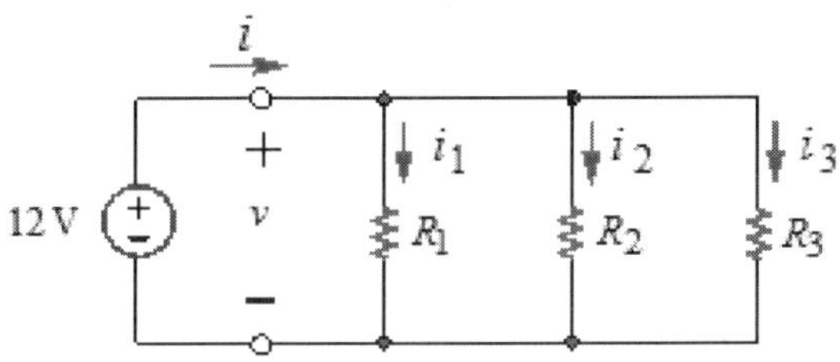

(A)

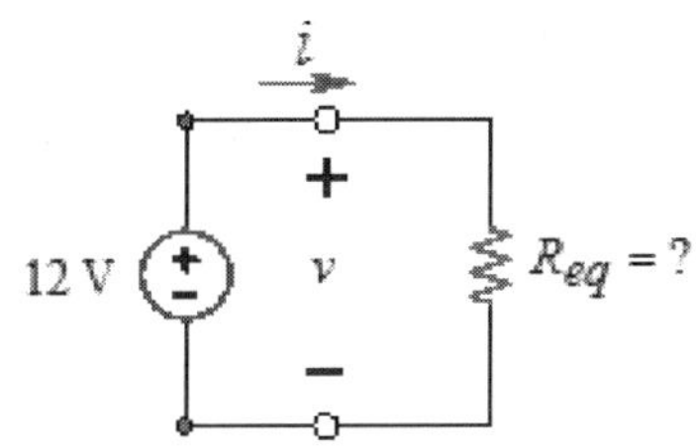

(B)

$(a)\ R_{eq} = \left(\frac{1}{R_1} + \frac{1}{R_2} + \frac{1}{R_3}\right)^{-1}$; $(b)\ R_{eq} = R_1 \parallel (R_2 \parallel R_3)$

$(c)\ R_{eq} = (R_1 \parallel R_2) \parallel R_3$; $(d)\ R_{eq} = (R_1 \parallel R_3) \parallel R_2$

[풀이] $(a)\ R_{eq} = \left(\frac{1}{4} + \frac{1}{18} + \frac{1}{36}\right)^{-1} = \left(\frac{9+2+1}{36}\right)^{-1} = \left(\frac{1}{3}\right)^{-1} = 3\ \Omega$

$$(b)\ R_{eq} = R_1 \parallel (R_2 \parallel R_3) = 4 \parallel (18 \parallel 36) = 4 \parallel \frac{648}{54} = 4 \parallel 12 = \frac{48}{16} = 3$$

$$(c)\ R_{eq} = (R_1 \parallel R_2) \parallel R_3 = (4 \parallel 18) \parallel 36 = \frac{4 \times 18}{4+18} \parallel 36 = \frac{72}{22} \parallel 36$$

$$= \frac{\frac{72}{22} \times 36}{\frac{72}{22} + 36} = \frac{72 \times 36}{72 + 22 \times 36} = \frac{2592}{72 + 792} = \frac{2592}{864} = 3$$

$$(d)\ R_{eq} = (R_1 \parallel R_3) \parallel R_2 = (4 \parallel 36) \parallel 18 = \frac{4 \times 36}{40} \parallel 18$$

$$= \frac{18}{5} \parallel 18 = \frac{\frac{18}{5} \times 18}{\frac{18}{5} + 18} = \frac{18 \times 18}{18 + 5 \times 18} = \frac{324}{108} = 3$$

답 $(a)\ R_{eq} = 3\ \Omega$; $(b)\ R_{eq} = 3\ \Omega$; $(c)\ R_{eq} = 3\ \Omega$; $(d)\ R_{eq} = 3\ \Omega$. ■

문제 1

그림과 같이, 독립전류원과 종속전류원으로 동작하는 회로가 있다.

(a) 전류 i_3, i_6, i 및 v_1 ;

(b) 종속전류원이 회로에 공급하는 전력;

(c) 독립전류원이 회로에 공급하는 전력;

(d) $3\,\Omega$이 소비하는 전력;

(e) $6\,\Omega$이 소비하는 전력을 구하여라.

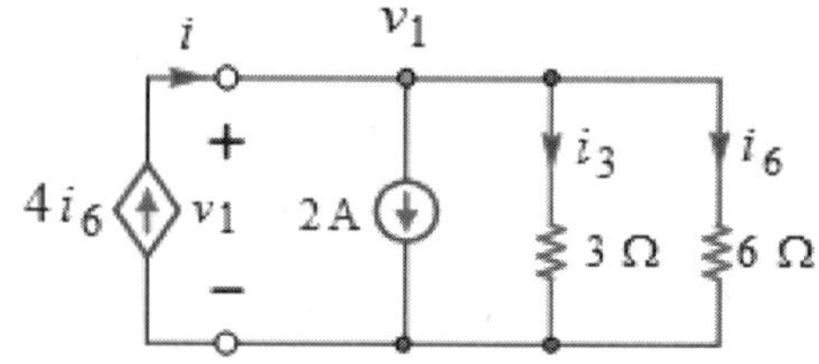

답 (a) $i_6 = 2\text{ A}$, $v_1 = 12\text{ V}$, $i_3 = \dfrac{12}{3} = 4\text{ A}$, $i_3 = 8\text{ A}$;
(b) $p_{종속} = 96\text{ W}$; (c) $p_{독립} = -24\text{ W}$; (d) $p_{3\Omega} = 48\text{ W}$; (e) $p_{6\Omega} = 24\text{ W}$. ■

3. 저항의 직병렬연결

예제 1

아래 그림과 같이, $100\,\Omega$ 짜리 저항 세 개를 도선으로 연결했을 때 점 A 와 C 사이의 합성 저항을 구하여라(단, 연결 도선의 저항은 무시한다).

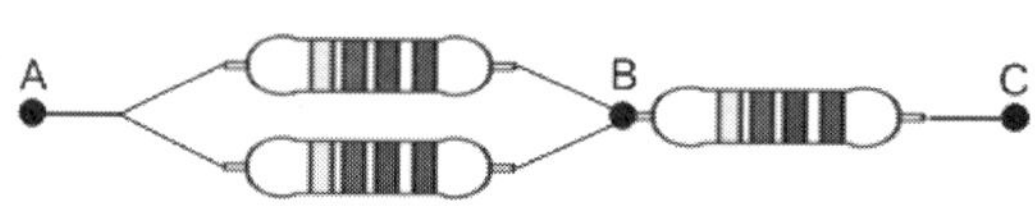

[풀이] 두 개는 병렬 연결되고 나머지 하나는 직렬 연결되었다.

AB 사이의 저항은

$$\frac{1}{R_{AB}} = \frac{1}{100} + \frac{1}{100} = \frac{2}{100}$$

$$\therefore R_{AB} = \frac{100}{2} = 50\ \Omega$$

AC 사이의 저항은

$$\therefore R_{AC} = R_{AB} + R_C = 50 + 100 = 150\,\Omega$$

답 $R_{AC} = 150\,\Omega$. ■

예제 2

아래 주어진 회로에서,

(a) 전류 i 를 구하여라.

(b) 점 a 의 전압 v_a 를 구하여라.

(c) 전압원 10 V가 공급하는 전력을 구하여라.

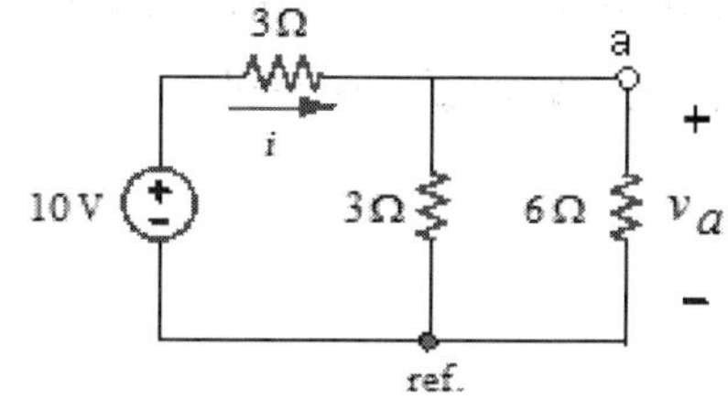

[풀이] (a) 두 병렬 저항을 하나로 대치하면

$$3\,\Omega \| 6\,\Omega = 2\,\Omega$$

이다.

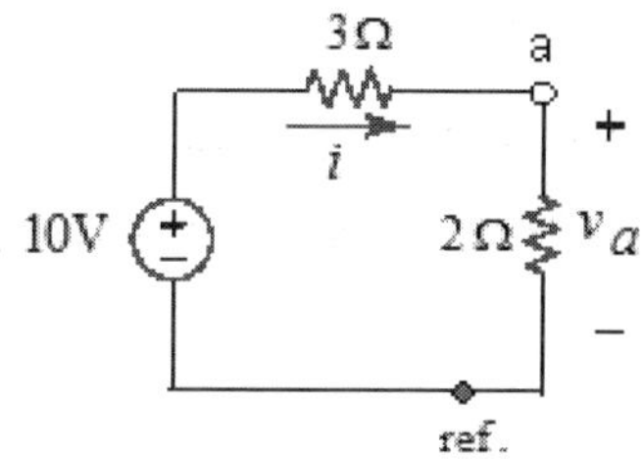

$$i = \frac{10\,\text{V}}{5\Omega} = 2\,\text{A}$$

(b) Ohm's law에 의하여,

$$v_a = Ri = (2\Omega) \times (2\,\text{A}) = 4\,\text{V}$$

(c) 전류원 10 V가 공급하는 전력은 다음과 같다.

$$p_{20\text{A}} = 10\,\text{V} \times 2\,\text{A} = 20\ \text{Watt}$$

답 (a) $i = 2\,\text{A}$; (b) $v_a = 4\,\text{V}$; (c) $p_{20\text{A}} = 20$ Watt. ■

문제 1

다음의 각 회로를 좌측에서 들여다 본 등가저항 R_{xy} 를 구하여라.

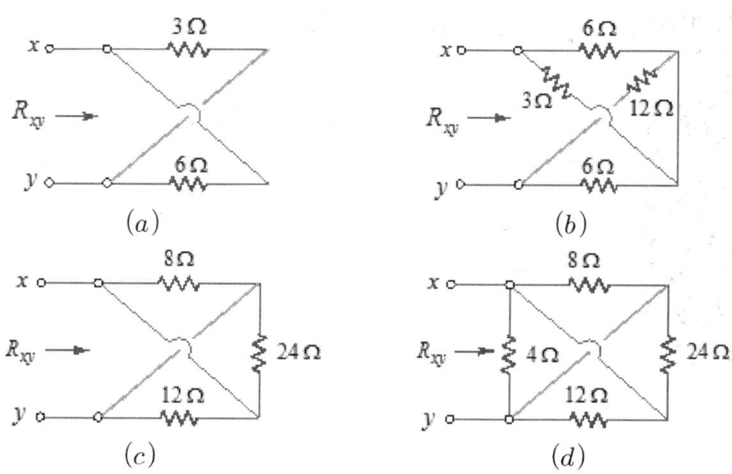

답 (a) $R_{xy} = 2\ \Omega$; (b) $R_{xy} = 6\ \Omega$; (c) $R_{xy} = 4\ \Omega$; (d) $R_{xy} = 2\ \Omega$. ■

문제 ②

다음의 회로를 단자 a, b에서 들여다 본 conductance를 구하여라.

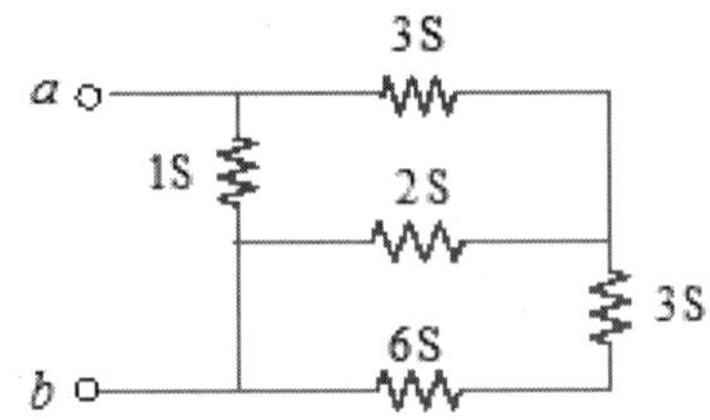

답 $S = \frac{19}{7}$ S. ■

문제 ③

두 개의 저항이 있다. 하나가 다른 것의 배 크기의 저항을 갖는다. 두 저항을 병렬 연결했을 때, 등가 저항이 $100\,\Omega$ 이라고 한다. 두 저항은 각각 얼마인가?

답 (a) $150\,\Omega$과 $300\,\Omega$. ■

2.7 컬콥의 전류 및 전압 법칙

전원과 저항이 간단히 연결된 회로에서는 쉽게 전압 and/or 전류를 구할 수 있다. 그러나 실제 대부분의 전기회로는 여러 소자들이 복잡하게 구성되어 있다. 이와 같이 여러 개의 전원과 기타 소자들이 이 복잡하게 연결되어 있는 각 부분의 전압 and/or 전류를 구하기가 쉽지 않다. 전원과 저항이 여러 개 연결된 복잡한 회로에서 각 부분에 흐르는 전류와 전압을 구하는 방법에 대해 알아보자.

인물탐구

그림 2.14 컬콥.

컬콥 (Kirchhoff, GustavRobert, 1824–1887)[19]

독일의 물리학자. 전류, 광학, 음향, 열역학 등을 연구하였고, 전기 회로, 광학(分光學, spectroscopy), 열을 가한 물체의 흑체 복사 등 많은 업적을 남겼다. Ohm이 실험을 수행하고 있을 무렵에 태어났다.

19) 사진출처: https://en.wikipedia.org/wiki/Gustav_Kirchhoff
[저자 주] 대부분 "키르히호프"라고 발음한다. 저자는 영어식 발음에 근사하게 "컬콥"으로 표기하기로 한다.

1. 컬콥의 전류법칙(KCL)

오옴의 법칙 or **컬콥**의 두 가지 법칙(전류 법칙과 전압 법칙)을 사용하면, 복잡한 전기 회로에서 전압과 전류의 관계를 간단하게 구할 수 있다. 우리는 여기에서 전압원과 저항만으로 구성된 전기 회로를 살펴보기로 한다. 독일의 **컬콥**(Kirchhoff)은 회로해석에 가장 많이 사용되는 두 법칙을 제시하였다. 두 법칙 중의 하나인 **컬콥**의 전류법칙(간단히 KCL이라고 함)을 고려한다. KCL은 다음과 같다. 회로의 임의의 노드(node ; 절점, 분기점)으로 흘러 들어가는 전류의 합은 흘러 나가는 전류의 합과 같다.

흘러 들어가는 전류의 합 = 흘러 나가는 전류의 합

달리 말하면 다음과 같다.

KCL
임의의 **노드(node ; 절점, 분기점)**로 흘러 들어가는 전류의 대수적인 합은 영(0)이다.

이 법칙은 전하는 node에 저장될 수 없다는 사실을 수학적으로 표현한 것이라 할 수 있다. Node는 회로소자가 아니므로 전하를 저장하거나, 생성할 수 없다.

Node로 유입하는 전류는 모두 유출된다. 어느 것을 (+) 전류로, 어느 것을 (−) 전류로 선택해도 된다.

그림 2.15는 회로의 일부이다. 전류가 출입하는 node를 생각해 보자.

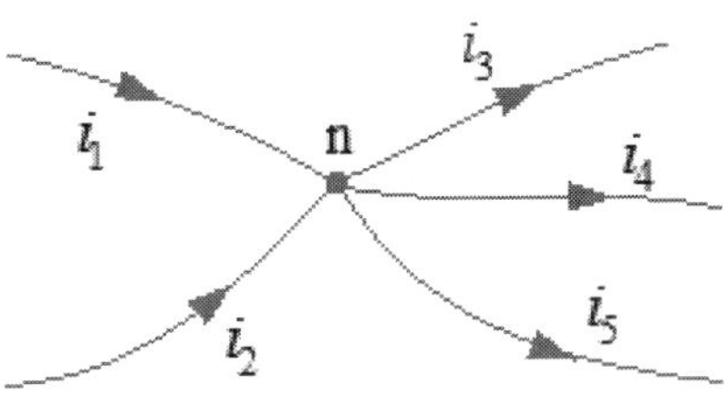

그림 2.15 컬콥의 전류 법칙(KCL).

Node에서 KCL을 적용하면 아래와 같이 표현 할 수 있다.

이 세 표현은 겉보기에 달라 보이지만, 실제의 의미는 모두 같다.

수식을 달리 표현 했을 뿐, 사실은 모두 등가이기 때문이다.

(i) Node로 유입하는 전류의 대수적인 합[20]은 0이다.

20) 대수적으로 합한다는 말은 (+), (−)부호를 생각하여 더한다는 말이다.

$$(i_1)+(i_2)+(-i_3)+(-i_4)+(-i_5)=0 \tag{2.15}$$

(ii) Node에서 유출하는 전류의 대수적인 합이 0이이다.

$$(-i_1)+(-i_2)+(i_3)+(i_4)+(i_5)=0 \tag{2.16}$$

(iii) Node 유입전류는 유출전류와 같다.

$$(i_1)+(i_2)=(i_3)+(i_4)+(i_5) \tag{2.17}$$

일반적인 경우, 키르히호프의 전류법칙을 나타내면 다음과 같다.

(i) Node로 유입하는 전류의 대수합은 영이다.

$$i_1+i_2+i_3+\cdots\cdots+i_N=0,\ \sum_{n=1}^{N} i_n=0 \tag{2.18}$$

(ii) Node에서 유출하는 전류의 대수합은 영이다.

$$i_1+i_2+i_3+\cdots\cdots+i_N=0,\ \sum_{n=1}^{N} i_n=0 \tag{2.19}$$

(iii) 유입전류의 대수합은 유출하는 전류의 대수합 같다.

$$i_1+i_2+i_3+\cdots\cdots+i_N=i_1+i_2+i_3+\cdots\cdots+i_M$$

$$\sum_{n=1}^{N} i_n = \sum_{n=1}^{M} i_n \tag{2.20}$$

예제 1

아래의 회로의 각 노드(node)에서 KCL을 세워라.

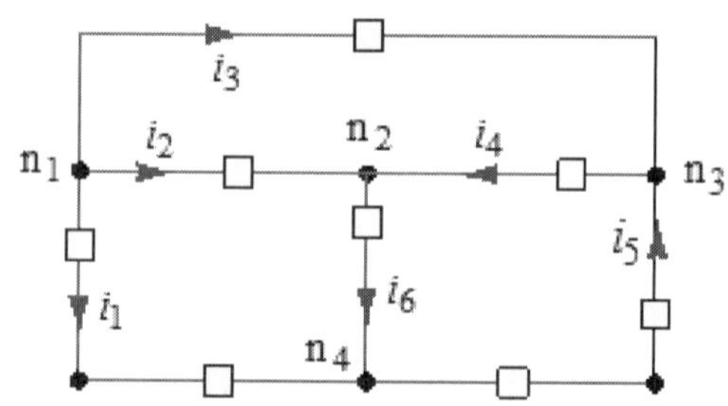

[풀이] Node 1: $i_1 + i_2 + i_3 = 0$ 또는 $-i_1 - i_2 - i_3 = 0$

Node 2: $-i_2 - i_4 + i_6 = 0$ 또는 $+i_2 + i_4 - i_6 = 0$

Node 3: $-i_3 + i_4 - i_5 = 0$ 또는 $+i_3 - i_4 + i_5 = 0$

Node 4: $-i_1 + i_5 - i_6 = 0$ 또는 $+i_1 - i_5 + i_6 = 0$ ■

예제 2

아래의 회로에서 세 개의 가지 (branch)전류는 다음과 같다.

$i_1 = 1\,\mathrm{A},\ i_3 = 3\,\mathrm{A},\ i_4 = 4\,\mathrm{A}$

(a) 전류 i_2 를 구하여라.

(b) 전류 i_5 를 구하여라.

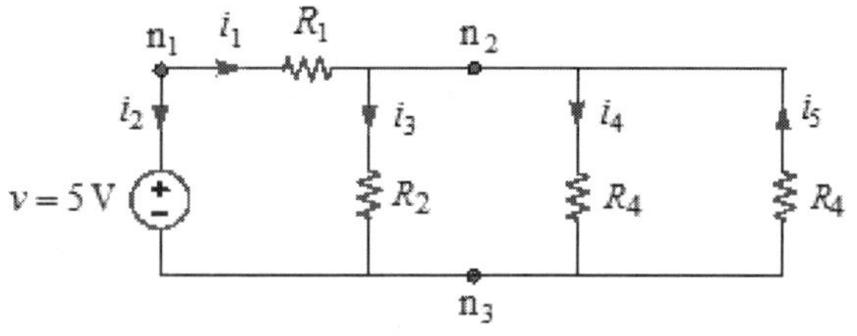

[풀이] (a) 노드 (node) 1에서

$$i_1 + i_2 = 0,\ \therefore i_2 = -i_1 = -1\,\mathrm{A}$$

(b) 노드 (node) 2에서

$$i_1 - i_3 - i_4 + i_5 = 0$$

$$\therefore i_5 = -i_1 + i_3 + i_4 = -1 + 3 + 4 = 6\,\mathrm{A}$$

답 (a) $i_5 = 6\,\mathrm{A}$; (b) $i_5 = 6\,\mathrm{A}$. ■

문제 1

아래의 회로에서 전류 i_5 를 구하여라.

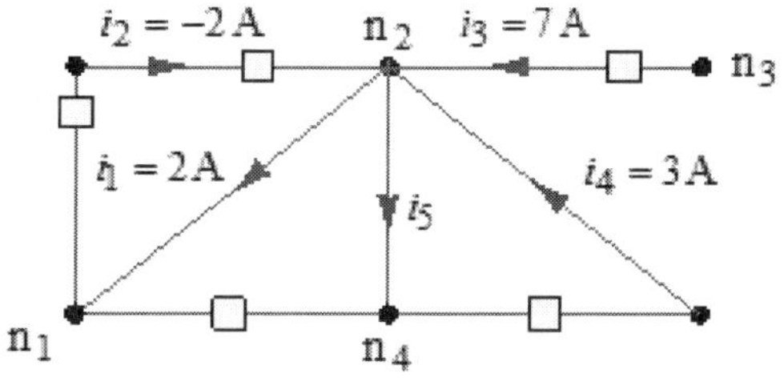

답 $i_5 = 6\,\mathrm{A}$. ■

2. 컬콥의 전압법칙(KVL)

전류는 도선으로 흐르는 전하의 시간 변화 현상이다.

$$i(t) = \frac{dq(t)}{dt} \tag{2.21}$$

전압(전위차)은 두 노드(node)에 위치한 두 점전하가 갖는

"전기적 위치 에너지의 차이(=전위차)"를 나타낸다.

임의의 두 노드 점(node point) A , B 를 지정한다.

지점 A 에서 지점 B 로 이동할 수 있는 경로가 둘 또는 그 이상인 경우,

경로의 형태와 무관하게 전위차가 같다.

즉, 전하를 점 A 에서 점 B 로 이동시키는데 필요한 에너지는,

지점 A 에서 지점 B 로 이동시키는데 필요한 에너지는 경로와 무관하게 같다.[21]

지점 A 에서 지점 B 가 동일 지점인 경우에

임의의 폐경로를 따라 취한 전압의 대수적인 합은 영(0)이다.

그림 2.16에서 노드(node) A 에 있던 시험전하(test charge)가 노드(node) C 에 도달하는 경로는 2개 이다.[22]

(1) 노드(node) A 를 출발하여 반시계 방향의 경로를 따라 노드(node) C 에 도착한 경우, v_1 Joule 의 에너지가 감소한 것이다.[23]

(2) 노드(node) A 를 출발하여 시계방향의 경로를 따라 노드(node) C 에 도착한 경우, $v_2 + v_3$ Joule 의 에너지가 감소하였다.

에너지 감소량은 전하가 이동한 경로와는 무관하므로 이 두 값은 동일해야 한다. 이를 수식으로 표현하면 다음과 같다.

$$v_1 = v_2 + v_3 \tag{2.22}$$

내용은 같고 형태를 달리 표현하면 다음 4가지 수식을 얻는다.

(i) 반시계 방향으로 한 바퀴 이동하면서 소자 입구 단자의 부호를 선택한다.

21) 보존계(conservative field) 하고 한다. 엄기홍, 알기쉽게 풀어쓴 전자기학, 복두출판사, 2016.
22) 시험전하(test charge) 단위 양전하. $+1$ C 의 전하이다.
23) 여기서는 계산이 용이하도록 1C의 전하를 선택하였으며, 수행한 일은 (1C)(v_1J/C)=v_1J이 된다.

$$+v_1 - v_3 - v_2 = 0 \tag{2.23}$$

소자 출구 단자의 부호를 선택한다.

$$-v_1 + v_3 + v_2 = 0 \tag{2.24}$$

(ii) 시계 방향으로 한 바퀴 이동하면서 소자 입구 단자의 부호를 선택한다.

$$+v_2 + v_3 - v_1 = 0 \tag{2.25}$$

소자 출구 단자의 부호를 선택한다.

$$-v_1 + v_3 + v_2 = 0 \tag{2.26}$$

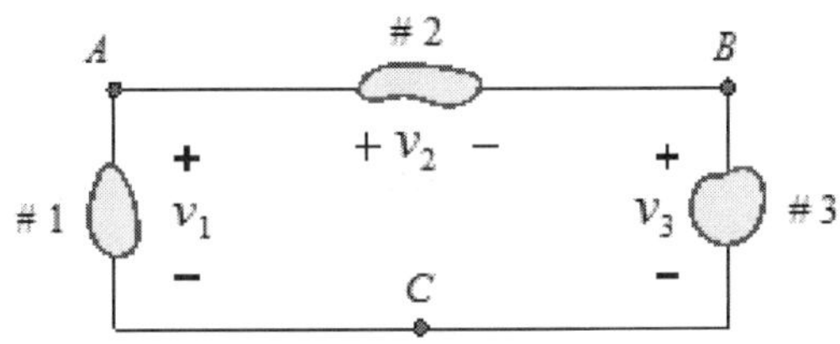

그림 2.16 두 점 A 와 B 사이의 전위차.

그러므로, loop 폐경로, 또는 mesh 폐경로를 따라서 여행 하는 도중에 마주치는 소자의 양단에 걸리는 전압의 대수합은 0이 되어야 한다. 다음과 같이 표현할 수 있다.

$$v_1 + v_2 + v_3 + \cdots\cdots + v_N = 0 \tag{2.27}$$

또는, 더 간단히 나타내면

$$\sum_{n=1}^{N} v_n = 0 \tag{2.28}$$

예제 1

그림과 같이 주어진 회로가 있다.
다음 경로를 따라서 여행하면서 성립하는 KVL 방정식을 이용하여 v_7 을 구하여라.

(a) 경로($a-b-c-d-e-f-g-a$)

(b) 경로($c-d-e-f-g-c$)

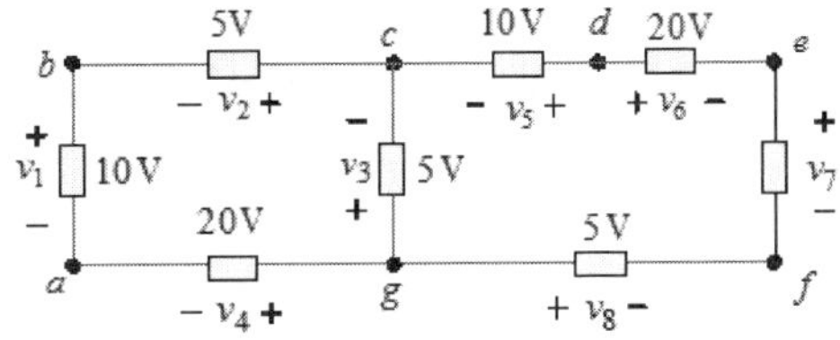

[풀이] (a) 소자의 입구 쪽 부호를 선택하면,

$$-v_1 - v_2 - v_5 + v_6 + v_7 - v_8 + v_4 = 0$$

이므로,

$$\begin{aligned} v_7 &= +v_1 + v_2 + v_5 - v_6 + v_8 - v_4 \\ &= +10 + 5 + 10 - 20 + 5 - 20 \\ &= +10 + 5 + 10 - 20 + 5 - 20 = -10\,\mathrm{V} \end{aligned}$$

(b) 소자의 입구 쪽 부호를 선택하면,

$$v_3 - v_5 + v_6 + v_7 - v_5 = 0$$

이므로,

$$v_7 = -v_3 + v_5 - v_6 + v_5 = -5 + 10 - 20 + 5 = -10\ \mathrm{V}$$

답 (a) $v_7 = -10\,\mathrm{V}$; (b) $v_7 = -10\,\mathrm{V}$. ■

예제 2

그림과 같은 1-mesh의 회로가 주어 져 있다.

(a) Mesh를 따라 흐르는 mesh 전류 i 를 구하여라.

(b) 저항 $5\ \Omega$ 에 걸리는 전압을 구하여라.

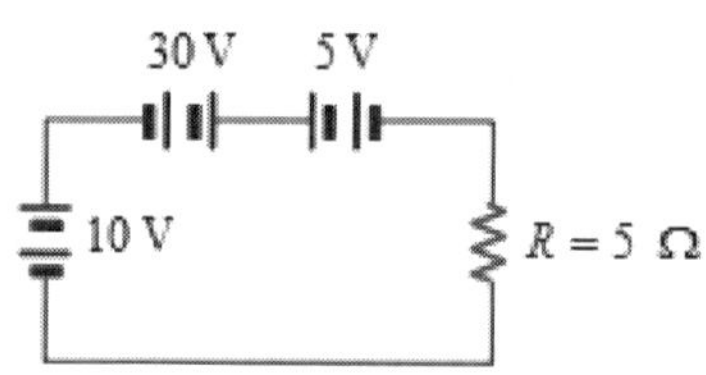

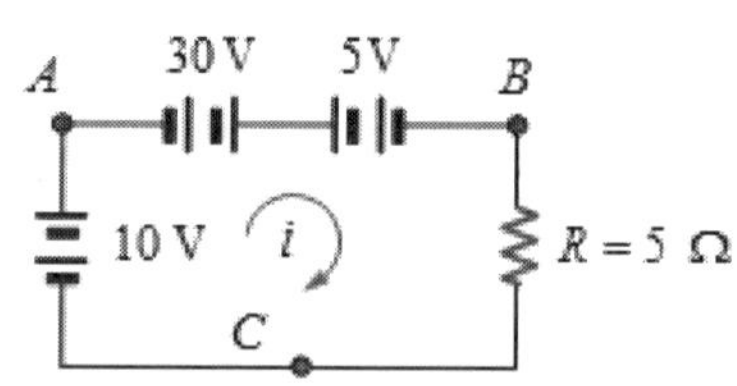

[풀이]

(a) Node C 를 시점 및 종점으로 선택하고, 시계방향의 mesh 전류를 정의한다.

Mesh를 따라 여행하면서 KVL을 적용하면 다음 식을 얻는다.

$$-10 - 30 + 5 + v_5 = 0 \qquad \cdots\cdots\cdots ①$$

저항$5\ \Omega$ 에 걸리는 전압은

$$v_5 = 5i \qquad \cdots\cdots\cdots ②$$

이다. 식 ②를 ①에 대입하면,

$$-10-30+5+5i=0\,,\quad \therefore i=7\ \text{A}\ ;$$

(b) 식 ②에 $i=7$ A 을 대입하면,

$$v_5=5i=5\cdot 7=35\ \text{V}\ \therefore v_5=35\ \text{V}\ .$$

답 (a) $i=7\text{A}$; (b) $i_3=35\text{V}$. ■

예제 3

그림과 같은 회로가 주어져 있다.

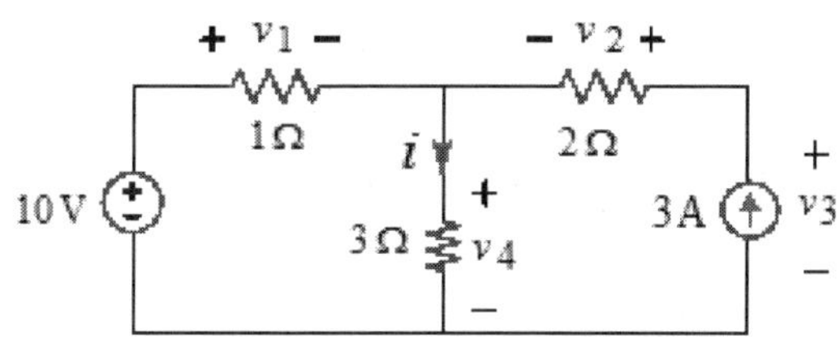

(a) 도선을 따라 시계 방향으로 여행하면서 전압 상승에서 성립하는 독립된 KVL 방정식 3개를 세워라.24)

(b) 도선을 따라 시계 방향으로 여행하면서 전압 강하에서 성립하는 독립된 KVL 방정식 3개를 세워라.

(c) 위의 두 결과는 같은가?

[풀이] (a) 전압 상승을 + 기준으로 정하면 전압 강하는 −이다.

쉽게 말하면, 소자의 출구(exit) 쪽의 부호를 선택한다.

(i) $+10-v_1-v_4=0$ (ii) $-10-v_2+v_3=0$ (iii) $+10-v_1+v_2-v_3=0$

(b) 전압 강하를 − 기준으로 정하면 전압 상승은 +이다.

쉽게 말하면, 소자의 입구(entrance) 쪽의 부호를 선택한다.

(i) $-10+v_1+v_4=0$ (ii) $-10+v_1+v_4=0$ (iii) $-10-v_1-v_2-v_3=0$

(c) Yes ! ■

문제 ①

그림과 같이 1-mesh, 1-loop, 5-node로 구성된 회로가 주어져 있다. 다음을 구하여라.

(a) i_x ; (b) v_x ;

24) **독립된 방정식(independent equations)**이란 하나의 식(또는 둘 이상의 식) 으로부터 얻어지지 않는 방정식을 말한다. 서로 다른 방정식을 말한다.

(c) 전압원 $-3\,\text{V}$가 공급하는 전력

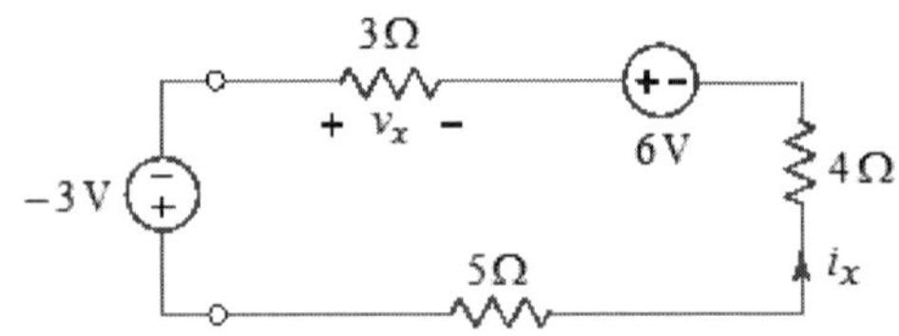

답 (a) $i_x = 0.25\,\text{A}$;

(b) $v_x = 0.75\,\text{V}$; (c) $p = -0.75\,\text{W}$. ■

문제 2

그림과 같이 1-mesh, 1-loop, 3-node로 구성된 회로가 주어져 있다.

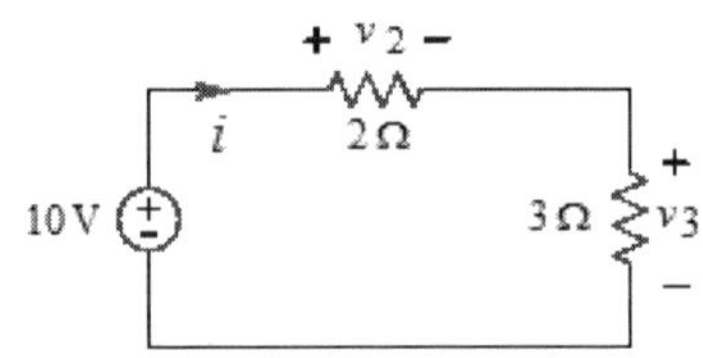

(a) 시계 방향으로 여행하면서 전압 상승에서 성립하는 KVL 방정식을 세워라.

(b) 각 소자의 양단 전압을 전류 i로 표시하여라.

(c) 시계 방향으로 흐르는 전류 i를 구하여라.

답 (a) $-10 + v_2 + v_3 = 0$; (b) $-10 + (2i) + (3i) = 0$; (c) $i = 2\,\text{A}$. ■

문제 3

그림과 같이 회로 (p)와 (q)가 주어져 있다.

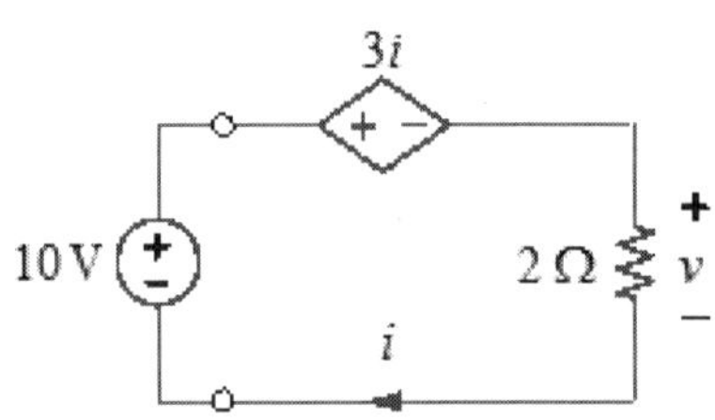

(p)

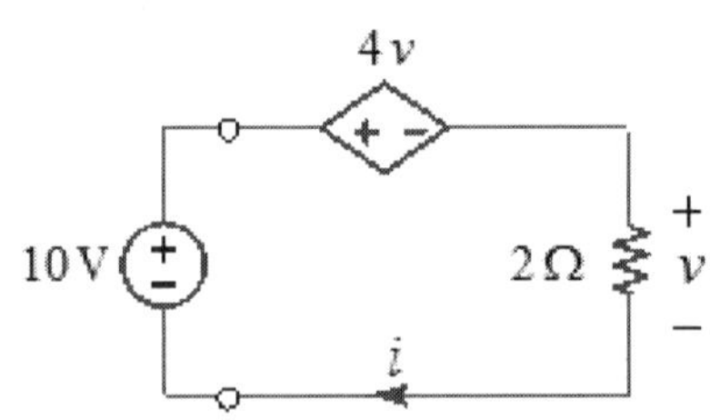

(q)

(a) 회로 p에서 i 와 v 를 구하여라.

(b) 회로 q에서 v 와 i 를 구하여라.

답 (a) $i = 2\,\text{A}$, $v = 4\,\text{V}$; (b) $v = 4\,\text{V}$, $i = 2\,\text{A}$. ■

문제 4

그림과 같이 회로가 주어져 있다.

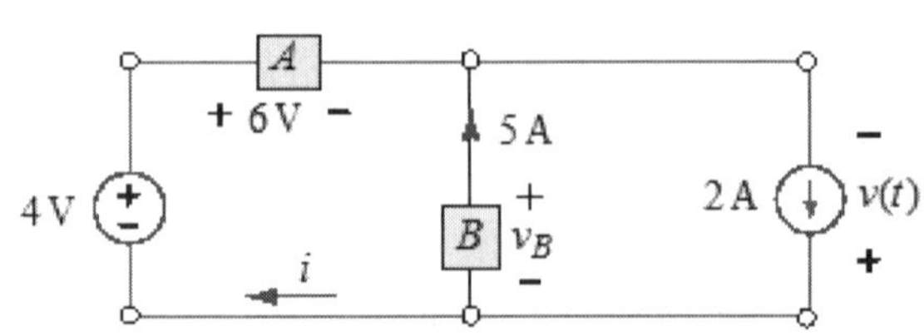

(a) 전압 v_B, 전류 i 의 값을 구하여라.

(b) 각 소자가 흡수하는 전력을 구하여라.

(c) 에너지가 보존됨을 보여라.

답 (a) $i = 2\,\text{A},\ v = 4\,\text{V}$;

(b) $p_A = -18\,\text{W},\ p_B = 10\,\text{W},\ p_{2\text{A}} = -4\,\text{W},\ p_{4\text{V}} = 12\,\text{W}$;

(c) $-18 + 10 - 4 + 12 = 0\,\text{W}$. ■

2.8 전압분배와 전류분배

저항소자 양단에 걸리는 전압과 저항소자를 통과하는 전류는 저항소자의 크기와 연결상태에 따라서 달라진다. 각각의 저항에 분배되는 전업과 전류를 구해보자.

1. 전압분배

전압분배는 직렬로 접속되어 있는 여러 개의 저항 중에서 하나의 저항에 걸리는 전압을 전체저항에 걸린 전압으로 나타내는 데에 사용된다.

(1) 직렬로 접속 되어 있는 2개 저항의 전압분배

그림 2.17에서 두 개 저항이 직렬로 접속되어 있는 회로망을 고려한다.

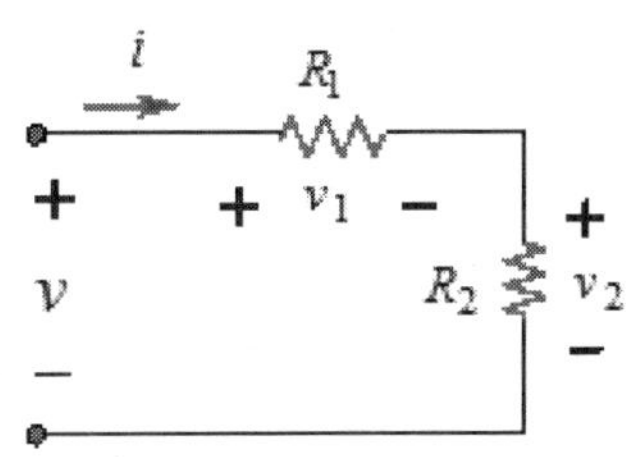

그림 2.17 2개의 저항의 직렬연결.

(1) 저항 R_1에 걸리는 전압 v_1

KVL과 옴의 법칙을 적용하면

$$v = v_1 + v_2 = iR_1 + iR_2 = i(R_1 + R_2) \tag{2.29}$$

이다. 따라서,

전류는

$$i = \frac{v}{R_1 + R_2} \tag{2.30}$$

전압은

$$v_1 = iR_1 = (\frac{v}{R_1 + R_2})R_1 \tag{2.31}$$

$$\therefore\ v_1 = \frac{R_2}{R_1 + R_2}v \tag{2.32}$$

이다.

(2) 저항 R_2 에 걸리는 전압 v_2

KVL과 옴의 법칙을 적용하면

$$v = v_1 + v_2 = iR_1 + iR_2 = i(R_1 + R_2) \tag{2.33}$$

이다. 따라서,

전류는

$$i = \frac{v}{R_1 + R_2} \tag{2.34}$$

전압은

$$v_2 = iR_2 = (\frac{v}{R_1 + R_2})R_2$$

$$\therefore v_2 = \frac{R_2}{R_1 + R_2}v \tag{2.35}$$

이다.

(2) 직렬로 접속 되어 있는 N 개 저항의 전압분배

$N(\geq 2)$개의 저항R_1 ,R_2, R_3, ..., R_N이 직렬 연결된 회로망을 보자.

그림 2.18에서, N 개의 저항R_1, R_2, R_3, ..., R_N이 직렬 연결되어 있다.

식 (2.35)을 사용하면 N 개의 저항이 직렬로 접속되어 있는 저항에서 임의의 k 번째 저항인 R_k 의 양단에 나타나는 전압 v_k 를 계산할 수 있다.

전압분배법칙을 적용하여 다음과 같은 결과를 얻는다.

$$v_k = \frac{R_k}{R_1 + R_2 + \cdots\cdots + R_N}v \tag{2.36}$$

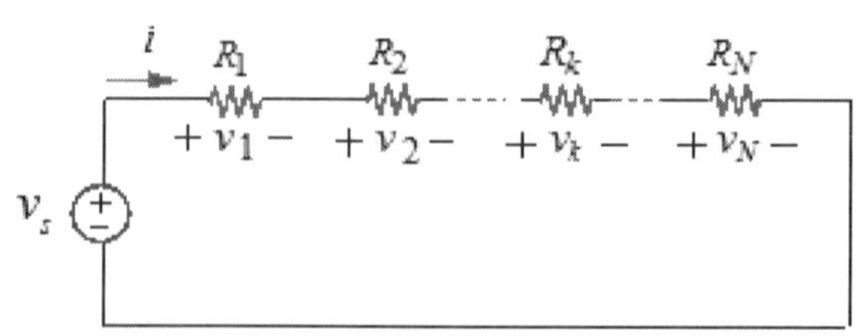

그림 2.18 $N(\geq 2)$개 저항의 직렬연결.

예제 1

그림과 같이 주어진 회로가 있다.

(a) 전압 v_x 를 구하여라.

(b) 전압 v_y 를 구하여라.

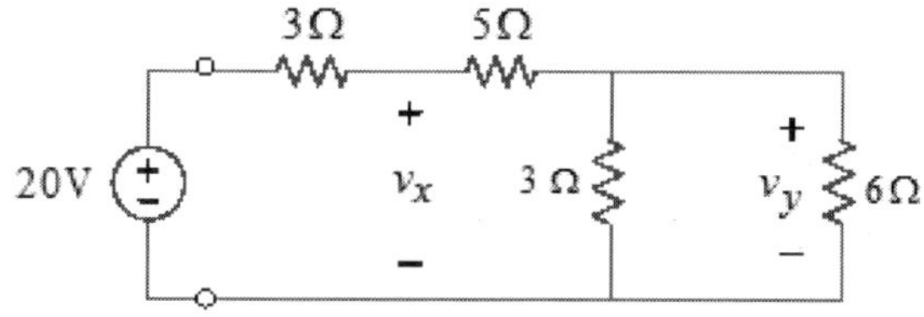

[풀이] (a)

$$v_x = 20 \times \frac{5 + (3 \parallel 6)}{3 + [\,5 + (3 \parallel 6)\,]}$$
$$= 20 \times \frac{5 + (2)}{3 + 5 + (2)} = 20 \times \frac{7}{10} = 14\text{ V}$$

(b)

$$v_y = 20 \times \frac{3 \parallel 6}{8 + (3 \parallel 6)}$$
$$= 20 \times \frac{2}{8 + (2)} = 20 \times \frac{2}{10} = 4\text{ V}$$

또는

$$v_y = v_x \times \frac{3 \parallel 6}{5 + (3 \parallel 6)}$$
$$= 14 \times \frac{3 \parallel 6}{5 + (3 \parallel 6)} = 4\text{ V}$$

답 (a) $v_x = 14\text{V}$; (b) $v_y = 4\text{V}$. ■

문제 1

그림의 회로에서 다음 물음에 답하여라.

(a) 저항 R_2와 R_3 저항을 하나의 등가저항으로 나타낸 회로;

(b) 저항 R_1 양단에 걸리는 전압 v_x ;

(c) 저항 R_3 양단에 걸리는 전압 v_y.

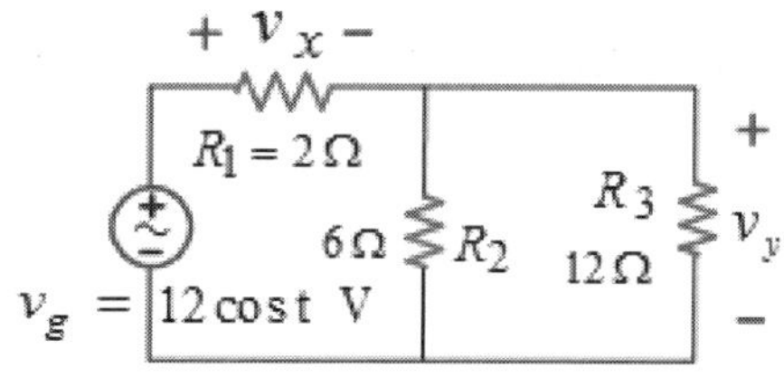

답 (a) 풀이 참조 ; (b) $v_x = 4\cos t$ V ; (c) $v_y = 8\cos t$ V. ■

2. 전류분배

(1) 병렬로 접속 되어 있는 2개 저항의 전류분배

전류분배법칙은 도선을 흐르던 전류가 그림 2.19와 같이 병렬인 저항에 전류 i가 분배되는 형태를 나타낸다[25].

저항 R_2에 흐르는 전류는

$$i_2 = \frac{v}{R_2} = \frac{iR_{eq}}{R_2} \tag{2.37}$$

여기서

$$\frac{1}{R_{eq}} = R_1 \parallel R_2 = \frac{1}{R_1} + \frac{1}{R_2},$$

$$R_{eq} = \frac{1}{\frac{1}{R_1} + \frac{1}{R_2}} \tag{2.38}$$

이므로

$$i_2 = \frac{i}{R_2} \frac{1}{\frac{1}{R_1} + \frac{1}{R_2}},$$

$$i_2 = i \frac{\frac{1}{R_2}}{\frac{1}{R_1} + \frac{1}{R_2}} \tag{2.39}$$

또는

$$i_2 = i \frac{\frac{1}{R_2} R_1 \cdot R_2}{R_1 + R_2} = i \frac{R_1}{R_1 + R_2} \tag{2.40}$$

마찬가지로 R_1 에 흐르는 전류 i_1 은 다음과 같다.

$$i_1 = i \frac{R_2}{R_1 + R_2} \tag{2.41}$$

25) 전류분배법칙은 전압분배법칙에 대해 쌍대적이다.
Dorf, R. C., *Introduction to Electric Circuits*, 2nd ed. p.145, Wiley, 2013.

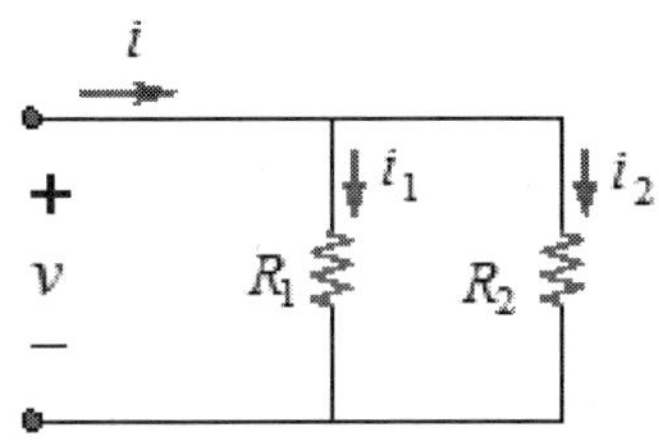

그림 2.19 2개의 저항의 병렬연결.

(2) 병렬로 접속 되어 있는 N 개 저항의 전류분배

그림 2.20과 같이 $N(\geq 2)$개의 저항이 병렬로 접속되어 있는 경우에 임의의 k 번째 저항 R_k 에 흐르는 전류는 다음과 같다.

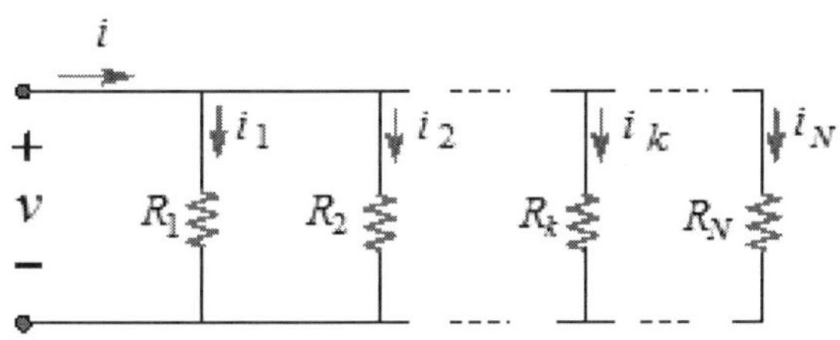

그림 2.20 $N(\geq 2)$개 저항의 병렬연결.

$$i_k = i\frac{\frac{1}{R_k}}{\frac{1}{R_1}+\frac{1}{R_2}+\cdots\cdots\frac{1}{R_N}} \tag{2.42}$$

이것을 컨덕턴스를 사용하여 다시 나타내면

$$i_k = i\frac{G_k}{G_1+G_2+\cdots\cdots+G_N} \tag{2.43}$$

이 되는데 이 식은 전압분배에 대한 식 (2.36)과 매우 닮았다.

예제 1

아래와 같이 주어진 회로가 있다.

(a) 전류 i 을 구하여라.

(b) 전류 i_3 를 구하여라.

(c) 전류 i_6 를 구하여라.

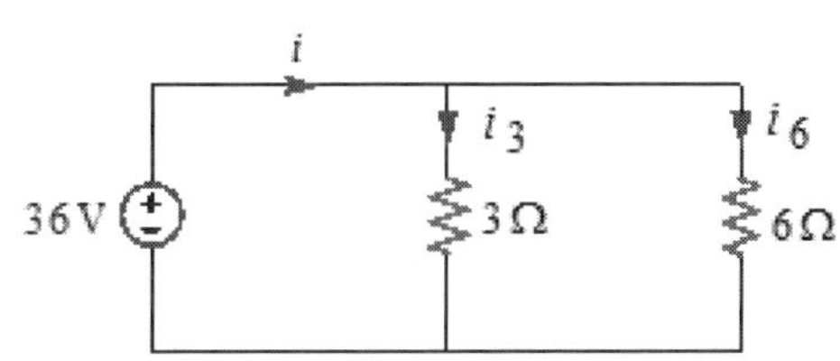

[풀이] 전체 저항은

$$R = 3\ \Omega \parallel 6\ \Omega = \frac{3\times 6}{3+6} = 2\ \Omega$$

이다.

(a) 전류 i 는 전압원이 전체저항에 공급하는 전류이다.

$$i = \frac{V}{R} = \frac{36\ \text{V}}{2\ \Omega} = 18\ \text{A}$$

(b) 전류 i_3 은 $i = 18\ \text{A}$ 이 반비례하여 분배되는 전류이다.

$$i_3 = 18\ \text{A} \times \frac{6}{3+6} = 12\ \text{A}$$

(c) 전류 i_6 은 $i = 18\ \text{A}$ 이 반비례하여 분배되는 전류이다.

$$i_6 = 18\ \text{A} \times \frac{3}{3+6} = 6\ \text{A}$$

답 (a) $i = 18\ \text{A}$; (b) $i_3 = 12\ \text{A}$; (c) $i_6 = 6\ \text{A}$. ■

예제 2

그림과 같이 주어진 회로가 있다.

(a) 전류 i_x 를 구하여라.

(b) 전류 i_y 를 구하여라.

(c) 전류 i_z 를 구하여라.

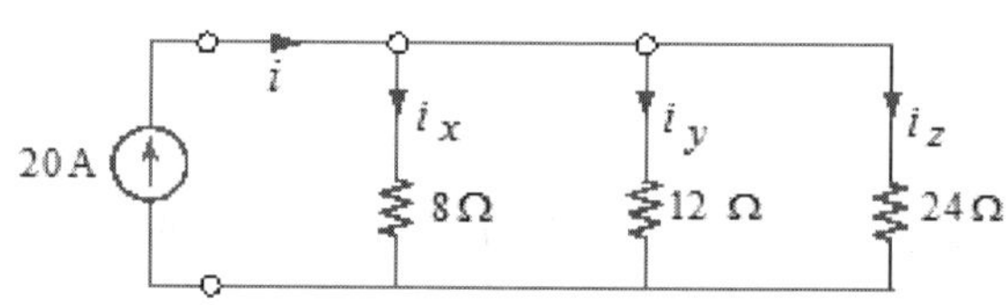

[풀이] (a) $i_x = 20 \times \dfrac{12 \parallel 24}{8 + (12 \parallel 24)} = 20 \times \dfrac{8}{8+8} = 10\ \text{A}$

(b) $i_y = 20 \times \dfrac{8 \parallel 24}{12 + (8 \parallel 24)} = 20 \times \dfrac{6}{12+6} = \dfrac{20}{3}\text{A}$

(c) $i_z = 20 \times \dfrac{8 \parallel 12}{(8 \parallel 12) + 24} = 20 \times \dfrac{\frac{96}{20}}{\frac{96}{20} + 24}$

$= 20 \times \dfrac{96}{96 + 24 \times 20} = 20 \times \dfrac{1}{6} = \dfrac{10}{3}\ \text{A}$

[별해]

(a) $i_x = 20 \times \dfrac{12 \times 24}{8 \times 12 + 8 \times 24 + 12 \times 24}$

$= 20 \times \dfrac{288}{576} = 10\,\text{A}$

(b) $i_y = 20 \times \dfrac{8 \times 24}{8 \times 12 + 8 \times 24 + 12 \times 24}$

$= 20 \times \dfrac{192}{576} = 20 \times \dfrac{1}{3} = \dfrac{20}{3}\,\text{A}$

(c) $i_z = 20 \times \dfrac{8 \times 12}{8 \times 12 + 8 \times 24 + 12 \times 24}$

$= 20 \times \dfrac{96}{576} = 20 \times \dfrac{1}{6} = \dfrac{10}{3}\,\text{A}$

답 (a) $i_x = 10\,\text{A}$; (b) $i_y = \dfrac{20}{3}\,\text{A}$; (c) $i_z = \dfrac{10}{3}\,\text{A}$. ■

문제 ①

그림의 회로에서 $6\,\Omega$ 저항, $12\,\Omega$ 에 흐르는 전류를 분배 법칙을 이용하여 구하여라.

(a) 저항 $4\,\Omega$ 에 흐르는 전류를 구하여라.

(b) 저항 $6\,\Omega$ 에 흐르는 전류를 구하여라.

(c) 저항 $12\,\Omega$ 에 흐르는 전류를 구하여라.

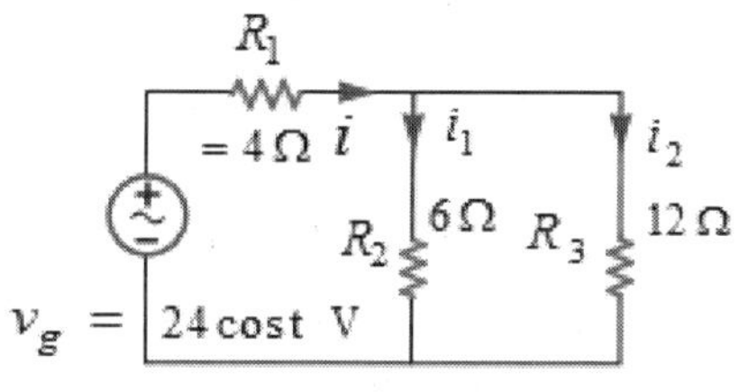

답 (a) $i(t) = 3\cos t$ A ; (b) $i_1(t) = 2\cos t$ A ; (c) $i_2(t) = 1\cos t$ A. ■

문제 ②

그림의 회로에서

(a) 전류 i ;

(b) 전압 v_1, v_2, 및 v_3 ;

(a) 전류 i_1, i_2, i_3를 구하여라.

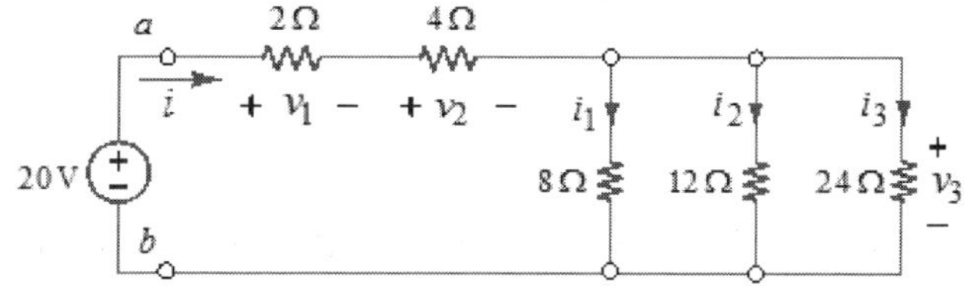

답 (a) $i = 2\,\text{A}$; (b) $v_1 = 4\,\text{V}$, $v_1 = 8\,\text{V}$, $v_3 = 8\,\text{V}$;

(c) $i_1 = 1\,\text{A}$, $i_2 = \dfrac{2}{3}\,\text{A}$, $i_3 = \dfrac{1}{3}\,\text{A}$. ■

2.9 단일 메쉬로 구성된 회로

이제까지 여러 개의 루프와 여러 개의 소자들로 구성된 회로를 해석하기 위하여 Ohm's law, KCL 및 KVL을 사용하였다. 예를 들어 본다.

예제 1

그림과 같은 1-mesh, 1-loop 회로 (a)에서 mesh를 흐르는 전류를 구하여라.

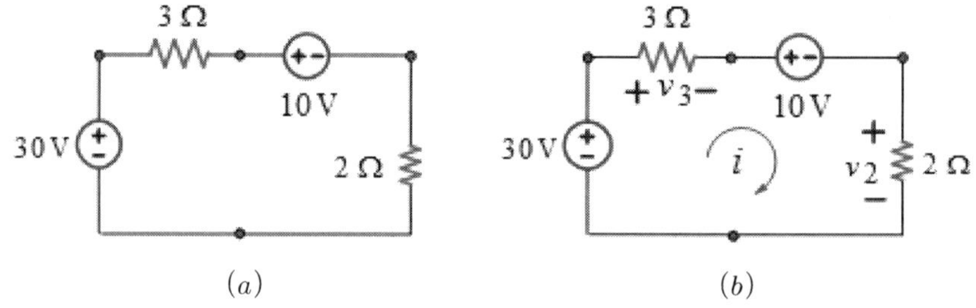

[풀이]

1. 회로를 (b)로 나타내고 미지전류를 i 의 방향을 시계방향으로 선택한다.

2. 각 소자에 대해 전압의 기준을 정의한다.

3. 폐경로에서 전압법칙(KVL)을 적용한다. 왼쪽 소자 전압원에서 출발하여 시계 방향의 여행(travel)을 마치고 돌아오자.
   소자의 입구가 (+)단자면 (+)전압으로, 소자의 입구가 (−)단자면 (−)전압으로 한다.

$$(\text{전압})+(\text{전압})+(\text{전압})+(\text{전압})=0$$

$$(-30)+(v_3)+(+10)+(v_2)=0 \quad \cdots\cdots\cdots ①$$

4. 옴의 법칙에 의하여 저항의 양단 전압을 표시하면 다음과 같다.

$$v_3 = 3i \quad \cdots\cdots\cdots ②$$

$$v_2 = 2i \quad \cdots\cdots\cdots ③$$

5. 식 ②, ③을 ①에 대입하면, 다음 식을 얻는다.

$$(-30)+(v_3)+(+10)+(v_2)=0$$

$$(-30)+(3i)+(+10)+(2i)=0$$

6. 전류 i 를 계산하면 다음과 같다.

$$i = \frac{30-10}{3+2} = \frac{20}{5} = 4\,\text{A}$$

답 $i = 4\,\text{A}$. ■

예제 2

그림과 같이 주어진 회로가 있다. 시계방향으로 흐르는 메쉬 전류를 구하여라.

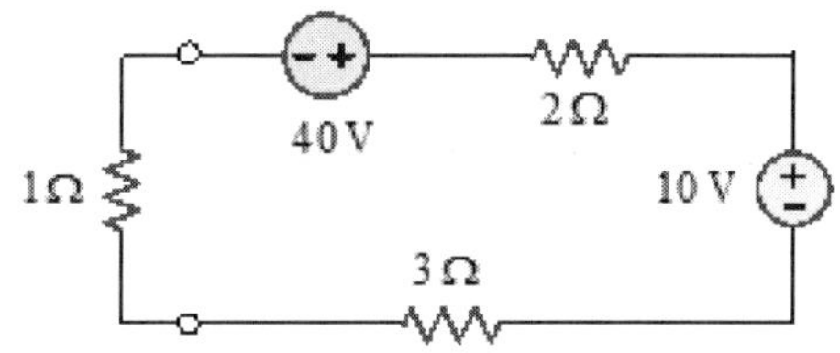

[풀이] 시계 방향으로 여행하면서 전압원의 출구 쪽 부호를 선택하기로 한다. 저항 3개가 직렬로 연결되어 있다.

$$40 - 10 = (1+2+3)i \quad i = 5\,\text{A}$$

답 $i = 5\,\text{A}$. ■

문제 1

그림의 회로에서 각 소자에서 흡수하는 전력을 계산하여라.

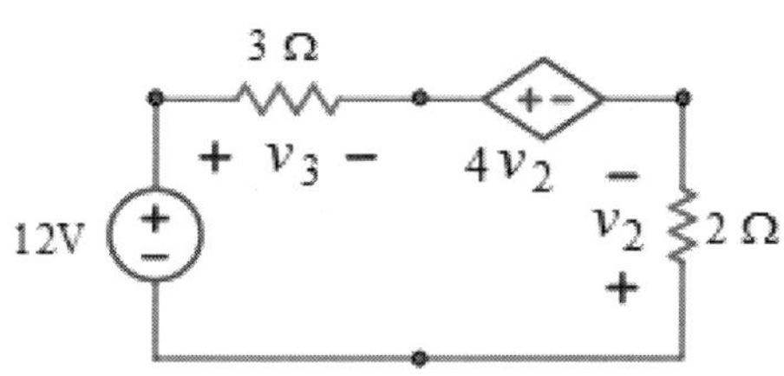

답 (a) $p_{12\text{V}} = 48\,\text{W}$; (b) $p_{3\Omega} = 48\,\text{W}$;
(c) $p_{\text{dep}} = -128\,\text{W}$; (d) $p_{2\Omega} = 32\,\text{W}$. ■

문제 ②

그림과 같은 회로가 주어져 있다.

(a) 이 회로에서 i 와 v 를 구하여라.

(b) 각 소자가 흡수하는 전력을 구하여라.

(c) 에너지가 보존됨을 보여라.

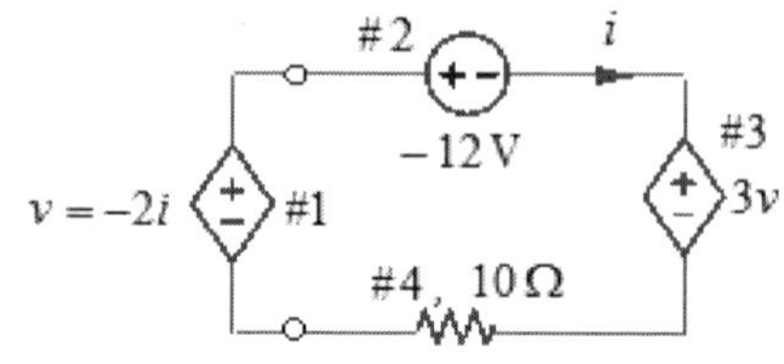

답 (a) $i = 2\text{ A},\ v = -4\text{ V}$;

(b) $p_1 = 8\text{ W},\ p_2 = -24\text{ W},\ p_3 = -24\text{ W},\ p_4 = 40\text{ W}$;

(c) $8 - 24 - 24 + 40 = 0\text{ W}$. ■

2.10 노드(node) 쌍 하나로 구성된 회로

"하나의 mesh로 구성된" 회로를 살펴보았다. 이 회로와 쌍대를 이루는 회로는 "하나의 node 쌍으로 구성된" 회로이다. 이 회로는 여러 개의 소자가 **하나의 node 쌍**에 연결되어 있다. 두 node 사이에 연결된, 모든 가지(branch)들은 양단전압이 모두 같다.

소자들의 양단전압이 같으면, 이 소자들은 병렬로 접속되어 있다고 말한다.

예제 1

그림의 두 회로 P, Q에서 각 소자에서의 전압, 전류 및 전력을 계산하여라.

(a) 전압 v 를 구하여라.

(b) 전류 i_1 과 i_2 를 구하여라.

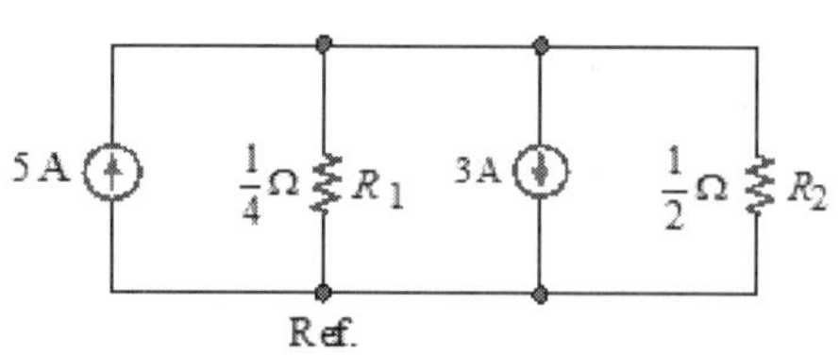

회로(P)

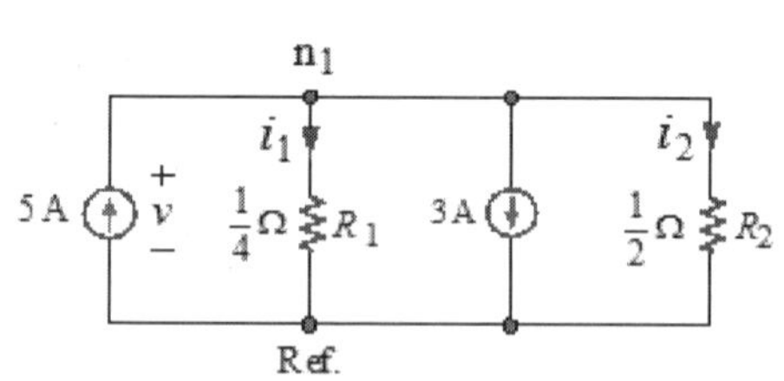

회로(Q)

[풀이] 회로 Q와 같이 전압 v 를 설정한다. 각 저항에 흐르는 전류 i_1 과 i_2 를 수동부호규칙(passive sign convention)에 따라서 방향을 결정한다. 전류 i_1 과 i_2 중에서 하나를 안다면 전압 v 를 구할 수 있다.

(a) KCL: 위쪽의 node(n.1)에서 유출하는 전류의 대수적인 합은 0이다.

$$-5+i_1+3+i_2=0 \qquad \cdots\cdots\cdots ①$$

옴의 법칙에 의하여 각각의 전류를 전압으로 표시하면

$$i_1=4v,\ i_2=2v \qquad \cdots\cdots\cdots ②$$

이다, 식 ②를 ①에 대입하면,

$$-5+(4v)+3+(2v)=0,\ \therefore v=\frac{1}{3}\text{ V}$$

(b) 이 값을 ②에 대입하면,

$$i_1=\frac{4}{3}\text{A},\ i_2=\frac{2}{3}\text{A}$$

답 (a) $v=\frac{1}{3}$ V, (b) $i_1=\frac{4}{3}$A, $i_2=\frac{2}{3}$A. ■

문제 ①

그림의 두 회로 P, Q에서 각 소자에서의 전압, 전류 및 전력을 계산하여라.

(a) 두 저항에서에서 소비되는 전력 p_{R_1}, p_{R_2} 을 구하여라.

(b) 두 전류원이 공급하는 전력 $p_{5\text{A}}$, $p_{3\text{A}}$ 을 구하여라.

(c) 공급하는 전력과 소비하는 전력이 일치함을 보여라.

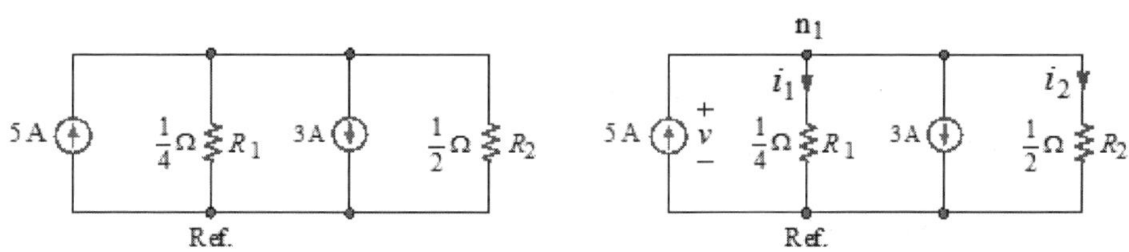

회로(P) 회로(Q)

답 (a) $p_{R_1}=\frac{4}{9}$ W, $p_{R_2}=\frac{2}{9}$ W ; (b) $p_{5\text{A}}=\frac{5}{3}$ W, $p_{3\text{A}}=-1$ W

(c) $p_{공급}=\frac{2}{3}$ W, $p_{소비}=p_{R_1}+p_{R_2}=\frac{2}{3}$W. ■

연습문제 A

01 이상적인 종속전압원과 이상적인 종속전류원의 정의에 따라 다음 회로가 존재 가능한가?

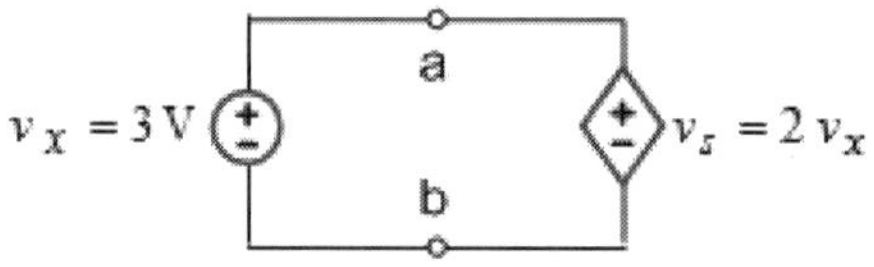

(a)

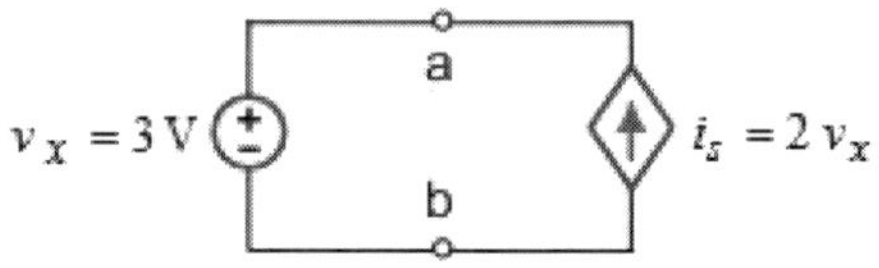

(b)

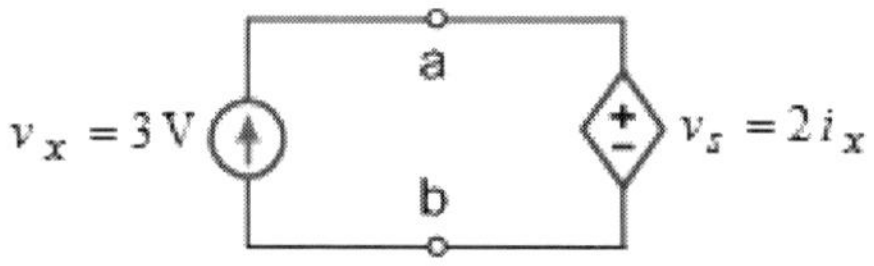

(c)

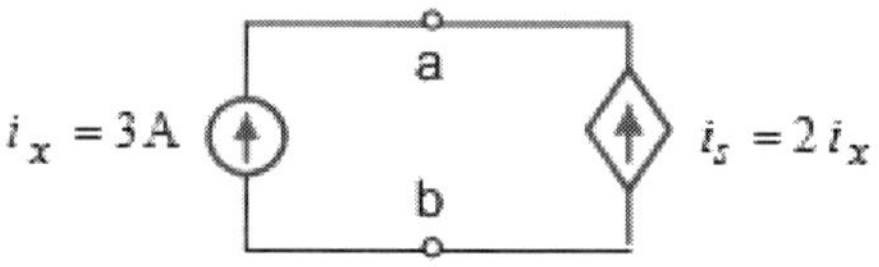

(d)

02 다음 회로에서 직병렬 저항을 간단히 하여 (a) i_1 ; (b) i_3 ; 및 (c) i_6를 구하여라.

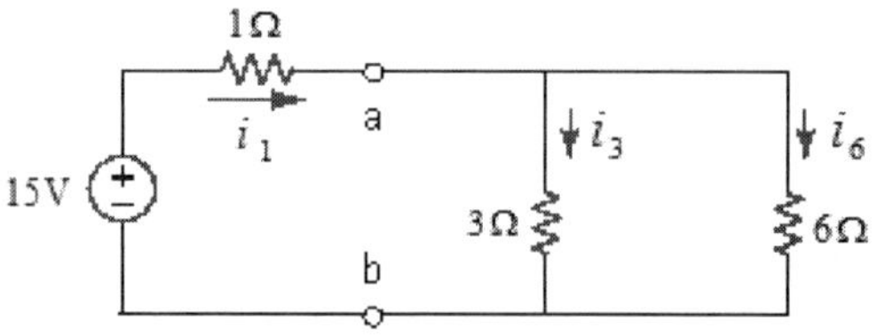

03 다음 회로에서 직병렬 저항을 간단히 하여,

(a) 전류 i를 구하여라.

(b) 점 a의 전압 v_a를 구하여라.

(c) 전압원 $10\,V$가 공급하는 전력을 구하여라.

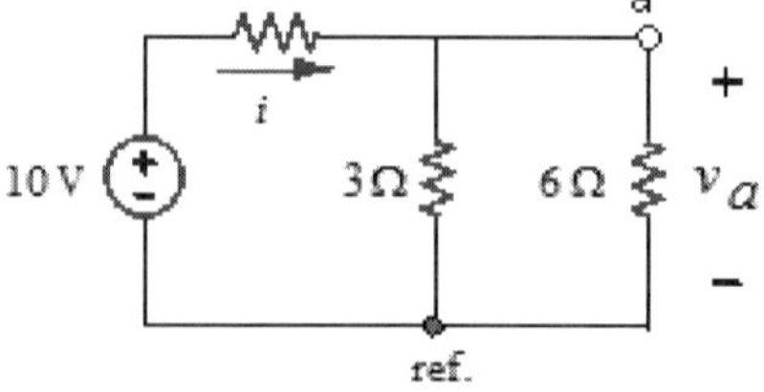

연 습 문 제 B

01 다음 회로에서 직병렬 저항을 간단히 하여

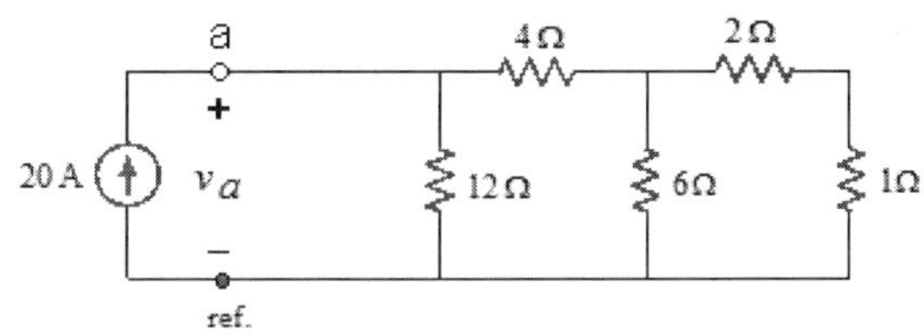

(a) 가장 간단한 1-mesh의 등가회로를 구하여라.

(b) 점 a의 전압 v_a를 구하여라.

(c) 전류원 20 A가 공급하는 전력을 구하여라.

02 전압원 20 V에 의하여 동작하는 그림과 같은 회로가 있다.

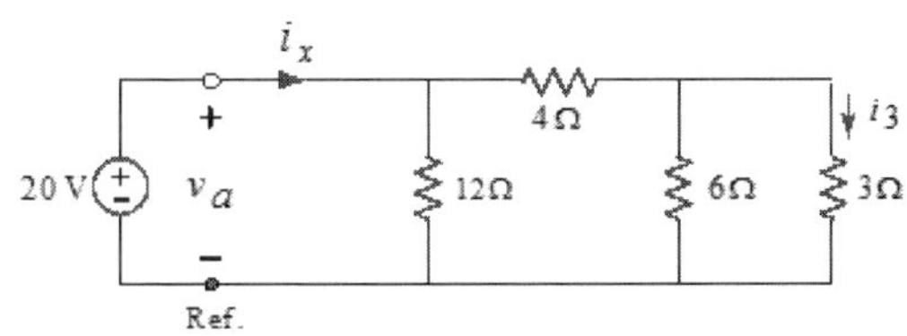

(a) 전류 i_x를 구하여라.

(b) 전류 i_3을 구하여라.

(c) 저항 3 Ω 이 소비하는 전력을 구하여라.

03 전류원 6 A에 의하여 동작하는 그림과 같은 회로가 있다.

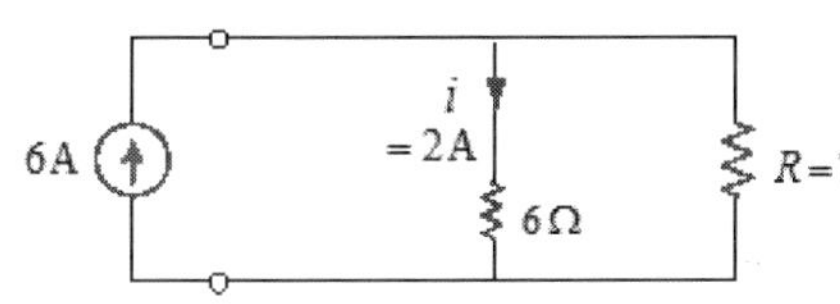

(a) 저항 6 Ω에 흐르는 전류 2 A 일 때, 저항 R을 구하여라.

(b) 저항 R이 소비하는 전력을 구하여라.

04 전류원 30 A에 의하여 동작하는 그림 (a)를 (b)과 같이 간단히 하였다.

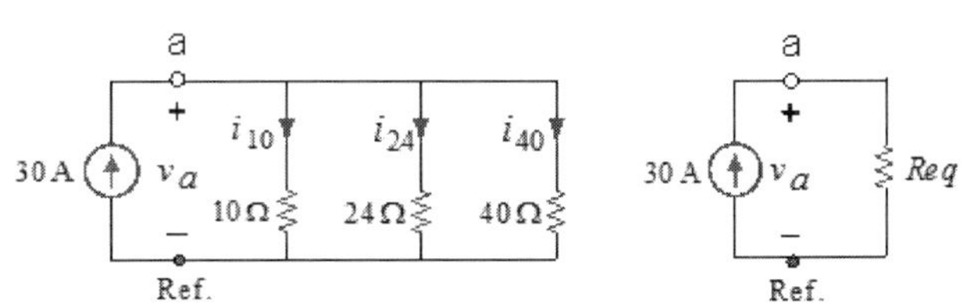

(a) (b)

(a) 등가 저항 R_{eq}를 구하여라.

(b) 전류 i_{10}, i_{24}, 및 i_{40}을 구하여라.

(c) 전류 i_{10}, i_{24}, 및 i_{40}가 변동없도록 그림 전류원을 전압원으로 변환하여라.

03 Chapter

회로 해석법

우리는 앞에서 **Ohm의 법칙**과 **Kirchhoff의 법칙**을 사용하여

(i) 간단한 선형회로를 해석
(ii) 소자(전압원, 전류원, 저항)의 통과전류, 양단전압 또는 소비전력을 계산하였다.

이 장에서는 두 가지 기본적인 회로해석 방법

(i) **노드 해석법**(nodal analysis)
(ii) **메쉬 해석법**(mesh analysis)

을 학습한다. 이 두 방법을 사용하면 다양한 회로들을 체계적인 절차에 의하여 해석할 수 있다. 회로를 지배하는 방정식이 좀 더 단순해 보이고, 풀이과정에서 오류 발생 가능성이 줄어들게 되므로 능률적으로 회로를 해석할 수 있게 된다.

지금까지 다룬 대부분 회로들은 너무 간단하여, 실제적인 회로를 나타내지는 못하는 회로들이다. 그러나, 기본적인 회로를 해석하기 위한 방법을 학습하기에는 매우 유용한 것들이다.

이 장에서는 좀 더 복잡한 회로를 해석하고, 나아가서 다양한 회로를 해석하기 위한 방법을 익힌다.

Chapter
03 회로 해석법

[예비 학습]

예제 1

다음 회로에서 기준노드(reference node, Ref.)를 영(0)전위로 정의하고

node 1의 전압을 측정하면 $v_1 = 8\,\mathrm{V}$,

node 2의 전압을 측정하면 $v_2 = 4\,\mathrm{V}$

이다.

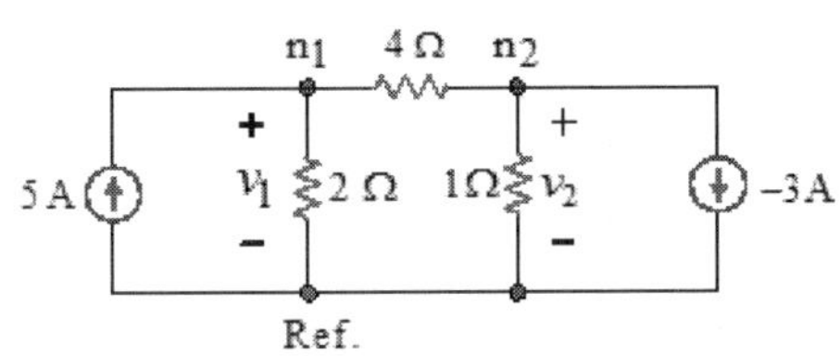

(a) node 2에 대한 node 1의 전압 v_{12} 을 구하여라.

(b) node 1에 대한 node 2의 전압 v_{21} 을 구하여라.

(c) node 1에서 KCL이 성립함을 보여라.

(d) node 2에서 KCL이 성립함을 보여라.

(e) 가운데의 mesh에서 KVL이 성립함을 보여라.

[풀이] (a) node 2에 대한 node 1의 전압은 $v_{12} = v_1 - v_2 = 8 - 4 = 4\,\mathrm{V}$ 이다.

(b) node 1에 대한 node 2의 전압은 $v_{21} = v_2 - v_1 = 4 - 8 = -4\,\mathrm{V}$ 이다.

(c) node 1에서 유출하는 전류의 대수합은 영(0)이다.

$$KCL : -5 + \frac{v_1}{2} + \frac{v_1 - v_2}{4} = 0$$

이식에 $v_1 = 8\,\mathrm{V}$, $v_2 = 4\,\mathrm{V}$ 를 대입하면 등식이 성립한다.

따라서, KCL이 성립한다.

(d) node 2로 유출하는 전류의 대수합은 영(0)이다.

$$KCL : (-3) + \frac{v_2}{1} + \frac{v_2 - v_1}{4} = 0$$

이 식에 $v_1 = 8\,\mathrm{V}$, $v_2 = 4\,\mathrm{V}$를 대입하면 등식이 성립한다.

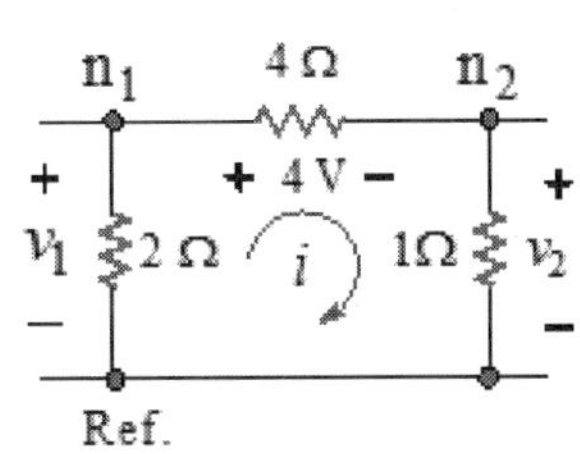

따라서, KCL이 성립한다.

(e) 가운데의 mesh 에서 성립하는 KVL은 다음과 같다.

$$-v_1+4+v_2=-8+4+4=0\text{ V}$$

■

3.1 노드(node)의 전압을 해석하는 개념

회로를 체계적으로 해석할 수 있는 방법 중의 하나로서 노드 해석법(nodal analysis)이 있다.

노드 해석법(nodal analysis)은

기준노드(reference node)가 아닌 노드(node)에 KCL을 적용하는 방법이다.[26)]

제 2 장에서는 두 개의 node를 갖는 간단한 회로를 해석하였다. 대부분 하나의 미지수(한 쌍의 node 사이의 전압)에 대한 한 개의 방정식을 구하는 것이 주요 관심사였다.

이 장에서는 소자의 개수를 추가함으로써 node의 수가 증가된 회로를 고려하자.

회로에서 node가 추가되면 그 만큼 미지수가 발생하므로, 추가된 node수 만큼 방정식의 수도 추가되어야 한다.

따라서,

(i) Node가 3개인 회로는 미지전압이 2개이므로 방정식이 2개 있어야 하며,

(ii) Node가 4개인 회로는 미지전압이 3개이므로 방정식이 3개 있어야 하며,

(iii) Node가 5개인 회로는 미지전압이 4개이므로 방정식이 4개 있어야 하며,

(iv) Node가 10개인 회로는 미지전압이 9개이므로 9개의 방정식이 필요하다.

(v) 일반적으로 node가 N개인 회로에는 미지전압이(N-1)개 있으며, 따라서, (N-1)개의 방정식이 필요하다.

3.2 노드(node)전압 해석법의 순서

기본적인 node해석법을 진행하는 순서는 다음과 같다.

1. 회로의 node의 수를 확인한다 (N 개).

26) 기준노드(reference node)가 아닌 노드(node) = Nonreference node
Floyd, T. L., *Electric Circuits Fundamentals with Lab Manual*, 8th ed., Prentice Hall, 2009.

2. 기준 node를 선정하여 영(0) 전위로 둔다.
   접속되어 있는 가지의 수가 가장 많은 node를 기준 node로 선정한다.
3. 기준 노드가 아닌 $(N-1)$개의 node에서 각각의 전압을 정의한다.
4. 기준 node가 아닌 각 node에서 KCL 방정식을 세운다.
5. Node 전압이 아닌 다른 미지수(전압 또는 전류)가 더 있다면 이 미지수를 적절한 node 전압으로 나타낸다.
6. 방정식을 정리한다.
7. 연립방정식을 풀어서 node 전압을 구한다 ($N-1$개의 node 전압이 있다).

3.3 노드(node)전압 해석법: 종속전원이 없는 특정한 예

노드(node) 전압해석법 사용하기 위하여, 회로에 종속 전원이 없는 회로를 살펴보자. 특정한 예로서, 그림 3.1과 같이 노드가 3개, 소자가 5개인 회로를 고려한다. 각 소자의 양단에 걸리는 전압을 구하는 것이 목적이다.[27]

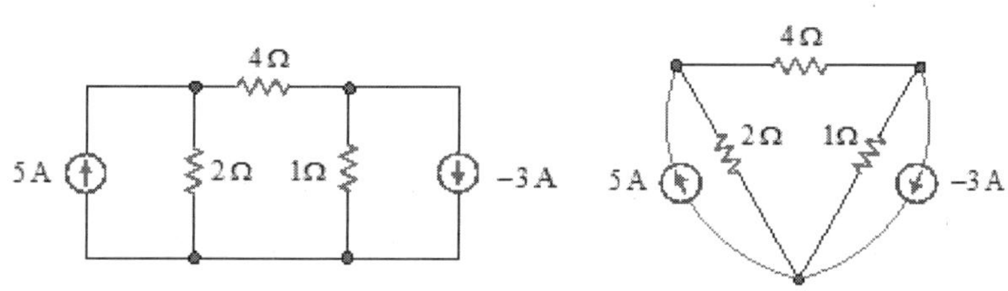

그림 3.1 3개의 node와 5개의 소자로 구성된 회로

Step 1 노드(node)들 중의 하나를 기준노드(reference node)로 지정한다.

이 회로는 node가 $N=3$ 회로이다. 따라서, 미지전압은 $N-1=2$개이고, 방정식의 개수도 $N-1=2$이어야 한다.

가장 많은 수(여기서는 4개의 가지)의 가지가 결합되어 있는 node를 기준node로 정하면 결과 수식이 좀 간결해진다.[28] 기준 node을 영전위(zero voltage)로 정의한다.

기준 node를 영전위로 정의하고,

$$\text{node 1의 전압을 } v_1 \text{ 으로 정의하고 기호로 } \mathrm{n}_1,\ v_1$$

27) 인용: Hayt. et al, "*Engineering Circuit Analysis*, 7th Ed., p.80, ISBN-13: 978-0073366616, McGraw-Hill.

28) 만일 회로에 접지node가 있다면 이 접지node를 기준node로 선정하면 대개 편리하다. 접지가 표시되어 있지 않다면 대부분은 회로의 아래에 있는 node를 기준node로 잡는 것이 좋을 것이다. 편의상 node 1, node 2를 각각 n_1, n_2로 표시하기로 한다.

node 2의 전압을 v_2 으로 정의하고 기호로 n_2, v_2 로 나타낸다.

그림 3.2는 전압 v_1 및 v_2 와 기준 극성을 나타낸 회로이다.

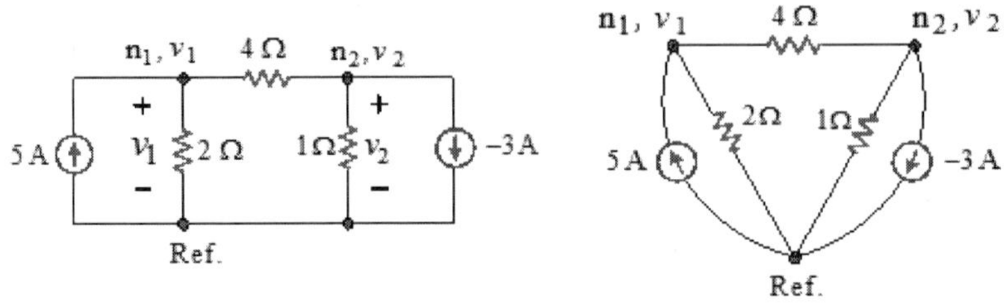

그림 3.2 기준 노드를 정의하고 전압을 표시한 회로.

Step 2 기준 노드가 아닌 node 1과 node 2에 KCL을 적용한다(그림 3.3).

그림 3.3 2개의 node에 KCL을 적용한다.
(a) n_1에서 유출하는 전류 (b) n_2에서 유출하는 전류

node 1에서:

유출하는 전류의 대수합은 영(0)이다.

$$-5+\frac{v_1}{2}+\frac{v_1-v_2}{4}=0 \tag{3.1}$$

node 2에서 :

유출하는 전류의 대수합은 영(0)이다.

$$(-3)+\frac{v_2}{1}+\frac{v_2-v_1}{4}=0 \tag{3.2}$$

Step 3 KCL을 정리하여 연립방정식을 얻는다.

식 (3.1), (3.2)를 각각 정리하면, 미지수 두 개를 갖는 두 연립방정식 다음과 같다.

$$2v_1+(v_1-v_2)=20 \tag{3.3}$$

$$4v_2 + (v_2 - v_1) = 12 \tag{3.4}$$

각각 정리하면

$$\begin{cases} 3v_1 - \ v_2 = \ \ 20 \\ \ v_1 - 5v_2 = -12 \end{cases} \tag{3.5}$$

Step 4 KCL을 정리한 연립방정식을 푼다.

식 (3.5)를 풀면

$$v_1 = \frac{\begin{vmatrix} 20 & -1 \\ -12 & -5 \end{vmatrix}}{\begin{vmatrix} 3 & -1 \\ 1 & -5 \end{vmatrix}} = \frac{(-100)-(12)}{(-15)-(-1)} = \frac{-112}{-14} = 8$$

$$v_2 = \frac{\begin{vmatrix} 3 & 20 \\ 1 & -12 \end{vmatrix}}{\begin{vmatrix} 3 & -1 \\ 1 & -5 \end{vmatrix}} = \frac{(-36)-(20)}{(-15)-(-1)} = \frac{-56}{-14} = 4$$

과 같다.

예제 1

그림과 같이 독립전류원 2개, 저항 3개, node가 4개인 회로가 주어져 있다.

(a) 전압 v_1, v_2를 구하여라.

(b) 6 Ω 저항을 통해 흐르는 전류 i_1을 구하여라.

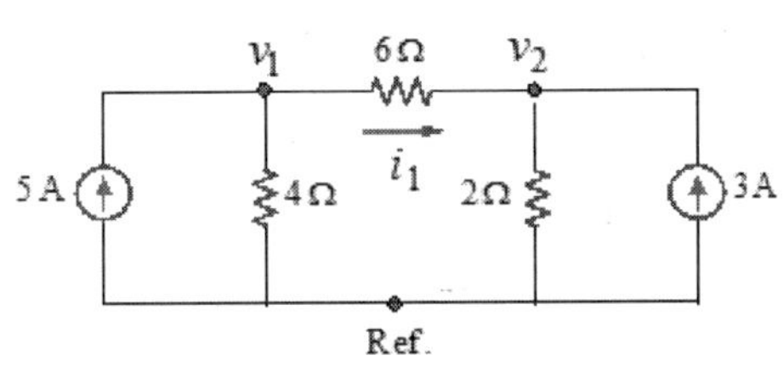

[풀이] 노드 전압 v_1 v_2을 구하기 위하여 각 노드에 KCL 방정식

$$\sum 유출전류 = \sum 유입전류$$

을 세운다.

(i) node 1에서

$$\frac{v_1}{4} + \frac{v_1 - v_2}{6} = 5$$

(ii) node 2에서

$$\frac{v_2}{2} + \frac{v_2 - v_1}{6} = 3$$

(a) 위의 두 식을 정리하면 다음과 같다.

$$5v_1 - 2v_2 = 60$$

$$v_1 - 4v_2 = -18$$

풀면 다음과 같다.

$$v_1 = \frac{\begin{vmatrix} 60 & -2 \\ -18 & -4 \end{vmatrix}}{\begin{vmatrix} 5 & -2 \\ 1 & -4 \end{vmatrix}} = \frac{(-240)-(36)}{(-20)\ -(-2)} = \frac{-276}{-18} = 15.333$$

$$v_2 = \frac{\begin{vmatrix} 5 & 60 \\ 1 & -18 \end{vmatrix}}{\begin{vmatrix} 5 & -2 \\ 1 & -4 \end{vmatrix}} = \frac{(-90)-(60)}{(-20)-(-2)} = \frac{-150}{-18} = 8.333$$

(b) 6 Ω 을 통해 흐르는 전류는

$$i = \frac{v_1 - v_2}{6} = \frac{15.333 - 8.333}{6} = \frac{7}{6}\ \mathrm{A}$$

답 (a) $v_1 = 15.333$ V, $v_2 = 8.333$ V ; (b) $i = \frac{7}{6}$ A. ■

예제 2

그림과 같이 독립전원 2개, 저항 4개, node가 4개인 회로가 주어져 있다. 노드 전압 v_1, v_2 를 구하여라.

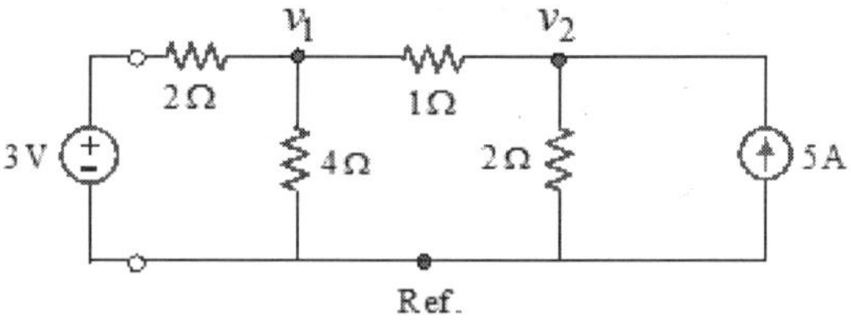

[풀이] 정의한 node 1과 node 2에 KCL을 적용한다.

(i) Node 1에서 유출하는 전류의 대수합은 영(0)이다.

$$\frac{v_1 - 3}{2} + \frac{v_1}{4} + \frac{v_1 - v_2}{1} = 0$$

정리하면,

$$2v_1 - 6 + v_1 + 4v_1 - 4v_2 = 0,\ 7v_1 - 4v_2 = 6 \qquad \cdots\cdots\cdots ①$$

(ii) Node 2에서 유출하는 전류의 대수합은 영(0)이다.

$$\frac{v_2 - v_1}{1} + \frac{v_2}{2} = 5$$

정리하면,

$$2v_2 - 2v_1 + v_2 = 10 \quad -2v_1 + 3v_2 = 10 \qquad \cdots\cdots\cdots ②$$

두 식 ①, ②를 풀면 다음과 같다.

$$v_1 = \frac{\begin{vmatrix} 6 & -4 \\ 10 & 3 \end{vmatrix}}{\begin{vmatrix} 7 & -4 \\ -2 & 3 \end{vmatrix}} = \frac{(18)-(-40)}{(21)-(8)} = \frac{57}{13} = 4.462 \text{ V}$$

$$v_2 = \frac{\begin{vmatrix} 7 & 6 \\ -2 & 10 \end{vmatrix}}{\begin{vmatrix} 7 & -4 \\ -2 & 3 \end{vmatrix}} = \frac{(70)-(-12)}{(21)-(8)} = \frac{82}{13} = 6.308 \text{ V}$$

답 (a) $v_1 = 4.462$ V ; $v_2 = 6.308$ V. ■

문제 ①

그림과 같이 독립전원 2개, 저항 3개, node가 3개인 회로가 주어져 있다. 노드 전압 v_1, v_2 를 구하여라.

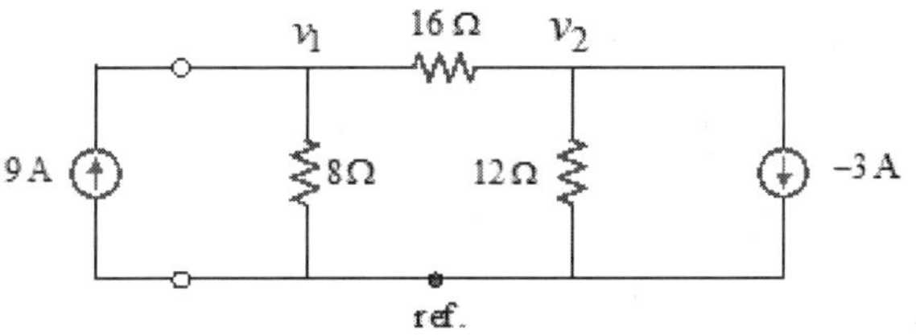

답 (a) $v_1 = 63$ V ; $v_2 = 48$ V. ■

문제 ②

그림과 같이 독립전원 2개, 저항 3개, node가 3개인 회로가 주어져 있다.

(a) 노드전압 v_1 을 구하여라.

(b) 가지전류 i_1, i_2, i_3을 구하여라.

(c) 전압원(4 V)이 공급하는 전력을 구하여라.

(d) 전류원(3 A)이 공급하는 전력을 구하여라.

(e) 세 저항이 소비하는 전력을 구하여라.

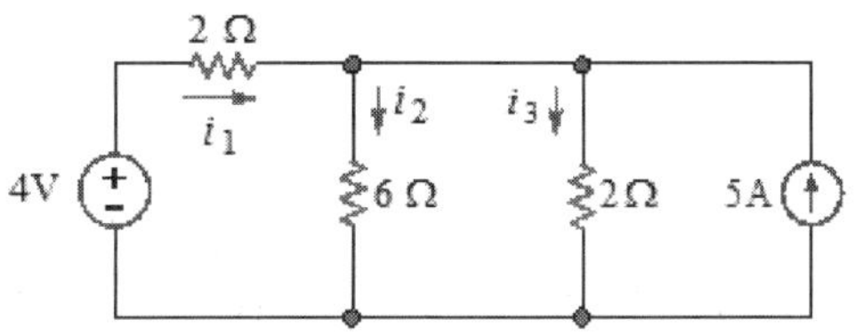

답 (a) $v_1 = 6$ V ; (b) $i_1 = -1$ A, $i_2 = 1$ A, $i_3 = 3$ A ;

(c) $p_{4V} = -4$ W ; (d) $p_{5A} = 30$ W ; (e) $p_{4V} = 26$ W. ■

문제 ③

다음 회로에서 전류 i 를 구하여라.

그림과 같은 회로가 있다.

(a) 노드전압 v_1, v_2 를 구하여라.

(b) 가지전류 i 를 구하여라.

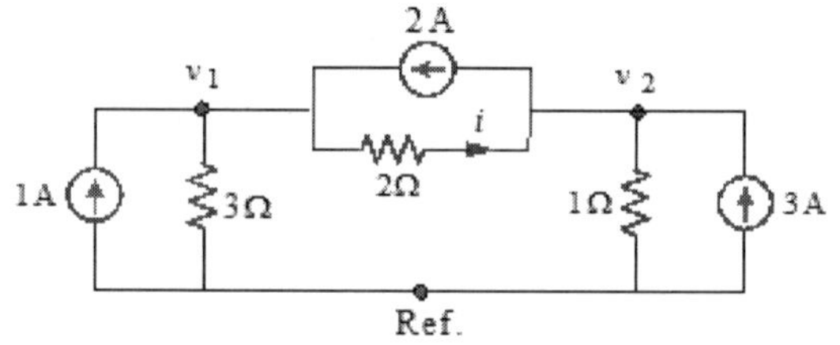

답 (a) $v_1 = 5\text{ V}$, $v_2 = 2.33\text{ V}$; (b) $i = 0.668\text{ A}$. ■

3.4 노드(node)전압 해석법: 종속전원이 있는 특정한 예

1. 전압으로 제어되는 종속 전류원이 있는 경우

예제 1

그림과 같은 회로가 주어져 있다.

(a) 노드전압 v_1, v_2 을 구하여라.

(b) 저항$(4\ \Omega)$가 소비하는 전력을 구하여라.

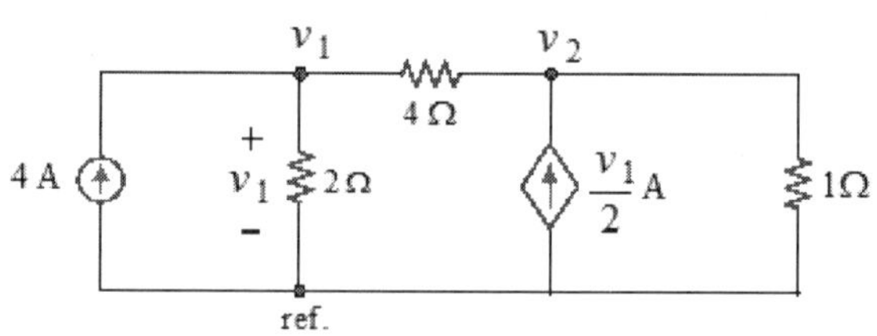

[풀이] (a) 정의한 node 1과 node 2에 KCL을 적용한다.

(i) Node 1에서 유출하는 전류의 대수합은 영(0)이다.

$$\frac{v_1}{2} + \frac{v_1 - v_2}{4} = 4\ ;$$

$$2v_1 + (v_1 - v_2) = 16$$

$$3v_1 - v_2 = 16$$

(ii) Node 2에서 유출하는 전류의 대수합은 영(0)이다.

$$\frac{v_2}{1} + \frac{v_2 - v_1}{4} = \frac{v_1}{2}$$

$$4v_2 + (v_2 - v_1) = 2v_1$$

정리하면,

$$3v_1 - 2v_2 = 8\ ;\ 4v_1 - 3v_2 = 0$$

풀면

$$v_1 = 24\text{ V},\ v_2 = 32\text{ V}$$

(b) $p = \frac{1}{4}(v_1 - v_2)^2 = \frac{1}{4}(24-32)^2 = \frac{1}{4}(-8)^2 = 16\text{ W}$

답 (a) $v_1 = 63$ V, $v_2 = 48$ V ; (b) $p = 16$ W. ■

문제 1

그림 (a)의 회로는 종속전류원이 포함된 3-node 회로이다. 저항 2 Ω 의 양단전압에 따르는 "종속전류원"이 존재한다.

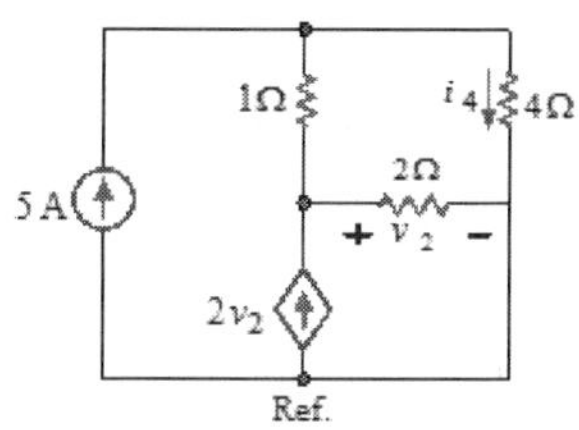

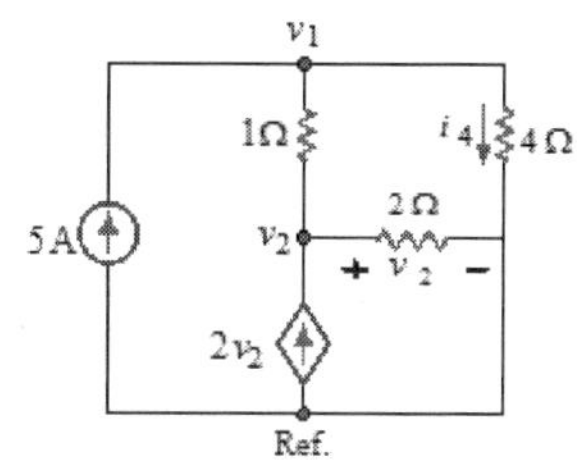

(a) 전압 v_1, v_2 를 구하여라.

(b) 종속전류원 $2 \cdot v_2$ 에 의해 공급되는 전력을 구하여라[29].

답 (a) $v_1 = 1.538$ V, $v_2 = 3.077$ V ; (b) $p = 18.936$ W. ■

2. 전류로 제어되는 종속 전류원이 있는 경우

예제 1

그림과 같은 회로가 주어져 있다. 노드전압 v_1, v_2 을 구하여라.

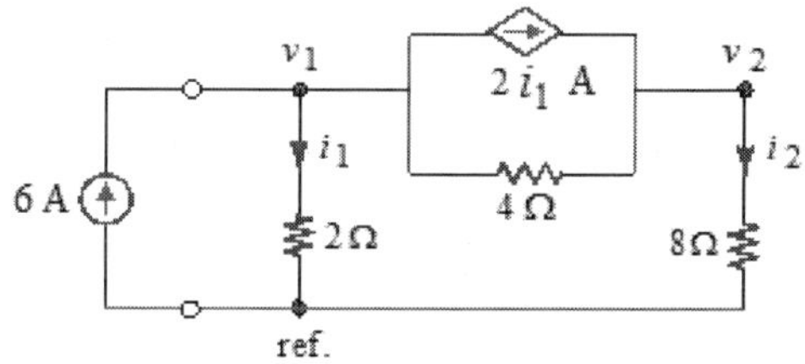

[풀이] (a) 정의한 node 1과 node 2에 KCL을 적용한다.

(i) Node 1에서 유출하는 전류의 대수합은 영(0)이다.

$$\left(\frac{1}{2} + \frac{1}{4}\right) v_1 \quad - \quad \frac{1}{4} v_2 = 6 - 2 i_1$$

(ii) Node 2에서 유출하는 전류의 대수합은 영(0)이다.

29) Hayt, W., Kemmerly, J., Durbin, S., *Engineering Circuit Analysis*, 8th ed. p. 87, McGraw-Hill, 2012.

$$-\frac{1}{4}v_1 + \left(\frac{1}{4} + \frac{1}{8}\right) \; v_2 = 2i_1$$

(iii) $v_1 = 2i_1$

정리하면,

$$\frac{3}{4}v_1 - \frac{1}{4}v_2 = 6 - v_1$$
$$-\frac{1}{4}v_1 + \frac{3}{8}v_2 = v_1$$

정리하면,

$$7v_1 - v_2 = 24$$
$$10v_1 - 3v_2 = 0$$

풀면,

$$v_1 = 6.545,\ v_2 = 21.818.$$

답 (a) $v_1 = 6.545$ V ; $v_2 = 21.818$ V. ■

문제 ①

그림과 같은 회로가 주어져 있다. 전류 i_1 과 전압 v_2 를 구하여라.

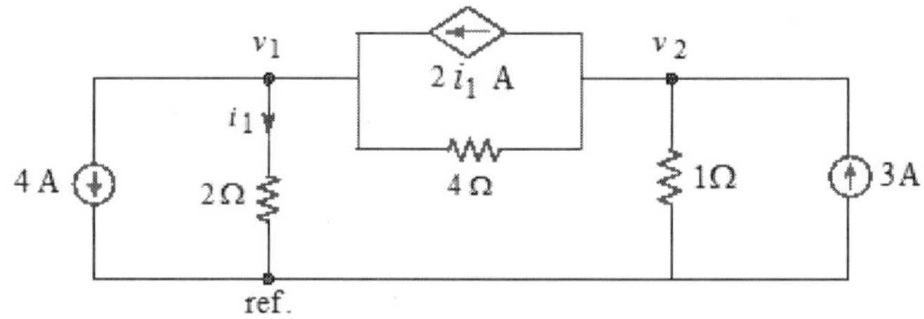

답 (a) $i_1 = 11.333$ V ; (b) $v_2 = -6.667$ V. ■

3. 전류로 제어되는 종속 전압원이 있는 경우

예제 1

그림과 같은 회로가 주어져 있다.

(a) 전류 i_1 을 구하여라.

(b) 저항 3Ω 에서 소비되는 전력을 구하여라.

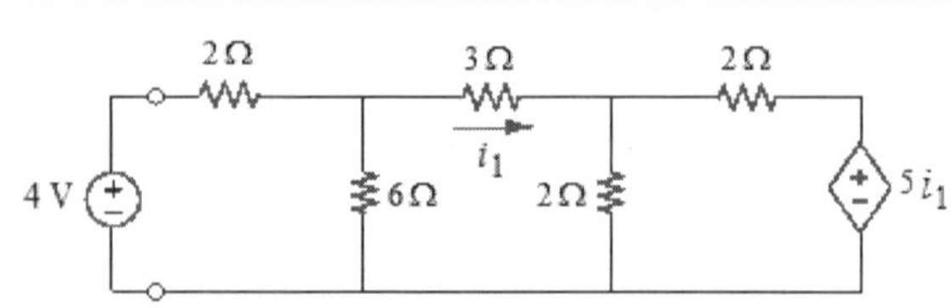

[풀이]

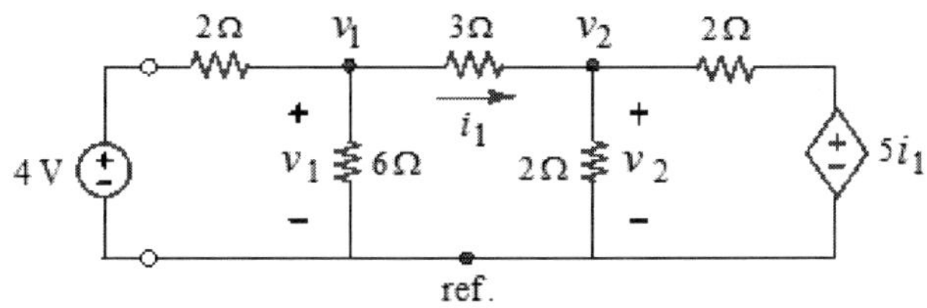

(a) Node 1에서 유출하는 전류는

$$\frac{v_1 - 4}{2} + \frac{v_1}{6} + \frac{v_1 - v_2}{3} = 0$$

Node 2에서 유출하는 전류는

$$\frac{v_2 - v_1}{3} + \frac{v_2}{2} + \frac{v_2 - 5i_1}{2} = 0$$

Node 1에서 2로 흐르는 전류는

$$i_1 = \frac{v_1 - v_2}{3},$$

위 세 식을 정리하면 다음과 같다.

$$6v_1 - 2v_2 = 12 \qquad \cdots\cdots\cdots ①$$

$$-2v_1 + 8v_2 - 15i_1 = 0 \qquad \cdots\cdots\cdots ②$$

$$v_1 - v_2 = 3i_1 \qquad \cdots\cdots\cdots ③$$

식 ③을 ②에 대입하여 정리하면

$$-7v_1 + 13v_2 = 0 \qquad \cdots\cdots\cdots ④$$

두 식 ①, ④에 의하여

$$v_1 = 2.438\ \text{V},\ v_2 = 1.313\ \text{V}$$

이므로,

$$i_1 = \frac{v_1 - v_2}{3} = \frac{2.438 - 1.313}{3} = 0.375\ \text{A}$$

(b) $p_{3\Omega} = (i_1)^2 R = (0.375)^2 \times 3 = 0.422\ \text{W}$

답 (a) $i_1 = 0.375\ \text{A}$; (b) $0.422\ \text{W}$. ■

4. 전압으로 제어되는 종속 전압원이 있는 경우

예제 1

그림과 같은 회로가 주어져 있다.

(a) 전압 v 를 구하여라.

(b) 전류 i_1 , i_2 를 구하여라.

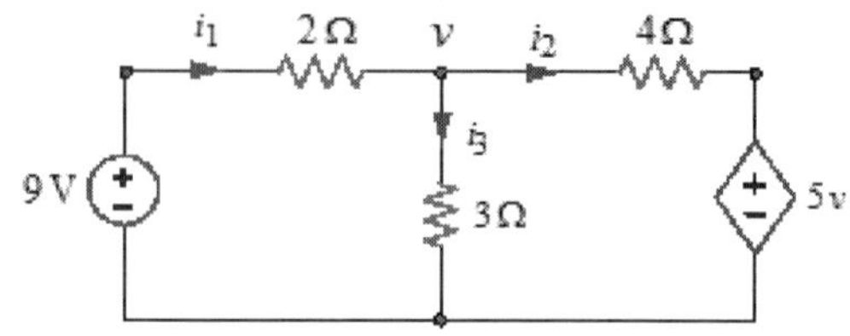

[풀이] (a) 정의한 node 1과 node 2에 KCL을 적용한다.

(i) node 2에서 서쪽, 남쪽, 동쪽으로 유출하는 전류의 합은 영(0)이다.

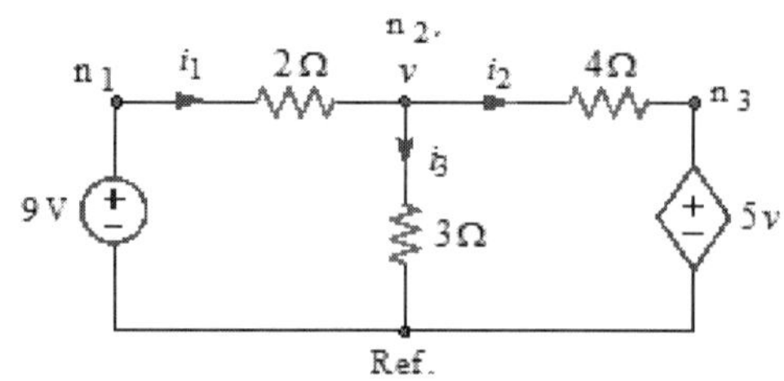

$$\frac{v-9}{2}+\frac{v}{3}+\frac{v-5v}{4}=0$$

$$6v-54+4v+3v-15v=0,\ \ 2v=-54$$

$$\therefore v=-27$$

(ii) Node 2에서 node 1으로 유출하는 전류는 $-i_1$ 이다.

$$\frac{v-9}{2}=-i_1,\ \ i_1=\frac{v-9}{-2}$$

$$\therefore i_1=18\,\mathrm{A}$$

(iii) Node 2에서 node 3으로 유출하는 전류는 i_2 이다.

$$\frac{v-5v}{4}=i_2,\ \ \frac{-4v}{4}=i_2$$

$$\therefore i_2=-v=27\,\mathrm{A}$$

답 (a) $v=-27$ V ; (b) $i_1=18\,\mathrm{A}$, $i_2=27\,\mathrm{A}$. ■

3.5 수퍼노드(node) 해석

전압원 가지(두 노드와 전압원)를 수퍼 노드라고 정의한다.

예제 1

그림은 회로의 일부를 나타낸다. 두 node 사이에 존재하는 전압원은 통과전류와 무관하게 항상 2 V의 전압을 공급하고 있다.

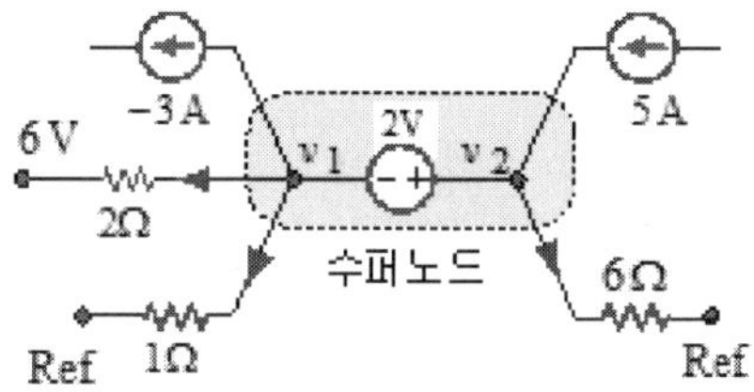

(a) 수퍼노드는 전압원가지이다.
수퍼노드에 KCL을 방정식을 세워라.

(b) 전압원 가지(branch)에서 성립하는 Ohm's law를 나타내어라.

[풀이] (a) 수퍼 노드에서 KCL 을 적용한다.

$$\sum \text{유출전류} = \sum \text{유입전류}$$

(i) 유입하는 전류의 대수합은 3 A + 5 A = 8 A 이다.

(ii) 저항을 따라서 유출하는 전류를 구한다. 서쪽(west) 저항 2 Ω 으로부터 폐곡면(노드)의 표면을 따라서 시계 방향으로 여행하면서, 2, 6, 1 Ω 순서대로, 분수식의 분모에 두면

$$\frac{?}{2}+\frac{?}{6}+\frac{?}{1}=3+5$$

이다. 분자에 전압 관계식을 표시한다. 유출하는 전류의 관계식을 구한다.

$$\frac{v_1-6}{2}+\frac{v_2-0}{6}+\frac{v_1-0}{1}=8$$

정리하면,

$$3v_1-18+v_2+6v_1=48,\ 9v_1+v_2=66 \qquad \cdots\cdots\cdots ①$$

(b) 전압원 가지(branch)에서 Ohm's law를 나타내면

$$v_1-v_2=-2 \qquad \cdots\cdots\cdots ②$$

이다. 두 식 ①, ②를 풀면 다음과 같다.

$$v_1 = \frac{64}{10} = \frac{32}{5}\text{V}, v_2 = v_1 + 2 = \frac{32}{5} + 2 = \frac{42}{5}\text{ V}$$

답 $(a)\ v_1 = \frac{32}{5}\text{V}$; $(b) v_2 = \frac{42}{5}\text{ V}$. ■

회로에서 node 와 node 사이에 저항 and/or 전류원이 존재한다면, 아무런 문제 없다. 그러나....전압원이 존재하는 경우 node해석법하기 위해서는 다소 어려워 진다.

그림 3.4에 나타난 회로를 고려해 보자. 회로에서 node 1과와 node 2 사이의 2V 전압원이 존재한다.

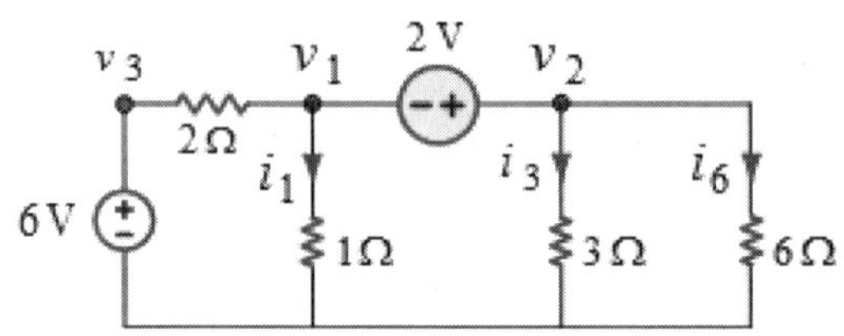

그림 3.4 전압원 가지(branch)의 수퍼노드.

Node 전압 v_1, v_2, v_3 를 가정하고 각 node에 KCL을 적용해 보자.

Node 1와 node 2 사이에 존재하는 전압원 가지(branch)를 흐르는 전류가 얼마인지 모르기 때문에 KCL을 적용할 수가 없다.[30)]

이 문제를 해결하는 방법은 다음 두 가지이다.

(i) 전압원의 가지(branch) 전류를 가정하는 방법

전압원에 흐르는 전류를 미지수로 지정하고 각 node에 KCL을 적용한다.

Node 2와 node 3사이에서 KVL $(v_1 - v_2 = -22\text{ V})$을 적용한다.

(ii) 전압원의 가지(branch)를 수퍼노드(supernode)로 정의하는 방법

Node 1과 node 2, 그리고 전압원 2V의 집합을 하나의 수퍼노드(supernode)로 정의하고. 여기서 KCL을 적용하는 것이다.[31)]

30) 전압원의 정의에 의하면, 전압원의 전압은 전류와 완전히 무관하기 때문에 전압원이 있는 가지에 흐르는 전류를 전압원의 전압의 관계식을 얻을 수가 없다.

31) 수퍼노드(supernode)를 입체 폐곡면(Gaussian surface)으로 간주하면 편리하다.

1. 전압원 가지(branch)의 전류를 가정하는 방법

예제 1

그림의 회로에서 전압원 가지(branch)에 흐르는 전류를 미지수로 정의하고 v_1, v_2를 구하여라.

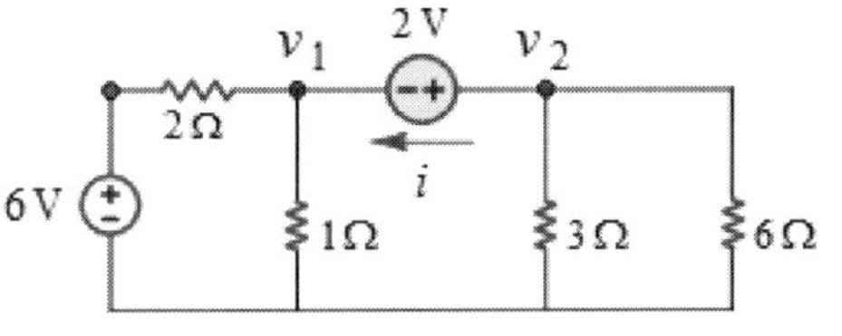

[풀이] (1) 전압원 가지(branch)에서 전압원의 통과전류를 i 로 한다.

노드 1에서 KCL

$$\frac{v_1}{1}+\frac{v_1-6}{2}=i$$

노드 2에서 KCL

$$\frac{v_2}{3}+\frac{v_2}{6}=-i$$

(2) Node 1과 node 2에 KVL을 적용한다.

$$v_1-v_2=-2$$

세 식을 각각 정리하면,

$$2v_1+v_1-6=2i,\ 3v_1-6=2i \quad \cdots\cdots\cdots ①$$

$$\frac{v_2}{2}=-i \quad \cdots\cdots\cdots ②$$

$$v_1-v_2=-2 \quad \cdots\cdots\cdots ③$$

(3) 두 식 ①, ②에서 미지수 i를 소거하기 위하여

식 ②를 ①에 대입하면,

$$3v_1-6=-v_2\quad 3v_1+v_2=6 \quad \cdots\cdots\cdots ④$$

식 ③, ④에서,

$$v_1=1\ \text{V}$$

식 ③에 의하여

$$v_2=v_1+2=1+2=3\ \text{V}$$

답 $(a)\ v_1=1\ \text{V}$; $(b)\ v_2=3\ \text{V}$. ■

문제 ①

다음 회로에서 node 1, node 2 사이에 존재하는 전압원은 통과전류의 값에 무관하게 언제나 4 V의 전압을 공급하고 있다. 전압원 가지(branch)의 전압원 통과 전류 i 를 미지수로 지정하여,

(a) 노드 전압 v_1 를 구하여라.

(b) 노드 전압 v_2 를 구하여라.

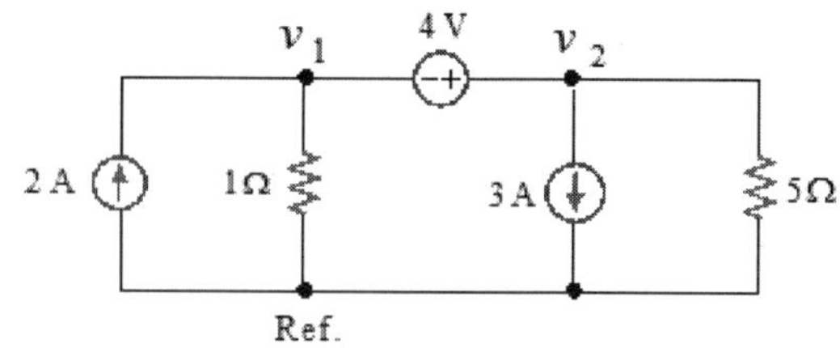

답 (a) $v_1 = -1.5$ V ; (b) $v_2 = 2.5$ V. ■

2. 전압원 가지(branch)를 수퍼노드(supernode)로 정의하는 방법

그림 3.5는 node 1와 node 2, 그리고 전압원 2 V의 집합을 하나의 수퍼노드(supernode)로 정의하고 여기서 KCL을 적용하려는 회로이다.

수퍼노드(supernode)는 그림 3.9a 에 폐곡면이다.
수퍼노드(supernode)를 그림 3.9b 에 따로 나타내었다.

Node1 로부터 흘러 나가는 전류의 합이 0이고
Node 2에서 흘러 나가는 전류의 합도 0이므로
이 두 node를 묶은 수퍼노드(supernode)에서 흘러 나가는 전류의 합이 0이다.
따라서, 수퍼노드(supernode)에 KCL을 적용할 수 있다.

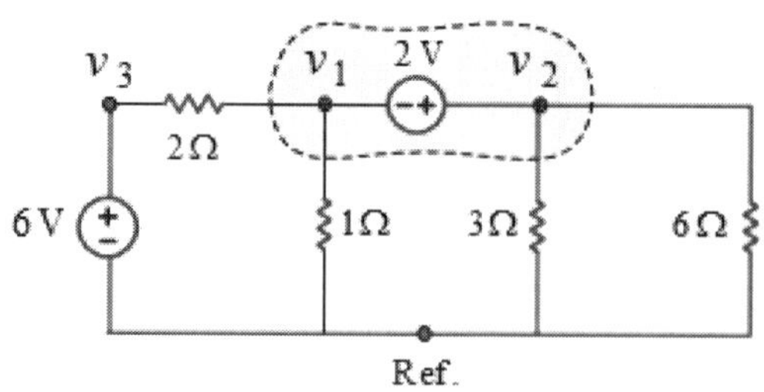

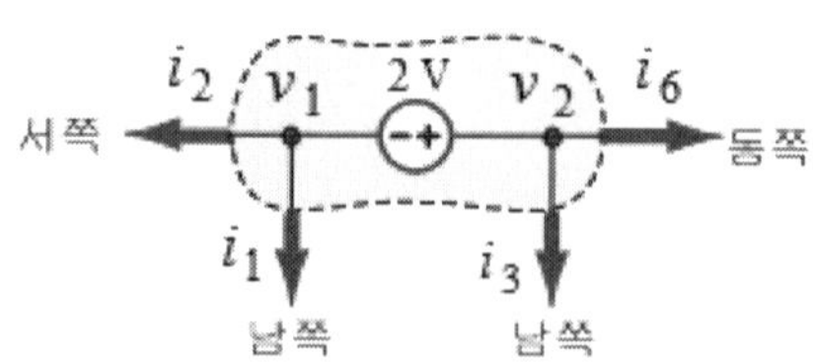

그림 3.5 전압원 가지(branch)의 수퍼노드.
(a) 해석하기 위한 회로. (b) 해석하기 위한 수퍼노드.

그림 3.6는 수퍼노드 표면을 관통하여 유출하는 전류는 4개를 나타낸다.

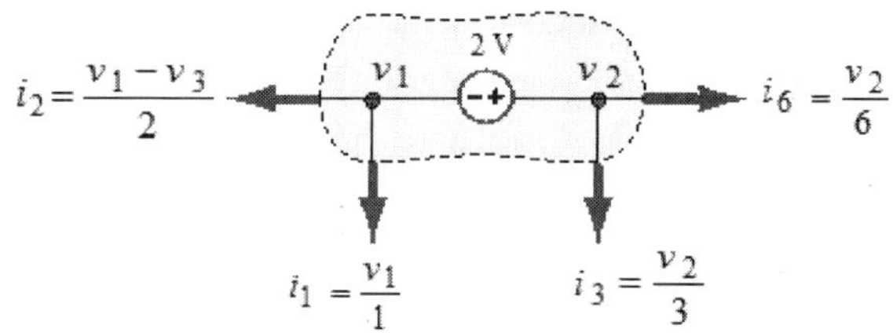

그림 3.6 수퍼노드에서 유출하는 4 전류들.

서쪽 방향의 전류 i_2, 동쪽 방향의 전류 i_6, 남쪽 방향의 두 전류 i_1, i_3 를 정의하고, 각각의 전류에 KCL과 Ohm's law를 적용하면 다음과 같다.

$$\frac{v_1 - v_3}{2} + \frac{v_2}{6} + \frac{v_2}{3} + \frac{v_1}{1} = 0 \qquad \cdots\cdots\cdots ①$$

$$v_1 - v_2 = -2 \qquad \cdots\cdots\cdots ②$$

$$v_3 = 6 \qquad \cdots\cdots\cdots ③$$

식 ③을 식 ①에 대입하면

$$\frac{v_1 - 6}{2} + \frac{v_2}{6} + \frac{v_2}{3} + \frac{v_1}{1} = 0$$

정리하면,

$$3v_1 - 18 + v_2 + 2v_2 + 6v_1 = 0$$

$$9v_1 + 3v_2 = 18$$

$$3v_1 + v_2 = 6 \qquad \cdots\cdots\cdots ④$$

두 식 ②, ④를 풀면,

$$v_1 = 1\ \mathrm{V}$$

$$v_2 = 3\ \mathrm{V}$$

이다.

예제 1

그림의 회로에서 전압원 가지(branch)에 흐르는 전류를 미지수로 정의하고 다음 전압을 구하여라.

$(a)\ v_1$; $(b)\ v_2$; $(c)\ v_3$.

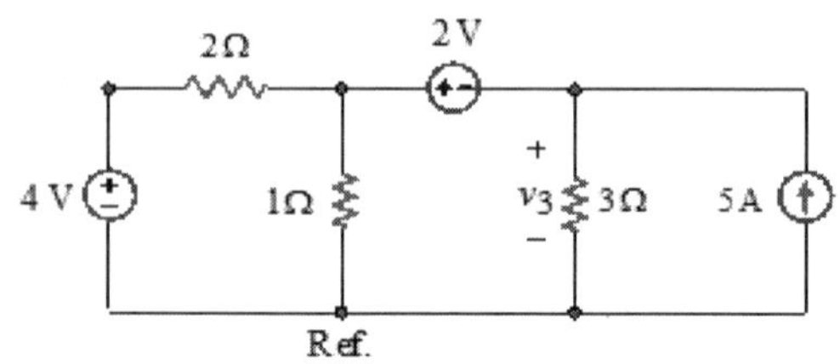

[풀이]

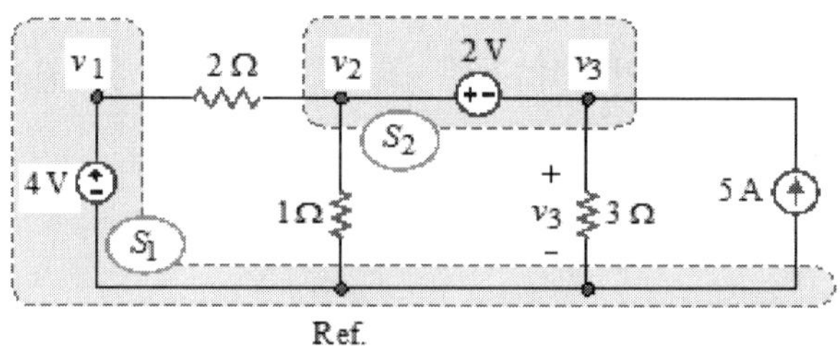

(i) supernode 1에서 성립하는 KVL

$$v_1 = 4 \qquad \cdots\cdots\cdots ①$$

(ii) supernode 2에서 성립하는 KVL

$$v_2 = v_3 + 2 \qquad \cdots\cdots\cdots ②$$

(iii) supernode 2에서 1로 유출하는 전류는

$$\frac{v_2 - v_1}{2} + \frac{v_2}{1} + \frac{v_3}{3} = 5 \qquad \cdots\cdots\cdots ③$$

두 식 ①, ②를 식 ③에 대입하면,

$$\frac{(v_3 + 2) - (4)}{2} + \frac{v_3 + 2}{1} + \frac{v_3}{3} = 5$$

$$\frac{v_3 - 2}{2} + \frac{v_3 + 2}{1} + \frac{v_3}{3} = 5$$

$$3v_3 - 6 + 6v_3 + 12 + 2v_3 = 30$$

$$11v_3 = 30 + 6 - 12 = 24$$

$$v_3 = \frac{24}{11} = 2.182 \text{ V}$$

답 $(a)\ v_1 = 4\text{V}$; $(b)\ v_2 = 4.182\text{V}$; $(c)\ v_3 = 2.182\text{ V}$. ■

문제 (1)

다음 회로에서 node 1, node 2 사이에 존재하는 전압원은 통과전류의 값에 무관하게 언제나 4 V의 전압을 공급하고 있다. 전압원 가지(branch)를 수퍼 노드로 정의하고

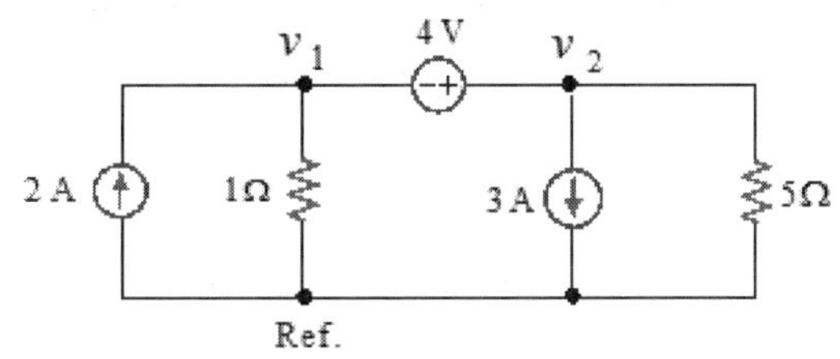

(a) 노드 전압 v_1 을 구하여라.

(b) 노드 전압 v_2 를 구하여라.

답 (a) $v_1 = -1.5$ V ; (b) $v_2 = 2.5$ V. ■

3.6 메쉬전류(mesh)를 해석하는 법

1. 노드해석법과 메쉬해석법(mesh analysis)의 비교

회로해석을 하기 위한 주요한 방법에는 **node해석법**과 **메쉬해석법(mesh analysis)**이 있다.

(1) 노드 해석법(nodal analysis technique), node voltage method

전압원이 없고 전류원만 있을 회로를 해석할 경우, 쉽게 사용할 수 있는 방법이다.

전압원이 있는 회로를 해석할 경우, 수퍼 노드(supernode)를 정의하여 쉽게 사용할 수 있는 방법이다. node에 출입하는 전류를 계산하는 KCL을 사용하므로, 노드가 있기만 하면 모든 회로에서 적용할 수 있다.

(2) 메쉬 해석법(mesh analysis technique), mesh current method

이 방식은 평면회로에만 적용할 수 있기 때문에, 노드 해석에 비교하면 일반적인 방법은 아니다.

회로에 따라서 node해석법보다 더 쉽게 적용할 수 있지만,

mesh analysis은 평면 회로에서 mesh 전류를 정의하여 해석하는 방법이다.[32)]

KVL을 이용하여 연립방정식을 세우고 해을 구한다.

평면회로를 해석할 때는 루프 해석법에 비하여 더 편리한 경우가 많다.

32) Mesh is a loop in the circuit that does not contain any other loops.

2. 평면회로와 비평면회로

평면회로(planar circuits)는 가지들(brancles) 또는 도선들(wires) 끼리 접촉하지 않게 평면 위에 그릴 수 **있는** 회로를 말한다.

그림 3.7은 평면회로의 예를 나타낸다. 그림(a)와 (b)는 평면회로이고 (c)는 언뜻 보기에는 비평면회로 같아 보이지만 사실은 평면회로이다

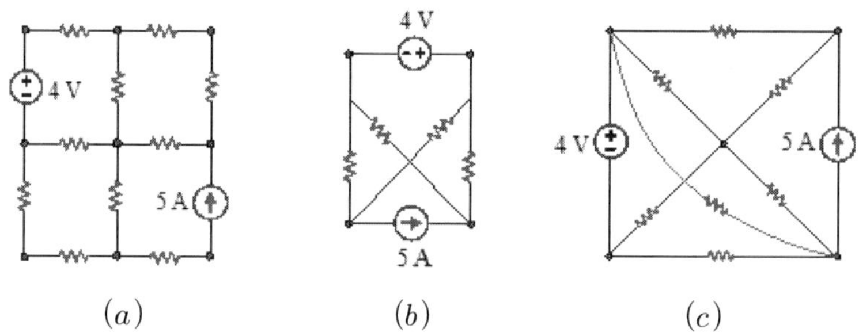

그림 3.7 평면회로의 예.

비평면회로(Nonplanar circuits)는 가지들(brancles) 또는 도선들(wires)끼리 접촉하지 않게 평면 위에 그릴 수 **없는** 회로를 말한다. 그림 3.8은 비평면 회로의 예를 나타낸다.

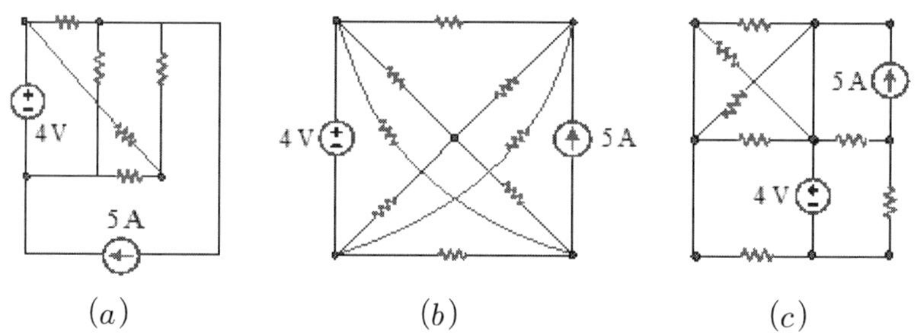

그림 3.8 비평면 회로의 예.

앞에서 경로, 폐경로 및 루프를 정의하였다.

그림 3.9은 루프(loop)와 메쉬(mesh)를 나타낸다.[33] 굵은 선으로 표시되어 있는 가지들(branches)의 집합을 생각해 보자. 메쉬는 평면회로에서만 정의하고, 비평면회로에 대해서는 정의할 수 없다. 메쉬는 루프 중에서 그 내부에 다른 루프를 포함하지 않는 최소의 루프로 정의한다.

33) 일단 회로를 평면에 정리하여 그려 놓으면, 유리창이 여러 개인 창문처럼 보인다. 이 창문에서 각 유리창의 경계선을 하나의 메쉬로 볼 수 있다.

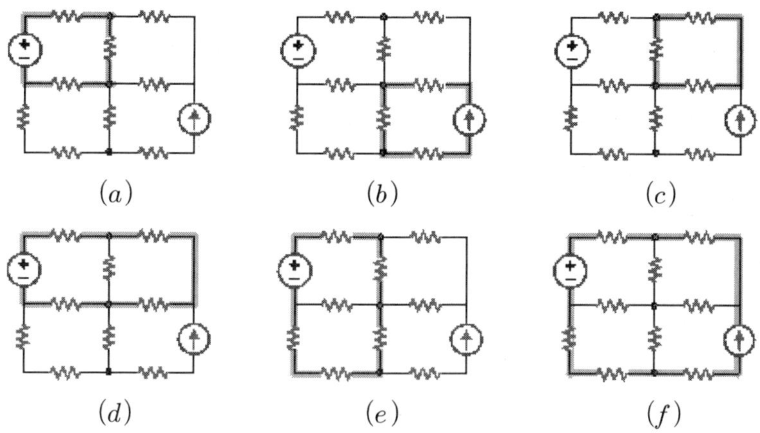

그림 3.9 루프와 메쉬.

(a) 루프이다. 메쉬이다. (b) 루프이다. 메쉬이다. (c) 루프이다. 메쉬이다.

(d) 루프이다. 루프 내부에 다른 루프를 포함하기 때문에 메쉬가 아니다.

(e) 루프이다. 루프 내부에 다른 루프를 포함하기 때문에 메쉬가 아니다.

(f) 루프이다. 루프 내부에 다른 루프를 포함하기 때문에 메쉬가 아니다.

3. 가지전류와 메쉬전류

가지를 따라서 흐르는 전류를 **가지전류(branch current)**로 정의한다. mesh를 따라서 흐르는 전류를 **메쉬전류(mesh current)**로 정의한다. 그림 3.10은 가지전류와 메쉬전류의 관계를 나타내고 있다. 그림(a)는 가지전류, 그림(b)는 메쉬전류를 나타내고 있다.

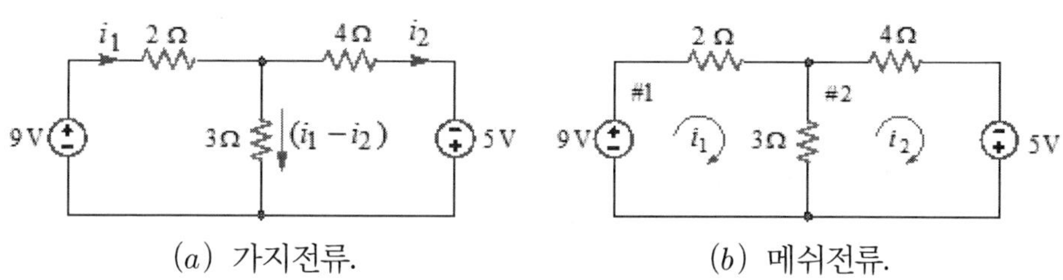

그림 3.10 가지전류와 메쉬전류.

(a) 2Ω 저항의 가지전류는 i_1 이다. 메쉬전류 i_1 과 같다.

(b) 3Ω 저항을 아래로 통과하는 가지전류는 $i_1 - i_2$ 이다.

3Ω 저항을 위로 통과하는 가지전류는 $-(i_1 - i_2)$, 즉 $i_2 - i_1$ 이다.

(c) 4Ω 저항의 가지전류는 i_2 이다. 메쉬전류 i_2 와 같다.

예제 1

그림과 같이 3개의 메쉬 mesh #1, #2, #3의 mesh 전류를 i_1 , i_2 , i_3 라고 한다.
다음 괄호를 채워라.

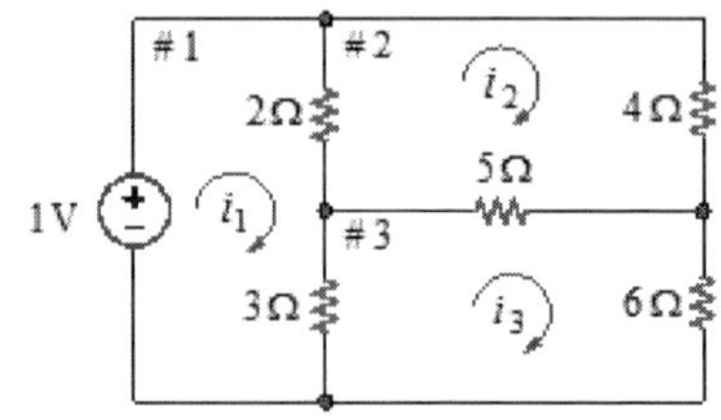

(a) 전압원 $1\,\text{V}$를

위로 통과하는 가지전류는 메쉬전류 ( )와 같다.

아래로 통과하는 가지전류는 ( )와 같다.

(b) 저항 $2\,\Omega$을

위로 통과하는 가지전류는 ( )이다.

아래로 통과하는 가지전류는 ( )이다.

(c) 저항 $3\,\Omega$을

위로 통과하는 가지전류는 ( )이다.

아래로 통과하는 가지전류는 ( )이다.

(d) 저항 4Ω을

아래로 통과하는 가지전류( )는 메쉬전류와 같다.

위로 통과하는 가지전류( )는 메쉬전류와 같다.

(e) 저항 $5\,\Omega$을

우측으로 통과하는 가지전류는 ( )이다.

좌측으로 통과하는 가지전류는 ( )이다.

(f) 저항 $6\,\Omega$을

위로 통과하는 가지전류는 ( )이다.

아래로 통과하는 가지전류( )는 메쉬전류와 같다.

답 (a) i_1. $-i_1$; (b) $i_2 - i_1$, $i_1 - i_2$; (c) $i_3 - i_1$,$i_1 - i_3$; (d) i_2, i_2 ; (e) $i_3 - i_2$, $i_2 - i_3$; (f) $-i_3$, i_3. ■

4. 메쉬가 두 개인 평면 회로의 예

회로가 평면회로이면, 메쉬해석법을 사용하여 편리하게 해석할 수 있다. 메쉬해석을 하기위해서는 반드시 mesh전류를 사용해야만 한다. 그림 3.11의 회로는 메쉬가 2개, 루프가 3개인 평면회로이다.

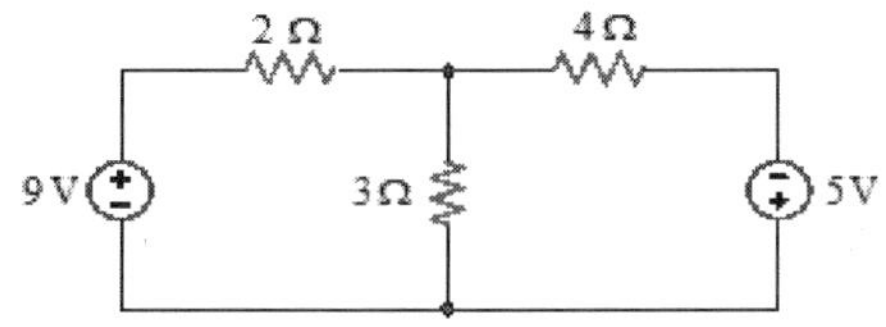

그림 3.11 메쉬가 2개인 평면회로.

가지전류와 메쉬전류를 이용하여 이 회로를 해석하자.

(1) 가지전류(branch current)를 이용한 KVL

그림 3.12는 가지전류를 하여 KVL을 적용하기 위한 회로를 나타낸다.

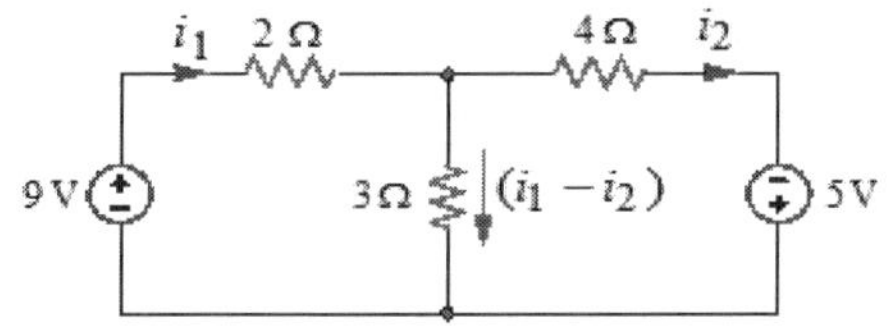

그림 3.12 가지전류를 구하기 위한 회로.

이 회로에는 5개의 가지들(branches)이 직렬 또는 병렬로 연결되어 있다.

2 Ω 저항을 통해 오른쪽으로 흐르는 가지 전류를 i_1이라 하자.

4 Ω 저항을 통해 오른쪽으로 흐르는 가지전류를 i_2 라 하자.

가운데에 있는 가지를 통해 아래쪽으로 흐르는 전류를 i_3 라 하자.

(1) 회로에서 두 개의 mesh에 각각 KVL을 적용하여 미지수(i_1 , i_2 , i_3)가 세 개인 세 개의 연립 방정식을 얻는다.

$$\begin{cases} -9+2i_2+3i_3=0 \\ -3i_3 \quad +4i_2=0 \\ i_3= \ i_1-i_2 \end{cases}$$

이 연립방정식을 풀면

$$i_1=3\ \mathrm{A},\ i_2=2\ \mathrm{A}\ \ i_3=1\ \mathrm{A}$$

이다.

예제 1

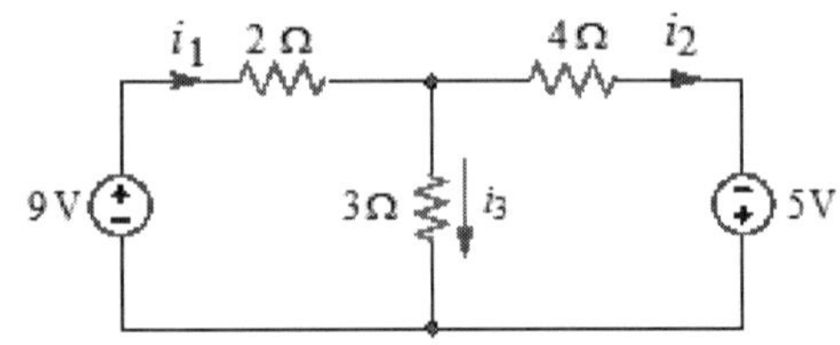

좀 더 간단히 해석하기 위하여,
회로에서 전류 i_3 를 이미 정의한
두 전류(i_1 ,i_2)로써

$$i_3 = i_1 - i_2$$

라고 표시한다. 그렇게 되면, 미지수(i_1, i_2) 두 개의 독립된 방정식을 풀 수 있다.

[풀이] 회로를 보고 두 개의 mesh에 각각 KVL을 적용하여 미지수(i_1, i_2) 두 개의 두 방정식을 세우면, 전류 i_1, i_2 를 구할 수 있다.

왼쪽 및 오른쪽 메쉬에 각각의 KVL을 적용하면

$$-9 + 2i_1 + 3(i_1 - i_2) = 0$$

$$-3(i_1 - i_2) + 4i_2 - 5 = 0$$

회로에서 얻은 방정식은 다음과 같다.

$$5i_1 - 3i_2 = 9 \qquad \cdots\cdots\cdots ①$$

$$-3i_1 + 7i_2 = 5 \qquad \cdots\cdots\cdots ②$$

식 ①와 식 ②은 서로 독립적이다.
미지수 두 개이고 독립된 방정식이 두 개이므로, 쉽게 해를 구할 수 있다.

답 (a) $i_1 = 3\text{ A}$, $i_2 = 2\text{ A}$. ■

(2) 메쉬전류(mesh current)를 이용한 KVL

어떤 회로에서 메쉬가 M 개이면 M 개의 메쉬전류가 있고 따라서 M 개의 독립적인 방정식을 세워야 한다.

메쉬(mesh)를 따라서 흐르는 전류를 **메쉬 전류(mesh current)**로 정의한다. 메쉬전류를 사용할 때의 가장 큰 장점 중의 하나는, KCL(키르히호프의 전류법칙)이 자동적으로 만족된다는 것이다. 메쉬전류가 어떤 node로 흘러 들어간다면 메쉬전류는 그 node에서 흘러 나온다. 또 세운방정식이 대칭성을 갖는다.

그림 3.13의 회로는 메쉬전류를 구하기 위한 회로이다.

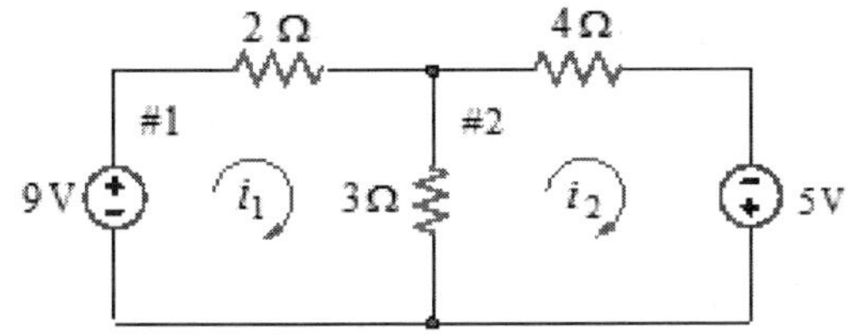

그림 3.13 메쉬전류를 구하기 위한 회로.

메쉬전류는 그 메쉬의 안쪽에 화살표로 표시한다. 좌측 메쉬를 메쉬 1로 잡으면 이 메쉬를 따라 시계방향으로 흐르는 전류를 메쉬전류 i_1 으로 잡을 수 있다. 우측 메쉬에서도 시계방향으로 메쉬전류 i_2 를 잡는다[34].

메쉬 1(왼쪽 메쉬)에서 KVL을 적용하면 다음과 같다.

$$-9+2i_1+3(i_1-i_2)=0$$

$$5i_1-3i_2=9$$

메쉬 2(오른쪽 메쉬)에서 KVL을 적용하면 다음과 같다.

$$3(i_2-i_1)+4i_2-5=0$$

$$-3i_1+7i_2=5$$

위 두 식을 정리하면 두 개 미지수(i_1, i_2)의 두 연립 방정식을 얻는다.

$$\begin{cases} 5i_1-3i_2 = 9 \\ 3i_1-7i_2 = -5 \end{cases}$$

미지수 두 개이고 식이 두 개이므로 쉽게 해를 구할 수 있다. 해는

$$i_1=3\ \text{A},\ i_2=2\ \text{A}$$

이다.

예제 1

그림의 회로에서 전압원 가지(branch)에 흐르는 전류를 미지수로 정의하고 다음을 구하여라.

(a) i_1 ; (b) i_2 ; (c) v.

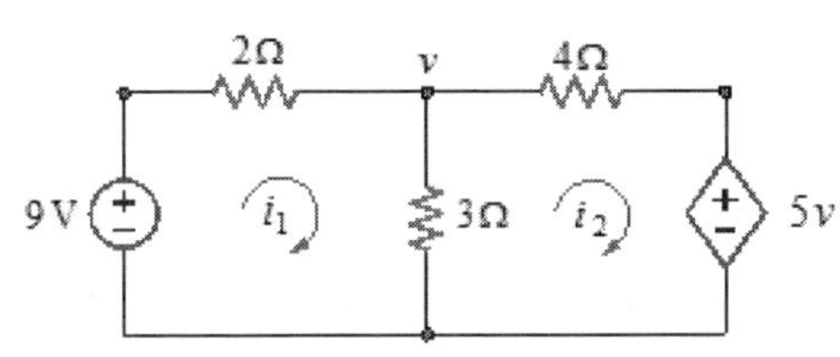

34) 메쉬전류의 방향은 시계 또는 반시계 방향으로 임의로 잡을 수 있지만 시계방향으로 잡는 것이 일반적이다. 이렇게 하면 결과 수식이 대각선으로 대칭이 되기 때문에 오류를 최소화할 수 있다.

[풀이] (i) 메쉬 1(왼쪽 메쉬)에서 KVL을 적용하면 다음과 같다.

$$-9+2i_1+3(i_1-i_2)=0$$

$$5i_1-3i_2=9 \qquad \cdots\cdots\cdots ①$$

(ii) 메쉬 2(오른쪽 메쉬)에서 KVL을 적용하면 다음과 같다.

$$3(i_2-i_1)+4i_2+5v=0$$

$$-3i_1+7i_2=-5v \qquad \cdots\cdots\cdots ②$$

(iii) 두 mesh의 공통 가지에서 Ohm's law는 다음과 같다.

$$v=3(i_1-i_2) \qquad \cdots\cdots\cdots ③$$

식 ③을 ②에 대입하여 정리하면

$$-3i_1+7i_2=-15(i_1-i_2)$$

$$-3i_1+7i_2=-15i_1+15i_2$$

$$12i_1-8i_2=0 \qquad \cdots\cdots\cdots ④$$

두 식 ①, ④에 의하여

$$i_1=18\ \text{A},\ i_2=27\ \text{A}$$ 이고

식 ③에 의하여

$$v=3(i_1-i_2)=3(18-27)=-27\ \text{V}$$

답 (a) $i_1=18$ A, $i_2=27$ A ; (b) $v=-27$ V. ■

예제 2

그림과 같은 회로가 주어져 있다.

(a) 메쉬 전류 i_1 를 구하여라.

(b) 메쉬 전류 i_2 를 구하여라.

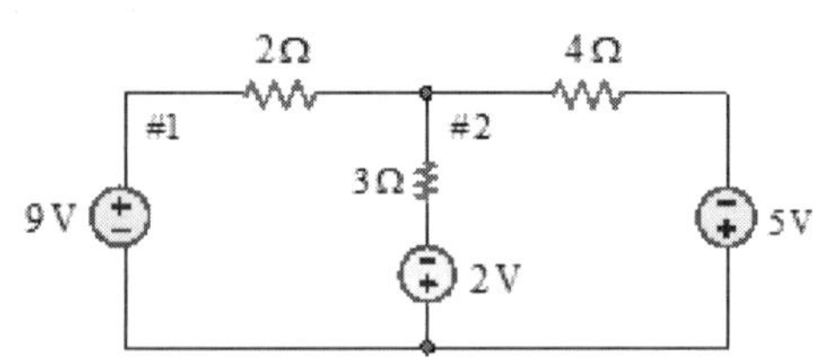

[풀이] 시계 방향의 메쉬 전류 i_1, i_2 를 정의한다.

(i) 메쉬 1(왼쪽 메쉬)에서 KVL을 적용하면 다음과 같다.

$$-9+2i_1+3(i_1-i_2)-2=0$$

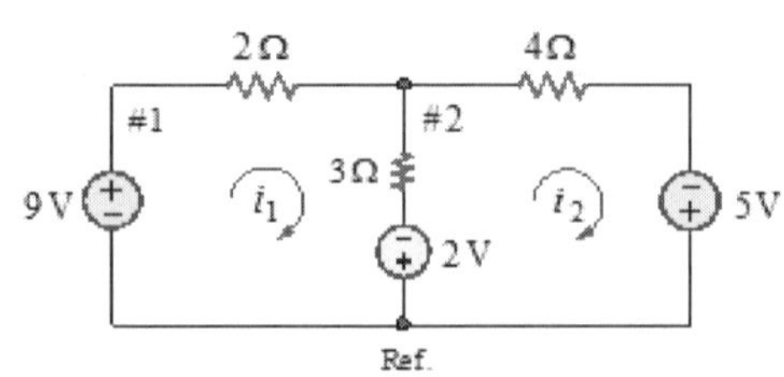

$$5i_1 - 3i_2 = 11 \qquad \cdots\cdots\cdots ①$$

(ii) 메쉬 2(오른쪽 메쉬)에서 KVL을 적용하면 다음과 같다.

$$+2 + 3(i_2 - i_1) + 4i_2 - 5 = 0$$

$$3i_1 - 7i_2 = -3 \qquad \cdots\cdots\cdots ②$$

위의 식을 풀면

$$i_1 = \frac{\begin{vmatrix} 11 & -3 \\ -3 & -7 \end{vmatrix}}{\begin{vmatrix} 5 & -3 \\ 3 & -7 \end{vmatrix}} = \frac{(-77)-(9)}{(-35)-(-9)} = \frac{-86}{-26} = \frac{43}{13}\ \mathrm{A}$$

$$i_2 = \frac{\begin{vmatrix} 5 & 11 \\ 3 & -3 \end{vmatrix}}{\begin{vmatrix} 5 & -3 \\ 3 & -7 \end{vmatrix}} = \frac{(-15)-(33)}{(-35)-(-9)} = \frac{-48}{-26} = \frac{24}{13}\ \mathrm{A}$$

답 $(a)\ i_1 = 3.308\ \mathrm{A}$; $(b)\ i_2 = 1.846\ \mathrm{A}$. ■

문제 1

다음 회로에서 메쉬전류는

$$i_1 = \frac{43}{13}\mathrm{A},\ i_2 = \frac{24}{13}\mathrm{A}$$

이다. 세 전압원이 공급하는 전력은 세 저항에 의하여 모두 소비된다.

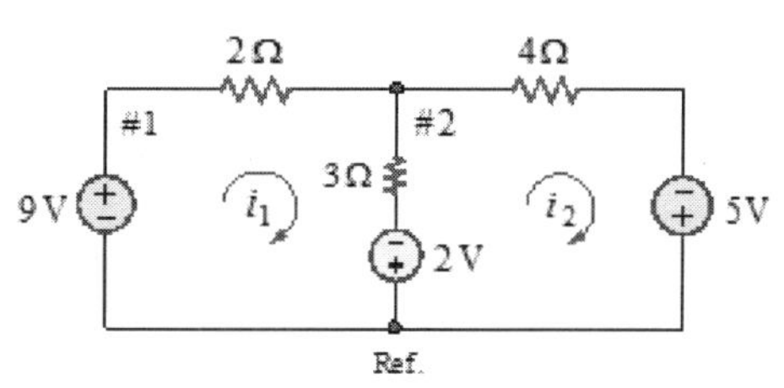

(a) 세 전압원이 공급하는 전력 p_{deli} 을 구하여라.

(b) 세 저항이 소비하는 전력 p_{dissi} 을 구하여라.

답 $(a)\ p_{공급} = \frac{545}{13}\ \mathrm{W}$; $(b)\ p_{소비} = \frac{545}{13}\ \mathrm{W}$. ■

문제 2

그림과 같은 회로가 주어져 있다.

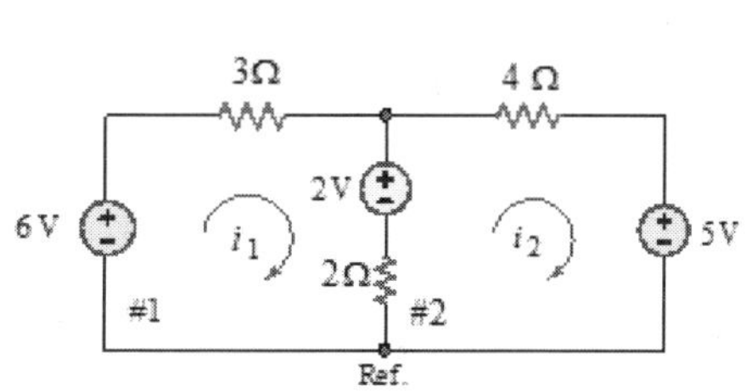

(a) 메쉬 전류 i_1 를 구하여라.

(b) 메쉬 전류 i_2 를 구하여라.

답 $(a)\ i_1 = 1.154\ \mathrm{A}$; $(b)\ i_2 = 0.885\ \mathrm{A}$. ■

5. 전류원이 한 쪽 메쉬에 포함된 회로

앞의 예제에서는 **독립전압원**에 의해서만 전력을 공급받는 회로를 다루었다. 회로의 한 쪽 미쉬에 **전류원**이 포함되어 있는 경우 해석이 간단해질 수도 있고 복잡해질 수도 있다. node해석법에서 보았듯이 종속전원들은 일반적으로 추가 방정식들을 필요로 한다.

종속전원들이 포함되어 있는 회로에 메쉬 해석법을 적용할 경우,
종속전원이 메쉬전류(또는 메쉬전류들 의 합)에 **따르면,,,**
M 개의 메쉬 방정식들 외에 추가 방정식들이 필요 없다.

종속전원이 메쉬전류(또는 메쉬전류들 의 합)에 **따르지 않으면,,,**
M 개의 메쉬 방정식들 외에 추가 방정식들이 필요하다.

다음의 예제에서 알아 보자.

(1) 종속전원이 메쉬전류(또는 메쉬전류들 의 합)에 따르는 경우

예제 1

그림에서는 종속전원이 메쉬전류(또는 메쉬전류들의 합)에 의존한다.

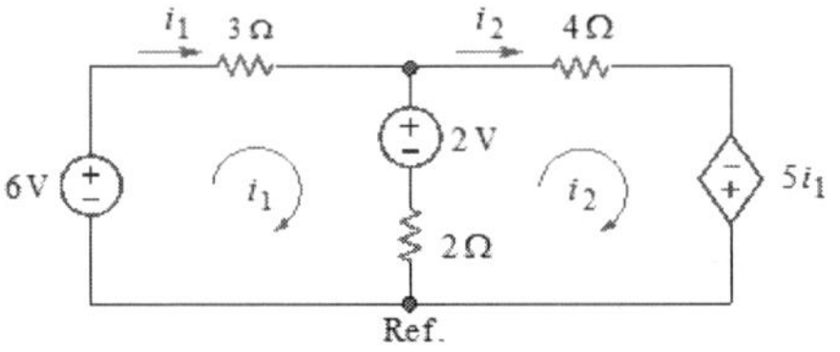

(a) 이 회로를 해석하기 위하여 필요한 메쉬 방정식은 몇 개인가?
(b) 이 회로를 해석하기 위하여 필요한 메쉬 방정식을 세워라.
(c) 메쉬 방정식을 풀어서 해를 구하여라.

[풀이] (a) 종속전원이 메쉬전류 i_1에 의해 제어되기 때문에 이 2-메쉬 회로를 해석하기 위해서는 2개의 방정식만이 필요하다.
(b) 두 개의 메쉬에서 방정을 세운다.

$$3i_1 + 2(i_1 - i_2) = 6 - 2$$

$$2(i_2 - i_1) + 4i_2 = 2 + 5i_1$$

(c) 위의 두 식을 정리하면

$$\begin{cases} 5i_1 - 2i_2 = 4 \\ 7i_1 - 6i_2 = -2 \end{cases}$$

을 풀면

$$i_1 = 1.75\text{ A},\ i_2 = 2.38\text{ A}$$

답 (a) 2개 ; (b) $5i_1 - 2i_2 = 4,\ 7i_1 - 6i_2 = -2$;

(c) $i_1 = 1.75\text{ A},\ i_2 = 2.38\text{ A}$. ■

문제 ①

그림과 같이 종속전원을 포함한 2-메쉬 회로가 있다. 회로에서 전류 i 을 구하여라.

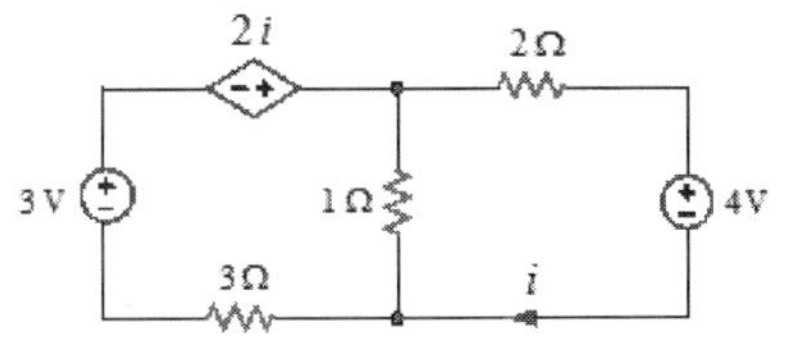

답 $i_2 = -1.444\text{ A}$. ■

(2) 종속전원이 메쉬전류(또는 메쉬전류들 의 합)에 따르지 않는 경우

예제 1

제어변수가 메쉬전류가 아닌 경우의 예로서 전압으로 제어되는 종속전원을 가진 회로가 그림과 같다.

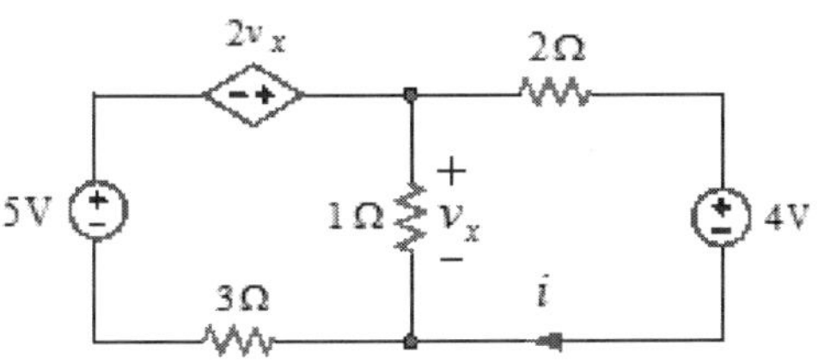

(a) 이 회로를 해석하기 위하여 필요한 메쉬 방정식은 몇 개인가?

(b) 이 회로를 해석하기 위하여 필요한 메쉬 방정식을 세워라.

(c) 메쉬 방전식을 풀어서 해를 구하여라.

[풀이] (a) 종속전원이 가지 전압 미지수 v_x 에 의해 제어되기 때문에 이 2-메쉬 회로를 해석하기 위해서는 2개의 방정식만이 필요하고, 하나의 추가 방정식이 필요하다.

(b) 그림에서와 같이 메쉬전류를 정의한다.

좌측 메쉬에서 KVL을 적용하면 다음 식을 얻는다.

$$-5 - 2v_x + 1(i_1 - i_2) + 3i_1 = 0$$

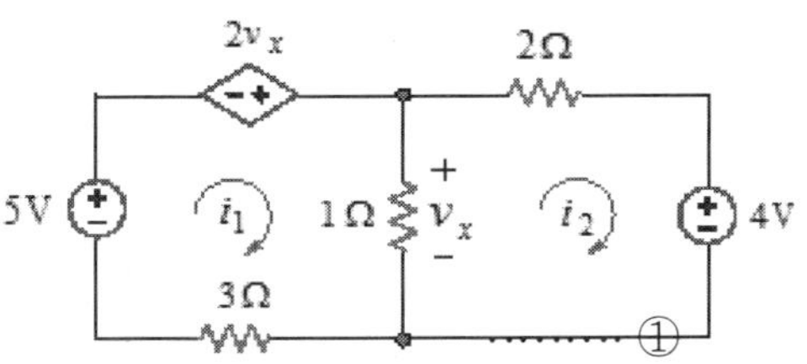

우측 메쉬에서 KVL을 적용하면 다음 식을 얻는다.

$$1(i_2 - i_1) + 2i_2 + 4 = 0 \qquad \cdots\cdots\cdots ②$$

추가 방정식 하나를 얻어내기 위하여 v_x 를 메쉬전류로 나타내는 식을 세운다.

$$v_x = i_1 - i_2 \qquad \cdots\cdots\cdots ③$$

미지수 3개, 독립 방정식 3개이므로 풀 수 있다. 식 ③을 ①에 대입하면, 다음과 같다.

$$-5 - 2(i_1 - i_2) + 1(i_1 - i_2) + 3i_1 = 0$$
$$-5 - (i_1 - i_2) + 3i_1 = 0$$
$$2i_1 + i_2 = 5$$

식 ②를 정리하면 다음의 같다.

$$-i_1 + 3i_2 + 4 = 0, \; i_1 - 3i_2 = 4$$

따라서 간단히 정리된 두 개의 독립된 메쉬 방정식은 다음과 같다.

$$\begin{cases} 2i_1 + i_2 = 5 \\ i_1 - 3i_2 = 4 \end{cases}$$

(c) 메쉬 방정식을 풀면,

$$i_1 = 2.714\ \text{A}, \; i_2 = 0.429\ \text{A}$$

이다.

답 (a) $i_1 = 2.714$ A ; (b) $i_2 = 0.429$ A . ■

3.7 수퍼메쉬(supermesh) 해석법

회로에 전류원 가지가 있을 때 해석방법을 살펴보자. 전류원 가지가 있는 회로를 해석하기 위해서는, 두 가지 가능한 방법 있다.

(i) 방법 1 ; 전류원의 양단전압을 가정하여 KVL을 적용

전류원의 양단전압을 미지수로 놓고 각 메쉬를 따라 KVL을 적용한 다음에, 이 전원 전류를 메쉬전류로 나타내는 것이다. 일반적으로 이 방법은 비교적 힘든 접근방식이다.

(ii) 방법 2 ; 수퍼메쉬에서 KVL을 적용

좀 더 좋은 방법이다. 전류원을 공통소자로 갖는 두 메쉬의 외부 경로를 하나의 **수퍼메쉬(supermesh)**를 정의한다.[35] 공통전류원이 수퍼메쉬의 내부에 있게 되므로 메쉬의 수는 전류원의 수만큼 줄어든다. 만약 전류원이 회로의 외부가지에 위치한 경우에는 이 메쉬를 무시한다. 따라서 새로 구성된 회로에서 메쉬 또는 수퍼메쉬에 대해서만 KVL을 적용하면 된다.

그림 3.14와 같이, 회로에 전류원 가지가 있을 때 해석방법을 살펴보자.

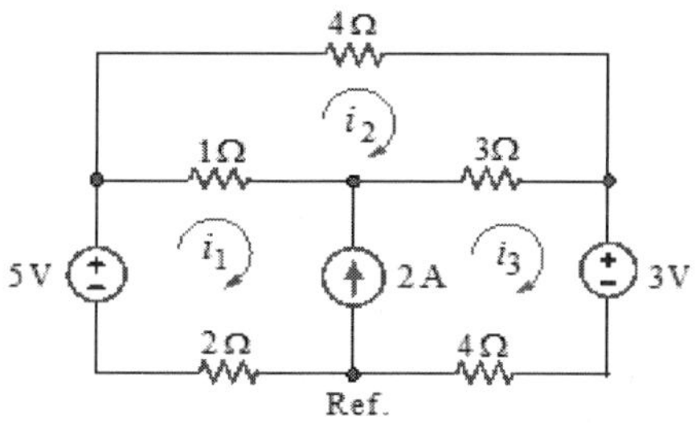

그림 3.14 전류원 가지를 두 메쉬 사이에 갖는 회로.

이 회로를 해석하기 위한 두 가지 가능한 방법 있다.

1. 전류원 양단전압을 가정하여 KVL을 적용하는 방법

그림 3.15와 같이 전류원 2A 양단에 걸리는 전압 v 를 가정하고 메쉬 방정식을 세운다.

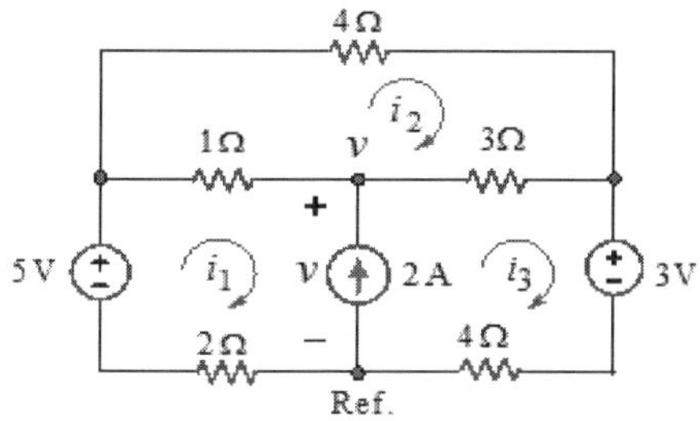

그림 3.15 전류원 가지의 전압을 가정한 회로.

(i) 메쉬 1에서

$$-5+1\cdot(i_1-i_2)+v+2i_1=0$$

정리하면,

35) node해석법에서의 supernode와 아주 유사한 접근법을 사용하는 것이다. supernode해석법에서는 전압원을 내포한 supernode를 잡아서 기준node가 아닌 node의 수를 전압원의 수만큼 줄였다.

$$3i_1 - i_2 + v = 5 \qquad \cdots\cdots\cdots ①$$

(ii) 메쉬 3에서

$$3 + 4i_3 - v + 3(i_3 - i_2) = 0$$

정리하면,

$$-3i_2 + 7i_3 - v = -3 \qquad \cdots\cdots\cdots ②$$

(iii) 메쉬 2에서

$$1 \cdot (i_2 - i_1) + 4i_2 + 3(i_2 - i_3) = 0$$

정리하면,

$$-i_1 + 8i_2 - i_3 = -3 \qquad \cdots\cdots\cdots ③$$

(iv) 독립 전류원의 전류를 메쉬 전류로 표시하면 다음과 같다,

$$i_3 - i_1 = 2 \qquad \cdots\cdots\cdots ④$$

두 식 ①, 1과 ②를 더하면, v 가 소거되어 아래 세 식이 얻어진다.

$$3i_1 - 4i_2 + 7i_3 = 2 \qquad \cdots\cdots\cdots ⑤$$

따라서, ③, ④, ⑤를 정리하여 연립시키면 다음과 같다.

$$\begin{cases} i_1 - 8i_2 + i_3 = 3 \\ i_1 - i_3 = -2 \\ 3i_1 - 4i_2 + 7i_3 = 2 \end{cases}$$

해는 다음과 같다.

$$i_1 = -1.3889 \text{ A}$$

$$i_2 = -0.4722 \text{ A}$$

$$i_2 = 0.6111 \text{ A}$$

2. 전류원을 공통가지(branch)로 갖는 두 메쉬를 수퍼메쉬(supermesh)로 정의하는 방법

그림 3.16과 같이 전류원 2A를 공통가지로 갖는 메쉬 1, 3을 메쉬 1, 3을 하나로 묶어서 수퍼메쉬로 표시한다.

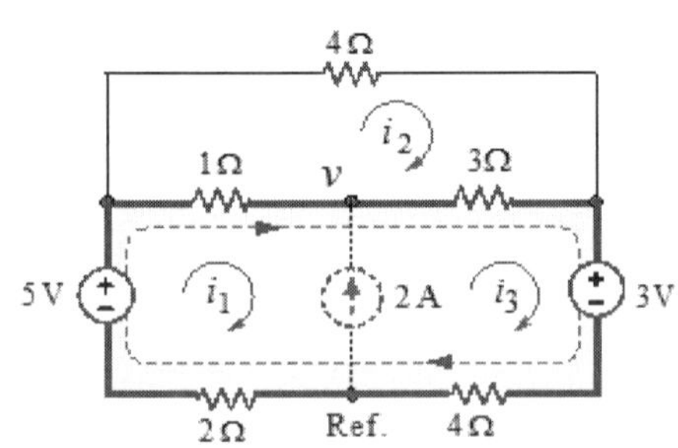

그림 3.16 전류원을 수퍼메쉬에 포함한 회로

(i) 수퍼메쉬에서 KVL을 적용하면,

$$-5+1\cdot(i_1-i_2)+3\cdot(i_3-i_2)+3+4i_3+2i_1=0$$

$$-5+i_1-i_2+3i_3-3i_2+3+4i_3+2i_1=0$$

$$3i_1-4i_2+7i_3=2 \qquad \cdots\cdots\cdots ①$$

(ii) 메쉬 2에서

$$1\cdot(i_2-i_1)+4\,i_2+3(i_2-i_3)=0$$

$$-i_1+8\,i_2-i_3=-3 \qquad \cdots\cdots\cdots ②$$

(iii) 독립 전류원의 전류를 메쉬 전류로 표시하면 다음과 같다,

$$i_3-i_1=2 \qquad \cdots\cdots\cdots ③$$

따라서, 세 식 ①, ② 및 ③을 정리하여 연립시키면 다음과 같다.

$$\begin{cases} 3\,i_1-4\,i_2+7i_3=\ \ 2 \\ \ \ i_1-8\,i_2+\ \ i_3=\ \ 3 \\ \ \ i_1 \qquad\quad -\ \ i_3=-2 \end{cases}$$

해는

$$i_1=-1.3889\ \text{A}$$

$$i_2=-0.4722\ \text{A}$$

$$i_2=0.6111\ \text{A}$$

이다.

예제 1

그림(a)와 같이 메쉬 1의 좌측 가지에서 구동하는 전압원 $12\,\text{V}$, 메쉬 1,3의 공통가지에서 구동하는 전류원 $5\,\text{A}$가 있다. 메쉬해석법을 사용하여 3개의 메쉬전류를 계산하여라.

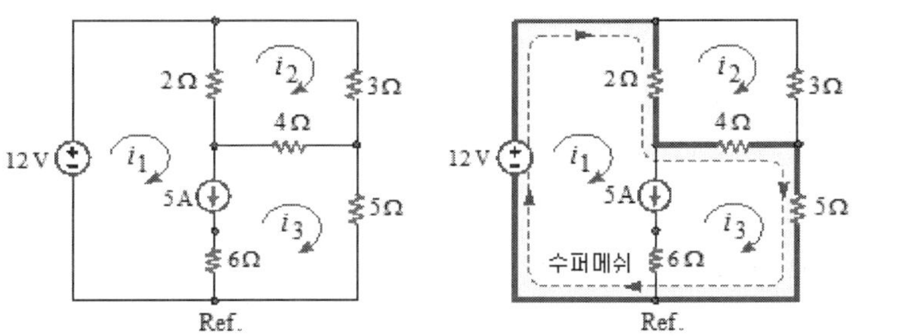

(a) (b)

[풀이] 그림 (b)와 같이, 메쉬 1, 3을 하나로 묶어서 수퍼메쉬로 표시한다.

(i) 수퍼메쉬에 KVL을 적용하면 다음과 같다.

$$-12+2(i_1-i_2)+4(i_3-i_2)+5i_3=0$$

$$2i_1-6i_2+9i_3=12 \qquad \cdots\cdots\cdots ①$$

(ii) 메쉬 2에 KVL을 적용하면 다음과 같다.

$$2(i_2-i_1)+3i_2+4(i_2-i_3)=0$$

$$-2i_1+9i_2-4i_3=0 \qquad \cdots\cdots\cdots ②$$

(iii) 독립전류원의 전류를 메쉬전류로 표현하면 다음이 얻어진다.

$$i_1-i_3=5 \qquad \cdots\cdots\cdots ③$$

세 식 ①, ② 및 ③을 풀면 다음과 같다.

$$i_1=6.24\,\text{A},\ i_2=1.94\,\text{A}\quad i_3=1.24\,\text{A}$$

답 (a) $i_1=6.24$ A ; (b) $i_2=1.94$ A ; $i_2=1.24$ A. ■

연습문제 A

01 (a) 전류 $i=1$ A을 구하여라.

(b) 저항 12 Ω, 저항 4 Ω, 전압원 14 Ω의 통과전류를 구하여라.

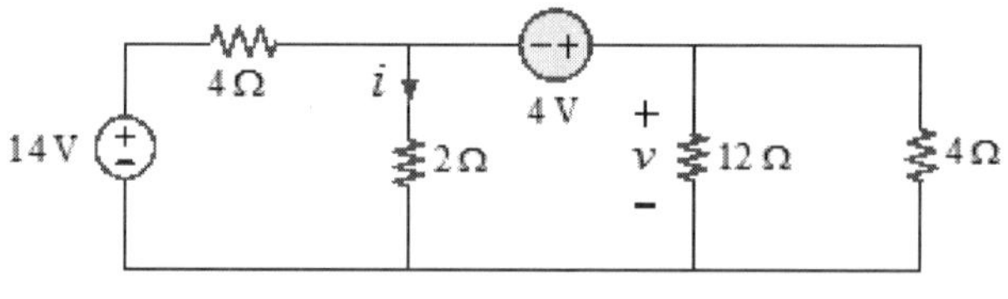

02 다음의 회로에서 전류는 두 전압원에 의한 전류를 중첩한 전류,

$$i=i_{14\text{V}}+i_{4\text{V}}$$

이다. 물음에 답하여라.

(a) 전압원 14 V에 위한 전류 $i_{14\text{V}}$를 구하여라.

(b) 전압원 4 V에 위한 전류 $i_{4\text{V}}$를 구하여라.

(c) 중첩한 전류 $i=i_{14\text{V}}+i_{4\text{V}}$를 구하여라.

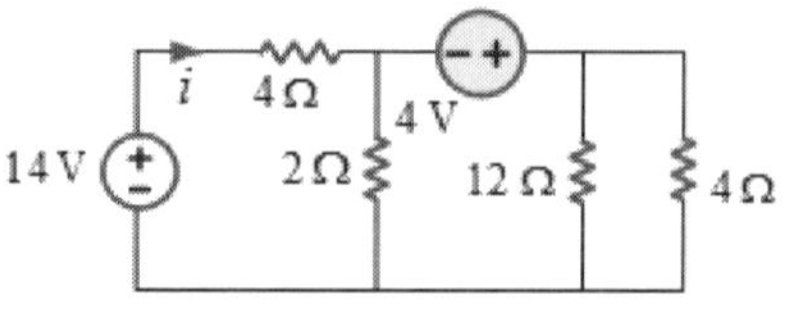

03

그림의 회로에서

(*a*) 단자 *ab* 좌측회로의 Norton 등가회로를 구하여라.

(*b*) 저항 부하에 걸리는 전압 v를 구하여라.

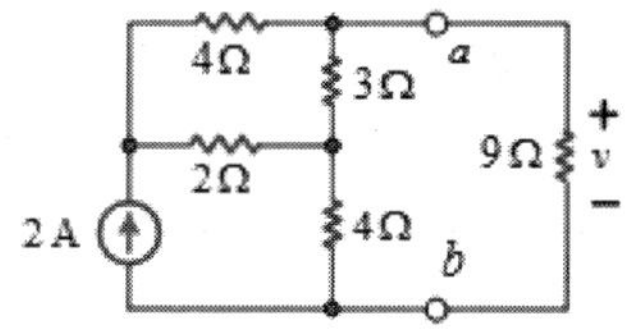

04

노드 방법을 써서 i를 구하여라.

v_1, v_2, v_3

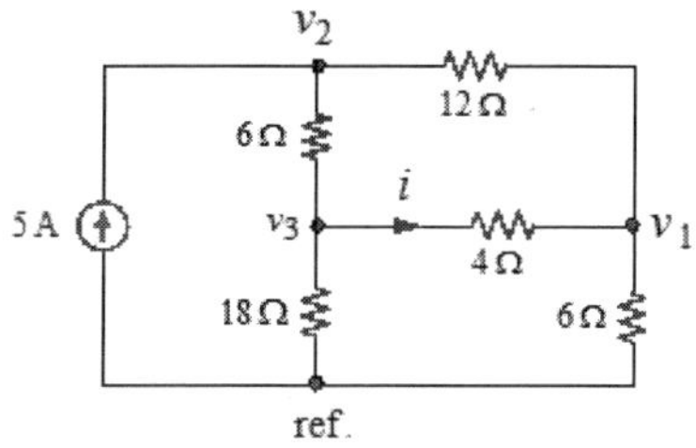

05

다음 회로에서 노드방정식을 이용하여 v_x, v_y를 구하여라.

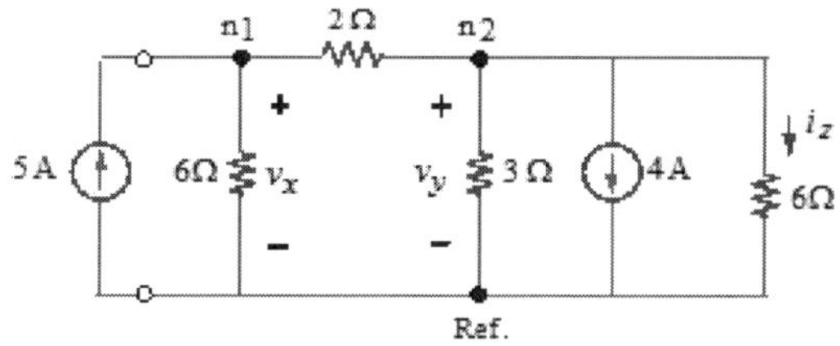

06

메쉬 해석법을 이용하여 전류 i_1, i_2, i_3을 구하여라.

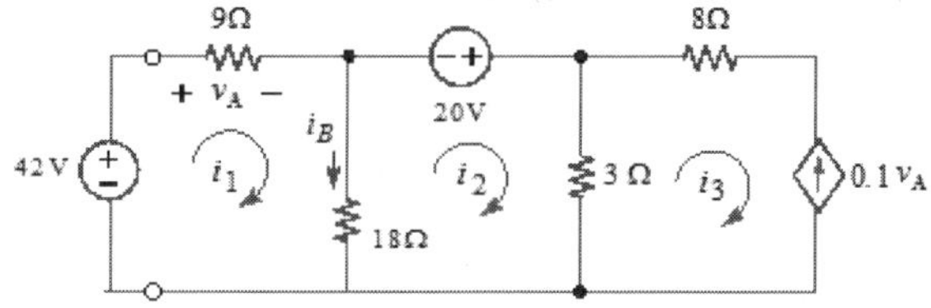

07

그림의 회로에서 부하 저항R_L은 가변 저항이다.

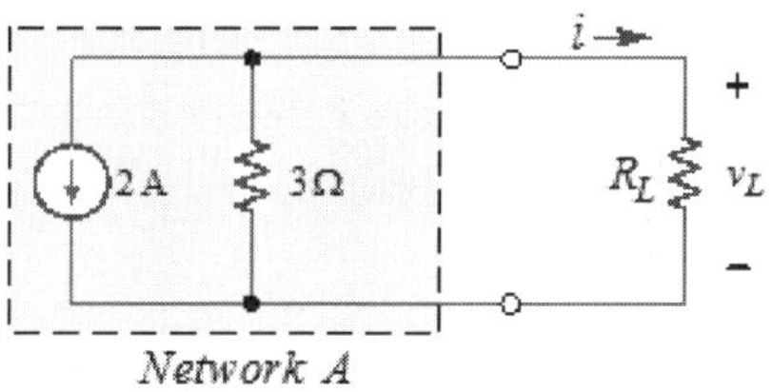

(*a*) 저항 $R_L = 6\ \Omega$ 일 때, v_L을 구하여라.

(*b*) 부하의 양단 전압 $v_L = -4\ \text{V}$, 통과전류가 $i = -2/3\ \text{A}$로서 그대로 유지되도록, 전압원을 사용하여 Netwerk A를 변형하여라.

(*c*) 위 (*a*), (*b*) 각각의 회로가 $3\ \Omega$에 공급하는 전력을 구하여라.

(*d*) 최대 전력을 공급받기 위한 부하 R_L의 값을 구하여라.

08 다음의 회로가 있다.

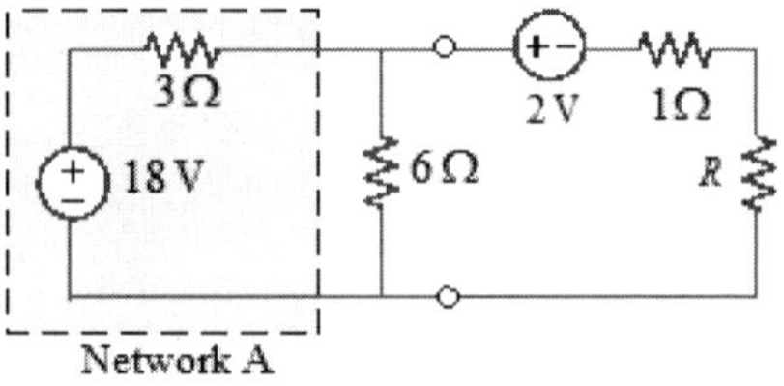

(a) Network A를 변환하여 단일메쉬(single mesh) 회로로 나타내어라.

(b) 저항 $R = 2\ \Omega$ 이라면, 이 저항에 공급되는 전력을 구하여라.

(c) 저항 R이 얼마일 때, 이 저항에 최대 전력이 공급되는가? 이 저항에 공급되는 최대 전력을 구하여라.

(d) 저항 R이 얼마일 때, 이 저항에 공급되는 전력이 $8\ \mathrm{W}$인가?

09 다음 회로에서 중첩의 정리를 사용하여 전류 i를 구하여라.

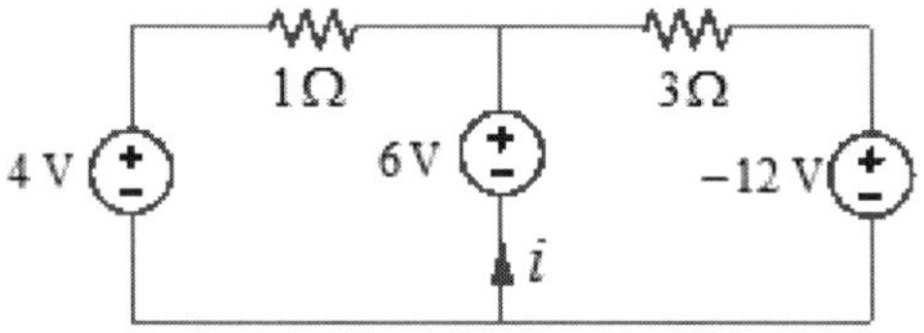

10 다음 회로에서 중첩의 정리를 사용하여 전류 i를 구하여라.

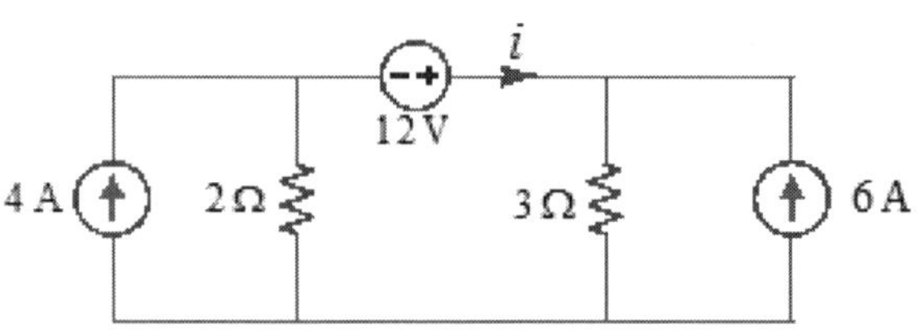

연습문제 B

01 다음 회로에서 v_A, i_B 및 v_B를 구하여라.

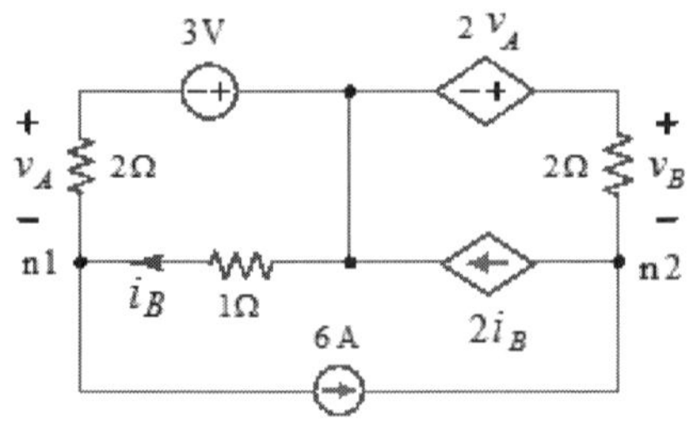

02 다음 회로에서 전압 v_1 을 구하여라.

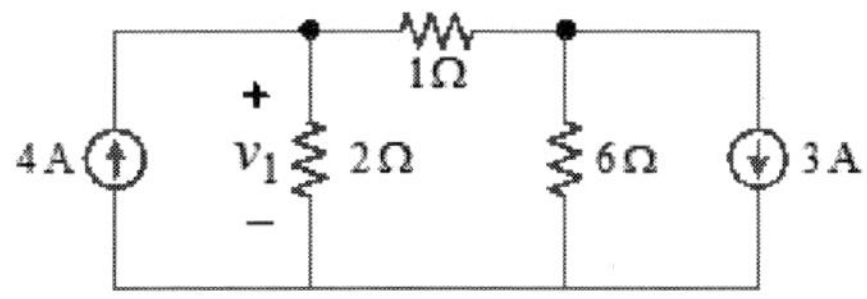

03

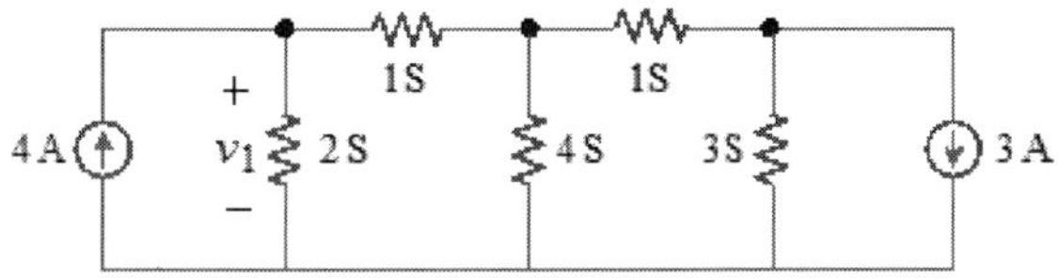

04 수퍼 노드(supernode)를 갖는 다음 회로에서 노드 전압 v_1 과 v_2 를 구하여라.

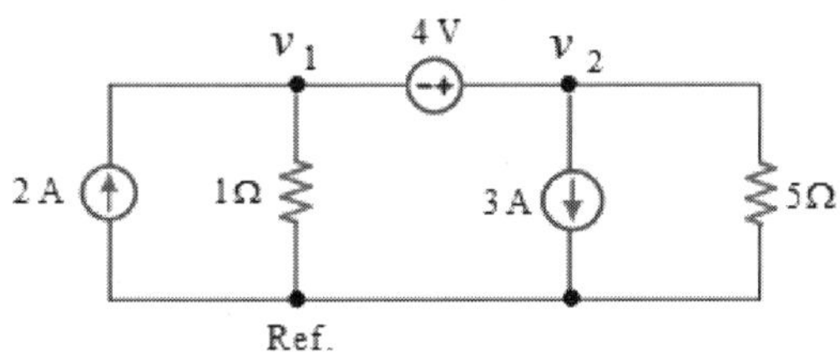

05 수퍼 노드(supernode)를 갖는 다음 회로에서 노드 전압 v_1, v_2 및 v_3 를 구하여라.

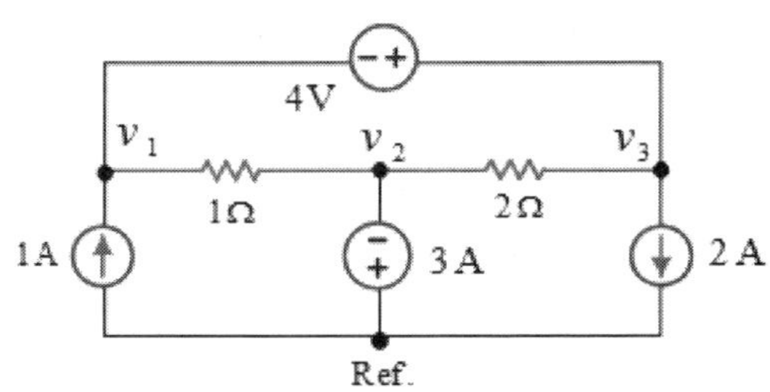

06 다음 회로에서 supernode의 전압 v_2와 v_3을 구하여라.

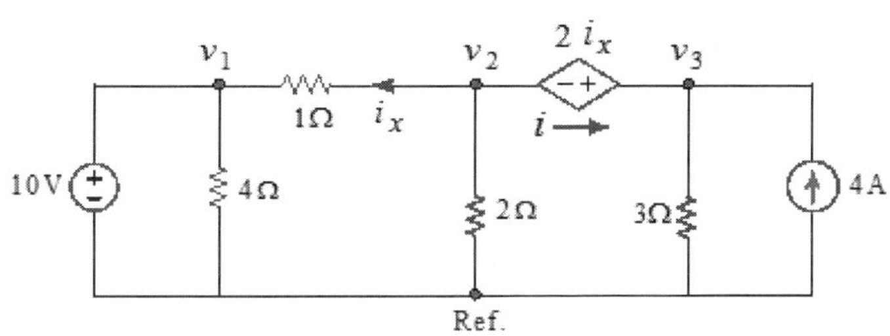

07 그림의 회로에서 메쉬전류 i_1, i_2 및 i_3를 구하여라.

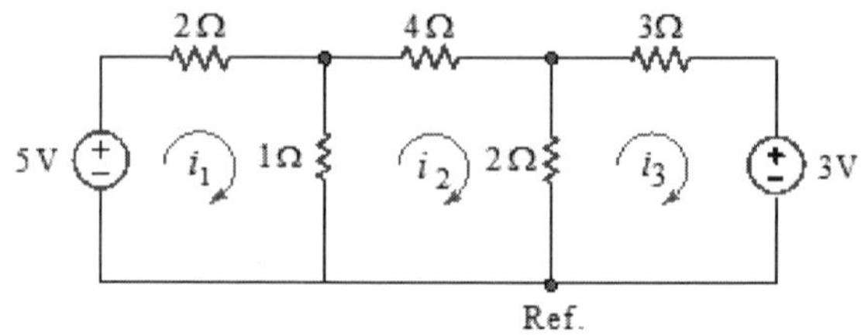

08 다음 회로의 메쉬전류를 구하기 위한 연립방정식을 세워라.

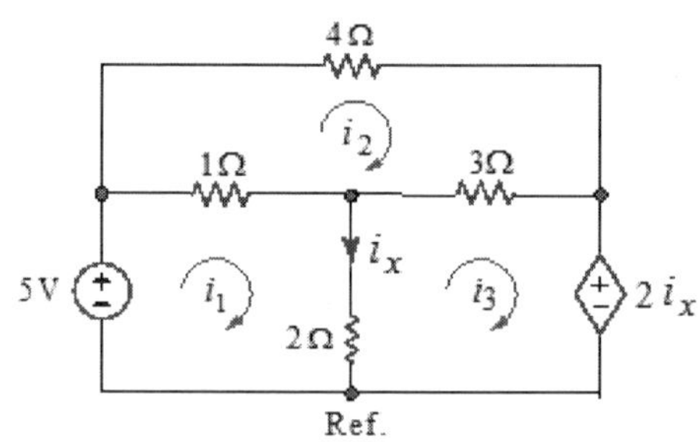

09 그림의 회로와 같이, 가지(branch)가 전류원을 포함하고 있을 때, 메쉬전류법을 사용하여 전류 i_1, i_2 및 i_3를 구하여라. 두 가지 방법으로 해석할 수 있다.
(i) 전류원의 양단전압을 가정하여 KVL을 적용.
(ii) 수퍼메쉬에서 KVL을 적용. 방법 (i)을 사용하여라.

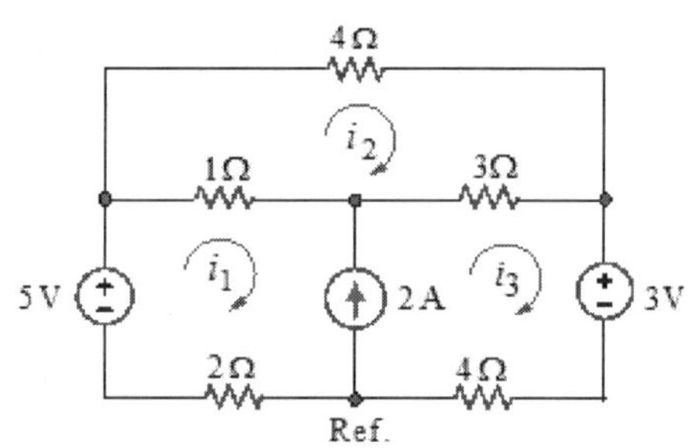

10 그림의 회로 와 같이, 가지(branch)가 전류원을 포함하고 있을 때, 메쉬전류법을 사용하여 전류 i_1, i_2 및 i_3를 구하여라. 두 가지 방법으로 해석할 수 있다.
(i) 전류원의 양단전압을 가정하여 KVL을 적용.
(ii) 수퍼메쉬에서 KVL을 적용. 방법 (ii)를 사용하여라.

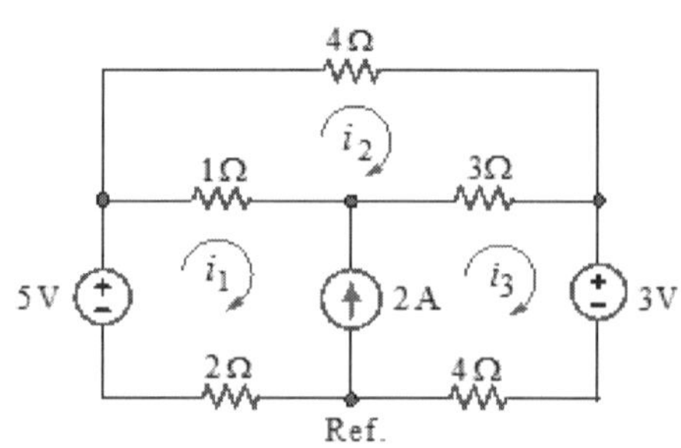

04 Chapter

편리한 회로해석기법

3장에서 학습한 node 해석법과 mesh 해석법은
편리한 회로해석법이다.

그러나, node 해석법과 mesh 해석법을 사용하여 특정 소자의
양단전압 v, 통과전류 i, 또는 전력 $p(=vi)$을 구하기 위해서는, KCL, KVL, 또는 Ohm의 법칙을 적용하여 v, i 에 대한
연립 방정식을 세우고, 그 방정식을 풀어야 한다.

이 장에서는 회로해석을 간단하게 하기 위한 하나의 방법으로서 회로의 특정 부분을 분리하여 해석하는 몇 가지 방법들을 알아본다.

Chapter

04 편리한 회로해석기법

4.1 선형성과 중첩정리

이 책에서 다루는 모든 회로는 선형회로이다. 선형회로 에서는 중첩의 정리가 성립한다.

중첩의 정리는 선형회로를 해석하는 과정에서 유용하게 이용된다.[36] 중첩의 정리는 두 개 이상의 독립 전원이 있는 선형회로에서의 응답(구하려고 하는 전압이나 전류)은 각각의 전원에 의한 응답들의 합이라는 것이다.

1. 선형소자와 선형회로

회로에 사용되는 **선형소자(linear elements)**는 선형적인 전압·전류 관계를 갖는 소자로 정의한다. 선형적인 전압-전류 관계라는 것은

(i) 소자를 통해 흐르는 전류 $i(t)$

와

(ii) 소자의 양단에 걸리는 전압 $v(t)$

가 일차함수의 관계식이

$$y = a\,x \tag{4.1}$$

의 꼴을 갖는다는 의미이다. 수동소자들 중의 하나인 저항소자의 전압-전류 관계는

$$v(t) = R \cdot i(t) \tag{4.2}$$

이므로, 분명히 선형소자이다. 실제로 $v(t)$를 $i(t)$의 함수로 그리면 원점을 통과하는 직선이 된다.

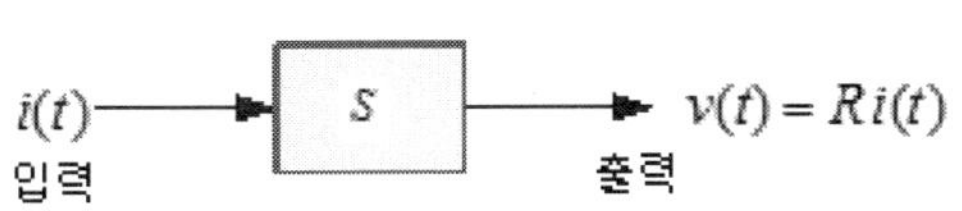

선형 종속 전원은 출력 전류 또는 전압이 회로 내의 특정전류 또는 전압변수(또는 이들의 합)의 1차에만 비례하는 **종속전류원** 또는 **종속전압원**으로 정의된다. 예를 들어,

36) 비선형회에는 중첩정리를 적용할 수 없기 때문에 해석하기가 매우 어렵다.

(1) 종속 전압원 $v_s = 2i_1 - 5v_2$는 선형 종속 전압원이다.

종속 전류원 $i_s = 3v_1 - 4v_2$는 선형 종속 전류원이다.

(2) 종속 전압원 $v_s = 0.6i_1^2$ 및 $v_s = 5i_1v_2 + 2$는 비선형 종속 전압원이다.

종속 전류원 $i_s = 5i_1^3$ 및 $i_s = 3i_1v_2$는 비선형 종속 전류원이다.

독립전원, 선형 종속전원 및 선형소자로만 구성되어 있는 회로를 **선형회로**라고 정의한다.

이 정의에 의하면

(1) "회로의 응답은 전원 값에 비례한다"

(2) "모든 독립 전원의 전압 and/or 전류"를 상수 K배 만큼 변동시키면, 회로의 응답도 모든 전류 and/or 전압응답(종속전원의 전압 또는 전류 출력 포함)에 상수 K배 만큼 변한값을 나타낸다"

는 것을 증명할 수 있다.[37)]

2. 중첩의 정리

선형성이란 **중첩의 정리**가 성립하는 성질이다. 선형시스템은 중첩의 정리가 성립하는 시스템이다.

그림 4.1은 입력이 전압 $v(t)$, 출력이 전류 $i(t)$인 선형회로 시스템의 블록 다이어그램(block diagram)을 나타낸다.

이 회로는 저항 R로 구성되어 있고. 회로를 구동시키는 근원은 전압 $v(t)$, 특정 소자를 통과하는 전류를 $i(t)$라고 하면, 선형 관계식 $i = 3v_1$을 만족하는 시스템이다.[38)]

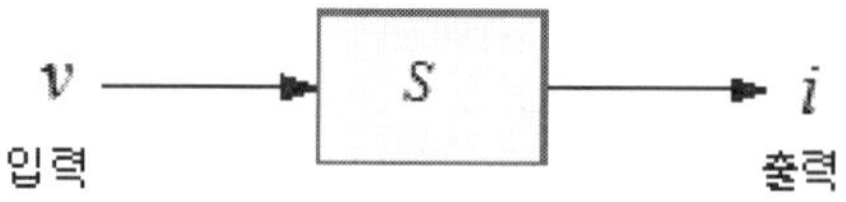

그림 4.1 선형회로 시스템 $i = 3v_1$.

37) 선형회로에 마디해석법을 적용하면 다음과 같은 형태의 선형방정식이 얻어진다.

$$a_1v_1 + a_2v_2 + \cdots\cdots + a_Nv_N = b$$

여기서 a_1는 상수(저항 또는 컨덕턴스 값의 조합, 종속전원 표현에 나타나는 상수, 0, 또는 ±)이고 v_1는 미지의 마디전압(응답)이며 b는 독립전원의 값 또는 이들의 합이다. 이러한 식에서 모든 b에 K를 곱하면 이에 대응되는 새로운 방정식의 해는 마디전압 Kv_1, Kv_2, ……, Kv_N이 된다.

38) 저항, 인덕터, 커패시터는 선형소자이다. 선형소자로 구성된 회로는 선형 시스템이다.

예제 1

그림과 같이, 입출력 관계를 정의하는 선형회로 시스템이 주어져 있다.

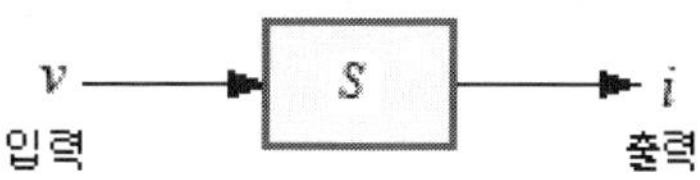

(a) 입력 $v = 2\,\mathrm{V}$일 때 출력전류가 $i = 6\ \mathrm{A}$라면, $v = 4\,\mathrm{V}$일 때의 출력전류를 구하여라.

(b) 입력

$v_1 = 3\,\mathrm{V}$일 때 출력전류가 $i_1 = 9\ \mathrm{A}$,

$v_2 = 5\,\mathrm{V}$일 때 출력전류가 $i_2 = 15\ \mathrm{A}$

이다. 입력 $v_3 = v_1 + v_2 = 3 + 5 = 8\,\mathrm{V}$ 일 때의 출력전류를 구하여라.

[풀이] (a) 입력에 비례하여 출력이 나타난다. 따라서, $v = 4\,\mathrm{V}$ 일 때, 전류가 $i = 12\ \mathrm{A}$흐른다.

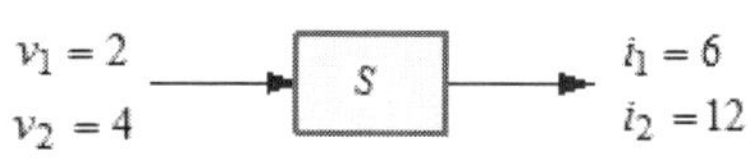

(b) 중첩한 입력이 나타내는 출력은 각각의 입력이 나타내는 출력을 중첩한 것이다.

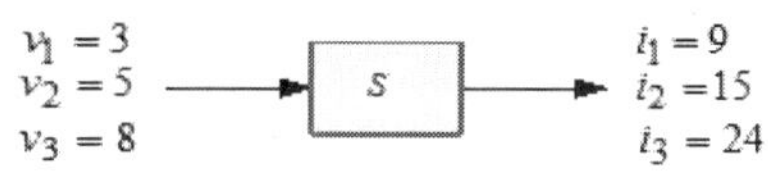

따라서, $v_3 = v_1 + v_2 = 3 + 5 = 8\,\mathrm{V}$ 일 때, 전류가 $i_3 = 9 + 15 = 24\ \mathrm{A}$ 흐른다.

답 (a) $i = 12\ \mathrm{A}$; (b) $i_3 = 24\ \mathrm{A}$. ■

문제 1

다음과 같이 입력과 출력의 관계식을 갖는 시스템이 주어져 있다.

$$v(t) = R\,i(t)$$

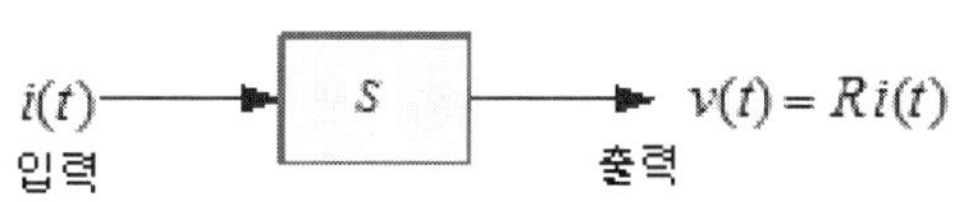

이 시스템이 선형시스템임을 증명하여라.

답 생략. ■

문제 2

그림과 같이, 입출력 관계를 정의하는 선형 회로가 주어져 있다.

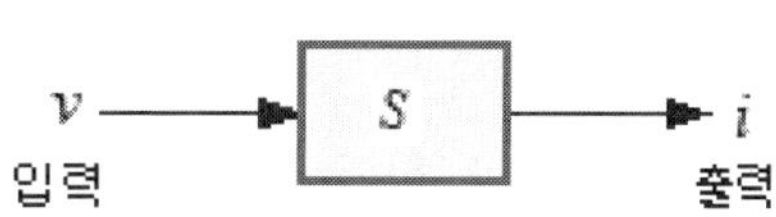

(a) 입력 $v_1 = 3\,\mathrm{V}$일 때 출력전류가 $i_1 = 9\ \mathrm{A}$,

$v_2 = 5\,\mathrm{V}$일 때 전류가 $i_2 = 15\ \mathrm{A}$라면, $v_3 = 2\,v_1 + 3\,v_2 = 6 + 15 = 21\,\mathrm{V}$ 때의 전류를 구하여라.

(b) 입력 $v_1 = 3\,\mathrm{V}$일 때 출력전류가 $i_1 = 9\,\mathrm{A}$, $v_2 = 5\,\mathrm{V}$일 때 전류가 $i_2 = 15\,\mathrm{A}$라면, $v_3 = 3\,v_1 + \frac{12}{5}v_2 = 9 + 12 = 21\,\mathrm{V}$ 때의 전류를 구하여라.

답 (a) $i = 63\,\mathrm{A}$; (b) $i = 63\,\mathrm{A}$. ■

3. 회로에서 중첩의 정리를 적용하는 순서

1. 독립전원들 중에서 반드시 하나 씩만을 구동시킨다.
   동시에 독립전원을 제거한다 (즉, 전압원은 단락시키고 전류원은 개방시킴).
   종속전원은 그대로 둔다.

2. 구동하는 전압원 or 전류원이 발생시킨 전압 and/or 전류를 다른 기호로 표시한다.
   예 ; 전류원 $6\,\mathrm{A}$ 이 발생시티는 전류를 $i_{6\,\mathrm{A}}$로 표시한다.
   전압원 $3\,\mathrm{V}$이 발생시티는 전압을 $v_{6\,\mathrm{V}}$로 표시한다.
   종속전원의 제어변수를 반드시 다시 표시해야 한다.

3. 각 전원이 발생시킨는 전압 and/or 전류를 구한다.

4. 모든 독립전원이 발생시키는 전압 and/or 전류를 구하기 위하여 1-3 단계를 반복한다.

5. 각각의 전압과 전류를 더한다(전압의 극성과 전류의 방향에 유의).

6. 전력 $p = vi$ 이므로 선형 물리량이 아니다. 따라서 중첩의 정리를 이용해서 구하지 못한다. 각각의 전원이 발생시키는 전력을 구하여 더해야 한다.

[주] 중첩의 정리를 사용하여 선형 회로의 응답을 구하기 위해서는 N개의 독립전원이 각각 구동시키는 N개의 회로를 별개로 얻고, 각각 해석하여 응답을 구하고, N개의 응답을 중첩해야만 한다. 따라서, 일반적으로 중첩의 정리를 이용하여 회로를 해석하는 경우, 일반적으로 노력의 양이 줄어 들지는 않는다.

예제 1

두 독립전원이 있는 회로에서 중첩정리를 적용하여 미지의 가지전류 i를 구하려 한다.

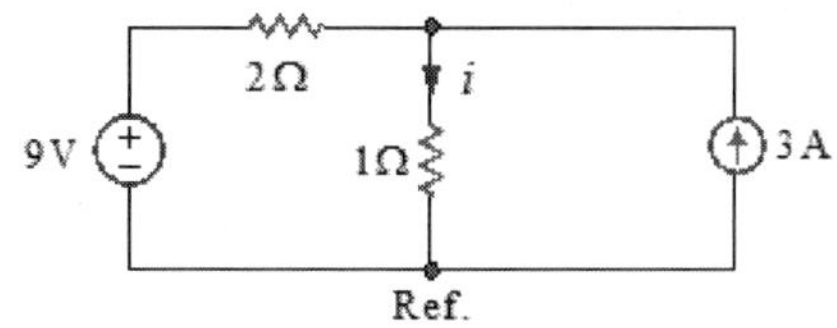

(a) 전압원 $10\,\mathrm{V}$만에 의한 응답 $i_{10\,\mathrm{V}}$를 구하여라.

(b) 전류원 $3\,\mathrm{A}$만에 의한 응답 $i_{3\,\mathrm{A}}$를 구하여라.

(c) 두 전류의 중첩 $i = i_{10\,\mathrm{V}} + i_{3\,\mathrm{A}}$를 구하여라.

(d) 전류원 $3\,\mathrm{A}$을 $15\,\mathrm{A}$로 대치했을 때, i를 구하여라.

[풀이]

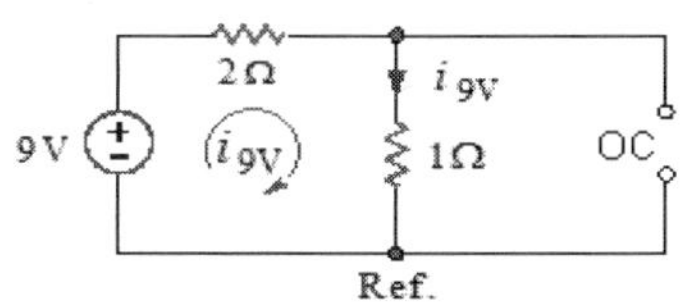

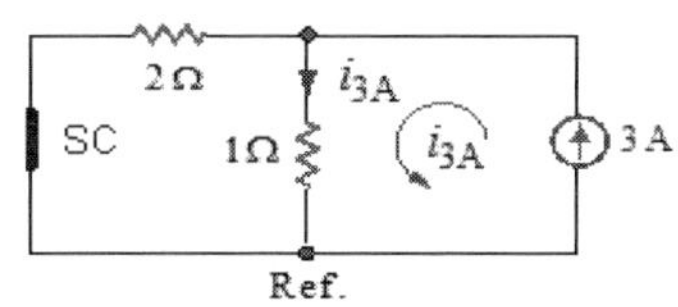

(a) 전압원 만에 의한 응답 $i_{9\,\mathrm{V}}$:

전류원을 제거하고 회로를 그리면 회로(p)와 같다.

$$i_{9\,\mathrm{V}} = \frac{9}{2+1} = 3\,\mathrm{A}$$

(b) 전류원 만에 의한 응답 $i_{3\mathrm{A}}$:

전압원을 제거하고 회로를 그리면 회로(q)와 같다.

$$i_{3\,\mathrm{A}} = 3 \cdot \frac{2}{2+1} = 2\,\mathrm{A}$$

(c) 두 전류의 중첩: 전류 i는 두 성분의 합으로 구해진다.

$$i = i_{9\mathrm{V}} + i_{3\mathrm{A}} = 3 + 2 = 5\,\mathrm{A}$$

(d) 전류원 $3\,\mathrm{A}$을 $15\,\mathrm{A}$로 대치했을 때 (즉, $3\,\mathrm{A}$ 전원을 5배로 했을 때), 가지전류 $i_{15\,\mathrm{A}} = 10\,\mathrm{A}$가 된다. 전압원 $10\,\mathrm{V}$는 다른 전류원과는 독립적으로 전류 $3\,\mathrm{A}$를 저항 $1\,\Omega$에 공급한다.

$$i = i_{9\,\mathrm{V}} + i_{15\,\mathrm{A}} = i_{9\,\mathrm{V}} + 5\,i_{3\,\mathrm{A}} = 3\,\mathrm{A} + 5 \times 2\,\mathrm{A} = 3\,\mathrm{A} + 10\,\mathrm{A} = 13\,\mathrm{A}$$

이다.

답 (a) $i_{9\mathrm{V}} = 3\,\mathrm{A}$; (b) $i_{3\mathrm{A}} = 2\,\mathrm{A}$; (c) $i = 5\,\mathrm{A}$; (d) $i = 13\,\mathrm{A}$. ■

문제 1

위 예제에서 전압을 1/3배, 전류를 2배로 증가시켰다. 결과를 이용하여 다음을 구하여라.

(a) 전압원 3 V만에 의한 응답 $i_{3\text{V}}$;

(b) 전류원 6 A만에 의한 응답 $i_{6\text{A}}$;

(c) 두 전류의 중첩 $i = i_{3\text{V}} + i_{6\text{A}}$.

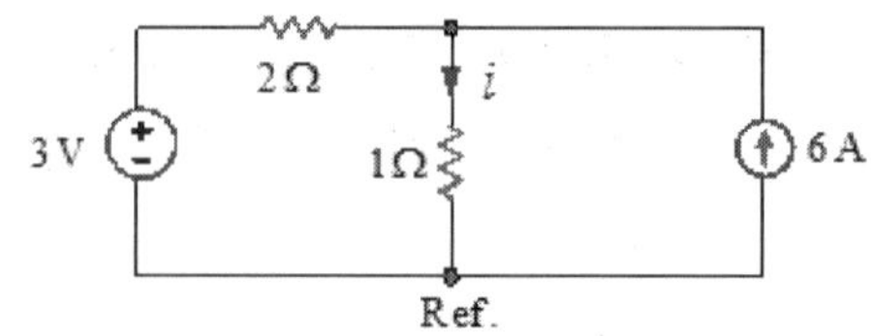

답 (a) $i_{3\text{V}} = 1\,\text{A}$; (b) $i_{6\text{A}} = 4\,\text{A}$; (c) $i = 5\,\text{A}$. ■

4.2 분수함수의 최댓값

전압원 또는 전류원이 부하에 공급하는 최대전력 구하기 위해서는 분수함수를 미분해야 할 경우가 있다. 예를 들어 본다.

준비학습 1

(a) 독립변수가 x, 종속 변수가 $y(x)$인 분수함수가 다음과 같다.

$$y = \frac{f(x)}{g(x)}$$

이 함수의 미분을 구하여라 (단, $y(x)$를 간단히 y라고 표시함).

(b) 독립변수가 x, 종속 변수가 $y(x)$인 분수 함수

$$y(x) = y = \left(\frac{12}{x+6}\right)^2 \cdot x$$

의 최댓값을 구하고, 그 때의 x값을 구하여라.

(c) 그래프 $y(x)$를 그려라.

[풀이] (a) 분수식의 미분을 구하면 다음과 같다.

$$\frac{d}{dx}y = \frac{f'(x)\cdot g(x) - f(x)\cdot g'(x)}{\{g(x)\}^2}$$

(b) 주어 진 식을 변형하면 다음과 같다.

$$y(x) = \frac{144\cdot x}{(x+6)^2}$$

변을 독립변수 x에 관하여 미분하면

$$\frac{d}{dx}y = \frac{144\cdot(x+6)^2 - (144x)\cdot 2(x+6)}{(x+6)^4} = \frac{144(x+6) - (144x)\cdot 2}{(x+6)^3}$$

$$= \frac{144x + 144\times 6 - 288x}{(x+6)^3} = \frac{144\times 6 - 144x}{(x+6)^3}$$

과 같다. 따라서,

$$\frac{d}{dx}y = 0 \text{ 로부터, } x = \frac{144\times 6}{144} = 6 \text{ 이다.}$$

이때, 분수함수의 최댓값은 다음과 같다.

$$y = \frac{144x}{(x+6)^2} = \frac{144\times 6}{(6+6)^2} = 6\,.$$

답 (a) 풀이 참조 ; (b) $x=6$ 일 때 최댓값 $y=6$; (c) 생략. ■

준비학습 2

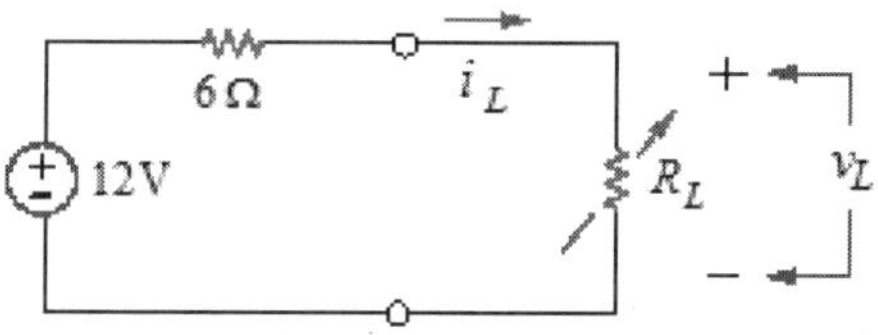

그림의 회로에서 부하저항 R_L은 가변저항 (즉, 변하는 값을 갖는 저항)이다.

(a) 부하저항 R_L의 통과전류, 양단전압 및 소비전력을 구하여라.

(b) $R_L = 6\ \Omega$ 일 때, R_L의 통과전류, 양단전압 및 소비전력 R_L을 구하여라.

[풀이] (a)

$$i_L = \frac{12\,\text{V}}{(6+R_L)\,\Omega} = \frac{12}{6+R_L}\ \text{A},$$

$$V_L = 12\cdot\frac{R_L}{6+R_L}\ \text{V}$$

이다. 같은 얘기지만, 소비전력을 다음 3가지로 표현해 보자.

$$P_L = V_L\cdot i_L = \left(\frac{12\cdot R_L}{6+R_L}\text{V}\right)\cdot\left(\frac{12}{6+R_L}\text{A}\right) = \left(\frac{12}{6+R_L}\right)^2\cdot R_L\ \text{W}$$

$$P_L = i^2\cdot R_L = \left(\frac{12\,\text{V}}{6+R_L}\right)^2\cdot R_L\ \ \text{W}$$

$$P_L = \frac{V_L^2}{R_L} = \left(12\cdot\frac{R_L}{6+R_L}\ \text{V}\right)^2\frac{1}{R_L} = \left(\frac{12}{6+R_L}\ \text{V}\right)^2\cdot R_L\ \ \text{W}$$

(b) $R_L = 6\ \Omega$ 일 때,

$$i_L = \frac{12\,\mathrm{V}}{(6+R_L)\,\Omega} = \frac{12}{6+6} = 1\ \mathrm{A},\ \ V_L = 12\cdot\frac{R_L}{6+R_L} = 12\cdot\frac{6}{6+6} = 6\ \mathrm{V}$$

이다. 같은 얘기지만, 소비전력을 다음 3가지로 표현해 보자.

$$P_L = V_L\cdot i_L = (\frac{12\cdot R_L}{6+R_L}\mathrm{V})\cdot(\frac{12}{6+R_L}\mathrm{A})$$

$$= (\frac{12}{6+R_L})^2\cdot R_L = (\frac{12}{6+6})^2\cdot 6 = 6\,\mathrm{W}$$

$$P_L = i^2\cdot R_L = (\frac{12\,\mathrm{V}}{6+R_L})^2\cdot R_L = (\frac{12}{6+6})^2\cdot 6 = 6\ \mathrm{W}$$

$$P_L = \frac{V_L^2}{R_L} = (12\cdot\frac{R_L}{6+R_L})^2\frac{1}{R_L}$$

$$= (\frac{12}{6+R_L})^2\cdot R_L = (\frac{12}{6+6})^2\cdot 6 = 6\,\mathrm{W}$$

답 (a) $P_L = (\frac{12}{6+R_L}\ \mathrm{V})^2\cdot R_L$; (b) 최댓값 $y = 6$. ■

문제 1

그림의 회로에서 부하저항 R_L은 가변저항 (즉, 변하는 값을 갖는 저항)이다.

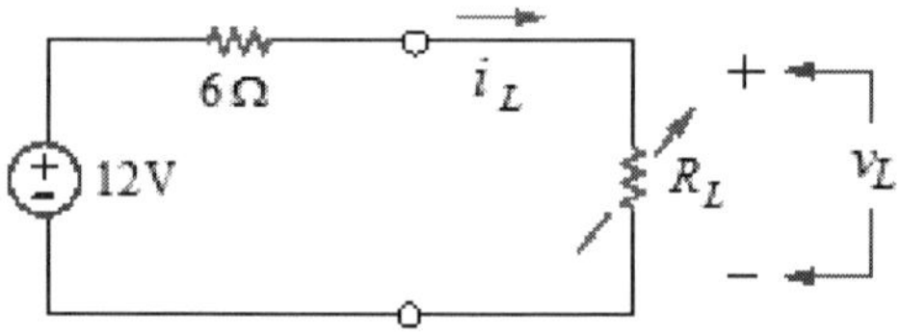

(a) $R_L = 10\ \Omega$ 일 때, R_L의 통과전류, 양단전압 및 소비전력 P_L을 구하여라.

(b) $R_L = \infty$ 일 때, R_L의 통과전류, 양단전압 및 소비전력 P_L을 구하여라.

답 (a) $P_L = 5.625\ \mathrm{W}$; (b) $i = \frac{7}{6}\ \mathrm{A}$. ■

4.3 테브닌 회로와 노튼 회로

선형회로를 편리하게 해석하기 위한 두 가지 회로

(i) **테브닌(Thévenin) 회로**

(ii) **노튼(Norton) 회로**

을 학습하자.

1. 테브닌(Thévenin) 회로

그림 4.2와 같이, 일반적으로 하나의 전압원과 하나의 저항이 직렬연결된 회로를 **테브닌(Thévenin) 회로**라고 한다.

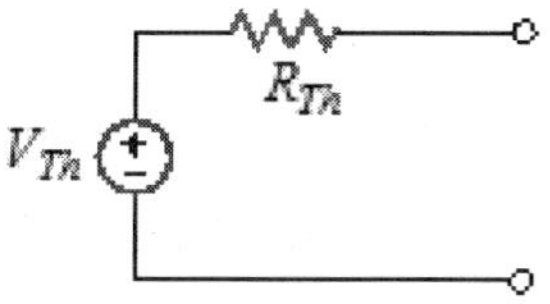

그림 4.2 테브닌 회로.

그림 4.3은 Thévenin 회로 A가 부하저항 R_L을 구동시키는 회로를 나타낸다. 부하저항 R_L을 구동시키는 복잡한 회로를 간단한 Thévenin 회로 A로 대체할 수가 있다.

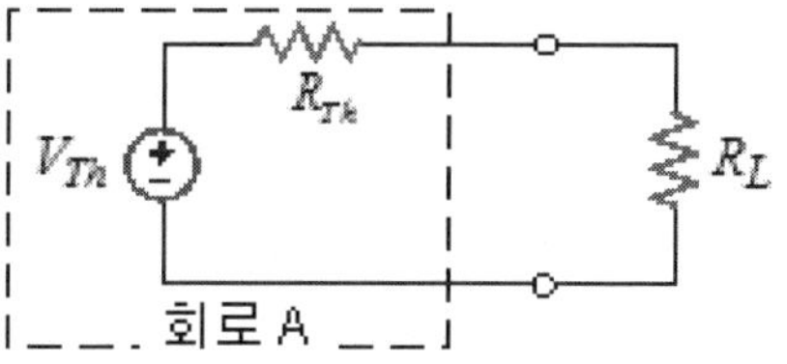

그림 4.3 부하저항 R_L을 구동시키는 테브닌 회로.

예제 1

그림과 같이 단자 ab 좌측의 Thévenin 회로가 부하저항 R_L을 구동시키고 있다.

(a) 부하전류 i 를 구하여라.

(b) 부하전압 v 를 구하여라.

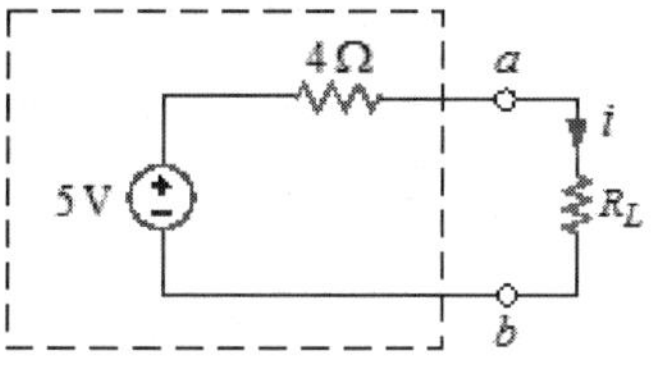

[풀이] (a) 부하전류 i 는 다음과 같다.

$$i = \frac{5\text{ V}}{(4 + R_L)\,\Omega} = \frac{5}{4 + R_L}\text{ A}$$

(b) 부하전압 v 는 다음과 같다.

$$v = R_L \times i = R_L \times \frac{5}{4 + R_L} = \frac{5R_L}{4 + R_L}\text{ V}$$

답 $i = \dfrac{5}{4 + R}$ A. ■

2. 노튼(Norton) 회로

그림 4.4와 같이, 일반적으로 하나의 전압원과 하나의 저항이 병렬연결된 회로를 **Norton 회로**라고 한다.

그림 4.5는 Norton 회로 A가 부하저항 R_L을 구동시키는 회로를 나타낸다. 부하저항 R_L을 구동시키는 복잡한 회로를 간단한 Norton 회로 A로 대체할 수가 있다.

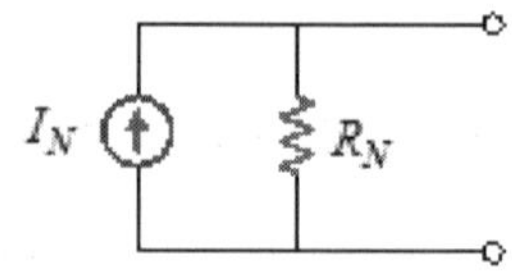

그림 4.4 노턴 회로.

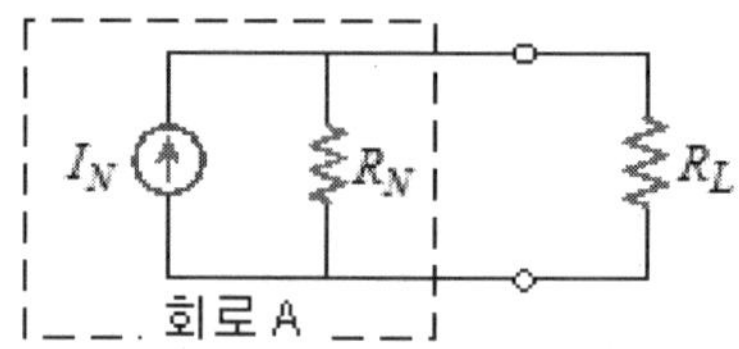

그림 4.5 부하저항 R_L을 동작시키는 Norton 회로.

예제 1

그림과 같이 단자 ab 좌측의 Norton회로가 부하저항 R_L을 구동시키고 있다.

(a) 부하전류 i를 구하여라.

(b) 부하전압 v를 구하여라.

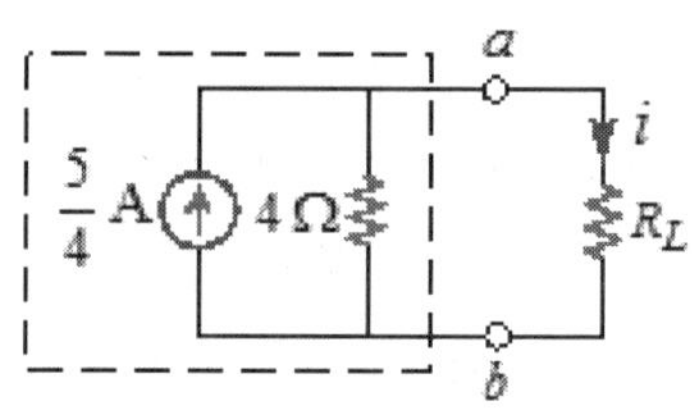

[풀이] (a) 부하전류 i는 다음과 같다.

$$i = \frac{5}{4} \times \frac{4\,\Omega}{4\,\Omega + R_L\,\Omega} = \frac{5}{4 + R_L}\,\mathrm{A}$$

(b) 부하전압 v는 다음과 같다.

$$v = R_L \times i = R_L \times \frac{5\,\Omega}{4\,\Omega + R_L\,\Omega} = \frac{5\,R_L}{4 + R_L}\,\mathrm{V}$$

(c) 부하전력 p는 다음과 같다.

$$p = vi = \frac{5\,R_L}{4 + R_L}\,\frac{5}{4 + R_L} = \frac{25 R_L}{(4 + R_L)^2}\,\mathrm{W}$$

답 $i = \dfrac{5}{4 + R}\,\mathrm{A}$. ■

문제 ①

그림과 같이 Norton 회로가 저항 부하 $R_L = 9\,\Omega$ 을 구동시키고 있다.

(a) 저항 부하에 흐르는 전류 i를 구하여라.

(b) 저항 부하에 걸리는 전압 v를 구하여라.

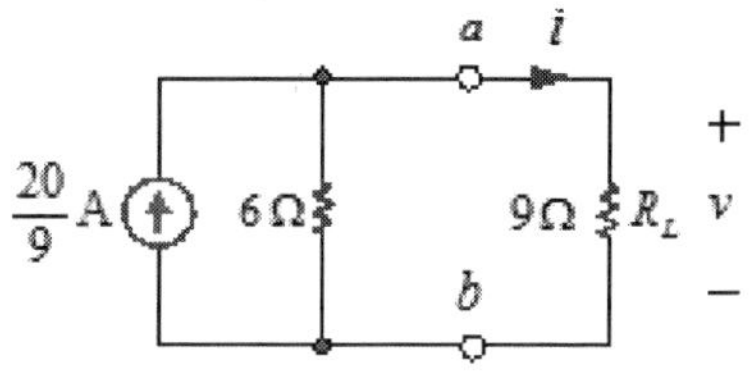

답 (a) $i = \frac{8}{9}$ A ; (b) $v = 8$ V. ■

3. 테브닌(Thévenin) 회로와 노튼(Norton) 회로의 상호 변환

그림 4.6(a)는 독립 전압원과 저항이 직렬로 연결되어 있는 Thévenin 회로이고, (b)는 독립 전류원과 저항이 별렬로 연결되어 있는 Norton회로이다. 단자 ab 우측에 부하가 연결되면, 같은 크기의 전압과 같은 크기의 전류를 공급한다. 따라서, 이 두 회로는 등가회로이다.[39)]

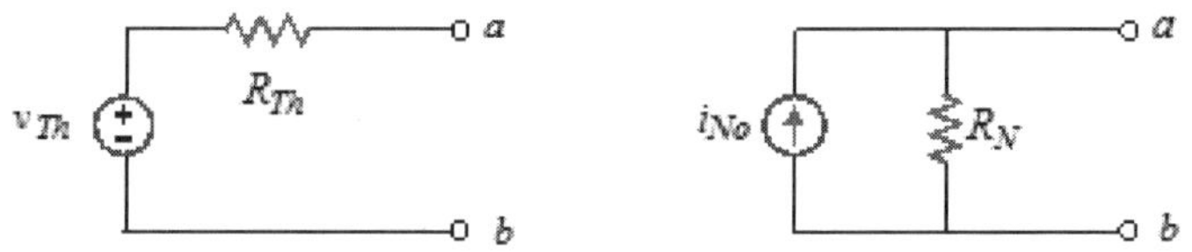

(a) Thévenin 회로 (b) Norton회로

그림 4.6 테브닌 회로와 노턴 회로.

두 회로는 등가회로이므로, 서로 변환할 수가 있다.

(1) Thévenin **회로를** Norton**회로로 변환**

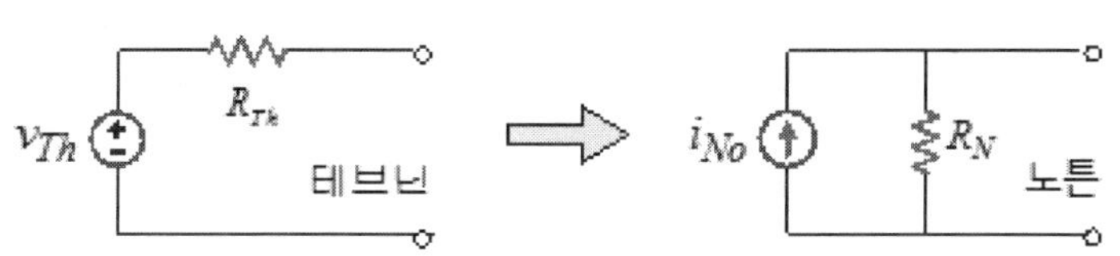

$$i_{No} = \frac{v_{Th}}{R_{Th}}, \tag{4.3}$$

$$R_{No} = R_{Th} \tag{4.4}$$

39) 등가회로란 회로의 단자에서의 전류 및 전압특성이 같은 회로이다. 그러나 회로 내부 구조는 다르다.

(2) Norton회로를 Thévenin 회로로 변환

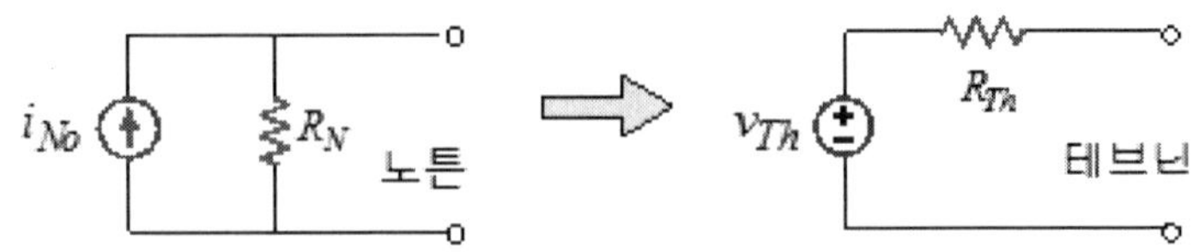

$$v_{Th} = i_{No} \cdot R_{Th}, \tag{4.5}$$

$$R_{Th} = R_{No} \tag{4.6}$$

예제 1

다음 Thévenin 회로를 Norton회로로 변환하여라.

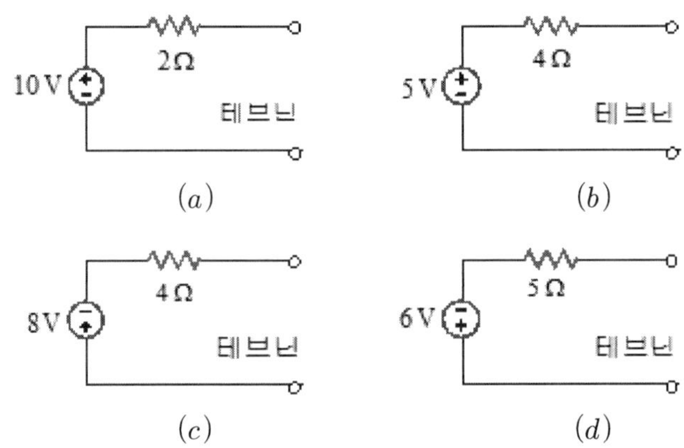

[풀이]

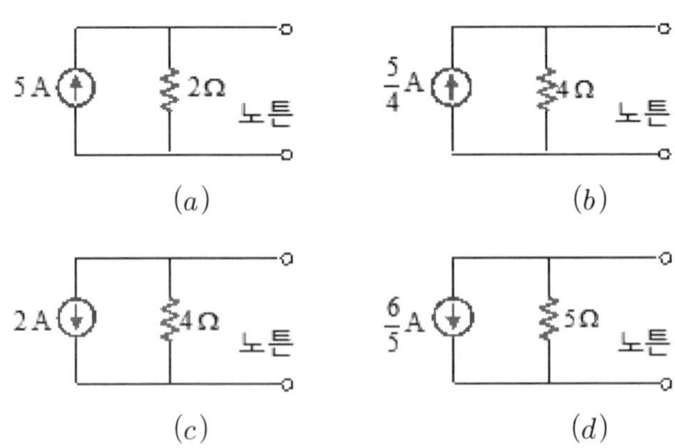

■

문제 ①

다음 Norton회로를 Thévenin 회로로 변환하여라.

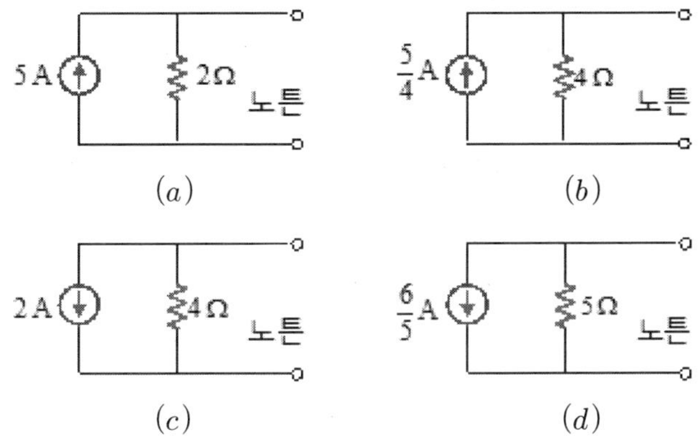

■

4. 테브닌(Thévenin) 정리와 노튼(Norton) 정리

테브닌(Thévenin)정리는 프랑스의 테브닌(M.L.Thévenin)[40]이 1883년 제시한 이론이고, **노튼(Norton) 정리**는 미국 벨 연구소의 노튼(E.L.Norton)이 1926년에 제시한 이론이다. 회로 전체를 해석하지 않고 일부 만을 해석할 필요가 있는 경우 편리하게 적용된다.

그림 4.7과 같이, 회로를 두 부분 A와 B으로 나누었다.

일반적으로 회로A (network A) 는 $M(M \geq 1)$개의 전원과 $N(N \geq 1)$저항을 포함하고 있어서 복잡한 회로이다. 내부특성, 연결되어있는 회로소자 등 은 관심 밖이다. 해석할 대상이 아니므로 우리에겐 전혀 중요하지 않다. 우리가 필요로 하는 것은 **오로지, 단자 전압과 전류일 뿐**이다.

회로B (network B)는 우리가 관심을 갖는 회로이다. 해석하려는 회로이다. 즉, 전류,

---

40) Léon Charles Thévenin ; 1857-1926) was a French telegraph engineer who extended Ohm's law to the analysis of complex electrical circuits.
[출처] https://en.wikipedia.org/wiki/Th%C3%A9venin%27s_theorem
"테브닌, 테브난, 테브낭, 테브냉, 테브넹" 등으로 표기한다. 이 책에서는 "테브닌"을 사용하기로 한다.
Edward Lawry Norton (1898-1983) was an accomplished Bell Labs engineer and scientist famous for the Norton's theorem. He attended the University of Maine for two years before transferring to M.I.T. and received a S.B. degree (electrical engineering) in 1922. He received an M.A. degree from Columbia University in 1925. In 1926, he proposed the equivalent circuit using a current source and parallel resistor to assist in the design of recording instrumentation that was primarily current driven.
[출처] https://en.wikipedia.org/wiki/Norton%27s_theorem

전압 및 전력 등 의 값을 계산하려고 한다. 계산값들은 회로 A가 제공하는 단자 전압과 전류에 의존한다.

해석할 필요가 없는 복잡한 Network A를 간단한 Thévenin 의 등가회로 또는 Norton의 등가회로로 대체하는 데 사용하는 정리이다.

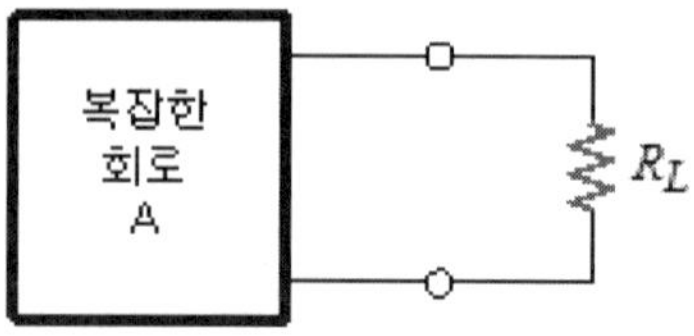

그림 4.7 복잡한 회로 A와 부하저항 R_L.

그림 4.8은 부하저항 R_L을 구동시키는 Thévenin 등가회로와 Norton 등가회로를 나타낸다.

테브닌의 정리: 회로A (network A)를 테브닌 등가회로로 대체할 수 있다.

노튼의 정리: 회로A (network A)를 노튼 등가회로로 대체할 수 있다.

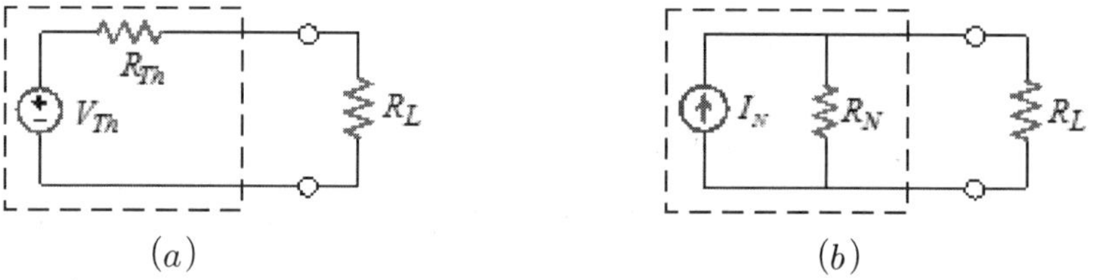

그림 4.8 부하저항 R_L을 구동시키는 등가회로.
(a) 부하저항 R_L을 동작시키는 Thévenin 등가회로.
(b) 부하저항 R_L을 동작시키는 Norton 등가회로.

회로 A대신에 Thévenin 등가회로 또는 Norton 등가회로를 사용하면 회로가 간단해진다.

(i) 회로 A가 부하 B에 공급하는 전류, 전압 및 전력을 쉽게 계산할 수 있다.

(ii) 이 부하저항이 어떤 값일 때, 회로 A가 부하저항 B에 최대의 전력을 공급할 수 있기 위한 부하저항 B의 최적값은 구할 수 있다.

5. 회로에 종속전원이 있을 경우

회로를 두 부분 "회로 A" "회로 B"로 구별하고

"회로 A": "테브닌의 회로나 노튼의 회로"로써 대체할 회로

"회로 B": 간략화 하지 않고 있는 그대로 둬야할 회로

라고 하자. 테브닌의 회로나 노튼의 회로를 구할 때, "회로 B"가 반드시 존재해야할 필요는 없다.

만약, 회로 A에 종속전원이 포함되어 있다면, 제어소자 or 제어변수는 회로 B에 존재하지 않아야 한다.

만약, 회로 B에 종속전원이 포함되어 있다면, 제어소자 or 제어변수는 회로 A에 존재하지 않아야 한다.

두 회로 A, B 중 어느 한 쪽에 종속전원이 있다면 이 종속전원의 제어변수는 반드시 동일한 회로 내에 있어야 한다. 즉, 회로 A에 종속전원이 있다면 이 종속전원의 제어변수는 반드시 회로 A 내에 있어야 한다.

회로 B에 종속전원이 있다면 이 종속전원의 제어변수는 반드시 회로 B 내에 있어야 한다.

4.4 테브닌 회로를 구하는 방법

테브닌의 등가회로(또는 노튼의 등가회로)를 구하기 위해 전원의 변환 과정을 거친다. 그러나, 종속전원이 있거나 소자 수가 많은 회로에서는 쉽지 않다. 이 경우에는 전원변환 과정을 거치지 않고 테브닌의 정리(또는 노튼의 정리)를 적용하는 것이 좋다.

Thévenin등가회로 구하는 방법

주어진 회로를 두 개의 회로 A와 B로 구분한다. 회로 A는 간단하게 정리할 회로이고 회로 B는 그대로 두어야 할 회로이다. 회로 A의 Thévenin 등가회로를 구하는 방법은 다음과 같다.

1. 회로 A에 독립전원과 저항이 존재하는 경우
   (1) 전원의 변환 과정을 거치는 방법
   (2) 개방전압과 등가저항을 구하는 방법
      (i) 독립전원을 구동시키고, 개방전압 v_{OC}를 구한다.
      (ii) 독립전원을 제거하고, 등가저항 R_{Th}를 구한다.

2. 회로 A에 독립전원, 종속전원, 저항이 존재하는 경우
   (i) 전원을 구동시키고, 개방 전압 v_{OC}를 구한다.
   (ii) 단자 ab에 단락회로를 연결하고 단락전류 i_{SC}를 구한다.
   (iii) 테브닌 저항 $R_{Th} = \dfrac{v_{OC}}{i_{SC}}$를 구한다.

3. 회로 A에 독립전원이 없고, 종속전원과 저항이 존재하는 경우
    (i) 개방 전압 $v_{\mathrm{OC}}=0$임을 확인한다.
    (ii) 단자 ab 에 전류원 1 A를 연결하고 전압 v_{ab}를 구한다.
    (iii) 테브닌 저항 $R_{Th}=\dfrac{v_{\mathrm{ab}}}{1}$를 구한다.
    [주] 이 경우의 등가회로는 저항 하나만으로 구성된다.

예제 1

그림에서 회로 B 의 동작에는 관심이 없고 회로 A 의 동작을 해석하려 한다. 회로 B 는 그대로 두고, 회로 A 의 전원과 저항을 변환하여 테브닌 등가회로를 구하여라.

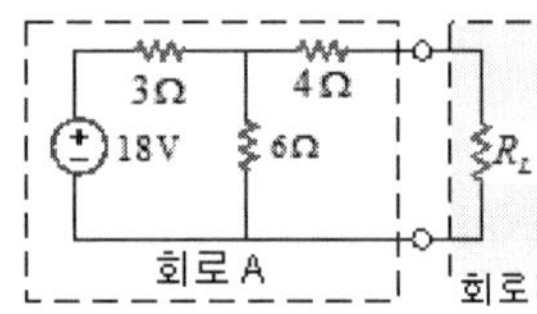

[풀이] 회로 B 는 부하저항 R_L 하나 뿐이므로 가장 간단한 회로이다. 회로 A 에서 전압원과 저항을 반복적으로 변환한다, 변환 순서는 다음과 같다.

(1) 전압원 18 V와 직렬저항 3 Ω을 6 A 전류원과 3 Ω의 병렬저항으로 변환한다.

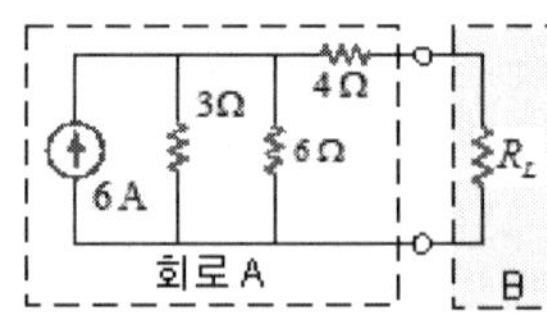

(2) 두 병렬저항 3 Ω, 6 Ω을,,, 등가저항 2 Ω으로 변환한다.

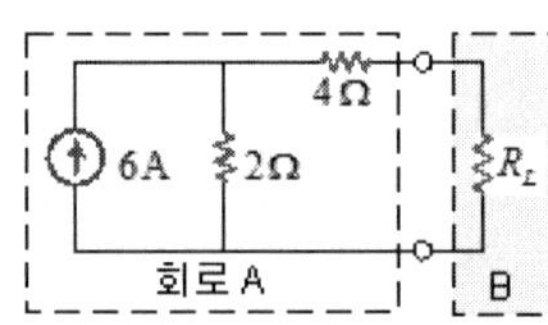

(3) 전류원 6 A와 병렬저항 2 Ω을 12 V전압원과 2 Ω 직렬저항으로 변환한다.

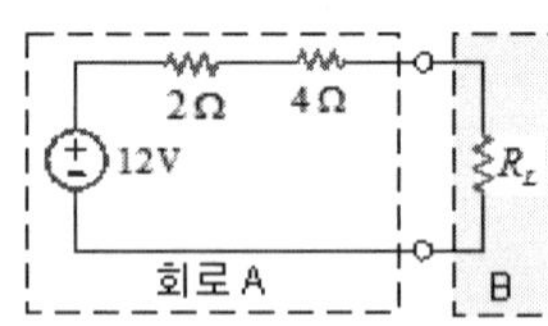

(4) 직렬저항 2 Ω, 4 Ω을,,, 6 Ω 저항으로 변환하면 테브닌의 등가회로는 회로 A 와 같다. 회로 A가 처음 보다 간단해졌다.

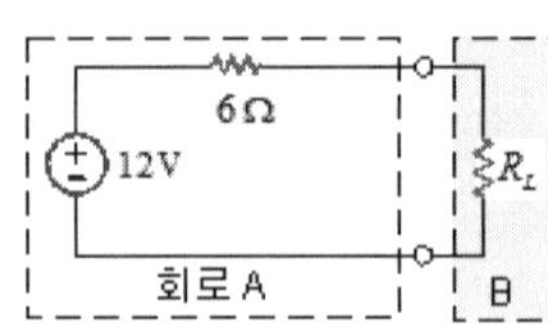

예제 2

그림의 회로가 있다. 개방전압 v_{OC}와 등가저항 R_{Th}을 구하는 방법을 사용하여 회로에서 회로 A의 Thévenin 등가회로를 구하여라.

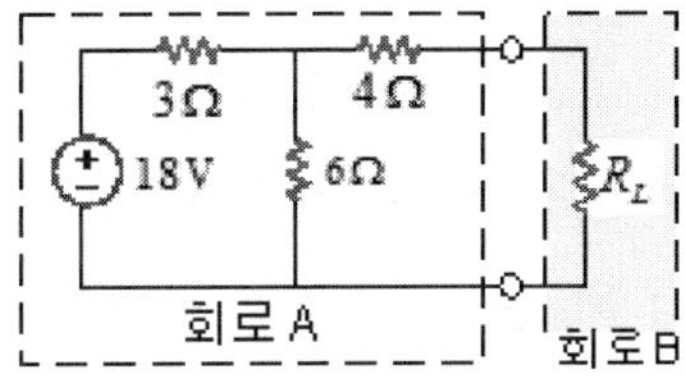

[풀이] 주어진 회로를 두 개의 회로 A와 B로 구분한다.

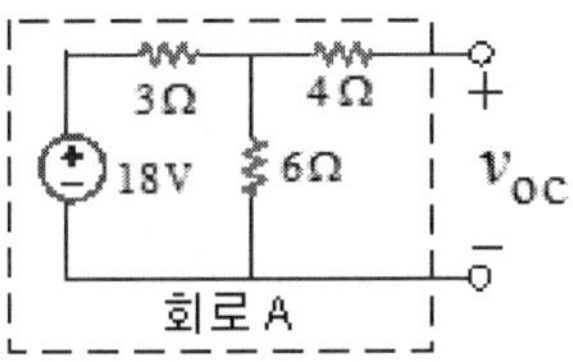

(i) 개방전압 v_{OC}

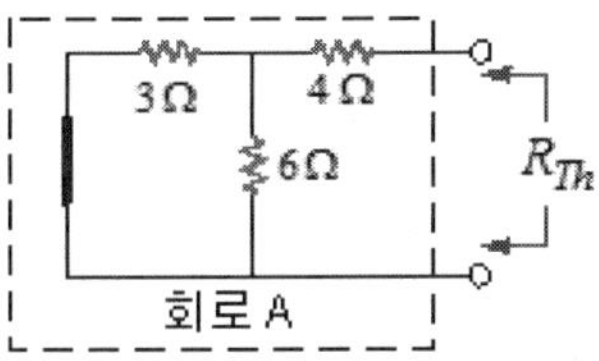

(ii) 저항 R_{Th}

(i) 저항 $4\,\Omega$은 메쉬에 속하지 않으므로 전류가 흐르지 않으므로 전압강하가 없다. 따라서, 저항 $6\,\Omega$에 걸리는 전압이 v_{OC}이다. 전압분배에 의하여

$$v_{OC} = 18\left(\frac{6}{3+6}\right) = 12\,\text{V}$$

(ii) 독립전원을 제거하고, 등가저항 R_{Th}를 구한다.

$$R_{Th} = (3\|6) + 4 = \frac{3\times 6}{3+6} + 4 = 6\ \Omega$$

(iii) 따라서 Thevenin 등가회로는 아래 그림의 회로 A이다.

문제 ①

그림과 같이 가변 부하저항 R_L을 갖는 회로가 있다.

(a) 단자 ab 좌측 회로 A의 Thévenin 등가회로를 구하여라.

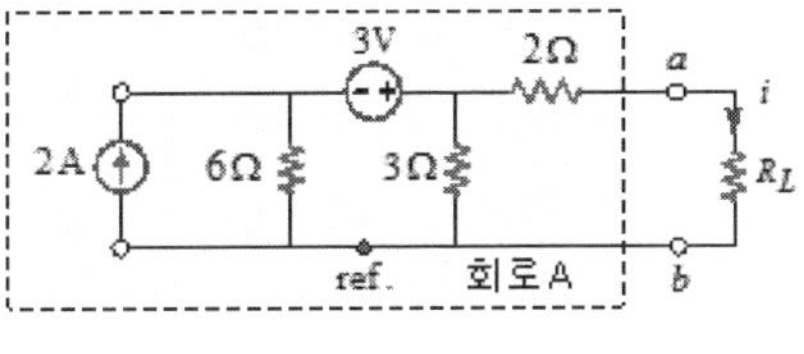

(b) 부하저항 R_L의 통과전류 i를 구하여라.

답 (a) $v_{Th} = 5\,\mathrm{V}$, $R_{th} = 4\,\Omega$; (b) $i = \dfrac{5}{4+R}\,\mathrm{A}$. ■

문제 ②

그림의 회로에서 단자 ab 좌측을 대체하는 테브닌의 등가회로를 구하여라.

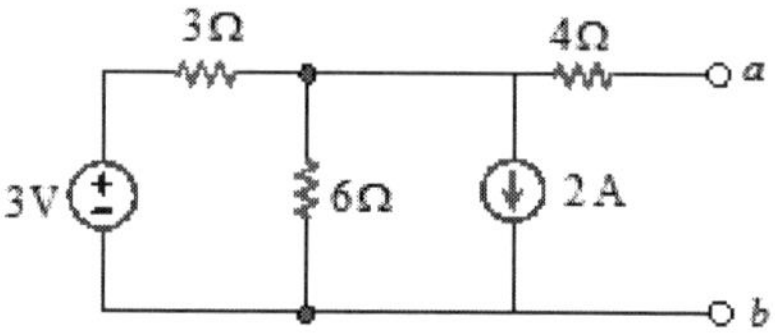

답 (a) $v_{Th} = -2\,\mathrm{V}$; (b) $R_{Th} = 6\,\Omega$. ■

문제 ③

그림의 회로는 종속 전원이 있고, 직병렬 연결되어 있는 저항이 3개 있다. 이 회로의 테브닌 등가회로를 구하여라.

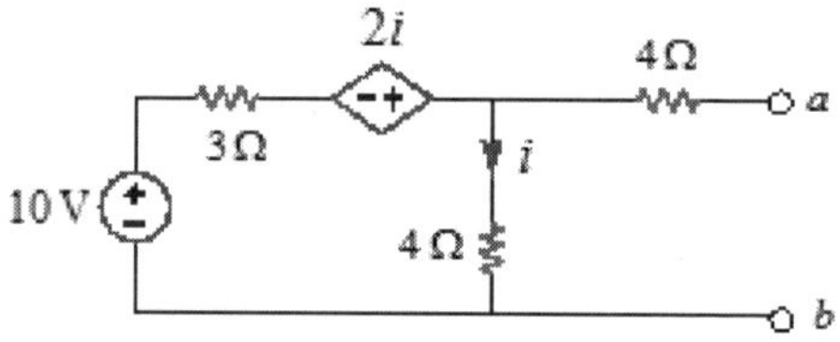

답 (a) $v_{Th} = 8\,\mathrm{V}$; (b) $R_{Th} = 6.4\,\Omega$. ■

4.5 노튼 회로를 구하는 방법

노튼의 정리는 테브닌의 정리와 유사한 점이 많으며 다음과 같이 구한다.

Norton 등가회로 구하는 방법

주어진 회로를 두 개의 회로 A와 B로 구분한다. 회로 A는 간단하게 정리할 회로이고 회로 B는 그대로 두어야 할 회로이다. 회로 A의 Norton 등가회로를 구하는 방법은 다음과 같다.

1. 회로 A에 독립 전원과 저항이 존재하는 경우
   (1) 전원의 변환 과정을 거치는 방법
   (2) 개방전압과 등가저항을 구하는 방법
      (i) 독립전원을 구동시키고, 단자 ab의 단락전류 i_{sc}를 구한다.
      (ii) 독립전원을 제거하고, 단자 ab 좌측을 들여다 본 등가저항 R_{Th}를 구한다.

2. 회로 A에 독립전원, 종속전원, 저항이 존재하는 경우
   (i) 단자 ab에 개방회로를 연결하고 개방전압 $v_{oc} = v_{ab}$를 구한다.
   (ii) 단자 ab에 단락회로를 연결하고 단락전류 i_{sc}를 구한다.
   (iii) Norton 저항 $R_{No} = \dfrac{v_{OC}}{i_{SC}}$, $R_{No} = \dfrac{v_{ab}}{1}$를 구한다.

3. 회로 A에 독립전원이 없고, 종속전원과 저항이 존재하는 경우
   (i) 개방 전압 $i_{SC} = 0$임을 확인한다.
   (ii) 단자 ab에 전류원 1A를 연결하고 전압 v_{ab}를 구한다.
   (iii) Norton 저항 $R_{No} = \dfrac{v_{ab}}{1}$를 구한다.

   [주] 등가회로는 저항 하나만으로 구성된다.

예제 1

그림과 같이 가변 부하저항 R_L을 갖는 회로가 있다.

(a) 단자 ab 좌측의 Norton등가회로를 구하여라.

(b) 부하저항 R_L의 통과전류 i를 구하여라.

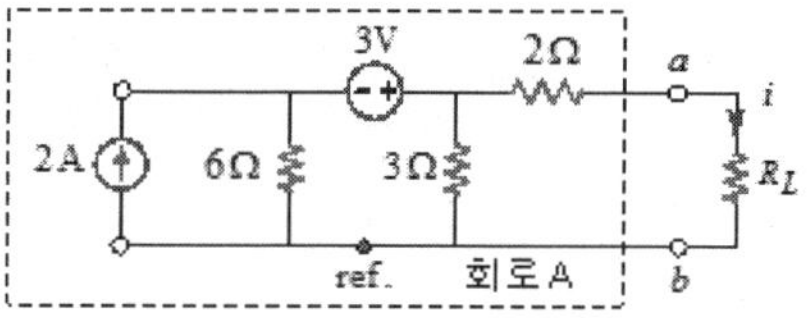

[풀이] (a) 두 전원이 발생시키는 단락전류를 구한다.

(i) 회로 (p)에서 단락전류 i_{sc}를 구한다.

$$i_{SC,\,2A} = 2 \times \frac{6\|3}{6\|3 + 2} = 2 \times \frac{2}{2+2} = 1\text{ A}$$

회로 (q)에서 전압원에서 유출하는 전류 i :

$$i = \frac{3\text{V}}{6\,\Omega + (3\|2\,\Omega)} = \frac{3\text{V}}{6\,\Omega + 1.2\,\Omega} = \frac{3}{7.2}\text{ A}$$

전류분배에 의하여 단락전류 i_{sc}를 구한다.

$$i_{SC,\,3V} = \frac{3}{7.2}\text{A} \times \frac{3\,\Omega}{3\,\Omega + 2\,\Omega} = \frac{3}{7.2}\text{A} \times \frac{3}{5} = \frac{1}{4}\text{A}$$

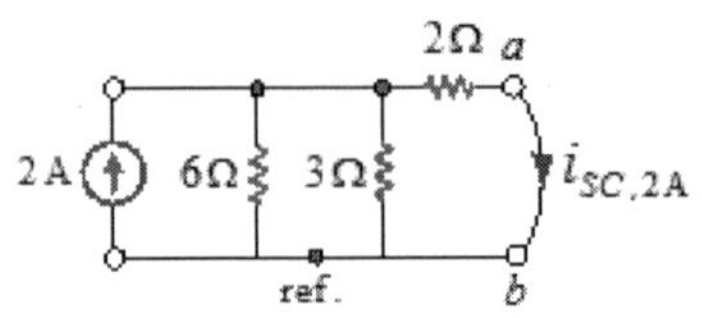

(p)

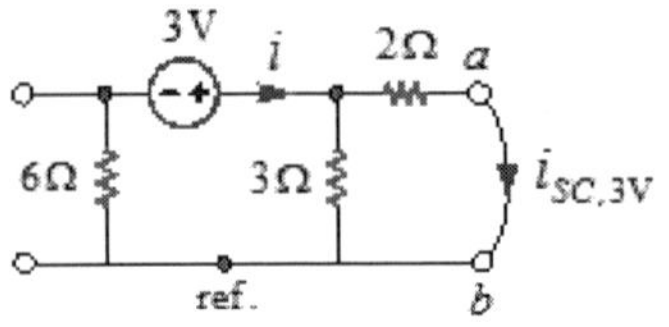

(q)

두 전류를 중첩한다.

$$i_{SC} = i_{SC,\,2\mathrm{A}} + i_{SC,\,3\mathrm{V}} = 1 + \frac{1}{4} = \frac{5}{4}\ \mathrm{A}$$

(*ii*) $R_{N_o} = (6 \| 3) + 2 = 4\,\Omega$

(*iii*) Norton등가회로는 우측과 같다.

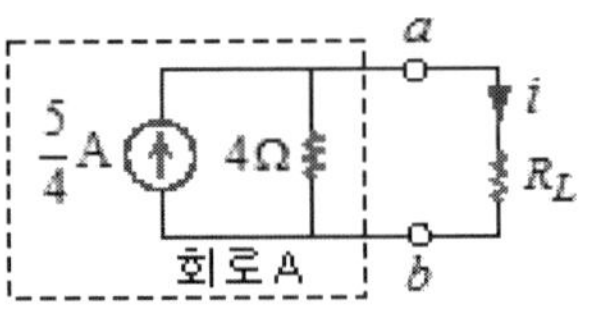

(*b*) 부하전류 i 는 다음과 같다.

$$i = \frac{5}{4} \times \frac{4\,\Omega}{4\,\Omega + R_L\,\Omega} = \frac{5}{4 + R_L}\ \mathrm{A}$$

답 (*a*) 풀이 참조 ; (*b*) $i = \dfrac{5}{4+R}\ \mathrm{A}$. ■

예제 2

회로 A에 독립 전원과 저항이 존재하는 경우 단자 ab 좌측을 대체하는 Norton 등가회로를 구하여라.

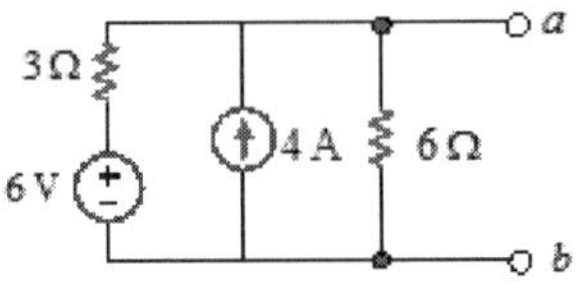

[풀이] 회로 A에 독립 전원과 저항이 존재하는 경우이다. 개방전압과 등가저항을 구하는 방법을 채택 해보자

(*i*) 독립 전원을 구동시키고, 단자 ab의 단락 전류 i_{SC}를 구한다.

단자 ab에 단락 회로를 설치하고 KCL을 적용하면,

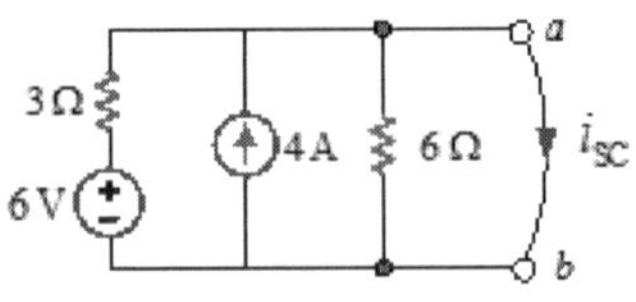

$$\frac{-6}{3} - 4 + i_{SC} = 0,\ \ i_{SC} = \frac{6}{3} + 4 = 6\ \mathrm{A}$$

$$\therefore i_{\mathrm{SC}} = 6\ \mathrm{A}$$

(*ii*) 독립 전원을 제거하고, Norton 저항 $R_{\mathrm{N_o}}$를 구한다.

전압원 6V를 단락시키고, 전류원 4A를 개방시킨 회로는 다음과 같다.

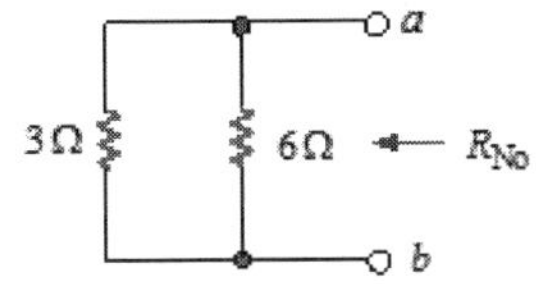

단자 ab의 좌측을 들여다본 등가 저항은

$$R_{Nor} = 3\,\Omega \,\|\, 6\,\Omega = 2\,\Omega$$

(iii) Norton 등가회로는 다음과 같다.

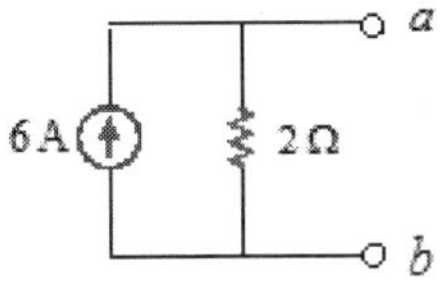

답 $(a)\ i_{Nor} = 6\,\mathrm{A}\ ;\ (b)\ R_{Nor} = 2\,\Omega$. ■

문제 1

그림의 회로 A는 독립전원, 종속전원과 저항이 존재하는 회로이다.
이 회로의 Norton 등가회로를 구하여라.

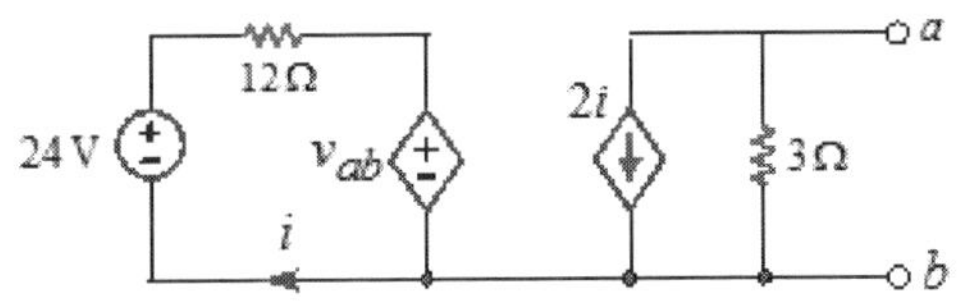

답 $(a)\ i_{No} = -4\,\mathrm{A}\ ;\ (b)\ R_{No} = 6\,\Omega$. ■

문제 2

다음 회로는 독립 전원과 저항으로 구성되어 있다. 이 회로를 대체할 수 있는 Norton의 등가회로를 구하여라.

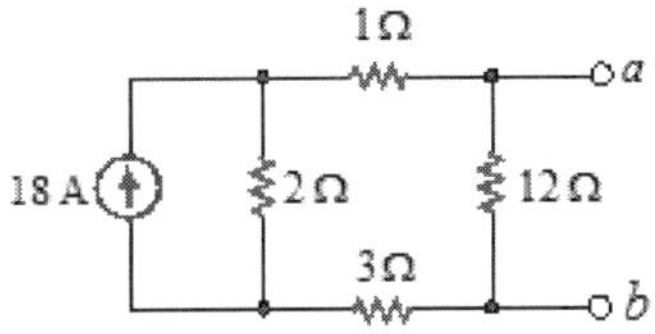

답 $(a)\ i_{No} = 6\,\mathrm{A}\ ;\ (b)\ R_{No} = 4\,\Omega$. ■

문제 3

그림과 같은 회로에서, 단자 ab의 좌측 회로를 회로 A라고 하자.

(a) 회로 A의 Norton 등가회로를 구하여라.

(b) 저항 부하에 걸리는 전압 v를 구하여라.

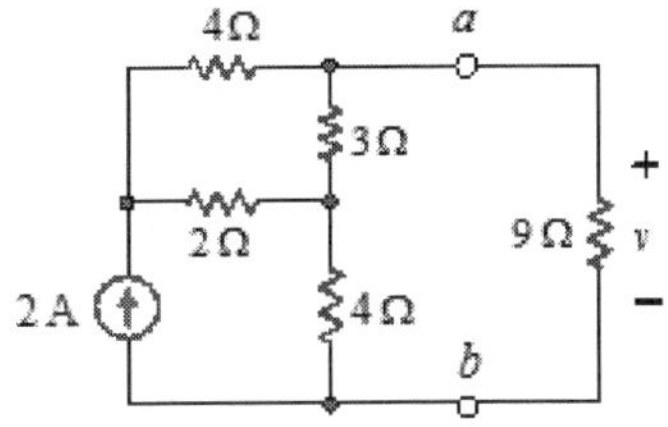

답 $(a)\ i_{No} = \dfrac{20}{9}\,\mathrm{A},\ R_{No} = 6\,\Omega\ ;\ (b)\ v = 8\,\mathrm{V}$. ■

4.6 최대 전력 전달

4.2절에서 분수함수의 최댓값을 고려하였다. 다시 한 번 살펴보기로 한다.

준비학습 1

(a) 다음 함수의 최댓값과 최솟값을 구하여라.

$$y = \frac{x}{(x+3)^2}$$

(b) 그래프 $y(x)$를 그려라.

[풀이] (a) 준 식을 미분하면

$$y' = \frac{dy}{dx} = \frac{1\cdot(x+3)^2 - x\cdot 2(x+3)}{(x+3)^4} = \frac{1\cdot(x+3) - x\cdot 2}{(x+3)^3} = \frac{-x+3}{(x+3)^3}$$

이다. 이 식에서

$$y' = 0$$

로 놓으면,

$$x = 3$$

이다.

(b) $x=0$ 및 $x=\infty$이면 함수값이 최소($y=0$)이다.
$x=3$ 일 때, 최댓값 $y=1/12$을 갖는다.
준 식의 그래프를 그리면 다음과 같다.

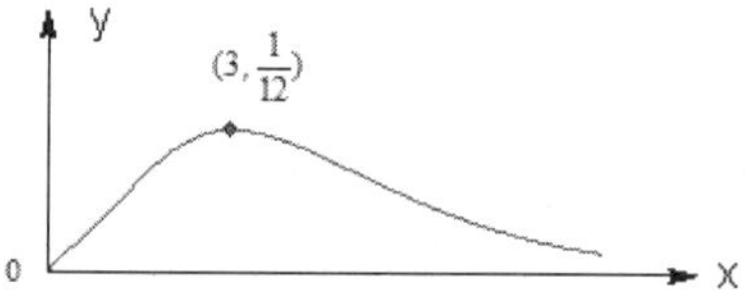

답 (b) $x=3$ 일 때 최댓값 $y=\dfrac{1}{12}$. ■

준비학습 2

그림과 같은 Thévenin 회로 (a)와 Norton 회로 (b)가 각각 최대의 전력을 부하에 공급하고 있다.

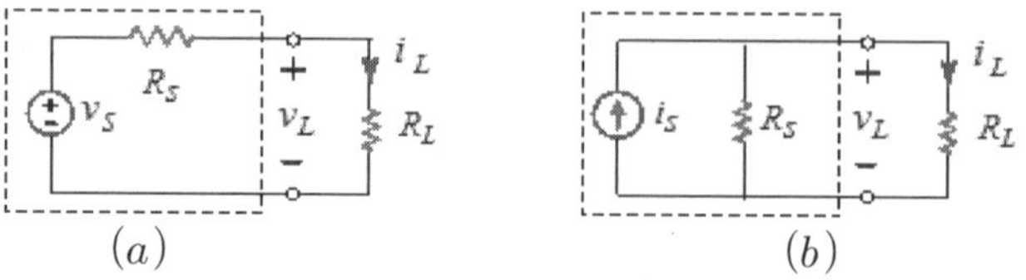

Thévenin 회로 (a)가 공급하는 전력을 테브닌 변수 v_s, R_s로 표시하면

$$p_L = \frac{1}{4}\frac{v_s^2}{R_s}$$

과 같다. Norton 회로(b)가 전달하는 전력은 얼마인가?

[풀이] Thévenin 변수 v_s, R_s와 Norton 변수 v_s, R_s의 관계는

$$v_s = R_s \cdot i_s$$

이다. 이식을 대입하면,

$$p_L = \frac{1}{4}\frac{(Rs \cdot i_s)^2}{Rs} = \frac{1}{4} i_s^2 \cdot R_s$$

이다.

답 $p_L = \frac{1}{4} i_s^2 R_s$. ■

실제 전압원과 실제 전류원은 단자 특성이 같은 조건을 만족하도록 서로 등가 변환할 수 있다. 단자 특성이 같더라도, 내부적으로는 동작특성이 다르다.

이 절에서는 실제의 전압원과 실제의 전류원이 부하에 최대 전력을 전달하기 위한 조건을 구하여 보기로 한다.

1. 전압원이 최대 전력을 부하에 공급하는 조건

실제의 전압원은 내부 저항을 직렬로 갖는 이상 전압원이다. 이 회로는 Thévenin 회로이다.

어떤 조건일 때, 실제 전압원(Thévenin 회로) 부하 R_L에 전달하는 전력이 최대로 될까? 실제의 전압원이 부하에 최대 전력을 전달하기 위한 조건을 구하여 보기로 한다.
그림 4.9는 부하 R_L에 전력을 공급하고 실제 전압원이다. 실제 전압원은 Thévenin 회로의 꼴을 갖는다. 부하에 흐르는 전류는

$$i_L = \frac{v_s}{R_s + R_L} \tag{4.7}$$

이므로, 전압원이 부하에 공급하는 전력은 다음과 같다.

$$p_L = i_L^2 R_L = \frac{v_s^2}{(R_s + R_L)^2} \cdot R_L$$

$$= v_s^2 \cdot \frac{R_L}{(R_s + R_L)^2} \tag{4.8}$$

이 식은 독립 변수 R_L에 따라 변하는 종속 변수 p_L을 나타낸다. 부하저항이 $R_L = 0$ 또는 $R_L = \infty$ 일 때, $p_L = 0$이므로 전력이 부하로 전달되지 않는다.

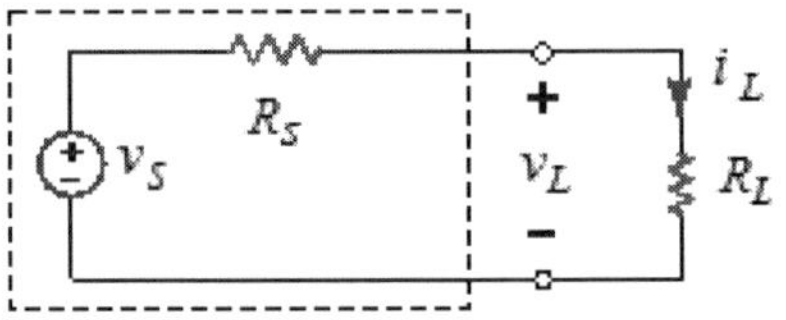

그림 4.9 부하저항 R_L을 구동시키는 실제 전압원.

실제 전압원이 R_L에 공급하는 최대전력을 구하여 보자.

부하 저항 R_L에 대하여 p_L을 미분하여 정리하면 다음과 같다,

$$\frac{d\,p_L}{dR_L} = \frac{(R_s + R_L)^2 v_s^2 - v_s^2 R_L (2)(R_2 + R_L)}{(R_s + R_L)^2}$$

$$= v_s^2 \cdot \frac{(R_s + R_L) - R_L(2)}{(R_s + R_L)^3} = v_s^2 \cdot \frac{R_s - R_L}{(R_s + R_L)^3} \tag{4.9}$$

미분한 함수 즉, 식 (4.9)를 영(0)으로 놓은 식,

$$\frac{d\,p_L}{dR_L} = 0 \tag{4.10}$$

에 의하여

$$R_L = R_s \tag{4.11}$$

를 얻는다. 이때 최대 전력은 식 (4.8)에 대입하여 전원저항으로 나타내면

$$p_L = i_L^2 R_L = \frac{v_s^2 R_L}{(R_s + R_s)^2}$$

$$= \frac{v_s^2 R_s}{(2R_s)^2} = \frac{v_s^2}{4R_s} \tag{4.12}$$

이다. 또는 부하저항으로 나타내면

$$p = \frac{v_s^2 R_s}{(2R_s)^2} = \frac{v_s^2}{4R_L} \tag{4.13}$$

로 된다.

예제 1

그림의 회로를 해석 안할 회로 A와 해석할 회로 B, 둘로 구분하였다.

(a) 회로 A가 부하저항 R_L에 전달하는 전력을 계산하여라.

(b) 전달하는 전력이 최대로 되기 위한 조건을 구하여라.

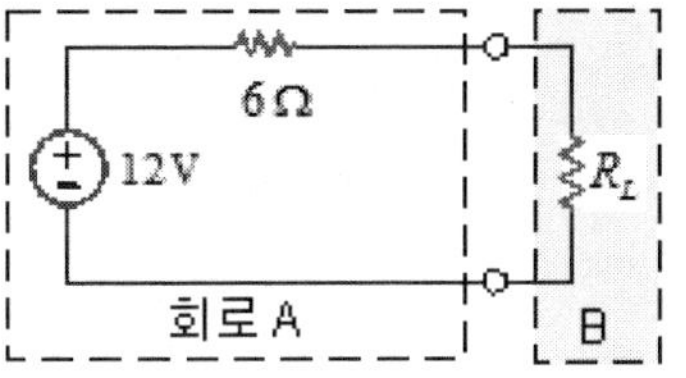

[풀이] (a) 부하저항 R_L에 전달되는 전력을 다음과 같이 계산할 수 있다.

$$P_L = (\frac{12\,\mathrm{V}}{6+R_L})^2 R_L$$

(b) 주어 진 식을 변형하면 다음과 같다.

$$P_L = \frac{144}{(6+R_L)^2} \cdot R_L$$

이 식의 양변을 독립변수 R_L에 관하여 미분하면 다음과 같다.

$$\frac{d}{dR_L} P_L = \frac{144 \cdot (6+R_L)^2 \; - (144\,R_L) \cdot 2(6+R_L)}{(6+R_L)^4}$$

$$= \frac{144 \cdot (6+R_L) \; - \; (144\,R_L) \cdot 2}{(6+R_L)^3}$$

$$= \frac{144 \times 6 + 144\,R_L \; - 288\,R_L}{(6+R_L)^3} = \frac{144 \times 6 - 144\,R_L}{(6+R_L)^3}$$

$\frac{d}{dR_L} P_L = 0$ 에서 $R_L = 6\,\Omega$ 이다.

공급하는 전력이 최대가 되는 순간은가변 부하저항 $R_L = 6\,\Omega$ 인 순간이다.
이때의 최대 전력은

$$P_L = \frac{144\,R_L}{(6+R_L)^2} == \frac{144 \times 6}{(6+6)^2} = 6\,\mathrm{W}$$

이다.

답 $p_L = 6$ W. ■

문제 ①

예제 1의 결과를 이용하여 다음회로에서 전압원이 부하에 공급하는 최대 전력을 구하여라.

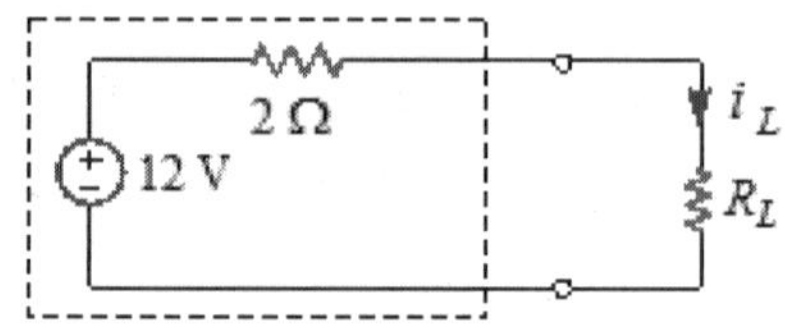

답 $p_L = 18\text{ W}$. ■

2. 전류원이 최대 전력을 부하에 공급하는 조건

실제의 전류원은 내부 저항을 병렬로 갖는 이상 전압원이다. 이 회로는 Norton 회로이다. 어떤 조건일 때, 실제 전류원(Norton 회로) 부하 R_L에 전달하는 전력이 최대로 될까? 실제의 전류원이 부하에 최대 전력을 전달하기 위한 조건을 구하여 보기로 한다.

그림 4.10은 부하 R_L에 전력을 공급하고 실제 전류원이다. 실제 전류원은 Norton 회로의 꼴을 갖는다. 부하에 흐르는 전류는 전압 분배에 의하여,

$$i_L = i_s \cdot \frac{R_s}{R_s + R_L} \tag{4.14}$$

이므로, 전압원이 부하에 공급하는 전력은 다음과 같다.

$$\begin{aligned} p_L = i_L^2 \cdot R_L &= \left(i_s \cdot \frac{R_s}{R_s + R_L} \right)^2 \cdot \ R_L \\ &= {i_s}^2 \cdot \frac{R_s^2}{(R_s + R_L)^2} \cdot \ R_L \\ &= {i_s}^2 \cdot R_s^2 \cdot \frac{R_L}{(R_s + R_L)^2} \end{aligned} \tag{4.15}$$

이 식은 독립 변수 R_L에 따라 변하는 종속 변수 p_L을 나타낸다.

부하 저항이 $R_L = 0$ 또는 $R_L = \infty$ 일 때, $p_L = 0$이므로 전력이 부하로 전달되지 않는다.

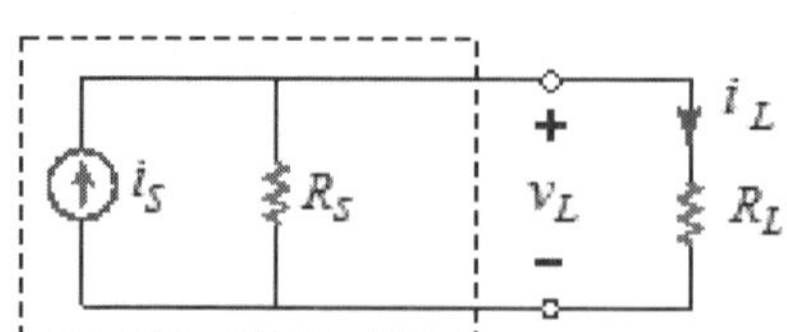

그림 4.10 부하저항 R_L을 구동시키는 실제 전류원.

실제 전류원이 R_L에 공급하는 최대전력을 구하여 보자. 부하 저항 R_L에 대하여 p_L을 미분하여 정리하면 다음과 같다

$$\frac{d\,p_L}{dR_L} = i_s^2 \cdot R_s^2 \cdot \frac{1 \cdot (R_s + R_L)^2 - R_L \cdot 2(R_s + R_L)}{(R_s + R_L)^4}$$

$$= i_s^2 \cdot R_s^2 \cdot \frac{(R_s + R_L) - R_L(2)}{(R_s + R_L)^3} = i_s^2 \cdot R_s^2 \cdot \frac{R_s - R_L}{(R_s + R_L)^3} \tag{4.16}$$

미분한 함수 즉, 식 (4.16)을 영(0)으로 놓은 식,

$$\frac{d\,p_L}{dR_L} = 0 \tag{4.17}$$

에 의하여

$$R_L = R_s \tag{4.18}$$

를 얻는다. 이때 좌대 전력은 식 (4.15)에 대입하여 전원저항으로 나타내면

$$p_L = {i_s}^2 \cdot R_s^2 \cdot \frac{R_L}{(R_s + R_L)^2}$$

$$p_L = {i_s}^2 \cdot R_s^2 \cdot \frac{R_s}{(R_s + R_s)^2} = {i_s}^2 \cdot R_s^2 \cdot \frac{R_s}{(2R_s)^2} = \frac{{i_s}^2 \cdot R_s}{4} \tag{4.19}$$

이다, 또는 부하저항으로 나타내면

$$p = \frac{{i_s}^2 \cdot R_L}{4} \tag{4.20}$$

로 된다.

예제 1

다음회로에서 전류원이 부하에 공급하는 최대 전력을 구하여라.

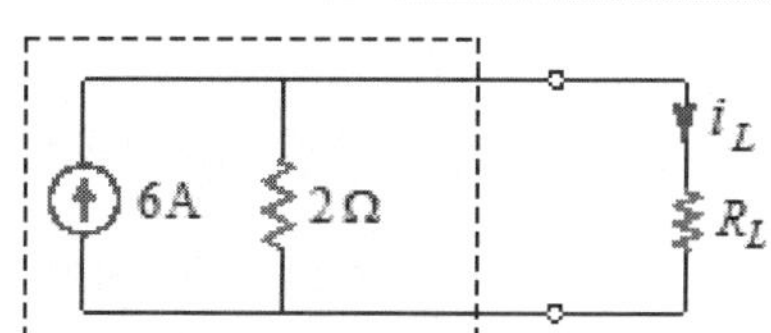

[풀이] (a) 부하를 구동하는 회로는 Norton 회로이다. Norton 회로의 최대 전력전달 조건은

$$R_L = 2\ \Omega$$

일 때이다. 부하의 통과 전류는

$$i_L = 6 \cdot \frac{2}{(2+2)\ \Omega} = 3\ \text{A}$$

부하에 공급하는 전력은

$$p_L = i_L^2 R_L = (3\ \text{A})^2 \cdot (2\ \Omega) = 18\ \text{W}$$

[별해] 식

$$p_L = \frac{i_s^2\ R_L}{4}$$

에 대입하면 다음과 같다.

$$p_L = \frac{i_s^2\ R_L}{4} = \frac{6^2 \times 2}{4} = 18\ \text{W}$$

답 $p_L = 18\ \text{W}$. ■

문제 1

그림의 Norton회로가 부하저항 R_L을 구동시키고 있다.

(a) 부하의 전류 i, 전압 v를 구하여라.

(b) 부하의 전력 p를 구하여라.

(c) 부하전력 p가 최대이기 위한 R_L의 값을 구하여라.

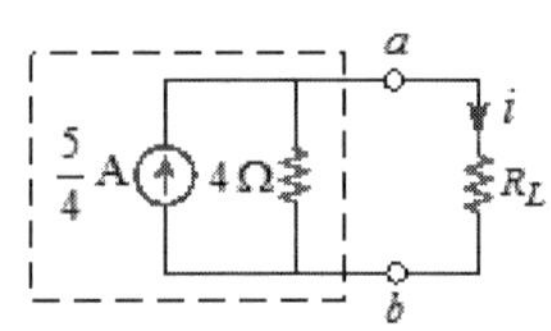

답 (a) $i = \dfrac{5}{4 + R_L}$ A ; (b) $v = \dfrac{5\,R_L}{4 + R_L}$ V ;

(c) $p = \dfrac{25 R_L}{(4 + R_L)^2}$ W ; (d) $p = \dfrac{100}{256}$ W. ■

4.7 브리지 회로(Bridge Circuit)

여러 장비에서 응용되는 브리지 회로(bridge circuit)을 살펴보자. 이 회로는 dc 및 ac 측정 장비에서 많이 쓰인다. 정류회로에 쓰이고, 변동하는 신호를 dc 신호로 변환 하는데도 쓰인다. 그림 4.11은 브리지 회로를 나타낸다. 겉보기에는 달라도 모두 동일한(the same)브리지 회로이다.

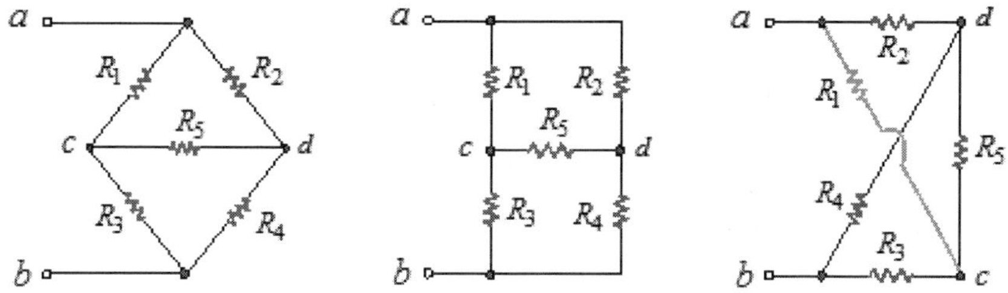

그림 4.11 브리지 회로.

노드(node) c와 노드(node) d 사이를 연결하는 소자를 브리지(bridge)라고 한다.

예제 1

그림과 같은 브리지 회로가 주어져 있다.

(a) 메쉬 전류 i_1, i_2, i_3을 구하여라.

(b) 이 브리지 회로는 평형 브리지회로인가?

(c) 저항 R_5을 흐르는 전류는 얼마인가?

(d) 저항 $R_5 \rightarrow \infty\ \Omega$ 으로 될 경우,

전류는 얼마인가?

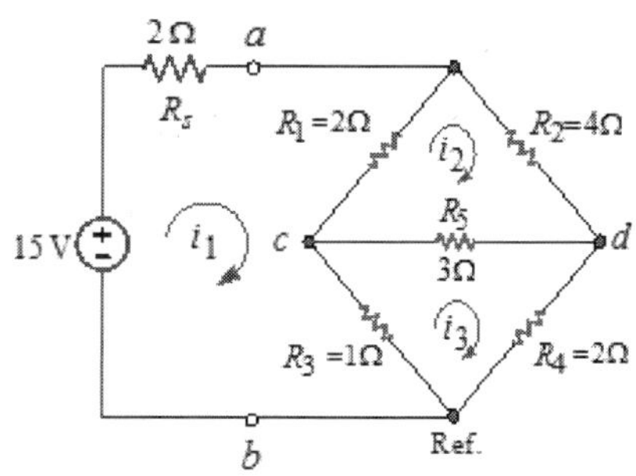

[풀이] (a) 메쉬 1,2 3에서 성립하는 KVL은

$$(2+2+1)i_1+(-2)i_2+(-1)i_3=15$$
$$(2+4+3)i_2+(-2)i_1+(-3)i_3=0$$
$$(1+3+2)i_3+(-1)i_1+(-3)i_2=0$$

이다. 정리하면 3원 3차 연립방식

$$\begin{cases} 5i_1 - 2i_2 - 1i_3 = 15 \\ -2i_1 + 9i_2 - 3i_3 = 0 \\ -1i_1 - 3i_2 + 6i_3 = 0 \end{cases}$$

을 얻는다. 풀면 각각의 메쉬 전류는 다음과 같다.

$$i_1 = \frac{1}{180} \cdot \begin{vmatrix} 15 & -2 & -1 \\ 0 & 9 & -3 \\ 0 & -3 & 6 \end{vmatrix} = \frac{675}{180} = \frac{15}{4} = 3.75\ \text{A}$$

$$i_2 = \frac{1}{180}\cdot\begin{vmatrix} 5 & 15 & -1 \\ -2 & 0 & -3 \\ -1 & 0 & 6 \end{vmatrix} = \frac{225}{180} = 1.25\,\text{A}$$

$$i_3 = \frac{1}{180}\cdot\begin{vmatrix} 5 & -2 & 15 \\ -2 & 9 & 0 \\ -1 & -3 & 0 \end{vmatrix} = \frac{225}{180} = 1.25\,\text{A}$$

(b) 평형조건 $R_1R_4 = R_2R_3 = 4\,\Omega$을 만족하므로 평형 브리지회로이다.

[주] 평형 브리지회로이므로 $i_2 = -i_3$이다.

(c) 저항 $R_5 = 3\,\Omega$ 대신, 개방회로 (open circuit) $R \to \infty\ \Omega$를 사용하면 다음과 같다.

$$I_{5\,\Omega} = \frac{V_{cd}}{R} = \frac{V_{cd}}{\infty\ \Omega} = 0\ \text{A}$$

(d) 평형 브리지회로에서 브리지 저항 값이 임의 값 $R(0 \le R < \infty\ \Omega)$을 갖더라도 기타 물리량들의 값은 변함이 없다.

$$I_{3\,\Omega} = \frac{V_{cd}}{R} = \frac{V_{cd}}{\infty\ \Omega} = 0\ \text{A}$$

답 (a) $i_1 = 3.75\,\text{A}$; (b) $i_2 = 1.25\,\text{A}$; (c) $i_3 = 1.25\,\text{A}$. ■

예제 2

예제 1에 주어진 회로에서 메쉬 전류는 $i_1 = 3.75\,\text{A}$, $i_2 = 1.25\,\text{A}$, $i_3 = 1.25\,\text{A}$이다. 단자 cd 브리지(bridge)를 개방하면 우측 회로가 얻어진다.

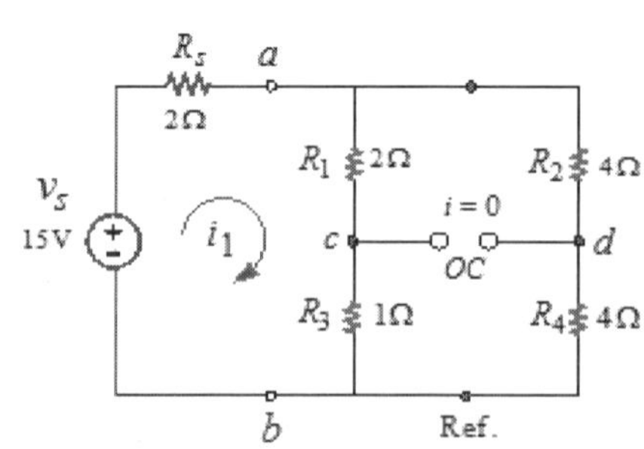

(a) 다음 단자의 통과전류를 구하여라.

(i) 단자 a ; (ii) 단자 c ; (iii) 단자 d.

(b) 다음 노드(node)의 전압을 구하여라.

(i) 노드 a ; (ii) 노드 c ; (iii) 노드 d.

[풀이] (a) 각 단자의 통과전류는 다음과 같다.

(i) $i_1 = 3.75\,\text{A}$

(ii) $i_{ac} = i_1 - i_2 = 3.75 - 1.25 = 2.5\,\text{A}$

(iii) $i_2 = 1.25\,\text{A}$

(b) 노드(node) c 와 노드(node) d 는 분리되었으므로 다음 그림과 같다.

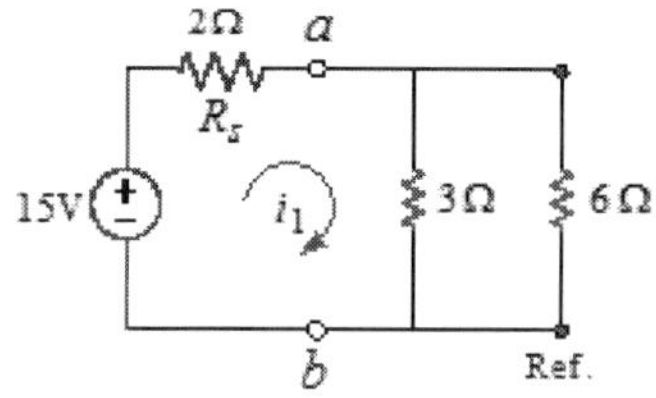

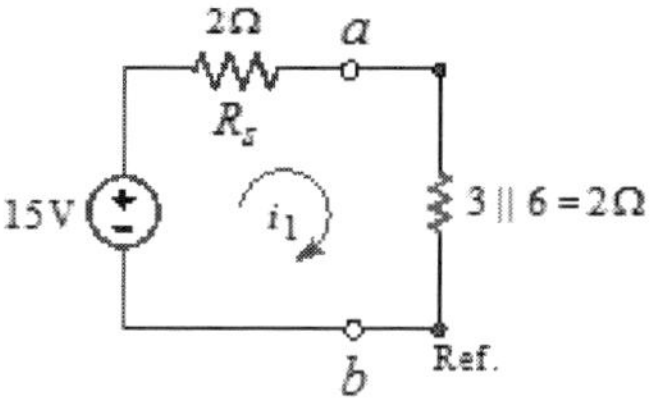

(i) 전압분배에 의하여

$$V_a = 15\,\text{V} \times \frac{2\,\Omega}{2\,\Omega + 2\,\Omega} = 7.5\,\text{V}$$

(ii) 전압분배에 의하여

$$V_c = V_a \times \frac{1\,\Omega}{2\,\Omega + 1\,\Omega} = 7.5\,\text{V} \times \frac{1}{3} = 2.5\,\text{V}$$

(iii) 전압분배에 의하여

$$V_d = V_a \times \frac{2\,\Omega}{4\,\Omega + 2\,\Omega} = 7.5\,\text{V} \times \frac{2}{6} = 2.5\,\text{V}$$

답 (a) 3.75 A, 2.5 A, 1.25 A ; (b) 7.5 V, 2.5 V, 2.5 V. ■

[주] 예제 1에서, 전류가 흐르지 않으므로, 전압차이가 없으므로 $v_c = v_d$ 이다. 전압이 $v_{cd} = 0$ V이므로 단락 회로(short circuit)이다. 저항 $R = 3\,\Omega$ 대신에 단락회로 $R = 0\,\Omega$ 사용해도 된다. 노드(node) c와 노드(node) d 사이에는 전류가 흐르지 않는다. 따라서, $i_{3\,\Omega} = 0$ A 이다. 노드(node) c 와 노드(node) d 사이에 있는 브리지(bridge) 저항 $R = 3\,\Omega$ 은 있으나 마나 한 소자이다. 브리지(bridge)가 아무런 소자이더라도 회로는 아무런 변동이 없다. 따라서, 전압차이가 없으므로 단락 회로(short circuit)이다. 저항 $R = 3\,\Omega$ 대신에 단락 회로(short circuit) $R = 0\ \Omega$ 를 사용하면 다음과 같다.

$$v_{3\,\Omega} = i_{3\,\Omega} \times R = 0\ \text{A} \times 3\Omega = 0\ \text{V}$$

[주] 예제 2에서, 노드(node) c 와 노드(node) d 는 전압차이가 없으므로 $v_c = v_d$ 이다. 전압차이가 없으므로 전류가 흐르지 않는다. $i_{3\,\Omega} = 0$ A 이다. 노드(node) c 와 노드(node) d 사이에 있는 브리지(bridge) 저항 $R = 3\,\Omega$ 은 있으나 마나 한 소자이다. 브

리지(bridge)가 아무런 소자이더라도 회로는 아무런 변동이 없다. 따라서, 전류가 0 A면 개방 회로 (open circuit) 이다. 저항 $R = 3\,\Omega$ 대신에 개방 회로 (open circuit) $R = \infty\ \Omega$를 사용하면 다음과 같다.

$$i_{3\,\Omega} = \frac{V_{3\Omega}}{R} = \frac{V_{3\Omega}}{\infty\ \Omega} = 0\ \text{A}$$

이 식을 만족하는 식은 다음과 같다.

$$v_{3\,\Omega} = i_{3\,\Omega} \times R = 0\ \text{A} \times 3\Omega = 0\ \text{V}$$

문제 ①

단자 ab의 좌측은 테브닌 회로, 우측은 브리지 회로로 구성된 회로가 주어져 있다.

(a) 가지전류 i를 구하여라.

(b) 이 브리지 회로는 평형 브리지 회로인가?

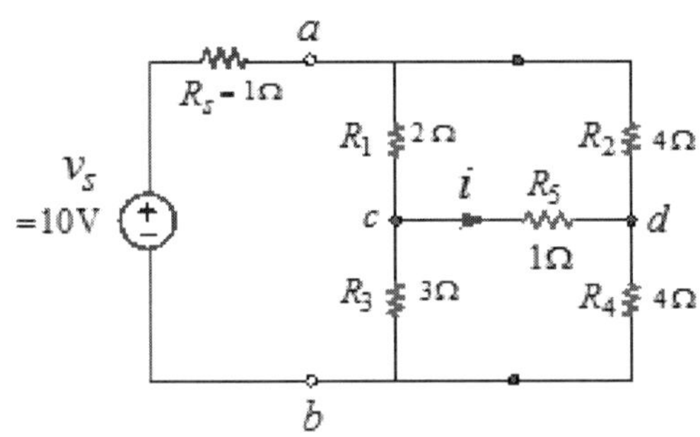

답 (a) $i = 0.1794\,\text{A}$; (b) No ! ■

예제 3

그림과 같은 회로가 주어져 있다.

(a) 전류 $i = 0$이기 위해서 R_s, R_5는 어떤 값을 가져야 하는가?

(b) R_s, R_5가 위의 값을 가질 때, v_1은 얼마인가?

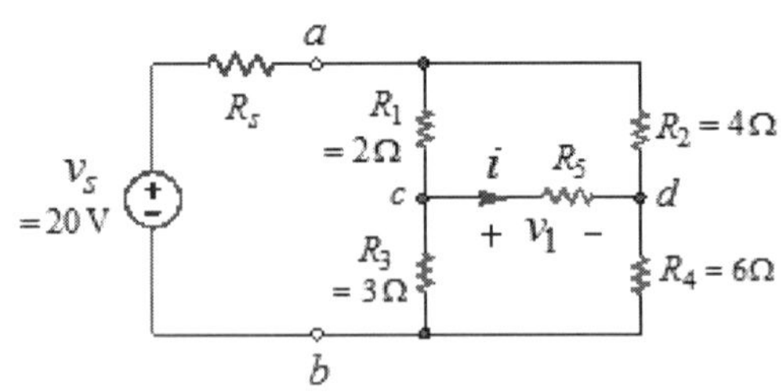

[풀이] (a) 브리지 회로에서 평형조건 $R_1R_4 = R_2R_3$가 만족되면, 평형 브리지회로이다. 평형 브리지회로에서는 저항 R_s, R_5의 값에 무관하게 $i = 0$이다.

(b) 평형 브리지회로에서 $v_{ac} = v_{ad}$, $v_{cb} = v_{db}$이다. 점 c와 점 d의 전위차가 없다. 따라서, $v_1 = 0$, $i = 0$이다.

답 (a) R_s, R_5의 값에 무관함 ; (b) $v_1 = 0$. ■

문제 ②

브리지의 단락

예제 1에 주어진 회로에서 메쉬 전류는

(a) $i_1 = 3.75\,\mathrm{A}$; (b) $i_2 = 1.25\,\mathrm{A}$;

(c) $i_3 = 1.25\,\mathrm{A}$.

이다. 단자 cd 브리지(bridge)를 단락하면 그림의 회로가 얻어진다. 단자 cd 브리지(bridge)가 단락되었으므로 $v_{cd} = 0\,\mathrm{A}$이다.

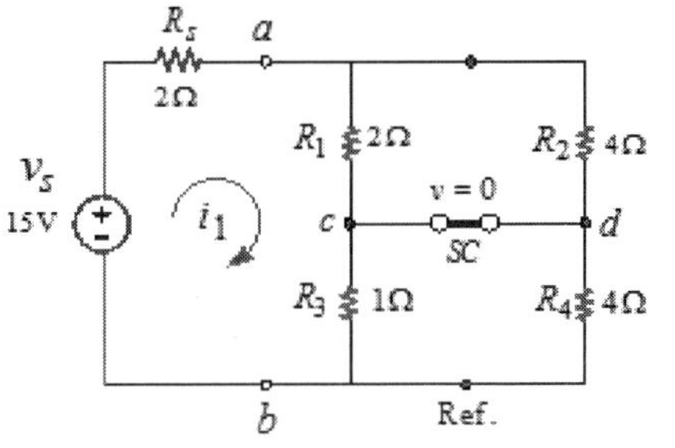

[풀이] (a) 다음 통과 전류를 구하여라. (i) 단자 a ; (ii) 단자 c ; (iii) 단자 d.
(b) 다음 노드(node)의 전압을 구하여라. (i) 노드 a ; (ii) 노드 c ; (iii) 노드 d.

답 (a) $i_1 = 3.75\,\mathrm{A}$, $i_{ac} = 2.5\,\mathrm{A}$, $i_2 = 1.25\,\mathrm{A}$;
(b) $v_a = 7.5\,\mathrm{V}$, $v_c = 2.5\,\mathrm{V}$, $v_d = v_c = 2.5\,\mathrm{V}$. ■

4.8 저항의 델타(△) 연결과 와이(Y) 연결

저항이 직렬연결 and/or 병렬연결되어 있는 경우, 하나의 간단한 저항으로 대체할 수 있었다. 이 절에서는, 직렬연결도 아니고 병렬연결도 아닌 **델타(△)연결** 또는 **와이 (Y) 연결**된 저항을 살펴보기로 한다. 필요에 따라 서로를 변환할 수 있는

Y←△(와이←델타) 변환, △←Y(델타←와이) 변환

을 살펴보기로 한다.

1. "Π 회로" 또는 "△ 회로"라고 부르는 회로

그림 4.12에 있는 회로들을 변수를 R_A, R_B, R_C라고 정의하여 구성한 회로들이다. 두 회로 (a)와 (b)는 동일한 회로이다. 이 회로들에서는 저헝들이 직렬연결도 아니고, 병렬연결도 아니라서 더 이상 간단하게 할 수가 없다. 그리고 전원도 없으므로 전원을 변환할 수도 없다.

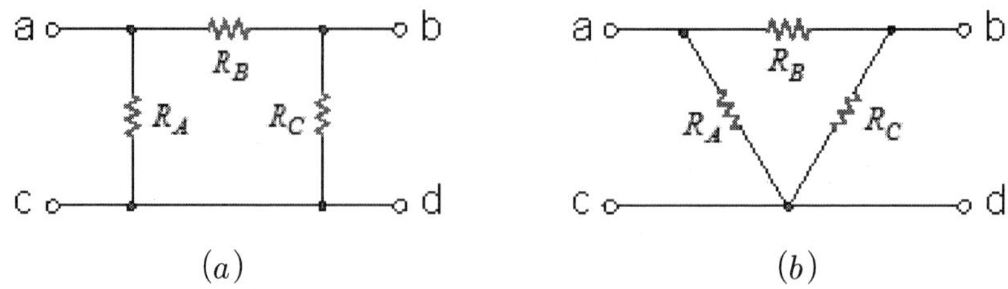

그림 4.12 "π 회로"와 "△ 회로"는 같은 회로이다.
(a) 3개의 저항으로 구성된 π 회로. (b) 3개의 저항으로 구성된 △ 회로.

2. "T 회로" 또는 "Y 회로"라고 부르는 회로

그림 4.13에 있는 회로들을 변수를 R_1, R_2, R_3 라고 정의하여 구성한 회로들이다. 두 회로 (a)와 (b)는 동일한 회로이다. 이 회로들에서는 저항들이 직렬연결도 아니고, 병렬연결도 아니라서 더 이상 간단하게 할 수가 없다. 그리고 전원도 없으므로 전원을 변환할 수도 없다.

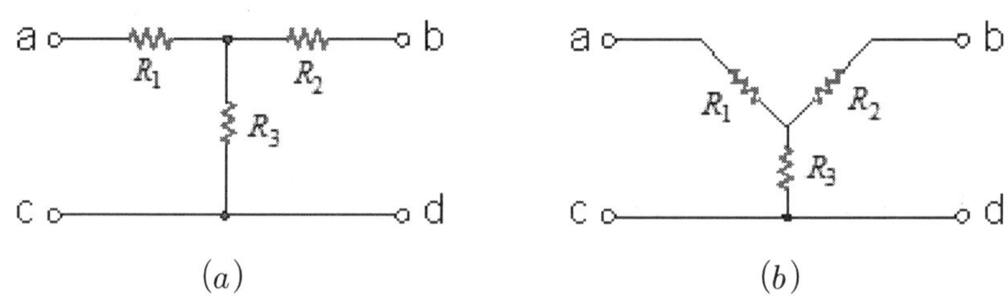

그림 4.13 "T 회로"와 "Y 회로"는 같은 회로이다.
(a) 3개의 저항으로 구성된 T 회로. (b) 3개의 저항으로 구성된 Y 회로.

4.9 Y←△(와이←델타) 변환과 △←Y(델타←와이) 변환

델타 "$\Delta(R_{ABC})$"와 와이 "$Y(R_{123})$"는 서로 변환할 수가 있다.

(i) 주어진 델타 "$\Delta(R_{ABC})$"로부터 와이 "$Y(R_{123})$"를 구하는 방법

(ii) 주어진 와이 "$Y(R_{123})$"로부터 델타 "$\Delta(R_{ABC})$"를 구하는 방법

유도과정은 생략한다. 여기서는 결과만을 이용하기로 한다.

1. Y ← △(와이 ← 델타) 변환

그림 4.14는 주어진 델타 "$\Delta(R_{ABC})$"로부터 와이 "$Y(R_{123})$"를 구하기 위한 그림이다.

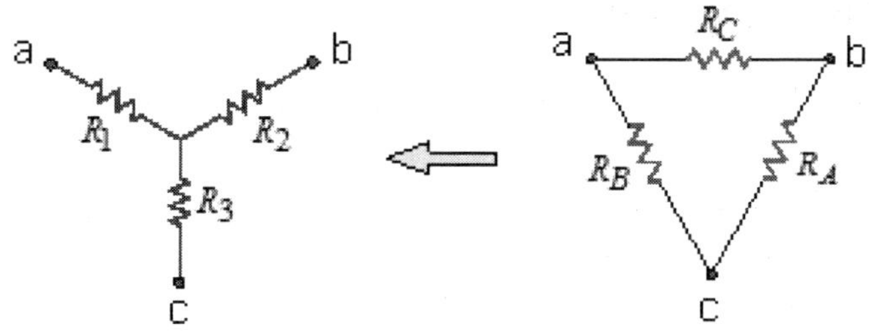

그림 4.14 Y←Δ (와이←델타) 변환.

그림 4.15는 와이 "Y(R_{123})"를 구하기 위해서는 그림과 같이 두 그림을 겹쳐 놓은 회로이다. 결과식은 다음과 같다.

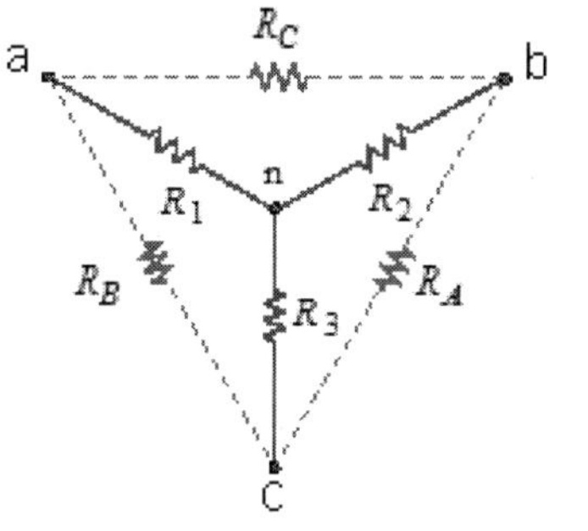

그림 4.15 Δ 델타를 Y(와이)에 겹쳐놓은 회로.

$$R_1 = \frac{R_B R_C}{R_A + R_B + R_C}$$
$$R_2 = \frac{R_C R_A}{R_A + R_B + R_C} \qquad (4.21)$$
$$R_3 = \frac{R_A R_B}{R_A + R_B + R_C}$$

[주] 변환식 Y(R_{123})는 매우 규칙적인 형태를 갖는다.

$$R_{123} = \frac{\text{양쪽 두 저항의 곱}}{\text{델타의 세 저항의 합}} \qquad (4.22)$$

2. △ ← Y(델타 ← 와이) 변환

그림 4.16은 주어진 "Y(R_{123})"로부터 델타 "△(R_{ABC})"를 구하기 위한 그림이다.

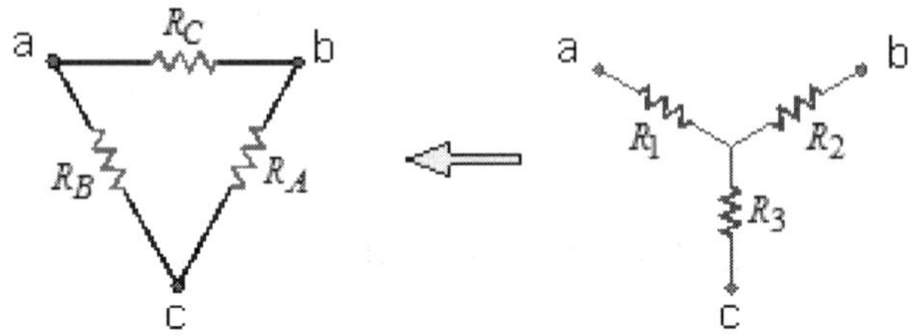

그림 4.16 △ ← Y(델타 ← 와이) 변환.

그림 4.17은 델타 "△(R_{ABC})"를 구하기 위해서는 그림과 같이 두 그림을 겹쳐 놓는다. 결과식은 다음과 같다.

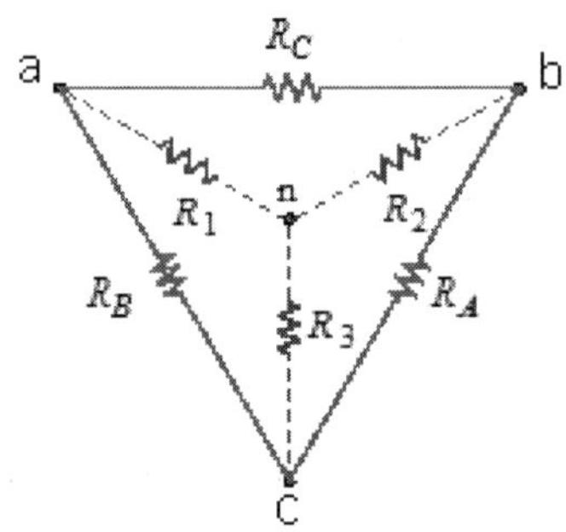

그림 4.17 △ 델타를 Y(와이)에 겹쳐놓은 회로.

$$R_A = \frac{R_1 R_2 + R_2 R_3 + R_3 R_1}{R_1}$$
$$R_B = \frac{R_1 R_2 + R_2 R_3 + R_3 R_1}{R_2} \qquad (4.23)$$
$$R_C = \frac{R_1 R_2 + R_2 R_3 + R_3 R_1}{R_3}$$

[주] 변환식 델타 "△(R_{ABC})"는 매우 규칙적인 형태를 갖는다. 예를 들면 다음과 같다.

$$R_A = \frac{\text{Y의 둘씩 곱의 합}}{R_A\text{가 마주 보는 저항}, R_1} \qquad (4.24)$$

예제 1

(a) 그림과 같이
Δ회로(R_A, R_B, R_C)를
Y회로(R_1, R_2, R_3)로 변환하는
식을 나타내어라.

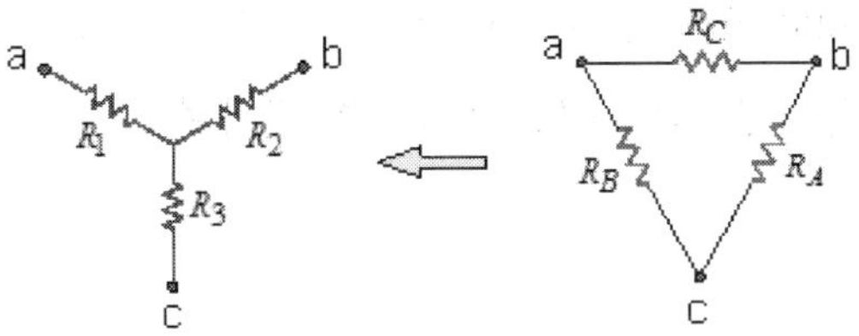

(b) Y회로를 Δ회로로 변환하는 식을 나타내어라.

[풀이] 두 회로를 겹쳐서 나타내고 변환한다.

$$R_1 = \frac{R_1 \text{양쪽 두 저항의 곱}}{\text{델타의 세 저항의 합}}$$

$$R_A = \frac{\text{Y의 둘씩 곱의 합}}{R_A \text{가 마주 보는 저항}, R_1}$$

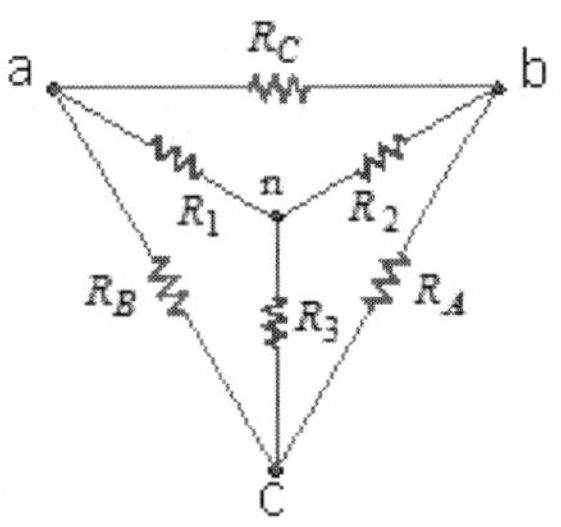

(a) Y←Δ (와이←델타)변환 :
Δ회로의 변수 (R_A, R_B, R_C)를 Y 회로 변수 (R_1, R_2, R_3)로 나타낸다.

$$R_1 = \frac{R_B R_C}{R_A + R_B + R_C}$$

$$R_2 = \frac{R_C R_A}{R_A + R_B + R_C}$$

$$R_3 = \frac{R_A R_B}{R_A + R_B + R_C}$$

(b) **Δ←Y(델타←와이) 변환:**
Y회로의 변수 (R_1, R_2, R_3)를 Δ회로의 변수 (R_A, R_B, R_C)로 나타낸다.

$$R_A = \frac{R_1 R_2 + R_2 R_3 + R_3 R_1}{R_1}$$

$$R_B = \frac{R_1 R_2 + R_2 R_3 + R_3 R_1}{R_2}$$

$$R_C = \frac{R_1 R_2 + R_2 R_3 + R_3 R_1}{R_3}$$

답 풀이 참조. ■

예제 2

회로 $\Delta(R_A, R_B, R_C) = (10, 10, 5)\,\Omega$ 의 등가인 회로 $\mathrm{Y}(R_1, R_2, R_3)$를 구하여라.

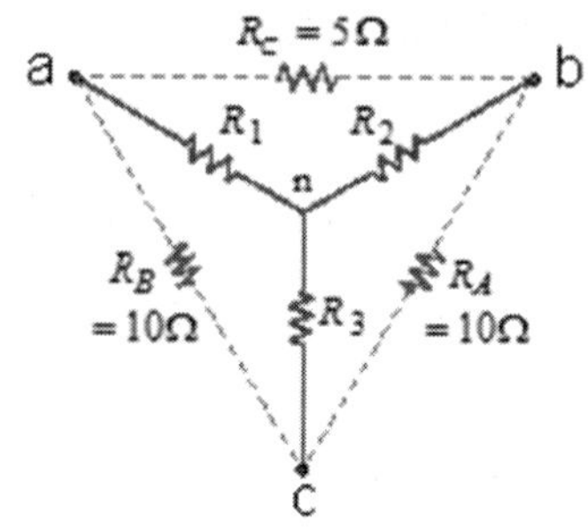

[풀이] $R_1 = \dfrac{R_B R_C}{R_A + R_B + R_C} = \dfrac{10 \times 5}{10 + 5 + 10} = 2\,\Omega$

$$R_2 = \frac{R_A R_C}{R_A + R_B + R_C} = \frac{10 \times 5}{10 + 10 + 5} = 2\,\Omega$$

$$R_3 = \frac{R_A R_B}{R_A + R_B + R_C} = \frac{10 \times 10}{10 + 10 + 5} = 4\,\Omega$$

답 $\mathrm{Y}(R_1, R_2, R_3) = (2, 2, 4)\,\Omega$. ■

문제 1

회로 $\mathrm{Y}(R_1, R_2, R_3) = (2, 2, 4)\,\Omega$ 의 등가회로 회로$\Delta(R_A, R_B, R_C)$를 구하여라.

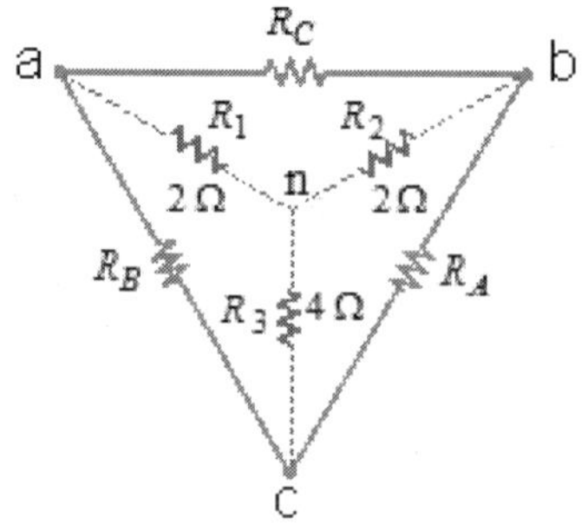

답 $\Delta(R_A, R_B, R_C) = (10, 10, 5)\,\Omega$. ■

예제 3

4.7절 예제 1을 다시 살펴 보자. 그림의 회로에서 저항의 개수를 줄이는 등가변환을 하여 메쉬전류 i_1을 구하여라.

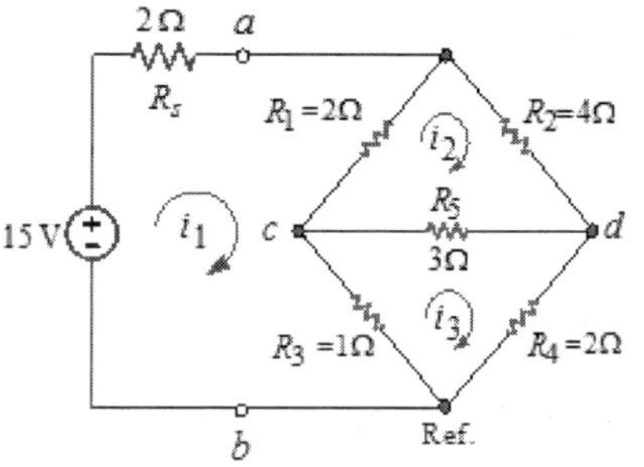

[풀이] 메쉬 #3의 Δ 회로를 Y 회로로 변환하면

$$r_1 = \frac{1\cdot 3}{2+1+3} = \frac{1}{2}$$

$$r_2 = \frac{3\cdot 2}{2+1+3} = 1$$

$$r_3 = \frac{2\cdot 1}{2+1+3} = \frac{1}{3}$$

이므로 등가회로는 다음과 같다.

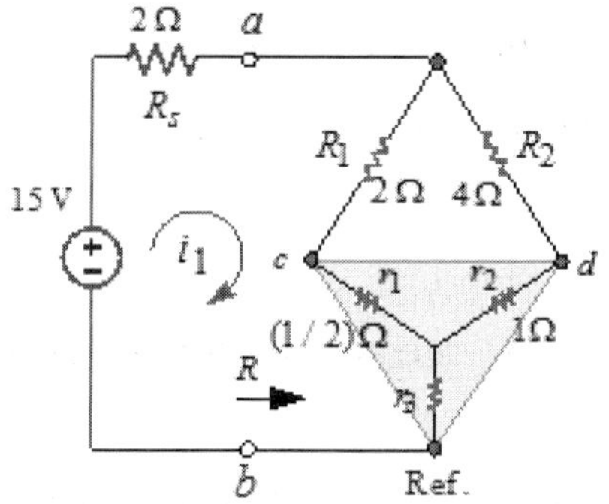

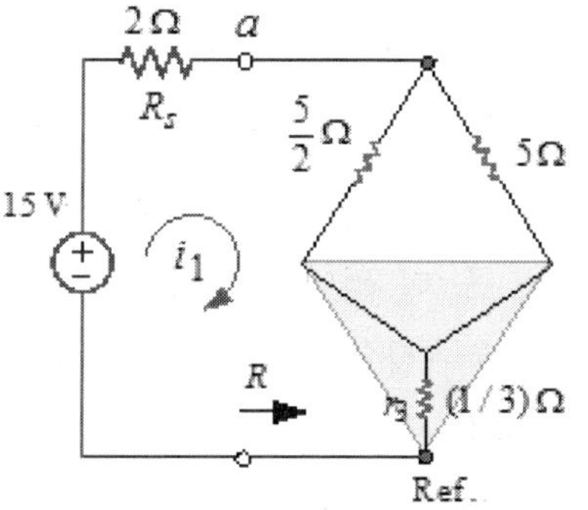

단자 ab에서 우측으로 들여다본 저항 R은

$$R = r_3 + (R_1 + r_1) \| (R_2 + r_2)$$

$$= \frac{1}{3} + (2 + \frac{1}{2}) \| (4+1) = 2\ \Omega$$

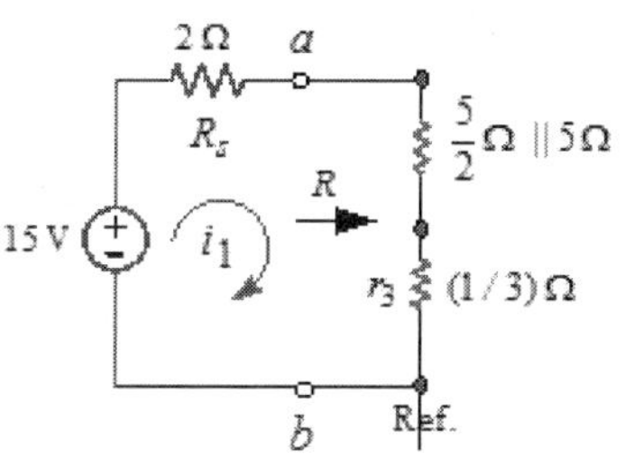

이다. 따라서 메쉬전류 i_1은 다음과 같다.

$$i_1 = \frac{15}{R_s + R} = \frac{15}{2+2} = 3.75\ \text{A}$$

[주] 준회로는 평형회로이므로, 브리지 저항 3 Ω 가지을 개방하면

$$R = (2+1) \| (4+2) = 2\,\Omega$$

이다.

답 $i_1 = 3.75\ \mathrm{A}$. ■

문제 ②

다음 회로는 메쉬(mesh)가 3개인 브리지 회로이다. 가지(branch)의 위치를 등가 변환하여 다른 모양의 회로로 나타내어 보아라.

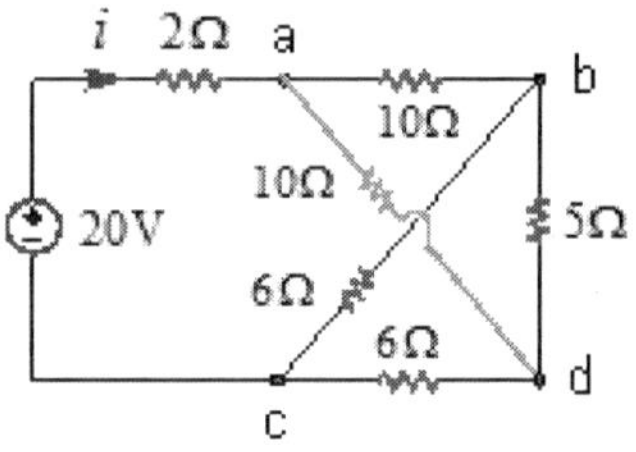

답 생략. ■

4.10 휘트스톤 브리지

회로의 전기 저항을 가장 정확하게 측정할 수 있을까? 여러 가지 측정 기구를 이용할 수 있으나, 간단한 방법으로 전압과 전류를 측정하여 옴의 법칙으로 전기 저항을 얻을 수 있다. 그러나 전압과 전류를 측정하는 전압계와 전류계 자체의 전기 저항이 있으므로 이 방법으로는 정확한 전기 저항을 얻을 수 없다.

그림 4.18은 좀 더 정밀한 저항을 측정하기 위하여, 알고 있는 저항과 가변 저항기를 이용하여 미지의 저항을 정확하게 측정하는 장치로 **휘트스톤 브리지(Wheatstone bridge)를 나타내고 있다.**

휘트스톤 브리지(Wheatstone bridge)는 미세하게 변동하는 전기량을 검출하는데 사용되는 회로이다.

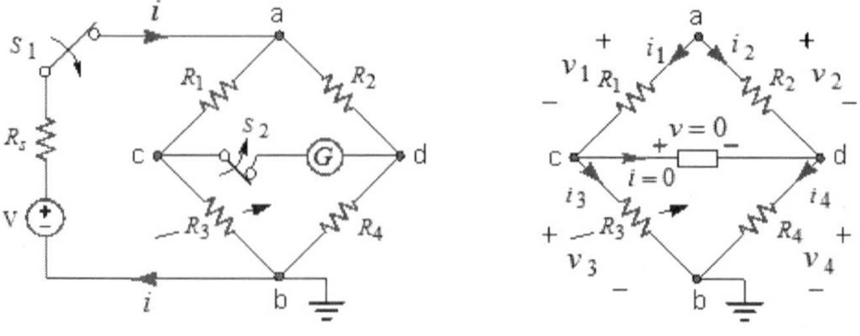

그림 4.18 휘트스톤 브리지(Wheatstone bridge).

(a) 휘트스톤 브리지는 알고 있는 저항 R_1, R_2, R_3(R_3는 가변 저항)을 이용하여 미지의 저항 R_4와 검류계 G를 그림과 같이 연결하여 R_4의 저항을 측정한다. 회로에서 R_1, R_2는 알고 있는 저항이고, 저항 R_3는 값을 변동 시킬 수 있는 가변저항이며, R_4는 측정하려는 미지의 저항이다.

노드(node c, d 사이에 흐르는 전류를 측정하기 위해 **검류계(galvanometer)** G가 연결되어 있다. 스위치를 S_1을 닫아서 회로를 동작시킨 후, S_2을 닫아서 c, d에 전류가 흐르는 지를 검류계로서 알 수 있다. 저항 R_3을 적절히 조절하여 검류계의 눈금이 0이 될 때까지 저항을 계속 변동시킨다. 검류계에 전류가 흐르지 않는 순간이 존재한다.

(b) **브리지를 통하여 전류가 흐르지 않을 때** $v = 0\,\text{V}$, $i = 0\,\text{A}$ **라는 조건이 만족된다.** 이런 조건이 만족될 때, 브리지 회로는 평형상태(balanced status)에 있다고 한다. 전압 $v = 0\,\text{V}$이므로

$$i_1 = i_3,\ i_2 = i_4$$

라는 관계가 성립한다. 이 때, c, d 점의 전위가 같으므로 a, c 사이의 전압 강하와 a, d 사이의 전압강하가 같다. 따라서,

$$v_1 = v_2$$

$$i_1 R_1 = i_2 R_2 \qquad (1)$$

가 성립한다. 이때 a, b, 사이의 전압 강하와 a, d사이의 전압 강하가 같으므로 c, d 사이의 전압 강하와 d, b 사이의 전압강하가 같다. 따라서,

$$v_3 = v_4$$

$$i_3 R_3 = i_4 R_4 \qquad (2)$$

가 성립한다.

(c) **브리지 회로의 평형 조건 ;**

전류가 조건

$$i_1 = i_3,\ i_2 = i_4$$

을 만족하므로, 위의 두 식에서 $(1) \div (2)$를 하면,

$$\frac{R_1}{R_3} = \frac{R_2}{R_4} \tag{3}$$

즉,

$$R_1 R_4 = R_2 R_3 \tag{4}$$

이 성립한다. 이 관계식을 **브리지 회로의 평형 조건**이라고 한다.

회로측정기 내부에 저항성분이 있어서 외부에 연결된 저항을 정밀하게 측정하기는 어렵고 약간의 오차가 있다. 그러나 휘스톤 브리지를 사용하면, 세 개의 저항 (즉, 두 개의 고정 저항, 한 개의 가변 저항)을 이용하여 하나의 미지 저항을 정확하게 구할 수가 있다.

예제 1

그림과 같이 연결한 회로에서 검류계 G에 전류가 흐르지 않을 때, 전원 전류 i 는 얼마인가 ?

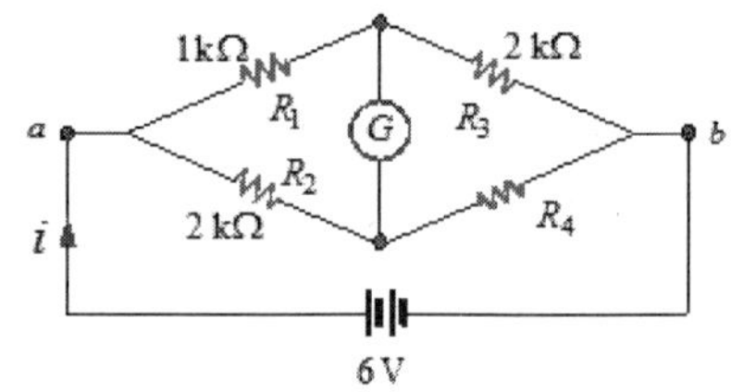

[풀이] 휘트스톤 브리지에서

$$R_4 = \frac{R_2 \times R_3}{R_1} = \frac{2\,\mathrm{k\Omega} \times 2\,\mathrm{k\Omega}}{1\,\mathrm{k\Omega}} = 4\,\mathrm{k\Omega}$$

이고, 합성 저항 R'은

$$\frac{1}{R'} = \frac{1}{1+2} + \frac{1}{2+4} = \frac{1}{3} + \frac{1}{6} = \frac{3}{6}$$

$$\therefore R' = 2\,\mathrm{k\Omega} \quad \therefore i = \frac{6\,\mathrm{V}}{2\,\mathrm{k\Omega}} = 3\,\mathrm{mA}$$

답 $i = 3\,\mathrm{mA}$. ■

예제 2

그림과 같은 회로에서 검류계 G에 전류가 흐르지 않을 때 저항 R은 몇 Ω인가?

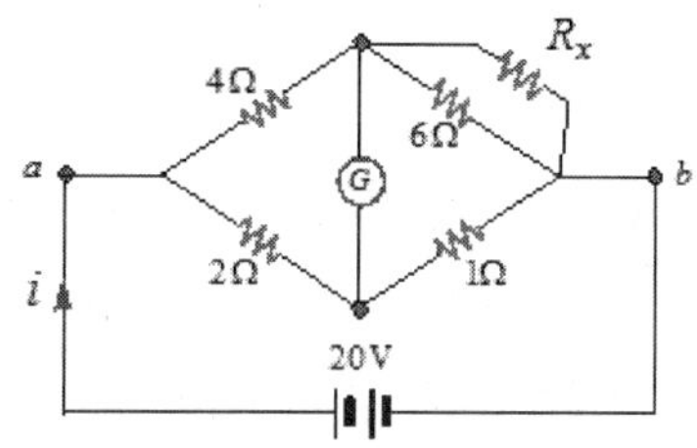

[풀이] 6 Ω과 R이 병렬로 연결된 부분의 저항은 2 Ω이어야 한다.

$$4 \times 1 = 2 \times (6 \| R_x) \quad \therefore 6 \| R_x = 2$$

$$\therefore \frac{1}{6} + \frac{1}{R_x} = \frac{1}{2}, \quad \frac{6 \times R_x}{6 + R_x} = 2, \quad 6R_x = 12 + 2R_x, \quad R_x = 3\ \Omega$$

따라서, $R_x = 3\ \Omega$ 이다.

답 $R_x = 3\ \Omega$. ■

문제 1

그림과 같이 축전기와 저항이 연결된 회로에서 점A과 점B의 전위는 어느 쪽이 얼마나 높은가?

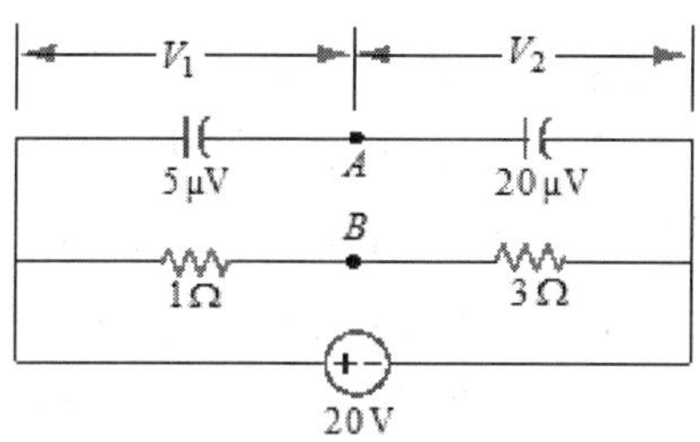

답 점B가 점A보다 11 V 높다. ■

연 습 문 제 A

01 그림과 같이, 입출력 관계를 정의하는 선형 회로가 주어져 있다.

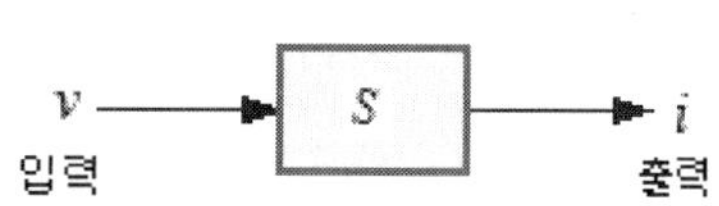

(a) 입력 $v_1 = 3\text{V}$ 일 때 출력전류가 $i_1 = 9\text{ A}$,

$v_2 = 5\text{V}$ 일 때 전류가 $i_2 = 15\text{ A}$라면, $v_3 = 2v_1 + 3v_2 = 6 + 15 = 21\text{V}$ 때의 전류를 구하여라.

(b) 입력 $v_1 = 3\,\mathrm{V}$ 일 때 출력전류가 $i_1 = 9\,\mathrm{A}$, $v_2 = 5\,\mathrm{V}$ 일 때 전류가 $i_2 = 15\,\mathrm{A}$라면, $v_3 = 3v_1 + \frac{12}{5}v_2 = 9 + 12 = 21\,\mathrm{V}$ 때의 전류를 구하여라.

02 다음 회로는 세 개의 독립전원으로 구동하는 회로이다. 중첩의 원리를 이용하여 전압 v_0를 구하여라.

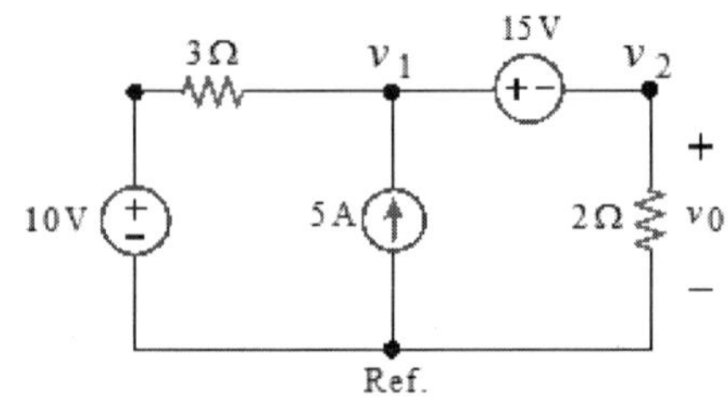

03 다음 회로는 두 개의 입력 신호 즉, 독립 전압원 $12\,\mathrm{V}$와 독립 전류원 $4\,\mathrm{A}$에 의하여 구동하고 있다. 전류 i_x 를 구하여라.

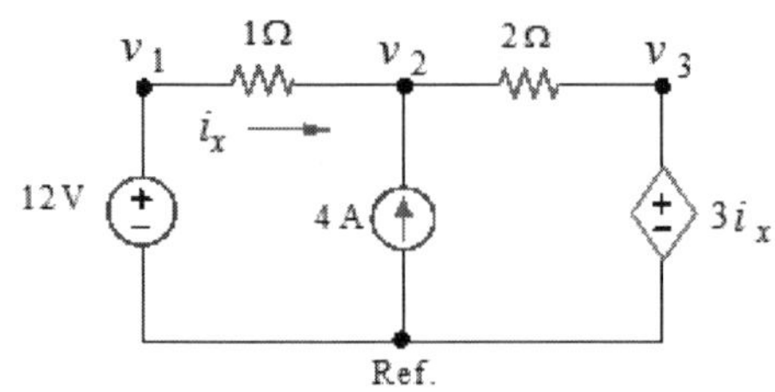

04 다음 회로는 두 개의 입력 신호 즉, 독립 전압원 $18\,\mathrm{V}$와 독립 전류원 $3\,\mathrm{A}$에 의하여 구동하고 있다.

(1) 노드 2에서 KVL을 적용하여, 두 전원 신호에 의한 응답 v_{ab}를 구하여라.

(2) 두 신호의 중첩 원리를 이용하여 두 전원 신호에 의한 응답 v_{ab}를 구하여라.

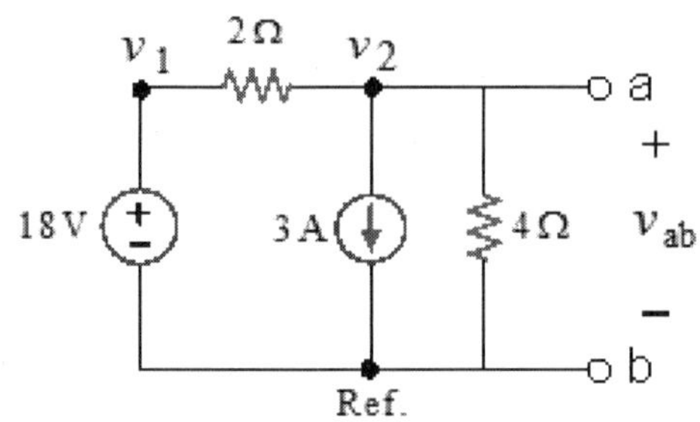

05 다음 두 회로는 등가회로이다. v_{oc}와 R_{Th}를 구하여라.

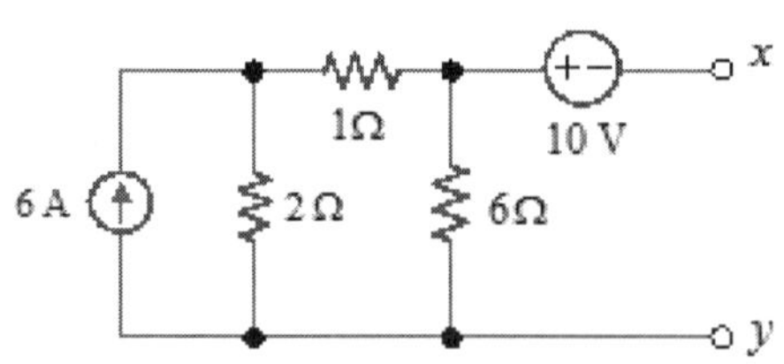

(a)

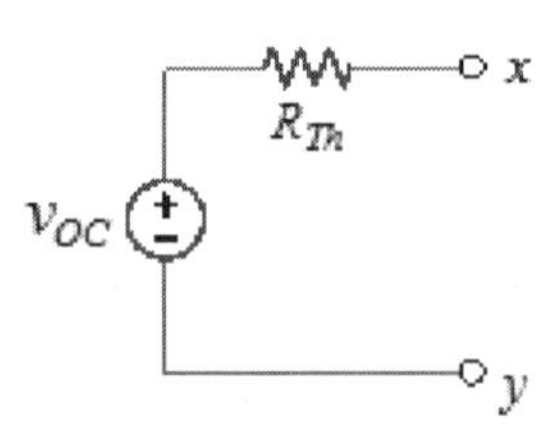

(b)

06

전압원, 전류원, 두 저항으로 구성한 회로의 Thévenin등가 회로를 구하려 한다. 회로의 우측 두 단자를 a, b라고 한다. 다음을 구하여라.

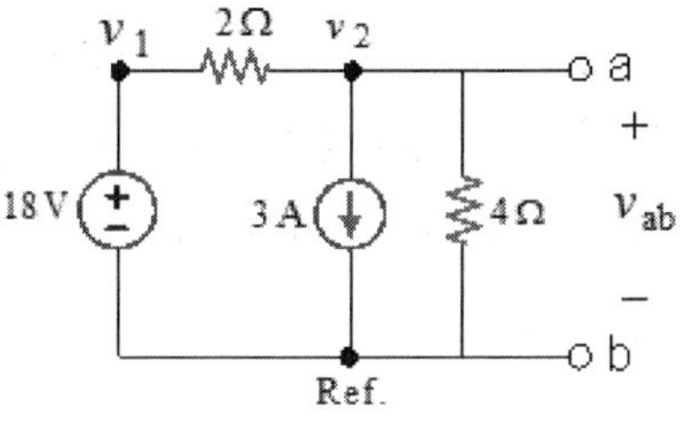

(a) 단자 ab를 개방한 회로의 단자전압 v_{oc} ;

(b) 단자 ab를 단락된 회로의 단자전류 i_{SC} ;

(c) Thévenin 저항 $R_{th} = \dfrac{v_{\rm oc}}{i_{\rm sc}}$;

(d) Thévenin 등가 회로.

07

전압원, 전류원, 두 저항으로 구성한 회로의 우측 두 단자를 a, b라고 한다.

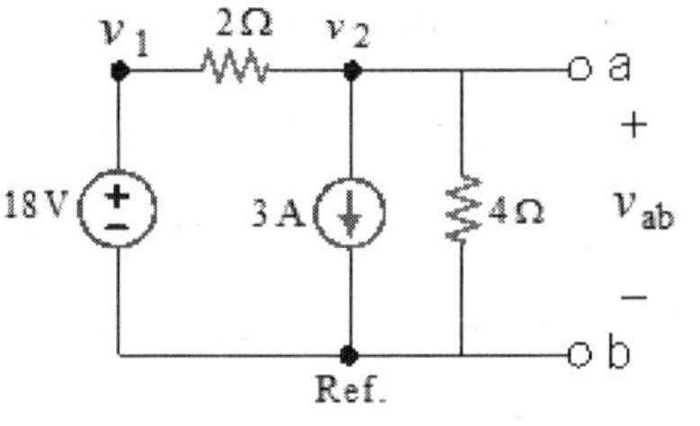

단자 ab에서 먼 쪽(즉, 좌측 전원)부터 변환하여 Thévenin 등가 회로를 구하여라.

08

단자 ab가 개방된 다음의 두 회로는 등가회로이다.

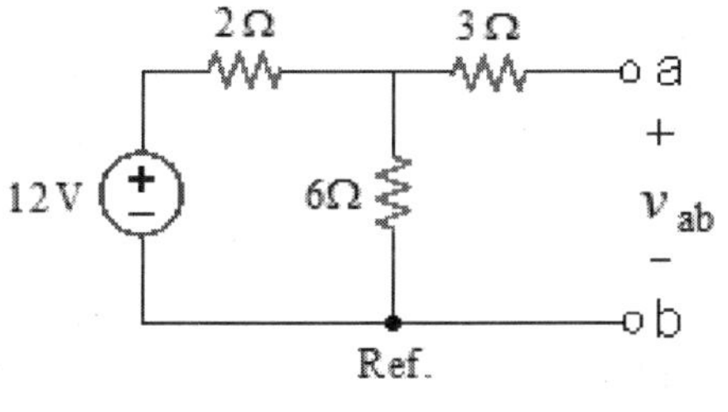

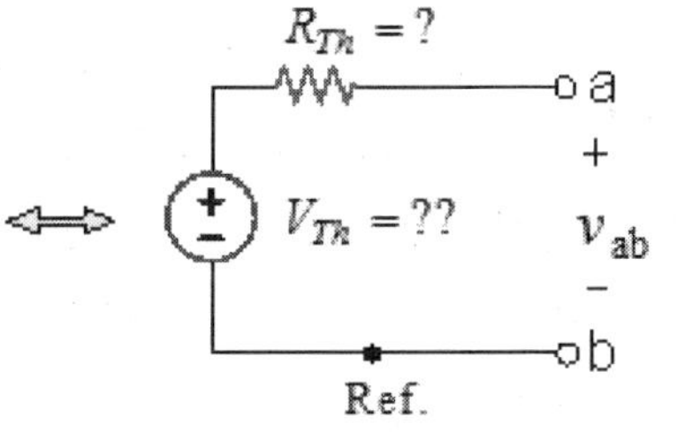

(1) 개방된 단자 ab에 나타는 전압 $v_{\rm OC}$를 구하여라.

(2) 모든 전원을 제거(즉, 전압원은 단락, 전류원은 개방) 시키고, 개방 단자 a, b에서 측정한 (= 개방 단자 a, b에서 좌측의 회로를 들여다 본 (looking into) 등가저항 $R_{\rm Th}$을 구하여라.

(3) 단자 ab에 도선을 연결하였다. 즉, 단자 ab를 단락시켰다. 단락시킨 도선에 흐르는 전류 $i_{\rm SC}$를 구하여라.

(4) 전압 $v_{\rm OC}$와 전류 $i_{\rm SC}$의 비를 $R_{\rm Th}$로 정의한다. 이를 구하여라.

연 습 문 제 B

01 그림의 회로는 독립전원이 없고, 종속전원과 저항만으로 구성된 회로이다.
단자 ab 좌측을 대체하는 테브닌의 등가회로를 구하여라.

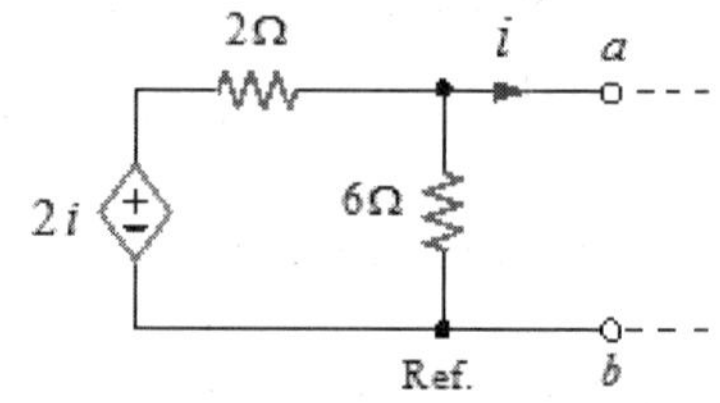

02 그림의 회로에서 중첩의 정리를 사용하여 전류 i_1의 값을 구하려 한다. 다음 순서에 따라 전류 i_1의 값을 구하여라.

(a) 전압원 6 V만에 의한 응답 i_6을 구하여라.

(b) 전류원 2 A만에 의한 응답 i_2을 구하여라.

(c) 두 전류의 중첩 $i_1 = i_6 + i_2$을 구하여라.

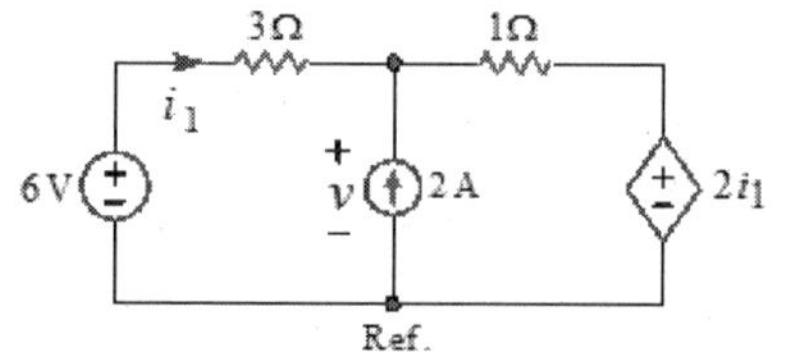

독립전원 2개, 종속전원 1개로 구동하는 회로

03 그림과 같은 브리지 회로가 주어져 있다. 노드(node) c와 노드(node) d 사이를 연결하는 소자를 브리지(bridge)라고 한다.

(a) 메쉬 전류 i_1, i_2, i_3을 구하여라.

(b) 이 브리지 회로는 평형 브리지 회로인가?

(c) 평형조건식이 성립하는가?

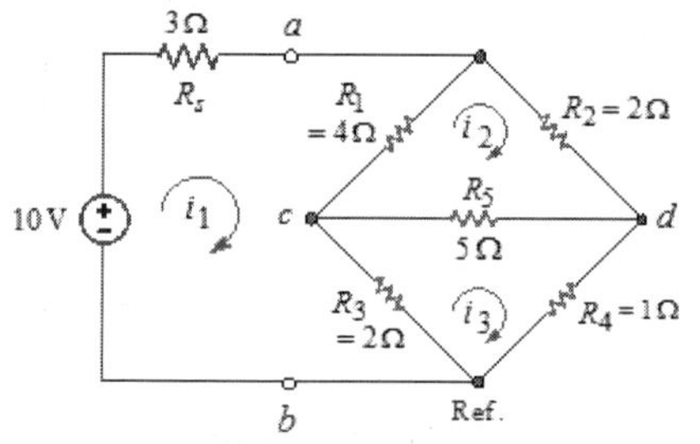

04 다음 회로에서 전류 i를 구하여라.

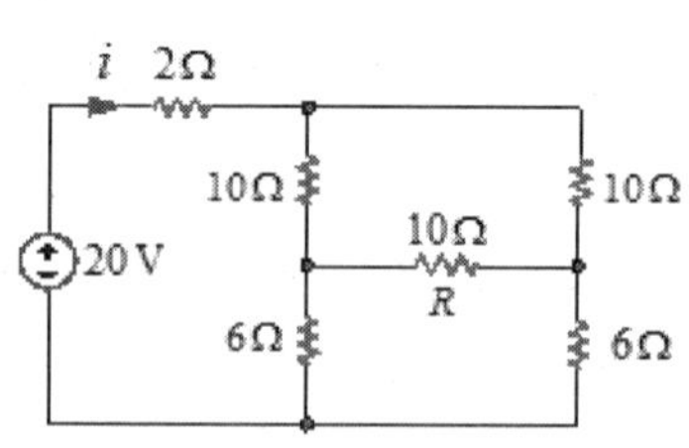

05 다음 회로에서 전류 i를 구하여라.

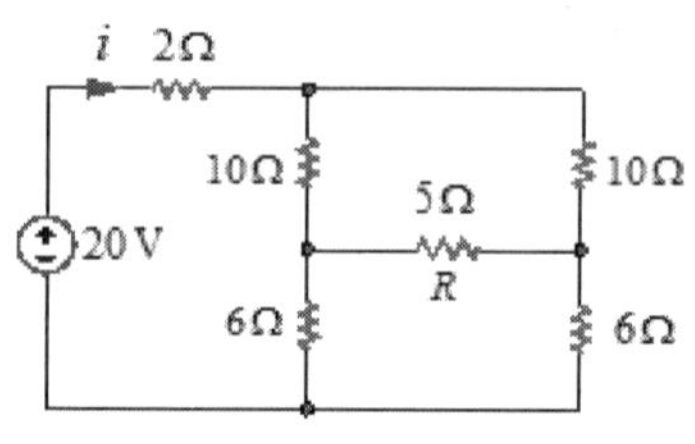

06 그림 (a)와 같이 주어진 회로 A에 독립전원, 종속전원, 저항이 존재하는 경우 회로를 대체하는 테브닌의 등가회로(b)를 구하여라.

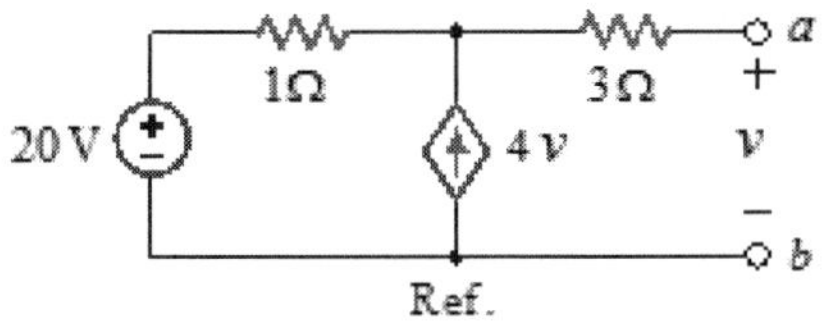

(a) 복잡한 회로 A

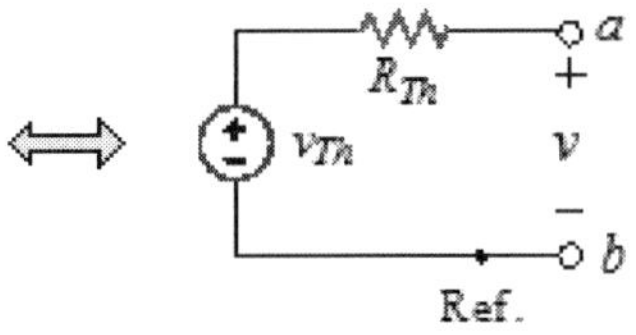

(b) 테브닌 등가회로 A

07 그림의 회로에서 테브닌의 등가회로를 구하여라.

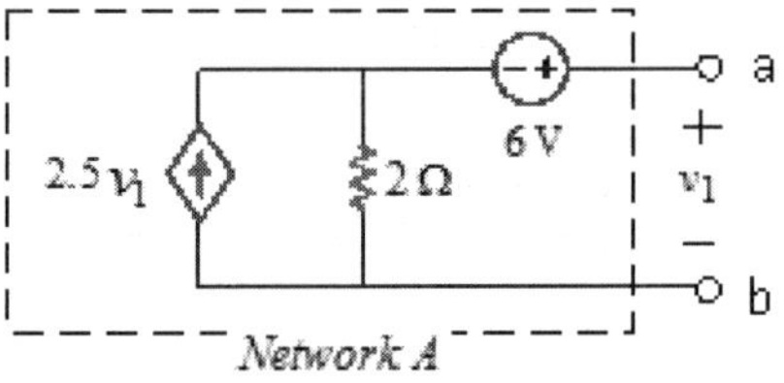

05 Chapter

커패시터(Capacitor)

에너지를 공급받아서 저장하거나, 저장 했던 에너지를 다른 소자(ex. 저항)에 공급할 수 있는 2개의 수동소자에는 capacitor와 inductor가 있다.

이 장에서는 capacitor를 학습한다. 이상적인 전압원과 전류원은 무한한 시간 동안에 유한한 평균 전력을 공급할 수 있지만, 수동소자 capacitor는 유한한 시간 동안에 유한한 평균 전력을 흡수할 수 있다. 커패시터(capacitor)는 전류가 흐를 때 주변의 전기장에 전기 에너지를 저장하는 2단자 수동소자이다. 커패시터(capacitor)는 선형소자이다. 소자에서의 전압-전류 관계는 시간의 함수로서 선형 특성을 나타내며, 여러 가지 회로를 구성할 수 있다.

Chapter

05 커패시터(Capacitor)

5.1 커패시터(capacitor)의 개요[41)]

물질의 상태(고체, 액체, 기체)와 용도에 따라 보관(또는 저장)을 다르게 한다. 고체는 비교적 편리하게 저장할 수 있으므로, 고체를 담기위한 용기는 가장 흔히 볼 수 있다. 액체는 그릇이나 병에 담아 보관하며, 기체는 풍선이나 밀폐된 용기에 담아 저장할 수 있다.

물질을 담아두기 위한 저장 용기는 공간에서의 부피가 클수록(즉, 용량이 클수록) 액체나 기체를 많이 담아 둘 수 있다. 필요할 때마다 사용하기 위해 물을 저장해 두기 위해 저수지나 댐을 건설한다. 주유소에서는 경유를 저장해 두기 위해 탱크를 사용한다.

가정에서는 냉장고를 사용하여 음식물을 저장하고, 여러 가지 생활품을 저장하기 위해 창고를 사용한다. 이와 같이 주변에서는 물건을 저장해 두기 위해 여러 가지 종류와 형태의 저장소를 만들어두고 유용하게 사용하고 있다.

고체도, 액체도, 기체도 아닌 전기는 어떻게 저장할 수 있을까? 전기적 성질을 띠는 물리량으로서 전하(electric charge)를 어떻게 저장할 수 있는지를 알아보자.

대전시킨(=전기를 띄게 한) 한 개의 금속구나 한 장의 금속판에 존재하는 전하들끼리는 서로 반발하는 힘이 작용하여 표면으로 밀려가서 흩어지므로 많은 양의 전하를 한 곳에 모아 둘 수 없다.

그러면, 전기를 한 곳에 많이 모아 둘 수 있는 방법이 있을까? 고립된 도체를 대전시키면 도체의 전위는 어떻게 되겠는가? 물통에 물을 부으면 수위가 높아지는 것과 같이, 도체를 대전시키면 이 도체의 전위는 대전된 전기량에 비례하여 높아진다.

도체에 전하가 모이면 서로 반발하여 전하가 도체 주위로 흘러가 버리므로, 전기를 많이 모으려면 전기를 주어도 전위가 그다지 높아지지 않는 도체를 써야 한다.

이것은 밑면이 넓은 물통을 사용하면 같은 양의 물을 넣어도 수위가 그다지 높아지지 않는 것에 비유할 수가 있다. 전기 에너지(즉, 전하)를 저장해 두었다가 필요할 때 꺼내

41) 엄기홍, 대학물리의 기초: 전기 및 자기, 복두출판사, ISBN=979-11-5906-044-1, p.46, 2016.

수 있도록 저장하기 위해 제작한 장치를 **커패시터(capacitor)**라고 한다.[42] Capacitor의 단위는 F(패럿, Farad)이며 이것은 물리학자 마이클 패러데이(Faraday, Michael [1791~1867])의 이름을 딴 단위이다.

그림 5.1은 여러 가지 형태를 갖는 capacitor의 예를 보여 준다.[43]

그림 5.1 일반적으로 사용하는 capacitor의 종류의 예

Capacitor는 용도에 따라 다양한 모양을 갖는다. 일반적으로 매우 큰 전기저항을 갖고 있는 절연체에 의하여 분리되어 있어서 전하를 저장할 수 있는 두 개의 도체판으로 구성되어 있다. 두 극판에 각각 저장되어 있는 (+) 및 (−)전하들은 서로 분리되어 있기 때문에, 재결합함으로써 도전(conducting)하지 않아야 한다.

Capacitor는 한 쪽 도체판으로 양(+)의 전류를 공급받음으로써 전기에너지를 저장한다. 계속 저장해 두기도 하고, 저장된 전기에너지를 다른 쪽 도체판을 통해 내 보내기도 한다.

capacitor는 전하를 정해진 용량만큼 저장하고(충전) 필요할 때, 다시 이 전하를 방출(방전)하는 동작을 한다. 직류 차단과 교류 통과, 라디오나 텔레비전의 주파수 동조, 정류기의 필터, 사진기의 플래시 등등 여러 곳에 이용되고 있다.

전하를 저장해 두기 위하여 한 개의 도체에 전하를 저장해두면 같은 종류의 전하 사이에는 서로 반발하여 표면으로 흩어져서 분포하므로 많은 양의 전하를 저장해 두기가 어렵다. 그러나 두 도체를 가까이 두고, 중간에 절연체를 두면 전하들이 인력에 의하여 모여들기 때문에 비교적 많은 양의 전하를 저장해 둘 수 있다.

42) 전기용량기. 정전용량기. 용량기(容量器), 축전기(蓄電器), 또는 **콘덴서(condenser)**라고도 부른다. 콘덴서(condenser, 응축기)라는 이름은 전기를 압축·응축 (condense)한다는 의미에서 붙은 명칭이다.
43) 인용 그림출처: http://www.rfcafe.com/references/electrical/capacitance.htm

5.2 이상적인 capacitor 시스템의 모델

1. Capacitor의 정의식

일반적으로, capacitor는

전기에너지를 저장하기 위한 장치이다.

두 개의 금속(판)과 금속판사이의 유전체로 구성된다.

에너지를 생산하지 못하고 저장 and/or 소비하는 수동소자이다.

중첩의 정리가 성립하는 선형소자이다.

이상적인 커패시터(**capacitor**)는

비례 상수를 커패시턴스(capacitance) C,

전류 $i(t)$와 전압$v(t)$

를 사용하여 다음과 같이 미분방정식 형태로 정의한다.

$$i(t) = C\frac{dv(t)}{dt} \tag{5.1}$$

식 (5.1)에서

C = 커패시턴스(capacitance) = 전기에너지를 저장하는 능력

$v(t)$ = 입력신호, $i(t)$ = 출력신호

이다. **커패시턴스(capacitance)**는 capacitor 가 전기에너지를 저장하는 능력을 말한다.

전압 1volt가 1sec 동안 커패시터에 걸렸을 때, 전류 1ampere가 흐르면 $C = 1\mathrm{F}$ 이다.

이상적인 (ideal) 커패시터의 정의식은 실제적인(real) 커패시터의 동작 특성을 가장 근사하게 나타내는 식이다.

정의식의 두 신호 $v(t)$와 $i(t)$는 수동부호규칙(passive sign convention)을 만족한다. 커패시턴스의 단위는

$$\text{ampere}\cdot\text{second}/\text{volt} \text{ 또는 } \text{coulomb}/\text{volt}$$

임을 알 수 있다. **패럿**(farad, F)를 1 coulomb/volt로 정의하여 커패시턴스의 단위로 사용한다.

정의식 (5.1)에 의하여 capacitor가 갖는 중요한 성질을 살펴보자.

(i) 전류은 전압의 시간 변화율에 비례함을 알 수 있다. 따라서, capacitor 전압이 시불변 (time-invariant) 전압일 때에는 capacitor 전류는 0이 된다.
즉, capacitor의 양단에 일정한 전압 (즉, 시불변 전압)이 걸리면, 흐르는 전압류 0 Amp이다. 따라서,

"직류전압이 걸리면 개방회로(open circuit to dc) 동작을 한다."

(ii) 전류가 유한값을 가지므로 전압의 미분(변화율) 또한 유한값을 가져야 한다. 따라서, capacitor에 걸리는 전압은 급격하게 변할 수가 없다.[44]

2. Capacitor의 기호, 전압전류의 관계

그림 5.2는 capacitor의 전압-전류 관계를 나타내는 기호이다. 전압과 전류는 수동부호 규칙을 따르도록 하였다.

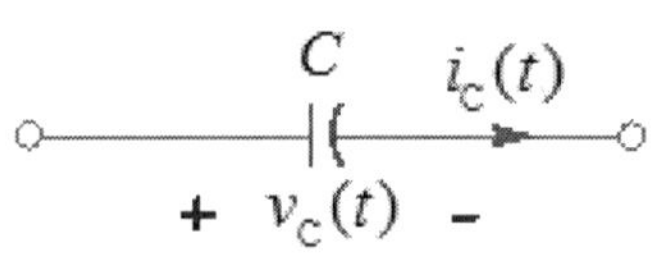

$$\Leftrightarrow \quad i_C(t) = C\frac{dv_C(t)}{dt}$$

그림 5.2 capacitor의 기호와 전압-전류 관계

그림 5.3은 입력이 전압, 출력이 전류인 경우 2단자 capacitor의 시스템의 전압전류 관계식을 나타낸다. 입력단에 전압 신호가 들어오면, 커페시터는 그 신호를 미분한 신호(즉, 전류를 출력단에 내보낸다).[45]

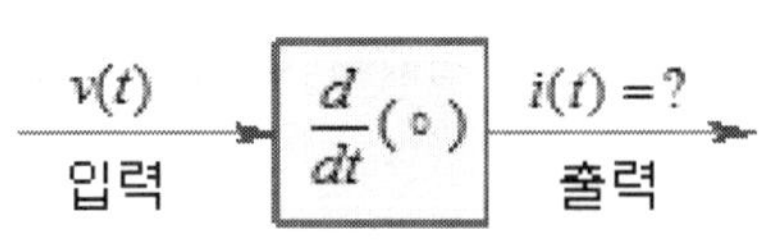

그림 5.3 입력이 전압, 출력이 전류인 경우 전압전류 관계

44) 급격한 변화를 갖는 양단 전압에 의하여 무한대 크기의 전류가 흘러야 한다. 그러나 이러한 현상은 물리적으로 불가능하다. 정의식에서 급격한(즉, 불연속적인) 전압 변화는 무한대 크기의 전류을 발생시킨다. 다시 말하면, inductor의 전압이 급격하게 변동하기 위해서는, 무한대 크기의 전류을 인가해 주어야만 한다. 그러나 이러한 현상은 물리적으로 불가능하다.

45) Capacitor를 나태내는 첨자 C는 경우에 따라 생략하기로 한다.

그림 5.4는 입력이 전류, 출력이 전압인 경우 커패시터 시스템을 나타낸다.

입력단에 전류 신호가 들어오면, 커페시터는 그 신호를 적분한 신호를(즉, 전압) 출력단에 내보낸다. 정의식 (5.1)로부터 다음 적분방정식을 얻는다.

$$v(t) = \frac{1}{C}\int_{t_0}^{t} i(\tau)\, d\tau + v(t_0) \qquad (5.2)$$

이 식에서 적분상수 $v(t_0)$은 초기 시각 $t = t_0$에서의 전압을 나타낸다.

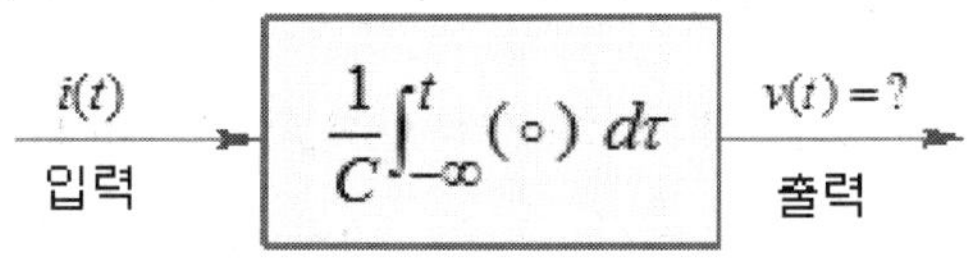

그림 5.4 입력이 전류, 출력이 전압인 경우 전류전압 관계

3. Capacitor 유전체의 변위전류

Capacitor의 두 도체 사이에는 유전체가 체워져 있다. 양(+)의 전류가 capacitor의 한 쪽 도체판으로 들어가고 다른 쪽 도체판을 통하여 모두 흘러 나가는 경우를 고려하자.

도선을 통하여 capacitor의 한 쪽 도체판에 유입한 양(+)전류는 양(+)전하가 도체판으로 이동하는 현상이고, 도체판에 이동한 양(+) 전하는 capacitor의 내부를 통과하지 못하므로 도체판에 저장된다.[46] 커패시터의 성질 $q(t) = Cv(t)$을 이용하면 유입한 양(+) 전류는 저장된 전하의 관계는 다음 미분방정식으로 정의된다.

$$i(t) = \frac{dq(t)}{dt}$$

Capacitor 두 극판은 전기적(electrically)으로 분리되어 있어서 얼핏 보기에는 극판사이에 전류가 흐르지 못할 것 같다. 그러나, 실제로는 도선의 전도전류와 유전체의 "변위전류(displacement current)"는 서로 변환되기 때문에 두 극판을 연결한 두 도선에는 (전도) 전류가 정상적으로 흐르고 있다[47]. 입력단 도선을 통해 전도전류가 들어오고, 유전체 내

46) 표면에 저장된다.

47) James Clerk Maxwell (제임스 클락 맥스웰, 스코틀랜드의 과학자) 전자장 이론에서 "변위전류(displace ment)"의 개념을 처음으로 도입하였다. 변위전류(displace ment) = 유전체 속을 흐르는 시변(time-varying) 전류.

에서는 변위전류가 흐르고, 출력단 도선을 통해 전도전류가 나간다. 출력단 도선을 통하여 전류가 나가는 현상을 살펴보면 다음과 같다.

> 입력단 도선 → 극판 → 유전체 → 극판 → 출력단 도선
> (전도전류) (변위전류) (전도전류)

5.3 Capacitor 입력전압이 발생시키는 출력전류

앞 절에서 살펴 보았던 내용을 좀더 자세히 살펴보기로 한다. Capacitor는 입력단자와 출력단자를 갖는 2단지 선형시스템이다. 그림 5.5와 같이, 입력단에 전압신호 $v(t)$가 들어오면, capacitor는 그 신호를 미분한 신호 즉, 전류 $i(t)$를 출력단으로 내보낸다.

$$i(t) = C\frac{dv(t)}{dt} \quad \Leftrightarrow$$

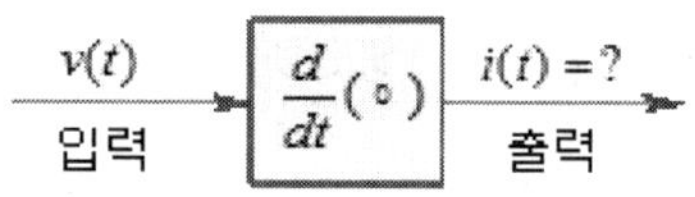

그림 5.5 Capacitor의 $v(t)$ 및 $i(t)$의 관계

따라서, 입력단 신호 $v(t)$를 미분하면 출력단 신호 $i(t)$를 구할 수 있다.

예제 1

전기용량(capacitance) $C = 2\,\mathrm{F}$인 capacitor의 양단에 다음의 전압이 인가될 때, capacitor를 통과하여 흐르는 전류를 구하여라.[48]

(a) 전압 $v(t) = -5\,\mathrm{V}$; (b) 전압 $v(t) = 3e^{-2t}\,\mathrm{V}$;

(c) 전압 $v(t) = 3\cos 2\pi t\,\mathrm{V}$.

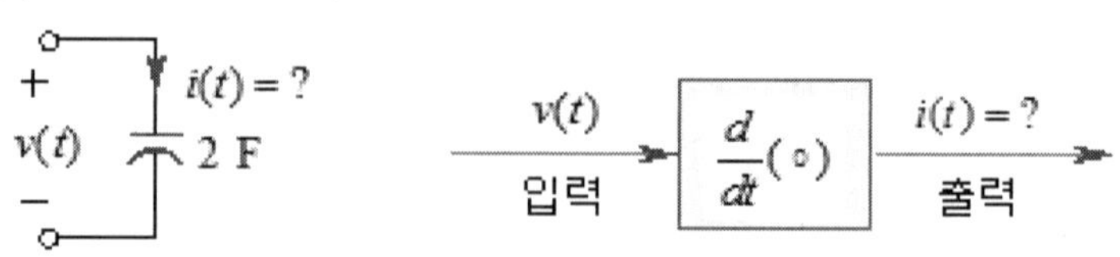

[풀이] (a) 입력 전압신호 $-5\,\mathrm{V}$는 dc이다.

$$i(t) = C\frac{dv(t)}{dt} = 2\frac{d}{dt}(-5) = 2(0) = 0\ \mathrm{A}$$

따라서, capacitor의 통과전류는 없다.

(*b*) 입력 전압신호는 지수형태로 감소하는 신호이다.

$$i(t) = C\frac{dv(t)}{dt} = 2\frac{d}{dt}(3e^{-2t}) = 2(-6e^{-2t})\text{ A} = -12e^{-2t}\text{ A}$$

(*c*) 입력 전압신호는 cosine형태로 변동하는 신호이다.

$$i(t) = C\frac{dv(t)}{dt} = 2\frac{d}{dt}(3\cos 2\pi t)$$

$$= 2(-6\sin 2\pi t)\text{ A} = -12\sin 2\pi t\text{ A}$$

답 (*a*) $i = 0$ A ; (*b*) $i = -12e^{-2t}$ A ; (*c*) $i = -12\sin 2\pi t$ A. ■

문제 ①

전기용량(capacitance) $C = 1$ F인 capacitor에 그림과 같은 전압신호가 입력되었을 때, 출력신호 $i(t)$를 구하여라.

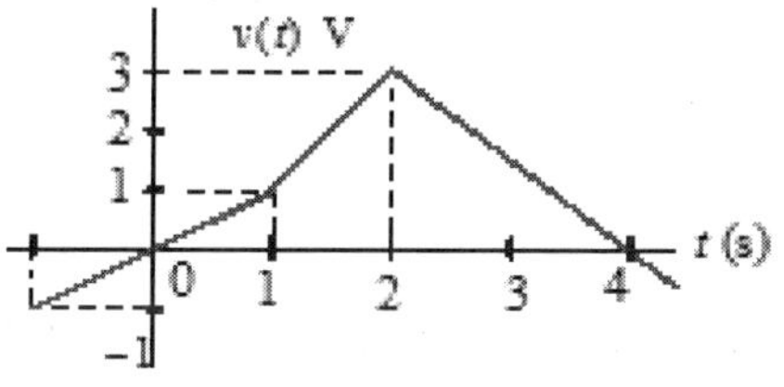

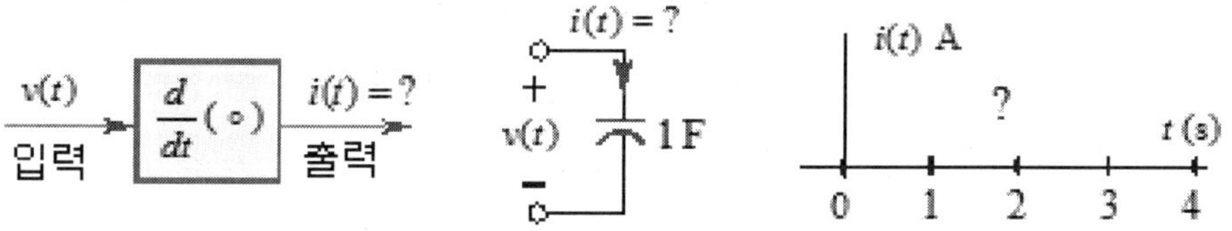

답 생략. ■

48) Capacitor의 전기용량 (capacitance) $C = 2$ F는 너무 커서 실제 쓰이지 않는다. 주로 $C = 2\,\mu$F, $C = 2$ nF, $C = 2$ pF 등으로 사용한다. 그러나, 이 책에서 저자는 개념과 원리를 응용하는 이론을 학습하기 위하여 편리한 수치를 의도적으로 선택하였음을 이해해 주기 바란다.

5.4 Capacitor 미분방정식을 적분방정식으로 변환하는 방법

Capacitor를 동작시키는 입·출력신호는 전류와 전압이다. 임의 시각에서의 전류를 $v(t)$, 전압을 $i(t)$ 라고 하자. 그림과 같이, capacitor는 입력 $v(t)$를 미분한 신호 $i(t)$를 출력으로 내보낸다.

$$i(t) = C\frac{dv(t)}{dt} \quad \Leftrightarrow$$

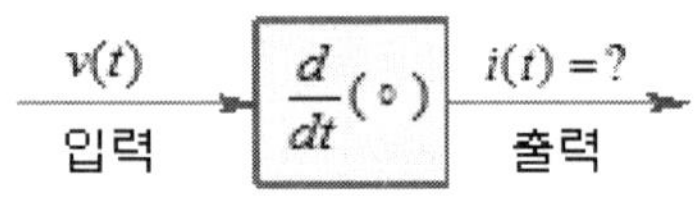

Capacitor의 동작을 지배하는 미분방정식은

$$i(t) = C\frac{dv(t)}{dt},\ \text{capacitor 정의식(전압에 의한 전류)}$$

으로 정의하였다.[49] 이 관계식으로부터 전압신호 $v(t)$를 어떻게 구할까?

다음과 같이 두 가지 형태의 $v(t)$로 표시할 수 있다.

1. 전압 $v(t)$를 전류의 정적분과 초기전압 $v(t_0)$의 합으로 나타낸다.

   정의식을 변형하여 $dv(t)$로 나타내면,

   $$dv(t) = \frac{1}{C}i(t)\,dt$$

   이다. 독립변수인 시간과 종속변수인 **전압**에 관한 각각의 적분구간을 정하고 양변을 적분한다. 시간의 변화가 초기시각 t_0에서 임의시각 $t\,(> t_0)$ 까지일 때 (즉, 시간의 변화구간이 t_0에서 t 까지일 때), 이에 대응하는 **전압**은 초기**전압** $v(t_0)$에서 임의시각 **전압** $v(t)$까지 변동한다.

   등식 양 쪽에 있는 각 변수의 구간을 각각 표시하여 정적분을 하면,

   $$\int_{v(t_0)}^{v(t)} dv(\tau) = \frac{1}{C}\int_{t_0}^{t} i(\tau)\,d\tau \tag{5.3}$$

   좌변에서 **전압** $v(\tau)$의 정적분을 계산하면,

   $$[v(\tau)]_{v(t_0)}^{v(t)} = \frac{1}{C}\int_{t_0}^{t} i(\tau)\,d\tau$$

49) 상수 계수를 갖는 1계 비제차 선형 상미분방정식

$$v(t) - v(t_0) = \frac{1}{C}\int_{t_0}^{t} i(\tau)\, d\tau$$

즉, **전압**을 구하는 적분방정식,

$$v(t) = \frac{1}{C}\int_{t_0}^{t} i(\tau)\, d\tau + v(t_0) \tag{5.4}$$

을 얻는다.[50] 적분상수 $v(t_0)$는 초기시각 $t = t_0$에서의 초기**전압**이다.

(1) 만약 $t = -\infty$에서 **전압**가 0 즉, $v(-\infty) = 0$이라고 하면

$$\begin{aligned} v(t) &= \frac{1}{C}\int_{-\infty}^{t} i(\tau)\, d\tau + v(-\infty) \\ &= \frac{1}{C}\int_{-\infty}^{t} i(\tau)\, d\tau \end{aligned} \tag{5.5}$$

를 사용한다. 실제의 capacitor에서는 당연히 $v(-\infty) = 0$이 성립한다.

(2) 만약 $t = -\infty$에서의 **전압** $v(-\infty) = 0$의 값을 모르는 경우

$$v(t) = \frac{1}{C}\int_{t_0 = -\infty}^{t} v(\tau)\, d\tau + v(-\infty) \tag{5.6}$$

를 사용할 수가 없다.

2. 전압 $v(t)$를 전류의 부정적분과 적분상수의 합으로 나타낸다.

정의식을 변형하여 $dv(t)$로 나타내면,

$$dv(t) = \frac{1}{C} i(t)\, dt$$

양변의 부정적분을 계산하면,

$$\int dv(t) = \frac{1}{C}\int i(\tau)\, d\tau$$

---

50) 정의식 (5.1)은

$$i(t) = C\frac{dv(t)}{dt}$$

양단전압를 사용하여 capacitor의 통과 전류를 나타낸다. 정의식 (5.4)는

$$v(t) = \frac{1}{C}\int_{t_0}^{t} i(\tau)\, d\tau + v(t_0)$$

는 통과전류를 사용하여 capacitor의 양단 전압을 나타낸다. 입출력 신호의 역할이 바뀌면 다른 식을 사용한다.

좌변에서 **전압** $v(\tau)$의 부정적분을 계산하면,

$$v(t) = \frac{1}{C}\int i(\tau)\, d\tau + k$$

다. 따라서, **전압을** 구하는 적분방정식,

$$v(t) = \frac{1}{C}\int_{t_0}^{t} i(\tau)\, d\tau + v(t_0) \tag{5.7}$$

을 얻는다.

그림 5.6은 입력이 $i(t)$, 출력이$v(t)$, $v(-\infty) = 0$인 capacitor를 나타낸다. 입력단에 **전류**신호가 들어오면, capacitor는 그 신호를 적분한 신호(즉, **전압**)를 출력단으로 내보낸다.

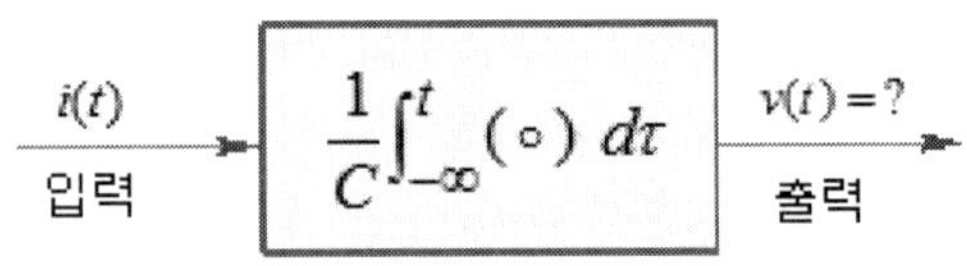

그림 5.6 입력 $i(t)$와 출력 $v(t)$.

예제 1

용량 $C = 1\,\text{F}$인 capacitor의 통과전류 $i(t) = \cos t\ \text{A}$, 양단전압 $v(t = -\pi/2) = 3\ \text{V}$이다.

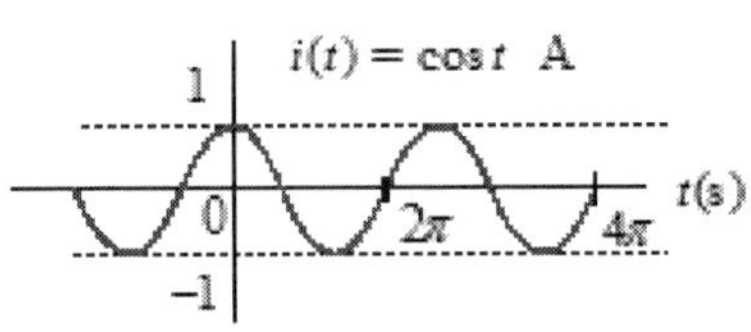

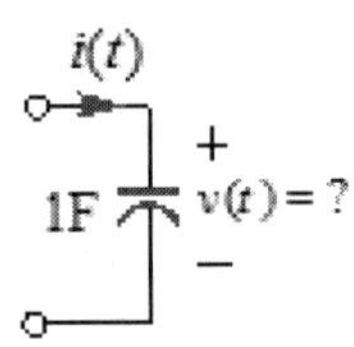

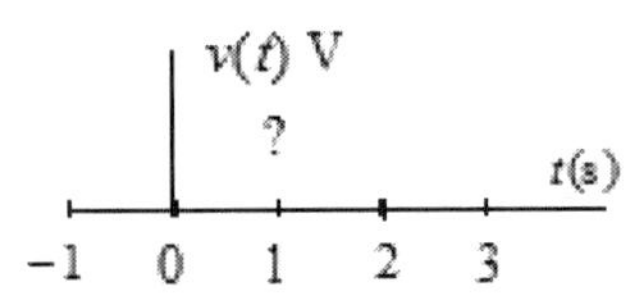

전압을 전류로 나타낸 식

$$(a)\ \ v(t) = \frac{1}{C}\int_{t_0}^{t} i(\tau)\, d\tau + v(t_0)\ \ ;\ \ (b)\ \ v(t) = \frac{1}{C}\int i(t)\, dt + k$$

을 이용하여 임의 시각 t에서 capacitor의 양단전압을 구하여라.

[풀이] (a) Capacitor의 전기용량 (capacitance) $C = 1\ \text{F}$이므로, 정의식에 의하여

$$v(t) = \int_{-\frac{\pi}{2}}^{t} \cos\tau\ d\tau + v\left(-\frac{\pi}{2}\right) = [\sin\tau]_{t_0=-\frac{\pi}{2}}^{t} + 3$$

$$= \sin t - \sin\left(-\frac{\pi}{2}\right) + 3 = \sin t - (-1) + 3$$

$$\therefore v(t) = \sin t + 4\ \ \text{V}$$

(b) 양단전압 $v(t=-\pi/2)=3\text{ V}$를

$$v(t)=\int \cos t\ dt+k\ =\ \sin t+k$$

에 대입하면,

$$3=\sin\left(-\frac{\pi}{2}\right)+k,\ 3=-1+k\ \ \therefore k=1+3=4$$

이다.

$$\therefore v(t)=\sin t+4\ \text{ V}$$

답 풀이 참조. ■

문제 1

용량 $C=1\text{F}$인 capacitor의 통과전류 $i(t)=\cos t\text{ A}$, 양단전압 $v(t=-\pi/2)=3\text{ V}$이다.

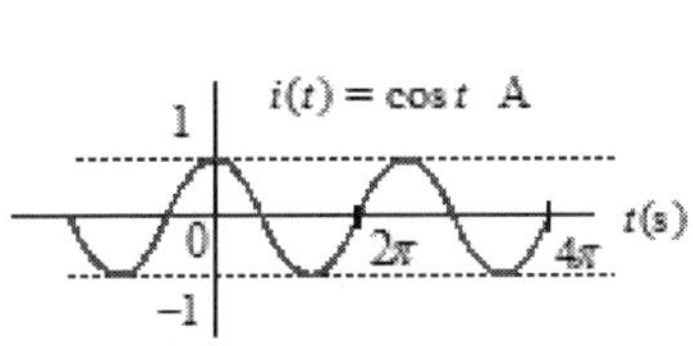

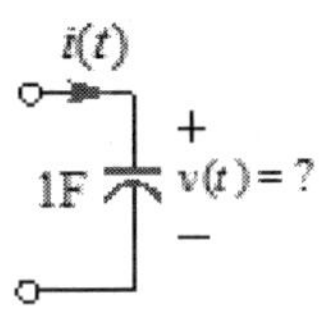

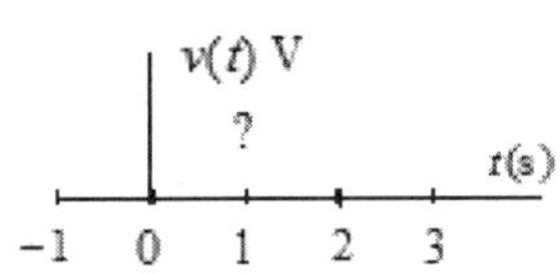

전압을 전류로 나타낸 식

$$v(t)=\frac{1}{C}\int_{t_0=-\infty}^{t} i(\tau)\ d\tau+v(-\infty)$$

을 이용하여 임의 시각 t에서 capacitor의 양단전압을 구하여라.

답 생략. ■

5.5 Capacitor 입력전류가 발생시키는 출력전압

Capacitor를 동작시키는 입출력신호는 전류와 전압이다.
임의 시각에서의 입력전류 $i(t)$가 인가되었을 때, 출력전압 $v(t)$를 구해보자.

예제 1

용량 $C=1\text{ F}$ 인 capacitor에 그림과 같은 전류신호가 입력되었을 때,
출력신호 $v(t)$를 구하여라. 단, $v(t_0)=v(-\infty)=0$, $v(t_0)=v(0)=0$이다.

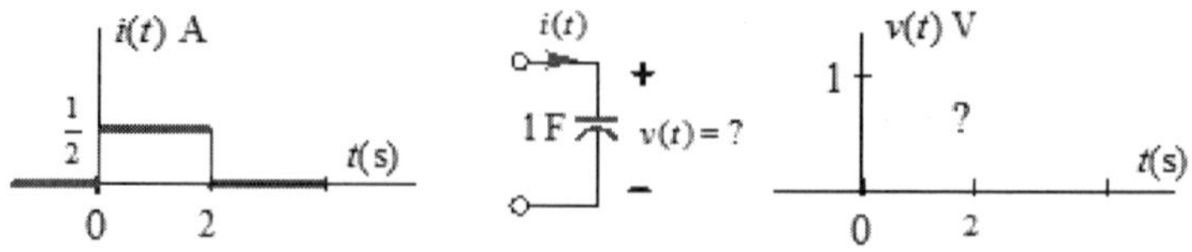

[풀이] $i(t) = \begin{cases} 0 \ , \ t \le 0 \\ \dfrac{1}{2} \ , \ 0 \le t < 2 \\ 0 \ , \ t \ge 0 \text{ s} \end{cases} \Rightarrow v(t) = \dfrac{1}{C}\displaystyle\int_{t_0}^{t} i(\tau)\, d\tau + v(t_0)$

각 구간에서 전류를 적분하여 전압을 구한다.

(i) $-\infty < t \le 0$; $v(-\infty) = 0$이고, $C = 1\,\text{F}$ 이므로

$$v(t) = \frac{1}{C}\int_{t_0}^{t} i(\tau)\, d\tau + v(t_0) = \frac{1}{1}\int_{-\infty}^{t} (0)\, dt + v(-\infty) = 0 + 0 = 0$$

(ii) $0 \le t \le 2$; $v(0) = 0$이고, $C = 1\,\text{F}$ 이므로

$$v(t) = \frac{1}{C}\int_{0}^{t} i(\tau)\, d\tau + v(0) = \frac{1}{C}\int_{t=0}^{t} \frac{1}{2}\, d\tau + v(0) = \frac{1}{2}t$$

(iii) $t \ge 2$; $v(2) = 1$ 이고, $C = 1\,\text{F}$ 이므로

$$v(t) = \frac{1}{C}\int_{2}^{t} i(\tau)\, d\tau + v(2) = \frac{1}{1}\int_{2}^{t} 0\, d\tau + v(2) = 0 + v(2) = 1$$

따라서, 출력신호 $v(t)$는 아래 그림과 같다.

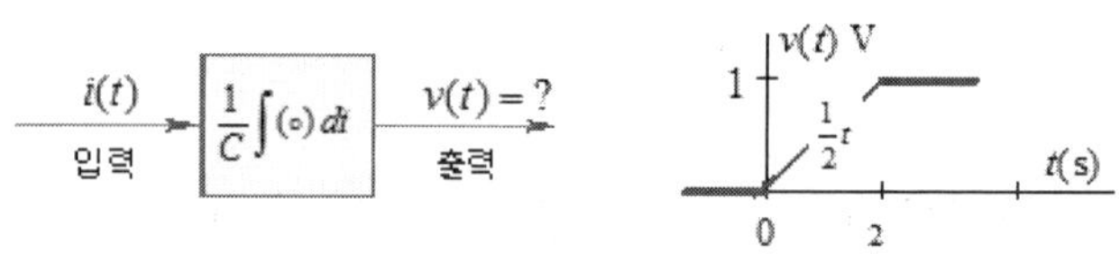

답 풀이 참조. ■

예제 2

그림과 같이 커패시턴스 $C = 1\,\text{F}$인 capacitor에 시변전류신호 $i(t) = e^{-t}\,\text{A}$가 인가되고 있다. 특정 시각에서 $v_C(0.5) = 1\,\text{V}$라면, 임의 시각에서 capacitor의 양단전압을 구하여라.

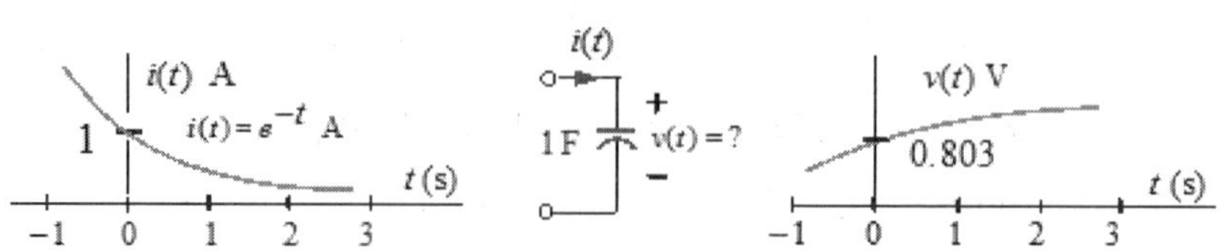

[풀이] 정의식으로 부터,

$$v_C(t) = \frac{1}{C}\int i_C(\tau)\,d\tau + k = \frac{1}{2}\int e^{-\tau}\,d\tau + k = -\frac{1}{2}e^{-t} + k$$

초기조건을 대입하면,

$$1 = -\frac{1}{2}e^{-0.5} + k,\quad k = 1 + \frac{1}{2}e^{-0.5} = 1.303$$

$$v_C(t) = -\frac{1}{2}e^{-t} + 1.303\ \mathrm{V}$$

답 풀이 참조. ■

문제 ①

용량 1F인 capacitor의 양단에 인가한 전류가 (a)와 같다. 양단전압을 구하여라.
시간영역 $t \le 0$에서 전류가 0이었으므로, capacitor 극판에는 전하가 저장되지 않았으며, 따라서, 극판 양단의 전압은 0이다. 즉, $v(t_0) = v(-\infty) = 0$이다.

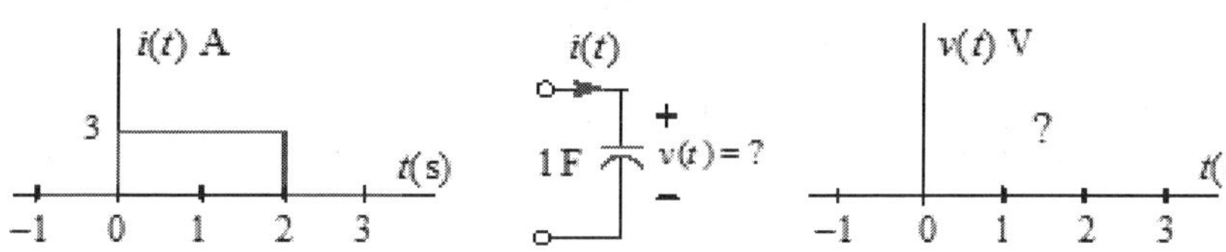

(a) (b) (c)

(a) 1F-capacitor에 입력전압 파형 ;
(b) 1F-capacitor ; (c) 적분으로 얻어질 출력전압 파형.

5.6 Capacitor에 저장되는 전력과 에너지

Capacitor가 흡수(=저장)하는 전력(elecric power)과 에너지(energy)에 관해서 살펴보자.

1. Capacitor가 저장하는 전력

Capacitor가 저장하는 전력은 공급받는 양단전압과 통과전류의 곱으로 주어진다.

$$p(t) = v(t)\cdot i(t) = v(t)\cdot C\frac{dv(t)}{dt} = C\cdot v(t)\frac{dv(t)}{dt} \tag{5.8}$$

2. Capacitor가 저장하는 에너지

에너지는 capacitor 두 도체 극판 사이의 전계 속에 저장된다. Capacitor가 저장하는 에너지 $\omega_C(t)$은 전력 $p(t)$를 시간으로 적분하여 구한다. 시간이 t_0부터 t까지 변할 때 capacitor에 인가되는 전압은 $v(t_0)$에서 $v(t)$까지 변한다. Capacitor의 전계에 저장되는 에너지는 식 (5.8)을 시간 간격 t 부터 t_0까지 적분한다.

$$\int_{t_0}^{t} p(\tau)\, d\tau = C \cdot \int_{t_0}^{t} v(\tau) \frac{dv(\tau)}{d\tau}\, d\tau$$

식의 좌변은

$$\int_{t_0}^{t} p(\tau)\, d\tau = \left[w_c(\tau) \right]_{t_0}^{t} = \omega_C(t) - \omega_C(t_0) \tag{5.9}$$

이고, 식의 우변은

$$C \cdot \int_{t_0}^{t} v(\tau) \frac{dv(\tau)}{d\tau}\, d\tau = C \cdot \int_{v(t_0)}^{v(t)} v(\tau)\, dv(\tau)$$

$$= C \cdot \left[\frac{1}{2} \{v(\tau)\}^2 \right]_{v(t_0)}^{v(t)} = \frac{1}{2} C \cdot \left[\{v(t)\}^2 - \{v(t_0)\}^2 \right] \tag{5.10}$$

이다. 두 식은 같으므로 (5.9) = (5.10)로 놓으면,

$$\omega_C(t) - \omega_C(t_0) = \frac{1}{2} C \cdot \left[\{v(t)\}^2 - \{v(t_0)\}^2 \right] \tag{5.11}$$

여기서 $t = t_0$ 때 저장되는 에너지는 $\omega_C(t_0)$ J이고, 전압은 $v(t_0)$ V이다.

식 (5.11)에서, 만일 $t = t_0$ 때, 에너지가 0, 즉 capacitor 전압이 0이라 하면

$$\omega_C(t_0) = 0, \quad v(t_0) = 0$$

이므로, 임의 시각 t에서 capacitor에 저장 에너지는

$$\omega_C(t) = \frac{1}{2} C\, v(t)^2 \tag{5.12}$$

과 같다. Capaciitor 양단 전압의 제곱에 비례한다.

3. Capacitor가 저장하는 영(zero) 에너지의 기준

Capacitor의 에너지가 0 일 때의 기준은 어떻게 선택해야 하는가?

에너지가 0 일 때의 기준은 전압이 0일 때라고 정의한다. 즉, 전압이 0인 순간에 극판에 저장되는 에너지는 0이다. 전압이 0이 아닐 때는, 전압의 극성에 관계없이 에너지가 capacitor에 저장된다. 그러므로 어떤 시간 동안에는 capacitor에 에너지를 공급하여 저장할 수 있고, 그 후 어느 시간에는 저장한 에너지를 꺼내 쓸 수가 있다.

(i) 수학적 모델로 표시되는 이상적인 capacitor인 경우에는, 에너지를 저장할 수 있으나, 소비할 수가 없기 때문에 공급받은 에너지를 **모두 꺼내 쓸 수가 있다.**

(ii) 그러나, 실제의 capacitor는 금속판으로 만든 것이어서 저항으로 인한 에너지를 손실이 발생하기 때문에 공급했던 에너지를 **모두 꺼내 쓸 수가 없다.**
에너지를 저장하는 과정에서도 에너지 손실이 발생하고, 저장된 에너지를 사용하는 과정에서도 에너지 손실이 발생하기 때문이다.

예제 1

용량 $C = 2\,\mathrm{F}$인 capacitor에 $v(t) = \cos 100t$ V의 전압이 걸려 있을 때 일순간 $t = 0.2\,\mathrm{s}$에서 capacitor에 저장되는 에너지를 구하여라.

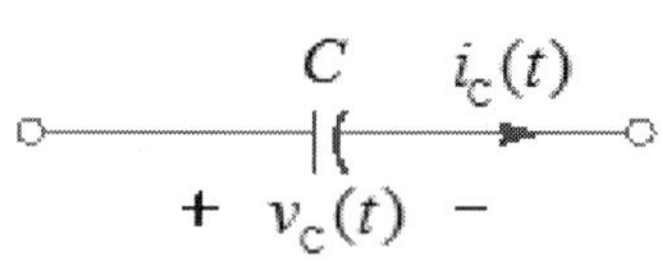

[풀이] 정의식에 의하여 $w_C(t) = \frac{1}{2} C\, v(t)^2$

$$= \frac{1}{2} \times 2 \times (\cos 100t)^2 = (\cos 100t)^2$$

이므로

$$w_C(0.2) = [\cos(100 \times 0.2)]^2 = 0.408^2 = 0.167\ \mathrm{J}$$

답 0.167 J. ■

문제 ①

그림에서 capacitance $C = 2\,\text{F}$인 capacitor에 입력전압

$$v(t) = 1 - e^{-t}\ \text{V}$$

가 인가된다.

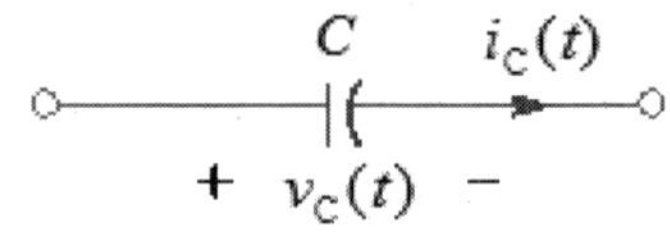

(a) 시각 $t = 2\,\text{s}$에서 capacitor에 공급되는 전력을 구하여라.

(b) 시각 $t = 2\,\text{s}$에서 capacitor에 저장된 에너지를 구하여라.

답 (a) $p(2) = 234\ \text{mW}$; (b) $w_C(2) = 748\ \text{mJ}$. ■

5.7 이상적인 capacitor의 성질

Capacitor의 정의식

$$i(t) = C\frac{dv(t)}{dt} \tag{5.13}$$

로 부터 알 수 있는 여러 가지 성질을 요약하면 다음과 같다.

1. Capacitor의 양단전압이 상수(시불변)이면 capacitor의 통과전류는 0이다. 즉, 직류전압이 인가되는 capacitor는 개방회로의 역할을 한다.

2. Capacitor의 양단전압이 일정한 경우, capacitor에 전류가 흐르지 않아도 유한한 에너지가 capacitor에 저장될 수 있다.

3. 커패시터의 통과전류가 무한대(infinite) 크기의 전류가 흐르면 capacitor에 걸린 전압이 순간적으로(급격히) 변한다. 유한대(finite) 크기의 전류가흐르면 capacitor에 걸린 전압이 순간적으로(급격히) 변하지 않는다. 그러나, 무한대 크기의 전류가 흐르기는 불가능하다. 따라서, capacitor 양단전압이 순간적으로 변하기는 불가능하다. 즉, capacitor는 양단전압의 순간적인 변화에 항거한다. 관성의 법칙을 따른다. 이것은 마치 스프링(spring)이 변위의 순간적인 변화에 항거하는 것과 같다.

4. Capacitor는 전기에너지를 저장할 수 있고, 저장한 에너지를 공급할 수는 있지만, 에너지를 소모하지 않는다(실제적인 capacitor에서는 에너지를 소모한다).

5.8 Capacitor의 연결

3장에서 수동 소자인 저항을 학습하였다. 둘 이상의 저항들이 직렬 and/or 병렬접속되어 있는 경우 하나의 간단한 등가 저항으로 대치하는 방법을 익혔다. 수동소자들 중의 하나인 capacitor들도 직렬 and/or 병렬로 접속되어 있는 경우, 등가회로로 대치가능하다.

(1) 직렬연결

여러 가지 형태로 연결되어 있는 둘 이상의 저항들을 하나의 등가 저항으로 대체하였다. 마찬가지로, 여러 가지 형태로 연결되어 있는 둘 이상의 capacitors를 하나의 등가 capacitor로 대체할 수 있다.

N 개의 capacitors 를 직렬 연결하였을 때의 등가 인덕턴스를 구하자. 그림 5.7은 직렬 연결된 N개 capacitor와 1개의 등가 커패시턴스를 나타낸다. 직렬연결된 N개의 capacitors를 하나의 등가 capacitor의 용량 C_{eq}로 대체하더라도 전압원 전압 $v(t)$가 변하지 않아야 한다. 이 조건을 만족시키는 등가 capacitance C_{eq}를 구하자. 그림에서 (a)와 (b)는 등가회로이다.

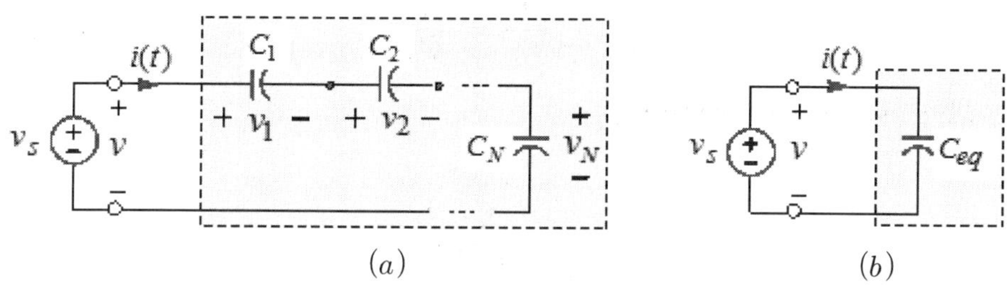

그림 5.7 (a) 직렬연결된 N 개 capacitors ;
(b) 등가회로. $[1/C_1+1/C_2+\cdots\cdots+1/C_N]^{-1}$.

(i) 좌측 회로에 KVL을 적용하면

$$v = v_1 + v_2 + . . . + v_N \tag{5.14}$$

이다. 각각의 전압을 전류로 표시하면,

$$\begin{aligned} v(t) &= \left[\frac{1}{C_1}\int_{t_0}^{t} i\, d\tau + v_1(t_0)\right] + \left[\frac{1}{C_2}\int_{t_0}^{t} i\, d\tau + v_2(t_0)\right] + \cdots + \left[\frac{1}{C_N}\int_{t_0}^{t} i\, d\tau + v_N(t_0)\right] \\ &= \left(\frac{1}{C_1}+\frac{1}{C_2}+ . . . +\frac{1}{C_N}\right)\int_{t_0}^{t} i\, dt + v_1(t_0) + v_2(t_0) + . . . + v_N(t_0) \end{aligned} \tag{5.15}$$

더 간결하게 쓰면

$$v(t) = \left(\sum_{n=1}^{N} \frac{1}{C_n}\right) \int_{t_0}^{t} i(\tau) d\tau + \sum_{n=1}^{N} v_n(t_0)$$

KVL에 의해서 t_0일 때 $v_s(t_0)$는 각 capacitor 전압의 합과 같다. 따라서,

$$v_s(t) = \left(\sum_{n=1}^{N} \frac{1}{C_n}\right) \int_{t_0}^{t} i(\tau) d\tau + v_s(t_0) \tag{5.16}$$

이다.

(ii) 우측회로의 등가 커패시턴스는,

$$v_s(t) = \frac{1}{C_{\text{eq}}} \int_{t_0}^{t} i(t) d\tau + v_s(t_0) \tag{5.17}$$

여기서, $v_s(t_0)$는 $t = t_0$일 때 C_{eq}에서의 전압이다.

(iii) 두 식을 비교하면

$$\sum_{n=1}^{N} \frac{1}{C_n} = \frac{1}{C_{eq}} \tag{5.18}$$

그러므로, 등가 capacitance는

$$C_{eq} = \frac{1}{\displaystyle\sum_{n=1}^{N} \frac{1}{C_n}}$$

또는

$$C_{\text{eq}} = \frac{1}{1/C_1 + 1/C_2 + \cdots\cdots + 1/C_N} \tag{5.19}$$

이다.[51)]

(iv) 특별한 경우로서, 2개 capacitor가 병렬연결된 경우의 등가 capacitance는

$$C_{\text{eq}} = \frac{C_1 C_2}{C_1 + C_2} \tag{5.20}$$

과 같다.

51) 즉, capacitor를 직렬 연결하면 저항을 병렬연결 하였을 때와 같은 꼴을 갖는다.

예제 1

전압원 $v_s(t)$에 직렬로 연결되어 동작하는 두 capacitor #1, #2가 있다.

capacitor #1은 $C_1 = 3\,\mathrm{F}$, 초기전압 $v_1(t_0) = 2\,\mathrm{V}$,

capacitor #2는 $C_2 = 6\,\mathrm{F}$, 초기전압 $v_2(t_0) = 3\,\mathrm{V}$,

(a) 하나의 등가용량을 구하여라. ; (b) 하나의 등가 초기전압을 구하여라.

[풀이] (a) $\dfrac{1}{C_{\mathrm{eq}}} = \dfrac{1}{C_1} + \dfrac{1}{C_2}$, $\therefore C_{\mathrm{eq}} = \dfrac{C_1 C_2}{C_1 + C_2} = \dfrac{3\times 6}{3+6} = 2\,\mathrm{F}$

(b) $v(t_0) = v_1(t_0) + v_2(t_0) = 2 + 3 = 5\,\mathrm{V}$

답 (a) $C_{\mathrm{eq}} = 2\,\mathrm{F}$; (b) $C_{\mathrm{eq}} = 2\,\mathrm{F}$. ■

(2) 병렬연결

여러 가지 형태로 연결되어 있는 둘 이상의 저항들을 하나의 등가 저항으로 대체하였다. 마찬가지로, 여러 가지 형태로 연결되어 있는 둘 이상의 capacitors를 하나의 등가 capacitor로 대체할 수 있다. 그림 5.8은 병렬 연결된 N개 capacitor와 1개의 등가 커패시턴스를 나타낸다. 병렬 연결된 N개의 capacitors를 하나의 등가 capacitor C_{eq}로 대체하더라도 전류 $i(t)$가 변하지 않아야 한다. 이 조건을 만족하는 등가 capacitor C_{eq}를 구하자.

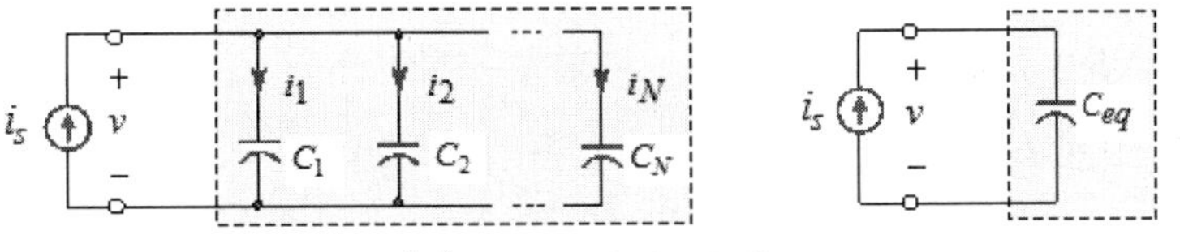

그림 5.8 (a) 병렬연결된 N개 capacitor.
(b) 등가회로. $C_{\mathrm{eq}} = C_1 + C_2 + \cdots\cdots + C_N$

(i) 좌측 회로에 KCL을 적용하면

$$i = i_1 + i_2 + \ldots + i_N \tag{5.21}$$

이다. 각각의 전류를 전압으로 표시하면,

$$i = C_1\frac{dv}{dt} + C_2\frac{dv}{dt} + \ldots + C_N\frac{dv}{dt}$$

$$= (C_1 + C_2 + . . . + C_N)\frac{dv}{dt} \tag{5.22}$$

더 간결하게 쓰면

$$i(t) = (\sum_{n=1}^{N} C_n)\frac{dv}{dt} \tag{5.23}$$

(ii) 우측 회로에서는,

$$i_s = C_{eq}\frac{dv}{dt} \tag{5.24}$$

(iii) 두 식을 비교하면 등가커패시턴스는,

$$C_{eq} = \sum_{n=1}^{N} C_n$$

또는

$$C_{eq} = C_1 + C_2 + \ ... \ + C_N \tag{5.25}$$

이다.

따라서, N개의 개의 커패시턴스를 병렬로 연결하였을 때의 등가 커패시턴스는 원래 회로에 있었던 커패시턴스를 모두 합한 하나의 커패시턴스이다.

예제 1

용량 2 F 짜리 커패시터가 10개 있다.

(a) 얻을 수 있는 최대 커패시턴스 $C_{\max}$ 값을 구하여라.

(b) 얻을 수 있는 최소 커패시턴스 $C_{\min}$ 값을 구하여라.

[풀이] (a) 병렬연결하면 최대 용량을 얻는다.

$$C_{\max} = 10 \times 2\text{ F} = 20\text{ F}$$

(b) 직렬연결하면 최소 용량을 얻는다.

$$C_{\min} = \frac{1}{10} \times 2\text{ F} = 0.2\text{ F}$$

답 (a) $C_{\max} = 20\text{ F}$; (b) $C_{\min} = 0.2\text{ F}$. ■

문제 ①

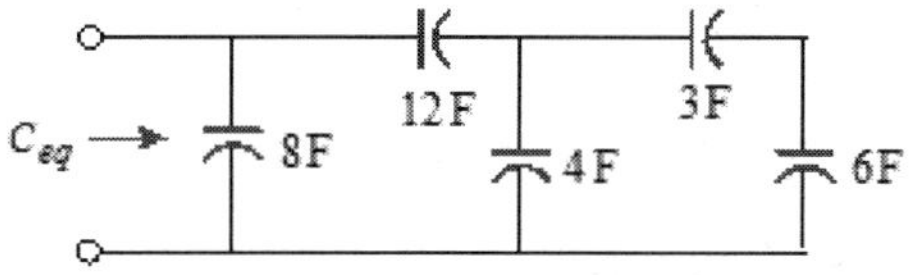

그림과 같은 회로에서
등가 커패시터 C_{eq}를 구하여라.

답 $C_{eq} = 12\,\text{F}$. ■

문제 ②

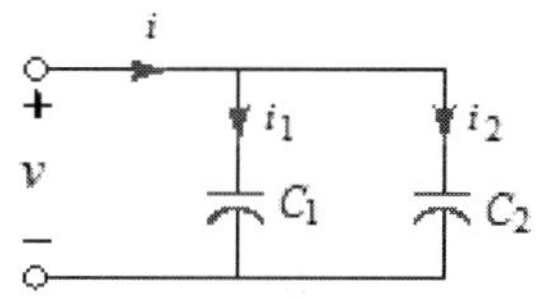

두 개의 병렬 커패시터 사이에
전류의 분배를 나타내는 식을 유도하여
i_1 과 i_2 를 구하여라.

답 $i_1 = \dfrac{C_1}{C_1 + C_2} i,\ i_2 = \dfrac{C_2}{C_1 + C_2} i.$ ■

5.9 평행판 capacitor

1. 커패시턴스 C

커페시터는 사용 용도에 따라 여러 가지 모양을 갖는다. 그 중에서 가장 간단 한 capacitor가 평행판 커페시터이다, 각 극판의 면적이 $A\ \text{m}^2$, 거리 $d\,\text{m}$만큼 떨어진 두 평행 도체판으로 이루어진 평행판 capacitor의 커패시턴스(capacitance, 전기용량 C)는

$$C = \epsilon \frac{A}{d}\ \text{F} \tag{5.26}$$

이다. 여기서 극판면적 매우 크다고 가정한다.52) 이 식에서, ε (epsilon, 엡실론) 두 도체 극판 사이에 채워 넣은 절연체(=유전체, 부도체)의 유전상수(유전율)이다. 공기(또는 혹은 진공)의 유전율을

$$\varepsilon = \varepsilon_0 = 8.854\ \text{pF/m} \tag{5.27}$$

로 정의한다. 대부분 capacitor에서는 공기가 아닌 유전체(즉, 공기의 유전율 보다 훨씬 큰 유전율을 가진 얇은 유전체)를 극판사이에 삽입함으로서 가능하다면capacitor의 크기는 작게, 성능은 크게 제작하여 사용한다.

52) 조건 $d \ll A$은 바람직하지 못한 외연효과(fringing effect)를 무시하기 위한 가정이다.

예제 1

진공 속에서 $0.02\ \mathrm{m}$ 떨어져 있는 넓이 $0.4\ \mathrm{m}^2$의 두 평행한 금속판으로 된 축전기의 전기 용량(capacitance, C)을 구하면 얼마인가? (단, 진공의 유전은 $8.6\times10^{-12}\mathrm{F/m}$이다)

[풀이] $C=\epsilon\dfrac{s}{d}=8.854\times10^{-2}\ \mathrm{F/m}\times\dfrac{0.4\ \mathrm{m}^2}{2\times10^{-2}\ \mathrm{m}}=1.72\times10^{-10}\ \mathrm{F}$

답 $1.72\times10^{-10}\,\mathrm{F}$. ■

2. 동작원리

가장 간단한 형태의 capacitor는 **평행판 capacitor**이다. 동작 원리를 **그림 5.9**와 같이 살펴보자.

(a) 두 개의 도체판을 일정 거리만큼 띄어 두고, 그 사이에 절연체(공기, 종이 파라핀 등)를 넣어둔다. 두 장의 금속판 A, B를 전지에 연결한다.
(b) 스위치 S를 닫으면, 두 금속판 사이의 전위차가 전지의 전압과 같아질 때까지 전하가 이동하여 금속판 A와 금속판 B에 같은 양의 (+), (−)전하가 모인다. 두 금속판이 가지고 있는 전하들은 크기는 같고 극성만 (+) (−) 반대이므로 인력이 작용하고 있다.
(c) 스위치를 열어도 금속판의 전하들은 인력에 의하여 고정되어 있으므로, 다른 곳으로 이동하지 못하고 극판에 그대로 남아 있게 되어 두 극판 사이의 전기장은 변함없이 그대로 유지된다.

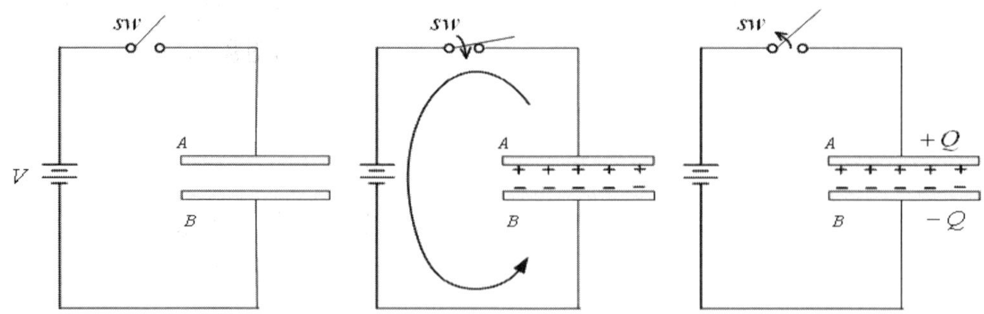

(a) 스위치 닫기 전; (b) 스위치 닫는 경우 ; (c) 스위치 연 경우.

그림 5.9 평행판 capacitor의 동작 원리

이와 같은 원리를 이용하여 전하를 저장할 수 있도록 만든 장치가 축전기이며, 축전기에 전하를 저장하는 것을 **충전(charging)**이라 하며, 저장된 전하를 방출하는 것을 **방전(discharging)**이라 한다. 물통에 저장할 수 있는 물의 양은 용기의 밑넓이와 높이에 비례한다. 그림 5.10과 같이 용기 속의 물의 양은 용기의 밑넓이와 높이에 비례한다. capacitor에 저장할 수 있는 전하의 양은 전기용량(capacitance)과 전압(voltage)에 비례한다.

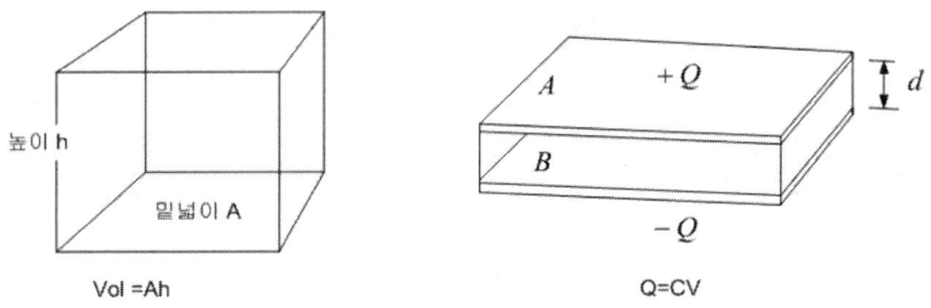

(a) 부피 = 밑넓이 × 높이　　(b) 전하 = 전기용량 × 전압

그림 5.10 용기와 평행판 capacitor의 유사성

capacitor와 축전기를 비교하여 표 5.1에 나타내었다. 전기 용량을 나타내기 위한 SI 단위로는 **패럿**(Farad, F)을 사용하는데, 1F은 두 극판 사이에 1V의 전위차를 줄 때 1C의 전하량이 충전되는 축전기의 전기 용량이다. capacitor 정의식에 의하면,

$$\text{Farad} = \text{Coulomb}/\text{Volt} \tag{5.28}$$

임을 알 수 있다.

표 5.1 용기와 capacitor의 비교

	물을 저장하는 용기	전하를 저장하는 capacitor
무엇을 저장하느냐?	물	전하 Q
왜 저장하느냐?	필요할 때 꺼내서 편리하게 사용	필요할 때 꺼내서 편리하게 사용
얼마나 저장하느냐?	$Volume = A \cdot h$	$Q = C \cdot V$
	부피 = 밑넓이 × 높이	전하 = 전기용량 × 전압

관계식

$$Q = CV \tag{5.29}$$

에서

전하량의 기호는 Q**, 단위는 쿨롬**(Coulomb, C)

전기용량(capacitance)의 기호는 C, 단위는 패럿(Farad, F)

전위차(voltage difference)**의 기호는** V**, 단위는 볼트**(Volt, V)

이다. 달리 표현하면

$$C = \frac{Q}{V} \tag{5.30}$$

이고 단위끼리 나타내면,

$$[\mathrm{F}] = \frac{[\mathrm{C}]}{[\mathrm{V}]} \tag{5.31}$$

이다. 즉, 전기용량 C의 단위는 **쿨롬/볼트**(C/V)이며, 이것을 **패럿**(F)이라고 정의한다.

$$\mathrm{F} \equiv \frac{\mathrm{C}}{\mathrm{V}} \tag{5.32}$$

전기용량(capacitance)으로 사용하는 1F는 실용적으로 사용하기에는 너무 크므로,

1 F의 10^{-6}배인 마이크로패럿(μF)
1 F의 10^{-9}배인 나노패럿(nF)
1 F의 10^{-12}배인 피코패럿(pF)

등 같은 작은 단위가 주로 쓰인다.

예제 1

용량이 5 μF인 capacitor의 양단간의 전위차가 100 V가 되도록 하려면 몇 C의 전하량이 필요한가?

[풀이] capacitor의 전하량 Q는

$$Q = CV = (5 \times 10^{-6}\ \mathrm{F}) \times (100\ \mathrm{V}) = 5 \times 10^{-4}\ \mathrm{C}$$

이다.

답 5×10^{-4} C. ■

예제 2

용량이 40 pF인 평행판 capacitor에 충전된 전하가 20×10^{-10} C일 때 두 도체판 사이의 전압(=전위차)은 몇 V인가?

[풀이] $V = \dfrac{Q}{C} = \dfrac{20 \times 10^{-10}\,\mathrm{C}}{40 \times 10^{-12}\,\mathrm{F}} = 50\,\mathrm{V}$

답 50 V. ■

3. 절연체를 넣은 평행판 capacitor

그림 5.11과 같이 평행판 capacitor의 두 극판사이에 자유공간(free space) 이외의 절연체 (=유전체, 부도체)[53] 를 넣으면 전기용량이 증가한다. 유전체의 유전분극이 생겨서 극판이 더 많은 전하를 모을 수 있는 효과를 내기 때문에, 실제로 사용되는 축전기에서는 두 도체판 사이에 운모, 기름종이 등의 유전체를 채워서 사용한다.

유전체의 표면에 극판의 전하와 반대 부호의 전하가 유도되므로 극판 사이의 전기장의 세기가 줄어들게 된다. 이에 따라 극판 사이의 전위차가 작아지고 전위차가 작아지면 $Q = CV$에서 전기용량이 커진다. **따라서, 유전율이 큰 물질을 사용하면 축전기의 크기는 작아지더라도 전기 용량이 크도록 할 수 있다.**

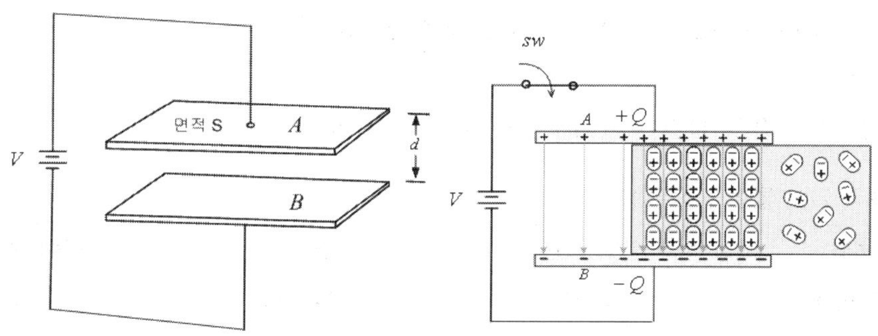

그림 5.11 절연체를 넣은 평행판 capacitor

두 극판 사이에 진공일 때의 전기 용량 C_0, 유전체가 들어 있을 때의 전기 용량 C라고 하면, 두 전기용량을 비교한 비, 즉 C와 C_0와의 비는 **유전 상수**와 같게 된다.

$$\epsilon_r = \frac{C}{C_0} \tag{5.33}$$

또 $\varepsilon = \chi\varepsilon_0$를 그 부도체의 **유전율**이라 부른다. 따라서 절연체를 넣은 평행판 capacitor에서 전기 용량 C는 극판의 넓이 S에 비례하고, 극판 사이의 거리 d에 반비례하므로

$$C = \epsilon\frac{S}{d}\ \text{(F)} \tag{5.34}$$

와 같이 나타낼 수 있다. 여기서 ϵ(엡실론)은 두 극판 사이에 끼워 넣은 유전체의 **유전율**(permittivity) 또는 **유전상수**(dielectric constant)라고 한다.

53) insulators (=dielectrics, nonconductors)

유전율(또는 유전 상수)은 절연체의 종류에 따라 정해지는 고유한 값을 갖는다. 모든 물질의 유전율은 $\epsilon = \epsilon_0\, \epsilon_r$의 관계가 있다. 여기서 ϵ_0는 자유공간(또는 진공)의 유전율로서

$$\epsilon_0 = 8.854 \times 10^{-12}\ \mathrm{F/m} \tag{5.35}$$

의 값을 갖는다. 또 ϵ_r은 유전체의 **비유전율(relative permittivity)**이라고 한다. 자유 공간의 비유전율 값은 $1\,(\epsilon_r = 1)$, 공기는 약 $1\,(\epsilon_r \approx 1)$, 그 외의 유전체들은 유전율 $\epsilon_r > 1$의 값을 갖는다.

정의식에 의하면 평행판 capacitor의 전기용량 C를 증가시키는 방법은 다음과 같다.

(1) 극판 넓이 $S\,(\mathrm{m}^2)$를 크게 한다.
(2) 극판 사이의 거리 $d\,(\mathrm{m})$는 짧게 한다.
(3) 극판 사이에 유전율 $\epsilon\ (\mathrm{F/m})$이 큰 물질을 넣는다.

표 5.2는 여러 가지 물질의 비유전율을 나타낸 것이다.

표 5.2 여러 가지 물질의 비유전율

물질	비유전율	물질	비유전율
건조한 흙	2.5~4.0	에보나이트	2.7~2.9
게르마늄	16	에틸 알코올	25
고무	2.5~4.0	운모	5~8
공기	1.0005	유리	4~10
나일론	3.5	이산화탄소	1.001
메틸 알코올	33.64	종이	2~2.5
물	80	종이	3
바닷물	4.74	증류수	80
바륨	1.000065	진공	1
산소	1.000495	질소	1.000548
석유	2.1~2.2	테플론	2.1
실리콘	11.8	파라핀	1.9~2.4
암모니아	21~23	폴리에틸렌	2.26
얼음	4.2	플렉시글래스	3.4

예제 1

평행한 축전기 A 와 B 가 있다.
A 에는 유전율 3인 기름, B 에는 유전율 2인 파라핀이 들어있다.
A, B 의 용량과 판의 넓이가 같다면 B 의 두 판 사이의 거리는 A 의 두 판 사이의 거리의 몇 배인가?

[풀이] $C = \dfrac{\epsilon \cdot S}{d}$

에서

$$\frac{3\,S}{d_1} = \frac{2\,S}{d_2}, \quad \frac{d_2}{d_1} = \frac{2}{3}$$

답 $\dfrac{2}{3}$ 배. ■

예제 2

전기용량이 $0.2\,\mu\mathrm{F}$ 인 평행판 축전기를 $200\,\mathrm{V}$ 의 전원에 연결하여 충전하였다.
(a) 이 축전기에 저장된 전하량은 몇 쿨롬(C)인가?
(b) 극판 사이의 거리를 2배로 떼어 놓으면 극판 사이의 전위차는 몇 볼트(V)인가?

[풀이] (a) 저장된 전하량 Q 는

$$Q = CV = 0.2 \times 100^{-6}\mathrm{F} \times 200\mathrm{V} = 4 \times 100^{-5}\ \mathrm{C}$$

(b) $C = \epsilon \dfrac{s}{d}$ 에서 $d \to 2$배이면 $C \to 1/2$배로 된다. 그러므로 $Q = CV$ 에서 "$Q =$ 일정"이므로 $C \to 1/2$배이면 $V \to 2$배로 된다.

$$\therefore 400\ \mathrm{V} \text{로 된다.}$$

답 (a) $4 \times 10^{-5}\,\mathrm{C}$; (b) $400\,\mathrm{V}$. ■

Capacitor에 한계값 (threshold value) 이상의 전압이 걸리게 되면, 두 극판 사이의 절연이 파괴되어 전류가 흘러 버린다.[54] 이러한 **절연파괴** 현상은 일반적으로 바람직하지 못한 현상이다. 절편파괴가 되기 직전의 한계를 나타내는 최대 전압을 **내전압**이라고 한다.

연습문제 A

01 (a) 회로에서 노드 방정식을 세워라.

(b) 노드전압

$$v(t) = v_C(t) = -0.8\,e^{-2t}\ \text{V}$$

가 해임을 보여라.

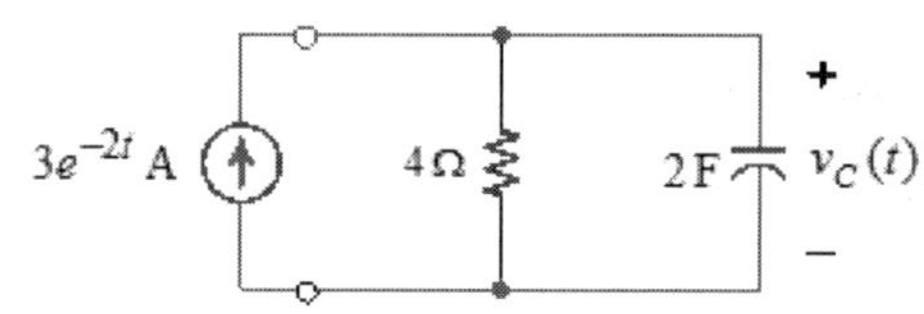

02 그림과 같은 전류신호가 커패시터 system의 입력단에 인가되었다. 커패시터에는 초기 전압이 없고, $C = 1\,\text{F}$이다. 출력단의 전압 신호를 그래프에 나타내어라.

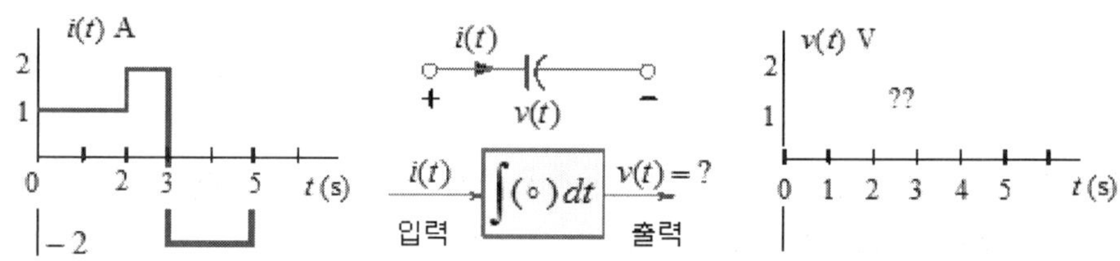

03 시각 $t = 0$에서 양단전압이 $0\,\text{V}$, 용량 $C = 2\,\text{F}$인 커패시터의 입력단에 그림과 같은 전류신호가 인가되었다.

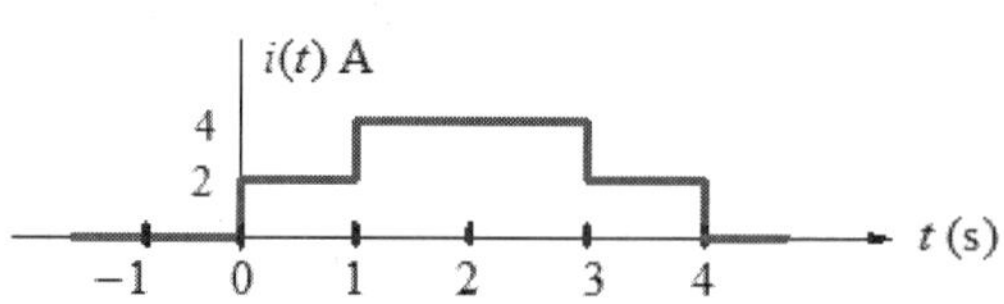

(a) 한 시점 $t = 2.5\ \text{sec}$에서 양단전압, 흡수전력 및 저장된 에너지를 구하여라.

(b) 한 시점 $t = 6\ \text{sec}$에서 양단전압, 흡수전력 및 저장된 에너지를 구하여라.

54) 절연파괴(dielectric breakdown) 전압

공기:30,000 V/cm, 유리: 140,000 V/cm, 종이: 160,000 V/cm, 운모: 1,180,000 V/cm

Tipler, Paul A. *College Physics*. Worth, : p. 467. 1987

04

그림과 같은 커패시터 회로에서 등가 커패시터 C_{eq}를 구하여라.

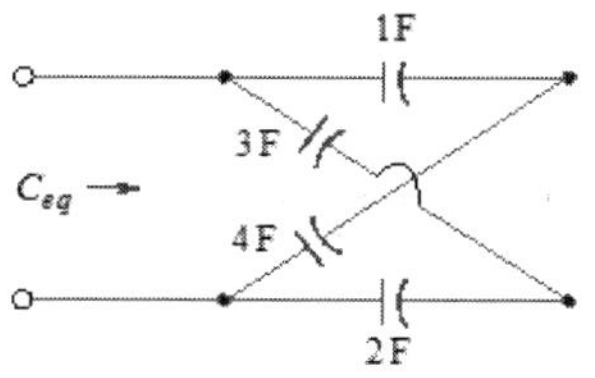

(a)

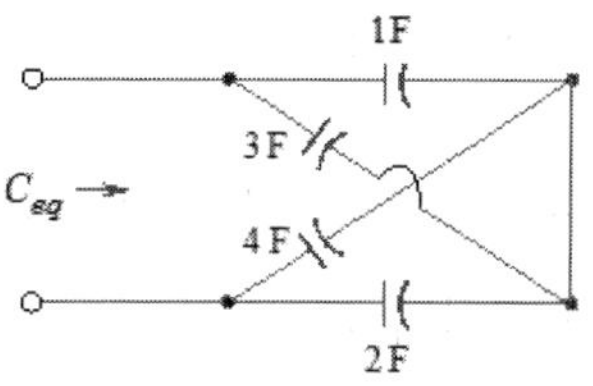

(b)

05

용량 2 F 짜리 커패시터가 10개 있다.

(a) 얻을 수 있는 최대 및 커패시턴스 $C_{\max}$ 값을 구하여라.

(b) 얻을 수 있는 최대 최소커패시턴스 $C_{\min}$ 값을 구하여라.

06

그림과 같은 커패시터 회로에서 등가 커패시터 C_{eq}를 구하여라.

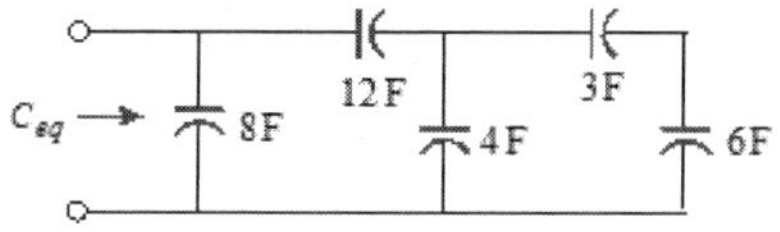

07

두 개의 병렬커패시터 사이에 전류분류에 대한 식을 유도하여 i_1 과 i_2 를 구하여라.

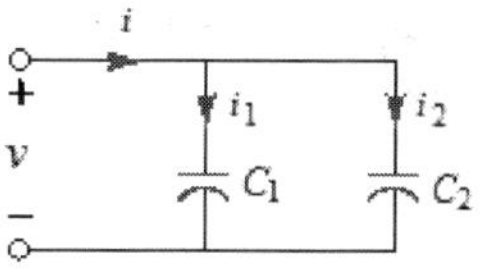

08

그림의 회로를 동작시키는 전압 $v(t) = 3\cos 3t$ V는 $t = 0$에서 $v(t) = 5$ V이다. 직렬연결된 두 커패시터는 $C_1 = 6$ F, $C_2 = 3$ F이다.

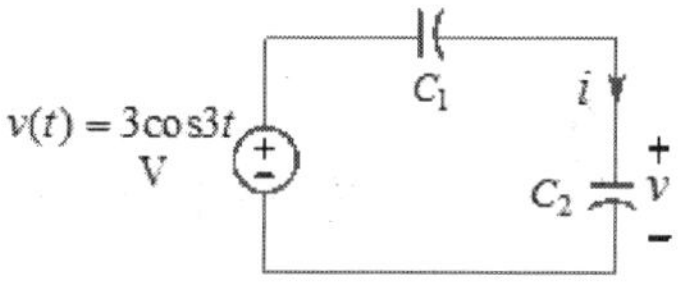

(a) 모든 시간 t에서 $i(t)$를 구하여라.

(b) 시간 영역 $t \geq 0$에서 $v(t)$를 구하여라.

09

(a) 용량 100 pF인 커패시터 몇 개를 사용하면 $C_{eq} = 10$ nF를 얻을 수 있는가?

(b) 용량 100 pF인 커패시터 몇 개를 사용하면 $C_{eq} = 20$ nF를 얻을 수 있는가?

(c) 용량 100 pF인 커패시터 몇 개를 사용하면 $C_{eq} = 25$ nF를 얻을 수 있는가?

(d) 용량 100 pF인 커패시터 몇 개를 사용하면 $C_{eq} = 50$ nF를 얻을 수 있는가?

10 용량 $100\,\mathrm{pF}$인 커패시터들만을 여러 개 사용하여 $C_{eq} = 30\,\mathrm{nF}$인 등가회로를 구성하여라.

11 용량 $100\,\mathrm{pF}$인 커패시터들만을 여러 개 사용하여 $C_{eq} = 250\,\mathrm{nF}$인 등가회로를 구성하여라.

연습문제 B

01 그림에서 주어진 것처럼 전압이 시간의 함수로 주어질 때 $C = 1\,\mathrm{F}$ capacitor에 흐르는 전류를 구하여라.

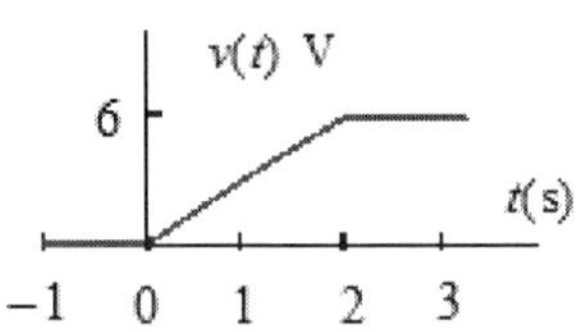

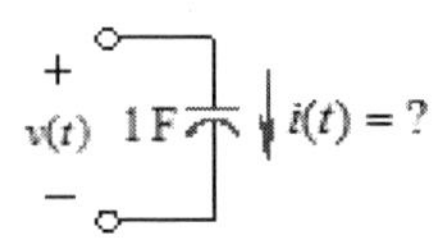

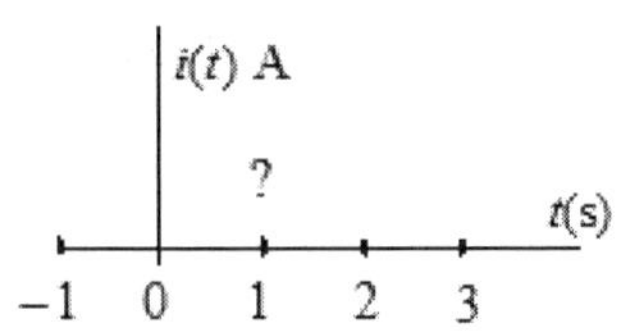

02 각 구간 $t_0 \le t \le T$의 초기값 t_0을 적분 아래끝으로 사용한 적분

$$v(t) = \frac{1}{C}\int_{t_0}^{t} i(\tau)\,d\tau + v(t_0)$$

을 사용하여 $v(t)$를 구하였다. 모든 구간에서 초기값 $t_0 = -\infty$을 적분 아래 끝으로 사용한 적분을 사용하여 $v(t)$를 구하여라.

03 $C = 1\,\mathrm{F}$인 커패시터에 그림과 같은 전류 신호가 입력되었을 때, 출력 신호 $v(t)$를 구하여라. 단, $v(t_0) = v(0) = 0$이다. 모든 구간에서

$$v(t) = \frac{1}{C}\int_{t_0 = -\infty}^{t} i(\tau)\,d\tau + v(-\infty)$$

을 사용하여 $v(t)$를 구하여라.

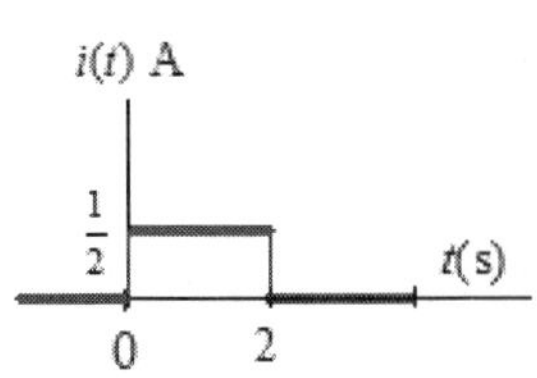

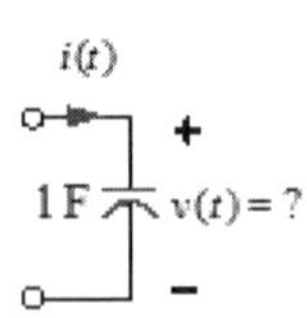

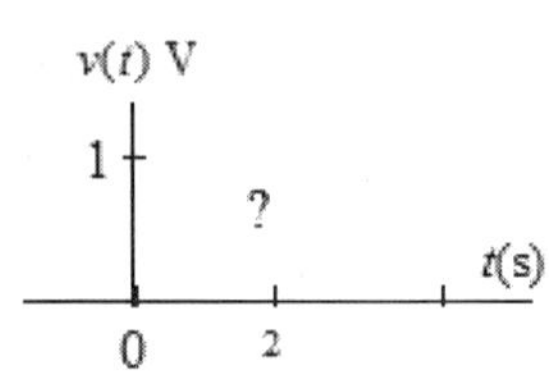

04 전기용량 (capacitance) $C = 2\,\mathrm{F}$인 커패시터가 주어져 있다.

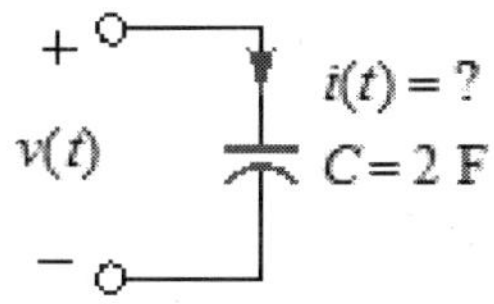

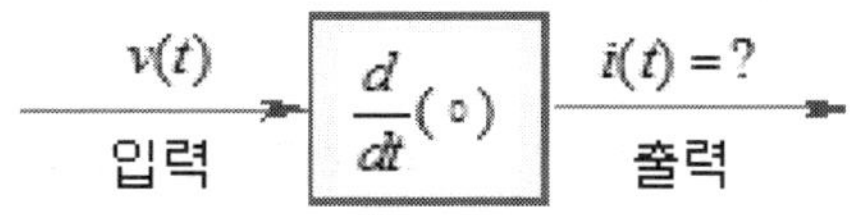

시간이 0에서 t까지 변하는 동안 커패시터의 입력단에 다음과 같은 전압 신호가 인가될 때, 커패시터를 통과하여 흐르는 전류신호를 구하여라. 각 신호를 그림으로 나타내어라.

(a) $v(t) = e^{-t}$ V ; (b) $v(t) = 1 - e^{-t}$ V ;

(c) $v(t) = \sin \pi t$ V ; (d) $v(t) = 3$ V, $t \geq 0$.

05 용량 $C = 2\,\mathrm{F}$인 capacitor의 걸리는 통과전류가 $i(t) = 12\cos 3t\,\mathrm{A}$이고, 양단 전압이 $v(t = \pi/2) = 2\,\mathrm{V}$이다.

(a) 식

$$v(t) = \frac{1}{C}\int_{t_0}^{t} i(\tau)\,d\tau + v(t_0)$$

을 이용하여 임의 시각 t에서의 capacitor의 양단전압을 구하여라.

(b) 식

$$v(t) = \frac{1}{C}\int i(t)\,dt + k$$

을 이용하여 임의 시각 t에서의 capacitor 의 양단전압을 구하여라.

(c) 식

$$v(t) = \frac{1}{C}\int_{-\infty}^{t} i(\tau)\,d\tau + v(-\infty)$$

을 이용하여 임의 시각 t에서의 capacitor의 양단전압을 구하여라.

06 그림과 같이, 절연층 저항 $R = 10^6\,\Omega$, 정전용량 $C = 2\,\mu\mathrm{F}$인 capacitor의 입력단에 정현파 전압원 $v_s(t) = \sin 2\pi t$ V이 인가되고 있다.

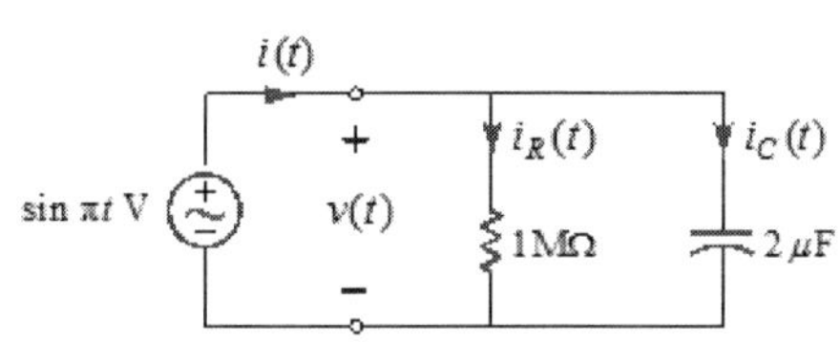

(a) Capacitor에 저장되어 있는 에너지를 구하여라.

(b) 에너지를 저장하고 방출시키는 동작의 그래프를 그려라.

(c) 에너지가 capacitor에 저장되었다가 반환되는 동안에 저항에서 소비되는 에너지를 구하여라.

07 충전되지 않은 두 직렬저항 사이에 전압분압에 대한 식을 유도하여 v_1 과 v_2 를 구하여라.

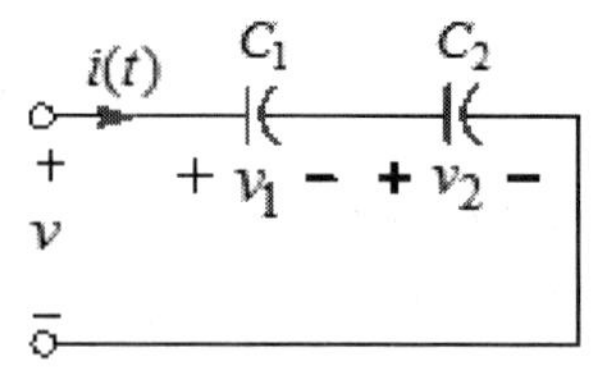

06 Chapter

인덕터(Inductor)

전기에너지를 공급받아서 저장하거나, 저장 했던 에너지를 부하소자(ex..저항)에 공급할 수 있는 2개의 수동소자에는 inductor와 capacitor가 있다.

구리나 알루미늄 등의 도선을 여러 번 감은 코일(coil) 형태로 제작한다. 응용분야에 따라 여러가지 형태를 갖는 inductor는 전류와 전압의 자기적인 결합(magnetic coupling)에 의하여 동작한다. 코일만 있는 인덕터, 교류전류의 흐름을 억제하는 초크 코일 인덕터, 철·코발트·페라이트 등의 자성체를 사용한 인덕터 등 여러 종류가 있다. 전류가 흐를 때 주변에 자기장을 만들고, 자기장 속에 전기에너지를 저장한다.

통과전류의시간변화율에 따라 발생하는 역기전력(inverse EMF)의 변화율, 또는 코일에 흐르는 시변전류의 변화율과 기전력의 비(ratio)를 인덕턴스라고 정의하며, 결합(coupling) 동작의 의미로서 linkage의 첫글자를 이용한 L를 사용한다. 단위로는 pH(피코헨리), $\mu\mathrm{H}$(마이크로 헨리), mH(밀리헨리)를 주로 사용한다.

인덕턴스는 전류의 시간 변화율에 비례하는 전압을 발생시킴으로써, 전류의 급격한 변화를 항거하는 역할을 한다. 전류를 갑자기 차단하면, 매우 높은 전압의 spark가 발생한다. 이를 이용하여 발진기, 전원회로, 필터(filter) 등으로 사용된다.
칼러 TV의 칼러 신호와 흑백신호의 시간 차이를 조절하고, 전력공급, 배터리 충전, AM, FM 등 통신회로, 발진기에 사용된다.

이 장에서는 inductor를 학습한다.

Chapter 06 인덕터(Inductor)

전기 회로에 연결되어 동작하는 수동소자로서 전기에너지를 공급받아서 저장하거나, 저장했던 에너지를 다른 소자(ex.. 저항)에 공급할 수 있는 2개의 수동소자에는 inductor와 capacitor가 있다. 5장에서 capacitor를 학습하였고, 이 장에서는 inductor를 학습한다.[55] 이상적인 전압원과 전류원은 무한한 시간 동안에 유한한 평균 전력을 공급할 수 있지만, 수동소자 inductor는 유한한 시간동안에 유한한 평균 전력을 흡수할 수 있다. 인덕터(inductor)는 전류가 흐를 때 주변의 자기장에 전기에너지를 저장하는 2단자 수동소자이다. 인덕터(inductor)는 선형소자이다. 소자에서의 전압·전류 관계는 시간의 함수로서 선형 특성을 나타낸다.

Capacitor와 인덕터의 **쌍대성(dual property)을 6.9절에서** 논의한다.
쌍대(duality) 관계에 있는 몇 개의 용어는 다음과 같다.

capacitor	⇔	inductor
커패시턴스	⇔	인덕턴스
전압	⇔	전류
노드(node)	⇔	메쉬(mesh)
양단(across)	⇔	통과(through)
걸린다	⇔	흐른다
개방회로	⇔	단락회로

쌍대용어를 대체하여 사용하면, 모든 문장이 성립한다. 이 장에서는 5장에서 설명한 내용을 쌍대용어를 사용하여 설명하기로 한다. 따라서, 5장의 내용을 이해한다면 6장의 많은 부분을 생략할 수 있으므로 짧은 시간에 이해할 수 있다

55) 인덕터(inductor)는 전기유도기(電氣誘導器), 유도기(誘導器)라고도 한다.

6.1 인덕터(Inductor)의 개요

인덕터(inductor)는 "코일(coil), 초크(choke), 또는 유도기(reactor)"라고도 하며 일반적인 inductor는 철심에 감긴 도선의 형태를 갖는다.

Faraday 유도 법칙에 의하면,
시간에 따라 변하는 (time-varying, 시변) 전류가 inductor를 통해 흐르는 경우, 시변 자기장은 도선의 전압을 발생시킨다.

Lenz의 법칙에 의하면,
전류가 발생시킨 유도기전력 (induced EMF, 유도된 기전력, 발생된 기전력)은,
그 유도기전력을 발생시킨 전류의 변화를 방해하는 방향으로 발생한다.
따라서, inductor는 전류의 변화를 방해하는 동작을 한다.

Inductor에 관한 중요한 공헌을 한 과학자들은 다음과 같다.

(i) 외르스테드(Oersted)

1820년 덴마크의 과학자(물리학자 겸 화학자) 외르스테드(Oersted)는 강의 도중에 전류가 흐르는 도선의 주위에 나침반의 바늘이 움직이는 현상을 확인함으로써 도선에 전류가 흐르면 주변 공간 에 자계가 발생되는 현상을 발견하였다. 전기와 자기 현상의 관계를 찾은 최초의 발견이었다.

(ii) 암페어(Ampère)

1823년 암페어(Ampère)는 정밀한 실험을 한 결과,
"생성되는 자계의 크기는 도선을 흐르는 전류의 크기에 비례한다."는 사실을 밝혀냈다.

(iii) 패러데이(Michael Faraday)와 헨리(Joseph Henry)

1831년 영국의 실험가 패러데이(Michael Faraday)와
1832년 미국의 발명가 헨리(Joseph Henry)는
"시변 자계는 자계 내에 있는 회로에 전압을 유도한다."
"전압은 자계를 발생하는 전류의 시간적 변화율에 비례한다."는 사실을 발견하였다.

그림 6.1은 여러 가지 형태를 갖는 inductor의 예를 보여 준다.[56]

그림 6.1 일반적으로 사용하는 inductor의 종류의 예

실제의 inductor는 일정 길이의 도선을 감아서 만든 코일이다. 도선을 감으면 다음 두 가지 효과를 나타낸다.

(1) 전류가 증가되어 자계를 더 많이 발생시킨다.

(2) 패러데이 전압이 더 많이 유도된다.

인덕턴스는 도선을 감은 수의 제곱에 근사적으로 비례한다. 예를 들면, 좁은 간격으로 빽빽하게, 그리고 길게 감은 나선 형태를 갖는 coil은 인덕턴스 $\mu N^2 A/l$ 를 갖는다. 여기서, A 는 코일의 단면적, l 는 나선 코일 축의 길이, N 은 완전히 감은 수, μ(mu, 뮤)는 코일 내부에 채워진 재료의 물질상수 즉, 투자율(permeability)이다.

자유 공간의 투자율은

$$\mu = \mu_0 = 4\pi \times 10^{-7}\text{H/m}$$

이다[57].

56) 인용 그림출처: https://www.alibaba.com/product-detail/8-10-type-drum-core-inductor_60672248431.html

57) 근사적으로 공기의 투자율도 $\mu = \mu_0 = 4\pi \times 10^{-7}\text{H/m}$이라고 간주한다.

6.2 이상적인 inductor 시스템의 모델

1. Inductor의 정의식

일반적으로, inductor는

전기에너지를 자기장에 저장하기 위한 장치이다.

코일과 철심(core)으로 구성된다.

에너지를 생산하지 못하고 저장 and/or 소비하는 수동소자이다.

중첩의 정리가 성립하는 선형소자이다.

패러데이(Michael Faraday)와 헨리(Joseph Henry)에 의하면,

이상적인 inductor**는**

비례 상수를 인덕턴스(inductance) L,

전류 $i(t)$와 전압$v(t)$

를 사용하여 다음과 같이 미분방정식 형태로 정의한다.

$$v(t) = L\frac{di(t)}{dt} \tag{6.1}$$

식 (6.1)에서

L = **인덕**턴스(inductance) = 에너지를 저장하는 능력

$i(t)$ = 입력신호, $v(t)$ = 출력신호

이다. **인덕**턴스(inductance)는 전기에너지를 자기장에 저장하는 능력을 말한다.

전류 1ampere가 1sec 동안 코일에 흘렀을 때, 전압 1volt가 발생하면 $L = 1\text{H}$이다. 이상적인 (ideal) 인덕터의 정의식은 실제적인(real) 인덕터의 동작 특성을 가장 근사하게 나타내는 식이다. 정의식의 두 신호 $v(t)$와 $i(t)$는 수동부호규칙(passive sign convention)을 만족한다. 인덕턴스의 단위는

$$\text{volt}\cdot\text{second}/\text{ampere}$$

임을 알 수 있다. 헨리(henry: H)를 volt·second/ampere로 정의하여 인덕턴스의 단위로 사용한다[58].

정의식 (6.1)에 의하여 inductor가 갖는 중요한 성질을 살펴보자.

(i) 전압은 전류의 시간 변화율에 비례함을 알 수 있다. 따라서, inductor 전류가 시불변 (time-invariant) 전류일 때에는 inductor 전압은 0이 된다. 즉, inductor의 양단에 일정한 전류(즉, 시불변 전류)가 흐르면, 인덕터에 걸리는 전압은 0 Volt 이다. 따라서,

"직류전류가 흐르면 단락회로(short circuit to dc) 동작을 한다."

(ii) 전압이 유한값을 가지므로 전류의 미분(변화율) 또한 유한값을 가져야 한다. 따라서, inductor를 통과하는 전류는 급격하게 변할 수가 없다.[59)]

일정 크기의 전류가 흐르고 있는 실제 inductor를 개방하면 스위치에서 불꽃이 발생 할 수가 있다. 이 현상은 자동차의 점화 시스템에서 유용하게 이용되고 있다. 점화 코일을 통과하여 흐르던 전류가 배전기(distributor)에 의해 차단되면 점화 플러그에 불꽃 방전이 일어난다.

이런 현상이 순간적으로 발생하지는 못하지만, 매우 짧은 시간에 발생하여 매우 큰 전압을 유도한다.

2. Inductor의 기호, 전류전압의 관계

그림 6.2은 커패시터의 전류-전압 관계를 나타내는 기호이다. 전류와 전압은 수동부호 규칙을 따르도록 하였다.

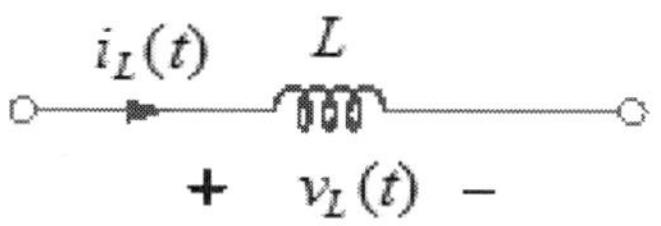

$$\Leftrightarrow v_L(t) = L\frac{di_L(t)}{dt}$$

그림 6.2 inductor의 기호와 전류–전압 관계

58) Inductance is the property of an electrical conductor by which a change in current through it induces an electromotive force in both the conductor itself[1] and in any nearby conductors by mutual inductance.[1] ; Sears and Zemansky 1964:743
1964 University Physics: Third Edition(Complete Volume), Addison-Wesley Publishing Company, Inc. Reading MA, LCCC 63-15265(no ISBN).

59) 급격한(즉, 불연속적인) 전류 변화는 무한대 크기의 전압을 발생시킨다. 다시 말하면, inductor의 전류가 급격하게 변동하기 위해서는, 무한대 크기의 전압을 인가해 주어야만 한다. 그러나 이러한 현상은 물리적으로 불가능하다.

그림 6.3는 입력이 전류, 출력이 전압인 경우 2단자 inductor 시스템의 전압전류 관계를 나타낸다. 입력단에 전류 신호가 들어오면, 커페시터는 그 신호를 미분한 신호(즉, 전압)를 출력단에 내보낸다.[60]

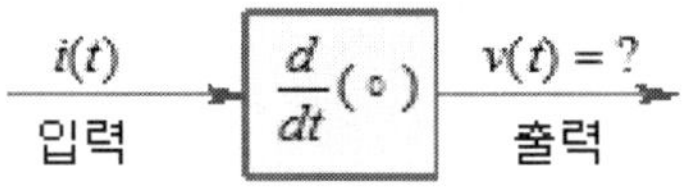

그림 6.3 입력이 전류, 출력이 전압인 inductor의 동작

그림 6.4는 입력이 전압, 출력이 전류인 경우 인덕터 시스템을 나타낸다.

입력단에 전압 신호가 들어오면, 커페시터는 그 신호를 적분한 신호(즉, 전류)를 출력단에 내보낸다. 정의식 (6.1)으로부터 다음 식을 얻는다.

$$i(t) = \frac{1}{L}\int_{t_0}^{t} v(\tau)\, d\tau + i(t_0) \tag{6.2}$$

이 식에서 적분상수 $i(t_0)$은 초기 시각 $t = t_0$에서의 전류를 나타낸다.

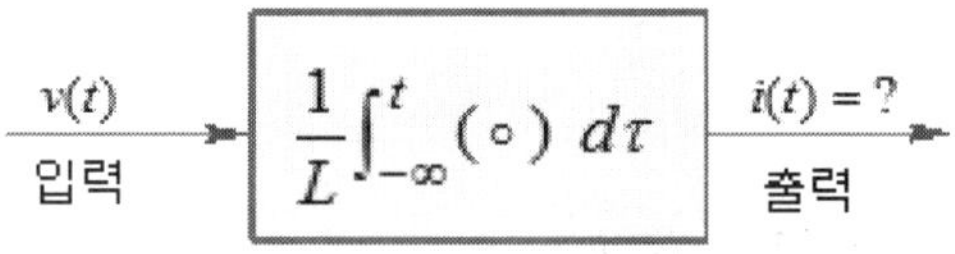

그림 6.4 입력이 전압, 출력이 전류인 inductor의 동작.

6.3 Inductor 입력전류가 발생시키는 출력전압

앞 절에서 살펴 보았던 내용을 좀더 자세히 살펴보기로 한다. Inductor는 입력단자와 출력단자를 갖는 2단지 선형시스템이다. 그림 6.5와 같이, 입력단에 전류신호 $i(t)$가 들어오면, inductor는 그 신호를 미분한 신호 즉, 전압신호 $v(t)$를 출력단으로 내보낸다.

$$v(t) = L\,\frac{di(t)}{dt} \quad \Leftrightarrow$$

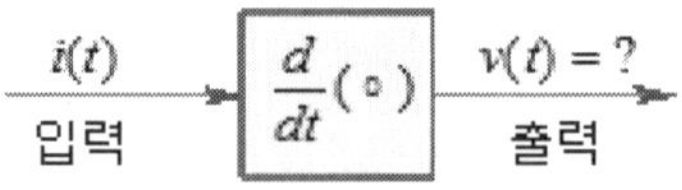

그림 6.5 Inductor의 $i(t)$ 및 $v(t)$의 관계.

따라서, 입력단 신호 $i(t)$를 미분하면 출력단 신호 $v(t)$를 구할 수 있다.

60) Inductor 를 나태내는 첨자 L는 경우에 따라 생략하기로 한다.

예제 1

용량 $L = 2\,\text{H}$ 인 inductor의 양단에 다음의 전류가 인가될 때, 양단에 걸리는 전압을 구하여라.[61]

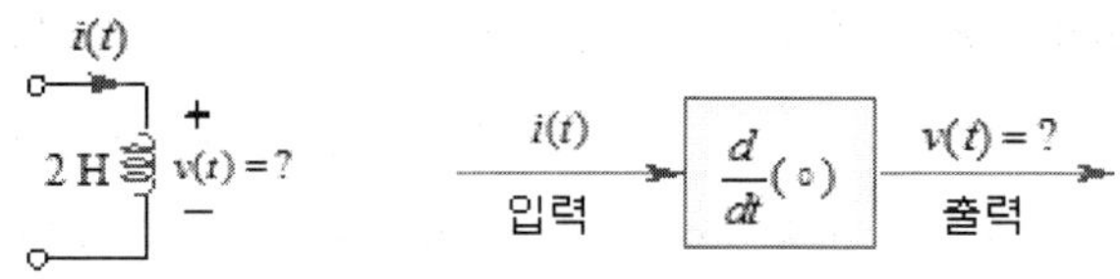

(a) 전류 $i(t) = -5\ \text{A}$; (b) 전류 $i(t) = 3e^{-2t}\ \text{A}$

(c) 전류 $i(t) = 3\cos 2\pi t\ \text{A}$

[풀이] (a) 입력 전류신호 $-5\ \text{V}$는 dc이다.

$$v(t) = L\frac{di(t)}{dt} = 2\frac{d}{dt}(-5) = 2(0) = 0\ \text{V}$$

따라서, inductor의 양단전압은 없다.

(b) 입력 전류신호는 지수형태로 감소하는 신호이다.

$$v(t) = L\frac{di(t)}{dt} = 2\frac{d}{dt}(3e^{-2t}) = 2(-6e^{-2t})\ \text{V} = -12e^{-2t}\ \text{V}$$

(c) 입력 전류신호는 cosine형태로 변동하는 신호이다.

$$v(t) = C\frac{di(t)}{dt} = 2\frac{d}{dt}(3\cos 2\pi t)$$

$$= 2(-6\sin 2\pi t)\ \text{V} = -12\sin 2\pi t\ \text{V}$$

답 (a) $v(t) = 0\ \text{V}$; (b) $v(t) = -12e^{-2t}\ \text{V}$; (c) $v = -12\sin 2\pi t\ \text{V}$. ■

문제 1

용량 $L = 1\,\text{H}$인 inductor에 그림과 같은 전류신호가 입력되었을 때, 출력신호 $v(t)$를 구하여라.

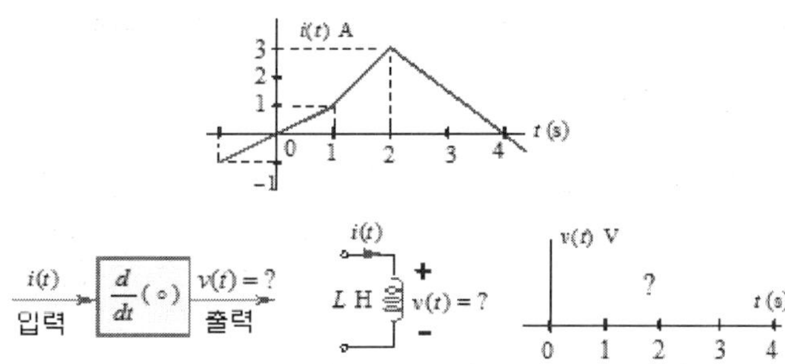

답 생략. ■

61) Inductor의 유도용량(inductance) $L = 2\,\text{H}$는 너무 커서 실제 쓰이지 않는다. 주로 $L = 2\,\mu\text{H}$, $L = 2\,\text{nH}$, $L = 2\,\text{pH}$ 등으로 사용한다. 그러나, 이 책에서 저자는 개념과 원리를 응용하는 이론을 학습하기 위하여 편리한 수치를 의도적으로 선택하였음을 이해해 주기 바란다.

6.4 Inductor 미분방정식을 적분 방정식으로 변환하는 방법

Inductor를 동작시키는 입·출력신호는 전류와 전압이다.

임의 시각에서의 전류를 $i(t)$, 전압을 $v(t)$

라고 하자. 그림과 같이, inductor는 입력 $i(t)$를 미분한 신호 $v(t)$를 출력으로 내보낸다.

$$v(t) = L\,\frac{di(t)}{dt} \quad \Leftrightarrow$$

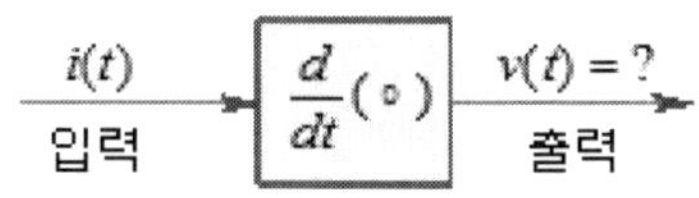

Inductor의 동작을 지배하는 미분방정식은

$$v(t) = L\frac{di(t)}{dt}, \text{ inductor 정의식 (전류에 의한 전압)}$$

으로 정의하였다.[62] 이 관계식으로부터 전류신호 $i(t)$를 어떻게 구할까? 다음과 같이 두 가지 형태의 $i(t)$로 표시할 수 있다.

1. 전류 $i(t)$를 전압의 정적분과 초기전류 $i(t_0)$의 합으로 나타낸다.

정의식을 변형하여 $di(t)$로 나타내면,

$$di(t) = \frac{1}{L}v(t)\,dt$$

이다. 독립변수인 시간과 종속 변수인 **전류**에 관한 각각의 적분구간을 정하고 양변을 적분한다. 시간의 변화가 초기시각 t_0에서 임의시각$t\,(> t_0)$까지일 때 (즉, 시간의 변화 구간이 t_0에서 t 까지일 때), 이에 대응하는 **전류**는 초기**전류** $i(t_0)$에서 임의시각 **전류** $i(t)$까지 변동한다.

등식 양쪽에 있는 각 변수의 구간을 각각 표시하여 정적분을 하면,

$$\int_{i(t_0)}^{i(t)} di(\tau) = \frac{1}{L}\int_{t_0}^{t} v(\tau)\,d\tau \tag{6.3}$$

좌변에서 **전류** $i(\tau)$의 정적분을 계산하면,

$$[\,i(\tau)\,]_{i(t_0)}^{i(t)} = \frac{1}{L}\int_{t_0}^{t} v(\tau)\,d\tau$$

62) 상수 계수를 갖는 1계 비제차 선형 상미분방정식

$$i(t)-i(t_0)=\frac{1}{L}\int_{t_0}^{t}v(\tau)\,d\tau$$

즉, **전류** 구하는 적분방정식,

$$i(t)=\frac{1}{L}\int_{t_0}^{t}v(\tau)\,d\tau+i(t_0) \tag{6.4}$$

을 얻는다.[63] 적분상수 $i(t_0)$는 초기시각 $t=t_0$에서의 초기**전류**이다.

(1) 만약 $t=-\infty$에서 **전류**가 0 즉, $i(-\infty)=0$이라고 하면

$$i(t)=\frac{1}{L}\int_{-\infty}^{t}v(\tau)\,d\tau+i(-\infty)$$

$$=\frac{1}{L}\int_{-\infty}^{t}v(\tau)\,d\tau \tag{6.5}$$

를 사용한다. 실제의 inductor에서는 당연히 $i(-\infty)=0$이 성립한다.

(2) 만약 $t=-\infty$에서의 **전류** $i(-\infty)$의 값을 모르는 경우

$$i(t)=\frac{1}{L}\int_{t_0=-\infty}^{t}v(\tau)\,d\tau+i(-\infty) \tag{6.6}$$

를 사용할 수가 **없다.**

2. 전류 $i(t)$를 전압의 부정적분과 적분상수의 합으로 나타낸다.

정의식을 변형하여 $di(t)$로 나타내면,

$$di(t)=\frac{1}{L}v(t)\,dt$$

양변의 부정적분을 계산하면,

$$\int di(t)=\frac{1}{L}\int v(\tau)\,d\tau$$

좌변에서 **전류** $i(\tau)$의 부정적분을 계산하면,

$$i(t)=\frac{1}{L}\int v(\tau)\,d\tau+k$$

63) 식 (6.1)

$$v=L\frac{di}{dt}$$

는 통과전류를 사용하여 inductor의 양단 전압을 나타내는 식이다. 식 (6.4)는 양단전압를 사용하여 inductor의 통과 전류를 나타내는 식이다.

다. 따라서, **전류**를 구하는 적분방정식,

$$i(t) = \frac{1}{L}\int_{t_0}^{t} v(\tau)\, d\tau + i(t_0) \tag{6.7}$$

을 얻는다.

그림 6.6은 입력이 $v(t)$, 출력이 $i(t)$, $i(-\infty) = 0$인 inductor를 나타낸다. 입력단에 **전압** 신호가 들어오면, inductor는 그 신호를 적분한 신호(즉, **전류**)를 출력단으로 내보낸다.

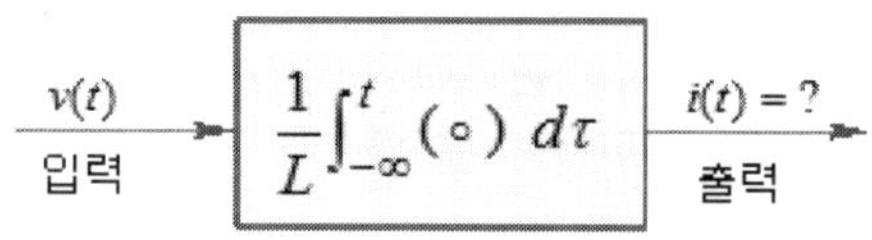

그림 6.6 입력 $v(t)$와 출력 $i(t)$.

예제 1

유도용량(inductance) $L = 1\,\mathrm{H}$인 inductor의 양단전압이 $v(t) = \cos t\ \mathrm{V}$, 통과전류가 $i(t = -\pi/2) = 3\ \mathrm{A}$이다.

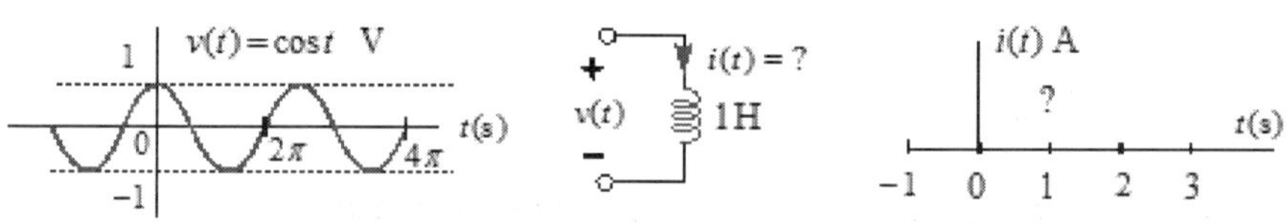

전류를 전압으로 나타낸 식

$$(a)\ \ i(t) = \frac{1}{L}\int_{t_0}^{t} v(\tau)\, d\tau + i(t_0)\ \ ;\ \ (b)\ \ i(t) = \frac{1}{L}\int v(t)\, dt + k$$

을 이용하여 임의 시각 t에서의 inductor의 통과전류를 구하여라.

[풀이] (a) 정의식에 의하여

$$i(t) = \int_{-\frac{\pi}{2}}^{t} \cos\tau\ d\tau + i\left(-\frac{\pi}{2}\right) = [\sin\tau]_{t_0 = -\frac{\pi}{2}}^{t} + 3$$

$$= \sin t - \sin\left(-\frac{\pi}{2}\right) + 3 = \sin t - (-1) + 3$$

$$\therefore\ i(t) = \sin t + 4\ \ \mathrm{A}$$

(b) 통과전류 $i(t = -\pi/2) = 3\ \mathrm{A}$ 를

$$i(t) = \int \cos t\ dt + k = \sin t + k$$

에 대입하면,

$$3 = \sin(-\frac{\pi}{2}) + k, \ 3 = -1 + k \ \therefore k = 1 + 3 = 4.$$

$$\therefore i(t) = \sin t + 4 \text{ A}$$

답 풀이 참조. ■

문제 1

용량 $L = 1\,\text{H}$인 inductor의 양단전압이 $v(t) = \cos t\ \text{V}$, 통과전류가 $i(t = -\pi/2) = 3\ \text{A}$이다.

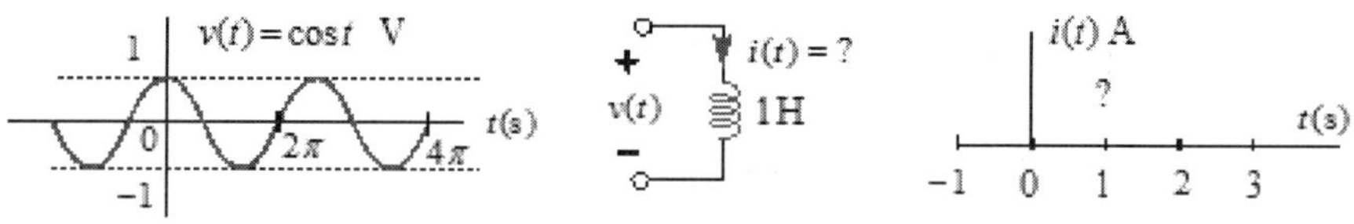

전압으로 전류를 나타낸 식

$$i(t) = \frac{1}{L}\int_{t_0=-\infty}^{t} v \ d\tau + i(-\infty)$$

을 이용하여 임의 시각 t에서의 inductor의 통과전류를 구하여라.

답 생략. ■

6.5 Inductor 입력전압이 발생시키는 출력전류

Inductor를 동작시키는 입·출력신호는 전압과 전류이다.

임의 시각에서의 입력전압 $v(t)$가 인가되었을 때, 출력전류 $i(t)$를 구해보자.

예제 1

용량 $L = 1\,\text{H}$인 inductor에 그림과 같은 전압신호가 입력되었을 때, 출력신호 $i(t)$를 구하여라. 단, $i(t_0) = i(-\infty) = 0$, $i(t_0) = i(0) = 0$이다.

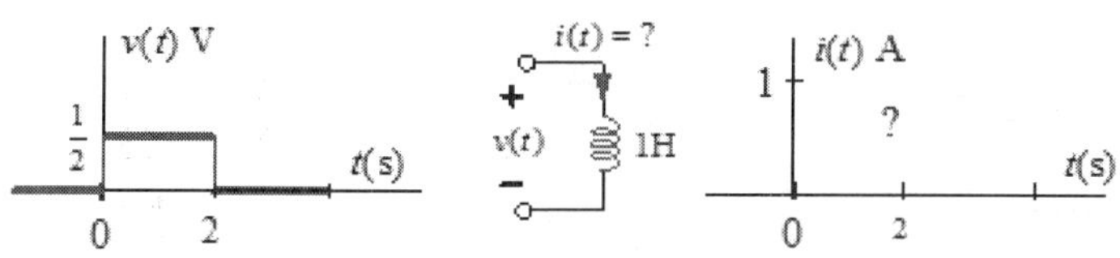

[풀이] $v(t) = \begin{cases} 0 \ , & t \le 0 \\ \dfrac{1}{2} \ , & 0 \le t < 2 \\ 0 \ , & t \ge 0 \text{ s} \end{cases} \quad \Rightarrow \quad i(t) = \dfrac{1}{L}\displaystyle\int_{t_0}^{t} v(\tau)\, d\tau + i(t_0)$

각 구간에서 전압을 적분하여 전류를 구한다.

(i) $-\infty < t \le 0$; $i(-\infty) = 0$이고, $L = 1\text{ H}$ 이므로

$$i(t) = \frac{1}{L}\int_{t_0}^{t} v(\tau)\, d\tau + i(t_0) = \frac{1}{1}\int_{-\infty}^{t} (0)\, dt + i(-\infty) = 0 + 0 = 0$$

(ii) $0 \le t \le 2$; $i(0) = 0$이고, $L = 1\text{ H}$ 이므로

$$i(t) = \frac{1}{L}\int_{0}^{t} v(\tau)\, d\tau + i(0) = \frac{1}{L}\int_{t=0}^{t} \frac{1}{2}\, d\tau + i(0) = \frac{1}{2}t$$

(iii) $t \ge 2$; $i(2) = 1$ 이고, $L = 1\text{ H}$ 이므로

$$i(t) = \frac{1}{L}\int_{2}^{t} v(\tau)\, d\tau + i(2) = \frac{1}{1}\int_{2}^{t} 0\, d\tau + i(2) = 0 + i(2) = 1$$

따라서, 출력신호 $i(t)$는 아래 그림과 같다.

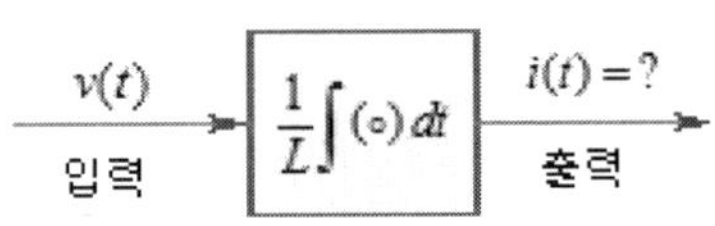

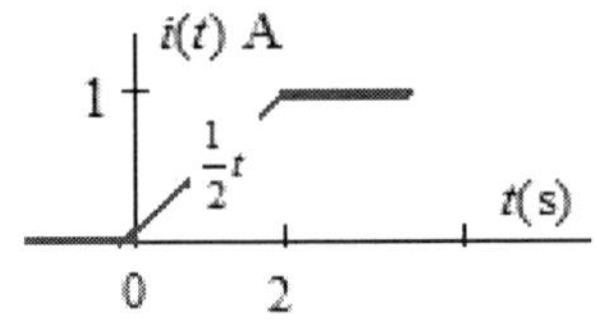

답 풀이 참조. ■

예제 2

인덕턴스 $L = 2\text{H}$인 inductor에 전압신호 $v(t) = e^{-t}$ V가 인가되고 있다. 특정 시각에서 $i_L(0.5) = 1\text{ A}$이라면, 임의 시각에서 인덕터의 통과전류를 구하여라.

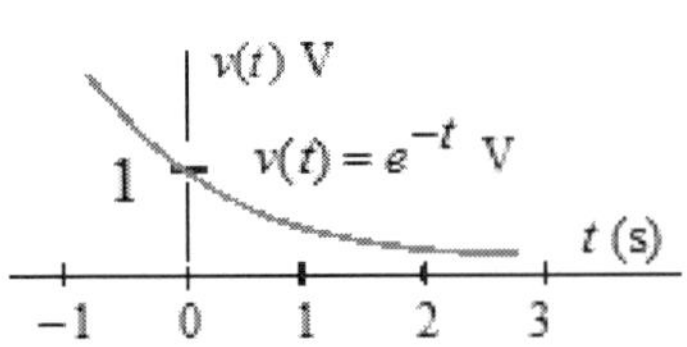

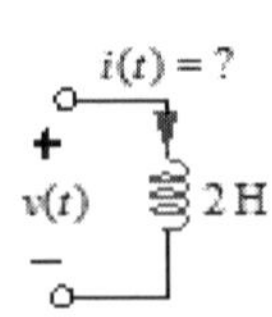

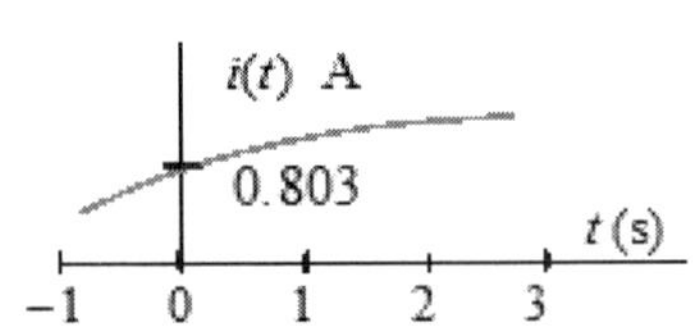

[풀이] 정의식에 의하여

$$i_L(t) = \frac{1}{L}\int v_L(\tau)\,d\tau + k = \frac{1}{2}\int e^{-\tau}\,d\tau + k = -\frac{1}{2}e^{-t} + k$$

초기조건을 대입하면,

$$1 = -\frac{1}{2}e^{-0.5} + k, \quad k = 1 + \frac{1}{2}e^{-0.5} = 1.303$$

$$\therefore i(t) = -\frac{1}{2}e^{-t} + 1.303\ \text{A}$$

답 풀이 참조. ■

문제 ①

용량 $1\,\text{H}$인 inductor의 양단에 인가한 전압이 (a)와 같다. 통과전류를 구하여라.
시간범위 $t \le 0$에서 inductor에는 전압이 인가되지 않았으며, 따라서 inductor의 전류 0이다.
즉 $i(t_0) = i(-\infty) = 0$이다.

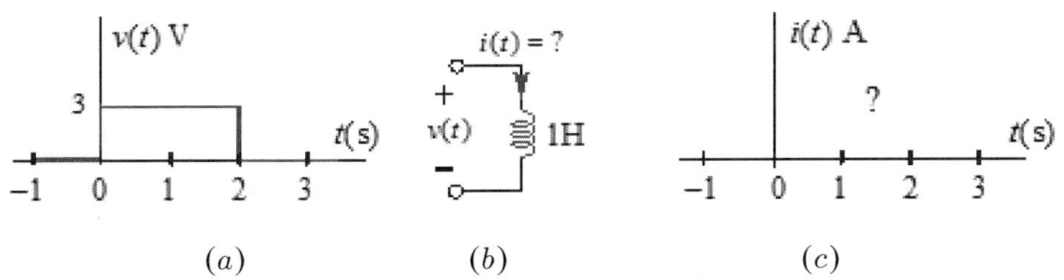

(a) $1\,\text{H}$–inductor에 입력전압 파형 ;
(b) $1\,\text{H}$–inductor ; (c) 적분으로 얻어질 출력전류 파형.

6.6 Inductor에 저장되는 에너지

Inductor에 저장되는 전력(electric power)과 에너지(energy)에 관해서 살펴보자.

1. Inductor가 흡수하는 전력

Inductor가 저장하는 전력은 공급받는 양단전압과 통과전류의 곱으로 주어진다.

$$p(t) = v(t)\cdot i(t) = L\frac{di(t)}{dt}\cdot i(t) \tag{6.8}$$

2. Inductor가 저장하는 에너지

에너지는 inductor 코일 주위 공간의 자계 속에 저장된다. inductor가 저장하는 에너지 $\omega_L(t)$은 전력 $p(t)$을 시간으로 적분하여 구한다. 시간이 t_0부터 t까지 변할 때 커패시터에 인가되는 전압은 $v(t_0)$에서 $v(t)$까지 변한다. inductor의 주변 자계에 저장되는 에너지는 식 (6.8)을 시간 간격 t부터 t_0까지 적분한다.

$$\int_{t_0}^{t} p\ d\tau = L\int_{t_0}^{t} \frac{di(\tau)}{d\tau}\cdot i(\tau)\,d\tau$$

이 식의 좌변은

$$\int_{t_0}^{t} p(\tau)\ d\tau = [w_L(\tau)]_{t_0}^{t} = \omega_L(t) - \omega_L(t_0) \tag{6.9}$$

이고, 식의 우변은

$$\begin{aligned} L\int_{t_0}^{t} \frac{di(\tau)}{d\tau}\cdot i(\tau)\,d\tau &= L\int_{i(t_0)}^{i(t)} di(\tau)\,i(\tau) = L\int_{i(t_0)}^{i(t)} i(\tau)\,di(\tau) \\ &= L\cdot\left[\frac{1}{2}\{i(\tau)\}^2\right]_{i(t_0)}^{i(t)} = \frac{1}{2}L\cdot\left[\{i(t)\}^2 - \{i(t_0)\}^2\right] \end{aligned} \tag{6.10}$$

이다. 두 식이 같으므로, (6.9) = (6.10)로 놓으면,

$$\omega_L(t) - \omega_L(t_0) = \frac{1}{2}L\cdot\left[\{i(t)\}^2 - \{i(t_0)\}^2\right] \tag{6.11}$$

여기서 $t = t_0$ 때, 저장되는 에너지는 $\omega_L(t_0)$ J이고, 통과 전류는 $i(t_0)$ A이다.

식 (6.11)에서, 만일 $t = t_0$ 때, 에너지가 0, 즉 통과전류가 0이라 하면

$$\omega_L(t_0) = 0,\quad i(t_0) = 0$$

이므로, 임의 시각 t에서 inductor에 저장되는 에너지는

$$\omega_L(t) = \frac{1}{2}L\ i(t)^2 \tag{6.12}$$

과 같다. inductor 통과 전류의 제곱에 비례한다.

3. Inductor가 저장하는 영(zero) 에너지의 기준

Inductor의 에너지가 0 일 때의 기준은 어떻게 선택해야 하는가?

에너지가 0 일 때의 기준은 전류가 0 일 때의 에너지를 0이라고 정의한다. 즉, 전류가 0인 순간에 코일에 저장되는 에너지는 0이다. 전류가 0이 아닐 때는, 전류의 방향에

관계없이 에너지가 인덕턴스에 저장된다. 그러므로, 어떤 시간 동안에는 inductor에 에너지를 공급하여 저장할 수 있고, 그 후 어느 시간에는 저장한 에너지를 꺼내 쓸 수가 있다.학적 모델로 표시되는 이상적인 inductor인 경우에는, 에너지를 저장(또는 소비)할 수가 없기 때문에 공급받은 에너지를 **모두 꺼내 쓸 수가 있다.**

(ii) 그러나, 실제의 inductor는 금속의 도선으로 만든 것이어서 저항으로 인한 에너지를 손실이 발생하기 때문에 공급받은 에너지를 **모두(100%) 꺼내 쓸 수가 없다.** 에너지를 저장하는 과정에서도 에너지 손실이 발생하고, 저장된 에너지를 사용하는 과정에서도 에너지 손실이 발생하기 때문이다.

예제 1

용량 $L = 2\,\mathrm{H}$인 inductor에 $i(t) = \cos 100t$ A의 전류가 흐를 때, $t = 0.2$ s에서 저장되는 에너지를 구하여라.

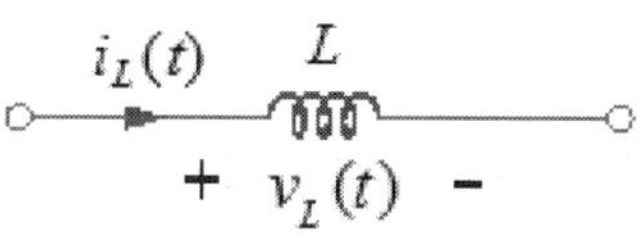

[풀이] 정의식에 대입한다

$$.\omega_C(t) = \frac{1}{2}L\ i^2(t)$$

$$= \frac{1}{2}\times 2\times(\cos 100t)^2 = (\cos 100t)^2$$

따라서.

$$w_C(0.2) = [\cos(100\times 0.2)]^2 = 0.408^2 = 0.167\ \mathrm{J}$$

답 0.167 J. ■

문제 1

그림에서 inductance $L = 2\,\mathrm{H}$인 인덕터에 입력전류

$$i(t) = 1 - e^{-t}\ \mathrm{A}$$

가 인가된다.

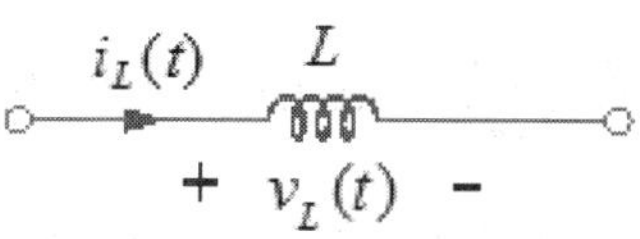

(a) 시각 $t = 2$ s에서 inductor에 공급되는 전력을 구하여라.

(b) 시각 $t = 2$ s에서 inductor에 저장된 에너지를 구하여라.

답 (a) $p(2) = 234$ mW ; (b) $w_C(2) = 748$ mJ. ■

6.7 이상적인 inductor의 성질

Inductor의 정의식

$$v(t) = L\frac{di(t)}{dt} \tag{6.13}$$

로 부터 알 수 있는 여러 가지 성질을 요약하면 다음과 같다.

1. Inductor에 흐르는 전류가 시간에 따라 변하지 않으면 양단 전압은 0이다.
   - 따라서, inductor는 dc에 대해서는 단락회로(short circuit)로 작용한다.

2. Inductor의 양단 전압이 0인 경우에도, inductor에는 일정량의 에너지가 저장될 수 있다.
   - 예를 들어, 일정한 전류가 흐를 때 전압이 0이지만, 일정량의 에너지가 저장된다.

3. Inductor의 통과전류는 순간적으로 변할 수 없다 (관성의 법칙).
   - 왜냐하면, 전류가 순간적으로 변하기 위해서는 무한대의 전압이 인가되어야 하는데, 실제적으로 무한대의 전압이란 존재할 수가 없기 때문이다.
   - Inductor는 inductor를 흐르는 전류의 순간적인 변화에 저항한다.
   - Inductor와 물체를 비유로 말한다면 다음과 같다.
     (i) 순간적인 전압 변화를 인가하는 경우, inductor는 전압 변화에 저항한다.
     (ii) 물체에 순간적인 속도 변화를 인가하는 경우, 물체는 속도 변화에 저항한다.

4. Inductor는 에너지를 결코 소비하지 못하고, 다만 저장할 뿐이다.
   - 이 성질은 수학적 모델로서 표현되는 이상적인 inductor에서만 성립한다.
   - 이 성질은 실제적인 inductor의 경우 직렬 내부저항 때문에 성립하지 않는다.

6.8 Inductor의 연결

3장에서 수동 소자인 저항을 학습하였다. 둘 이상의 저항들이 직렬 and/or 병렬 접속되어 있는 경우 하나의 간단한 등가 저항으로 대치하는 방법을 익혔다. 수동소자들 중의 하나인 inductor 들도 직렬 and/or 병렬 접속되어 있는 경우, 등가회로로 대치가능하다.

1. 직렬연결

그림 6.7의 (a)와 (b)는 등가회로이다. 직렬 연결된 N개 inductors와 1개의 등가 커패시턴스를 나타낸다. 직렬 연결된 N개의 inductors를 하나의 등가 inductor L_{eq}로 대체하더 라도 전류 $i(t)$가 변하지 않아야 한다. 이 조건을 만족시키는 등가 inductor L_{eq}를 구하자.

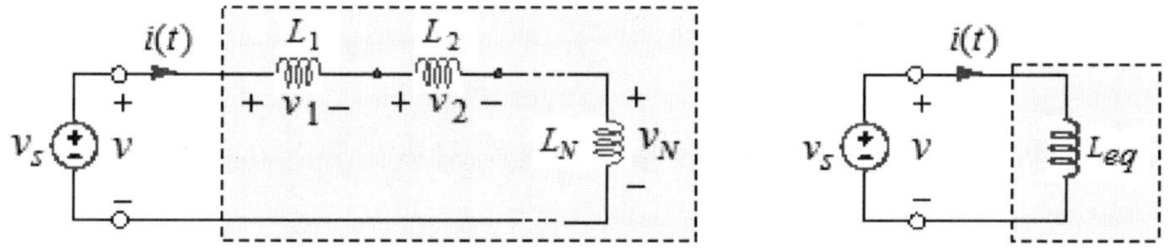

(a) (b)

그림 6.7 (a) 직렬연결된 N 개 inductor ;
(b) 등가회로. $L_{\mathrm{eq}} = L_1 + L_2 + \cdots\cdots + L_N$.

(i) 좌측 회로에 KVL을 적용하면

$$v = v_1 + v_2 + \cdots\cdots + v_N \tag{6.14}$$

이다. 각각의 전압을 전류로 표시하면,

$$\begin{aligned} v(t) &= L_1 \frac{di}{dt} + L_2 \frac{di}{dt} + \cdots\cdots + L_N \frac{di}{dt} \\ &= (L_1 + L_2 + \cdots\cdots + L_N) \frac{di}{dt} \end{aligned} \tag{6.15}$$

더 간결하게 쓰면

$$v(t) = \sum_{n=1}^{N} L_n \frac{di}{dt} = \frac{di}{dt} \sum_{n=1}^{N} L_n \tag{6.16}$$

이다.

(ii) 우측회로의 등가 인덕턴스는,

$$v_s = L_{\mathrm{eq}} \frac{di}{dt} \tag{6.17}$$

이다.

(iii) 두 식을 비교하면 등가 인덕턴스는,

$$L_{eq}=\sum_{n=1}^{N}L_n \tag{6.18}$$

또는

$$L_{eq}=L_1+L_2+\cdots+L_N \tag{6.19}$$

이다.[64]

따라서, N 개의 인덕턴스를 직렬로 연결하였을 때의 등가 인덕턴스는 원래 회로에 있었던 인덕턴스를 모두 합한 하나의 인덕턴스이다.[65]

(iv) 특별한 경우로서, 2개 inductors가 병렬 연결된 경우의 등가 inductor는

$$L_{eq}=\frac{L_1L_2}{L_1+L_2} \tag{6.20}$$

과 같다.

2. 병렬연결

여러 가지 형태로 연결되어 있는 둘 이상의 저항들을 하나의 등가 저항으로 대체하였다. 마찬가지로, 여러 가지 형태로 연결되어 있는 둘 이상의 inductors를 하나의 등가 inductor로 대체할 수 있다.

N 개의 inductors를 병렬연결하였을 때의 등가 인덕턴스를 구하자.

그림 6.8의 (a)와 (b)는 등가회로이다. 병렬 연결된 N개 inductor와 1개의 등가 inductor를 나타낸다. 병렬연결된 N개의 inductors를 하나의 등가 inductor L_{eq}로 대체하더라도 전류원 전류 $i(t)$가 변하지 않아야 한다. 이 조건을 만족시키는 등가 inductance L_{eq}를 구하자.

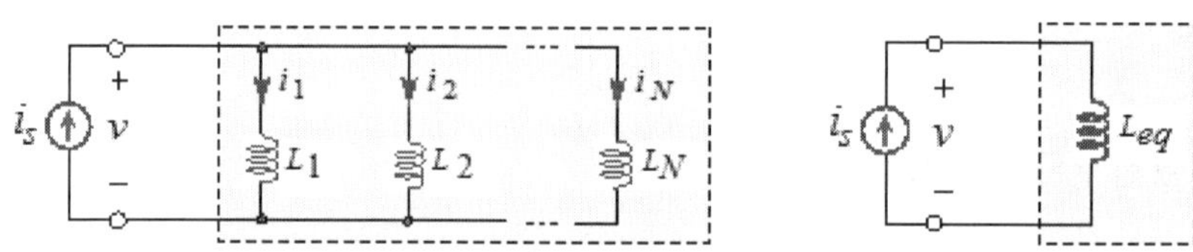

그림 6.8 (a) 병렬연결된 N개 inductors.
(b) 등가회로. $L_{eq}=[1/L_1+1/L_2+\cdots\cdots+1/L_N]^{-1}$

64) 즉, inductor를 직렬 연결하면 저항을 직렬연결 하였을 때와 같은 꼴을 갖는다.
65) 이것은 저항의 직렬접속 때와 같은 결과이다.

(i) 좌측회로에서 KCL을 적용하면

$$i = i_1 + i_2 + . . . + i_N \tag{6.21}$$

이다. 각각의 전류를 전압으로 표시하면,

$$i_s(t) = \frac{1}{L_1}\int_{t_0}^{t} v\,dt + i_1(t_0) + \frac{1}{L_2}\int_{t_0}^{t} v\,dt + i_2(t_0) + . . . + \frac{1}{L_N}\int_{t_0}^{t} v\,dt + i_N(t_0)$$

$$= (\frac{1}{L_1} + \frac{1}{L_2} + . . . + \frac{1}{L_N})\int_{t_0}^{t} v\,dt + i_1(t_0) + i_2(t_0) + . . . + i_N(t_0) \tag{6.22}$$

더 간결하게 쓰면

$$i_s(t) = (\sum_{n=1}^{N} \frac{1}{L_n})\int_{t_0}^{t} v\,dt' + \sum_{n=1}^{N} i_n(t_0)$$

KCL에 의해서 t_0 일 때 $i_s(t_0)$는 각 inductor의 전류의 합과 같다. 따라서,

$$i_s(t) = (\sum_{n=1}^{N} \frac{1}{L_n})\int_{t_0}^{t} v\,dt + i(t_0) \tag{6.23}$$

이다.

(ii) 우측회로에서는,

$$i_s(t) = \frac{1}{L_{eq}}\int_{t_0}^{t} v\,dt + i_s(t_0) \tag{6.24}$$

여기서, $i(t_0)$는 $t = t_0$ 일 때 L_{eq}에 흐르는 전류이다.

(iii) 두 식을 비교하면

$$\sum_{n=1}^{N} \frac{1}{L_n} = \frac{1}{L_{eq}}$$

그러므로, 등가 inductance는

$$L_{eq} = \frac{1}{\sum_{n=1}^{N} \frac{1}{L_n}}$$

또는

$$L_{\text{eq}} = \frac{1}{1/L_1 + 1/L_2 + \cdots\cdots + 1/L_N} \tag{6.25}$$

이다.[66)]

66) 즉, inductor를 병렬 연결하면 저항을 병렬연결 하였을 때와 같은 꼴을 갖는다.

(iv) 특별한 경우로서, 2개 inductors가 직렬연결된 경우의 등가 inductance는

$$L_{eq} = \frac{L_1 L_2}{L_1 + L_2} \text{ H (즉, } \frac{\text{곱}}{\text{합}} \text{ 꼴이다).}$$

로 된다.

예제 1

용량 2 H 짜리 inductor가 10개 있다.

(a) 얻을 수 있는 최대 inductance $L_{\max}$ 값을 구하여라.

(b) 얻을 수 있는 최소 inductance $L_{\min}$ 값을 구하여라.

[풀이] (a) 병렬연결하면 최대용량을 얻는다.

$$L_{\max} = 10 \times 2 \text{ H} = 20 \text{ H}$$

(b) 직렬연결하면 최소용량을 얻는다.

$$L_{\min} = \frac{1}{10} \times 2 \text{ H} = 0.2 \text{ H}$$

답 (a) $L_{\max} = 20$ H ; (b) $L_{\min} = 0.2$ H. ■

6.9 커패시터와 인덕터의 쌍대성

1. 쌍대성의 정의

이 절에서는 KCL 및 KVL 방정을 이용하여 회로에서 성립하는 쌍대성의 개념을 살펴보기로 한다. 쌍대원리는 간단하고 회로의 해석에서 흔히 사용된다. 예를 들어, 직렬 RL 회로를 이미 해석하였다면, 그 결과를 이용하여 병렬 RC 회로를 쉽게 해석할 수 있다. 두 소자 커패시터와 인덕터는 전류 및 전류 물리량으로 정의한다.

커패시터의 정의식은

$$i = C\frac{dv}{dt} \tag{6.26}$$

인덕터의 정의식은

$$v = L\frac{di}{dt} \tag{6.27}$$

따라서, **표 6.1과 같은 대응관계가 성립한다.**

표 6.1 커패시터와 인덕터 쌍대 물리량

	커패시터	인덕터
1	$i = C\dfrac{dv}{dt}$	$v = L\dfrac{di}{dt}$
2	Voltage v	Current i
3	Current i	Voltage v
4	Capacitance C	Inductance L

이와 같이, 한 소자의 정의식이 다른 회로의 정의식 **수학적인 형식이 동일** 할 때 두 소자는 쌍대소자라고 한다. 따라서, 커패시터와 인덕터는 쌍대소자이고, C와 L은 쌍대 물리량이다.

2. 쌍대적인 언어 및 물리량

좀더 확장하여 쌍대적인 언어 및 물리량을 살펴보기로 한다. 두 개의 회로가 있다. 한 회로의 메쉬방정식이 다른 회로의 마디방정식과 **수학적인 형식이 동일** 할 때 두 회로는 쌍대관계에 있다고 말한다. 만일 한 회로의 메쉬방정식이 다른 회로의 마디방정식과 수치까지도 완전히 같으면 두 회로는 완전히 같으면 두 회로는 완전 쌍대관계에 있다고 말한다. 회로의 해석 또는 회로의 동작을 표현하는 언어에도 쌍대성의 개념이 이용된다. 예를 들어, 다음 표현은 쌍대적인 표현이다.

(a) "전압원은 커패시터에 전류를 흐르게 한다."
"전류원은 inductor에 전압이 걸리게 한다."

(b) "전압원이 두 개 mesh로 되어있는 회로를 구동시킨다."
"전류원은 두 개 node로 되어있는 회로를 구동시킨다."

(c) "저항R (단위 Ω), 인덕터 L, 커패시터 C가 직렬연결된 회로이다."
"전컨덕턴스 G, 컨덕턴스 $G(=1/R)$, 인덕터 L 병렬연결된 회로이다."

쌍대성은 메쉬방정식 또는 마디방정식을 바탕으로 하여 정의된다.[67] 표 6.2에 쌍대적인 물리량들을 나타내었다.

67) 비평면회로는 메쉬방정식으로 표현할 수 없기 때문에 쌍대회로를 가질 수 없다.

표 6.2 쌍대 물리량

1	KVL	KCL
2	Voltage v	Current i
3	Node Voltage v	Mesh Current i
4	Charge q	Flux ψ
5	Resistance R	Conductance G
6	Inductance L	Capacitance C
7	Short Circuit	Open Circuit
8	Nonreference node	Mesh
9	Reference node	Outer Mesh
10	Series Circuit Series Branch	Parallel Circuit Parallel Branch
11	Voltage across	Current through
12	Current through	Voltage across
13	Switch Closed	Switch Opened
14	Current–controlled Voltage Source	Voltage–controlled Current Source
15	Thevenin	Norton
16	시계방향의 (+)메쉬전류를 발생시키는 전압원	Reference node에서 Nonreference node로 (+)가지전류를 발생시키는 전류원
17	시계방향의 (+)메쉬전류를 발생시키는 전류원	Reference node에서 Nonreference node로 전압을 상승시키는 전압원
18	직렬 RL 회로	병렬 RC 회로
19	병렬 RLC 회로	직렬 RCL 회로

[주] 18,19의 회로는 이름끼리 대응하는 것이다. 그러나, 소자끼리 대응관계는

"직렬R $\Leftrightarrow$ 병렬G", 직렬L $\Leftrightarrow$ 병렬C, 직렬C $\Leftrightarrow$ 병렬L "

이다.

3. 쌍대관계의 회로망

주어진 회로망의 쌍대 회로망을 두 가지 방법 즉,

(i) 쌍대방정식을 이용하는 방법; (ii) 회로 자체를 이용하는 방법

으로 구해보자. 하나씩 살펴보자.

I. 쌍대 방정식을 이용하는 방법

다음 절차를 따르면 편리하다.

1. 회로 방정식을 세운다.
2. 방정식에서 사용된 물리량들을 쌍대 물리량으로 대체한다.

3. 쌍대 물리량을 대체하여 나타낸 회로 방정식을 만족하는 회로를 찾는다.

그림 6.9와 같이 전압원, R, L, C 소자가 두 개의 mesh를 구성하는 회로망이 주어져 있다. 커패시터의 초기 전압이 $v_C(0)=6\,\mathrm{V}$라고 한다. 이 회로의 쌍대회로를 구해보자.

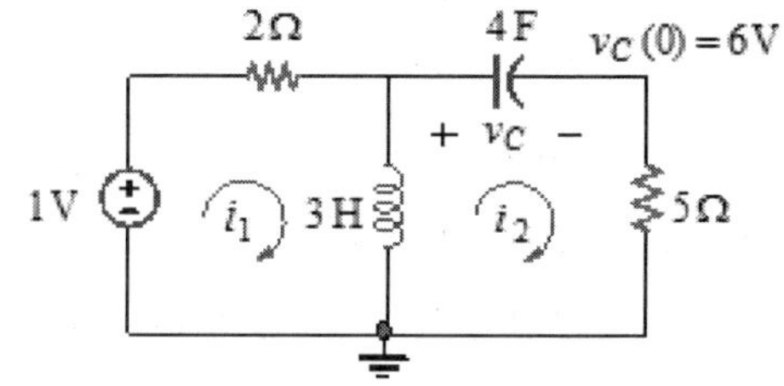

그림 6.9 쌍대회로를 구하기 위한 회로, $V_C(0)=6\,\mathrm{V}$

1. 회로 방정식을 세운다.

메쉬 전류 i_1, i_2가 만족하는 메쉬방정식을 세우면 다음과 같다.

$$\begin{cases} 2i_1+3\dfrac{di_1}{dt}-3\dfrac{di_2}{dt}=1 \\ -3\dfrac{di_1}{dt}+3\dfrac{di_2}{dt}+\dfrac{1}{4}\displaystyle\int_0^t i_2(\tau)\,d\tau+v_C(0)+5i_2=0 \end{cases}$$

커패시터의 초기값 $v_C(0)=6\,\mathrm{V}$을 대입하고 정리하면 다음과 같다.

$$\begin{cases} 2i_1+3\dfrac{di_1}{dt}-3\dfrac{di_2}{dt}=1 \\ -3\dfrac{di_1}{dt}+3\dfrac{di_2}{dt}+\dfrac{1}{4}\displaystyle\int_0^t i_2(\tau)\,d\tau+5i_2=-6 \end{cases}$$

2. 방정식에서 사용된 물리량들을 쌍대 물리량으로 대체한다.

메쉬 전류 i_1, i_2를 마디 전압 v_1, v_2로 바꾸고, inductor

초기전류 $i_L(0)=6\,\mathrm{A}$를 대입 하면 **완전 쌍대관계**에 있는 두 방정식을 얻는다.

$$\begin{cases} 2v_1+3\dfrac{dv_1}{dt}-3\dfrac{dv_2}{dt}=1 & \cdots (1) \\ -3\dfrac{di_1}{dt}+3\dfrac{di_2}{dt}+\dfrac{1}{4}\displaystyle\int_0^t i_2(\tau)\,d\tau+5i_2=-6 & \cdots (2) \end{cases}$$

3. 쌍대 물리량을 대체하여 나타낸 회로 방정식을 만족하는 회로를 찾는다.

노드(node)전압 v_1, v_2를 정의하는 개의 node를 정한다. 식 (1)은 전류원 $1\,\mathrm{A}$가

node 1과 node 0 사이에 연결되어 마디 1로 전류가 흘러 들어감을 나타낸다.[68] 이 식으로부터 2S의 컨덕턴스가 node 1과 node 0 사이에 연결되어 있는 것을 알 수 있다. 두 식에 공통으로 들어있는 커패시터 3F를 마디 1과 2사이에 위치시킨다. 식 (2)의 오른쪽 상수는 $t=0$에서의 inductor 전류 $i_L(0)=6\,\mathrm{A}$를 나타낸다. 그림 6.10은 그림 6.9의 쌍대회로이다.[69]

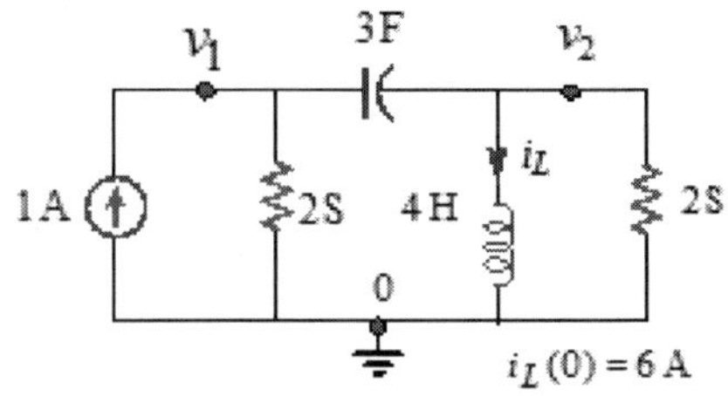

그림 6.10 의 쌍대 회로

II. 회로 자체를 이용하는 방법

1. Inner Mesh 중앙에 Nonreference node 1, 2를, Outer Mesh에 Reference node 0을 점으로 표시한다.[70]
2. Node 0에서 node 1을 도선으로 연결하기 위하여, 소자가지(element branch)를 스쳐 지나가면서, 쌍대 물리량을 도선에 위치시킨다. Node 0에서 node 2를 도선으로 연결하기 위하여, 소자가지를 스쳐 지나가면서 쌍대 물리량을 도선에 위치시킨다.

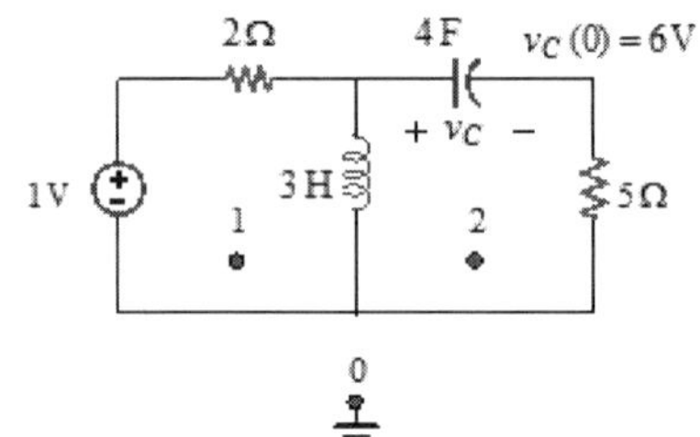

그림 6.11 Mesh 0, 1, 2를 node 0, 1, 2로 대치한다.

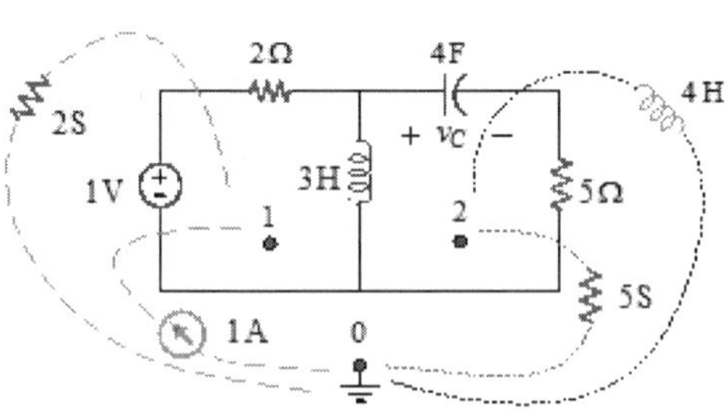

그림 6.12 node : 0 → 1에서 R, 2Ω → G, 2S로 대치
node : 0 → 2에서 R, 5Ω → G, 5S로, C, 4F → L, 4H로 대치

68) Reference node를 편의상 node 0으로 칭하기로 한다.
69) 두 방정식은 계수의 수치까지 완전 일치하기 때문에 두 회로는 완전 쌍대관계에 있다.
70) Inner Mesh를 메쉬 1, 2라고, Outer Mesh를 메쉬 0라고 칭하기로 한다.

3. node 1에서 node 2를 도선으로 연결하기 위하여, 소자가지를 스쳐 지나가면서 쌍대 물리량을 도선에 위치시킨다.

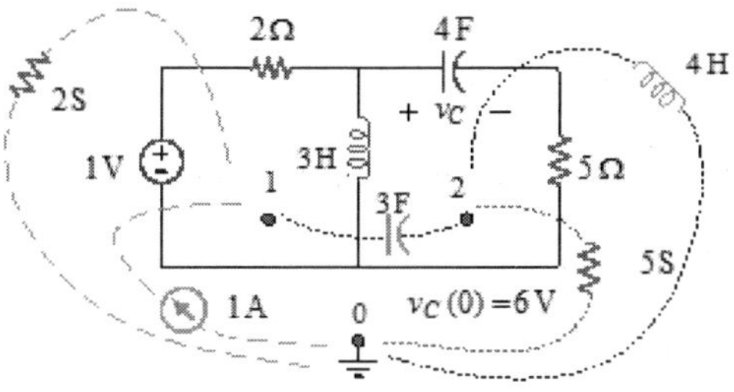

그림 6.13 경로 가지 node : 1 → 2에서 L, 3H → C, 3F로 대치

4. 시계방향의 (+)메쉬전류를 발생시키는 전압원 ⇒
   Node 0에서 Node 1로 (+)가지전류를 발생시키는 전류원

5. 쌍대회로를 그린다.

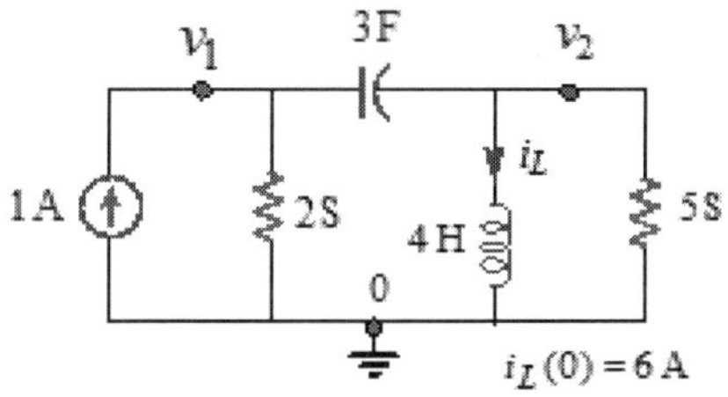

그림 6.14 쌍대회로

Mesh가 3개인 회로를 예를 들어 쌍대회로를 구하는 절차는 다음과 같다.

1. Mesh 중앙에 Nonreference node를,
   Outer Mesh에 Reference node를 점으로 표시한다.

2. Node 0에서 Node 1을 도선으로 연결하기 위하여, 소자가지를 지나 가면서 쌍대 물리량을 도선에 위치시킨다.
   Node 0에서 Node 2를 도선으로 연결하기 위하여, 소자가지를 지나 가면서 쌍대 물리량을 도선에 위치시킨다.
   Node 0에서 Node 3을 도선으로 연결하기 위하여, 소자가지를 지나 가면서 쌍대 물리량을 도선에 위치시킨다.

3. node 1에서 node 2를 도선으로 연결하기 위하여, 소자가지를 지나 가면서 쌍대 물리량을 도선애 위치시킨다.
   node 2에서 node 3을 도선으로 연결하기 위하여, 소자가지를 지나 가면서 쌍대 물리량을 도선애 위치시킨다.

4. 시계방향의 (+)메쉬전류를 발생시키는 전압원 ⇔
   Node 0에서 Nonreference node로 (+)가지전류를 발생시키는 전류원
   시계방향의 (+)메쉬전류를 발생시키는 전류원 ⇔
   Node 0에서서 Nonreference node로 전압을 상승시키는 전압원

예제 1

다음 그림의 회로망에 대한 쌍대회로를 구성하여라.

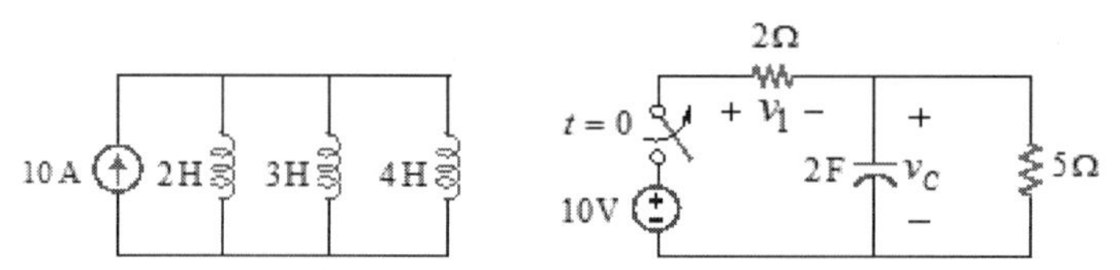

(a) (b)

[풀이] 회로 (a)에 대응하는 쌍대회로는 다음과 같다.

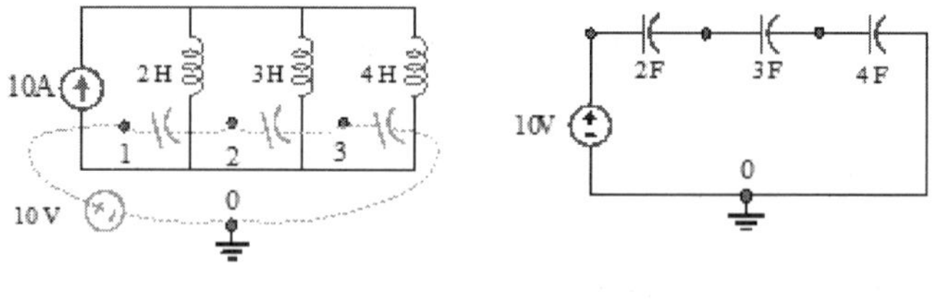

회로 (b)에 대응하는 쌍대회로는 다음과 같다.

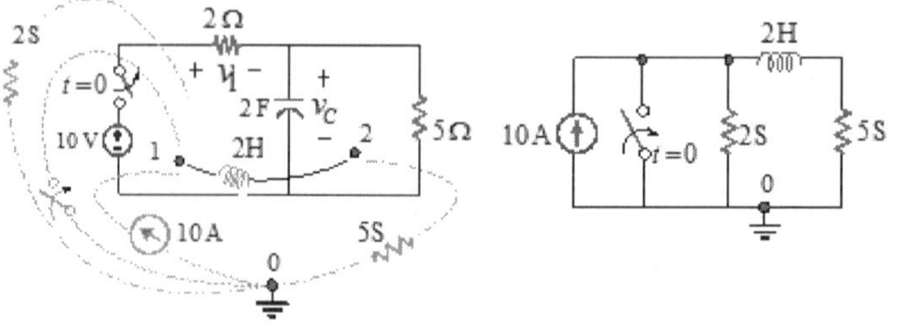

답 풀이 참조. ■

문제 ①

다음 그림의 회로망에 대한 쌍대회로를 구성하여라.

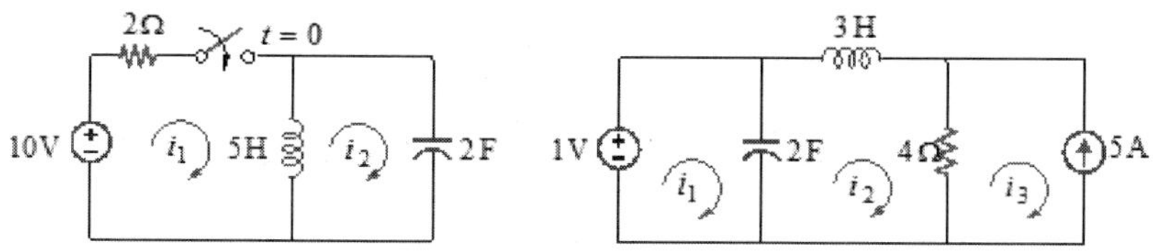

(a) (b)

답 생략. ■

연 습 문 제 A

01 용량 $L = 1\,\mathrm{H}$ 인덕터의 전류가 $i(-\infty) = 1\,\mathrm{A}$, $i(0) = 1\,\mathrm{A}$이다. 입력단에 전압

$$v(t) = \begin{cases} 0 \ , & t < 0 \\ -\dfrac{1}{2} \ , & 0 \leq t < 2 \\ 0 \ , & t \geq 0 \end{cases}$$

이 인가되고 있다. 식

$$i(t) = \frac{1}{L}\int_{-\infty}^{t} v(t)\,d\tau + i(-\infty)$$

을 이용하여 인덕터의 전류파형을 구하여라.

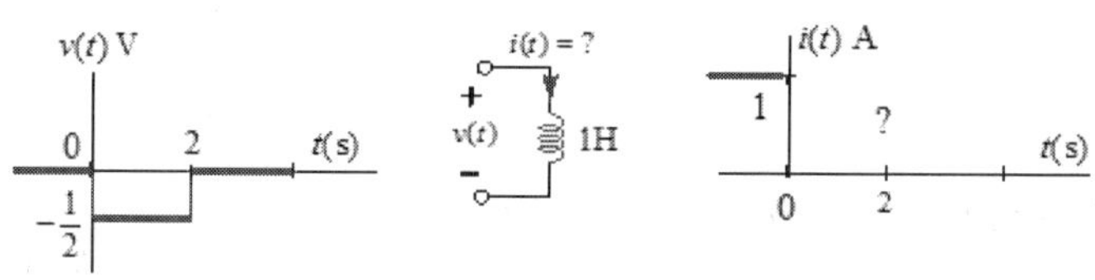

02 용량 $L = 2\,\mathrm{H}$인 인덕터에 흐르는 전류가 다음과 같다. 다음 시각에서 인덕터의 양단 전압을 구하여라.

(a) $t = 0.5\,\mathrm{sec}$; (b) $t = 1.5\,\mathrm{sec}$.

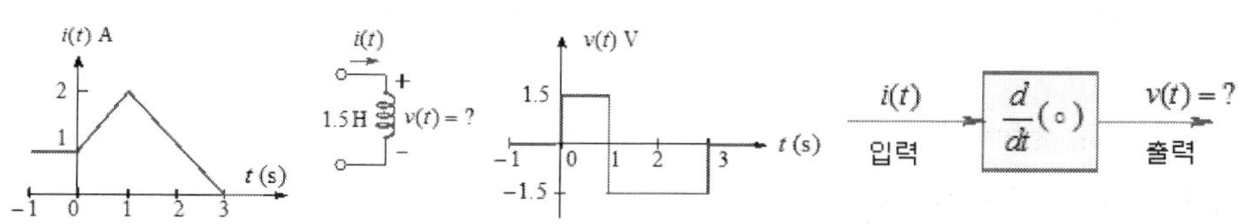

03 인덕터의 입력단에 인가되는 전류 펄스가 다음과 같다.

$$i(t) = \begin{cases} 0, & t < 0 \\ te^{-t}, & t \geq 0 \end{cases}$$

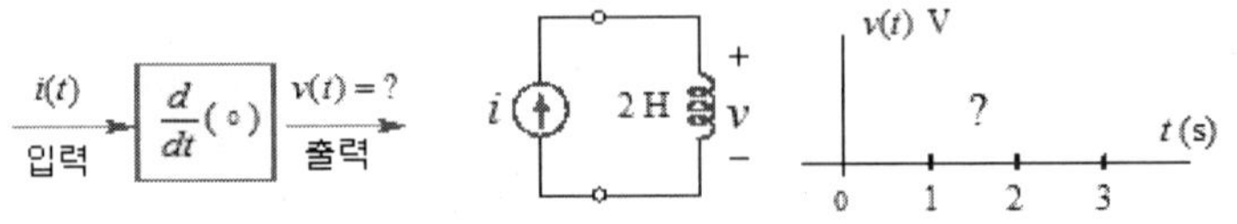

인덕터의 양단전압을 구하여라.

04 용량 $L = 2\,\mathrm{H}$인 인덕터에 흐르는 전류가 $i_L(t)$이다.

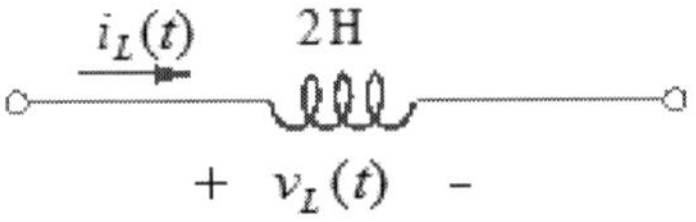

(a) 인덕터의 통과전류가 $i = e^{-t} \cdot \cos(100t)\,\mathrm{A}$이다. 시각 $t = 0$ 일 때의 양단전압을 구하여라.

(b) 조건 $i(0) > 0$에서 저장된 에너지가 e^{-4t} Joule 일 때, 통과 전류와 양단 전압을 구하여라.

(c) 전류 $i(-1) = 3\,\mathrm{A}$, 전압 $v(t) = 6t^2$ 일 경우, 통과전류 $i(t)$와 $i(1)$을 구하여라.

(d) 인덕터의 양단전압이 $v = 4\sin 2t$ A 일 때, $t = 0$에서 저장된 에너지가 $w_L = 5$ Joule 이다. 통과전류 $i(t)$를 구하여라. 단 $i(0) > 0$이다.

05 그림의 회로에서 등가 인덕턴스 L_{eq}를 구하여라.

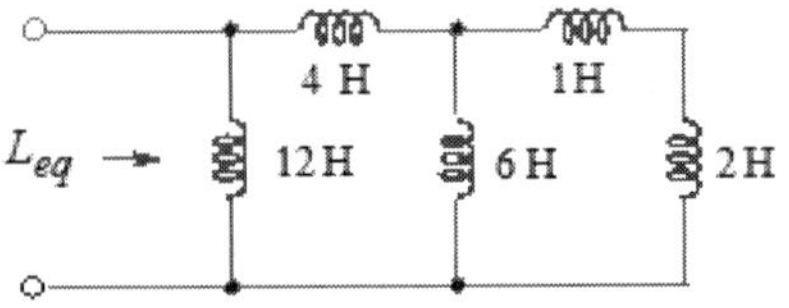

06 그림의 회로에서 $v_C(t) = \cos 3t$ V 이다. 전압 $v_s(t)$를 구하여라.

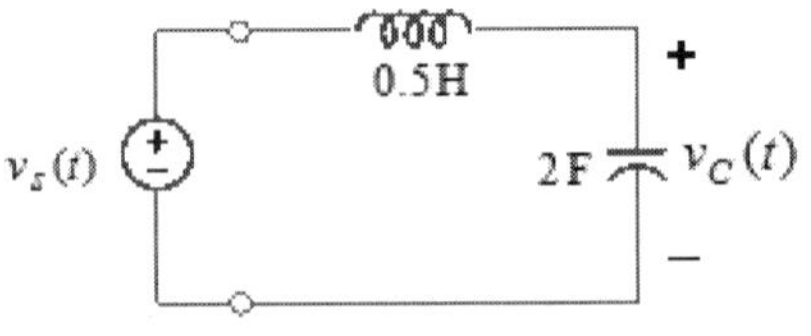

07 전류 $i(t) = \dfrac{1}{1+t^2}$ A 가 $L = 2\,\mathrm{H}$에 인가되고 있다.

(a) 양단 전압을 구하여라.

(b) 전압이 최대인 순간을 구하여라.

08 그림에서 인덕터의 통과 전류는 다음과 같다.

$$i = \begin{cases} 3\cos 2\pi t \text{ A}, & |t| \le 0.1 \\ 0 & , |t| > 0.1 \end{cases}$$

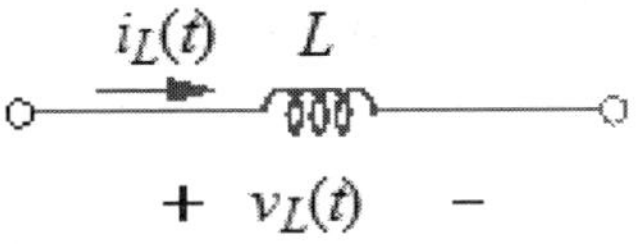

인덕터의 양단 전압을 구하여라.

09 그림에서 인덕터의 통과 전류는 $i = 2\sin 10t$ A이다.

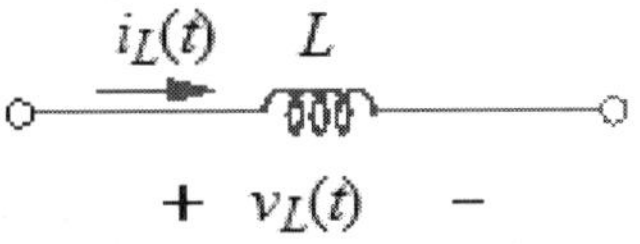

(a) 흡수하는 전력을 구하여라.

(b) 흡수하는 전력이 $p = 30$ W인 순간 $t\ (>0)$를 구하여라.

(c) 흡수하는 전력이 $p = -30$ W인 순간 $t\ (>0)$를 구하여라.

10 용량 $L = 1$ H인 인덕터에서 양단전압 $v_L(t)$과 통과전류 $i_L(t)$가 항상 같고, $t = 0$ sec에서의 통과전류는 3 A이다. 통과 전류 $i_L(t)$을 구하여라.

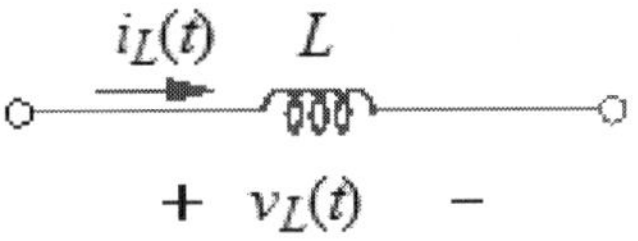

11 용량 $C = 1$ F인 커패시터와 용량 $L = 1$ H인 인덕터를 직렬연결하여 제작한 시스템의 입력단에 전류 $i = 2\sin 2t$를 인가하였다. 시각 $t = 0$에서 $v_C = -2$ V이라고 한다. 시스템에 저장된 에너지를 구하여라.

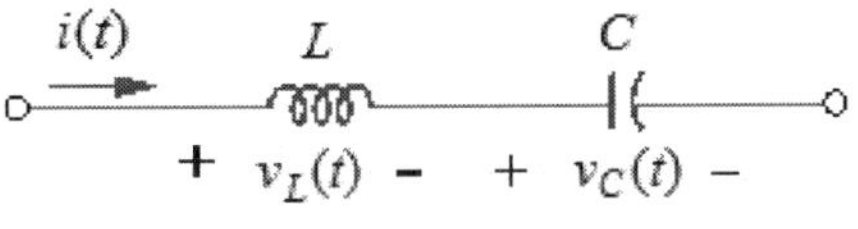

(a) 커패시터의 양단전압 $v_C(t)$를 구하여라.

(b) 인덕터의 양단전압 $v_L(t)$을 구하여라.

(c) 두 소자 시스템에 저장되는 에너지를 구하여라.

12 그림의 회로에서 등가 인덕턴스 L_{eq}를 구하여라. 실제 inductor는 mH, μH, nH를 사용하지만, 여기서는 편의상 H를 사용한다.

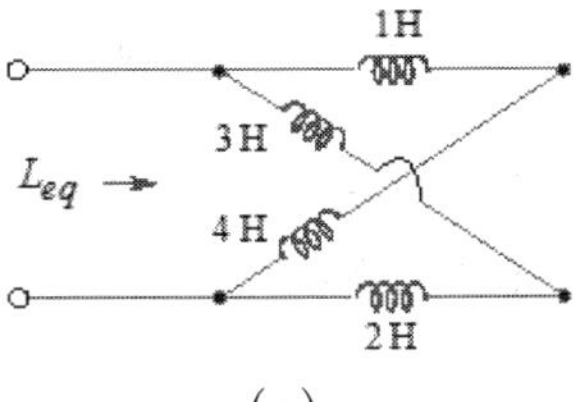

(a)

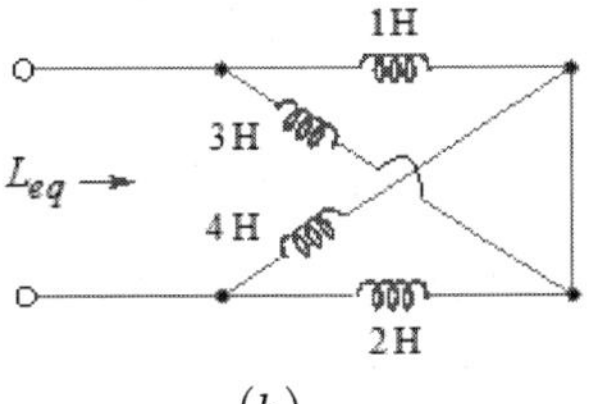

(b)

13 그림과 같은 회로에서 (a) 등가 인덕터 L_{eq} 및 (a) 등가 커패시터 C_{eq}를 구하여라.

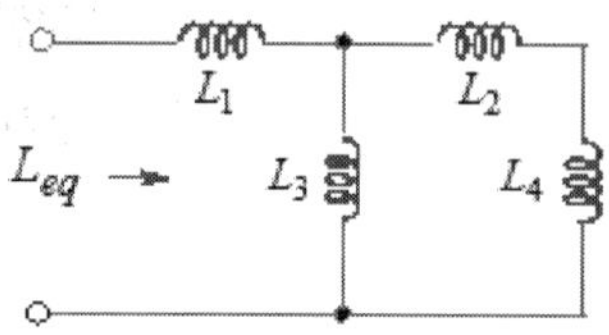

(a)

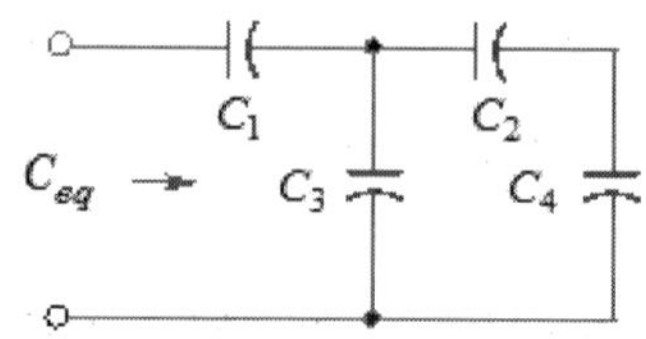

(b)

14 그림의 회로를 동작시키는 전류 $i(t) = 3\sin 3t$ A는 $t = 0$에서 $i(t) = 2$ A 이다.

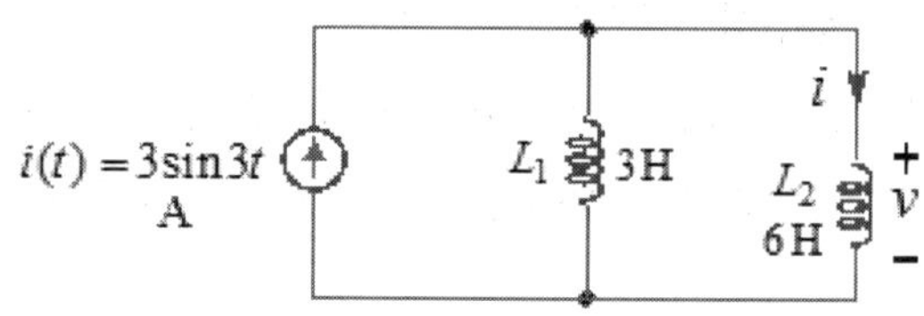

(a) 모든 시간 t에서 $v(t)$를 구하여라.

(b) 시간 영역 $t \geq 0$에서 $i(t)$를 구하여라.

연습문제 B

01 그림에서 주어진 것처럼 전류가 시간의 함수로 주어질 때 $L = 1\,\mathrm{H}$ inductor에 걸리는 전압을 구하여라.

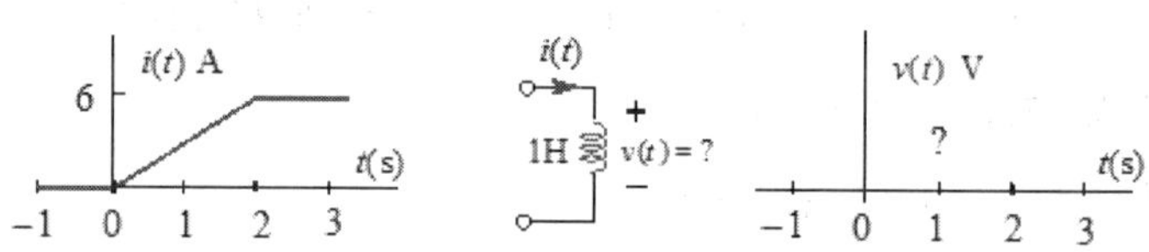

02 유도용량 (inductance) $L = 2\,\mathrm{H}$인 인덕터가 주어져 있다.

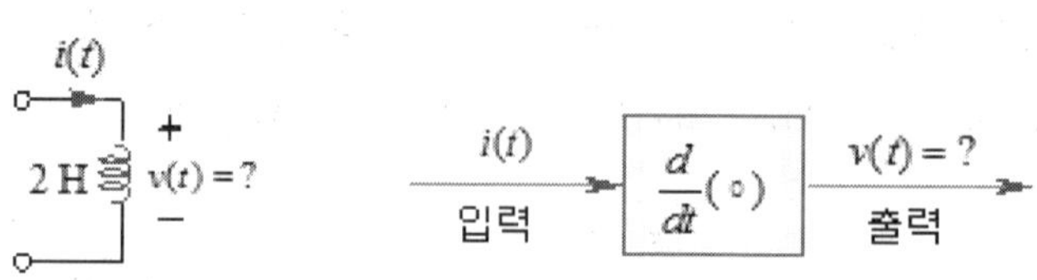

시간이 0 에서 t까지 변하는 동안 인덕터의 입력단에 다음과 같은 전류신호가 인가될 때, 인덕터의 양단에 걸리는 전압신호를 구하여라. 각 신호를 그림으로 나타내어라.

(a) $i(t) = e^{-t}$ A ; (b) $i(t) = 1 - e^{-t}$ A ; (c) $i(t) = \sin \pi t$ A ; (d) $i(t) = 3$ A, $t \geq 0$.

03

인덕터의 입력단에 인가되는 전류 펄스가 다음과 같다.

$$v(t) = \begin{cases} 0, & t < 0 \\ 2te^{-t}, & t \geq 0 \end{cases}$$

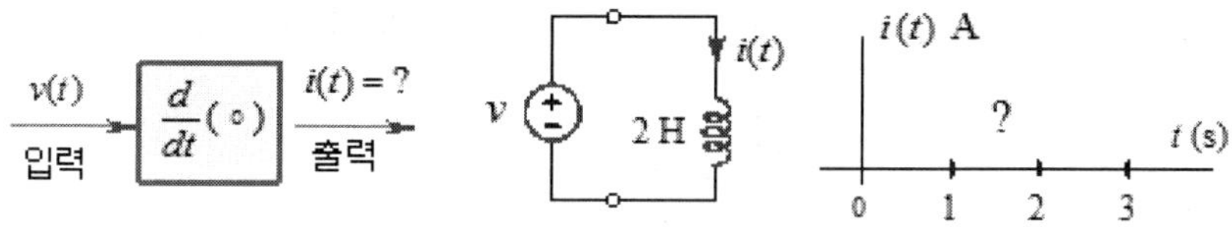

인덕터의 통과전류를 구하여라.

04

그림에서 인덕터는 $L = 2\,\text{H}$이다.

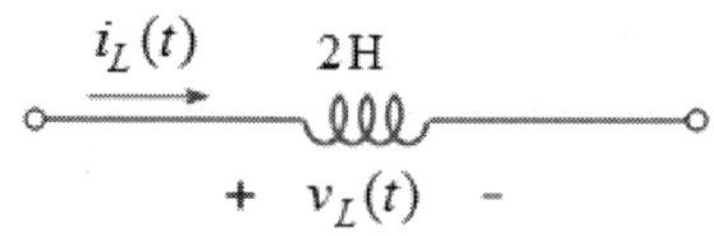

(a) 입력전류 $i(t) = te^{-t}\,\text{A}$일 때 시각 $t = 3\,\text{s}$에서 출력 $v(t)$를 구하여라.

(b) 입력전압$v = e^{-t}\,\text{V}$ 일 때 출력 전류 $i(0) = 2\,\text{A}$이다.

(c) 시각 $t = 0.1\,\text{s}$에서의 $i(t)$를 구하여라.

05

입력 펄스 신호의 상승시간이 $t_r = 1\,\text{sec}$, 하강시간이 $t_f = 1\,\text{sec}$이다. 인덕턴스 $L = 1\,\text{H}$ 인덕터에 흐르는 전류 $i(t)$가 그림과 같을 때 인덕터 전압 $v(t)$을 구하여라[71].

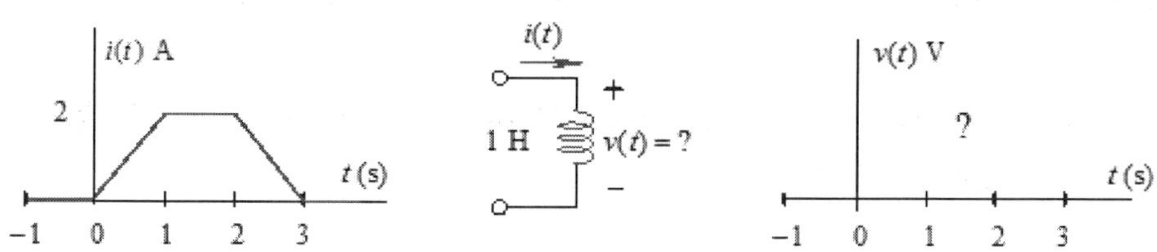

(a) (b) (c)

그림 (a) 입력파형 상승시간이 1초, 하강 시간이 1초

(b) 인덕턴스가 1H 인덕터 ; (c) 출력전압파형, $v = 1 \cdot di/dt$

71) 인덕터의 유도용량(inductance) $L = 1\text{H}$는 너무 커서 실제 쓰이지 않는다. 주로 $L = 1\,\text{mH}$, $L = 2\,\mu\text{H}$, $L = 1\,\text{nH}$ 등으로 사용한다. 그러나, 이 책에서 저자는 개념과 원리를 응용하는 이론을 학습하기 위하여 편리한 수치를 의도적으로 선택하였음을 이해해 주기 바란다.

06

인덕터의 입력단에

(a) 입력 펄스 신호의 상승시간 $t_r = 0.5\ \mathrm{sec}$, 하강시간 $t_f = 0.5\ \mathrm{sec}$

(b) 입력 펄스 신호의 상승시간 $t_r = 0.25\ \mathrm{sec}$, 하강시간 $t_f = 0.25\ \mathrm{sec}$

와 같은 전류신호가 인가되었다. 출단단에 나타나는 전압신호를 구하여라.

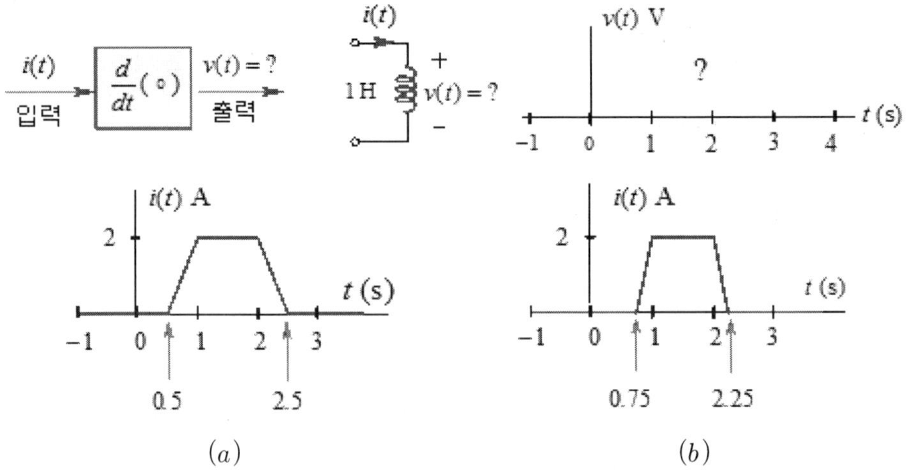

(a) 상승시간이 0.5초, 하강시간이 0.5초

(b) 상승시간이 0.25 초, 하강시간이 0.25초

07

입력 펄스 신호의 상승시간이 $t_r = 0\ \mathrm{sec}$, 하강시간이 $t_f = 0\ \mathrm{sec}$이다. 전류 파형에서 상승 및 강하 시간이 점점 더 짧아 지다가 극한에 가서는 상승시간이 0인 순간을 보자. 전류가 순간적으로 변하는경우이다. 출력 전압파를 그려라.

08

용량 $L = 2\ \mathrm{H}$인 inductor에 걸리는 전압이 $v(t) = 12\cos 3t\ \mathrm{V}$이고, 통과전류가 $i(t = \pi/2) = 2\ \mathrm{A}$ 이다.

(a) 식

$$i(t) = \frac{1}{L}\int_{t_0}^{t} v(\tau)\, d\tau + i(t_0)$$

을 이용하여 임의 시각 t에서의 inductor의 통과전류를 구하여라.

(b) 식

$$i(t) = \frac{1}{L}\int v(t)\, dt + k$$

을 이용하여 임의 시각 t에서의 inductor의 통과전류를 구하여라.

(c) 식

$$i(t) = \frac{1}{L}\int_{-\infty}^{t} v(\tau)\, d\tau + i(-\infty)$$

을 이용하여 임의 시각 t에서의 inductor의 통과전류를 구하여라.

09 그림과 같이, 저항 $R = 0.1\,\Omega$인 코일을 사용하여 제작한 $L = 2\,\mathrm{H}$의 인덕턴스가 정현파 전류원 $i_s = \sin 2\pi t$에 직렬로 연결되어 있다. 사인파 전류가 RL 직렬회로의 입력신호로 인가된다. 저항 $0.1\,\Omega$은 inductor가 갖고 있는 저항이다.

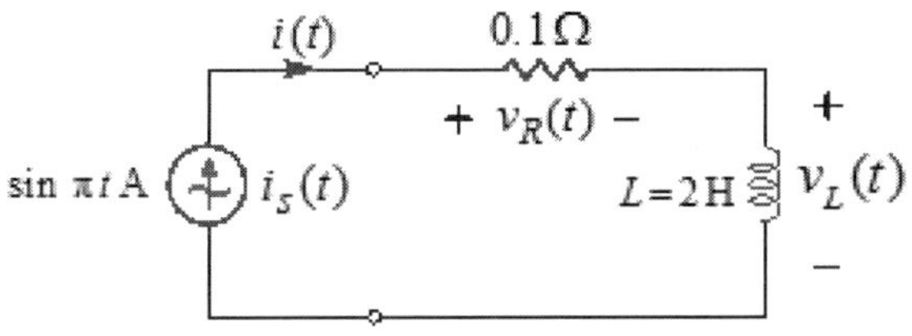

(a) Inductor에 저장되어 있는 최대 에너지를 구하여라.
(b) 에너지를 저장하고 방출시키는 동작의 그래프를 그려라.
(c) 에너지가 inductor에 저장되었다가 반환되는 동안에 저항에서 소비되는 에너지를 구하여라.

07 Chapter

RL 회로

이 장에서는 RL 회로를 학습한다. 회로를 지배하는 미분방정식을 세우고 풀어 보기로 한다. 이 회로는 너무 간단한 회로이므로 그 자체로서는 별로 유용하지는 않지만, 응용 발전시키면 더 복잡하고 실제적인 회로를 해석하는데 편리하게 사용된다.

예를 들어 증폭기, 자동제어 시스템, 연산증폭기, 통신장비 등많은 시스템에서 중요하게 사용되고 있다. 이 회로의 특성을 파악하면, 시간에 따라 빠르게 변하는 입력에 대한 증폭기의 출력을 예측할 수가 있다. 간단한 RL, RC 회로의 동작을 응용하면 증폭기나 모터의 응답 특성을 파악할 수가 있다.

시간 t가 독립변수이고, 전류 $i(t)$ 또는 전압 $v(t)$는 시간에 의존하는 종속변수이다. 미분방정식의 해는, 특정 시각(예 : $t=0,\ 0.5,\ \cdots\ 1\,\mathrm{sec}$, 등)에 인덕터에 저장되어 있는 에너지를 기준값으로 계산하여 얻는다.

Chapter

07 *RL* 회로

예비학습 1 미분방정식

독립변수 t 가 $t=0$에서 t까지 변할 때, 종속변수 $i(t)$는 $i(0)=I_0$에서 $i(t)$까지 변한다. 변수 $i(t)$가 만족하는 상수계수의 1계 선형 제차 상미분 방정식

$$\frac{di(t)}{dt}+\frac{R}{L}i(t)=0$$

을 풀기 위한 4 가지 방법을 살펴본다.

1. 변수분리와 정적분에 의한 풀이

미분 방정식

$$\frac{di(t)}{dt}+\frac{R}{L}i(t)=0 \tag{1.1}$$

을 변형하면

$$\frac{di(t)}{dt}=-\frac{R}{L}i(t) \tag{1.2}$$

이고, 종속변수 $i(t)$와 독립변수 t를 등호의 좌우로 분리하면,

$$\frac{di(t)}{i(t)}=-\frac{R}{L}dt \tag{1.3}$$

가 된다. 식 (1.3)에서

독립변수 t가 $t=0$에서 t까지 변할 때,
종속변수 $i(t)$는 $i(0)=I_0$에서 $i(t)$까지

변한다. 즉, $t=0$에서의 전류는 $i(0)=I_0$, $t=t$에서의 전류는 $i(t)$이다. 양변을 각각 대응하는 아랫 끝과 윗끝의 값으로 정적분하면

$$\int_{I_0}^{i(t)}\frac{di(\tau)}{i(\tau)}=\int_0^t-\frac{R}{L}d\tau$$

아랫 끝과 윗끝의 값을 대입하고 계산하면,

$$\ln i(\tau)-\ln I_0=-\frac{R}{L}(t-0) \tag{1.4}$$

$$\ln\frac{i(\tau)}{I_0} = -\frac{R}{L}t$$

이다. 따라서, 전류 $i(t)$는 다음과 같다.

$$\frac{i(\tau)}{I_0} = e^{-\frac{R}{L}t}$$

$$i(t) = I_0 e^{-\frac{R}{L}t} \tag{1.5}$$

초기조건 $t = 0$일 때의 전류는 $i(0) = I_0$이다. 식 (1.5)은 미분방정식과 초기조건을 만족하는 해이다. 직렬 RL 회로의 자연 응답은 초기 전류 $i(0) = I_0$로부터 지수꼴로 감소하는 응답이다. 그림 7.1은 전류응답을 나타낸다.

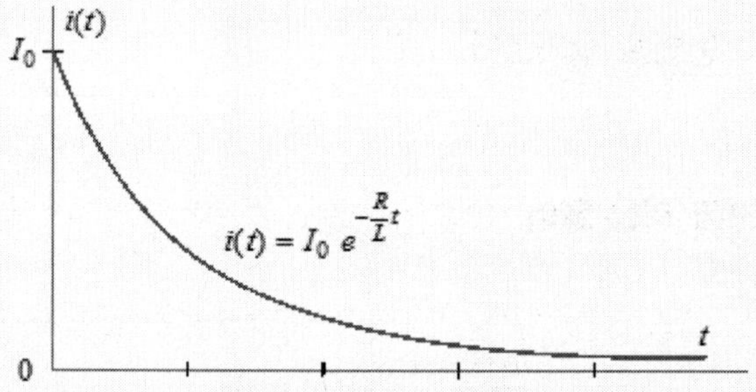

그림 7.1 초기조건 $i(0) = I_0$인 직렬 RL 회로의 전류응답.

2. 변수분리와 부정적분에 의한 풀이

미분 방정식

$$\frac{di(t)}{dt} + \frac{R}{L}i(t) = 0 \tag{2.1}$$

을 변형하면

$$\frac{di(t)}{dt} = -\frac{R}{L}i(t) \tag{2.2}$$

이다. 독립 변수 t 종속변수 $i(t)$를 등식 좌우로 분리한 식의 양변을 부정적분하면,

$$\int\frac{di(t)}{i(t)} = -\int\frac{R}{L}dt \tag{2.3}$$

와 같다. 적분연산을 하고 적분 상수를 나타내면 다음과 같다.

$$\ln i(t) = -\frac{R}{L}t + K \tag{2.4}$$

식 (2.4)에서 적분의 상수 K를 구하기 위하여 초기조건 $i(0) = I_0$를 이용한다. 우변

$t=0$을 대입하여 얻은 $\ln I_0 = K$를 대입하면

$$\ln i(t) = -\frac{R}{L}t + \ln I_0$$

$$\ln \frac{i(t)}{I_0} = -\frac{R}{L}t \tag{2.5}$$

을 얻을 수 있다. 식 (2.5)에서 전류 $i(t)$를 구하면 미분방정식 (2.1)의 해는 다음과 같다.

$$i(t) = I_0 e^{-\frac{R}{L}t} \text{ A} \tag{2.6}$$

3. 지수 함수의 추측에 의한 풀이

교육받은 경험에 의하여 일반해를 가정(추측)을 하여 주어진 미분방정에 대입하고 등식이 성립하도록 가다듬어 가는 방식이다. 간단하면서도 매우 좋은 방법이다. **1계 또는 2계 제차 선형 미분방적식의 해(solution)가 지수함수 꼴이라는 짐작을 하고 이 잠작이 정당함을 확인한다.**[72] 미분방정식

$$\frac{di(t)}{dt} + \frac{R}{L}i(t) = 0 \tag{3.1}$$

의 해가 일반적인 지수함수의 형태

$$i(t) = Ae^{st} \text{ ,} A \neq 0 \text{ or } s \neq -\infty \tag{3.2}$$

를 갖는다고 가정한다. 상수 A와 상수 s_1은 회로의 특성에 의하여 결정된다. 해이므로 방정식에 대입하면 등식이 성립할 것이다. 식 (3.2)에 대입하면

$$Ase^{st} + A\frac{R}{L}e^{st} = 0$$

$$\left(s + \frac{R}{L}\right) \cdot Ae^{st} = 0 \tag{3.3}$$

식 (3.3)에서

$$s = -\frac{R}{L}$$

이므로

$$i(t) = Ae^{-\frac{R}{L}t} \tag{3.4}$$

남아 있는 상수 A는 초기조건 $i(0) = I_0$에 적용하여 계산하면 $A = I_0$이고 식 (3.1)의 해는 다음과 같다.

$$i(t) = I_0 e^{-\frac{R}{L}t} \tag{3.5}$$

72) 좋은 경험을 많이 한 학생은 합리적인 가정을 할 것이다.

4. 특성방정식을 이용한 풀이

일반적인 1계 or 2계 미분방정식을 풀기 위하여 수학에서 자주 사용되는 방법이다. 일반적인 1계 미분방정식은

$$\frac{di(t)}{dt}+\frac{R}{L}i(t)=0 \tag{4.1}$$

이 꼴을 갖는다. 여기서

$$\frac{di(t)}{dt} \text{ 대신 } s^1\text{을}$$

$$i(t) \text{ 대신 } s^0\text{를}$$

대응하면, 특성방정식

$$s+\frac{R}{L}=0 \tag{4.2}$$

을 얻는다. 따라서,

$$s=-\frac{R}{L} \tag{4.3}$$

이다. 미분방정식 (4.1)의 해는 다음과 같다.

$$i(t)=Ae^{-\frac{R}{L}t} \tag{4.4}$$

식(4.4)에서 상수 A는 초기조건 $i(0)=I_0$에 적용하여 계산하면 $A=I_0$이고, 미분방정식 (4.1)의 해는 다음과 같다.

$$i(t)=I_0\,e^{-\frac{R}{L}t} \tag{4.5}$$

예제 1

다음과 같은 1계 제차 선형 미분방정식이 있다.

$$\frac{di(t)}{dt}+\alpha\cdot i(t)=0 \qquad \cdots\cdots\cdots ①$$

(a) **지수함수** $i(t)=Ae^{-2t}$가 **미분방정식** ①의 해(solution)임을 증명하여라.

(b) **해의** $i(0)=5$ 가 일 때, $i(t)=Ae^{-2t}$의 상수값 A를 결정하여라.

[풀이] (a) 해를 **미분방정식에** 대입하면 등식이 성립한다. 1계 도함수

$$\frac{d}{dt}i(t)=\frac{d}{dt}Ae^{-2t}=-2Ae^{-2t}$$

이므로 방정식 ①에 대입하면,

$$(4e^{-2t}) + 5(-2e^{-2t}) + 6(e^{-2t}) = (4 - 10 + 6)e^{-2t} = 0$$

$$\therefore \text{ Q.E.D.}$$

(b) **일반해**

$$i(t) = Ae^{-2t}$$

에서

$$i(0) = Ae^{-2\cdot 0} = A$$

이고,

$$i(0) = 5$$

이므로

$$A = 5$$

이다.

$$\therefore i(t) = 5e^{-2t}$$

이다.

답 $i(t) = 5e^{-2t}$ A. ■

예제 2

다음과 같이 상수계수를 갖는 2계 제차 선형미분방정식이 있다.

$$\frac{d^2}{dt^2}i(t) + 5\frac{d}{dt}i(t) + 6i(t) = 0 \qquad \cdots\cdots\cdots ①$$

(a) **지수함수** $i(t) = e^{-2t}$**가 방정식 ①의 해임을 증명하여라.**

(b) **지수함수** $i(t) = e^{-2t}$**가 방정식 ①의 해임을 증명하여라.**

(c) **지수함수** $i(t) = 3e^{-2t} + 4e^{-3t}$**가 방정식 ①의 해임을 증명하여라.**

[풀이] (a) **지수함수** $i(t) = e^{-2t}$

$$\frac{d}{dt}i(t) = \frac{d}{dt}e^{-2t} = -2e^{-2t}$$

$$\frac{d^2}{dt^2}i(t) = \frac{d}{dt}(\frac{d}{dt}Ae^{-\alpha t}) = \frac{d}{dt}(-2e^{-2t}) = 4e^{-2t}$$

이므로 방정식 ①에 대입하면,

$$(4e^{-2t}) + 5(-2e^{-2t}) + 6(e^{-2t}) = (4 - 10 + 6)e^{-3t} = 0 \quad \therefore \text{ Q.E.D.}$$

(*b*) **지수함수** $i(t)=e^{-3t}$

$$\frac{d}{dt}i(t)=\frac{d}{dt}e^{-3t}=-3e^{-3t}$$

$$\frac{d^2}{dt^2}i(t)=\frac{d}{dt}(\frac{d}{dt}Be^{-3t})=\frac{d}{dt}(-3e^{-3t})=9e^{-3t}$$

이므로 방정식 ①에 대입하면,

$(9e^{-3t})+5(-3e^{-3t})+6(e^{-3t})=(9-15+6)e^{-3t}=0 \quad \therefore$ Q.E.D.

(*c*) **지수함수** $i(t)=3e^{-2t}+4e^{-3t}$

$$\frac{d}{dt}i(t)=-6e^{-2t}-12e^{-3t}$$

$$\frac{d^2}{dt^2}i(t)=-12e^{-2t}+36e^{-3t}$$

이므로 방정식 ①에 대입하면,

$(12e^{-2t}+36e^{-3t})+5(-6e^{-2t}-12e^{-3t})+6(3e^{-2t}+4e^{-3t})$
$=(12-30+18)e^{-2t}+(36-60+24)e^{-3t}=0 \quad \therefore$ Q.E.D.

답 풀이 참조. ■

7.1 전원을 제거하기 전후의 *RL* 회로

1. 전원 제거 전의 *RL* 회로

그림 7.2는 **전원을 제거하기 전에** (시간 $t<0$ 까지) 동작하고 있는 *RL* **회로를 나타낸다.** 스위치가 오랜 시간동안 닫혀 있었으므로, 일정 전류 (시간에 대하여 일정한 전류)가 인덕터에 흐르고 있었다. 따라서, 인덕터는 다음 식을 만족한다.

$$v=L\frac{di(t)}{dt}=0 \tag{7.1}$$

식 (7.1)에 의하여 인덕터는 dc 전류가 흐르면 단락회로가 된다. 즉, 양단전압이 영(0)이다. 따라서 두 저항 R_0, R에는 전류가 흐르지 않고 단락회로의 역할을 하는 인덕터에 일정 전류가 흐르면서 에너지를 저장한다.

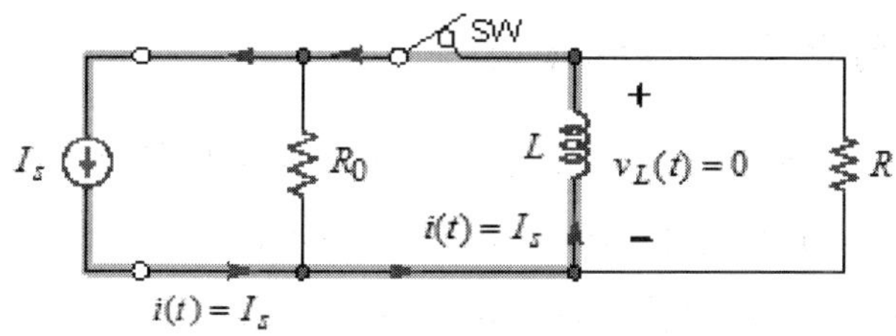

그림 7.2 전원제거 전 (시간 $t < 0$)에 동작하고 있는 RL 회로.

2. 전원 제거 후(시간 $t \geq 0$)의 RL 회로

그림 7.2는 **전원을 제거하는 순간** (시간 $t = 0$)에서의 RL **회로를 나타낸다.**

오랜 시간동안 닫혀있었던 스위치가 한 순간 $t = 0$에서 열리면, 스위치 좌측의 회로와 우측 회로는 분리되어 따로 동작한다.

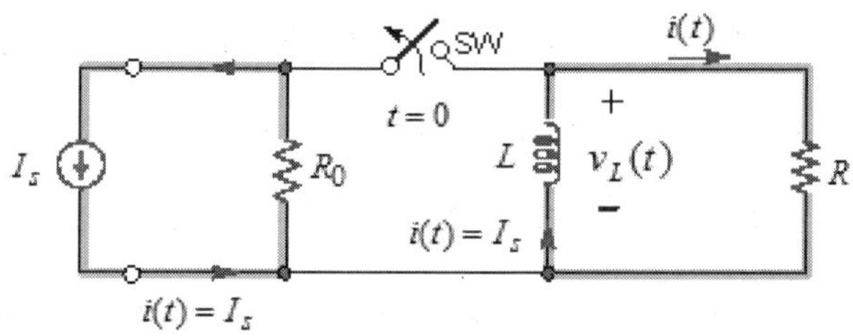

그림 7.3 전원 제거 순간(시간 $t = 0$)에 동작하고 있는 RL 회로.

스위치 우측의 회로는 전원 없이 동작하는 RL 회로이다. 이 회로를 구동시키는 입력 신호는 $t < 0$에서 인덕터에 저장되어 있던 에너지이다. 에너지에 의하여 전류 $i(0) = I_0$ A로 동작을 하게 된다.

그림 7.3은 **전원을 제거한 후에 동작하는** 저항R과 인덕터 L로 구성된 RL회로이다.

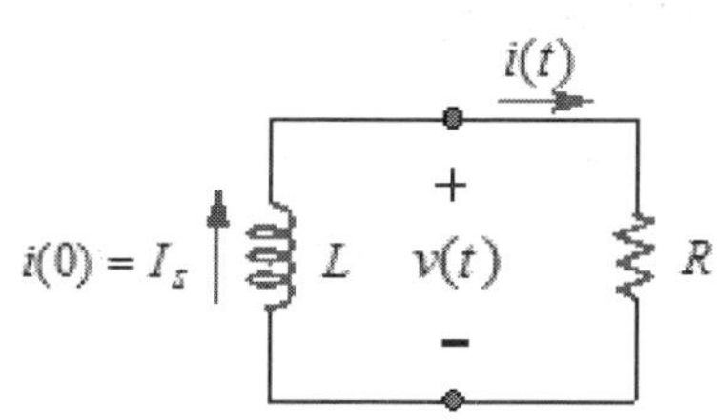

그림 7.4 전원 제거 후(시간 $t \geq 0$)에 동작하고 있는 RL 회로.

시간에 따라서 동작하는 RL 회로를 나타내는 미적분 방정식을 세우고, 풀어서 얻은 해의 특성을 해석한다. 시간 t이 독립변수이고, 전류 $i(t)$는 시간에 의존하는 종속변수이다. 미분방정식은 상수계수를 갖는 1계 선형 재차 선형 상미분 방정식이다.

7.2 자연응답과 강제응답의 개념

그림 7.5와 같이, 전원이 제거된 후에 동작하는 직렬 RL회로를 지배하는 미분방정식의 해는 특정 시각 $t=0$에 인덕터의 자기장(magnetic filed)에 저장되어 있는 전기에너지가 저항에서 열(heat)로 소비되는 추세(trend)에 의하여 얻어진다.[73] 미분방정식을 만족시키는 독립 변수 t로 표현된 식을 유도하여야 한다. 미분방정식의 해가 회로의 응답을 나타내는 식이다.

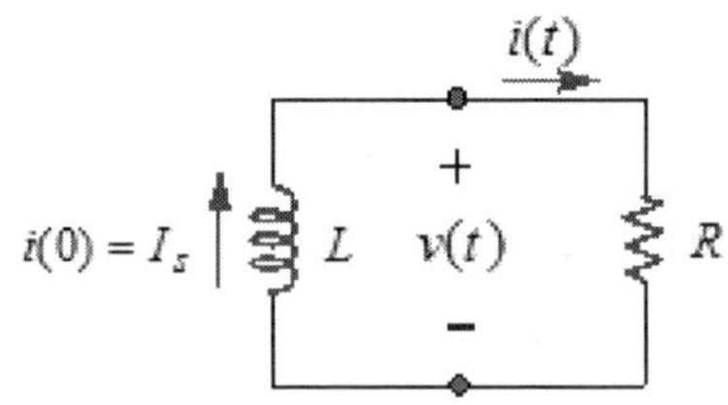

그림 7.5 전원제거 후 (시간 $t \geq 0$)에 동작하고 있는 RL 회로.

회로의 응답은 회로의 일반적인 성질(소자의 종류 및 값, 소자들의 상호연결 상태 등)에 따라서 결정되므로 **자연 응답**(natural response)이라 부른다.

(1) 전원이 제거된 후에 동작하는 RL 회로 에서는 인덕터에 저장되어 있는 에너지에 의하여 동작한다. 저장되어 있는 에너지는 저항에 의하여 열로 소모되기 때문에, 회로를 흐르는 응답전류는 지수함수의 형태로 점점 감소하여 무한대 시간이 경과하면 결국에 전부 소멸하게 된다. 이 응답은 지수함수 형태로 감소하는 꼴을 가지고 시간이 무한대로 진행함에 따라 소멸하므로 **과도 응답**(transient response)이라고도 한다. **수학에서는** 재차 선형 미분방정식을 풀어서 얻은 해로서 **보조함수**(complementary function)라고 부른다.

(2) 회로에 독립 전원이 인가되는 동안, 전원에 의하여 나타나는 응답은 전원(구동 함수)의 형태의 특성을 나타내게 된다. 이를 **강제 응답**(forced response) 또는 **특수해**(particular solution)라고 한다.

따라서, 동작하는 회로의 완전응답은

73) "전원이 없이 동작한다. 전원이 제거된 후에 동작한다."는 의미는 에너지를 공급하던 전원이 제거된 후, 저장되어 있던 내부 에너지에 의하여 동작한다는 의미이다.

(1) 전원이 제거된 상태에서 회로의 내부에너지에 의한 응답 즉, 보조응답(complementary response) [74]과

(2) 인가되는 전원에의한 응답 즉, 강제 응답의 합으로 주어진다.

강제 응답과 보조 응답(complementary response)의 합이 완전 응답이다. 다시 말해서

완전 응답 = 자연 응답 + 강제 응답

이다.

몇 가지 방법을 사용하여 미분방정식을 풀어보자. 미분방정식을 수학적으로 푸는 것 자체가 회로 해석은 아니다. 어떤 방법으로 풀었든지 상관없이, 풀어서 얻은 해의 의미를 물리적으로 해석하고 응용하는 작업이 더 중요한 일이다.

7.3 메쉬 전류의 계산

그림 7.6은 $t=0$에서 전원이 제거된 이후의 RL 회로를 나타낸다. 회로를 동작시키는 원인(cause)은 인덕터이다. 결과(effect)는 회로를 흐르는 전류는 $i(t)$이다. 초기의 전류 즉 $t=0$인 순간의 전류를 $i(t)=0$ 또는 $i(0)=I_0$라고 한다.

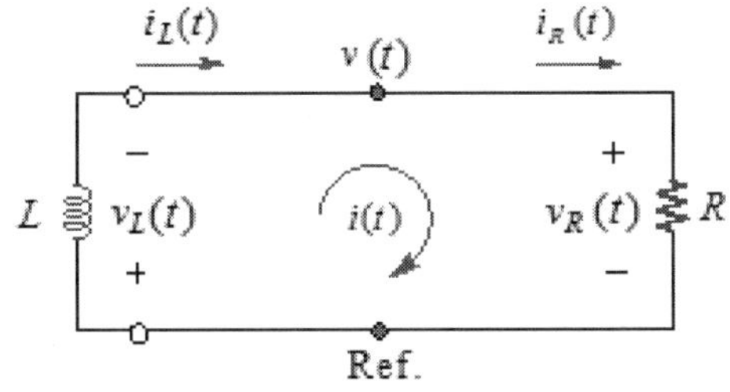

그림 7.6 전원제거 후(시간 $t \geq 0$) 메쉬전류로 동작하고 있는 RL 회로.

회로에서 KVL 방정식을 세우면 다음과 같다. 그림에서 node 전압을 $v(t)$로 정하면, 인덕터와 저항양단의 전압은

$$v_L(t) = -v(t),\ \ v_R(t) = v(t) \tag{7.2}$$

이다. 수동소자 부호규칙에 의하여 mesh에 KVL 방정식을 세우면

74) 전원이 없는 응답 = 자연응답 = 과도응답 = 자유응답 = 보조함수=보조응답

$$v_L(t) + v_R(t) = 0 \tag{7.3}$$

이므로,

$$v_L(t) = L\frac{di(t)}{dt}$$

$$v_R(t) = R \cdot i(t)$$

$$\frac{di(t)}{dt} + \frac{R}{L}i(t) = 0 \tag{7.4}$$

과 같다. 초기조건은 $t=0$에서의 값이 I_0이다. 몇 가지 방법을 사용하여 미분방정식 (7.4)를 풀어서 얻은 해 $i(t)$는 다음과 같다,

$$i(t) = I_0 e^{-\frac{R}{L}t}$$

인덕터 L의 양단전압은 다음과 같다.

$$v_L(t) = L\frac{di(t)}{dt} = L\frac{d}{dt}I_0 e^{-\frac{R}{L}t} = L \cdot I_0 \left(-\frac{R}{L}\right) \cdot e^{-\frac{R}{L}t}$$

$$= (-I_0 R) \cdot e^{-\frac{R}{L}t} = -V_0 \cdot e^{-\frac{R}{L}t} \text{ V}, \ t \geq 0^+$$

저항 R의 양단전압은 다음과 같다.

$$v_R(t) = R \cdot i(t) = RI_0 e^{-\frac{R}{L}t}$$

$$= V_0 e^{-\frac{R}{L}t}, \ t \geq 0^+$$

예제 1

그림 7.7과 같은 회로는 $t=0$에서 전원이 제거된 후애 동작하는 RL회로이다. 순간 $t=0$에서 $i_L = 5\text{A}$일 때, $t>0$에서 성립하는 $i_L(t)$의 표현식을 구하여라.

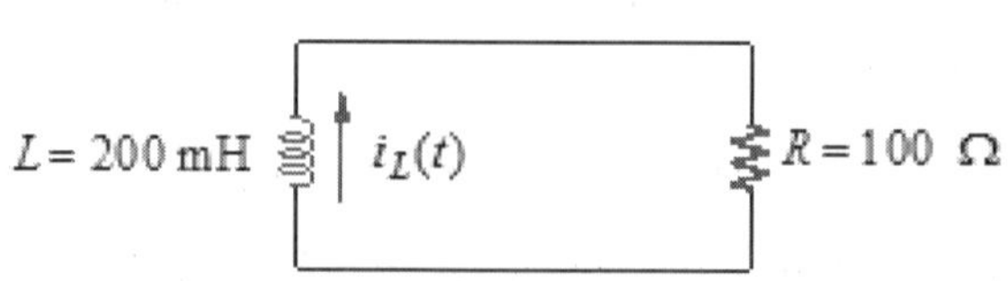

그림 7.7 전원없이 동작하는 RL회로

[풀이] 그림 7.8과 같이 인덕터에 흐르는 mesh 전류를 $i(t)$로 표시하자.

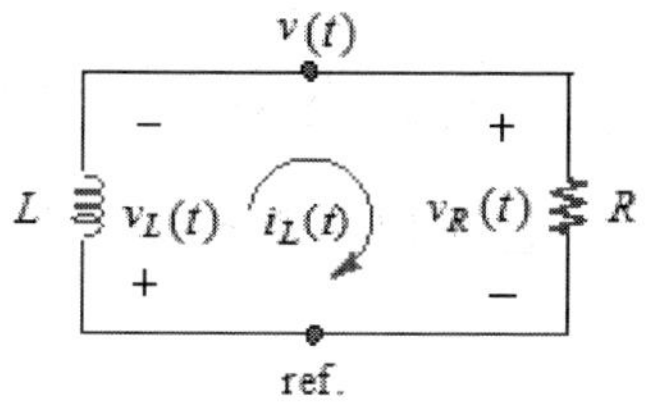

그림 7.8 전원없이 동작하는 RL회로

회로를 지배하는 미분방정식은 다음과 같다.

$$\frac{di_L(t)}{dt}+\frac{R}{L}i(t)=0,\ i_L(0)=I_0$$

인덕터를 흐르는 전류는 다음과 같다.

$$i_L(t)=I_0e^{-(R/L)t}$$

여기서, $R=100\,\Omega,\,L=20\,\mathrm{mH}$이고 I_0는 $t=0$에서 인덕터에 흐르는 초기전류이다.

$$i_L(t)=5\cdot\exp\left(-\frac{100}{20\times10^{-3}}\right)t=5e^{-5000t}$$

정리하면

$$i_L(t)=5e^{-5000t}\ \mathrm{A}$$

이다.

답 $i_L(t)=5e^{-5000t}$ A. ■

문제 ①

아래 그림과 같이, 순간 $t=0$에서 전원이 제거 된 후에 동작하는 RL 회로에서 시간 $t\geq 0$에서 인덕터를 흐르는 전류 $i_L(t)$는 다음과 같다.

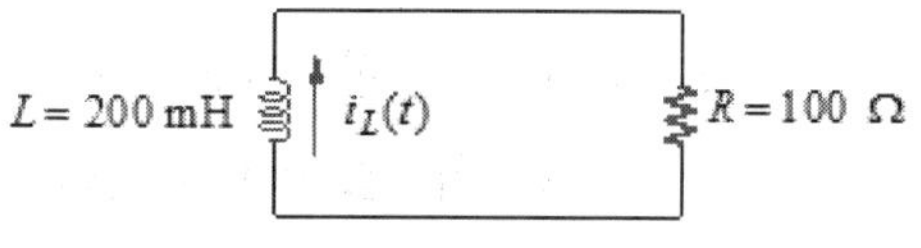

$$i_L(t)=5e^{-5000t}\ \mathrm{A}$$

(a) 순간 $t=0$ $t>0$에서 $i_L(t)$의 그래프를 그려라.

(b) 순간 $t=50\mu\mathrm{s}$ 일 때의 값을 나타내라.

(c) 순간 $t=0.2\,ms$ 일 때의 값을 나타내라.

답 (a) $i_L(t)=5e^{-5000t}$ A ; (b) $i_L(t)=2.8117$ A ; (c) $i_L(t)=1.8394$ A. ■

7.4 *RL* 회로의 지수함수 응답의 성질

예비학습 1

(a) 기울기 m이고, 점 $P(x_1, y_1)$을 지나는 직선의 식을 구하여라.

답 $y = m(x - x_1) + y_1$. ■

(b) 기울기 $m = -I_0\dfrac{R}{L}$이고, 점 $P(0, I_0)$을 지나는 직선의 식을 구하여라.

답 $y = -I_0\dfrac{R}{L}(x-0) + I_0 = -I_0\dfrac{R}{L}x + I_0$. ■

시간 $t < 0$ 동안 *RL* 회로에 에너지를 공급하던 전원이 $t = 0$에서 제거되면, 회로는 인덕터에 저장되어 있던 에너지에 의하여 구동된다.

시간 $t \geq 0$ 동안 전원 제거 후 동작하는 *RL* 직렬 회로의 전류응답은 시간이 경과함에 따라 지수함수의 형태로 점점 감소하는 형태

$$i(t) = I_0 e^{-\frac{R}{L}t}, \ t \geq 0 \tag{7.5}$$

를 가짐을 확인하였다. 초기의 순간 $t = 0$일 때의 전류

$$i(t=0) = I_0 e^{-\frac{R}{L}(t=0)} = I_0 \tag{7.6}$$

를 초기 전류라 한다. 이 식은 다음 성질을 갖는다.

1. 초기의 순간 $t = 0$일 때의 전류는 $i(t=0) = I_0$ 이다.
2. 시간이 증가함에 따라 전류는 단조 감소하고, 시간이 무한대로 커지면, 전류는 최종값 0에 접근한다.
3. 지수의 값 R/L이 크면 그래프는 급격하게 감소하므로 최종값에 빨리 접근하고 작으면 완만하게 감소하므로 최종값에 천천히 접근한다.

그림 7.9는 t에 따라서 감소하는 전류 $i(t)$ 나타낸다. 전류가 $t = 0$에서 가장 급격한 변화율로 감소하고 있다. 같은 비율로 감소해서 0이 될 때까지의 시간을 구해보자.

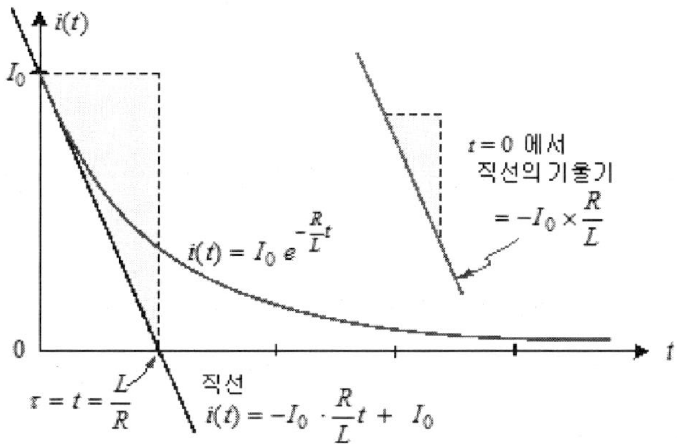

그림 7.9 지수함수 $i(t)=I_0 e^{-\frac{R}{L}t}$, $t \geq 0$의 그래프.

초기 순간 $t=0$에서의 감소 변화율은 얼마인가? 감소의 초기 비율은 $t=0$에서 지수함수

$$i(t)=I_0 \cdot e^{-\frac{R}{L}t} \tag{7.7}$$

를 미분하여 얻는다. 양변을 미분하면,

$$\frac{d}{dt}i(t)=-I_0 \cdot \frac{R}{L} \cdot e^{-\frac{R}{L}t} \tag{7.8}$$

이다. 순간 $t=0$에서의 접선의 기울기 m은

$$m=-I_0 \cdot \frac{R}{L} \tag{7.9}$$

이다. 이 접선이 점 $(0, -I_0\frac{R}{L})$를 지나므로 구하는 직선은,

$$i(t)=-I_0 \cdot \frac{R}{L}(t-0)+I_0,\ \ i(t)=-I_0 \cdot \frac{R}{L}t+I_0 \tag{7.10}$$

이다. 이 직선이 t-축을 지나는 점은

$$(\frac{L}{R}, 0)$$

이다. 이 점은 전류 $i(t)$가 초기값 I_0에서 0이 될 때까지 걸리는 시간이다. 이 시간을 시정수 τ(타우)라고 정의한다.

$$\text{시정수}=\tau=\frac{L}{R}\ \text{초(sec)} \tag{7.11}$$

지수 함수

$$e^{-\frac{R}{L}t} \tag{7.12}$$

에서 지수 $-\frac{R}{L}t$의 차원(dimenless)이 영(0) 차원이므로, 비(ratio) 값 $\frac{R}{L}$의 단위는 초(sec)이다.

그래프에서 직렬 RL 회로의 시상수를 구할 수 있다. 응답곡선 위의 한 점 $(0,\ I_0)$에 접선을 긋는다. 접선이 그려 시간 축과 만나는 점이 시정수 τ(타우)이다.

그림 7.10은 직렬 RL 회로를 흐르는 전류의 시정수 $\tau = L/R$를 나타낸다.

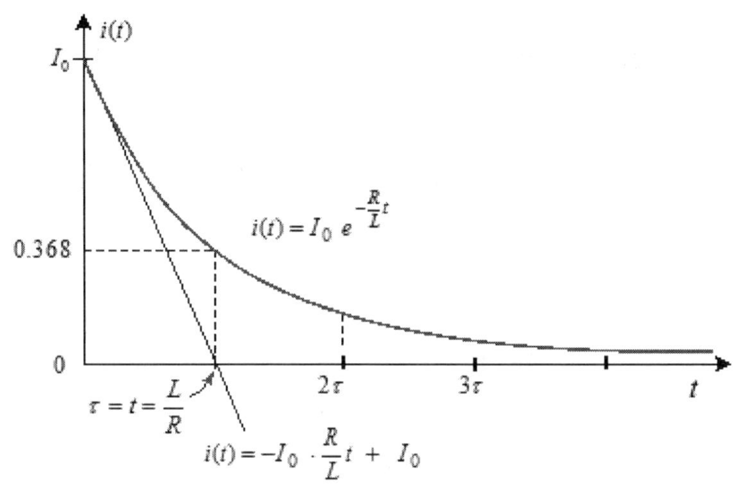

그림 7.10 직렬RL 회로를 흐르는 전류의 시정수 $\tau = L/R$.

시정수 $t=\tau$ 일 때 전류값은 얼마인가? 전류의 식

$$i(t) = I_0 e^{-(R/L)t} \tag{7.13}$$

에

$$t = \tau = \frac{L}{R} \tag{7.14}$$

을 대입하면,

$$i(\tau) = I_0 e^{-1} = 0.3679\, I_0 \tag{7.15}$$

이다. 그러므로 $t=\tau$ 일 때, 응답 전류는 초기값 I_0의 36.8%가 된다.

시간이 더 경과하여 τ의 값이 증가함에 따라 전류응답은 감소한다. 시간에 따라서 감소하는 값은

$t=\tau$ 일 때 $0.3679\,I_0$

$t=2\tau$ 일 때, $0.1353\ \ I_0$,

$t=3\tau$ 일 때 $0.04979\ \ I_0$,

$t=4\tau$ 일 때 $0.01832\ \ I_0$,

$t=5\tau$ 일 때 $0.006738\ \ I_0$

이다. 표 7.1은 초기값 $I_0=1$인 경우, $t=\tau$에서 $t=10\tau$에서의 $e^{-t/\tau}$의 값을 나타내고 있다.

표 7.1 초기값이 I_0 인 경우 $t=\tau$에서 $t=10\tau$에서의 $e^{-t/\tau}$의 값

시간	$e^{-t/\tau}$의 값	시간	$e^{-t/\tau}$의 값
$t=\tau$	$e^{-t/\tau}=3.6788\times10^{-1}$	$t=6\tau$	$e^{-t/\tau}=2.4788\times10^{-3}$
2τ	1.3534×10^{-1}	7τ	9.1188×10^{-4}
3τ	4.9787×10^{-2}	8τ	3.3546×10^{-4}
4τ	1.8316×10^{-2}	9τ	1.2341×10^{-4}
5τ	6.7379×10^{-3}	10τ	4.5400×10^{-5}

그림 7.11은 직렬RL 회로를 흐르는 전류의 시정수 $\tau=L/R$을 기준으로 한 시간 τ, 2τ, 3τ를 나타낸다. 직렬RL 회로를 흐르는 전류는 $t=\tau$에서 초기값의 약 36.8%, $t=2\tau$에서 약 13.5%, $t=3\tau$에서 4.9%까지 감소한다. $t=3\tau\sim5\tau$에서 전류는 초기값에 비해 무시할 수 있을 정도로 작은 값을 갖는다고 간주한다. 또는 최종값 0에 도달하였다고 간주한다. 시간이 흘러 $t=5\tau$가 되는 시점에서 전류는 원래 값의 1% 미만으로 감소한다.

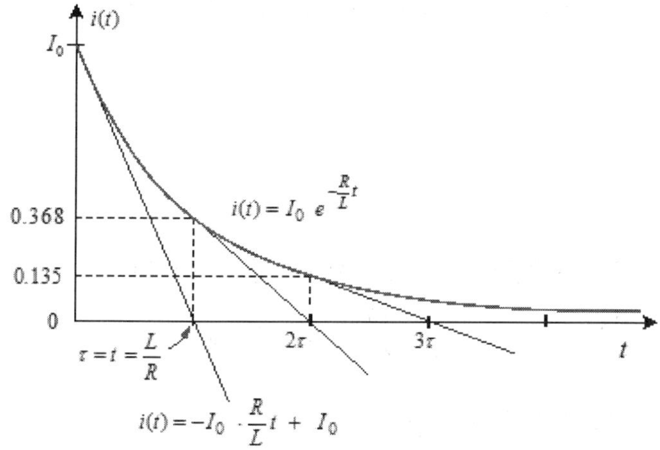

그림 7.11 직렬RL 회로를 흐르는 전류의 시정수 τ, 2τ, 3τ.

예제 1

전원이 제거된 후 인덕터의 내부 에너지에 의하여 동작하는 직렬 RL 회로에서 처음 저항 R_1 일 때, 시정수가 $10\ \mathrm{ms}$ 이었다. 저항을 대체하여 $R_2 = R_1 + 100$ 일 때, 시정수가 $5\ \mathrm{ms}$ 이었다. (a) R_1 ; $(b)\,R_2$; $(c)\,L$ 을 구하여라.

[풀이] 나중 저항 R_2는 다음과 같다.

$$R_2 = R_1 + 100 \qquad \cdots\cdots\cdots ①$$

처음 저항 R_1 일 때,

$$\tau_1 = \frac{L}{R_1} = 10\ \mathrm{ms} \qquad \cdots\cdots\cdots ②$$

나중의 저항 R_2 일 때,

$$\tau_2 = \frac{L}{R_2} = 5\ \mathrm{ms} \qquad \cdots\cdots\cdots ③$$

두 식 ②, ③에 의하여,

$$\frac{L/R_1}{L/R_2} = \frac{R_2}{R_1} = \frac{10}{5} = 2$$

$$R_2 = 2R_1 \qquad \cdots\cdots\cdots ④$$

두 식 ①, ④를 풀면,

$$R_1 = 100\ \Omega\ ,\ R_2 = 200\ \Omega$$

식 ② 또는 ③에 의하여

$$L = R_1 \times 10\ \mathrm{ms} = 100 \times 10\ \mathrm{ms} = 1000\,\mathrm{H}$$

$$L = R_2 \times 5\ \mathrm{ms} = 200 \times 5\ \mathrm{ms} = 1000\,\mathrm{H}$$

이다.

답 풀이 참조 ■

문제 ①

전원이 제거된 후 동작하는 직렬 RL 회로에서 다음을 구하여라.

(a) $\dfrac{i(\tau)}{i(0)}$; (b) $\dfrac{i(2\tau)}{i(1.8\tau)}$; (c) $\dfrac{i(2\tau)}{i(1.8\tau)} = 0.8$ 일 때, $\dfrac{t}{\tau}$;

(d) $i(0) - i(2t) = i(0)\,1\mathrm{n}3$ 일 때, $\dfrac{t}{\tau}$.

답 (a) 0.368 ; (b) 0.819 ; (c) 0.723 ; (d) 0.260. ■

7.5 무전원 RL 회로에 저장되는 에너지

그림 7.12의 직렬의 RL 회로에서 인덕터에 저장되어 있던 에너지는 저항으로 전달되고, 저항에 전달된 후 열(heat) 에너지로 전환된다.

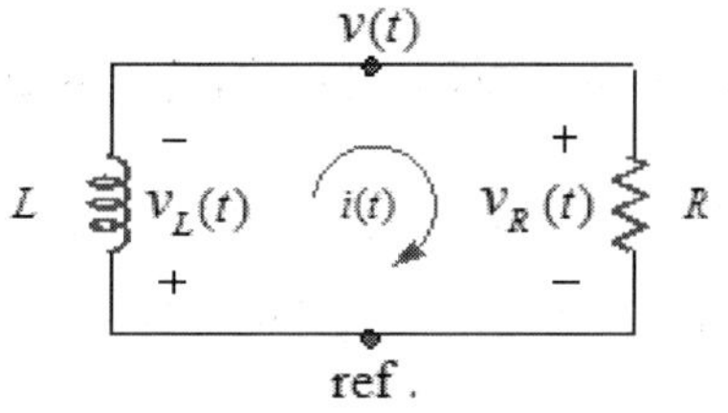

그림 7.12 직렬 RL 회로의 에너지.

무전원 RL 회로의 순간 전력과 에너지의 관계를 확인 해 보자.

(1) 저항에서 소비되는 순간 전력은 다음 식으로 구할 수 있다.

$$p = vi,\ p = i^2 R,\ \text{or}\ p = \frac{v^2}{R}$$

$$p_R(t) = i^2(t) \cdot R = I_0^2 R\, e^{-2\frac{R}{L}t},\quad t \ge 0^+\ \text{W} \tag{7.16}$$

(2) 저항에서 열로 변환된 총에너지는 시간 $0 < t < \infty$ 동안 순간 전력을 적분하여 구한다.

$$w = \int_0^t p dx = \int_0^t I_0^2 R \cdot e^{-2\frac{R}{L}\tau} d\tau = \frac{1}{2(R/L)} I_0^2 R \cdot (1 - e^{-2\frac{R}{L}t})$$

$$= \frac{1}{2} L I_0^2 \cdot (1 - e^{-2\frac{R}{L}t}),\ t \ge 0 \tag{7.17}$$

(3) 저항에서 열로 변환된 총에너지는 시간 $t \to \infty$ 동안 순간 전력을 적분하여 구한다.

$$\omega_R(t) = \int_0^\infty p_R(t)\ dt = I_0^2 R \int_0^\infty e^{-2\frac{R}{L}t}\ dt$$

$$= I_0^2 R \cdot \frac{-L}{2R} \cdot e^{-2\frac{R}{L}t} \Big|_0^\infty$$

$$= -\frac{1}{2} L I_0^2\ (0 - 1) = \frac{1}{2} L I_0^2\ \text{J} \tag{7.18}$$

[주] 식 (7.17)에서 $t \to \infty$ 해도 얻어진다.

초기에 인덕터에 저장된 총에너지 $\frac{1}{2}LI_0^2$이고, 무한대 시간 $(t\to\infty)$일 때, 전류는 결국 0으로 되기 때문에 무한대 시간에 인덕터에 저장된 에너지는 없다. 따라서 모든 초기 에너지는 저항에서 소비된 것으로 간주한다.

7.6 미분 방정식에 의한 직렬 *RL* 회로 해석

직렬 RL회로에서 직류 전원을 갑자기 인가하였을 때 회로 응답을 구해보자. 그림 7.13(a)의 회로에서, 전압원 V_0가 스위치가 닫히는 순간 입력신호로서 인가된다.

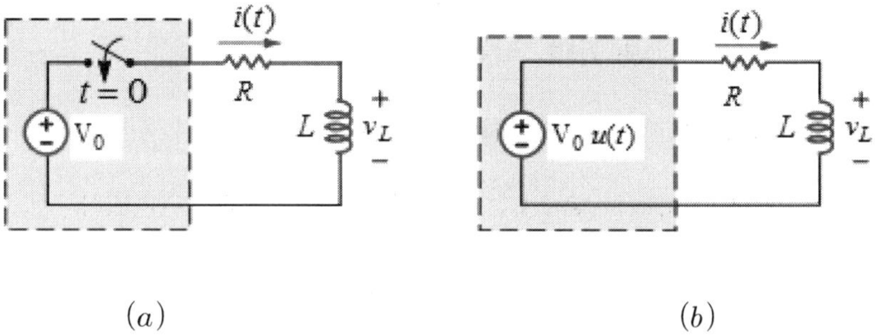

그림 7.13 (a) 전압원과 스위치가 RL 회로를 구동한다.
(b) 전압 계단 함수 $V_0u(t)$가 RL 회로를 구동한다.

회로에서 $t=0$ 이전에는 전압원이 동작하지 않는다. 따라서, 전류 $i(t)=0$에 의하여 $V_0=0$와 같고, $i(t)\geq 0$에서는 $i(t)\neq 0$이라서 $V_0\neq 0$이다. 그러므로

(a) "전압원과 스위치"

를

(b) 전압 계단 구동함수 $V_0u(t)$

로 대체할 수 있다. 두 회로 a와 b는 $t=0$ 이후에는 동일하다.

1. 제차상미분 방정식을 이용한 회로 해석

그림 7.13(b)의 회로를 해석하자. 회로에 KVL을 적용하면 미분 방정식

$$Ri(t)+L\frac{di(t)}{dt}=V_0\,u(t) \tag{7.19}$$

을 얻는다. 이 미분 방정식은 "**상수 계수를 갖는 1계 선형** 제차 **상미분 방정식**"이다.

이 식에서 t 는 독립변수, $i(t)$는 종속변수이다. 단위 계단 함수에 의하여,

(1) $t < 0$인 경우에는 전원이 없는 경우이므로 응답은 0이 된다. 즉,

$$i(t) = 0 \quad , \quad t < 0 \tag{7.20}$$

이다.

(2) $t > 0$ 경우에는 전원이 인가된 경우이므로 응답 $i(t)$가 나타난다.

$$Ri + L\frac{di}{dt} = V_0 \quad , \; t > 0 \tag{7.21}$$

이 미분 방정식을 풀어서 구하는 해가 회로의 응답이다. 미분 방정식을 풀어 보자. 윗식을 변형하면,

$$L\frac{di}{dt} = V_0 - Ri$$

두 변수 즉, 종속변수 $i(t)$와 독립변수 t를 등식의 양변으로 분리하면

$$\frac{Ldi}{V_0 - Ri} = dt \tag{7.22}$$

이다. 양변을 t로 적분한다.

$$\int \frac{Ldi}{V_0 - Ri} = \int dt$$

$$L\int \frac{-\frac{1}{R}d(V_0 - Ri)}{V_0 - Ri} = \int dt$$

$$-\frac{L}{R}\cdot \ln(V_0 - Ri) = t + C \tag{7.23}$$

적분상수 C를 구하기 위하여 회로의 초기조건을 이용한다. 스위치가 닫히기 전에는 ($t < 0$)에는 $i(t) = 0$이므로 $i(0^-) = 0$이다. 인덕터 전류는 급격히 변할 수 없기 때문에 (항상 연속이기 때문에) $i(0^+) = i(0^-) = 0$이다. 초기전류는 $t = 0$ 일 때 $i(t) = 0$이므로

$$-\frac{L}{R}\cdot \ln(V_0 - R\cdot 0) = 0 + C, \; -\frac{L}{R}\cdot \ln V_0 = C$$

이 값을 (7.23)에 대입한다.

$$-\frac{L}{R}\cdot \ln(V_0 - Ri) = t + \left(-\frac{L}{R}\cdot \ln V_0\right)$$

정리하면,

$$-\frac{L}{R}\cdot\ln(V_0 - Ri) + \frac{L}{R}\cdot\ln V_0 = t$$

$$-\frac{L}{R}\cdot\left[\ln(V_0 - Ri) - \ln V_0\right] = t$$

$$\ln\frac{V_0 - Ri}{V_0} = -\frac{R}{L}t, \quad \frac{V_0 - Ri}{V_0} = e^{-\frac{R}{L}t} \tag{7.24}$$

식 (7.24)를 $i(t)$에 대하여 정리하면

$$i(t) = \frac{V_0}{R} - \frac{V_0}{R}e^{-\frac{R}{L}t}, \quad t > 0 \tag{7.25}$$

따라서 모든 시간에서 성립하는 전류를 단위계단함수를 써서 표현하면 다음과 같다.

$$i(t) = \left(\frac{V_0}{R} - \frac{V_0}{R}e^{-\frac{R}{L}t}\right)u(t) \tag{7.26}$$

그림 7.14은 직렬 RC 회로의 전류응답 (7.26)을 그래프로 나타낸 그림이다.

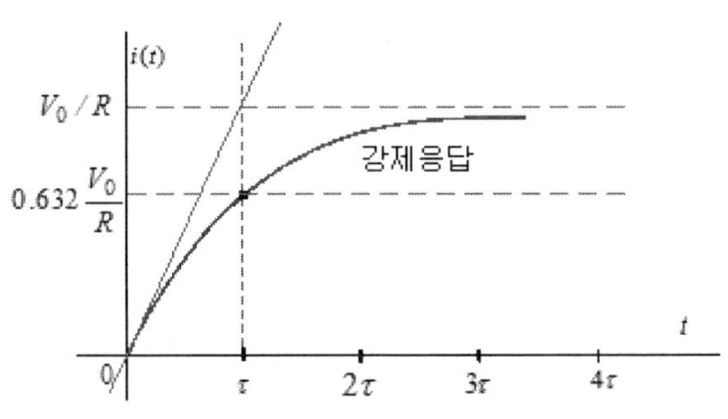

그림 7.14 직렬 RC 회로의 계단응답

2. 해를 지수항과 상수항의 합으로 고려하는 방법

수학적인 측면에서 보면, 미분방정식을 풀어서 얻은 완전해는 두 개의 해(=지수해 +상수해)으로 구성되어 있다. 회로적인 측면에서 보면, 회로를 해석하여 얻은 완전응답은 두 개의 응답 (=자연응답과 + 강제응답)으로 구성되어 있다. 전원이 제거된 회로, 즉 무전원(source-free) 회로에서 얻어지는 자연응답은 오로지 회로 자체만의 특성을 나타낸다. 전원의 특징을 전혀 나타내지는 않는다. 전원이 제거되기 직전의 전원의 초기값과 저장된 초기 에너지값에 의존한다. 전원이 인가된 회로, 즉 유전원(source) 회로에서 얻어지는 강제응답(=구동응답)[75]은 오로지 강제함수(구동함수)만의 특징을 나타내며, 전원이 인가된 후 시간이 충분히 경과하였다고 가정했을 때의 응답이다. 강제응답은 간단한 dc 회로에서 쉽게 얻어진다.

(1) 지수항에 의한 자연응답

$$i_1(t) = \frac{V_0}{R} e^{-\frac{R}{L}t},\ t > 0 \tag{7.27}$$

지수항은 구동(driving) 전원이 없을 때의 RL 회로의 자연응답(natural response)이다. 시정수 $\tau = L/R$에 따라서 시간에 따라서 점점 감소하고, $t \to \infty$ 일 때 $i_1(t) \to 0$로 된다.

(2) 상수항에 의한 강제응답

$$i_2(t) = \frac{V_0}{R},\ t > 0 \tag{7.28}$$

상수항 V_0/R은 $t > 0$ 이후 계속 남아 존재하는 항이다. 시간이 $t \to \infty$ 일 때, 이 회로는 저항, 인덕터, 그리고 직류 전압원 V_0에 의하여 구동되는 RL 회로가 된다. 따라서 인덕터가 dc 전류에 대하여 short circuit 역할을 하게 되어 직류 전류 V_0/R가 흐르고 있음을 나타낸다. 상수항은 오로지 구동함수(forcing function)에 의하여 생성되는 응답이므로 강제응답(forced response)라고 한다. 스위치가 닫힌 후, 오랜 시간이 경과한 후에도 여전히 존재하는 응답이다.

예제 1

그림의 회로는 계단함수로 동작하는 직렬 RL 회로이다.

(a) 오랜 시간이 지난 후 ;

(b) 모든 시간에서 $i(t)$를 구하여라.

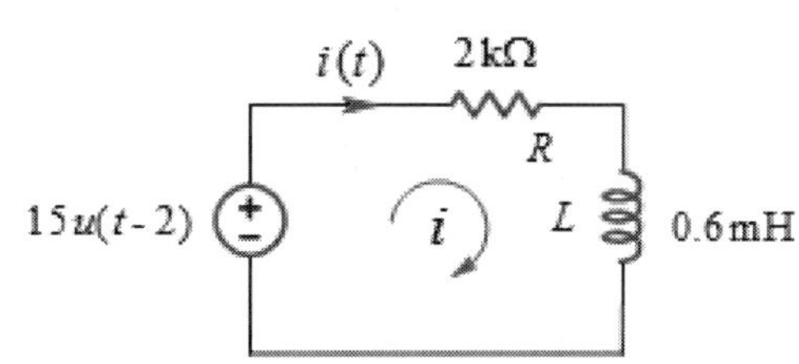

그림 7.15 전압계단 구동함수로 동작하는 RL 회로

75) 구동응답(driven response)은 강제응답(forced response)과 동의어이다. 전원에 의하여 강제되어 나타나는 응답이다. 저자가 편의상 도입한 용어이다.

[풀이] (a) 과도 상태가 충분히 지난 후 ($t \to \infty$) 회로는 15 V 전압전원에 의해 구동되는 단순한 dc 회로가 된다. 여기서 인덕터는 단락회로가 되며

$$i(\infty) = \frac{v_g(t)}{R} = \frac{15}{2000} = 75\,\mathrm{mA}$$

그러므로 $i(2^-)$의 의미는 무엇인가? 이것은 전압전원의 값이 변하기 직전의 순간을 나타내는 개념이다. 즉 $t < 2$에서 $u(t-2) = 0$. 따라서 $i(2^-) = 0$이다. 시각 $t = 2^+$에서 구동함수 $v_g(t) = 15u(t-2) = 15\ \mathrm{V}$이다.

그러나. 인덕터 전류는 0시간에 변하지 않으므로 $i(2^+) = i(2^-) = 0$이다.

따라서, $t > 2$에서 회로를 해석하는 가장 직접적인 방법은 식을 다음과 같이 다시 쓰는 것이다.

$$i(t') = \left(\frac{V_0}{R} - \frac{V_0}{R} e^{-Rt'/L}\right) u(t')$$

이 방정식은 시간축을 $t' = t - 2$이 되도록 이동시키면 주어진 회로에 응용할 수 있다. 따라서,

$$V_0/R = 75\,\mathrm{mA},\ R/L = 2{,}000/(40 \times 10^{-3}) = 50{,}000\mathrm{s}^{-1}$$

일 때,

$$i(t-2) = (75 - 75e^{-50.000(t-2)})u(t-2)\mathrm{mA} \qquad (1)$$

이다. 식 (1)을 간단하게 정리하면 다음과 같다.

$$i(t) = (75 - 75e^{-50{,}000(t-2)})u(t-2)\mathrm{mA} \qquad (2)$$

답 (a) $i(t)|_{t \to \infty} = 75\ \mathrm{mA}$;

(b) $i(t) = (75 - 75e^{-50{,}000(t-2)})u(t-2)\mathrm{mA}$. ■

문제 ①

그림 7.16의 회로는 전압계단 구동함수로 동작하는 RL 회로이다. 전원값이 변한 후 다음을 구하여라.

(a) 시간 $t \le 2^-$에서 전류 $i(t)$;

(b) 시간$t \ge 2^+$에서 전류 $i(t)$;

(c) 시간 $t = \infty$에서 전류 $i(\infty)$;

(d) 시각 $130\ \mu s$에서 전류 $i(t)$.

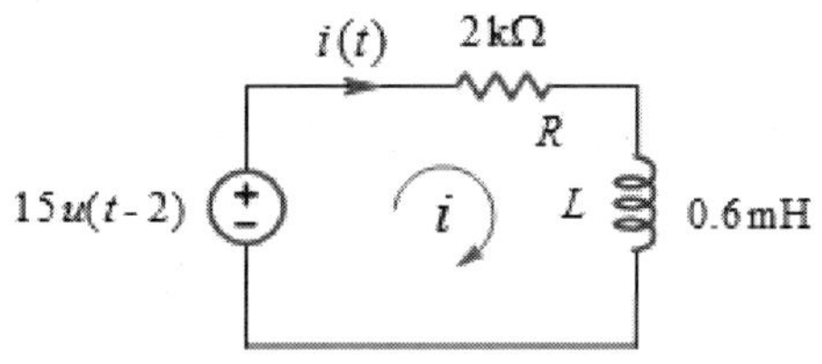

그림 7.16 전압계단함수로 동작하는 RL 회로

답 (a) $i = 0$ mA ; (b) $i(t) = (75 - 75e^{-50,000(t-2)})$ mA ; (c) $i(t)|_{t\to\infty} = 75$ A ; (d) $i(t) = 75.475$ mA. ■

7.7 적분인자를 이용한 응답 계산

회로이론에서 전원있는 회로는, 수학에서 비제차 선형미분방정식으로 기술(記述, describe)한다. 전원있는 회로의 응답은 두 응답 (=강제응답 +자연응답)으로 되어있다.[76] 비제차 선형미분방정식의 해는 두 해 (=특수해+보조해)로 되어있다. 강제응답은 특수해로 기술하고, 자연응답은 보조해로 기술한다. 비제차 미분방정식의 일반형은 다음과 같다.[77]

$$\frac{di(t)}{dt} + P(t) \cdot i(t) = Q(t) \tag{7.29}$$

회로의 구동함수로서 $Q(t)$는 시간의 함수인 경우를 고려한다. 간단히 표현하면

$$\frac{di}{dt} + P \cdot i = Q(t)$$

$$di + P \cdot i \cdot dt = Q(t) \cdot dt \tag{7.30}$$

양변에 적분 인자(integration factor)

$$e^{\int P dt} \text{ 즉, } e^{Pt} \tag{7.31}$$

76) 회로이론 : 전원있는 응답 = 강제 응답 = 구동함수
전원없는 응답 = 자연응답 = 고유응답 = 과도응답 = source-free response,

77) 여기서, $Q(t)$는 회로를 구동시키는 함수이다. 전하량(charge)의 기호로 혼돈하지 말아야 한다.

를 곱하면

$$e^{Pt}\cdot di + i\cdot P\cdot e^{Pt}\cdot dt = Q\cdot e^{Pt}\cdot dt \tag{7.32}$$

좌변은 $i\cdot e^{Pt}$의 완전미분 꼴이므로, 등식

$$d(i\cdot e^{Pt}) = e^{Pt}\cdot dt + i\cdot Pe^{Pt}\cdot dt \tag{7.33}$$

가 성립한다. 따라서, 식 (7.33)에 의하여 (7.32)의 좌변을 $d(i\cdot e^{Pt})$로 대체하면,

$$d(i\cdot e^{Pt}) = Q\cdot e^{Pt}\cdot dt$$

양변을 t에 대해서 적분하면

$$ie^{Pt} = \int Qe^{Pt}dt + A \tag{7.34}$$

여기서 A는 적분 상수이다 양변에 e^{-Pt}를 곱하면 $i(t)$는 다음과 같다.

$$i(t) = e^{-Pt}\cdot\int Q\cdot e^{Pt}\,dt + A\cdot e^{-Pt} \tag{7.35}$$

식 (7.35)에서 만약 강제 함수 $Q(t)$가 주어지면, $i(t)$의 완전한 해

$$i(t) = i_f(t) + i_n(t) \tag{7.36}$$

를 구할 수 있다.

예제 1

다음 미분방정식은 입력 전압원 3V로 구동하는 회로를 기술하고 있다. 출력 전류 $i(t)$를 구하여라.

$$t\frac{di(t)}{dt} + i(t) = 3,\ \text{초기 조건}\ i(t=1) = 0$$

[풀이]

수학에서, 1계 선형 미분방정식

$$\frac{di(t)}{dt} + P(t)\,i(t) = Q(t)$$

의 해 $i(t)$는

$$i(t)\cdot e^{\int P(t)\,dt} = \int Q\cdot e^{\int P(t)\,dt}\,dt + A\ .$$

회로이론에서, 같은 꼴의 1계 선형 미분방정식

$$\frac{di(t)}{dt} + \frac{1}{t}i(t) = \frac{3}{t}$$

의 해 $i(t)$는

$$P(t) = \frac{1}{t},\ \ Q(t) = \frac{3}{t}$$

를

$$i(t)\cdot e^{\int P(t)\,dt} = \int Q\cdot e^{\int P(t)\,dt}\,dt + A$$

에 대입하여 구한다. 따라서,

$$e^{\int P(t)\,dt} = e^{\int \frac{1}{t}dt} = e^{\ln t} = t$$

이므로,

$$i(t)\cdot t = \int \frac{3}{t}\cdot t\ dt + A = \int 3\ dt + A$$

$$\therefore\ i(t) = \frac{1}{t}\left[\int 3\ dt + A\right] = \frac{1}{t}(3t + A)$$

초기조건 $i(t=1) = 0$에 의하여,

$$i(1) = \frac{1}{1}(3\times 1 + a) = 0,\ \ \therefore\ A = -3$$

$$\therefore\ i(t) = \frac{1}{t}(3t-3) = 3 - \frac{3}{t}$$

답 $i(t) = 3 - \frac{3}{t}$ A. ■

문제 1

다음 미분방정식은 입력 전압원 e^{-t} V 이 구동시키는 회로를 기술하고 있다. 출력 전류 $i(t)$를 구하여라.

$$\frac{di(t)}{dt} + i(t) = e^{-t},\ \text{초기조건}\ i(1) = 0$$

답 $i(t) = e^{-t}(t-1)$ A. ■

7.8 자연응답과 강제응답

전압원으로 구동하는 회로의 완전 전류응답은

$$i(t) = i_n(t) + i_f(t)$$

로 표시되고, 이 식에서

$$\text{자연응답} \quad i_n(t) = A\, e^{-Pt}$$

$$\text{강제응답} \quad i_f(t) = e^{-Pt} \cdot \int Q(t)\, e^{Pt}\, dt$$

이다.

1. 자연응답

전원이 제거된 후, 내부에너지에 의하여 동작하는 회로에서 구동함수 $Q(t) = 0$이다.

$$\frac{di_n(t)}{dt} + P(t) \cdot i_n(t) = 0 \tag{7.36}$$

전류해 $i_n(t)$는 다음과 같은 자연응답만으로 된다.

$$i_n(t) = A \cdot e^{-Pt} \tag{7.37}$$

상수 P는 양수이다. 그러므로, 자연응답(natural response)은 시간이 무한히 증가함에 따라 소멸하게 된다.

$$t \to \infty, \quad i_n(t) \to 0 \tag{7.38}$$

예를 들어, RL 회로에서 초기 에너지가 저항에서 점점 열(heat)로 소비되는 경우가 있다.

2. 강제 응답

전류의 완전 응답식은 다음과 같다.

$$\begin{aligned} i(t) &= i_f(t) + i_n(t) \\ &= e^{-Pt} \cdot \int Q(t) e^{Pt}\, dt + A\, e^{-Pt} \end{aligned} \tag{7.39}$$

전원이 인가된 후, $t \to \infty$에 따라 우변의 제 2항의 자연응답 $i_n(t)$이

$$i_n(t) = A \cdot e^{-Pt} \to 0 \tag{7.40}$$

로 완전히 소멸한 후의 회로에서는 오로지 강제응답 $i_f(t)$만이 존재하게 된다.
우변의 제 1항의 강제응답

$$i_f(t) = e^{-Pt} \cdot \int Q(t) \cdot e^{Pt}\, dt \tag{7.41}$$

는 구동함수 $Q(t)$에 의존한다. 강제응답(forced response)의 다른 명칭으로는

(i) 정상 상태 응답(steady-state response),
(ii) 특수해(particular solution),
(iii) 특수적분(particular integral)

등이 있다. 회로에서, dc 전원을 갑자기 인가하는 경우에는 $t \geq 0$의 시간동안 $Q(t)$는 항상 상수이다. 따라서 $Q(t)$ 대신에 Q라고 표시한다. 전류는 다음과 같다.

$$i(t) = e^{-Pt} \cdot \int Q \cdot e^{Pt}\, dt + A\, e^{-Pt} \tag{7.42}$$

이 식에서 Q가 상수이므로, 우변 첫 째 항 (=강제 응답) 은

$$\begin{aligned} i_f(t) &= e^{-Pt} \cdot \int Q \cdot e^{Pt}\, dt = e^{-Pt} \cdot Q \cdot \int e^{Pt}\, dt \\ &= e^{-Pt} \cdot Q \cdot \frac{1}{P} \cdot e^{Pt} + K \\ &= \frac{Q}{P} + K \end{aligned} \tag{7.43}$$

회로의 정상상태 조건

$$t \to \infty,\ i(t) \to \frac{Q}{P} \tag{7.44}$$

에 의하여 식 (7.43)의 상수 $K = 0$이다. 따라서 강제응답은

$$i_f = \frac{Q}{P} \tag{7.45}$$

가 되고, 완전응답(complete)은 다음과 같이 된다.

$$i(t) = \frac{Q}{P} + Ae^{-Pt} \tag{7.46}$$

직렬 RL 회로에 입력을 인가할 때의 응답은

$$i(t) = \left(\frac{V_0}{R} - \frac{V_0}{R}e^{-\frac{R}{L}t}\right)u(t) \tag{7.48}$$

의 형태이므로, 윗 식과 비교하면,

$$\frac{Q}{P} \leftrightarrow \frac{V_0}{R},\ A \leftrightarrow \frac{V_0}{R},\ \tau = \frac{1}{P} \leftrightarrow \frac{L}{R}, \tag{7.49}$$

임을 알 수 있다.

강제 응답은 시간이 무한대인 경우(즉 정상 상태인 경우)에 있어서의 완전 응답이다. 따라서, 전원 전압을 직렬 저항으로 나누면 강제응답을 구할 수 있다.

7.9 직렬 RL 회로의 완전 응답

그림 7.17의 직렬 RL 회로에서

완전 응답 = 자연응답 + 강제 응답

으로 표시된다. 자연응답과 강제 응답을 합하여 완전응답을 구하는 방법을 살펴보자. 앞서서 해석한 방법에 비하여 여기서는 좀 더 쉬울 것이다.

강제 함수가 존재할 경우에는, 다음 단계에 따라 완전응답을 구한다.

1. 완전응답을 자연응답과 강제응답으로 표시한다.
2. 미지수를 포함하는 자연응답의 꼴을 가정한다.
3. 강제응답의 꼴을 가정한다.
4. 위 2, 3으로부터 미지수를 포함하는 완전응답식을 표시한다.
5. 완전응답의 초기값을 구한다.
6. 완전응답식에 대입하여 상수 A를 구한다.

위 단계에 따라 완전응답을 구해보자.

단계 1.

구하려는 응답전류 $i(t)$를 자연전류와 강제전류의 합

$$i(t) = i_n(t) + i_f(t) \tag{7.50}$$

으로 표현한다.

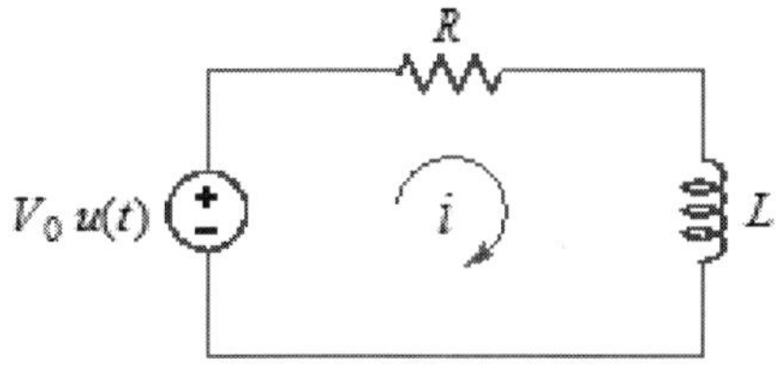

그림 7.17 직렬 RC 회로의 계단전류응답

단계 2.

완전 응답의 일부를 구성하는 자연 응답의 형태는 무전원 회로의 응답과 같다. 계단 전압 전원을 단락 회로로 대체하면, 무전원 RL 직렬회로가 된다. 따라서, 응답은 다음과 같다

$$i_n(t) = Ae^{-\frac{R}{L}t} \tag{7.51}$$

여기서, 미지수 진폭 A는 회로의 초기조건을 이용하여 완전응답 $i(t)$에서 구해야 한다.

단계 3.

강제 응답은 $V_0\,u(t)$가 발생시키는 응답이다. 시각 $t=0$ 에서 전원 $V_0\,u(t)$가 인가되며, 발생되는 강제응답은 시간 $t \geq 0$에서 상수이어야 한다. 자연응답은 감소형태의 시변(time-varying) 응답이고, 완전히 소멸된 후에는 인덕터 양단에 나타나지 않는다. 그러므로, 전원 전압 V_0 은 모두 저항 R에 걸린다. 따라서, 강제응답은 다음과 같다.

$$i_f = \frac{V_0}{R} \tag{7.52}$$

단계 4.

위의 두 응답 (7.51)과 (7.52)를 중첩하면, 완전응답을 얻는다.

$$i(t) = i_n(t) + i_f$$

$$i = Ae^{-\frac{R}{L}t} + \frac{V_0}{R} \tag{7.53}$$

단계 5.

상수 A를 구하기 위하여 완전응답의 초기조건을 이용한다. 인덕터에 흐르는 전류는 연속적이다. 따라서, 시간 $t < 0^-$ 이전에 전류 $i(t) = 0$이므로, $t > 0^+$에서도 전류는 $t = 0$이다. 완전응답의 초기값은 영(0)이다. 완전응답의 초기값이 영(0)이기 위해서는 A값이 얼마이어야 하는가?

인덕터 성질

$$t = 0 \text{ 때 } i(0) = 0$$

를 대입하면,

$$0 = A + \frac{V_0}{R}$$

따라서

$$A = -\frac{V_0}{R} \quad . \tag{7.54}$$

단계 6.

식 (7.54)의 상수 A를 (7.53)에 대입한다.

$$i = -\frac{V_0}{R} e^{-(R/L)t} + \frac{V_0}{R}$$

$$\therefore i = \frac{V_0}{R}[1 - e^{-\frac{R}{L}t}] \tag{7.55}$$

그림 7.14는 응답 (7.55)를 그래프로 나타낸 그림이다. 완전응답 $i(t)$의 초기값은 $i(0) = 0$, 최종값은 V_0/R임을 알 수 있다. 시간이 3τ 만큼 지나면 과도상태 거의 끝나게 된다.

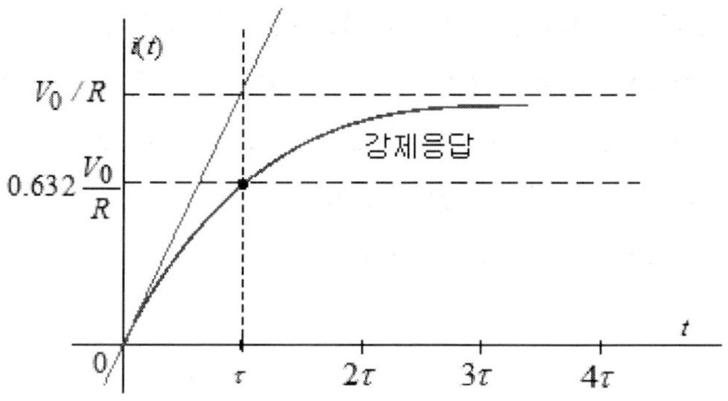

그림 7.18 직렬 RC 회로의 강제응답.

연 습 문 제 A

01 다음 회로들은 스위치 SW 가 닫힌 상태로 오랜 시간 동안 동작하고 있었다. 한 순간 $t=0$에서 SW가 열린다. 그림 (c)에서의 스위치는 잇고 끊는(= 끊기 전에 잇는, make before break) 스위치이다.[78] 회로 (a), (b) 및 (b)에서

(1) 스위치가 열리기 직전 초기전류 $i(0^-)$를 구하여라.

(2) 스위치가 열린 직후 초기전류 $i(0^+)$, 초기전압 $v(0^+)$를 구하여라.[79]

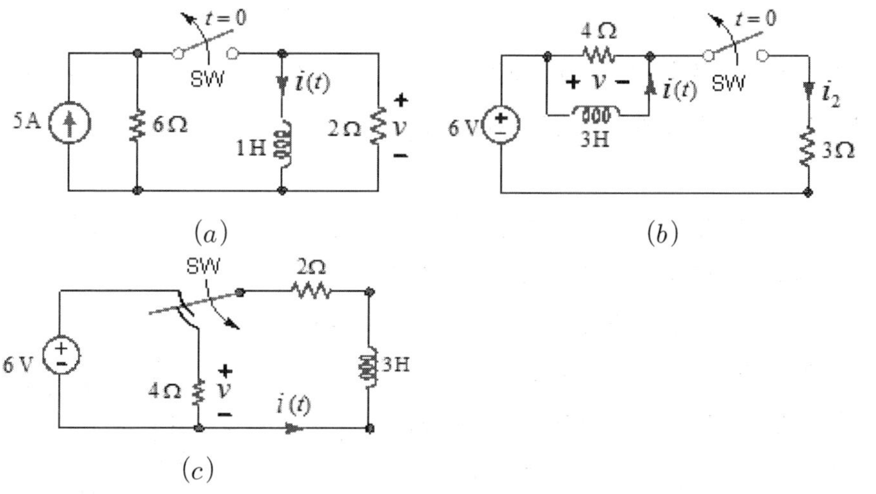

78) make (잇다, 획득하다), break (끊다, 포기하다)

79) Hayt, W.,Kemmerly, J. *Engineering Circuit Analysis*, 3rd ed., McGraw-Hill, 1978.

02 다음 회로들은 스위치 SW 가 닫힌 상태로 오랜 시간 동안 동작하고 있었다. 일순간 $t=0$에서 SW가 열린다. 그림 (c)에서의 스위치는 잇고 끊는(= 끊기 전에 잇는, make before break) 스위치이다. 회로 (a), (b) 및 (b)에서

(1) 스위치가 열린 직전 초기전류 $i(0)$를 구하여라.

(2) 스위치가 열린 후 전류 $i(t)$, 전압 $v(t)$를 구하여라.

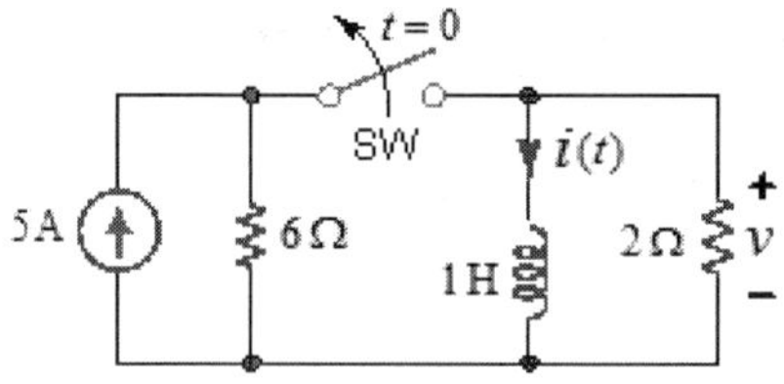

(a)

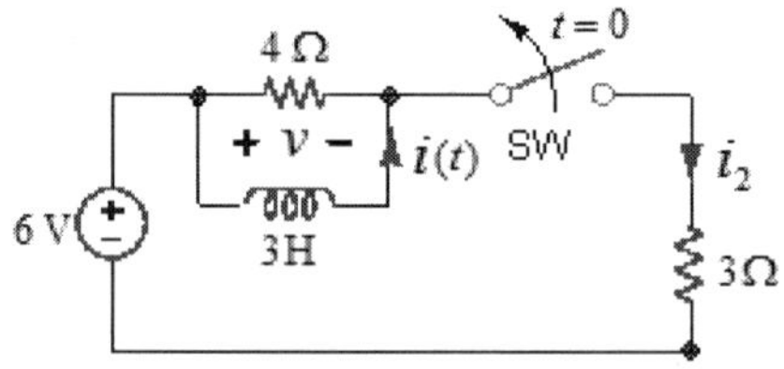

(b)

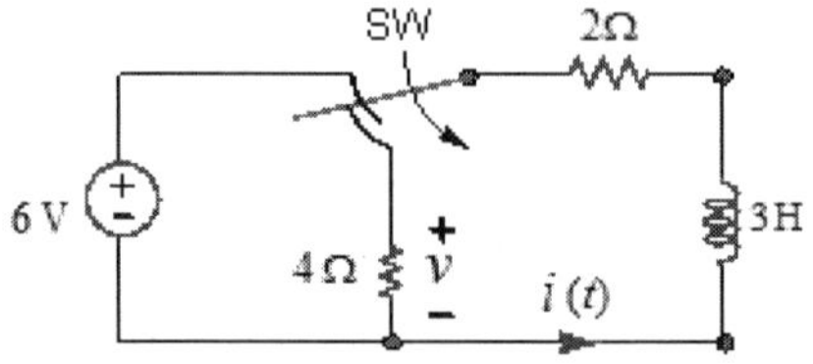

(c)

03 다음 회로에서 전압과 전류는 다음과 같다.

$$\begin{cases} v(t) = 10\,e^{-2t} \;\; \text{V} \;, t \ge 0^+ \\ i(t) = \;\; 5\,e^{-2t} \;\; \text{A} \;, t \ge 0 \end{cases}$$

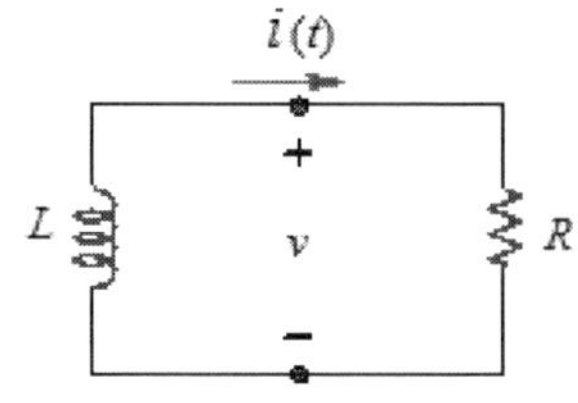

다음을 구하여라. (a) 저항 R ; (b) 시정수 τ ;

(c) 인덕터 L ; (d) 인덕터에 저장된 에너지 $w(t)\,,\,t \ge 0^+$.

04 그림과 같이, 전원이 없는 이상적인 RL 직렬회로에서, 시간 $t=0$인 순간 인덕터를 흐르는 전류가 $i(0)=3\,\text{A}$이다.

(a) 시간 $t \ge 0$에서 회로에 흐르는 전류 $i(t)$를 구하여라.

(b) 저항 R의 양단 전압 $v(t)$를 구하여라.

(c) 인덕터 L에 저장된 초기에너지 w_L을 구하여라.

(d) 저항 R에 공급된 에너지 w_R를 구하여라.

(e) 인덕터 L에 저장된 초기에너지 w_L과 저항 R에 공급된 에너지 w_R 은 같다. 이유는 무엇인가?

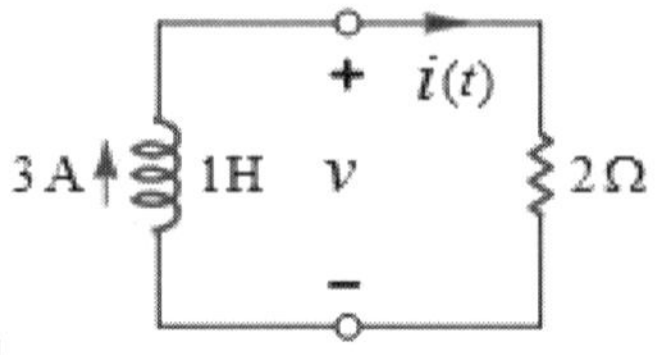

05 스위치가 오랫동안 열린 상태에서 회로가 동작하고 있었다. 일순간 $t=0$ 에서 스위치가 닫혔다.
전류 $i_L(0^+)$, $i(0^+)$, $i(\infty)$, 및 $i_L(t)$를 구하여라.

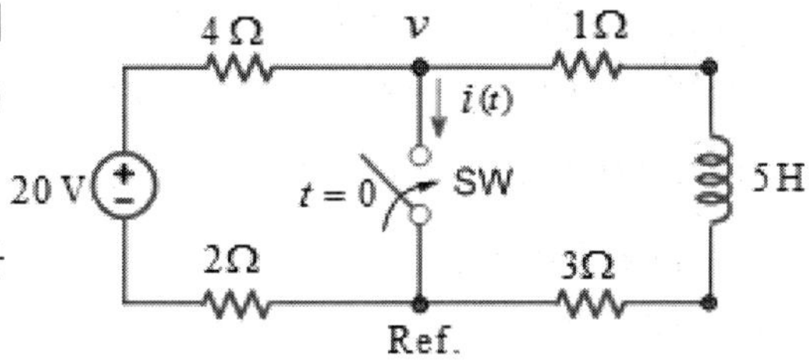

06 그림의 회로는 $t \geq 0$ 에서 동작하며, $R = 200\,\Omega$, $L = 0.25\,\mathrm{H}$ 이다.

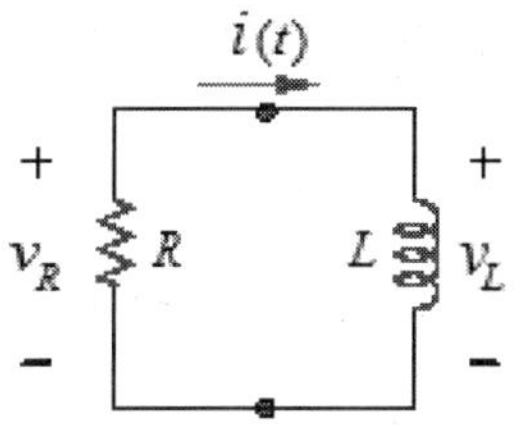

(a) 전류 $i(t)$가 초기 전류의 절반이 되기 까지 소요되는 시간을 구하여라.
(b) 인덕터 L에 저장되는 에너지가 초기 에너지의 절반이 되기 까지의 시간을 구하여라.
(c) 저항 R에서 소비되는 에너지가 초기 에너지의 절반이 되기 까지의 시간을 구하여라.

07 직렬 RL 회로에서
(a) 비(ratio)의 값 $i(1.5\tau)/i(0)$를 구하여라. ;
(a) 비(ratio)의 값 $i(1.5\tau)/i(0.5\tau)$를 구하여라. ;
(b) 전류가 $i(t) = 0.4\,i(\tau)$라면, 비(ratio)의 값 t/τ를 구하여라.
(c) 저항 R이 $2\,\Omega$ 만큼 증가한 새로운 저항을 R'라 하자. 저항이 증가하면, 시정수가 $3\,\mathrm{ms}$에서 $2\,\mathrm{ms}$로 변화한다. 두 저항의 비R'/R를 구하여라.

08 회로는 스위치가 오랫동안 닫혀서 동작하다가 $t=0$에서 스위치가 열렸다.

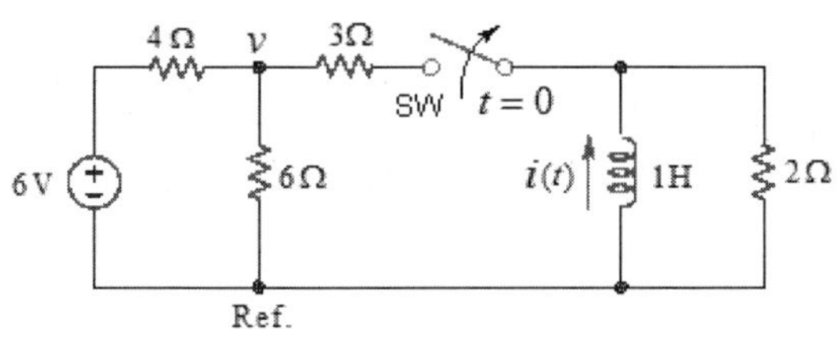

(a) 초기 전류 전류 $i(0^+)$를 구하여라.
(b) 인덕터에 저장된 초기에너지 $w_L(0)$를 구하여라.
(c) 시간 범위 $t > 0$에서 시정수 τ를 구하여라.
(d) 시간 범위 $t \geq 0$에서 전류 $i(t)$를 구하여라.

09 회로는 스위치가 오랫동안 닫혀서 동작하다가 $t=0$에서 스위치가 열렸다. 다음을 구하여라.

(a) 전류 $i(0^-)$;

(b) 전류 $i(t), t>0$.

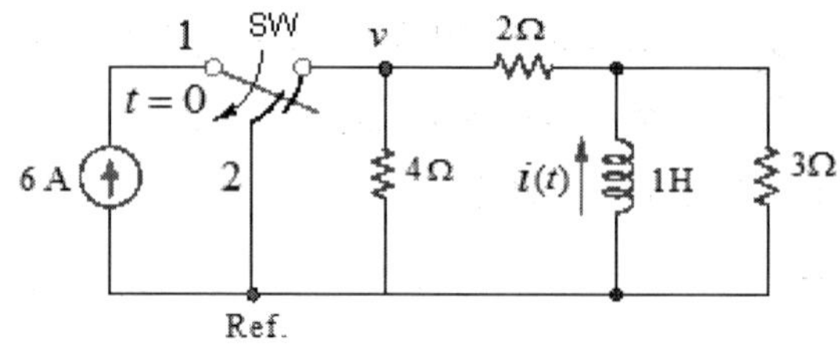

10 회로는 스위치가 오랫동안 닫혀서 동작하다가 $t=0$에서 스위치가 열렸다. 다음을 구하여라.

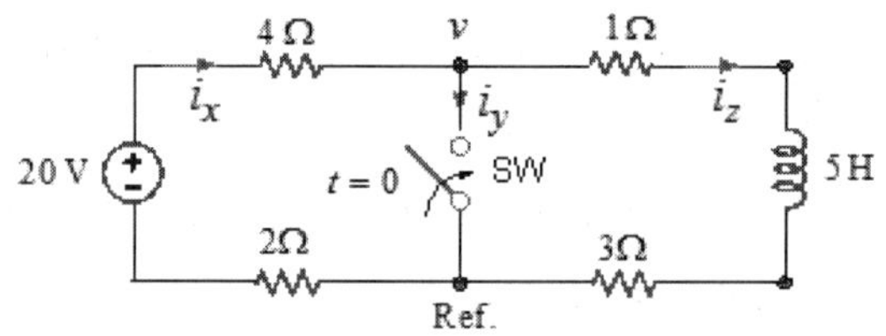

(a) 인덕터 $5\,\mathrm{H}$의 통과전류 $i_z(0^+)$;

(b) 저항 $4\,\Omega$ 의 통과전류 $i_x(0^+)$;

(c) 스위치의 통과전류 $i_y(0^+)$; (d) 스위치의 통과전류 $i_y(\infty)$;

(e) 인덕터 $5\,\mathrm{H}$의 통과전류 $i_z(t)$; (f) 스위치의 통과전류 $i_y(t)$.

11 그림과 같은 *RL* 회로가 있다.

(a) 전류 $i_L(0^+)$를 구하여라.

(b) 순간 $t=0.5\,\mathrm{s}$ 에서 전류 $i_1(t)$를 구하여라.

(c) 순간 $t=0.5\,\mathrm{s}$ 에서 전류 $i_2(t)$를 구하여라.

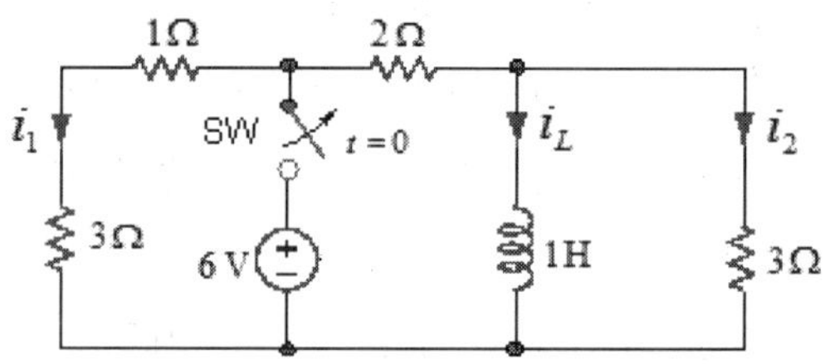

[그림 5-8]

12 그림의 스위치가 오랜 시간 동안 닫혀있어서 2-mesh 회로가 동작하고 있었다. 일순간 $t=0$에서 스위치가 열려서 1-mesh 회로를 구성하였다. 다음을 구하여라.

(a) $i_x(0^-)$, $i_z(0^-)$, $i_y(0^-)$;

(b) $i_z(0^+)$, $i_y(0^+)$;

(c) $i_z(t)$; (d) $i_y(t)$.

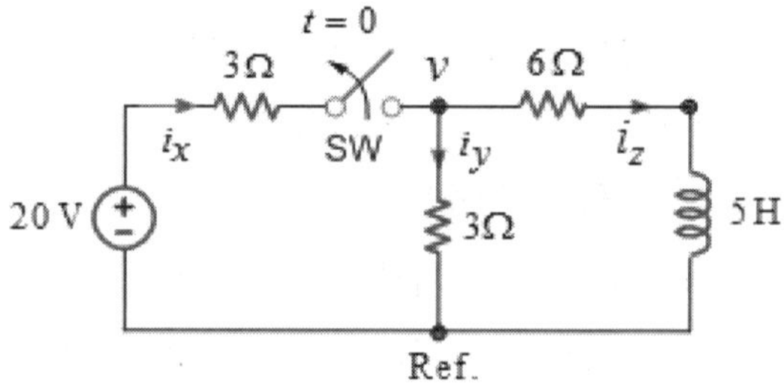

13 그림과 같은 회로가 있다.

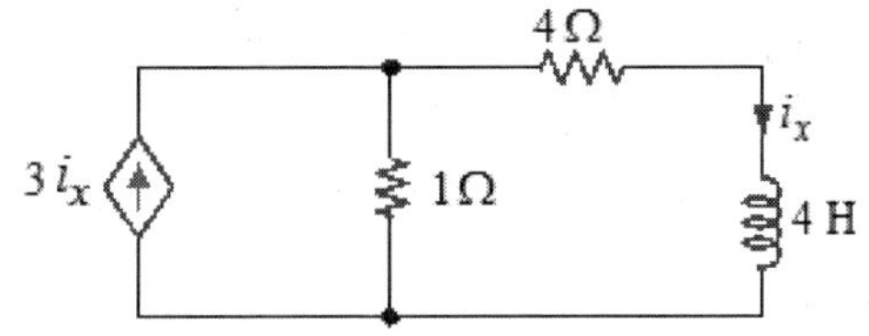

(a) 회로를 지배하는 미분방정식을 유도하여라.

(b) 초기 전류 $i_x(0) = 3$ A라고 한다. 시간 영역 $t > 0$에서 $i(t)$를 구하여라.

14 다음 조건을 만족하는 직렬 RL 회로에서, 시정수 τ를 구하여라.

(a) 전류가 2 s 동안에 100배로 감소한 경우

(b) 전류가 초기 값의 절반으로 감소하는데 걸리는 시간이 초기 값의 1/4로 감소하는데 걸리는 시간보다 0.2초 짧다.

15 무전원(source-free) 직렬 RL 회로에서, 흐르는 전류

$$i(t) = I_0 e^{-t/\tau}$$

가 $t = 2$ s에서 6 A, $t = 5$ s에서 3 A이다. 전류 $i(t)$를 구하여라.

연습문제 B

01 직렬 RL 회로를 흐르는 전류의 크기가 $t = 0$에서 2000 A/s, $t = 0.2$ sec에서 100 A/s의 비율로 감소하고 있다. 두 소자 R과 L이 관계식을 구하여라.

02 그림의 회로에서 $t > 0$인 기간에서 $i(t)$를 구하여라.

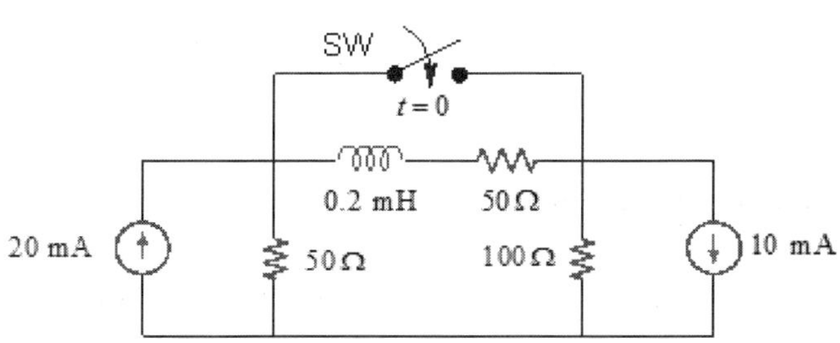

03 회로는 스위치가 오랫동안 닫혀서 동작하다가 $t=0$에서 스위치가 열렸다.

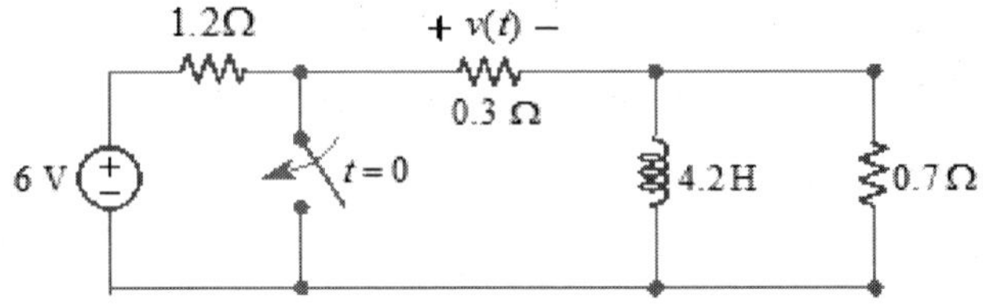

(a) 저항, $0.3\ \Omega$의 양단에 걸리는 $v(t)$를 구하여라.

(b) 시각 $t=15\,\mathrm{sec}$에서 $v(t)$를 구하여라.

04 무전원 RL에서 저항 양단에 걸리는 전압이 $v_R(t)=50\,e^{-400t}\ \mathrm{V},\ t<0$이다. 저항을 하나 추가로 병렬 연결했을 때, 저항값이 $200\ \Omega$에서 $40\ \Omega$으로 변동되었다면, $v_R(t),\ t<0$를 구하여라.

05 아래 회로에서 스위치가 오랫동안 열려있었다. 시각 $t=0$에서 스위치가 닫혔다고 한다. $v(t)$를 구하여라.

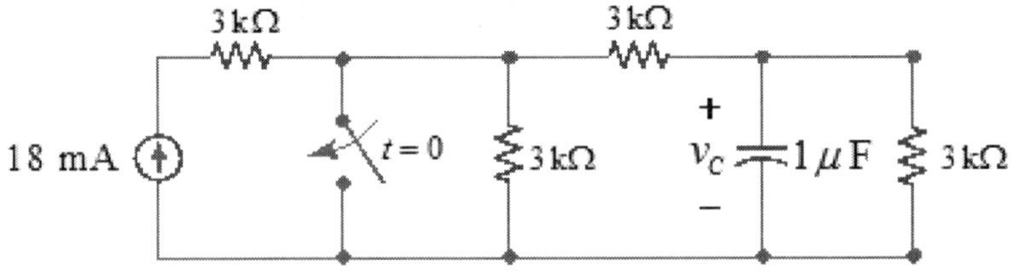

06 아래 회로에서 KCL을 적용하여 $v(t)$를 구하여라.
단, $v(t)=-v_L(t)=v_R(t)$이다.

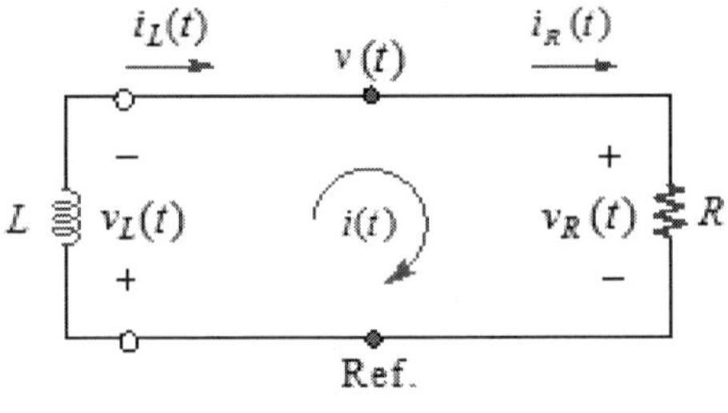

07 다음 미분 방정식을 풀어라.

$$\frac{dv}{dt}-\frac{5}{t}v=t\quad (t>0),\ \text{초기 조건}\ v(1)=2$$

08 다음 미분 방정식을 풀어라.

$$L\frac{di(t)}{dt}+Ri(t)=V,\ \text{초기 조건}\ i(0)=0$$

09 무전원 RC 회로를 흐르는 전류가 $v_R(t)=20e^{-5000t}$ mA이다. 시각 $t=0$에서 커패시터 전압의 크기가 12V인 경우,

(a) 저항 R의 값을 구하여라. (b) 커패시터 C의 값을 구하여라.

10 다음 회로는 스위치가 닫힌 상태로 오랫동안 동작하고 있었다. 순간 $t=0$에서 SW가 열려서 저항 $1\,\Omega$의 가지에 연결된다.

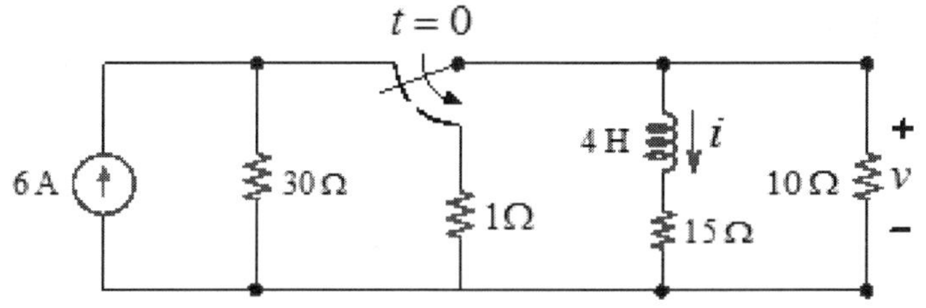

(a) 시각 $t=0^-$에서 저항 $10\,\Omega$의 통과전류$i_{10\Omega}(0^-)$와 양단전압 $v(0^-)$을 구하여라.

(b) 시각 $t=0^-$에서 인덕터 4H의 양단전압과 통과전류를 구하여라.

(c) 모든 시간 동안 $i(t)$와 $v(t)$를 구하여라.

11 그림과 같이 전압원, $v_s(t)=4e^{-3t}u(t)$V, 저항 $2\,\Omega$, 인덕터 1H가 직렬 연결된 회로가 있다.

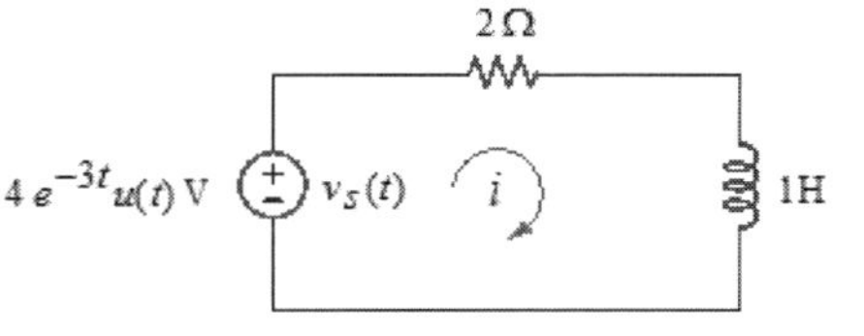

(a) 시간 $t \geq 0$에서 전류 $i(t)$를 구하여라.

(b) 순간 $t=0^+$에서의 전류를 구하여라.

(c) 순간 $t=3\,\text{sec}$에서의 전류를 구하여라.

(d) 시간 $t\rightarrow\infty$에서의 전류를 구하여라.

12 그림의 회로에서 인덕터를 흐르는 전류를 구하여라.

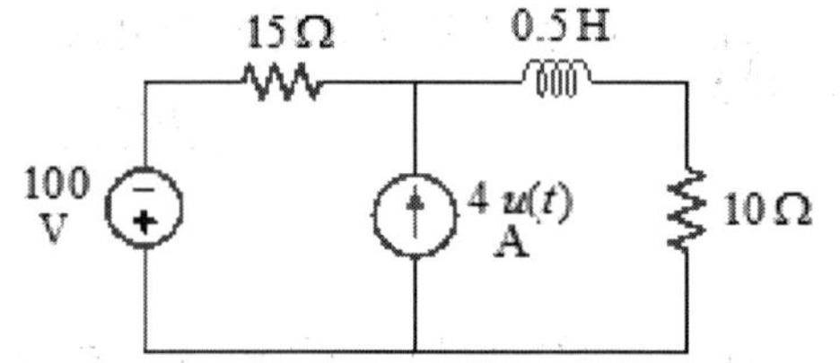

13 (a) 전류 $i_A(0^-)$와 $v_B(0^-)$를 구하여라.

(b) 전류 $i_A(0^+)$와 $v_B(0^+)$를 구하여라.

(c) $i_A(\infty)$를 구하여라.

(d) $v_B(t)$를 구하여라.

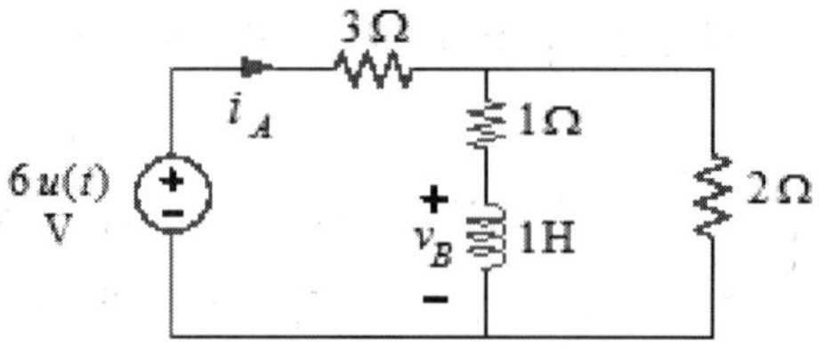

08 Chapter

RC 회로

서론

이 장에서는 RC 회로를 학습한다.

쌍대성 정리를 이용하여, 8장에서 RL 회로를 해석한 결과를 그대로 이용할 수도 있으나, 8장 없이도 9장을 학습할 수 있도록, 9장 없이도 8장을 학습할 수 있도록 설명을 한다.

RC 회로 지배하는 미분 방정식을 세우고 풀어 보기로 한다.
이러한 회로는 너무 간단하고 초보적인 회로이므로 그 자체로서는 별로 유용하지는 않지만, 응용발전 시키면 더 복잡하고 실제적인 회로를 해석하는데 편리하게 사용된다.

RL에 비하여 RC가 흔히 사용된다.

주요한 이유는 다음과 같다.

(1) 비용이 저렴하다.
(2) L 에 비하여 커패시터 C 에 의한 손실이 적다.
(3) 수학적 모형을 사용하여 실제 소자를 더 정확히 표현할 수 있다.
(4) 크기가 작고 가볍다.

Chapter

08 *RC* 회로

예비학습 미분방정식

독립변수 t가 $t=0$에서 t까지 변할 때, 종속변수 $v(t)$는 $v(0)=V_0$에서 $v(t)$까지 변한다. 변수 $v(t)$가 만족하는 상수 계수의 1계 선형 제차 상미분 방정식

$$\frac{dv(t)}{dt}+\frac{v(t)}{RC}=0$$

을 풀기 위한 4가지 방법을 살펴본다.

1. 변수분리와 정적분에 의한 풀이

미분 방정식

$$\frac{dv(t)}{dt}+\frac{v(t)}{RC}=0 \tag{1.1}$$

을 변형하면

$$\frac{dv(t)}{dt}=-\frac{v(t)}{RC} \tag{1.2}$$

이고, 종속변수 $v(t)$와 독립변수 t를 등호의 좌우로 분리하면,

$$\frac{dv(t)}{v(t)}=-\frac{1}{RC}dt \tag{1.3}$$

가 된다. 식 (1.3)에서

독립변수 t가 $t=0$에서 t까지 변할 때,
종속변수 $v(t)$는 $v(0)=V_0$에서 $v(t)$까지

변한다. 즉, $t=0$에서의 전압은 $v(0)=V_0$, $t=t$에서의 전압은 $v(t)$ $i(t)$이다. 양변을 각각 대응하는 아랫 끝과 윗끝의 값으로 정적분하면

$$\int_{V_0}^{v(t)}\frac{dv(\tau)}{v(\tau)}=\int_0^t-\frac{1}{RC}d\tau$$

아랫 끝과 윗끝의 값을 대입하고 계산하면,

$$\ln v(\tau)\,|_{V_0}^{i(t)}=-\frac{1}{RC}\tau|_0^t$$

$$\ln v(t) - \ln V_0 = -\frac{1}{RC}t \tag{1.4}$$

$$\ln \frac{v(t)}{V_0} = -\frac{1}{RC}t$$

이다. 따라서, 전압 $v(t)$는 다음과 같다.

$$\frac{v(t)}{V_0} = e^{-\frac{1}{RC}t}$$

$$v(t) = V_0 \ e^{-\frac{1}{RC}t} \tag{1.5}$$

초기조건 $t=0$일 때의 전압은 $v(0) = V_0$이다. 식 (1.5)은 미분방정식과 초기조건을 만족하는 해이다. 직렬 *RL* 회로의 자연 응답은 초기 전압 $v(0) = V_0$로부터 지수꼴로 감소하는 응답이다. 그림 8.1은 전압응답을 나타낸다.

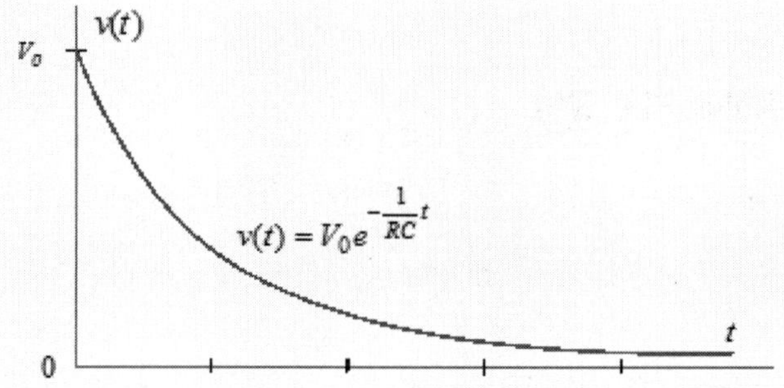

그림 8.1 초기조건 $v(0) = V_0$인 직렬 *RC* 회로의 전압응답

2. 변수분리와 부정적분에 의한 풀이

미분 방정식

$$\frac{dv(t)}{dt} + \frac{v(t)}{RC} = 0 \tag{2.1}$$

을 변형하면

$$\frac{dv(t)}{dt} = -\frac{v(t)}{RC} \tag{2.2}$$

이다. 독립 변수 t 종속변수 $v(t)$를 등식 좌우로 분리한 식의 양변을 부정적분하면,

$$\int \frac{dv(\tau)}{v(\tau)} = \int_0^t -\frac{1}{RC}d\tau \tag{2.3}$$

와 같다. 적분연산을 하고 적분 상수를 나타내면 다음과 같다.

$$\ln v(t) = -\frac{1}{RC}t + K \tag{2.4}$$

식 (2.4)에서 적분의 상수 K를 구하기 위하여 초기조건 $v(0) = V_0$를 이용한다. 우변 $t = 0$을 대입하여 얻은 $\ln I_0 = K$를 대입하면

$$\ln v(t) = -\frac{1}{RC}t + \ln V_0$$

$$\ln \frac{v(t)}{V_0} = -\frac{1}{RC}t \tag{2.5}$$

을 얻을 수 있다. 식 (2.5)에서 전압 $v(t)$를 구하면 다음과 같다.

$$v(t) = V_0 e^{-\frac{1}{RC}t} \text{ V} \tag{2.6}$$

3. 지수 함수의 추측에 의한 풀이

교육받은 경험에 의하여 일반해를 가정(추측)을 하여 주어진 미분방정에 대입하고 등식이 성립하도록 가다듬어 가는 방식이다. 간단하면서도 매우 좋은 방법이다. **1계 또는 2계 제차 선형 미분방적식의 해(solution)가 지수함수 꼴이라는 짐작을 하고 이 잠작이 정당함을 확인한다.**[80] 미분방정식

$$\frac{dv(t)}{dt} + \frac{v(t)}{RC} = 0 \tag{3.1}$$

의 해가 일반적인 지수함수의 형태

$$v(t) = Ae^{st}, \ A \neq 0 \text{ or } s \neq -\infty \tag{3.2}$$

를 갖는다고 가정한다. 상수 A와 상수 s_1은 회로의 특성에 의하여 결정된다. 해이므로 방정식에 대입하면 등식이 성립할 것이다. 식 (3.2)에 대입하면

$$Ase^{st} + A\frac{R}{L}e^{st} = 0$$

$$\left(s + \frac{R}{L}\right) \cdot Ae^{st} = 0 \tag{3.3}$$

식 (3.3)에서

$$s = -\frac{1}{RC}$$

이므로

$$v(t) = Ae^{-\frac{1}{RC}t} \tag{3.4}$$

남아 있는 상수 A는 초기조건 $v(0) = V_0$에 적용하여 계산하면 $A = V_0$이고 미분방정식 (3.1)의 해는 다음과 같다.

$$v(t) = V_0 e^{-\frac{1}{RC}t} \tag{3.5}$$

4. 특성방정식을 이용한 풀이

일반적인 1계 or 2계 미분방정식을 풀기 위하여 수학에서 자주 사용되는 방법이다. 일반적인 1계 미분방정식은

$$\frac{dv(t)}{dt} + \frac{v(t)}{RC} = 0 \tag{4.1}$$

이 꼴을 갖는다. 여기서

$$\frac{dv(t)}{dt} \text{ 대신 } s^1\text{을}$$

$$v(t) \text{ 대신 } s^0\text{를}$$

대응하면, 특성방정식

$$s + \frac{1}{RC} = 0 \tag{4.2}$$

을 얻는다. 해는

$$s = -\frac{1}{RC} \tag{4.3}$$

이다. 미분방정식의 해는 다음과 같다.

$$v(t) = A e^{-\frac{1}{RC}t} \tag{4.4}$$

식(4.4)에서 상수 A는 초기조건 $v(0) = V_0$에 적용하여 계산하면 $A = V_0$이고, 미분방정식 (4.1)의 해는 다음과 같다.

$$v(t) = V_0\, e^{-\frac{1}{RC}t} \text{ V} \tag{4.5}$$

80) 좋은 경험을 많이 한 학생은 합리적인 가정을 할 것이다.

8.1 전원을 제거하기 전후의 RC 회로

1. 전원 제거 전의 RC 회로

그림 8.2는 직렬 RC 회로의 자연응답을 구하기 위한 회로이다. **전원 제거 전 즉,** 시간 $t<0$까지 스위치는 1의 위치에 오랫동안 있어서 커패시터는 전하를 정상상태로 충전하고 있었다.

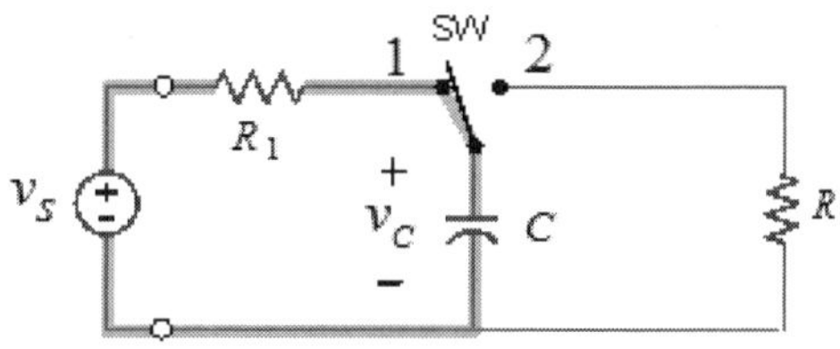

그림 8.2 전원제거 전(시간 $t<0$)에 충전되는 커패시터.

2. 전원 제거 후의 RC 회로

그림 8.3에서 오랜 시간동안 닫혀있었던 스위치가 한 순간 $t=0$에서 열리면, **스위치(SW) 우측 회로는** 전원 제거 후에 시간 $t \geq 0$에서 동작하는 직렬 RC 회로가 된다.

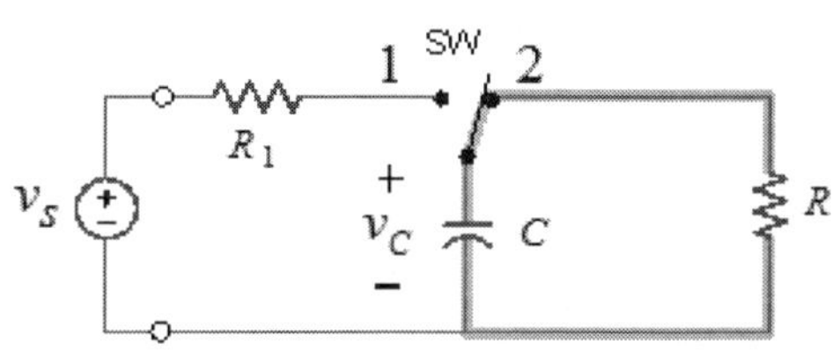

그림 8.3 전원제거 순간(시간 $t=0$)에 동작하고 있는 RC 회로.

커패시터에 저장되어 있는 초기 에너지는 전원에 의하여 저장되었던 최대 에너지

$$v(0)=V_0$$

라고 가정한다.

예제 1

그림의 회로는 전원제거 후 (시간 $t \geq 0$)에 동작하고 있는 RC 회로이다. 초기조건 $v(0)=V_0$을 갖는다. 노드 전압은 커패시터의 양단전압, 저항의 양단전압 과 같다. 즉,

$$v(t)=v_C(t)=v_R(t)$$

(a) KCL을 이용하여 노드 전압 $v(t)$를 지배하는 미분방정식을 유도하여라.

(b) 미분방정식의 해를 구하여라.

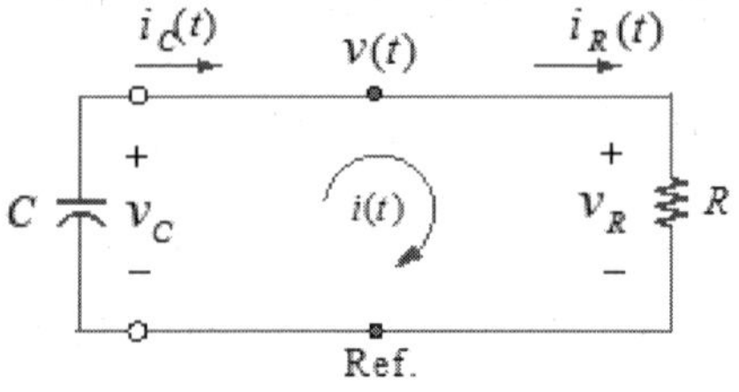

[풀이] (a) 회로의 마디(node)에서 KCL 방정식을 세우면,

$$i_C(t) = i_R(t) \tag{1}$$

수동소자부호 규칙에 따라서, 전류를 전압으로 나타내면,

$$i_C = - C\frac{dv(t)}{dt} \tag{2}$$

$$i_R(t) = \frac{v(t)}{R} \tag{3}$$

식 (2), (3)을 (1)에 대입하면

$$- C\frac{dv(t)}{dt} = \frac{v(t)}{R},$$

정리하면,

$$C\frac{dv(t)}{dt} + \frac{v(t)}{R} = 0$$

양변을 C로 나누면

$$\frac{dv(t)}{dt} + \frac{v(t)}{RC} = 0 \tag{4}$$

이다.

(b) 노드 전압 $v(t)$

미분방정식을 만족 하는 노드 전압은

$$v(t) = V_0\, e^{-\frac{1}{RC}t}$$

이다.

(a) 커패시터의

양단전압 $v_C(t) = v(t) = V_0\, e^{-\frac{1}{RC}t}$

통과전류 $i_C = - C\frac{dv(t)}{dt} = - C\frac{d}{dt} V_0\, e^{-\frac{1}{RC}t}$

$$=-CV_0\left(-\frac{1}{RC}\right)e^{-\frac{1}{RC}t}=\frac{V_0}{R}e^{-\frac{1}{RC}t}$$

(b) 저항의

양단전압 $v_R(t)=v(t)=V_0\,e^{-\frac{1}{RC}t}$

통과전류 $i_R(t)=\dfrac{v(t)}{R}=\dfrac{V_0}{R}\,e^{-\frac{1}{RC}t}$.

답 풀이 참조. ■

8.2 무전원 RC 회로에 저장되는 에너지

무전원 RC 회로의 노드전압$v(t)$은 다음과 같다.

$$v(t)=V_0e^{-\frac{1}{RC}t}$$

이로부터 다음 물리량들을 구할 수 있다.

(1) 메쉬 전류 $i(t)$;

$$i(t)=\frac{v(t)}{R}=\frac{V_0}{R}e^{-\frac{1}{RC}t}\quad \text{A},\ t\geq 0^+ \tag{8.1}$$

(2) 저항에서 소비되는 순간 전력 ;

$$p=vi=\frac{V_0^2}{R}e^{-2\frac{1}{RC}t}\quad \text{Watt},\ t\geq 0^+ \tag{8.2}$$

(3) 유한 시간 $t\,(0<t<\infty)$ 동안 저항에서 열로 변환된 에너지;

$$w=\int_0^t p(\tau)\,d\tau=\int_0^t\frac{V_0^2}{R}e^{-2\frac{1}{RC}\tau}d\tau$$

$$=\frac{1}{2}CV_0^2\left(1-e^{-2\frac{1}{RC}t}\right)\ \text{Joule},\ t\geq 0 \tag{8.3}$$

(4) 무한 시간 $(t\to\infty)$ 동안 저항에서 열로 변환된 총에너지 ;

$$w=\int_0^\infty p(\tau)\,d\tau=\int_0^\infty\frac{V_0^2}{R}e^{-2\frac{1}{RC}\tau}d\tau$$

$$= \left[\frac{V_0^2}{R} \cdot \frac{-RC}{2} e^{-\frac{2}{RC}t} \right]_0^{\infty} = \frac{V_0^2}{R} \frac{-RC}{2} (0-1)$$

$$= \frac{V_0^2}{R} \frac{RC}{2} \text{ Joule}, \ t \geq 0$$

$$= \frac{1}{2} C V_0^2 \text{ Joule}, \ t \geq 0 \tag{8.4.1}$$

[주] 식 (8.3)에서 $t \rightarrow \infty$ 해도 얻어진다.

(5) 커패시터에 저장되는 에너지는 $t \rightarrow \infty$ 에서 저항에서 모두 열로 전환된다. 에너지 보존 법칙에 의하여,

$$w_C = \frac{1}{2} C V_0^2 \text{ Joule}, \tag{8.4.2}$$

8.3 상수계수의 1계 선형 제차 상미분 방정식

그림 8.4과 같이, 전원이 제거된 후에 동작하는 회로에서 직렬 RC 회로를 지배하는 미분방정식의 해는 특정 시각 $t=0$에 **커패시터**의 전기장(electric filed)에 저장되어 있는 전기에너지가 저항에서 열(heat)로 소비되는 추세(trend)에 의하여 얻어진다.[81] 미분 방정식을 만족시키는 독립 변수 t로 표현된 식을 유도하여야 한다. 미분방정식의 해가 회로의 응답을 나타내는 식이다.

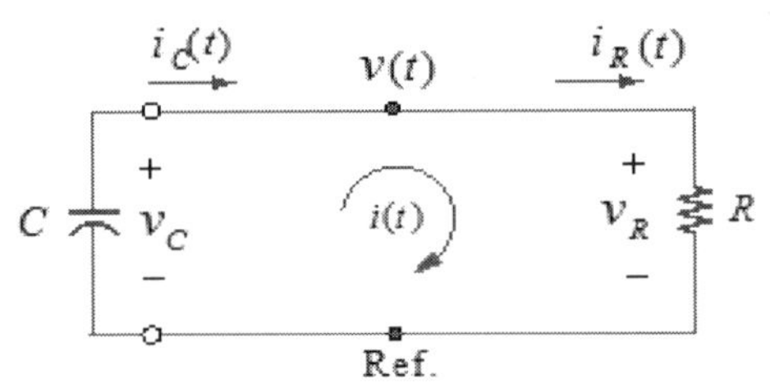

그림 8.4 전원제거 후 (시간 $t \geq 0$)에 동작하고 있는 RC 회로.

회로의 응답은 회로의 일반적인 성질(소자의 종류 및 값, 소자들의 상호연결 상태 등)에 따라서 결정되므로 **자연 응답**(natural response)이라 부른다.

(1) 전원이 제거된 후에 동작하는 RC 회로에서는 커패시터에 저장되어 있는 에너지에 의하여 동작한다. 저장되어 있는 에너지는 저항에 의하여 열로 소모되기 때문에, 회로를 흐르는 응답전류는 지수함수의 형태로 점점 감소

81) "전원이 없이 동작한다. 전원이 제거된 후에 동작한다."는 의미는 에너지를 공급하던 전원이 제거된 후, 저장되어 있던 내부 에너지에 의하여 동작한다는 의미이다.

하여 무한대 시간이 경과하면 결국에 전부 소멸하게 된다. 이 응답은 지수함수 형태로 감소하는 꼴을 가지고 시간이 무한대로 진행함에 따라 소멸하므로 **과도 응답**(transient response)이라고도 한다. **수학에서는** 제차 선형 미분방정식을 풀어서 얻은 해로서 보조 함수(complementary function)라고 부른다.

(2) 회로에 독립 전원이 인가되는 동안, 전원에 의하여 나타나는 응답은 전원(구동 함수)의 형태의 특성을 나타내게 된다. 이를 **강제 응답**(forced response) 또는 특수해(particular solution)라 한다.

따라서, 동작하는 회로의 완전응답은

(1) 전원이 제거된 상태에서 회로의 내부에너지에 의한 응답 즉, 보조 응답(complementary response)[82)]
(2) 인가되는 전원에 의한 응답 즉, 강제 응답

의 합으로 주어진다. 다시 말해서

완전 응답 = 자연 응답 + 강제 응답

이다. 몇 가지 방법을 사용하여 미분방정식을 풀어보자. 미분방정식을 수학적으로 푸는 것 자체가 회로 해석은 아니다. 어떤 방법으로 풀었든지 상관없이, 풀어서 얻은 해의 의미를 물리적으로 해석하고 응용하는 작업이 더 중요한 일이다.

그림 8.5는 $t=0$에서 전원이 제거된 이후의 RC 회로를 나타낸다. 회로를 동작시키는 원인(cause)은 커패시터. 결과(effect)는 회로를 흐르는 전류는 $i(t)$이다. 초기의 전류 즉 $t=0$인 순간의 전류를 $i(t)=0$ 또는 $i(0)=I_0$라고 한다. 초기전압은 $v(0)=V_0$이다. 회로에서 mesh 전류 $i(t)$를 변수로 선택하고, KVL을 사용하여 $v(t)$를 유도하자.

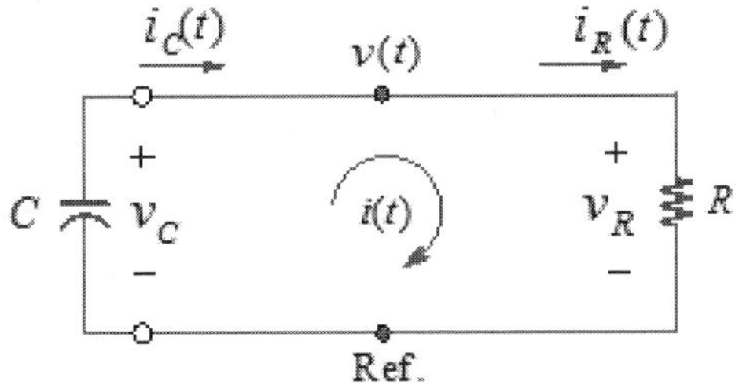

그림 8.5 전원 제거 후 (시간 $t \geq 0$) 메쉬전류로 동작하고 있는 RC 회로.

82) 전원이 없이 나타나는 응답 = 자연 응답 = 과도 응답 = 자유 응답 = 보조 함수

회로에서 KCL 방정식을 세우면 다음과 같다. 그림에서 node 전류을 $i(t)$로 정하면, 인덕터와 저항의 통과전류는 같다.

$$i_C(t) = i_R(t) \tag{8.5}$$

수동소자 부호규칙에 의하여 인덕터와 저항의 통과전류를 노드전압으로 나타내면,

$$i_C(t) = -C\frac{dv}{dt}$$

$$i_R(t) = \frac{v}{R}$$

이다. 식 (8.5)에 대입하면,

$$-C\frac{dv}{dt} = \frac{v}{R} \tag{8.6}$$

식 (8.6)에 의하여

$$C\frac{dv}{dt} + \frac{v}{R} = 0$$

$$\frac{dv}{dt} + \frac{1}{RC}v = 0 \tag{8.7}$$

과 같다. 초기조건은 $t=0$에서의 값이 V_0이다. 몇 가지 방법을 사용하여 미분 방정식 식 (8.7)를 풀어서 해 $v(t)$을 구해보자.

$$v(t) = V_0 e^{-\frac{1}{RC}t}, \quad t \geq 0 \tag{8.8}$$

커패시터의 통과전류는 다음과 같다.

$$\begin{aligned} i_C(t) &= -C\frac{dv(t)}{dt} = -C\frac{d}{dt} V_0 e^{-\frac{1}{RC}t} \\ &= -C \cdot V_0 \left(-\frac{1}{RC}\right) \cdot e^{-\frac{1}{RC}t} \\ &= \frac{V_0}{R} \cdot e^{-\frac{1}{RC}t} \ \text{A}, \quad t \geq 0^+ \end{aligned} \tag{8.9}$$

저항의 통과전류는 다음과 같다.

$$i_R(t) = \frac{v}{R} = \frac{V_0}{R} e^{-\frac{1}{RC}t} \ \text{A}, \quad t \geq 0^+ \tag{8.10}$$

무전원 RC 회로의 전압 응답식 (4)의 물리적인 의미는 다음과 같다.

(1) $t=0$에서의 값은 초기조건 $v(0) = V_0 = Ri(0)$이고,

(2) t가 무한히 증가함에 따라 전압은 0이 된다.

(3) 커패시터에 전압이 남아있는 동안에는 에너지는 계속 저항을 통하여 흐르면서 열로 소모된다.

시상수의 표현으로부터 응답이 초기값의 37%가 되는 시간으로부터 간단히 e부터 구할 수 있다.

$$i(t) = i(0)e^{-\frac{1}{RC}t} = I_0\ e^{-\frac{1}{RC}t} = I_0\ e^{-1} \tag{8.11}$$

지수로 부터,

$$\frac{1}{RC}\tau = 1$$

따라서,

$$\tau = RC \tag{8.12}$$

무전원 RC 회로의 시정수 τ의 물리적인 의미는 다음과 같다.

(1) 시정수 τ는 R과 C에 비례함을 알 수 있다.
저항 R 또는 커패시터 C가 커질수록 시정수 τ가 커진다.

(2) 시정수는 커지면, 저장된 에너지는 천천히 소비된다.

따라서, 저항에 걸리는 전압이 일정할 때 저항 R 또는 커패시터 C가 커질수록 시정수 τ가 커진다.

$$v(t) = V_0\ e^{-\frac{1}{RC}t} \tag{8.13}$$

가 천천히 감소하므로 저항에서 소비되는 전력은 작아진다. 그러므로 저장 에너지가 열로 변환되는데 더 많은 시간이 걸린다.

커패시터에 일정한 전압이 걸렸을 때 커패시터가 커질 수록 저장 에너지는 크게 되므로, 저항을 통하여 초기 에너지를 소비하는데 많은 시간이 걸린다.

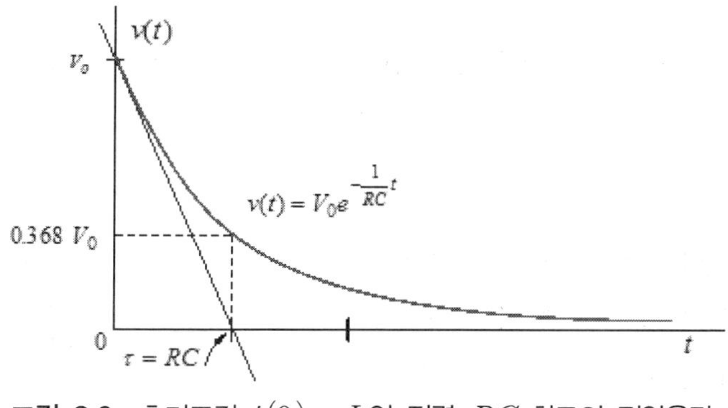

그림 8.6 초기조건 $i(0) = I_0$인 직렬 RC 회로의 전압응답.

예제 1

아래와 같은 회로가 주어져 있다. 물음에 답하여라.

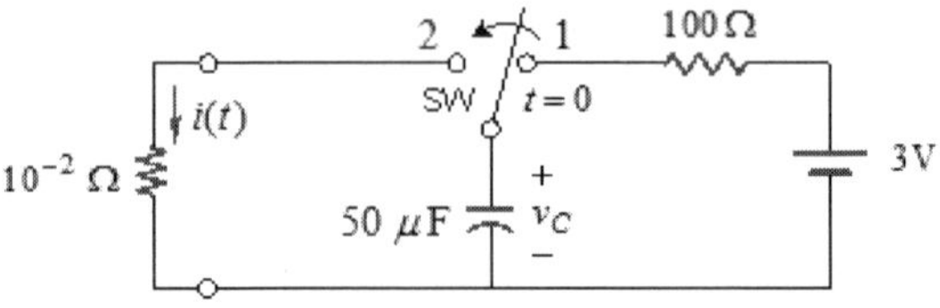

(a) 커페시터 전압 $v_C(0^+)$를 구하여라.

(b) 저항의 전류 $i(0^+)$를 구하여라.

[풀이] (a) 커페시터 전압 $v_C(0^+) = v_C(0^-) = 3\text{V}$

(b) 저항의 전류 $i(0^+) = \dfrac{3}{10^{-2}} = 300\text{ A}$ ■

문제 1

다음 회로는 전원이 제거된 후에 초기값 $i(0)$ 및 $v(0)$에 의하여 동작하고 있다.

(a) KVL을 적용하여 $i(t)$를 구하여라.

(b) KVL을 적용하여 $v(t)$를 구하여라.

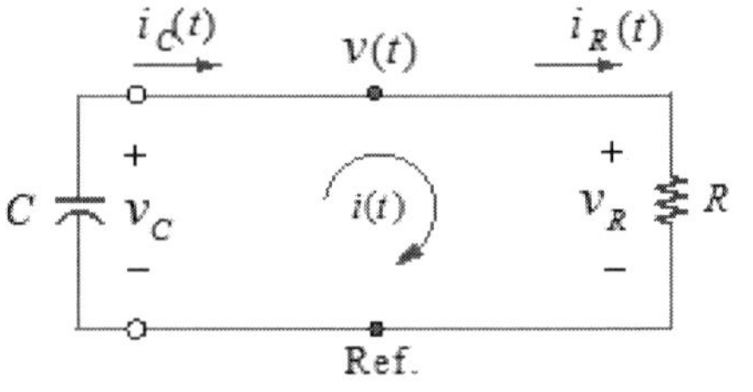

답 (a) $i(t) = i(0)e^{-\frac{1}{RC}t} = I_0\, e^{-\frac{1}{RC}t}$;

(b) $v(t) = Ri(t) = Ri(0)e^{-\frac{1}{RC}t} = V_0\, e^{-\frac{1}{RC}t}$. ■

8.4 단위 계단 함수(unit step function)

연속 신호의 특성을 나타내기 위한 단위 계단 함수는 다음과 같이 수학적으로 정의 한다.

$$u(t) = \begin{cases} 1, & t \geq 0 \\ 0, & t < 0 \end{cases} \tag{8.14}$$

그림 8.7은 정의에 따라 나타낸 그림이다. 단위계단 함수는 ( ) 속 표현의 형태에 따라 여러 가지 형태를 가진다. 표현의

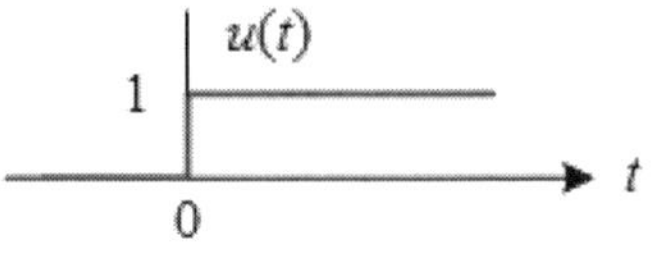

그림 8.7 단위계단 함수

형태가 다양 하더라도 언제나 ( ) 속표현 전체를 $*$로 취급하고

$$u(*) = \begin{cases} 1, & * \geq 0 \\ 0, & * < 0 \end{cases} \tag{8.15}$$

로 하여야 한다.

예제 1

다음 함수를 그림으로 나타내어라.

$(a)\ u(t)$; $(b)\ u(-t)$; $(c)\ -u(t)$; $(d)\ -u(-t)$.

[풀이]

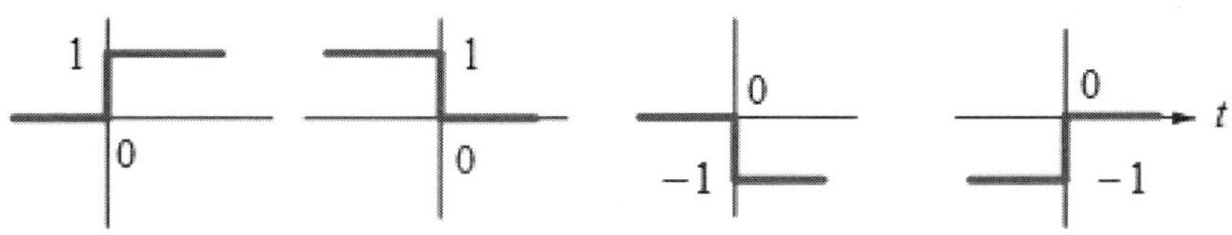

(a) (b) (c) (d)

■

문제 1

다음 함수를 그림으로 나타내어라.

$(a)\ u(t+2)$; $(b)\ u(t-2)$; $(c)\ u(-t+2)$; $(d)\ u(-t-2)$.

답 생략. ■

8.5 직사각형 펄스 함수

그림 8.8과 같이 단위 계단함수를 사용하여 직사각형 펄스를 정의한다.

$$v(t) = \begin{cases} 0, & t < t_0 \\ V_0, & t_0 < t < t_1 \\ 0, & t > t_1 \end{cases}$$

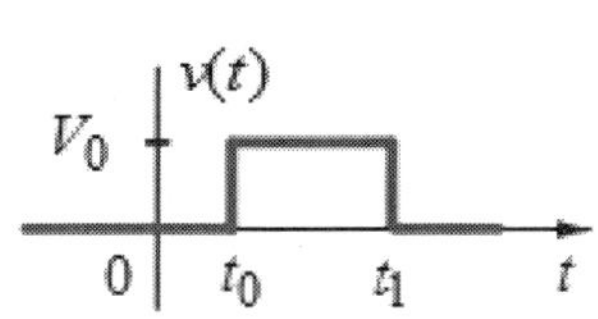

그림 8.8 직사각형 펄스

단위 계단 함수로 표시하면, 두 단위 계단 함수의 차와 같다.

$$\begin{aligned} v(t) &= V_0 u(t-t_0) - V_0 u(t-t_1) \\ &= V_0 [u(t-t_0) - u(t-t_1)] \end{aligned} \tag{8.16}$$

순간 $t = t_0$에서 정현파 전압원 $V_m \sin \omega t$를 회로망에 인가하였을 때 구동 함수는

$$v(t) = V_m \sin \omega t \ u(t-t_0)$$

로 표현한다.

예제 1

시각 $t = 0$일 때 각각 함수의 값을 계산하여라.
(a) $3u(t-1)$; (b) $u(1-2t)$; (c) $u(\cos 4\pi t + 3)$; (d) $u[-\cos(2\pi t + 3\pi)]$.

[풀이] (a) $3u(-1) = 0$;
(b) $u(1) = 1$;
(c) $u(\cos 4\pi t + 3) = u(3) = 1$;
(d) $u[-\cos(2\pi t + 3\pi)] = u[-\cos(3\pi)] = u(1) = 1$ ■

8.6 단위 계단 전압으로 구동하는 RC 회로

RL**회로를 해석하기 위하여 자세한 과정을 거쳐서 해를 구하였다. 이와 마찬가지 절차로** RC 회로의 완전 응답도 자연 응답과 강제 응답의 합으로 구할 수 있다.

그림 8.9과 같은 직렬 RC 회로의 응답으로서 커패시터 양단의 전압을 구하여 보자.

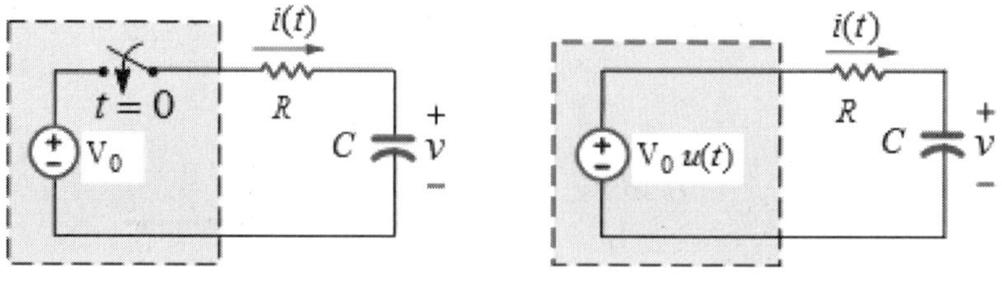

그림 8.9 초기조건 $v(0^+) = V_0$을 갖는 직렬 RC 회로

(1) 입력전압 V_0는 dc이다. 커패시터 양단의 초기전압은 다음과 같다.

$$v(0^+) = V_0$$

(2) 일정 dc전압 V_g는 커패시터의 초기전압 V_0 이상이다..

$$V_g \geq V_0.$$

커패시터의 양단의 초기 전압은 급격히 변할 수 없으므로,

$$v(0^-) = v(0^+) = V_0$$

$t \geq 0$인 기간에 성립하는 회로에 KCL을 적용하면,

$$C\frac{dv}{dt} + \frac{v - V_0}{R} = 0$$

C로 양변을 나누면 다음과 같다.

$$\frac{dv}{dt} + \frac{v}{RC} = \frac{V_0}{RC}$$

정리하면,

$$\frac{dv}{dt} = -\frac{v - V_0}{RC}, \quad \frac{dv}{v - V_0} = -\frac{dt}{RC}$$

양변을 정적분하면 다음과 같다.

$$\ln(v - V_0)\Big|_{V_0}^{v(t)} = -\frac{dt}{RC}\Big|_{t=0}^{t}$$

$$\ln[v(t) - V_g)] - \ln(v(t) - V_g) = -\frac{dt}{RC} + 0$$

로그함수의 성질에 의하여

$$\ln\frac{v(t) - V_g}{V_0 - V_g} = -\frac{dt}{RC}$$

$$\frac{v(t) - V_g}{V_0 - V_g} = \exp(-\frac{dt}{RC})$$

이로부터 $v(t)$에 관해서 풀면

$$v(t) = V_g + (V_0 - V_g) \cdot \exp(-\frac{dt}{RC}), \ t \geq 0$$

따라서, 위 직렬 RC 회로의 완전응답(complete reponse, total response)는 다음과 같다.

$$v(t) = \begin{cases} V_0 & , \quad t < 0 \\ V_0 + (V_0 - V_g) \cdot \exp(-\frac{dt}{RC}), & t \geq 0 \end{cases} \tag{8.17}$$

커패시터가 당초에 충전되어 있지 않다면, 양단의 초기전압 $V_0 = 0$이므로 위 직렬 RC 회로의 완전응답(complete reponse, total response)는 다음과 같다.

$$v(t) \ = \begin{cases} 0 & , \quad t < 0 \\ V_g(1 - \ \exp(-\dfrac{dt}{RC}), & \quad t \geq 0 \end{cases} \tag{8.18}$$

이 식을 단위계단 함수 $u(t)$와 시정수 $\tau = RC$로 표시하면 다음과 같다.

$$v(t) \ = V_g(1 - \ e^{-\frac{1}{\tau}t})u(t)\ , \quad \tau = RC \tag{8.19}$$

그림 8.10은 직렬 RC 회로의 전류 i의 강제응답을 나타낸다.

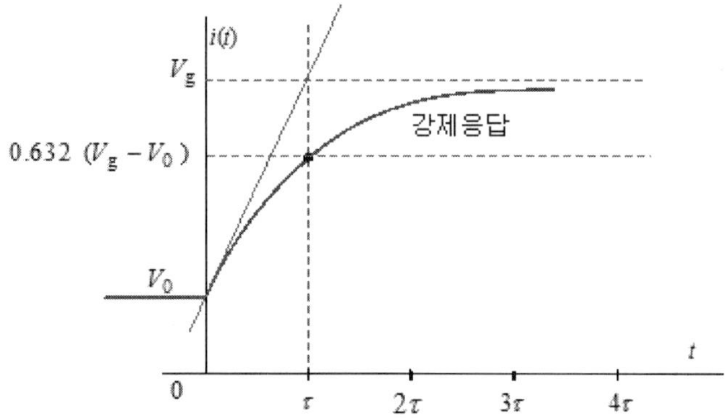

그림 8.10 직렬 RC 회로의 전류 i의 강제응답

예제 1

아래 회로는 스위치가 1에 오랫동안 접촉하여 정상상태에 있었다. 일순간 $t = 0$에서 스위치가 2로 옮겨졌다. (a) 기간 $t < 0$에서 ; (b) 기간 $t \geq 0$에서 커패시터 양단의 전압 $v_c(t)$를 구하여라.

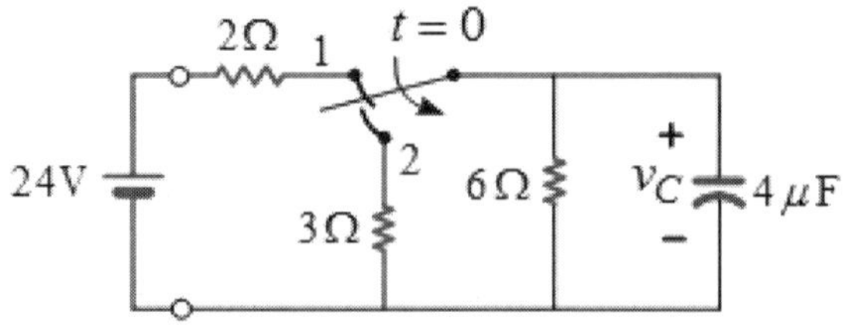

[풀이] (a) 기간 $t<0$에서 즉 $t=0^-$에서

$$v_C(0^-) = 24 \times \frac{6}{2+6} = 18 \text{ V}$$

(b) 기간 $t \geq 0$에서 즉 $t=0^+$에서

$$v_C(0^+) = v_C(0^-) = 18 \text{ V}$$

등가 저항은

$$R_{eq} = 3 \| 6 = 2 \ \Omega$$

이고

$$C = 4 \text{ F}$$

이므로, 시정수는

$$\tau = RC = 2 \times 4 = 8 \text{ s}$$

이다. 따라서

$$v_c(t) = 18e^{-\frac{1}{8}t} = 60e^{-0.125t}$$

■

연 습 문 제 A

01 그림의 회로는 전원제거 후 (시간 $t \geq 0$)에 동작하고 있는 RC 회로이다. 초기 조건 $v(0) = V_0$ 일 때 메쉬 전류는 다음과 같다.

$$v(t) = V_0 \, e^{-\frac{1}{RC}t}$$

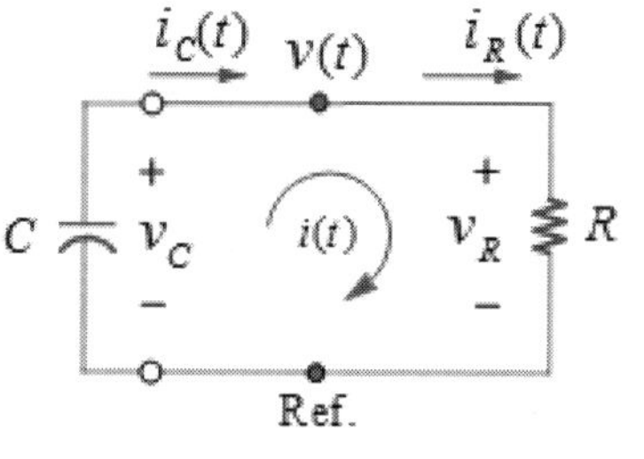

(a) 커패시터의 양단전압과 통과 전류를 구하여라.

(b) 저항의 양단전압과 통과 전류를 구하여라.

02 다음 회로들은 스위치 SW가 닫힌 상태로 오랜 시간 동안 동작하고 있었다. 한 순간 $t=0$에서 SW가 열린다. 회로 (a), (b) 및 (b)에서

(1) 스위치가 열리기 직전 초기전류 $i(0^-)$를 구하여라.

(2) 스위치가 열린 직후 초기전류 $i(0^+)$를 구하여라.

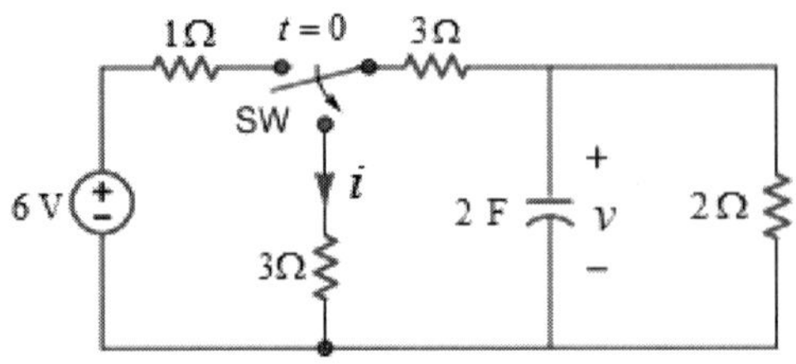

(a)

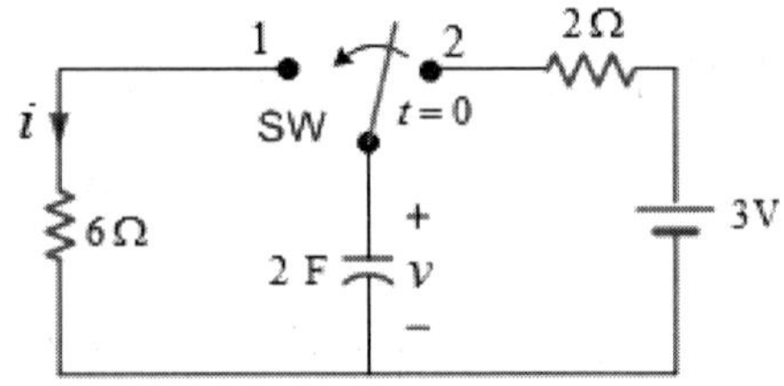

(b)

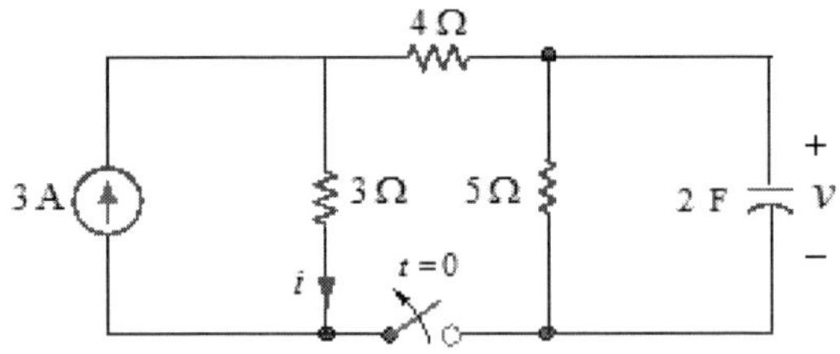

(c)

03 다음 회로들은 스위치 SW 가 닫힌 상태로 오랜 시간 동안 동작하고 있었다. 한 순간 $t = 0$에서 SW가 열린다. 회로 (a), (b) 및 (b)에서 전압 $v(t)$와 전류 $i(t)$를 구하여라.

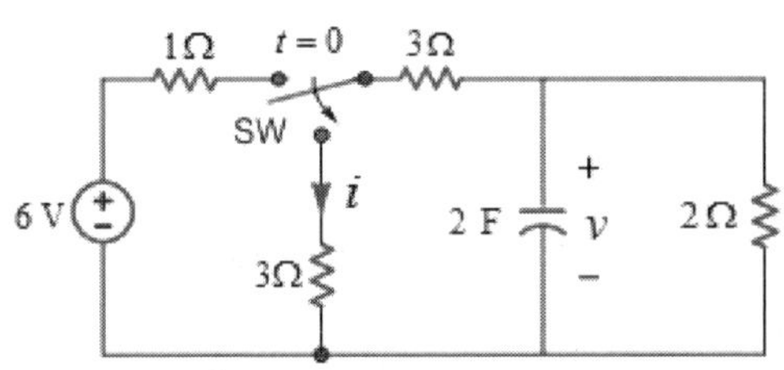

(a)

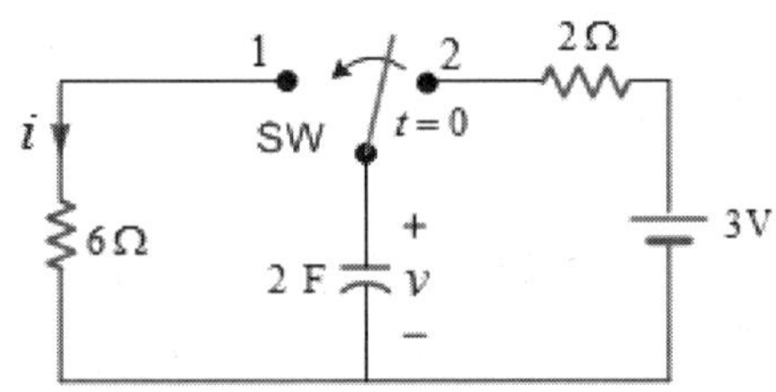

(b)

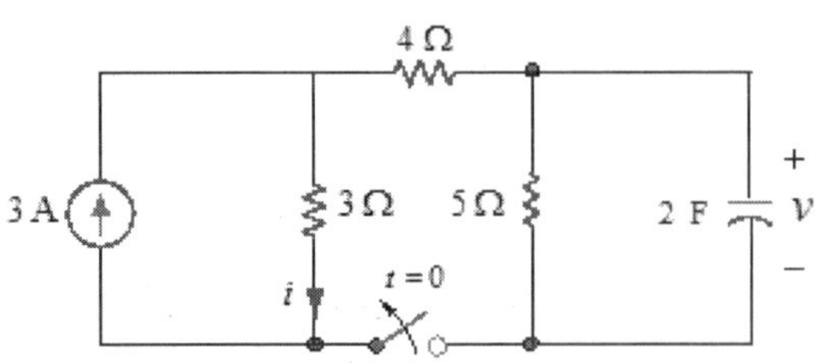

(c)

04 그림의 스위치가 오랜 시간 동안 위치 1에 있었다. 일 순간 $t=0$ 에서 스위치가 열려서 위치 1로 이동하였다. 다음을 구하여라.

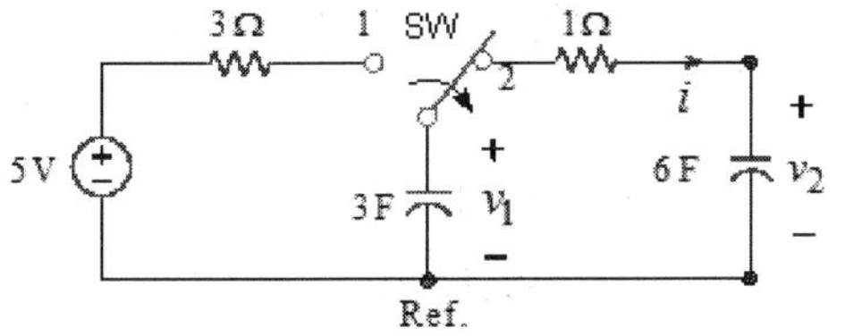

(a) $v_C(0^+)$ (b) $i(t), t \geq 0^+$

(c) $v_1(t), t \geq 0^+$ (d) $v_2(t), t \geq 0^+$

05 다음 회로에서 전압과 전류는 다음과 같다.

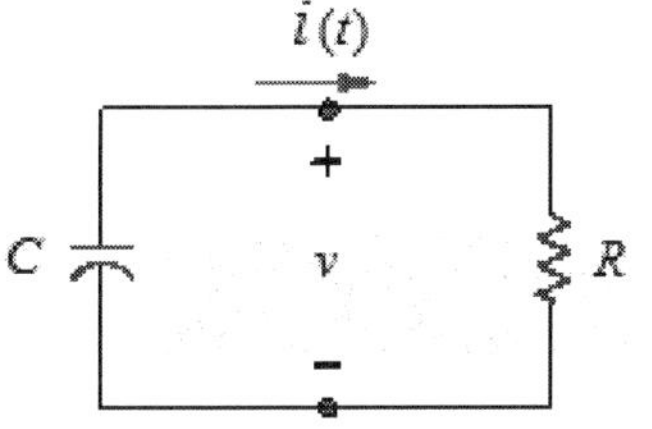

$$\begin{cases} v(t) = 12\, e^{-2t} \ \ \mathrm{V}\ , t \geq 0^+ \\ i(t) = \ \ 3\, e^{-2t} \ \ \mathrm{A}\ \ , t \geq 0 \end{cases}$$

다음을 구하여라.

(a) 저항 R ; (b) 시정수 τ ; (c) 커패시터 C ;

(d) 커패시터에 저장된 에너지 $w(t)$, $t \geq 0^+$

06 다음 회로에서 $C=2\mathrm{F}$ 이다. 저항 R 은 가변저항이다. 다음 조건이 성립할 때 저항 R을 구하여라.

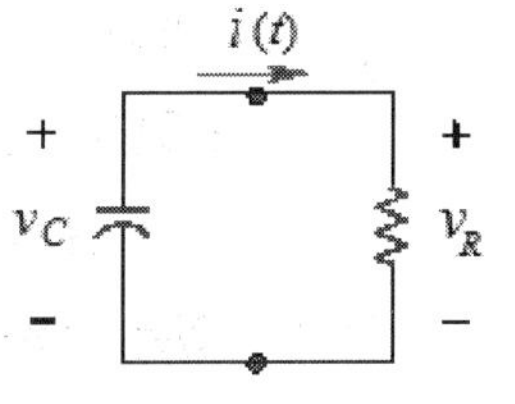

(a) $v(0) = 2v(0.5)$인 경우;

(b) $w_C(0) = 2\,w_C(0.2)$인 경우;

(c) 시각 $t=0^+$에서, $v(0) = -6\ \mathrm{V}$, $dv/dt = 10\ \mathrm{V/s}$인 경우.

07 다음의 회로에서 모든 시간에서 전류 $i(t)$를 구하여라.

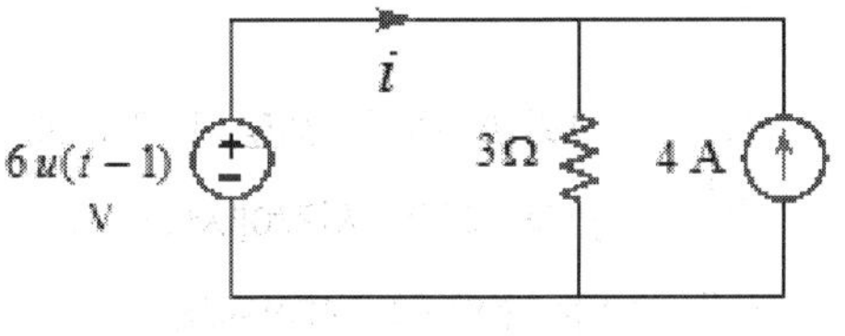

08 다음의 회로에서 모든 시간에서 전류 $i(t)$를 구하여라.

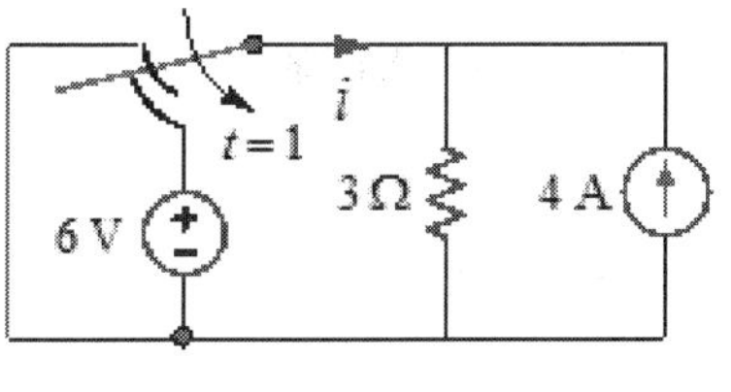

09 전압 $v(t)$가 인덕터 $L = 2\,\mathrm{H}$의 입력신호로 인가되고 있다.

$$v(t) = 4u(t+1) - 2u(t-2)\ \mathrm{V}\ ;$$

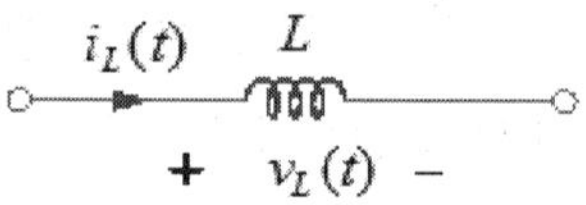

(a) 인덕터의 정의식을 사용하여 통과하는 전류를 구하여라.

(b) 위 식으로부터 다음 순간 전류값을 구하여라.

$$t = -2\ ;\ t = 0\ ;\ t = 3$$

(c) 인덕터를 통과하는 전류를 그림으로 나타내어라.

(d) 위 그림으로부터 다음 순간 전류값을 구하여라.

$$t = -2\ ;\ t = 0\ ;\ t = 3$$

연 습 문 제 B

01 시각 $t=0$에서 다음 함수의 값을 구하여라.

(a) $u(t-1)$; (b) $u(1-t)$; (c) $u(\cos 4\pi t)$; (d) $u[-(\cos(2\pi t+\pi)]$.

02 아래와 같은 회로가 주어져 있다. 물음에 답하여라.

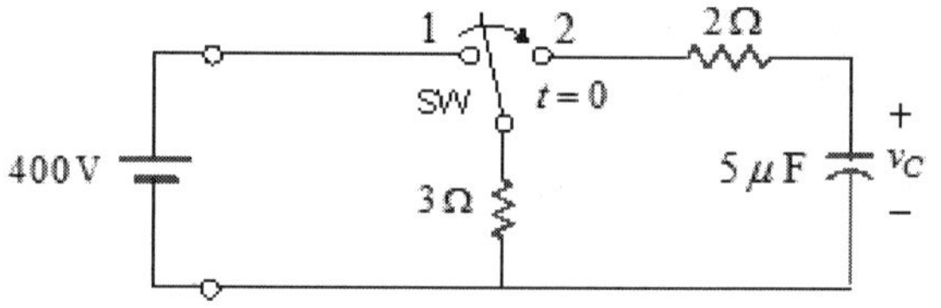

(a) 순간 $t=0^+$에서 커패시터에 저장되어 있는 전하를 구하여라.

(b) 커패시터의 전압$v_C(t)$을 구하여라.

(c) 순간 $t = 0.4\ \mathrm{sec}$에 전하를 구하여라.

03 그림과 같은 회로가 주어져 있다. 다음 시각에서의 커패시터에 걸리는 전압을 구하여라.

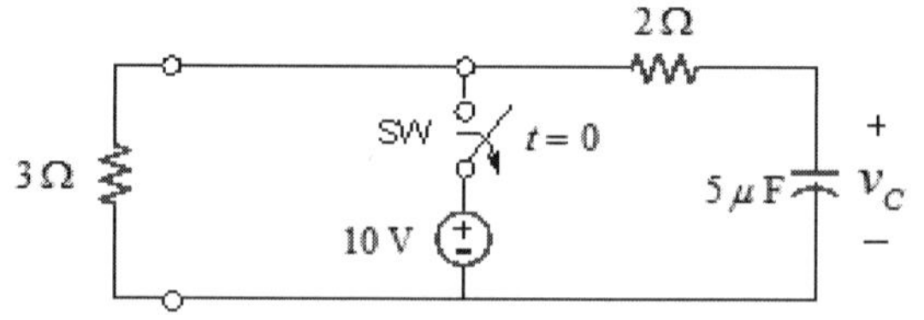

(1) $t = 25\,\mu\mathrm{s}$ 일 때 ;

(2) $t = 75\,\mu\mathrm{s}$ 일 때

04 이래 정상상태에서 동작하고 있던 아래의 회로에서 $t=0$인 순간에 스위치가 열린다.

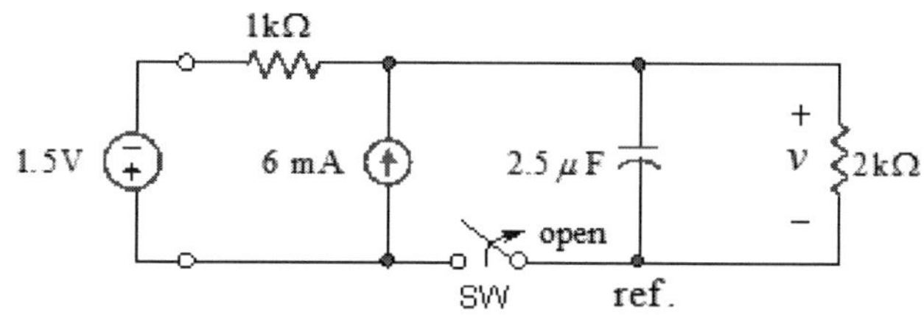

(a) 전압 $v(0^+)$를 구하여라.

(b) 전압 $v_2(t)$를 구하여라.

05 다음 신호의 그래프를 그려라.

(a) $i(t)=e^{-t}u(t)$; (b) $x(t)=u(2t)$;

(c) $v(t)=2u(t)-1$; (d) $v(t)=u(t-1)-u(t-2)$;

(e) $i(t)=tu(t-1)$; (f) $i(t)=|t+1|\,u(t^2-1)$;

(g) $i(t)=u(\sin 2\pi)$; (h) $i(t)=u(t^2-t-2)$.

06 아래 주어진 회로에서 다음 시각 t에서 $v(t)$를 구하여라.

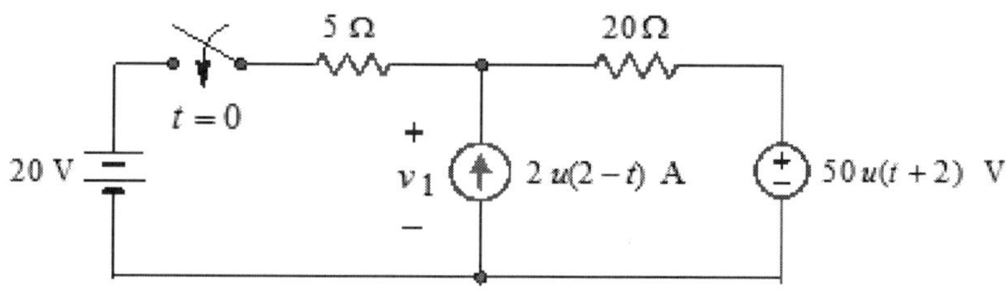

(a) $t=-5$;

(b) $t=-1$;

(c) $t=1$;

(d) $t=3$

09 Chapter

LC 탱크 회로

1. 물체는 영원히 운동할 수가 없다. 저항 때문에 운동은 멈추게 된다. 모든 시스템의 운동은 댐핑(damping, 감쇠) 현상을 나타낸다. 댐핑현상을 나타내는 시스템의 동작을 지배하는 미분방 정식은

$$\frac{d^2y}{dt^2}+m\frac{dy}{dt}+ky=0$$

이다.

2. 댐핑현상이 없는 경우는 이상적 경우이다. 댐핑현상이 없이 동작하는 시스템을 지배하는 미분방정식은 위식에서 $m=0$으로 하여 얻은 미분방정식

$$\frac{d^2y}{dt^2}+ky=0$$

이고, 해는

$$i(t)=A_1\cos\omega_0 t+A_2\sin\omega_0 t$$

이다. 두 상수 A_1, A_2는 두 개의 초기 조건에 의하여 구한다,

Chapter 09 LC 탱크 회로

전기 회로에서는 동작을 방해하는 소자가 저항 R이다. 저항이 없이 구성한 LC 탱크 회로에서는

메쉬전류가 일단 한번 흐르면, 진폭 감쇠없이 영원한 정현파 형태로 흐르고,

노드전압이 일단 한번 걸리면, 진폭 감쇠없이 영원한 정현파 형태로 걸린다.

우리는 이장에서, 감쇠형상이 없이 동작하는 LC 를 학습하기로 한다.

1. LC 회로는 "전기진동회로", "공진회로", "동조회로"라고 하며, 전하를 저장하기 때문에 "탱크(tank)회로"라고도 한다.[83)]
2. LC 회로는 공진 주파수에서 진동 에너지를 저장하면서, 아날로그 형식의 전기 공진기로 쓸 수 있다. 특정 주파수에서 신호를 생성하거나, 특정 주파수의 신호를 통과시는 필터로 사용된다.
3. 두 소자 L, C 를 갖는 탱크(tank) 회로를 지배하는 전류의 미분 방정식은 다음과 같다.

$$\begin{cases} \dfrac{d^2 i(t)}{dt^2} + \dfrac{1}{LC} i(t) = 0 \\ \text{초기전류조건 } i(0),\ i'(0) \end{cases}$$

탱크(tank) 회로는 주기적으로 공진동작하며 공진 주파수는 다음과 같다.

$$\omega_0 = \frac{1}{\sqrt{LC}} \ \mathrm{rad/sec},\ f_0 = \frac{1}{2\pi\sqrt{LC}} \ \mathrm{Hz}$$

예비학습 댐핑(damping)이 없는 시스템의 운동

저항이 없는 LC 회로의 전류와 전압은 감쇠하지 않는 sine 함수 and/or cosine 함수로 표시할 수 있다. 전류는 **미분방정식**

$$\frac{d^2 i(t)}{dt^2} + \frac{1}{LC} i(t) = 0$$

으로 표시할 수 있다. 해를 어떻게 구할까? 해가 지수함수 꼴 $i(t) = Ke^{st}\ (\neq 0)$

83) LC circuit, tank circuit, LC tank circuit, tank LC circuit, LC resonance circuit, LC resonator, LC resonating circuit, tuned circuit, LC oscillator 등으로 불린다.

이라는 짐작을 하자. 해이므로 대입하면 등식

$$Ks^2 e^{st} + \frac{1}{LC} K e^{st} = 0\ ,\ K e^{st}(s^2 + \frac{1}{LC}) = 0$$

이 성립한다. 만족하는 조건은 2차 방정식

$$s^2 + \frac{1}{LC} = 0$$

이므로, 해는

$$s_1 = j\frac{1}{\sqrt{LC}} \quad \text{or} \quad s_2 = -j\frac{1}{\sqrt{LC}}$$

이다. 새로운 물리량 공진주파수

$$\omega_0 = \frac{1}{\sqrt{LC}}$$

를 정의하면

$$s_1 = +j\omega_0 \quad \text{or} \quad s_2 = -j\omega_0$$

이다. 따라서 미분 방정식의 해는

$$i(t) = K_1 e^{s_1 t} + K_2 e^{s_2 t} = K_1 e^{+j\omega_0 t} + K_2 e^{-j\omega_0 t}$$

Euler에 의하면*

$$\begin{aligned} i(t) &= K_1(\cos\omega_0 t + j\sin\omega_0 t) + K_2(\cos\omega_0 t - j\sin\omega_0 t) \\ &= (K_1 + K_2)\cos\omega_0 t + j(K_1 - K_2)\sin\omega_0 t \end{aligned}$$

이다. 상수를 간단히

$$A_1 = K_1 + K_2,\ A_2 = j(K_1 - K_2)$$

로 나타내면,

$$i(t) = A_1 \cos\omega_0 t + A_2 \sin\omega_0 t$$

이다. sine 또는 cosine으로 표시할 수 있는데, cosine으로 표시하면 다음과 같다.

$$i(t) = B\cos(\omega_0 t + \phi) \quad B = \sqrt{A_1^2 + A_2^2}\ ,\ \tan\theta = \frac{A_2}{A_1}$$

[주] *Euler 항등식 $e^{\pm jx} = \cos x \pm jx$. ■

9.1 전기진동

커패시터를 충전시키고 저항을 연결하면, 방전시키면 전기 에너지는 저항으로 이동하여 방전되면서 열에너지로 변환되고, 전류는 점점 약해져서 0으로 된다.

그림 9.1은 기전력이 V인 전지, 가변 스위치, 인덕터 L과 커패시터 C를 연결하여 구성한 회로이다.

스위치를 1 위치에 두면 전원 전압 V가 인가되어 커패시터는 정전계 형태로 에너지를 저장된다. 커패시터가 완전히 충전된 후, 스위치를 위치 2로 연결하면, 전류가 흐르는 코일 주위에 자기장이 발생한다. 그러나 인덕터의 자체 유도 현상 때문에 전류가 급격하게 증가하지 못하고 서서히 증가하도록 자기장의 세기도 서서히 증가한다.

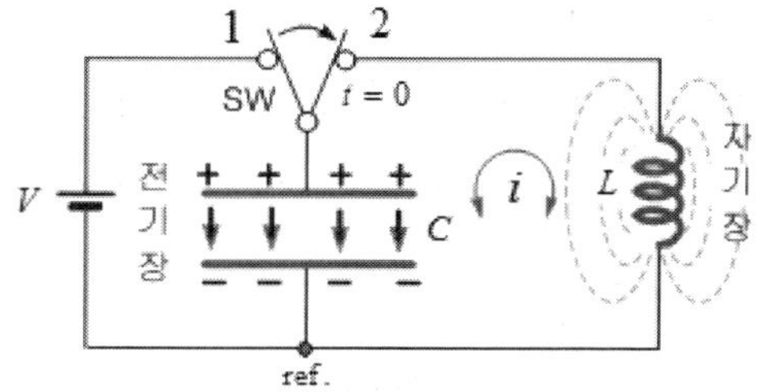

그림 9.1 전기진동을 하는 LC 회로

전류가 최대일 때 커패시터 극판의 전하는 모두 없어지고, 커패시터의 극판 사이의 전위차는 0이 된다. 그러나 **인덕터의 자체 유도 현상** 때문에 전류는 0이 되지 않고 계속하여 같은 방향으로 서서히 흐르면서 감소되므로 커패시터는 처음과 반대의 상태로 충전하게 된다. 인덕터에 최대한 충전된 에너지는 서서히 감소하여 커패시터로 이동한다. 저항이 없으면 전기 에너지가 소비되지 않는다.

그림 9.2는 주기 T로 동작하는 LC 회로의 한 주기를 4등분하여 $T/4$씩 동작하는 방전 및 충전 현상을 나타낸 그림이다. 전류의 흐름과 자기장의 방향은 Ampere의 오른손 법칙을 따른다. 전류가 반대방향으로 흐르면, 자기장의 방향도 반대로 된다.

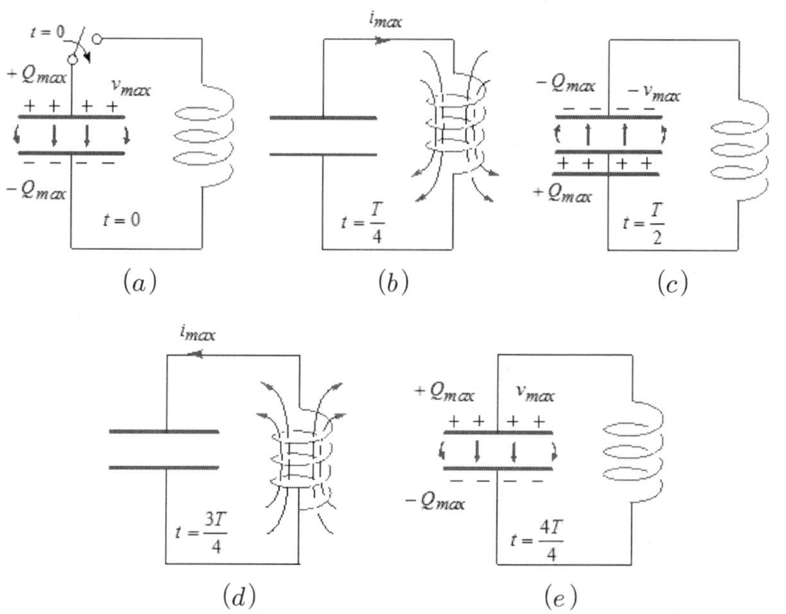

그림 9.2 LC 회로의 방전 및 충전 현상

(*a*) $t = 0$ sec

커패시터는 최대 전압을 인가하여 걸어서, 최대 전하를 충전시킨다. 전류는 아직 흐르지 않는다. 스위치를 닫는다.

(*b*) $t = \dfrac{T}{4}$ sec

충전기가 방전하면, 전류가 인덕터에 흐르기 시작한다.

유도된 기전력 때문에 인덕터 전류는 급격히 변하지 못하고, 영(0)에서부터 서서히 증가한다.

각 순간 미다 커패시터 전압이 감소하는 만큼 유도기전력이 발생한다.

따라서, 커패시터가 방전하는 전류가 흐른다. 커패시터 전압이 영(0)이면, 유도된 기전력은 영(0)이고, 전류는 최대 전류 $I_{\max}$가 된다.

(*c*) $t = \dfrac{2T}{4}$ sec

커패시터의 전하의 부호가 반대로 충전된다.

(*d*) $t = \dfrac{3T}{4}$ sec

커패시터가 방전하면, 전류가 인덕터에 흐르기 시작한다.

유도된 기전력 때문에 인덕터 전류는 급격히 변하지 못하고, 영(0)에서부터 서서히 증가한다.

각 순간 미다 커패시터 전압이 감소하는 만큼 유도기전력이 발생한다.

따라서, 커패시터가 방전하는 전류가 흐른다. 커패시터 전압이 영(0)이면, 유도된 기전력은 영(0)이고, 반대 전류는 최대 전류 $I_{\max}$가 된다.

(*e*) $t = \dfrac{4T}{4} = T$ sec

9.2 주기진동하는 전압 및 전류신호

그림 9.3은 탱크 회로에서 한 주기를 8등분하여 진동하는 전압 및 전류 신호를 나타낸다. 그림(1),(3),(5),(7),(9)는 그림 9.2의 (*a*),(*b*),(*c*),(*d*),(*e*)를 각각 나타낸다.

탱크 엘시(LC) 회로에서 전류가 어떻게 흐르는지 단계별로 동작을 살펴보자.

스위치를 A에 접촉하여 커패시터를 충분히 충전시킨다. 커패시터 C를 충전시키고 스위치를 B에 접촉시킨다.

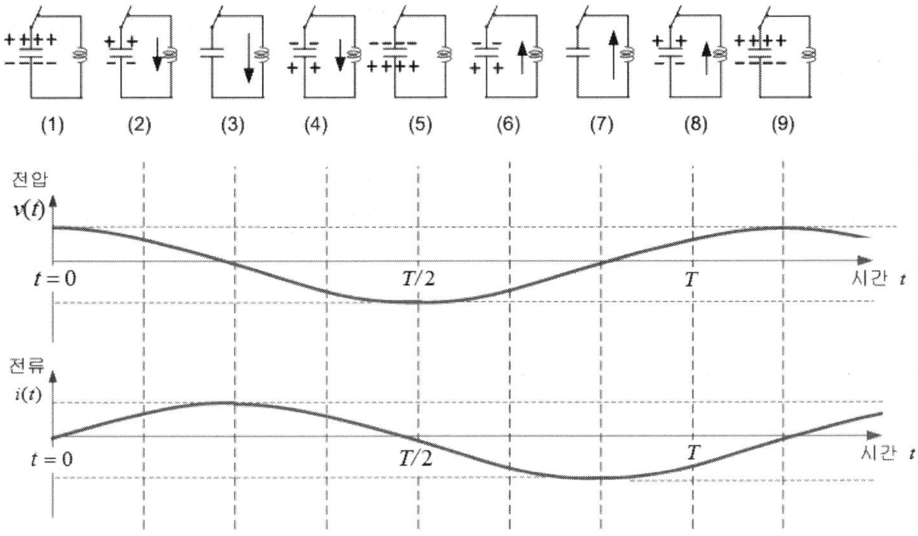

그림 9.3 LC 회로에서 진동하는 전압 및 전류 신호.

(a)와 같이, 커패시터는 최대 전압이 걸린다. 전류는 아직 흐르지 않는다.
인덕터의 자체 유도 현상 때문에 전류가 급격하게 증가하지 못하고 서서히 증가하도록 자기장의 세기도 서서히 증가한다.

(b)와 같이 커패시터가 방전하면, 전류가 증가한다.

(c)와 같이 커패시터가 모두 방전하면, 전류가 최댓값인 순간이다.

(d)와 같이 커패시터가 반대 전하로 충전하고, 전류가 감소한다.

(e)와 같이 커패시터가 반대로 최대로 충전하고, 전류가 최소의 0값이다.

(f)와 같이 커패시터의 전하가 감소하고, 전류가 반대로 흐른다.
자체 기전력의 방향은 전류가 흐르는 방향과 같으며, 전류 흐름의 감소를 막는다. 그 대신 이 기전력은 커패시터가 완전히 방전되었어도 같은 방향으로 전류를 흐르게 하므로, 커패시터는 전과 반대 방향으로 충전된다.

(g)와 같이 커패시터 전하가 모두 방전되고, 전류가 최소의 값이다.

(h)와 같이 커패시터 전하가 충전되고, 전류가 증가한다.

(i) 새로 충전 커패시터는 처음 상태로 충전된다. 전류는 흐르지 않는다.
원래의 상태로 돌아갔다.

커패시터가 최대로 충전되면, 다시 전류가 처음과 반대 방향으로 흘러 처음 상태가 된다. 이러한 현상이 반복되어 주기적으로 방향이 바뀌는 진동 전류가 흐른다.

위의 과정들은 반복된다. 즉, 커패시터가 역으로 충전되는 동안 전류의 세기는 감소하여 전류가 0이 되는 순간 커패시터의 전위차는 처음과 반대 방향으로 최대가 된다. 탱크 회로에서는 전기 에너지가 소비되지 않으므로 커패시터를 한 번 충전시켜 주면 진폭이 일정한 진동 전류가 계속 흐른다. 회로에 저항이 있으면 전기 에너지가 열에너지로 변환되어 그림의 (c)와 같이 진폭이 감소하는 진동 전류가 흐른다. 이와 같은 현상을 **전기 진동(electric oscillation)**이라고 한다.

전기 진동이 일어나는 현상은 커패시터에 저장되었던 전기장의 에너지가 인덕터에 자기장의 에너지로 변환되고, 다시 커패시터의 전기장의 에너지로 변환되는 과정이 되풀이되어 일어나는 현상이다.

9.3 LC 회로를 지배하는 전류 $i(t)$의 미분방정식

그림 9.4는 LC 회로의 구동원리를 나타낸다.

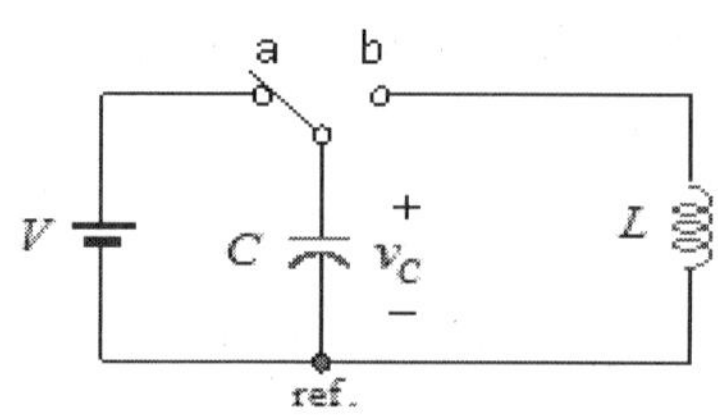

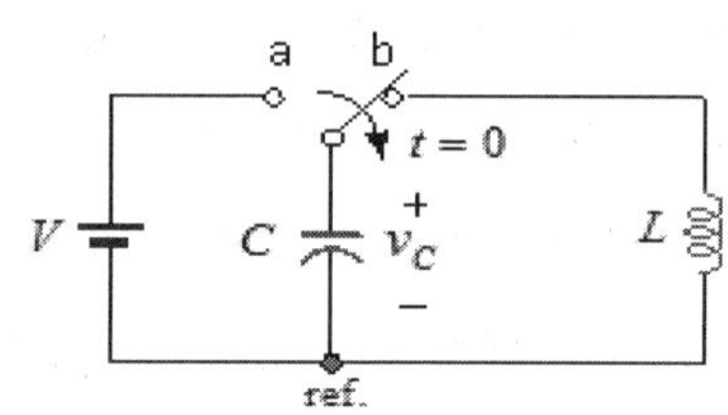

(a) 배터리로 커패시터를 충전하는 회로. (b) 충전된 커시터가 방전하는 회로

그림 9.4 LC 회로의 구동원리

오랜 시간 동안 스위치가 a 위치에 있었기 때문에 커패시터에는 배터리 전압 $v_C(t) = V\,\text{volt}$로 충전되어 있었다.

시각 $t = 0\,\text{sec}$에서 스위치가 b 위치로 변하면, 배터리는 회로에서 분리되어 동작하지 못하고, 커패시터에 충전되어 있었던 전하가 인덕터를 통하여 이동하게 된다. 이동하는 양(positive)전하는 전류를 발생시킨다.

1. 전류 $i(t)$를 표시하는 2계 미분방정식의 유도

그림 9.5는 $t \geq 0$에서 동작하는 LC 회로를 나타낸다. 이 회로는 에너지 저장소자가 2개다. 따라서, 이 회로를 지배하는 미분방정식은 2계 미분 방정식이고, 초기 조건이 2개이다.

$$\text{초기전류 ; } i(0^-) = 0, \text{ 초기전압 } v_C(0^-) = -\mathrm{V}_0 \tag{9.1}$$

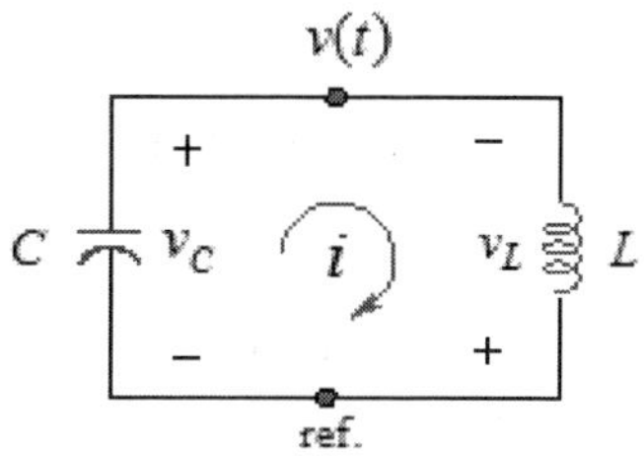

그림 9.5 전원제거 후 (시간 $t \geq 0$) 메쉬전류로 동작하고 있는 LC 회로.

이 회로에서 메쉬전류 $i(t)$가 만족하는 미분방정식을 유도해 보자. 메쉬 전류가 만족하는 KVL은 다음과 같다.

$$v_L(t) + v_C(t) = 0 \tag{9.2}$$

전압을 전류 $i(t)$로 표현하자. 수동부호규칙에 의하여 소자 L과 C는 다음 식을 만족한다.

$$v_L(t) = -L\frac{di(t)}{dt} \tag{9.3}$$

$$v_C(t) = -\frac{1}{C}\int_0^t i(\tau)\,d\tau + v_C(0) \tag{9.4}$$

두 식 (9.3), (9.4)를 식 (9.2)에 대입하면, 회로를 지배하는 미적분 방정식(integrodifferential equation)

$$-L\frac{di(t)}{dt} - \frac{1}{C}\int_0^t i(\tau)\,d\tau + v_C(0) = 0$$

$$\frac{di(t)}{dt} + \frac{1}{LC}\int_0^t i(\tau)\,d\tau - \frac{1}{L}v_C(0) = 0 \tag{9.5}$$

을 얻는다. 양변을 t로 미분하여 정리하면, 회로를 지배하는 미분방정식(differential equation),

$$\frac{d^2 i(t)}{dt^2} + \frac{1}{LC}i(t) = 0 \tag{9.6}$$

을 얻는다. 식 (9.6)의 미분 방정식을 풀어서 $i(t)$를 구해야 한다.

2. 전류 $i(t)$를 표시하는 2계 미분방정식의 풀이

그림 9.6는 $t \geq 0$에서 동작하는 LC 회로를 나타낸다.

초기 인덕터 전류는

$$i(0^+) = i(0^-) = 0 \tag{9.7}$$

초기 커패시터 전압

$$v_C(0^+) = v_C(0^-) = \mathrm{V}_0 \tag{9.8}$$

이다.

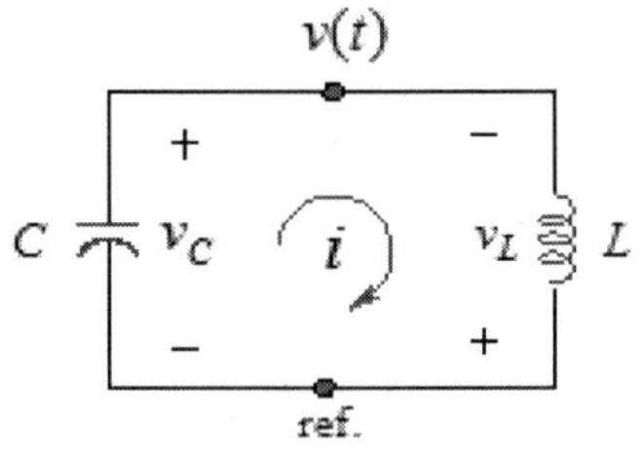

그림 9.6 시간 $t \geq 0$에서 동작하는 LC 회로

이 회로를 지배하는 미분방정식은 다음과 같다.

$$\begin{cases} \dfrac{d^2 i(t)}{dt^2} + \dfrac{1}{LC} i(t) = 0 \\ \text{초기전류조건 } i(0^-) = 0,\ v_C(0^-) = -V_0 \end{cases} \tag{9.9}$$

이 미분방정식을 풀어서 해 $i(t)$를 구해 보기로 한다.

(1) 미분 방정식의 일반해

미분방정식의 전류 일반해 $i(t)$는 다음과 같다.

$$i(t) = A_1 \cos \omega_0 t + A_2 \sin \omega_0 t \tag{9.10}$$

(i) 인덕터 초기 전류 $i(0^+) = i(0^-) = 0$를 이용하면.

$$0 = A_1$$

$$\therefore A_1 = 0 \tag{9.11}$$

(ii) 인덕터 초기전압은

$$v_L(t) = L \frac{di(t)}{dt}$$

$$\frac{di(t)}{dt} = \frac{v_L(t)}{L} \tag{9.12}$$

를 이용한다. 식 (9.12)에서 $t = 0^+$를 대입하면, $v_L(t^+) = V_0$이므로,

$$\frac{di(0^+)}{dt} = \frac{V_0}{L} \tag{9.13}$$

이다. 식 (9.13)의 좌변은 식 (9.10)을 미분한 식이다.

$$\frac{di(t)}{dt} = -\omega_0 A_1 \sin\omega_0 t\ \omega_0 + \omega_0 A_2 \cos\omega_0 t \tag{9.14}$$

식 (9.14)의 양변에 $t=0$을 대입하면,

$$\frac{di(0^+)}{dt} = \omega_0 A_2 \tag{9.15}$$

식 (9.13)를 (9.15)에 대입하면

$$\frac{V_0}{L} = \omega_0 A_2$$

$$\therefore A_2 = \frac{V_0}{\omega_0 L} \tag{9.16}$$

과 같다.

(2) 매쉬 전류

식 (9.11), (9.16)에서 구한 계수 A_1, A_2를 식 (9.10)에 대입하면, 전류는 다음과 같다.

$$\begin{aligned} i(t) &= A_1 \cos\omega_0 t + A_2 \sin\omega_0 t \\ &= 0 \cdot \cos\omega_0 t + \frac{V_0}{\omega_0 L} \sin\omega_0 t \\ &= \frac{V_0}{\omega_0 L} \sin\omega_0 t \end{aligned} \tag{9.17}$$

식 (9.17)에서, 계수를 달리 표시하면 다음과 같다.

$$\begin{aligned} A_2 &= \frac{V_0}{\omega_0 L} = \frac{V_0}{\frac{1}{\sqrt{LC}} L} = \frac{\sqrt{LC}\, V_0}{L} \\ &= \frac{\sqrt{LC} \cdot V_0}{\sqrt{L^2}} = \sqrt{\frac{C}{L}} \cdot V_0 \end{aligned}$$

따라서, 전류는 다음과 같다.

$$i(t) = V_0 \sqrt{\frac{C}{L}} \sin\omega_0 t \ \ \mathrm{A} \tag{9.18}$$

(3) 노드 전압

탱크로 회로의 노드 전압은 다음과 같다.

$$v_L(t) = L\frac{di(t)}{dt} = L\frac{d}{dt}V_0\sqrt{\frac{C}{L}}\sin\omega_0 t$$

$$= L\ \omega_0\ V_0\sqrt{\frac{C}{L}}\cos\omega_0 t \tag{9.19}$$

식 (9.19)에서, 계수를 달리 표시하면 다음과 같다.

$$L\ \omega_0\ V_0\sqrt{\frac{C}{L}} = L\ \frac{1}{\sqrt{LC}}V_0\sqrt{\frac{C}{L}}$$

$$= L\ V_0\ \sqrt{\frac{C}{LC\cdot L}} = V_0$$

따라서, 탱크로 회로의 노드 전압은 다음과 같다.

$$v_L(t) = L\frac{di(t)}{dt} = L\frac{d}{dt}V_0\sqrt{\frac{C}{L}}\sin\omega_0 t$$

$$= V_0\cos\omega_0 t\ \ \mathrm{V} \tag{9.20}$$

9.4 LC 회로에 분포하는 전하 $q(t)$의 미분방정식

1. 전하 $q(t)$를 표시하는 2계 미분방정식의 유도

그림 9.7은 시간 $t<0$에서 커패시터에 충전되어 있었던 전하 $q(0^-)=Q_0$에 의하여 $t \geq 0$ 에서 동작하는 LC 회로를 나타낸다. 이 회로는 에너지 저장소자가 2개이다.

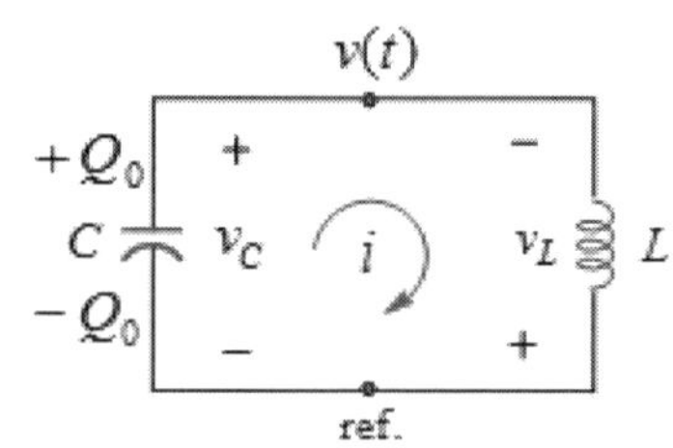

그림 9.7 시간 $t \geq 0$에서 동작하는 LC 회로.

초기 커패시터전하 ; $q(0^-)=Q_0$, 초기 커패시터전류

$$i_C(0^-)=0 \tag{9.21}$$

따라서, 이 회로를 지배하는 미분방정식은 2계 미분방정식이다. 전하 $q(t)$가 만족하는 미분방정식을 유도하자.

이 회로에서 전하 $q(t)$가 만족하는 미분방정식을 유도해보자.

메쉬 전류가 만족하는 KVL은 다음과 같다.

$$v_L(t) + v_C(t) = 0 \tag{9.22}$$

전압을 전하 $Q(t)$로 표현하자. 수동부호규칙에 의하여 소자 L과 C는 다음 식을 만족한다.

$$v_L(t) = -L\frac{di(t)}{dt} = -L\frac{d}{dt}\frac{dq(t)}{dt} = -L\frac{d^2q(t)}{dt^2} \tag{9.23}$$

$$v_C(t) = -\frac{q(t)}{C} \tag{9.24}$$

식 (9.22)에 대입하면 다음과 같다.

$$-L\frac{d^2q}{dt^2} - \frac{1}{C}q = 0 \tag{9.25}$$

식 (9.25) 정리하면, 회로를 지배하는 미분 방정식 (differential equation),

$$\frac{d^2q(t)}{dt^2} + \frac{1}{LC}q(t) = 0 \tag{9.26}$$

을 얻는다. 식 (9.26)의 미분 방정식을 풀어서 $q(t)$를 구해야 한다.

2. 전하 $q(t)$를 표시하는 2계 미분방정식의 풀이

그림 9.8은 $t \geq 0$에서 동작하는 LC 회로를 나타낸다.

초기 전류는

$$i(0^+) = i(0^-) = 0 \tag{9.27}$$

초기 커패시터 전하

$$Q(0^+) = Q(0^-) = Q_0 \tag{9.28}$$

이다.

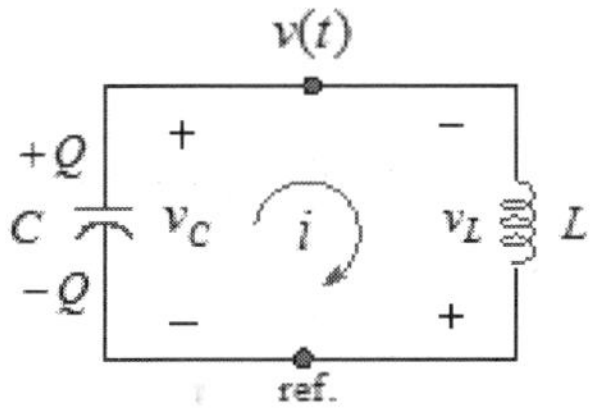

그림 9.8 시간 $t \geq 0$에서 동작하는 LC 회로

이 회로를 지배하는 미분방정식은 다음과 같다.

$$\begin{cases} \dfrac{d^2q(t)}{dt^2} + \dfrac{1}{LC}q(t) = 0 \\ \text{초기전하조건 } q(0^-) = Q, \text{ 초기전류조건 } i_C(0^-) = 0 \end{cases} \tag{9.29}$$

이 미분방정식을 풀어서 해 $q(t)$를 구해 보기로 한다.

(1) 미분 방정식의 일반해

미분방정식의 전하 일반해 $q(t)$는 다음과 같다.

$$q(t) = A_1 \cos \omega_0 t + A_2 \sin \omega_0 t \tag{9.30}$$

(i) 커패시터 초기전하 ; $q(0^+) = q(0^-) = Q_0$를 이용하면.

$$Q_0 = A_1 + 0,$$

$$\therefore A_1 = Q_0 \tag{9.31}$$

(ii) 커패시터 초기 전류 ; $i(0^+) = i(0^-) = 0$를

$$i(t) = -\frac{dq(t)}{dt} = +\omega_0 A_1 \sin \omega_0 t - \omega_0 A_2 \cos \omega_0 t \tag{9.32}$$

에 이용하면,

$$0 = 0 - \omega_0 A_2$$

$$\therefore A_2 = 0 \tag{9.33}$$

계수 A_1, A_2를 구한 식 (9.31), (9.33)을 식 (9.30)에 대입하면, 전하는

$$q(t) = A_1 \cos \omega_0 t + A_2 \sin \omega_0 t$$

$$= Q_0 \cos \omega_0 t + 0 \cdot \sin \omega_0 t = Q_0 \cos \omega_0 t \tag{9.34}$$

과 같다.

(2) 메쉬 전류

메쉬 전류는 전하 $q(t) = Q_0 \cos \omega_0 t$를 미분하여 얻는다.

$$i(t) = -\frac{dq(t)}{dt} = -\frac{d}{dt} Q_0 \cos \omega_0 t = \omega_0 Q_0 \sin \omega_0 t \tag{9.35}$$

식 (9.35)에서, 계수를 달리 표시하면,

$$\omega_0 Q_0 = \frac{1}{\sqrt{LC}} CV_0 = V_0 \sqrt{\frac{C}{L}}$$

이므로, 전류는 다음과 같다.

$$i(t) = \frac{1}{\sqrt{LC}} CV_0 \sin \omega_0 t = V_0 \sqrt{\frac{C}{L}} \sin \omega_0 t \tag{9.36}$$

(3) 노드 전압

커패시터 전압은 전하를 C로 나누어서 얻는다.

$$v_C(t) = \frac{q(t)}{C} = \frac{1}{C} Q_0 \cos\omega_0 t = V_0 \cos\omega_0 t \ \text{V} \qquad (9.37)$$

9.5 공진 주파수

그림 9.9과 같은 공진회로에서

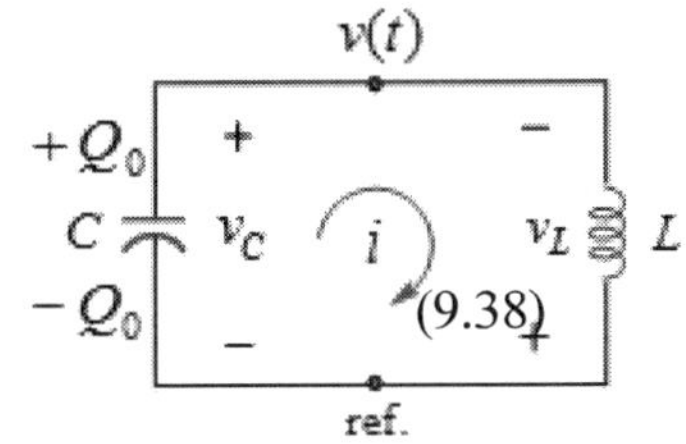

그림 9.9 시간 $t \geq 0$에서 동작하는 LC 회로.

(1) 공진 주파수는

$$\omega_0 = \sqrt{\frac{1}{LC}} \quad \text{rad/sec}$$

로 정의한다.

(2) 공진 주파수로 표현한 전하, 전류, 전압은 다음과 같다.[84)]

$$q(t) = Cv(t) = Q_0 \cos\omega_0 t = Q_0 \cos\omega_0 t \ \text{C} \qquad (9.39)$$

$$i(t) = V_0 \sqrt{\frac{C}{L}} \sin\omega_0 t \ \text{A} \qquad (9.40)$$

$$v(t) = \frac{q(t)}{C} = \frac{1}{C} Q_0 \cos\omega_0 t = V_0 \cos\omega_0 t \ \text{V} \qquad (9.41)$$

(3) 전하, 전류, 전압은 sine 함수와 cosine 함수이므로 진동 주기는 다음과 같다.

$$T = \frac{2\pi}{\omega_0} = \frac{2\pi}{\sqrt{\frac{1}{LC}}} = 2\pi\sqrt{LC} \ \text{sec} \qquad (9.42)$$

(4) 전하, 전류, 전압은 sine, cosine 함수이므로 헤르츠 주파수는 다음과 같다.

$$f = \frac{1}{T} = \frac{1}{2\pi\sqrt{LC}} \ \text{Hz} \qquad (9.43)$$

---

84) Hayt, W., Kemmerly, J., Durbin, S., Engineering Circuit Analysis, 8th ed. p.370. 2011.

1. 일반적인 위상각을 고려한 공진신호(전하, 전류, 전압)의 표현식은 다음과 같다.

   $Q(t) = Q_0 \cos(\omega_0 t + \theta)$ C, $i(t) = I_0 \sin(\omega_0 t + \theta)$ A, $v(t) = V_0 \cos(\omega_0 t + \theta)$ V

2. $i_1(t) = I_0 \sin(\omega_0 t + 30^\circ)$ A는 $i_2(t) = I_0 \sin\omega_0 t$ A보다 위상이 30° 앞선다 (즉, leading 한다).

예제 1

탱크 회로의 메쉬 전류는 다음과 같다.

$$i(t) = \omega_0 Q_0 \sin \omega_0 t \ \text{A}$$

전류의 최대진폭

$$I_{max} = \omega_0 Q_0$$

을 달리 표현하여

$$i(t) = V_0 \sqrt{\frac{C}{L}} \sin \omega_0 t \ \text{A}$$

임을 증명하여라.

[풀이] (a) 메쉬 전류

$$i(t) = \omega_0 Q_0 \sin \omega_0 t \ \text{A}$$

를

$$i(t) = I_{max} \sin \omega_0 t \ \text{A}$$

로 놓으면, 진폭은

$$I_{max} = \omega_0 Q_0$$

이다.

$$\omega_0 = \frac{1}{\sqrt{LC}}, \ Q_0 = CV_0$$

이므로

$$I_{max} = \omega_0 Q_0 = \frac{1}{\sqrt{LC}} Q_0 = \frac{1}{\sqrt{LC}} CV_0 = \sqrt{\frac{C}{V}} V_0$$

따라서, 달리 표현한 메쉬 전류는 다음과 같다.

$$i(t) = V_0 \sqrt{\frac{C}{L}} \sin \omega_0 t \ \text{A}$$

■

문제 1

정전용량 $C = 8\,\text{F}$인 커패시터가 배터리 $2\,\text{V}$에 의하여 충전되어 있었다. 시각 $t = 0\,\text{sec}$에서 유도용량 $L = 2\,\text{H}$인 인덕터에 연결하였다.

(a) 인덕터를 흐르는 최대 전류 I_0를 구하여라.

(b) 인덕터를 흐르는 순간 전류 전류 $i(t)$를 구하여라.

9.6 LC 회로의 에너지

그림 9.10은 공진 현상을 나타내는 탱크회로이다. 메쉬를 따라 전류 $i(t)$가 흐르고 있다. 전류는 sine 함수의 꼴로 흐르기 때문에 반 주기가 되는 순간으로부터 방향을 바꾸어서 흐르게 된다.

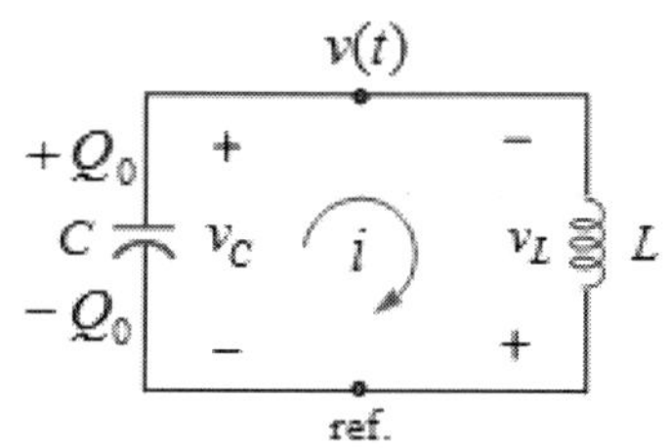

그림 9.10 시간 $t \geq 0$에서 동작하는 LC 회로.

탱크회로의 몇 가지 특징은 다음과 같다.

전하가 커패시터에 저장되면 전계공간에 전기에너지가 저장되고,

전류가 인덕터에 흐를 때에는 자계공간에 전기에너지가 저장된다.

전하가 커패시터에 최대로 저장되면,

메쉬 전류는 0 A이고, 따라서 C가 모든 에너지를 갖는다.

전하가 커패시터에 최소로 저장되는 순간, (즉, 전하가 0 Coulomb인 순간),

전류는 최대가 되어 모든 에너지는 인덕터에 저장된다.

여기서는, 다음과 같은 주제를 포함하는 내용을 학습하기로 한다.

1. 커패시터에 저장된 에너지는

$$w_C(t) = \frac{Q_0^2}{2C}\cos^2\omega t \ \ \text{Joule} \tag{9.44}$$

2. 인덕터에 저장된 에너지는

$$w_L(t) = \frac{Q_0^2}{2C}\sin^2\omega t \ \ \text{Joule} \tag{9.45}$$

3. 에너지의 총합은 항상 일정한 값

$$w(t) = \frac{Q_0^2}{2C} \ \ \text{Joule} \tag{9.46}$$

을 갖는다.

예제 1

에너지 보존 법칙을 이용하여 inductor를 흐르는 전류의 최댓값 I_0를 구하여라.

[풀이] 커패시터에 저장된 최대에너지는 인덕터에 저장된 최대에너지와 같다.

$$w_C = \frac{{Q_0}^2}{2C} \quad w_L = \frac{1}{2}L{I_0}^2$$

여기서, Q_0는 최대전하, I_0는 최대전류이다.

$$\frac{{Q_0}^2}{2C} = \frac{1}{2}L{I_0}^2$$

$$Q_0 = CV_0$$

이므로,

$$\frac{C^2\,{V_0}^2}{2C} = \frac{1}{2}L{I_0}^2,\ C{V_0}^2 = L{I_0}^2$$

이다.

$$\therefore I_0 = V_0\sqrt{\frac{C}{L}}$$

답 $I_0 = V_0\sqrt{\dfrac{C}{L}}$. ■

문제 1

유도용량 $L = 2\,\mathrm{H}$인 인덕터가 최대 에너지 $w_L = 16\,\mathrm{Joule}$을 저장하였다. 전류의 최댓값을 구하여라.

답 $I_0 = 4\,\mathrm{A}$. ■

9.7 극판 전하가 $q(t) = Q_0 \cos\omega t$인 LC 회로의 에너지

그림 9.11과 같이 커패시터에 저장된 전하량이 $q(t) = Q_0 \cos\omega t$이면 시각 $t = 0$에서 최댓값 $q(t) = Q_0$을 갖는다. 그 후에는 $Q_0 \cos\omega t$ 형태로 전하량이 변동한다.

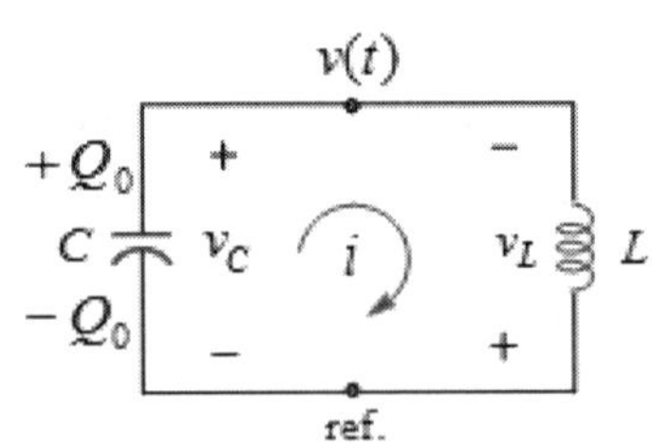

그림 9.11 시간 $t \geq 0$에서 동작하는 LC 회로.

1. 커패시터에 저장되는 에너지

(a) Capacitor에 저장되는 에너지는 다음과 같다.

$$w_C(t) = \frac{q^2(t)}{2C} = \frac{(\,Q_0 \cos\omega t\,)^2}{2C} = \frac{Q_0^2}{2C}\cos^2\omega t \qquad (9.47)$$

(b) 그림 9.12는 식 (9.47)의 그래프를 나타낸 그림이다.

$$\omega_C(t) = \frac{Q_0^2}{2C}\cos^2\omega t = \frac{Q_0^2}{2C}\,\frac{1+\cos 2\omega t}{2}$$

$$= \frac{Q_0^2}{4C}\,(1+\cos 2\omega t) \tag{9.48}$$

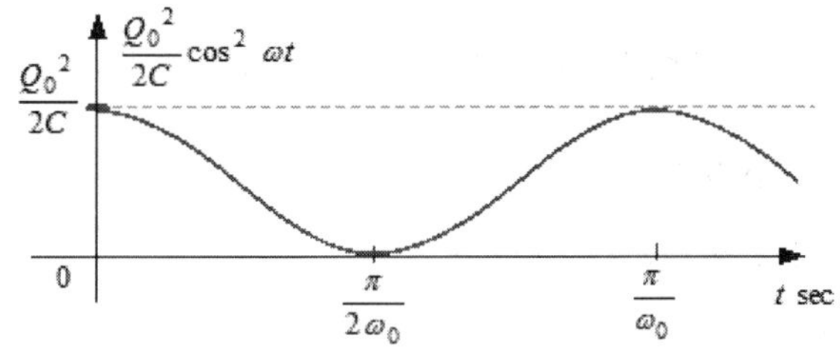

그림 9.12 Capacitor에 저장되는 에너지

2. 인덕터에 저장되는 에너지

(a) **인덕터**에 저장되어 있는 에너지는 다음과 같다.

$$w_L(t) = \frac{1}{2}Li^2 = \frac{1}{2}L(\omega_0 Q_0 \sin\omega t)^2 \tag{9.49}$$

식 (9.49)에서, 공진 주파수는

$$\omega_0 = \frac{1}{\sqrt{LC}}$$

이므로,

$$w_L(t) = \frac{1}{2}L\omega_0^2 Q_0^2 \sin^2\omega t$$

$$= \frac{1}{2}L\left(\frac{1}{\sqrt{LC}}\right)^2 Q_0^2 \sin^2\omega t = \frac{1}{2}L\left(\frac{1}{LC}\right)Q_0^2 \sin^2\omega t$$

$$= \frac{Q_0^2}{2C}\sin^2\omega t \tag{9.50}$$

(b) 그림 9.13는 식 (9.50)의 그래프를 나타낸 그림이다.

$$w_L(t) = \frac{Q_0^2}{2C}\sin^2\omega t = \frac{Q_0^2}{2C}\,\frac{1-\cos 2\omega t}{2}$$

$$= \frac{Q_0^2}{4C}\,(1-\cos 2\omega t) \tag{9.51}$$

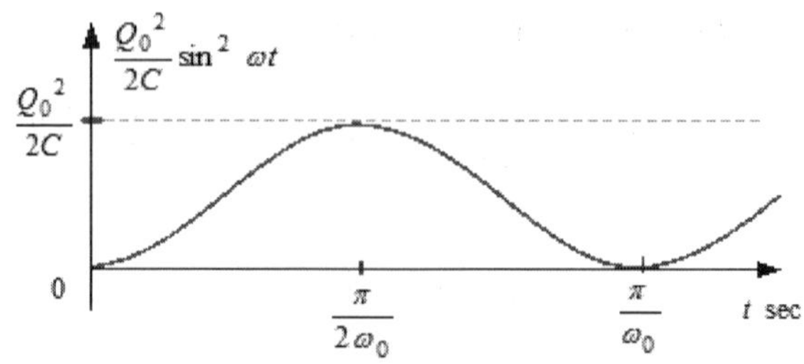

그림 9.13 Inductor에 저장되는 에너지

3. 저장되는 전체 에너지

회로에 저장되는 전체 에너지는 다음과 같다.

$$w(t) = w_C(t) + w_L(t)$$

$$= \frac{Q_0^2}{2C}\cos^2\omega t + \frac{Q_0^2}{2C}\sin^2\omega t \;=\; \frac{Q_0^2}{2C}(\cos^2\omega t + \sin^2\omega t)^2 + \frac{Q_0^2}{2C}\sin^2\omega t$$

$$= \frac{Q_0^2}{2C} \tag{9.52}$$

예제 1

배터리 $2\,\mathrm{V}$를 인가하여 정전용량 $C = 8\,\mathrm{F}$인 커패시터와 유도용량 $L = 2\,\mathrm{H}$인 인덕터를 조합하여 구성한 탱크회로를 $2\,\mathrm{V}$로 충전하였다. 방전하는 탱크 회로를 흐르는 메쉬 전류가

$$i(t) = I_0 \sin\omega_0 t \quad \mathrm{A}$$

이었다. 다음과 같은 전류가 흐르는 순간 커패시터에 저장되어 있었던 전하량 Q는 얼마 이었느냐?

(a) 메쉬 전류가 $i = 3\,\mathrm{A}$인 순간 ; (b) 메쉬 전류가 $i = 4\,\mathrm{A}$인 순간.

[풀이] 탱크회로의 에너지 보존 법칙은 다음과 같다.

$$w(t) = w_C(t) + w_L(t) \qquad \mathrm{J}$$

각각의 물리량으로 달리 표현하면,

$$\frac{1}{2}CV_0^2 = \frac{1}{2}\frac{Q^2}{C} + \frac{1}{2}Li^2 \qquad \mathrm{J}$$

정리하면

$$CV_0^2=\frac{Q^2}{C}+Li^2,\ C\cdot(CV_0^2-Li^2)=Q^2 \quad \text{J}$$

따라서, 커패시터에 저장되어 있었던 전하량 Q는 다음과 같다.

$$Q=\sqrt{C\cdot(CV_0^2-Li^2)} \quad \text{C}$$

(a) 메쉬 전류가 $i=3\text{A}$인 순간 ;

$$Q=\sqrt{C\cdot(CV_0^2-Li^2)}$$
$$=\sqrt{8\cdot(8\cdot2^2-2\cdot3^2)}=\sqrt{8\cdot(32-18)}=\sqrt{112}=10.583\text{ C}$$

(b) 메쉬 전류가 $i=4\text{A}$인 순간 ;

$$Q=\sqrt{C\cdot(CV_0^2-Li^2)}$$
$$=\sqrt{8\cdot(8\cdot2^2-2\cdot4^2)}=\sqrt{8\cdot(32-18)}=0\text{ Coulomb}$$

답 (a) $Q=10.583$ Coulomb ; (b) $Q=0$ Coulomb. ■

문제 1

그림과 같은 LC 화로에서 $C=8\text{F}$, $L=2\text{H}$이고, 커패시터의 초기 전압 $v_C(0^+)=2\text{V}$이다.

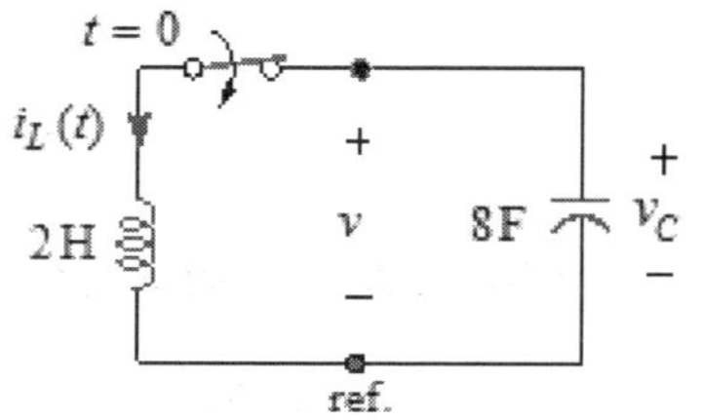

(a) 공진 주파수(자연 주파수)를 구하여라.

(b) 전류 $i_L(t)$를 구하여라.

(c) 인덕터의 양단 전압을 구하여라.

답 (a) $\omega_0=0.25$ rad/sec ; (b) $i_L(t)=4\sin 0.25t$ A

(c) $v_L(t)=2\cos 0.25t$ V. ■

9.8 극판 전하가 $q(t)=Q_0\cos(\omega t+\theta)$인 LC 회로의 에너지

커패시터에 저장된 전하량이 $q(t)=Q_0\cos(\omega t+\theta)$이면 시각 $t=0$에서 전하량 $q(0)=Q_0\cos\theta$을 갖는다. 그 후에는 $Q_0\cos\omega t$ 형태로 전하량이 변동한다.

1. 커패시터에 저장되는 에너지

(a) Capacitor에 저장되는 에너지는 다음과 같다.

$$w_C(t) = \frac{q^2(t)}{2C} = \frac{[\,Q_0 \cos(\omega t + \theta)\,]^2}{2C} = \frac{Q_0^2}{2C}\cos^2(\omega t + \theta) \text{ Joule} \qquad (9.53)$$

(b) 그림 9.14는 식 (9.53)의 그래프를 나타낸 그림이다.

$$\begin{aligned} \omega_C(t) &= \frac{Q_0^2}{2C}\cos^2(\omega t + \theta) = \frac{Q_0^2}{2C}\,\frac{1+\cos 2(\omega t + \theta)}{2} \\ &= \frac{Q_0^2}{4C}\,[1 + \cos 2(\omega t + \theta)] \\ &= \frac{Q_0^2}{4C}\,[1 + \cos 2\omega(t + \frac{1}{\omega}\theta)] \text{ Joule} \end{aligned} \qquad (9.54)$$

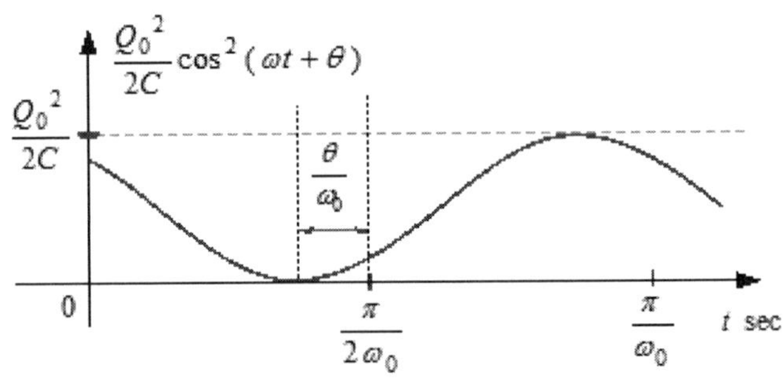

그림 9.14 Capacitor에 저장되는 에너지

2. 인덕터에 저장되는 에너지

(a) **인덕터**에 저장되어 있는 에너지는 다음과 같다.

$$w_L(t) = \frac{1}{2}Li^2 = \frac{1}{2}L[\,\omega_0 Q_0 \sin(\omega t + \theta)\,]^2 \text{ Joule} \qquad (9.55)$$

식 (9.55)에서

$$\omega_0 = \frac{1}{\sqrt{LC}} \text{ rad/sec}$$

이므로,

$$\begin{aligned} w_L(t) &= \frac{1}{2}L\omega_0^2 Q_0^2 \sin^2(\omega t + \theta) \\ &= \frac{1}{2}L\left(\frac{1}{\sqrt{LC}}\right)^2 Q_0^2 \sin^2(\omega t + \theta) = \frac{1}{2}L\left(\frac{1}{LC}\right) Q_0^2 \sin^2(\omega t + \theta) \end{aligned}$$

$$=\frac{Q_0^2}{2C}\sin^2(\omega t+\theta)\ \text{Joule} \tag{9.56}$$

(b) 그림 9.15는 식 (9.47)의 그래프를 나타낸 그림이다.

$$w_L(t)=\frac{Q_0^2}{2C}\sin^2(\omega t+\theta)$$

$$=\frac{Q_0^2}{2C}\,\frac{1-\cos 2(\omega t+\theta)}{2}=\frac{Q_0^2}{4C}[1-\cos 2(\omega t+\theta)]$$

$$=\frac{Q_0^2}{4C}[1-\cos 2\omega(t+\frac{1}{\omega}\theta)]\ \text{Joule} \tag{9.57}$$

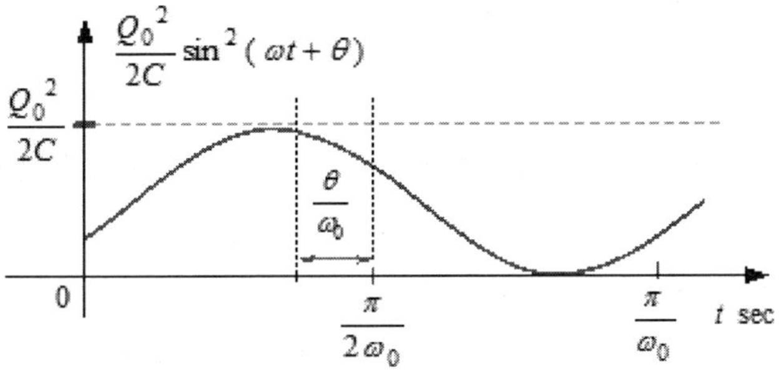

그림 9.15 Inductor에 저장되는 에너지

3. 저장되는 전체 에너지

회로에 저장되는 전체 에너지는 다음과 같다.

$$w(t)=w_C(t)+w_L(t)$$

$$=\frac{Q_0^2}{4C}[1+\cos 2(\omega t+\theta)]+\frac{Q_0^2}{4C}[1-\cos 2(\omega t+\theta)]$$

$$=\frac{Q_0^2}{4C}[1-\cos 2(\omega t+\theta)]+\frac{Q_0^2}{4C}[1-\cos 2(\omega t+\theta)]$$

$$=\frac{Q_0^2}{4C}\ [1-\cos 2(\omega t+\theta)+1-\cos 2(\omega t+\theta)]$$

$$=\frac{Q_0^2}{4C}\times 2=\frac{Q_0^2}{2C}\ \text{Joule} \tag{9.58}$$

연 습 문 제 A

01 가변 저항 R를 갖는 RLC 병렬회로를 구성하였다. 전압원을 제거한 후에 동작하는 RLC 병렬회로의 전압 전류신호는 저항에 의하여 에너지가 소모되기 때문에 진폭이 점점 감쇠하게 되고 결국 소멸하게 된다. 소멸 크기는 지수감쇠계수(exponential damping coefficient)

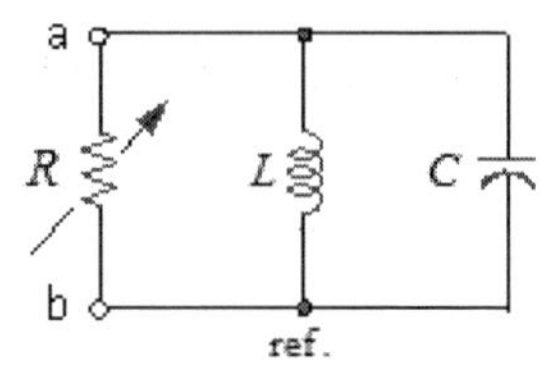

$$\alpha = \frac{1}{2RC}$$

에 따라 결정된다. 아래그림의 RLC 병렬회로를 이용하여 LC 공진회로를 만들려고 하다. 가변 저항 R의 값을 어떻게 조절해야 하느냐?

02 가변 저항 R를 갖는 RLC 직렬회로를 구성하였다. 전압원을 제거한 후에 동작하는 RLC 직렬회로의 전압 전류신호는 저항에 의하여 에너지가 소모되기 때문에 진폭이 점점 감쇠하게 되고 결국 소멸하게 된다.
소멸 크기는 지수감쇠계수(exponential damping coefficient)

$$\alpha = \frac{R}{2L}$$

에 따라 결정된다. 아래그림의 RLC 직렬회로를 이용하여 LC 공진회로를 만들려고 하다.
가변 저항 R의 값을 어떻게 조절해야 하느냐?

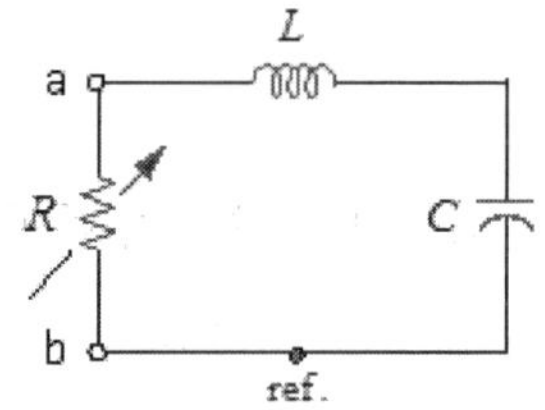

03 그림과 같이 자체 유도 계수가 $4\,\mathrm{H}$인 코일과 전기 용량이 $1\,\mu\mathrm{F}$인 축전기를 직렬로 연결하여 $100\,\mathrm{V}$의 교류 전압을 걸어줄 때 전류가 최대로 되는 교류의 주파수는?

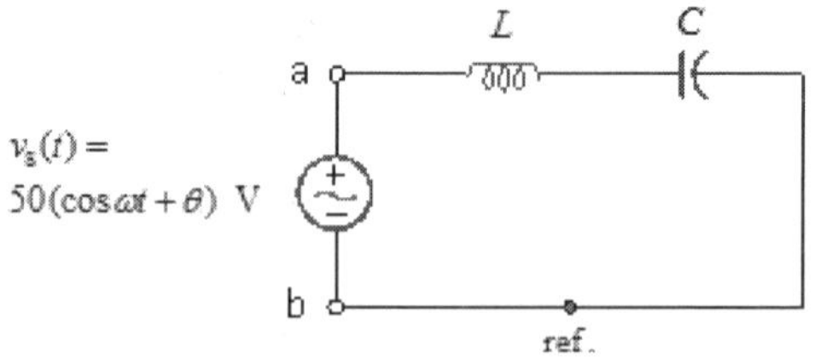

04 자체 유도 계수(인덕턴스) $5 \times 10^{-4}\,\mathrm{H}$의 코일과 전기 용량 $2 \times 10^{-5}\,\mathrm{F}$의 축전기가 직렬로 연결된 회로에서 코일에 의한 유도 리액턴스의 값과 축전기에 의한 용량 리액턴스의 값이 같아지려면 주파수가 몇 Hz인 교류 전류를 흘려야 되는가?

05 자체 인덕턴스가 $2.5\,\mathrm{mH}$인 코일과 전기 용량이 $50\,\mu\mathrm{F}$인 축전기로 이루어진 진동 회로에서 축전기를 $6\,\mathrm{V}$로 충전한 후에 스위치를 닫았다. 이때 진동 전류의 주파수는 얼마인가?

06 전기 진동 회로에서 축전기의 전기 용량을 4배로 해 주면 고유 진동수는 몇 배로 되는가?

07 전기 용량이 C 인 축전기와 자체 유도 계수가 L 인 코일을 연결한 전기 진동 회로에서 고유 진동수는 ①(　　)이며, 그 값이 $2\times10^{7}\,\mathrm{Hz}$일 때, 발생하는 전자기파의 파장은 ②(　　)m이다. (단, 광속은 $v=3\times10^{8}\ \mathrm{m/s}$이다.)

연 습 문 제 B

01 정전용량 $C = 2.5\mathrm{F}$ 커패시터를 배터리 $v = 20\mathrm{V}$에 스위치를 연결하여 최대로 충전하였다. 일순간$t = 0\,\mathrm{sec}$에 스위치를 유도용량 $L = 0.1\mathrm{H}$인 인덕터에 연결하여 LC 공진회로를 만들었다.

(a) 커패시터의 분포 전하 $q(t)$를 구하여라.
(b) 인덕터에 흐르는 전류 $i(t)$를 구하여라.
(c) 일순간 $t = 1.2\,\mathrm{sec}$에 커패시터의 분포 전하를 구하여라.
(d) 일순간 $t = 1.2\,\mathrm{sec}$에 인덕터에 흐르는 전류를 구하여라.
(e) 인덕터에 흐르는 전류의 주파수 $f\,[\mathrm{Hz}]$를 구하여라.
(f) 인덕터에 흐르는 전류의 주기 $T\,[\mathrm{sec}]$를 구하여라.
(g) 전하 $q(t)$ 와 메쉬 전류 $i(t)$를 그려라.

02 정전용량 $C = 8\,\mathrm{F}$, 유도용량 $L = 2\,\mathrm{H}$인 인덕터를 연결하여 LC 공진회로를 제작하여 $t = 0\,\mathrm{sec}$ 에서 동작시켰다. 커패시터의 분포 전하는

$$q(t) = Q_0 \cos \omega t$$

이다.

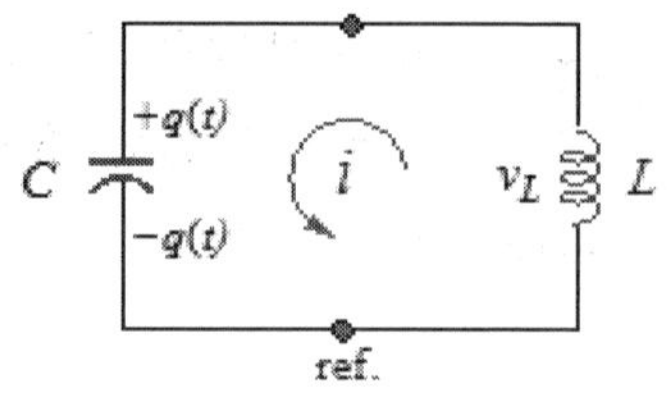

(a) LC 공진 회로에서 공진 주파수 ω_0 [rad/sec]를 구하여라.

(b) LC 공진 회로에서 공진 주기 T [sec]를 구하여라.

(c) 인덕터의 양단 전압을 구하여라.

03 정전용량 $C = 8\,\mathrm{F}$인 커패시터를 배터리 $2\,\mathrm{V}$에 연결하여 완전히 충전하였다. 시각 $t = 0\,\mathrm{sec}$에서 커패시터를 배터리를 단절하여 유도용량 $L = 2\,\mathrm{H}$인 인덕터에 연결하여 LC 공진이 발생하였다. 인덕터레 흐르는 최대 전류를 구하여라.

04 유도용량 $L = 2\,\mathrm{H}$인 인덕터가 최대 에너지 $w_L = 16\,\mathrm{Joule}$을 저장하였다. 전류의 최댓값을 구하여라.

05 커패시터에 저정된 최대전하가 $Q_{\max}$이다. 커패시터가 $t = 0$에서 방전을 시작하였다.

(a) 순시 전하를 최대 전하로 표시하여라. $q(t) = Q_{\max} \cos \omega t$

(b) 에너지가 전계와 자계에 같은 량으로 분포하는 순간 순시 전하를 최대 전하로 표시하여라.

(c) 에너지가 전계와 자계에 같은 량으로 분포하는 순간 공진 주파수를 구하여라.

(c) 순간 전하를 최대 전하로 표시하여라.

(d) 에너지가 전계와 자계에 같은 량으로 분포하는 시각을 구하여라

06 커패시터에 저정된 최대전하가 $Q_{\max}$이다. 커패시터가 $t = 0$에서 방전을 시작하였다.

(a) 순간 전하를 최대 전하로 표시하여라. $q(t) = Q_{\max} \cos \omega t$

(b) 에너지가 전계와 자계에 같은 량으로 분포하는 순간 공진 주파수를 구하여라.

(c) 순간 전하를 최대 전하로 표시하여라.

(d) 에너지가 전계와 자계에 같은 량으로 분포하는 시각을 구하여라.

10 Chapter

병렬 *RLC* 회로

서 론

에너지를 저장하는 소자에는 인덕터 L 과 커패시터 C 가 있다. 앞에서 L 과 C 중에서 단지 하나의 에너지 저장소자를 갖는 RL 회로와 RC 회로를 학습하였고, 두 소자를 동시에 갖는 무손실의 LC 공진회로를 학습하였다.

RL 회로를 지배하는 미분 방정식과 RC 회로를 지배하는 미분 방정식은 모두 상수계수를 갖는 선형의 1계(first order) 미분방정식이다. 무손실의 LC 공진회로를 지배하는 미분 방정식은 상수계수를 갖는 선형의 2계 (second order) 미분방정식이다.

이 장에서는 두 종류의 에너지 저장소자(L, C)를 모두 갖고 있는 병렬 RLC 회로 학습하기로 한다 회로를 지배하는 전압 미분방정식은 상수계수를 갖는 선형의 2계(second order) 미분방정식이다.

Chapter
10 병렬 RLC 회로

RLC 회로는 통신 시스템의 일부 회로이다. 주파수에 따라서 구별되는 동작특성을 나타내기 때문에, 방송채널을 선택적으로 수신할 수가 있다. RLC 회로는 주파수 멀티플렉싱(multiplexing) 및 고조파 억제 필터(harmonic-supression filters)에 사용된다. 따라서, RLC 회로의 자연 응답은 통신시스템의 회로, 필터 설계 등의 응용분야에서 매우 중요한 개념이다. 증폭기 회로에 사용되어 특정한 주파수 범위의 신호 증폭하고, 그 외 범위의 신로를 억제하는 필터 동작을 한다. 정류회로의 전압 증배기(voltage multiplier), 펄스 방전회로에도 쓰인다.[85)]

앞 장에서 RL 및 RC 회로를 해석하기 위하여 자연응답을 먼저 고려했었다. 마찬가지로, 이 장에서도 병렬연결 RLC 회로의 자연 응답을 먼저 고려해 보자.

병렬연결 RLC 회로에 연결되어 있는 한 개 또는 두 개의 에너지 저장 소자는 초기의 에너지를 저장하고 있다고 한다. 회로가 $t \geq 0$에서 동작할 때, 에너지는 $t = 0^+$인 순간에서의 인덕터 전류 및 커패시터 전압을 말한다.

세 종류 소자 (R, L, C)로 구성되어 있는 무전원 병렬연결RLC 회로의 자연응답을 먼저 구하면, dc 전원, 스위치, 또는 단위계단 전원이 추가로 연결된 회로의 강제 응답을 쉽게 구할 수가 있다. 자연응답과 강제응답을 중첩 하면 완전응답이 된다.

병렬 RLC 회로는 다음 장에서 다룰 직렬 RLC 회로의 쌍대회로이다. 우리는 **병렬 RLC 회로의 기본 원리부터 전개하여 학습하기로 한다.**[86)] 회로의 기본적인 개념과 미분 방정식을 학습한 후, 동작 특성을 자세히 살펴보기로 한다.

10.1 병렬 RLC 회로의 기본 개념

1. 쌍대(duality) 성질

병렬 RLC 회로는 직렬RLC 회로(11장에서 다룸)의 쌍대(dual) 회로이므로 다음과 같이 물리량들 끼리 대응한다. 쌍대(duality) 성질을 이용하여 해석하면 편리하다(표 10.1).

85) Nilsson, J. W. Riedel, S. *Electric Circuits*. Prentice Hall. p. 286, 2008.
86) 직렬 RLC 회로와 병렬 RLC 회로는 쌍대(dual) 회로이므로 물리량들 끼리 대응한다.

표 10.1 직렬회로와 병렬회로의 쌍대 표현

	직렬 RCL 회로	병렬 RLC 회로
1	노드 (node)	메쉬 (mesh)
2	통과 전류 (current through)	양단 전압 (voltage across)
3	$i(t)$ [A]	$v(t)$ [V]
4	L [H]	C [F]
5	C [F]	L [H]
6	R [Ω], $R \to 0$ [Ω]	$\frac{1}{R}$ [℧], $\frac{1}{R} \to \infty$ [℧]
7	$\frac{R}{2L}$, $R \to 0$ [Ω]	$\frac{1}{2RC}$, $\frac{1}{R} \to 0$ [℧]
8	$\frac{1}{\sqrt{CL}}$	$\frac{1}{\sqrt{LC}}$
9	$L\frac{d^2i(t)}{dt^2} + R\frac{di(t)}{dt} + \frac{1}{C}i(t) = 0$	$C\frac{d^2v(t)}{dt^2} + \frac{1}{R}\frac{dv(t)}{dt} + \frac{1}{L}v(t) = 0$

우리는, 이 장에서 병렬 RLC 회로의 기본 개념부터 상세히 살펴보기로 한다.87)

2. 병렬 RLC 회로에 쓰이는 용어의 정의

병렬 RLC **회로**의 자세한 내용은 본문에서 학습하기로 하고, 여기서는 간단히 학습을 하자.

(1) 댐핑(damping, 감쇠)

운동 또는 신호의 진폭이 감소(decay)하는 현상

(2) 병렬 RLC 회로의 지수감쇠계수

$$\alpha = \frac{1}{2RC} \ \text{rad/sec}$$

(3) 병렬 RLC 회로의 지수 감쇠계수함수

$$e^{-\alpha t} = e^{-\frac{1}{2RC}t}$$

87) 기타의 쌍대관계는 10장과 11장을 같은 순서로 설명하였으니, 대조 확인하기 바란다.

(4) 병렬 RLC 회로의 공진주파수

$$\omega_0 = \frac{1}{\sqrt{LC}} \text{ rad/sec}$$

3. 병렬 RLC 댐핑(damping, 감쇠) 회로와 탱크회로와의 관계

탱크회로는 저항 소자가 없으므로, 에너지 소비가 없기 때문에 댐핑 (damping, 감쇠) 회로가 아니고, 무손실(loseless) 회로 즉, 진동하는 회로이다.

그러나, 병렬 RLC 회로는 저항 R에 의한 에너지 소비가 있기 때문에 댐핑(damping, 감쇠)을 나타내는 회로이다. 병렬 RLC 댐핑(damping, 감쇠) 회로에서 $R \to \infty$로 하면 병렬저항이 개방되어 저항이 없어지고, $e^{-\alpha t} = e^0 \to 1$이므로 감쇠가 없어지는 회로, 즉 탱크 LC 회로가 된다.[88)]

4. 댐핑 현상을 나타내는 시스템의 동작

물체는 정지하고 있거나 이동(또는 운동)을 한다. 운동하는 물체의 경우 영원히 운동할 수가 없다. 저항 때문에 운동은 멈추게 된다. 모든 시스템의 운동은 댐핑(daming, 감쇠) 현상을 나타낸다. 댐핑 현상을 나타내는 시스템의 동작을 지배하는 미분방정식은 다음과 같다, 상수계수를 갖는 선형의 2계(second order) 미분방정식이다.

$$\frac{d^2y}{dt^2} + m\frac{dy}{dt} + ky = 0$$

여기서, y는 댐핑하는 물리량이고 m, k는 상수이다.

RLC 회로를 지배하는 미분 방정식은 $v(t)$ 또는 $i(t)$에 관한 미분방정식이다.

RLC 회로를 지배하는 2계 미분방정식을 풀기위해서는 두 개의 초기조건이 주어져야 한다. 두 개의 에너지 저장소자를 갖는 RLC 회로는 실제로 설계하여 동작하는 발진회로나 주파수 선택 필터 등 여러 시스템에서 널리 응용되고 있다.

탱크 LC 회로는 에너지를 소비하는 저항 R이 없기 때문에 메쉬전류와 노드전압은 댐핑(damping, 감쇠) 현상을 나타내지 않고 진폭을 일정하게 유지하면서 계속 진동하는 현상을 나타낸다.

---

88) 저항이 첨가되지 않은 LC 회로를 **무감쇠** (감쇠가 없는, **undamped)회로**라고 한다.
LC 회로의 전압 또는 전류 응답은 시간의 함수로서 sine (또는 cosine) 형태로 시간 범위 $-\infty < t < \infty$에서 진폭이 감쇠되지 않은 상태로 주기적으로 진동하는 정상상태를 유지한다. $R \to 0$, $e^{-\alpha t} = e^0 \to 1$이므로 감쇠가 없다.

진동의 폭을 점점 감소시키면서 정상 상태에서 일정한 값으로 수렴하기 위해서는 유한 값의 저항 $R(0 < R < \infty)$을 첨가시켜야 한다. 탱크 LC 회로와 **병렬로 연결**하면, 병렬 RLC 회로를 얻을 수 있다.

미분방정식의 해

병렬 RLC 회로 세 소자 R, L, C의 상대적인 크기에 따라서 노드 전압은 진폭이 감소하는 세 종류의 응답을 나타내면서 동작한다. 응답의 일반꼴과 특정한 예는 다음과 같다.

(1) 과도감쇠(Overdamped) 전압

일반꼴은

$$v(t) = A_1 e^{s_1 t} + A_2 e^{s_2 t};$$

A_1, A_2 임의 상수, 하나가 0 일 수 있음

$s_1 \neq s_2$, s_1, s_2는 영(0) 아닌 임의의 실수

이다. 특정한 예를 들면 다음과 같다.

$$v(t) = 2e^{-3t},\ v(t) = 3e^{-t} + 5e^{-2t}$$

$$v(t) = 32e^{-t} - 32e^{-2t},\ v(t) = -5e^{-2{,}000t} + 10e^{-10{,}000t}$$

$$v(t) = -15e^{-2{,}000t} - 30e^{-8{,}000t}$$

(2) 임계감쇠(Critically Damped) 전압

일반꼴은

$$v(t) = (A_1 + A_2 t)e^{-st};$$

A_1, A_2 임의 상수, 하나가 0 일 수 있음

s 는 영(0) 아닌 임의의 실수

이다. 특정한 예를 들면 다음과 같다.

$$v(t) = (5 + 12t)e^{-2t},\ v(t) = 35e^{-50t},\ v(t) = 2{,}500t\,e^{-3{,}600t}$$

(3) 과소감쇠(Underdamped) 전압

일반꼴은

$$v(t) = e^{-\alpha t}(B_1 \cos\omega_d t + B_2 \sin\omega_d t)$$

임의 상수 B_1, B_2 중에서 하나가 0 일 수 있음

$\alpha \neq 0$인 임의의 실수

이다. 특정한 예를 들면 다음과 같다.

$$v(t) = 3e^{-t}\cos 2t, \; v(t) = 300e^{-50t}\sin 369t$$

$$v(t) = 5e^{-2,500t}(4\cos 7,000t + 15\sin 7,000t)$$

5. 병렬 RLC 댐핑(damping, 감쇠) 회로의 세 종류의 개념

(1) 과도감쇠(overdamped) 회로

임계값보다 **작은 저항**을 첨가한 경우에 응답을 나타나는 회로를 overdamped circuit (또는 heavy-damped circuit)이라고 한다.
진동(oscillation)하지 않고 임계감쇠보다 늦은 시간에 정상상태에 수렴한다.
저항값이 작으므로 $e^{-\alpha t}$가 급속히 감쇠한다. 진동하지 않는다.
조건 $\alpha > \omega_0$ 일 때 동작한다.

(2) 임계감쇠(critically damped) 회로

가장 빠른 시간에 정상상태에 수렴하는 이상적인 최적값. 즉 임계값의(critical) 감쇠저항을 첨가한 회로이다. 회로의 응답을 critically damped response 라고 한다. 과도감쇠와 과소감쇠의 경계에 있는 감쇠이다. 진동하지 않는다. 조건 $\alpha = \omega_0$ 일 때 동작한다. 이론적으로 존재 가능하지만, 실제로는 존재 불가능하다.

(3) 과소감쇠(underdamped) 회로

임계값보다 **큰 저항**을 첨가한 경우에 응답을 나타나는 회로이다.
underdamped circuit(또는 light-damped circuit)이라고 한다.
진동(oscillation)**하면서 임계감쇠** 보다 오랜 시간이 지난 후에 정상상태에 수렴한다. 조건 $\alpha < \omega_0$ 일 때 동작한다.

그림 10.1은 세 종류의 댐핑 응답(response)을 비교하여 나타낸 그림이다.

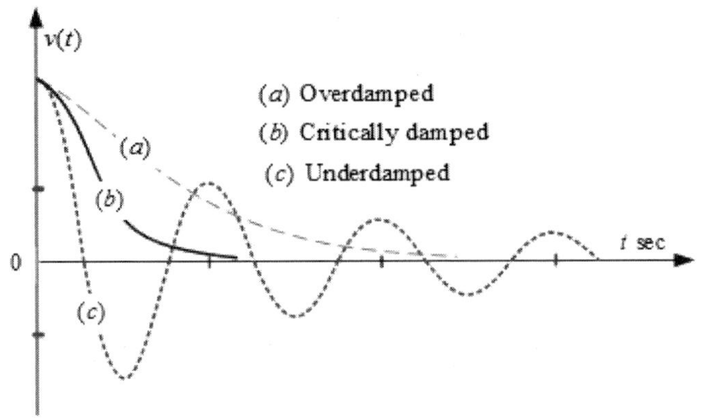

그림 10.1 세 종류의 댐핑 형태

10.2 병렬 RLC 회로의 노드 전압 미분방정식 예비 학습

이 장을 학습하기 전에 유용한 예비학습을 해보자. 미분방정식 교과목에서는 자세히 유도하고 있다. 우리는 결과만을 이용하기로 한다. 에너지 저장소자 2개가 존재하는 회로를 지배하는 노드 전압의 미분방정식은 2계 미분방정식이다. 특성방정식은 2차 방정식이므로 2개의 근을 가지며, 근의 형태에 따라 3가지 경우로 구별한다.

Case 1. Overdamped: 특성 방정식의 해가 서로 다른 두 실근을 갖는 경우

특성 방정식을 이용하여 다음 2계 미분 방정식의 해를 구하여라.

$$\begin{cases} \dfrac{d^2v(t)}{dt^2}+4\dfrac{dv(t)}{dt}+3v(t)=0 \\ \text{초기전압 조건 } v(0)=1, v'(0)=1 \end{cases}$$

[풀이] (1) 특성방정식: $s^2+4s+3=0$

(2) 특성방정식의 해: $s=-1, -3$

(3) 미분방정식의 일반해: $v=A_1e^{-t}+A_2e^{-3t}$

두 개의 초기 조건을 이용하여 두 상수 A_1, A_2를 구한다.

(i) 초기 전압 $v(0)=1$에 의하여 다음 식을 얻는다.

$$A_1+A_2=1 \qquad \cdots\cdots\cdots ①$$

(ii) 초기 조건 $v'(0)=-1$을

$$v'=-A_1e^{-t}-3A_2e^{-3t}$$

에 대입하면 다음 식을 얻는다.

$$A_1 - 3A_2 = -1 \qquad \cdots\cdots\cdots ②$$

두 식 ①, ②에 의하여 구한

$$A_1 = \frac{1}{2},\ A_2 = \frac{1}{2}$$

를 일반해에 대입하면 특수해는 다음과 같다.

$$v = \frac{1}{2}e^{-t} + \frac{1}{2}e^{-3t}$$

■

Case 2. Critically damped: 특성 방정식의 해가 서로 같은 두 실근(중근)을 갖는 경우

특성방정식을 이용하여 다음 2계 미분 방정식의 해를 구하여라.

$$\begin{cases} \dfrac{d^2v(t)}{dt^2} + 2\dfrac{dv(t)}{dt} + v(t) = 0 \\ \text{초기전압조건 } v(0) = 4, v'(0) = -2 \end{cases}$$

[풀이] (1) 특성방정식: $s^2 + 2s + 1 = 0$

(2) 특성방정식의 해: $s = -1,\ -1$

(3) 전압 미분방정식의 일반해: $v(t) = A_1e^{-t} + A_2te^{-t}$

두 개의 초기 조건을 이용하여 두 상수 A_1, A_2를 구한다.

(i) 초기 전압 $v(0) = 4$에 의하여 다음 식을 얻는다.

$$A_1 = 4 \qquad \cdots\cdots\cdots ①$$

(ii) 초기 조건 $v'(0) = -2$를

$$v'(t) = -A_1e^{-t} + A_2(e^{-t} - te^{-t})$$

에 대입하면 다음 식을 얻는다.

$$-A_1 + A_2 = -2 \qquad \cdots\cdots\cdots ②$$

두 식 ①, ②에 의하여 구한

$$A_1 = 4,\ A_2 = 2$$

를 일반해에 대입하면 미분방정식의 특수해는 다음과 같다.

$$v(t) = 4e^{-t} + 2te^{-t}\ \text{V}$$

Case 3. Underdamped: 특성 방정식의 해가 켤레 복소근을 갖는 경우

특성방정식을 이용하여 다음 2계 미분 방정식의 일반해를 구하여라.

$$\begin{cases} \dfrac{d^2v(t)}{dt^2}+6\dfrac{dv(t)}{dt}+13v(t)=0 \\ \text{초기전압 조건 } v(0)=1, v'(0)=-1 \end{cases}$$

[풀이] (1) 특성방정식: $s^2+6s+13=0$

(2) 특성방정식의 해: $s=-3\pm\sqrt{3^2-13}=-3\pm j2$

(3) 미분방정식의 일반해: $v(t)=e^{-3t}(A_1\cos 2t+A_2\sin 2t)$ V

두 개의 초기 조건을 이용하여 두 상수 A_1, A_2를 구한다.

(i) 초기 전압 $v(0)=1$에 의하여 다음 식을 얻는다.

$$A_1=2 \quad \cdots\cdots\cdots ①$$

(ii) 초기 조건 $v'(0)=-1$을

$$v'=-3e^{-t}\cdot(A_1\cos 2t+A_2\sin 2t)+e^{-3t}\cdot(-2A_1\sin 2t+2A_2\cos 2t)$$

에 대입하면 다음 식을 얻는다.

$$-3A_1+2A_2=-1 \quad \cdots\cdots\cdots ②$$

두 식 ①, ②에 의하여 구한

$$A_1=2 \quad A_2=\frac{5}{2}$$

를 대입하면

$$v(t)=e^{-t}(2\cos 3t+\frac{5}{2}\sin 3t) \text{ V}$$

와 같다.

10.3 상수계수를 갖는 2계 제차 선형 미분방정식

회로의 입력단에서 에너지를 공급하기 위하여 동작하던 전원 (source)이 $t=0$인 순간에 갑자기 제거되어 버리면, 회로는 $t<0$에서 L, C에 저장되어 있었던 내부 에너지에 의하여 동작하게 된다. 전원이 제거된 후에 동작하는 병렬연결 RLC 회로를 지배하는 미분방정식은 다음과 같다.

$$C\frac{d^2v(t)}{dt^2}+\frac{1}{R}\frac{dv(t)}{dt}+\frac{1}{L}v(t)=0 \tag{10.1}$$

미분 방정식 (10.1)을 푸는 여러 가지 수학적인 방법이 있다. 이러한 방법은 미분방정식 교과목에서 학습하기로 하고, 여기서는 가장 간단한 방법으로 풀어보기로 한다. 우리는 이 과목에서 이 미분 방정식을 풀기 위하여 가장 빠르고 간단한 방법을 이용하자. 즉, 지금까지 우리들이 직관과 경험을 토대로 하여 가능한 여러형태 해 중에서 적합한 것을 선택하는 방법이다.

식 (10.1)에 의하면, 함수 자체 $v(t)$와 1계 도함수 $v'(t)$ 및 2계 도함수 $v''(t)$에 의한 세 항이 합으로 표시되어 있다. 동일한 형태를 가지는 함수이어야만 차원dimension)이 일치하고, 덧셈이 가능하다.

식을 보자.

어떤 함수와 그 함수를 한번 미분한 것과 두 번 미분한 것을 더했을 때, 영(0)이 될 수 있는 함수는 어떤 함수일까? 이런 성질을 갖는 함수는 무엇일까? 미분을 하더라도 자기 본래의 형태를 포함하고 있는 함수이어야만 한다. 이런 특징을 갖는 함수로서는 지수함수가 유일하다. 지수함수는 미분을 해도 적분을 해도 동일한 형태를 포함하는 함수이다.[89] 따라서, 미분 방정식의 해가 일반적인 꼴의 지수함수

$$v(t) = Ae^{st}, \ A \neq 0, \ e^{st} \neq 0 \tag{10.2}$$

라고 가정한다. 여기서 A와 s는 일반적으로 복소수이다. 식 (10.2)가 방정식의 해이므로 식 (10.1)에 대입하면 등식이 만족된다. 즉, 식 (10.2)를 식 (10.1)에 대입하면 다음과 같다.

$$CAs^2e^{st} + \frac{1}{R}Ase^{st} + \frac{1}{L}Ae^{st} = 0$$

$$Ae^{st}(Cs^2 + \frac{1}{R}s + \frac{1}{L}) = 0 \tag{10.3}$$

등식 (10.3)을 만족하기 위해서는 A 또는 e^{st}가 0이면 $v(t)$가 0이 된다. 그러나, 이 해는 미분방정식의 자명한(trivial) 해로서 주어진 초기조건을 만족하지 못하는 무의미한 해이다. 따라서, 처음 주어진 조건에 의하여 $A \neq 0$, $e^{st} \neq 0$이므로 s에 관한 2차 방정식

$$Cs^2 + \frac{1}{R}s + \frac{1}{L} = 0$$

$$s^2 + \frac{1}{RC}s + \frac{1}{LC} = 0 \tag{10.4}$$

89) 삼각함수는 짝수 번 미분 or 짝수 번 적분하면 자기 본래의 형태를 유지하게 된다.

이 성립해야 한다. 방정식 (10.4)를 병렬 RLC 회로의 **보조방정식**(auxiliary equation) 또는 **특성방정식**(characteristic equation)이라고 한다. 계수의 크기에 따라, 세 종류

(i) 서로 다른 두실근,

(ii) 서로 같은 두 실근(중근),

(iii) 허근

의 해를 갖는다. 미분방정식 (2)를 만족하는 s를 구해보자.

s에 관한 2차 방정식 (10.4)를 만족하는 두 개의 해를 각각 s_1, s_2라고 하면,

$$s_{1,2} = \frac{-\frac{1}{RC} \pm \sqrt{\left(\frac{1}{RC}\right)^2 - 4\frac{1}{LC}}}{2} \tag{10.5}$$

이다. 식 (10.5)를 정리하면,

$$\begin{aligned} s_{1,2} &= -\frac{1}{2RC} \pm \frac{1}{2}\sqrt{\left(\frac{1}{RC}\right)^2 - \frac{4}{LC}} \\ &= -\frac{1}{2RC} \pm \sqrt{\frac{1}{4}\left[(\frac{1}{RC})^2 - \frac{4}{LC}\right]} \\ &= -\frac{1}{2RC} \pm \sqrt{(\frac{1}{2RC})^2 - \frac{1}{LC}} \end{aligned} \tag{10.6}$$

이다.[90] 따라서, 특성방정식 (10.6)의 두 개의 해 s_1, s_2는 다음과 같다.

$$s_1 = -\frac{1}{2RC} + \sqrt{\left(\frac{1}{2RC}\right)^2 - \frac{1}{LC}} \tag{10.7}$$

$$s_2 = -\frac{1}{2RC} - \sqrt{\left(\frac{1}{2RC}\right)^2 - \frac{1}{LC}} \tag{10.8}$$

소자 R, L, C의 상대적인 크기에 따라서 다음 셋 중 하나의 감쇠해(damped solution)를 갖는다. 각각의 경우에 따라서 자연응답 $v(t)$의 모양은 달라진다.

1. 세 종류의 damping (감쇠) 회로

회로는 선형회로이므로, 가정한 해를 원식에 대입하면 특성 방정식이 갖는 근(root)은 이중 근호($\sqrt{\ }$)의 값에 따라, 세 종류의 미분방정식의 일반해를 얻는다. 일반해가 갖는 상수 A_1, A_2는 주어지는 초기조건에 의하여 구한다.

90) s_1, s_2를 편리하게 $s_1, s_2 = -\alpha \pm \sqrt{\alpha^2 - \omega_0^2}$ 로 표현한다. 10.9절에서 설명하기로 한다.

1. 특성방정식이 서로 다른 두 실근 s_1, s_2을 갖는 overdamped circuit은

overdamped solution

$$v(t) = A_1 e^{s_1 t} + A_2 e^{s_2 t} \text{ V} \tag{10.9}$$

을 갖는다. 상수 A_1, A_2는 주어지는 초기조건에 의하여 구한다.

2. 특성방정식이 서로 같은 두 실근(중근), $s = s_1 = s_2$을 갖는

critically damped circuit은 critically damped solution

$$\begin{aligned} v(t) &= A_1 e^{st} + A_2\, t\, e^{st} \\ &= (A_1 + A_2\, t)\, e^{st} \text{ V} \end{aligned} \tag{10.10}$$

을 갖는다. 상수 A_1, A_2는 주어지는 초기조건에 의하여 구한다.

3. 복소허근 $s = -\alpha \pm j\omega_d$을 갖는 underdamped circuit은

underdamped solution

$$v(t) = e^{-\alpha t}(A_1 \cos\omega_d t + A_2 \sin\omega_d t) \text{ V} \tag{10.11}$$

을 갖는다. 상수 A_1, A_2는 주어지는 초기조건에 의하여 구한다.

2. 세 종류 damping (감쇠) 회로의 응답

회로의 응답울 학습하기 위하여 예를 들어 각각의 경우를 살펴 보기로 한다.

Case I. Overdamped circuit

회로를 지배하는 미분방정식의 특성방정식은 서로 다른 두 실근을 갖는다. 전압 $v(t)$는 다음의 미분 방정식을 만족하고 있다.

$$C\frac{d^2v(t)}{dt^2} + \frac{1}{R}\frac{dv(t)}{dt} + \frac{1}{L}v(t) = 0$$

다음과 같은 소자값 상수와 초기전압을 갖는 경우, 전압 $i(t)$를 구하여라.

소자값 ; $R = 2\ \Omega, L = 5\text{ H}, C = \dfrac{1}{5}\text{ F}$

초기전압 ; $v(0) = 1,\ v'(0) = -1$

[풀이] 소자값을 방정식에 대입하면,

$$\frac{1}{5}\frac{d^2v(t)}{dt^2} + \frac{1}{2}\frac{dv(t)}{dt} + \frac{1}{5}v(t) = 0.$$

$$\frac{d^2v(t)}{dt^2}+2.5\frac{dv(t)}{dt}+v(t)=0$$

특성방정식,

$$s^2+2.5s+1=0$$

은 서로 다른 두 실근

$$s=\frac{-2.5\pm\sqrt{2.5^2-4}}{2}=\frac{-2.5\pm1.5}{2}=-0.5,\ -2$$

을 가지므로 overdamped solution은 다음과 같다.

$$v(t)=A_1e^{-0.5t}+A_2e^{-2t}\ \text{V}$$

계수 A_1, A_2를 구하기 위하여 초기 전압조건을 이용한다,

$$v(0)=1,\ v'(0)=-1$$

(i) 초기 조건 $v(0)=1$을 일반해에 대입하면

$$A_1+A_2=1 \qquad \cdots\cdots\cdots ①$$

(ii) 초기 조건 $v'(0)=-1$을

$$v'=-0.5A_1e^{-0.5t}-2A_2e^{-2t}$$

에 대입하면,

$$-0.5A_1-2A_2=-1 \qquad \cdots\cdots\cdots ②$$

두 식 ①, ②를 풀면

$$A_1=\frac{2}{3},\ A_2=\frac{1}{3}$$

이다. 따라서, 특정해는 다음과 같다.

$$v(t)=\frac{2}{3}e^{-0.5t}+\frac{1}{3}e^{-2t}\ \text{V}$$

문제 1

전압의 함수

$$v(t)=\frac{2}{3}e^{-0.5t}+\frac{1}{3}e^{-2t}$$

가 미분방정식

$$\frac{d^2v(t)}{dt^2}+2.5\frac{dv(t)}{dt}+v(t)=0$$

의 해임을 증명하여라.

답 생략. ■

Case II. Critically damped circuit (임계감쇠 회로)

회로를 지배하는 미분방정식의 특성방정식은 서로 같은 중근을 갖는다.

전압 $v(t)$는 다음의 미분 방정식을 만족하고 있다.

$$C\frac{d^2v(t)}{dt^2}+\frac{1}{R}\frac{dv(t)}{dt}+\frac{1}{L}v(t)=0$$

다음과 같은 상수와 초기 전압을 갖는 경우, 전압 $v(t)$를 구하여라.

소자값 ; $R=1\ \Omega,\ L=1\,\mathrm{H},\ C=\frac{1}{4}\,\mathrm{F}$

초기전압 ; $v(0)=1,\ v'(0)=-1$

[풀이] 상수 값들을 대입하면

$$\frac{1}{4}\frac{d^2v(t)}{dt^2}+\frac{1}{1}\frac{dv(t)}{dt}+\frac{1}{1}v(t)=0$$

정리하면,

$$\frac{d^2v(t)}{dt^2}+4\frac{dv(t)}{dt}+4\,v(t)=0$$

특성방정식은

$$s^2+4s+4=0$$

과 같다. 특성방정식은 서로 다른 두 실근을 갖는다.

$$s=-2,\ -2\ \text{Critically damped}$$

일반해는

$$v(t)=A_1e^{-2t}+A_2te^{-2t}\ \mathrm{V}$$

이다.

(i) 초기 조건 $v(0)=1$을 일반해에 대입하면

$$A_1=1 \qquad \cdots\cdots\cdots ①$$

(ii) 초기 조건 $v'(0)=-1$을

$$v' = -2A_1 e^{-2t} + A_2 e^{-2t} - 2A_2 t e^{-2t}$$

에 대입하면, 다음 식을 얻는다.

$$-2A_1 + A_2 = -1 \qquad \cdots\cdots\cdots ②$$

두 식 ①, ②에 의하여 구한

$$A_1 = 1, \ A_2 = 1$$

를 대입하면

$$v(t) = e^{-2t} + te^{-2t}$$

과 같다

문제 ②

전압의 함수

$$v(t) = e^{-2t} + te^{-2t}$$

가 미분방정식

$$\frac{d^2v(t)}{dt^2} + 4\frac{dv(t)}{dt} + 4v(t) = 0$$

의 해임을 증명하여라.

답 생략. ■

Case III. Underdamped circuit (과소감쇠 회로)

회로를 지배하는 미분방정식의 특성방정식은 **한 쌍의 복소근을** 갖는다.

전압 $v(t)$는 다음의 미분 방정식을 만족하고 있다.

$$C\frac{d^2v(t)}{dt^2} + \frac{1}{R}\frac{dv(t)}{dt} + \frac{1}{L}v(t) = 0$$

다음과 같은 상수와 초기 전압을 갖는 경우, 전압 $v(t)$를 구하여라.

소자값 ; $R = 5\ \Omega, L = 1\,\mathrm{H},\ C = \frac{1}{10}\,\mathrm{F}$

초기전압 ; $v(0) = 2,\ v'(0) = -1$

[풀이] 상수 값들을 대입하면

$$\frac{1}{10}\frac{d^2v(t)}{dt^2} + \frac{1}{5}\frac{dv(t)}{dt} + \frac{1}{1}v(t) = 0$$

정리하면,

$$\frac{d^2v(t)}{dt^2}+2\frac{dv(t)}{dt}+10v(t)=0$$

특성방정식,

$$s^2+2s+10=0$$

은 켤레 복소수근 을 갖는다.

$$s=\frac{-1\pm\sqrt{1^2-10}}{1}=-1\pm j3=-\alpha\pm j\omega_d \text{ Underdamped}$$

$$\alpha=-1,\ \omega_d=3$$

일반해는

$$v(t)=e^{-t}(A_1\cos 3t+A_2\sin 3t)\ \text{V}$$

이다.

(i) 초기 전압 $v(0)=2$에 의하여 다음 식을 얻는다.

$$A_1=2 \qquad \cdots\cdots\cdots ①$$

(ii) 초기 조건 $v'(0)=-1$을

$$v'=-e^{-t}\cdot(A_1\cos 3t+A_2\sin 3t)+e^{-t}\cdot(-3A_1\sin 3t+3A_2\cos 3t)$$

에 대입하면 다음 식을 얻는다.

$$-A_1+3A_2=-1 \qquad \cdots\cdots\cdots ②$$

두 식 ①, ②에 의하여 구한

$$A_1=2\quad A_2=\frac{1}{3}$$

를 대입하면

$$v(t)=e^{-t}(2\cos 3t+\frac{1}{3}\sin 3t)\ \text{V}$$

과 같다.

문제 ③

전압의 함수

$$v(t)=e^{-t}(2\cos 3t+\frac{1}{3}\sin 3t)\ \text{V}$$

가 미분방정식

$$\frac{d^2v(t)}{dt^2}+2\frac{dv(t)}{dt}+10v(t)=0$$

의 해임을 증명하여라.

답 생략. ■

문제 4

순시(instantaneous) 전압 $v(t)$는 다음의 미분 방정식을 만족하고 있다.

$$C\frac{d^2v(t)}{dt^2}+\frac{1}{R}\frac{dv(t)}{dt}+\frac{1}{L}v(t)=0$$

다음과 같은 상수와 초기전압을 갖는 경우, 순시 전압 $v(t)$를 구하여라.

(a) 상수계수 ; $R=1\,\Omega,\, L=\frac{4}{3}\,\text{H},\ C=\frac{1}{4}\,\text{F}$

초기전압 ; $v(0)=1,\ v'(0)=-1$

(b) 상수계수 ; $R=\frac{1}{2}\,\Omega,\, L=1\,\text{H},\ C=1\,\text{F}$

초기전압 ; $v(0)=4,\ v'(0)=-2$

(c) 상수계수 ; $R=\frac{1}{6}\,\Omega,\, L=\frac{1}{13}\,\text{H},\ C=1\,\text{F}$

초기전압 ; $v(0)=1,\ v'(0)=-1$

답 (a) $v(t)=\frac{1}{2}e^{-t}+\frac{1}{2}e^{-3t}$ V ; (b) $v(t)=(4+2t)e^{-t}$ V ;

(c) $v(t)=e^{-t}(2\cos 3t+\frac{5}{2}\sin 3t)$ V. ■

10.4 전원이 제거되기 전에 동작하는 병렬 *RLC* 회로

실제 커패시터에서 소비되는 에너지를 고려하기 위하여 유한(finite) 저항을 이상 커패시터와 병렬로 연결하고, 실제의 인덕터에서 소비하는 에너지를 고려하기 위하여 유한 저항을 이상 인덕터와 직렬로 연결한다.

그림 10.2는 이러한 사실을 고려한 병렬*RLC* 회로가 전류원에 의하여 동작하는 회로를 나타낸다. 회로에서 커패시터와 인덕터는 이상적인 모델이다.

시간 $t<0$에서 (전압원이 제거되기 전에) 동작하는 병렬RLC 회로를 나타낸다. 스위치 (SW)가 1의 위치에 오랫동안 있어서 회로가 정상상태에 도달하였기 때문에 인덕터는 단락되어 있었고, 커패시터는 개방되어 있었다. 인덕터와 커패시터에는 일정량의 에너지가 저장되어 있었다.

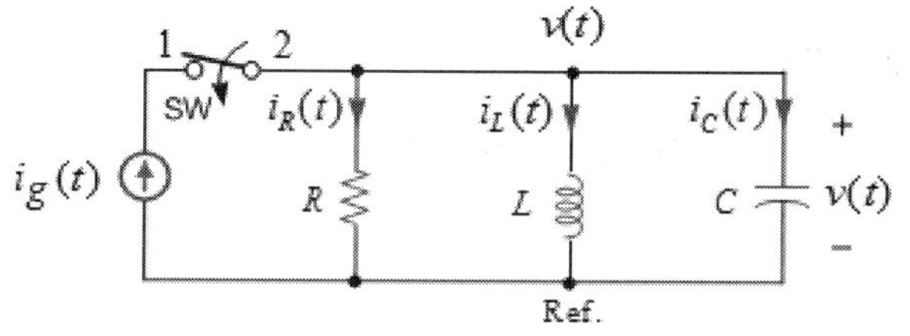

그림 10.2 전원이 있는 병렬 RLC 회로

그림 10.2의 스위치 우측은 병렬 RLC 회로를 구성한다. 위쪽 node에서 KCL을 적용하면,

$$\frac{v(t)}{R}+\frac{1}{L}\int_0^t v(\tau)\,d\tau+i(0)+C\frac{dv(t)}{dt}=i_g(t)$$

과 같은 미적분방정식(integrodifferential equation)을 얻는다. 스위치(SW)가 2의 위치로 옮겨지면,

$$i_g(t)=0$$

로 두면 된다.

10.5 전원이 제거된 후에 동작하는 병렬 RLC 회로

무전원(source-free)회로는 연결되어 동작하던 전원(source)이 갑자기 제거되어 버린 회로이므로, 인덕터나 커패시터에 저장되어있는 내부 에너지에 의하여 동작한다. 무전원(source-free) 회로의 응답을 자연응답(natural response)라고 한다.

이상적인 저항, 인덕터 및 커패시터를 병렬로 접속한 회로의 자연 응답을 알아보자. 이상적인 저항은 병렬 LC 또는 병렬 RLC 회로에 연결된 실제 저항일 수도 있고, 인덕터에서의 저항 손실 및 자성 코어에서의 손실, 또는 이들 전부와 기타의 에너지 흡수 장치를 나타낼 수도 있다.

그림 10.3은 시각 $t=0$에서 스위치(SW)는 2의 위치로 옮겨져서 전원이 제거되는 순간의 병렬 RLC 회로를 나타낸다. 이 회로는 무전원 병렬 RLC 회로가 되고, 인덕터와

커패시터에 저장되어 있었던 초기 에너지가 저항에서 열로 소비된다.

회로를 동작시키는 초기 조건은

(1) 인덕터 및 커패시터의 전류

$$i_L(t)|_{t=0^+} = i_L(0^+),\ i_C(t)|_{t=0^+} = i_C(0^+) \qquad (10.12)$$

(2) 전압의 초기값

$$v(t)|_{t=0^+} = v(0^+) = V_0 \qquad (10.13)$$

이다.

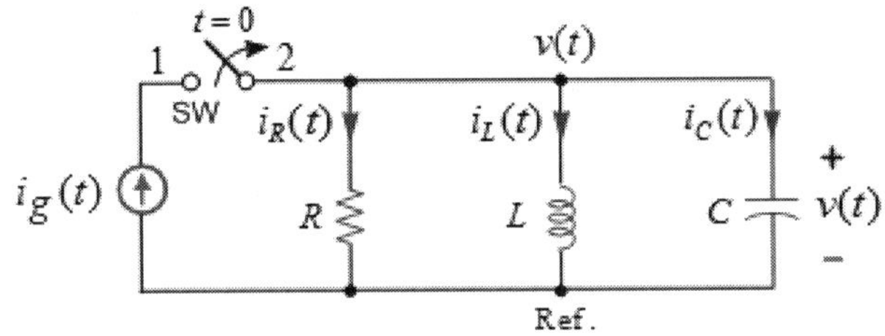

그림 10.3 전원이 제거되는 순간의 병렬 RLC 회로

1. 무전원(전원이 없는) 병렬 RLC 회로

전원을 제거하면 무전원 회로가 된다. 무전원(source-free) 회로는 연결되어 동작하던 전원(source)이 갑자기 제거되어 버린 회로이므로, 인덕터나 커패시터에 저장되어있었던 내부 에너지에 의하여 동작한다.

그림 10.4는 전원을 제거한 후 $t \geq 0$의 병렬 RLC의 동작을 나타낸다. 시간 범위 $t \geq 0$에서 존재하는 회로를 자연 응답을 구하여 보자.

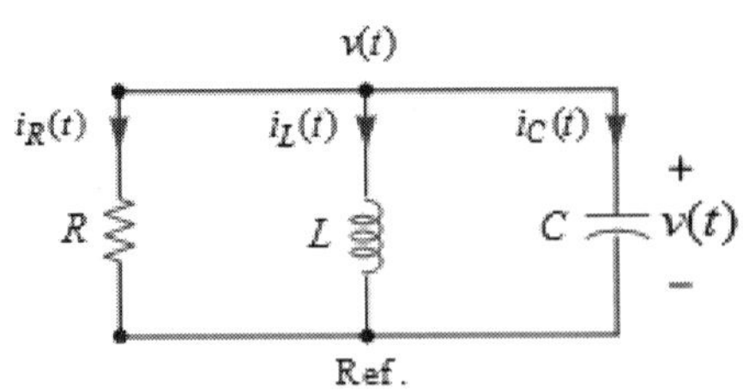

그림 10.4 전원이 제거된 병렬 RLC 회로

2. 무전원(전원이 없는) 병렬 RLC 회로를 지배하는 미분방정식

그림 10.4의 회로의 위쪽 node에서 KCL

$$i_R(t)+i_L(t)+i_C(t)=0 \tag{10.14}$$

을 적용하면, 전압 미적분 방정식

$$\frac{v(t)}{R}+\frac{1}{L}\int_0^t v\,d\tau+i(0)+C\frac{dv(t)}{dt}=0 \tag{10.15}$$

이 얻어진다. 식 (10.14)의 미적분 방정식을 풀기 위하여, 양변을 t로 미분하면, 상수계수를 갖는 2계 제차 선형 상미분방정식,

$$C\frac{d^2v(t)}{dt^2}+\frac{1}{R}\frac{dv(t)}{dt}+\frac{1}{L}v(t)=0 \tag{10.16}$$

을 얻는다. 방정식을 풀어서 자연응답 $v(t)$를 구해야한다.

10.6 전압 미분방정식과 특성방정식

1. 미분방정식의 형태와 해의 가정

그림 10.5와 같이 전원이 제거된 회로를 지배하는 상수계수의 2계 제차(homogeneous) 선형 상미분방정식은 다음과 같은 형태를 갖는 전압 방정식이다.

$$C\frac{d^2v(t)}{dt^2}+\frac{1}{R}\frac{dv(t)}{dt}+\frac{1}{L}v(t)=0 \tag{10.17}$$

이 식을 풀면 회로의 자연응답 $v(t)$를 구할 수 있다.

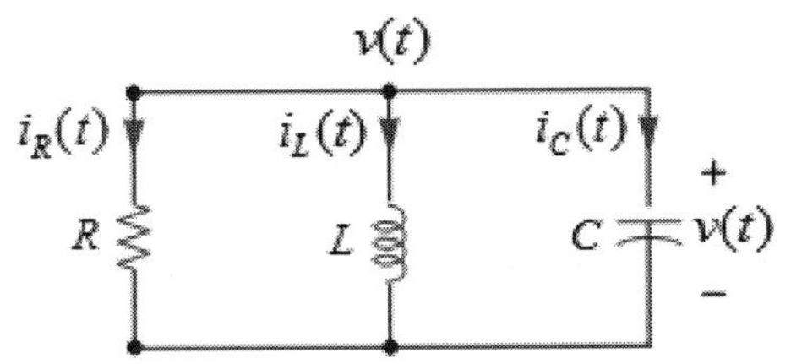

그림 10.5 전원이 제거된 병렬 RLC 회로

미분방정식 (10.17)를 풀기위한 여러 가지 수학적인 방법이 있다. 이러한 방법은 미분방정식 교과목에서 다루기로, 여기서는 가장 간단한 방법으로 풀어보기로 한다.

직관과 경험에 의한 몇 가지 가능한 형태를 갖는 해들 중에서 적합한 하나를 선택하

는 방법이다. 우리는 이 과목에서 이 미분방정식을 풀기 위하여 가장 빠르고 간단한 방법을 이용하자. 즉, 지금까지 우리들이 직관과 경험을 토대로 하여 가능한 여러 해 중에서 적합한 것을 선택하는 방법이다. 식 (10.17)에 의하면, 함수 자체와 1계 도함수 및 2계 도함수가 동일한 형태를 가지는 함수이어야만 한다.

어떤 함수와 그 함수를 한번 미분한 것과 두 번 미분한 것을 더했을 때, 영(0)이 될 수 있는 함수는 어떤 함수일까? 이런 성질을 갖는 함수는 무엇일까? 미분을 해도 적분을 해도 동일한 형태를 갖는 함수는 무엇일까? 미분을 하더라도 자기 본래의 형태를 유지하고 있는 함수이어야만 한다. 이런 특징을 갖는 함수로서는 지수함수가 유일하다.

가정하여, 미분 방정식의 해가 지수함수

$$v(t) = Ae^{st}, \ A \neq 0, \ e^{st} \neq 0 \tag{10.18}$$

의 꼴을 갖는다고 하자. 여기서 A와 s는 일반적으로 복소수이다. 식 (10.17)이 방정식의 해이므로 식 (10.16)에 대입하면 등식이 만족된다.

$$CAs^2e^{st} + \frac{1}{R}Ase^{st} + \frac{1}{L}Ae^{st} = 0$$

$$Ae^{st}(Cs^2 + \frac{1}{R}s + \frac{1}{L}) = 0 \tag{10.18}$$

등식을 만족하는 해는 다음과 같다.

$$A = 0, \ e^{st} = 0, \ \text{or} \ (Cs^2 + \frac{1}{R}s + \frac{1}{L}) = 0 \tag{10.20}$$

A 또는 e^{st}가 0이면 $v(t)$가 0이 된다. 그러나 이 해는 미분방정식의 자명한(trivial) 해로서 주어진 초기조건을 만족하지 못하는 무의미한 해이다. 따라서, 처음 주어진 조건에 의하여 $A \neq 0$, $e^{st} \neq 0$이다.

2. 특성 방정식

미분 방정식이 해를 가지기 위해서는 다음이 성립해야 한다.

$$Cs^2 + \frac{1}{R}s + \frac{1}{L} = 0 \tag{10.21}$$

식 (12.21)은 s에 관한 2차 방정식이므로 두 개의 해를 갖는다. 등식을 만족하는 s는 존재한다면, 가정한 해 (10.18)은 해가 된다. 미분방정식을 만족하는 s를 구해보자.

이 방정식을 **특성방정식**(characteristic equation) 또는 **보조방정식**(auxiliary equation) 이라고 한다. 계수의 크기에 따라, 세 종류의 근을 갖는다.

(i) 서로 다른 두 실근,

(ii) 서로 같은 두 실근(중근),

(iii) 허근

두 개의 해를 각각 s_1, s_2라고 하면

$$s = \frac{-\frac{1}{R} \pm \sqrt{\left(\frac{1}{R}\right)^2 - 4\frac{C}{L}}}{2C} \tag{10.22}$$

이다. 정리하면,

$$\begin{aligned} s_{1,2} &= -\frac{1}{2RC} \pm \frac{1}{2C}\sqrt{\left(\frac{1}{R}\right)^2 - \frac{4\cdot C}{L}} \\ &= -\frac{1}{2RC} \pm \sqrt{\left(\frac{1}{2C}\right)^2 \left[\left(\frac{1}{R}\right)^2 - \frac{4\cdot C}{L}\right]} \\ &= -\frac{1}{2RC} \pm \sqrt{\left(\frac{1}{2RC}\right)^2 - \frac{1}{4C^2}\frac{4\cdot C}{L}} \\ &= -\frac{1}{2RC} \pm \sqrt{\left(\frac{1}{2RC}\right)^2 - \frac{1}{LC}} \end{aligned} \tag{10.23}$$

두 개의 해 s_1, s_2는

$$s_1 = -\frac{1}{2RC} + \sqrt{\left(\frac{1}{2RC}\right)^2 - \frac{1}{LC}} \tag{10.24}$$

$$s_2 = -\frac{1}{2RC} - \sqrt{\left(\frac{1}{2RC}\right)^2 - \frac{1}{LC}} \tag{10.25}$$

가정한 해

$$i(t) = Ae^{st},\ A \neq 0,\ e^{st} \neq 0 \tag{10.26}$$

의 s에 이들 값을 대입하면, 미분방정식을 만족하므로 해가 된다. 식 (11.18) 또는 (11.26)의 s 대신 두 개의 해를 각각 s_1, s_2를 대입하면

$$v_1(t) = A_1 e^{s_1 t} \quad A_1 \neq 0,\ e^{s_1 t} \neq 0 \tag{10.27}$$

$$v_2(t) = A_2 e^{s_2 t} \quad A_2 \neq 0,\ e^{s_2 t} \neq 0 \tag{10.28}$$

이다.

예제 1

다음과 같이 전압 $v(t)$가 만족하는 미분방정식이 주어 져 있다.

$$\frac{d^2v(t)}{dt^2}+4\frac{dv(t)}{dt}+3v(t)=0$$

지수함수의 꼴을 갖는 다음의 전압이 위 미분방정식의 해임을 증명하여라.

$$(a)\ v(t)=3e^{-3t}\ ;\ (b)\ v(t)=Ae^{-t}.$$

[풀이] (a) 지수함수 $v(t)=3e^{-3t}$, $v'(t)=-9e^{-3t}$, $v''(t)=27e^{-3t}$
를 주어진 미분방정식에 대입하면 성립한다.

$$27e^{-2t}+4(-9e^{-2t})+3(3e^{-2t})\ 27e^{-2t}-36e^{-2t}+9e^{-2t}=0\ \therefore \text{Q.E.D.}$$

(b) 지수함수

$$v(t)=-Ae^{-t},\ v'(t)=Ae^{-t},\ v''(t)=-Ae^{-t}$$

를 주어진 미분방정식에 대입하면 성립한다.

$$(-Ae^{-2t})+4(Ae^{-2t})+3(Ae^{-2t})=0\ \therefore \text{Q.E.D.}$$

■

문제 ①

다음과 같이 전류 $v(t)$가 만족하는 미분방정식이 주어 져 있다.

$$C\frac{d^2v}{dt^2}+\frac{1}{R}\frac{v}{dt}+\frac{1}{L}v=0$$

지수함수의 꼴을 갖는 두 전류

$$v_1(t)=A_1e^{s_1t}(A_1\neq 0,\ e^{s_1t}\neq 0\ )$$

$$v_2(t)=A_2e^{s_2t}\ (A_2\neq 0,\ e^{s_2t}\neq 0)$$

가 이 미분방정식을 만족하는 해이다. 두 해의 합

$$v=v_1+v_2=A_1e^{s_1t}+A_2e^{s_2t}$$

도 미분방정식을 만족하는 해임을 증명하여라.

답 생략. ■

10.7 전압 미분방정식의 세 종류 해

전압 $v(t)$가 만족하는 미분방정식

$$C\frac{d^2v(t)}{dt^2}+\frac{1}{R}\frac{dv(t)}{dt}+\frac{1}{L}v(t)=0$$

$$\frac{d^2v}{dt^2}+\frac{1}{RC}\frac{dv}{dt}+\frac{1}{RL}v=0 \tag{10.29}$$

의 해는

$$v(t)=A_1e^{s_1t}+A_2e^{s_2t} \tag{10.30}$$

이다. 여기서

$$s_1=-\frac{1}{2RC}+\sqrt{\left(\frac{1}{2RC}\right)^2-\frac{1}{LC}} \tag{10.31}$$

$$s_2=-\frac{1}{2RC}-\sqrt{\left(\frac{1}{2RC}\right)^2-\frac{1}{LC}} \tag{10.32}$$

이다. 소자값 R, L, C의 상대적인 크기에 따라서 다음과 같이, 셋 중 하나의 해를 갖는다. 각각의 경우에 따라서 자연응답 $v(t)$의 모양은 달라진다.

1. 서로 다른 두 실근(real roots) s_1, s_2을 갖는 경우 자연응답 $v(t)$는

$$v=A_1e^{s_1t}+A_2e^{s_2t}\ \text{V} \tag{10.33}$$

과 같다. 상수 A_1, A_2는 주어지는 초기조건에 의하여 구한다. 이 경우,
회로를 **과도감쇠회로(overdamped circuit)**,
응답을 **과도감쇠응답(overdamped response)이라고 한다.**

2. 서로 같은 두 실근(중근) (double roots) $s=s_1=s_2$을 갖는 경우 자연응답 $v(t)$는

$$v=A_1e^{st}+A_2\,t\,e^{st}\ \text{V}$$

$$=(A_1+A_2\,t)\,e^{st}\ \text{V} \tag{10.34}$$

과 같다. 상수 A_1, A_2는 주어지는 초기조건에 의하여 구한다.
이 경우,
회로를 임계**감쇠회로(critically damped circuit)**
응답을 임계**감쇠응답(critically damped response)이라고 한다.**

3. 켤레복소허근(conjugate complex roots) $s = -\alpha \pm j\omega_d$을 갖는 경우, 자연응답 $v(t)$는

$$v(t) = e^{-\alpha t}(A_1 \cos\omega_d t + A_2 \sin\omega_d t)\ \text{V} \tag{10.35}$$

과 같다. 상수 A_1, A_2는 주어지는 초기조건에 의하여 구한다.

이 경우,

회로를 과소**감쇠회로(underdamped circuit)**

응답을 과소**감쇠응답(underdamped response)이라고 한다.**

자연응답 $v(t)$가 시간의 함수로서 지수항 s_1, s_2와 상수계수 A_1와 A_2에 따라서 응답 곡선의 모양은 달라진다.

예제 1

병렬 RLC 회로의 소자값이 다음과 같다.

$$\text{소자값 ; } R = 1\ \Omega,\ L = \frac{4}{3}\text{H},\ C = \frac{1}{4}\text{F}$$

노드 전압은 다음 미분 방정식을 만족한다.

$$C\frac{d^2v(t)}{dt^2} + \frac{1}{R}\frac{dv(t)}{dt} + \frac{1}{L}v(t) = 0 \qquad \cdots\cdots\cdots ①$$

(a) 전압

$$v(t) = A_1 e^{s_1 t} + A_2 e^{s_2 t}\ \text{(임의 상수 } A_1,\ A_2\text{)}$$

가 미분방정식 ①의 해가되기 위한 지수 s_1, s_2의 값을 구하여라.

(b) 지수 s_1, s_2로 표시한 $v(t)$가 ①의 해임을 증명하여라.

[풀이] (a) 소자값으로 표시한 미분 방정식은 다음과 같다.

$$\frac{1}{4}\frac{d^2v(t)}{dt^2} + \frac{1}{1}\frac{dv(t)}{dt} + \frac{3}{4}v(t) = 0 \qquad \cdots\cdots\cdots ②$$

지수 s_1과 s_2는 다음과 같다.

$$s_{1,2} = -\frac{1}{2RC} \pm \sqrt{\left(\frac{1}{2RC}\right)^2 - \frac{1}{LC}}$$

$$=-\frac{1}{2\times1\times\frac{1}{4}}\pm\sqrt{\left(\frac{1}{2\times1\times\frac{1}{4}}\right)^2-\frac{1}{\frac{4}{3}\times\frac{1}{4}}}$$

$$=-2\pm\sqrt{(2)^2-3}\ =-2\pm1=-1,\ -3$$

(b) 지수 $s_1=-1$, $s_2=-3$ 로 표시한 $v(t)$는

$$v(t)=Ae^{-t}+Be^{-3t}\ (\text{임의 상수 } A,\ B)$$

이다.

$$v(t)=Ae^{-t}+Be^{-3t}$$
$$v'(t)=-Ae^{-t}-3Be^{-3t}$$
$$v''(t)=Ae^{-t}+9Be^{-3t}$$

를

$$\frac{1}{4}\frac{d^2v(t)}{dt^2}+\frac{1}{1}\frac{dv(t)}{dt}+\frac{3}{4}v(t)=0 \qquad \cdots\cdots\cdots ②$$

에 대입하면,

$$\frac{1}{4}(Ae^{-t}+9Be^{-3t})+(-Ae^{-t}-3Be^{-3t})+\frac{3}{4}(Ae^{-t}+Be^{-3t})$$

동류항끼리 묶으면.

$$(\frac{1}{4}-1+\frac{3}{4})Ae^{-t}+(\frac{9}{4}-3+\frac{3}{4})Be^{-3t}=0\ \therefore \text{Q.E.D.}$$ ■

10.8 공진주파수와 네퍼 주파수

무전원(source-free) 병렬 RLC 회로가 나타내는 세 종류의 해를 **"간단히 표현하기 위하여"** 새로운 주파수 물리량을 정의하자.

지수 s_1t와 s_2t는 영차원(dimensionless, 무차원)이므로 s_1와 s_2의 단위는 per second (즉, "second^{-1}")이어야 한다. 따라서,

$$\frac{1}{2RC}\text{와 }\frac{1}{\sqrt{LC}}$$

의 단위가 s^{-1} 즉 second^{-1}로 되어야 한다. 이와 같은 s^{-1} 즉 second^{-1}라는 단위를 **주파수(frequency)**라고 한다.

1. 네퍼(neper) 주파수 또는 지수 감쇠계수

새로운 용어 **네퍼(neper)** 주파수 또는 **지수 감쇠계수** α를

$$\alpha = \frac{1}{2RC} \quad \text{rad/sec} \tag{10.36}$$

로 정의한다. α는 고유 응답이 얼마나 빨리 감쇠해서 정상 값에 도달하는 가의 정도를 나타내는 척도이다[91].

2. 공진 주파수

$$\omega_0 = \frac{1}{\sqrt{LC}} \quad \text{rad/sec} \tag{10.37}$$

는 회로에서 저항이 없는 것처럼 동작할 때의 주파수이다. 진동진폭이 가장 크도록 하는 주파수를 말한다. 회로가 진동하는 에너지를 저장하기 때문에 입력값이 작더라도 공진주파수에서는 가장 큰 출력을 발생시키게 된다. 도입한 물리량

$$s_1,\ s_2,\ \alpha \ \text{그리고}\ \omega_0$$

는 RLC 회로를 해석하기 위하여 편의상 도입된 기호일 뿐이며, 어떤 새로운 개념을 나타내는 것은 아니다.

따라서,

"$2RC$의 역수"라고 하는 것보다 "α"

"$\sqrt{LC}$의 역수"라고 하는 것보다 "ω_0"

라고 하는 것이 편리할 뿐이다.[92]

예제 1

소자값이 다음과 같은 병렬 RLC 회로의 전류응답을 살펴본다.

$$\text{소자값 ;}\ R = 1\,\Omega,\ L = \frac{4}{3}\,\text{H},\ C = \frac{1}{4}\,\text{F}$$

(a) 네퍼(neper) 주파수 α [rad/sec]를 구하여라.

(b) 네퍼(neper) 주파수가 증가하면 회로는 어떤 동작을 하는가?

(c) 공진 주파수 ω_0 [rad/sec] 를 구하여라.

(d) 공진 주파수가 증가하면 회로는 어떤 동작을 하는가?

91) 지수 감쇠계수 라는 용어가 회로의 물리적인 동작의미를 더 잘 나타낸다.

92) Hayt, Kemmerly, and Durbin, *Engineering Circuit Analysis*, 7th Ed, McGraw Hill, p.323, ISBN 978-0-07-110690-6, New York, USA, 2007.

[풀이] (a) **네퍼(neper)** 주파수

$$\alpha = \frac{1}{2RC} = \frac{1}{2 \times 1 \times \frac{1}{4}} = 2 \ \text{rad/sec}$$

(b) **네퍼(neper)** 주파수가 증가하면, 저항에서의 열(heat) 에너지 소모가 점점 증가하여 회로의 전압 전류신호는 $e^{-\alpha t}$의 추세에 따라 빠른 시간에 소멸한다. R 감소 and/or C 감소에 의하여 α [rad/sec]가 증가한다.

(c) **공진 주파수**

$$\omega_0 = \frac{1}{\sqrt{LC}} = \frac{1}{\sqrt{\frac{4}{3} \times \frac{1}{4}}} = \sqrt{3} \ \ \text{rad/sec}$$

(d) **공진 주파수** 증가하면, 회로의 전압 전류신호는 주기가 감소하며 커패시터와 인덕터의 에너지 교환이 더 짧은 주기 동안에 이루어진다. L 감소 and/or C 감소에 의하여 ω_0 [rad/sec]가 증가한다.

■

문제 ①

병렬 RLC 회로의 소자값이 다음과 같다.

$$\text{소자값 ; } R = 5\ \Omega,\ L = 1\,\text{H},\ C = \frac{1}{10}\ \text{F}$$

(a) 네퍼(neper) 주파수 α [rad/sec]를 구하여라.

(b) 공진 주파수 ω_0 [rad/sec] 를 구하여라.

답 (a) $\alpha = 1$ rad/sec ; (b) $\omega_0 = \sqrt{10}$ rad/sec. ■

10.9 공진주파수와 네퍼 주파수를 사용한 전압 자연응답의 표시

병렬 RLC 회로에서 노드 전압의 자연 응답은

$$v(t) = A_1 e^{s_1 t} + A_2 e^{s_2 t} \ \ \text{V} \tag{10.38}$$

과 같다. 여기서 상수 A_1, A_2는 주어진 초기조건을 이용하여 구한다.

병렬 RLC 회로에서 고유응답을 **네퍼(neper) 주파수**와 **공진 주파수**로써 나타내 보자. 켤레 복소주파수에 사용된 "α"와 "ω_0" 다음과 같다[93].

$$\alpha = \frac{1}{2RC} \ \text{rad/sec (지수 감쇠계수)} \tag{10.39}$$

$$\omega_0 = \frac{1}{\sqrt{LC}} \ \text{rad/sec (공진 주파수)} \tag{10.40}$$

$$s_1 = -\alpha + \sqrt{\alpha^2 - \omega_0^2} \tag{10.41}$$

$$s_2 = -\alpha - \sqrt{\alpha^2 - \omega_0^2} \tag{10.42}$$

회로에서 R, L, C 값이 달라지면, α와 ω_0의 상대적인 크기가 달라지고, **그에 따라** s_1, s_2 의 값이 달라진다. 이식에서 루트($\sqrt{\ }$) 속의 값은 다음 세 가지가 가능하다.

1. (Case I) 전압의 Overdamped response (과도감쇠 응답)

만약 $\alpha > \omega_0$이면 $\alpha^2 > \omega_0^2$이므로, 이때의 s에 관한 2차 방정식의 두 근 s_1 s_2는 모두 실수가 되며, 응답을 **과도감쇠 응답이라고 한다.**

$$s_1 = -\alpha + \sqrt{\alpha^2 - \omega_0^2}, \tag{10.42}$$

$$s_2 = -\alpha - \sqrt{\alpha^2 - \omega_0^2} \tag{10.43}$$

따라서, 선형성(linearity)에 의하여 자연응답은 다음과 같다.

$$v(t) = A_1 e^{s_1 t} + A_2 e^{s_2 t} \ \ \text{V} \tag{10.44}$$

특성방정식이 두 개의 실근을 갖는 경우를 과(도)감쇠(overdamped)라고 하며, 진동은 발생하지 않는다.

두 계수 A_1, A_2는 2개 의 초기조건을 이용하여 구할 수 있다. 저항값이 크면 응답은 진동현상없이 정상상태로 도달한다. 도달 시간은 임계감쇠시간 보다는 길고, 과소감쇠시간 보다는 짧다.

2. (Case II) 전압의 Critically damped response (임계감쇠 응답)

만약 $\alpha = \omega_0$이면, $\alpha^2 = \omega_0^2$이므로, 이때의 s에 관한 2차 특성방정식은 하나의 실근(중근)을 가지며, $s = s_1 = s_2$가 되는 경우이다.

이 응답을 임계감쇠응답이라고 한다.

$$s_1 = -\alpha, \ \ s_2 = -\alpha \ \ s = s_1 = s_2 \tag{10.45}$$

93) ω_0에 대한 α의 비율은 제어 시스템에서 감쇠비(damping ratio)라고 하며 ζ(zeta)로 표시된다.

에 의하여 임계감쇠**응답은**

$$v(t) = (A_1 + A_2 t)\, e^{-\alpha t} \;\; \mathrm{V} \tag{10.46}$$

과 같다. 과도감쇠**응답과** 과소감쇠응답의 극적인 경계의 응답이다.

과도감쇠**응답과** 마찬가지로 회로는 overshoot[94] 현상없이, 진동없이 정상상태에 도달한다. 임계감쇠 회로의 응답은 최단 시간에 정상상태에 도달하는 응답이다.

3. (Case III) 전압의 Underdamped response (과소감쇠 응답)

만약 $\alpha < \omega_0$이면 $\alpha^2 < \omega_0^2$이므로, s에 관한 2차 특성방정식의 두 근 s_1와 s_2는 모두 허수성분(제로가 아닌)을 갖는 복소근을 갖는 경우이다.

이때의 응답을 **과소감쇠 응답이라고 한다.** 진동이 발생한다. 정상상태 값을 초과했다가 미달하는 특성을 지속하면서 정상상태에 도달한다.

$$\omega_d = \sqrt{\omega_0^2 - \alpha^2} \quad (\text{감쇠 주파수}) \tag{10.47}$$

$$s_1 = -\alpha + j\omega_d, \tag{10.48}$$

$$s_2 = -\alpha - j\omega_d \tag{10.49}$$

을 사용하여 응답을 표시하면 다음과 같다.

$$v(t) = e^{-\alpha t}(A_1 \cos\omega_d t + A_2 \sin\omega_d t) \;\; \mathrm{V} \tag{10.50}$$

예제 1

알파(α)와 오메가(ω_0)에 의한 판단

무전원(source-free) 병렬 RLC 회로에서 각 소자의 값들이 다음과 같이 주어졌다. 네퍼 주파수와 공진 주파수의 정의를 사용하여 세 종류의 감쇠회로 즉, 과도감쇠회로(overdamped circuit), 임계감쇠회로(critically damped circuit), 또는 과소감쇠회로(underdamped circuit) 중에서 어디에 해당하는지를 판단하여라.

(a) $R = 2\ \Omega,\ L = 5\ \mathrm{H},\ C = \dfrac{1}{5}\ \mathrm{F}$; (b) $R = 1\ \Omega,\ L = 1\,\mathrm{H},\ C = \dfrac{1}{4}\ \mathrm{F}$;

(c) $R = 5\ \Omega,\ L = 1\,\mathrm{H},\ C = \dfrac{1}{10}\ \mathrm{F}$.

94) 정상상태 값을 최초로 초과하는 현상

[풀이] (a) $R=2\ \Omega, L=5\ \mathrm{H},\ C=\dfrac{1}{5}\ \mathrm{F}$;

$$\alpha=\frac{1}{2RC}=\frac{1}{2\times 2\times\frac{1}{5}}=1.25\ \ \mathrm{rad/sec}$$

$$\omega_0=\frac{1}{\sqrt{LC}}=\frac{1}{\sqrt{5\times\frac{1}{5}}}=1\ \mathrm{rad/sec}$$

$\therefore\ \alpha>\omega_0$이므로, overdamped circuit이다.

(b) $R=1\ \Omega, L=1\,\mathrm{H},\ C=\dfrac{1}{4}\ \mathrm{F}$

$$\alpha=\frac{1}{2RC}=\frac{1}{2\times 1\times\frac{1}{4}}=2\ \ \mathrm{rad/sec}$$

$$\omega_0=\frac{1}{\sqrt{LC}}=\frac{1}{\sqrt{1\times\frac{1}{4}}}=2\ \mathrm{rad/sec}$$

$\therefore\ \alpha=\omega_0$이므로 critically damped circuit이다.

(c) $R=5\ \Omega, L=1\,\mathrm{H},\ C=\dfrac{1}{10}\ \mathrm{F}$

$$\alpha=\frac{1}{2RC}=\frac{1}{2\times 5\times\frac{1}{10}}=1\ \ \mathrm{rad/sec}$$

$$\omega_0=\frac{1}{\sqrt{LC}}=\frac{1}{\sqrt{1\times\frac{1}{10}}}=\sqrt{10}\ =3.162\ \mathrm{rad/sec}$$

$\therefore\ \alpha<\omega_0$이므로, underdamped circuit이다.

답 (a) Overdamped ; (b) Critically damped ; (c) Underdamped. ■

문제 ①

무전원(source-free) 병렬 RLC 회로에서 각 소자의 값들이 다음과 같은 경우, 네퍼주파수와 공진주파수의 정의를 사용하여 overdamped, underdamped 또는 critically damped 중에서 어디에 해당하는지를 판단하여라.

(a) 상수 ; $R=1\ \Omega, L=\dfrac{4}{3}\,\mathrm{H},\ C=\dfrac{1}{4}\ \mathrm{F}$; (b) 상수 ; $R=\dfrac{1}{2}\ \Omega, L=1\,\mathrm{H},\ C=1\ \mathrm{F}$;

(c) 상수 ; $R=\frac{1}{6}\ \Omega, L=\frac{1}{13}\ \mathrm{H},\ C=1\ \mathrm{F}$.

답 (a) Overdamped ; (b) Critically damped ; (c) Underdamped. ■

예제 2

병렬 RLC 회로를 나타내는 전압의 미분방정식은 다음과 같다.

$$C\frac{d^2v(t)}{dt^2}+\frac{1}{R}\frac{dv(t)}{dt}+\frac{1}{L}v(t)=0 \qquad \cdots\cdots\cdots ①$$

식 ①에서 소자값을 사용하여 표시하면 다음과 같다.

(a) $\frac{d^2v(t)}{dt^2}+4\frac{dv(t)}{dt}+3v(t)=0$; (b) $\frac{d^2v(t)}{dt^2}+2\frac{dv(t)}{dt}+v(t)=0$

(c) $\frac{d^2v(t)}{dt^2}+6\frac{dv(t)}{dt}+13v(t)=0$

네퍼(neper) 주파수 α [rad/sec]와 공진 주파수 ω_0 [rad/sec] 의 관계에 의한 damping의 종류를 판단하여라.

[풀이] (a) 방정식 ①과 비교하면,

$$R=\frac{1}{4}\ \Omega, L=\frac{1}{3}\ \mathrm{H},\ C=1\ \mathrm{F}\ ;$$

이다.

$$\alpha=\frac{1}{2RC}=\frac{1}{2\times\frac{1}{4}\times 1}=2\ \ \mathrm{rad/sec}$$

$$\omega_0=\frac{1}{\sqrt{LC}}=\frac{1}{\sqrt{\frac{1}{3}\times 1}}=\sqrt{3}\ \mathrm{rad/sec}$$

$\therefore \alpha>\omega_0$이므로, overdamped circuit이다.

(b) 방정식 ①과 비교하면,

$$R=\frac{1}{2}\ \Omega, L=1\,\mathrm{H},\ C=1\ \mathrm{F}$$

$$\alpha=\frac{1}{2RC}=\frac{1}{2\times\frac{1}{2}\times 1}=1\ \ \mathrm{rad/sec}$$

$$\omega_0 = \frac{1}{\sqrt{LC}} = \frac{1}{\sqrt{1 \times 1}} = 1 \text{ rad/sec}$$

$\therefore \alpha = \omega_0$이므로 critically damped circuit이다.

(c) 방정식 ①과 비교하면,

$$R = \frac{1}{6}\ \Omega,\ L = \frac{1}{13}\text{ H},\ C = 1\text{ F}$$

$$\alpha = \frac{1}{2RC} = \frac{1}{2 \times \frac{1}{6} \times 1} = 3 \text{ rad/sec}$$

$$\omega_0 = \frac{1}{\sqrt{LC}} = \frac{1}{\sqrt{\frac{1}{13} \times 1}} = \sqrt{13} \text{ rad/sec}$$

$\therefore \alpha < \omega_0$이므로, underdamped circuit이다.

답 (a) Overdamped ; (b) Critically damped ; (c) Underdamped. ■

10.10 전압의 과도감쇠 병렬 *RLC* 회로

파라미터들을 다시 한 번 표시하면 다음과 같다.

$$\alpha = \frac{1}{2RC} \text{ rad/sec (지수 감쇠계수)} \tag{10.51}$$

$$\omega_0 = \frac{1}{\sqrt{LC}} \text{ rad/sec (공진 주파수)} \tag{10.52}$$

$$s_1 = -\alpha + \sqrt{\alpha^2 - \omega_0^2} \tag{10.53}$$

$$s_2 = -\alpha - \sqrt{\alpha^2 - \omega_0^2} \tag{10.54}$$

파라미터 들끼리의 상대적 크기에 의한 관계를 보자.

(1) 부등식을 정리하면 루트 속의 표현식에서,

$\alpha^2 - \omega_0^2 > 0,\ \alpha > \omega_0$ 일 때, s_1, s_2는 실수가 된다.

$$\alpha = \frac{1}{2RC} > \omega_0 = \frac{1}{\sqrt{LC}}$$

$$\frac{1}{2RC} > \frac{1}{\sqrt{LC}},\ \frac{1}{4R^2C^2} > \frac{1}{LC},\ LC > 4R^2C^2$$

즉,

$$L > 4R^2C \qquad (10.55)$$

의 조건이 만족되어야 한다.

(2) 두 실 근 s_1, s_2의 대소 관계

파라미터 α와 ω_0는 다음 부등식을 만족한다,

$$\sqrt{\alpha^2-\omega_0^2} < \alpha$$

$$-\sqrt{\alpha^2-\omega_0^2} < \sqrt{\alpha^2-\omega_0^2} < \alpha$$

부등식의 세 항에 $-\alpha$를 더하면

$$\left(-\alpha-\sqrt{\alpha^2-\omega_0^2}\right) < \left(-\alpha+\sqrt{\alpha^2-\omega_0^2}\right) < 0$$

이므로,

$$s_2 < s_1 < 0 \qquad (10.56)$$

가 성립한다. 따라서, s_1, s_2는 음의 실수가 된다. 따라서 $v(t)$의 응답

$$v(t) = A_1e^{s_1t} + A_2e^{s_2t} \qquad (10.57)$$

임의 상수 A_1, A_2를 구하기 위하여 초기조건을 이용한다. 응답 (10.56)은 $t \to \infty$ 때, 0으로 수렴하는 두 감쇠 지수함수의 합이므로 $v(t) \to 0$이다. 근 s_2의 절댓값은 근 s_1의 절댓값보다 크므로 $A_2e^{s_2t}$은 $A_1e^{s_1t}$에 비하여 더욱 급격한 비율로 감소한다. 따라서 t가 증가할수록

$$v(t) \to A_1e^{s_1t} \to 0,\ t \to \infty$$

의 변화추세를 따라 감소한다.

예제 1

아래 주어진 병렬 RLC 회로에서
$v_C(0) = v(0) = 10\,\text{V}$, $i_L(0) = -5\,\text{A}$이다.

(a) 자연응답의 일반형을 구하여라.

(b) 자연응답의 특수형을 구하여라.

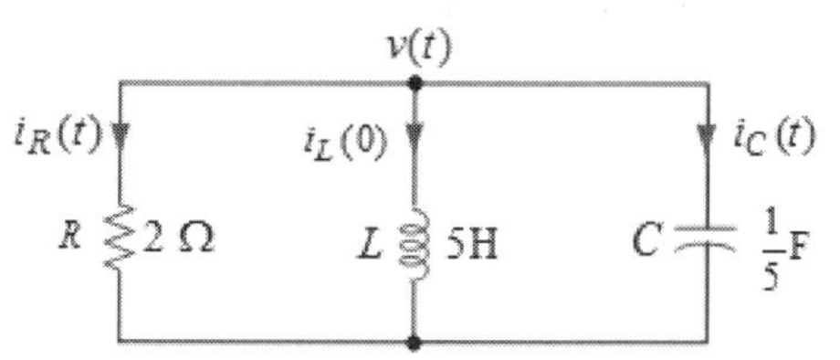

[풀이] (*a*) $R = 2\,\Omega$, $L = 5\,\text{H}$, $C = \frac{1}{5}\,\text{F}$로부터,

$$\alpha = \frac{1}{2RC} = \frac{1}{2\cdot 2\cdot 0.2} = 1.25\ \text{rad/sec}$$

$$\omega_0 = \frac{1}{\sqrt{LC}} = \frac{1}{\sqrt{5\times 0.2}} = 1\ \text{rad/sec}$$

이므로, overdamped case이다.

$$C\frac{d^2v(t)}{dt^2} + \frac{1}{R}\frac{dv(t)}{dt} + \frac{1}{L}v(t) = 0$$

소자값을 대입하면,

$$\frac{1}{5}\frac{d^2v(t)}{dt^2} + \frac{1}{2}\frac{dv(t)}{dt} + \frac{1}{5}v(t) = 0$$

$$\frac{d^2v}{dt^2} + 2.5\frac{dv}{dt} + v = 0$$

특성방정식

$$s^2 + 2.5s + 1 = 0$$

의 해는

$$s_1 = -0.5,\ s_2 = -2.0$$

따라서, 고유 응답의 일반형은 다음과 같다.

$$v(t) = A_1e^{-0.5t} + A_2e^{-2t}$$

(*b*) 초기조건

$$v_L(0) = v(0) = A_1 + A_2 = 10$$

에 의하여,

$$\left.\frac{dv}{dt}\right|_{t=0} = -0.5A_1 - 2A_2 = \frac{i_C(0)}{C}$$

$$= \frac{-i_R(0) - i_L(0)}{C} = \frac{-0-(-5)}{1/5} = 25$$

따라서, 연립방정식

$$\begin{cases} A_1 + A_2 = 10 \\ 0.5A_1 + 2A_2 = -25 \end{cases}$$

를 풀면,

$$A_1 = 30,\ A_2 = -20$$

따라서, 전압응답은 다음과 같다.

$$v(t) = 30e^{-0.5t} - 20e^{-2t}\ \text{V}.$$

답 $(a)\ v(t) = A_1 e^{-0.5t} + A_2 e^{-2t}$; $(b)\ v(t) = 30e^{-0.5t} - 20e^{-2t}$ V. ■

문제 ①

병렬 RLC 회로에서 $R = 1\,\Omega$, $L = \dfrac{4}{3}$ H, $C = \dfrac{1}{4}$ F라고 한다. 초기조건으로서 초기 인덕터 전류를 $i_L(0) = -3\,\text{A}$, 초기 커패시터 전압을 $v_C(0) = v(0) = 2\,\text{V}$ 라고 한다. 이 회로의 자연응답을 구하여라.

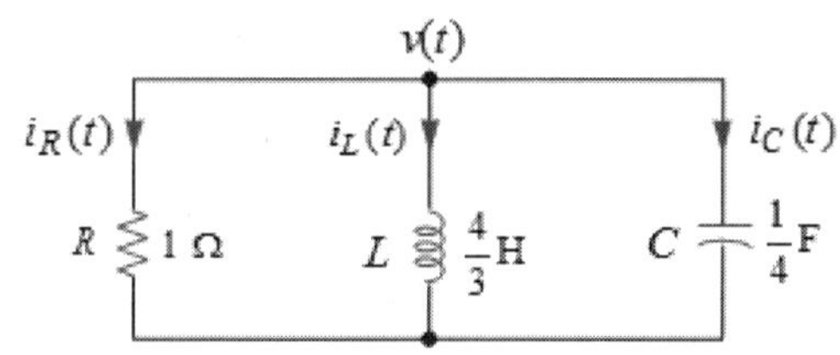

답 $v(t) = 5e^{-t} - 3e^{-3t}$ V. ■

10.11 전압의 임계감쇠응답(Critically damped response)

1. 정의식에 의한 관계

임계감쇠(critically damped)는 과도감쇠(overdamped)와 과소감쇠(underdamped)의 경계 상태에서 존재하는 **극적인 경우**이다.

$$C\frac{d^2v}{dt^2} + \frac{1}{R}\frac{dv}{dt} + \frac{1}{L}v = 0 \tag{10.58}$$

보조방정식 또는 특성방정식

$$Cs^2 + \frac{1}{R}s + \frac{1}{L} = 0$$

의 해는,

$$\begin{aligned} s_{1,2} &= -\frac{1}{2RC} \pm \frac{1}{2C}\sqrt{\left(\frac{1}{R}\right)^2 - \frac{4\cdot C}{L}} \\ &= -\frac{1}{2RC} \pm \sqrt{\left(\frac{1}{2RC}\right)^2 - \frac{1}{LC}} \\ &= -\alpha \pm \sqrt{\alpha^2 - \omega_0^2} \end{aligned} \tag{10.59}$$

여기서

$$\alpha = \frac{1}{2RC}$$

$$\omega_0^2 = \frac{1}{LC} \ (\text{즉, } \omega_0 = \frac{1}{\sqrt{LC}})$$

정의식을 다시 한 번 표시하면 다음과 같다.

$$\alpha = \frac{1}{2RC} \ , \ \omega_0 = \frac{1}{\sqrt{LC}}$$

$$s_1 = -\alpha + \sqrt{\alpha^2 - \omega_0^2}$$

$$s_2 = -\alpha - \sqrt{\alpha^2 - \omega_0^2}$$

루트 속의 표현식에서, $\alpha^2 - \omega_0^2 = 0$, $\alpha = \omega_0$ 일 때, α와 ω_0가 같은 회로를 임계감쇠 critical damping 회로라고 한다. 임계감쇠(critical damping)는 다음 조건을 만족할 때 존재한다. 아래 다섯 경우는 표현은 달라도 모두 같은 내용이다.

(1) 루트 ($\sqrt{\ }$)가 영(0) 일 때 ; (2) $\alpha = \omega_0$일 때,

(3) s_1, s_2가 중근을 가질 때, (4) $\left(\frac{1}{2RC}\right)^2 - \frac{1}{LC} = 0$ 일 때,

(5) $\frac{1}{4}\frac{1}{R^2C^2} = \frac{1}{LC}$, $\frac{1}{4}\frac{1}{R^2C} = \frac{1}{L}$, $\therefore L = 4 \cdot R^2 C$ 일 때.

병렬 *RLC* 회로 세 소자 R, L, C 중에서 최소 하나의 값을 적절히 조절하여 위 조건이 만족되는 순간, 임계감쇠(critical damping)이 발생한다. 그러나, 임계현상은 이론적으로는 α와 ω_0가 같아지는 (즉, $\alpha = \omega_0$를 만족하는) 순간이 나타나지만, 실제 회로에서는 존재불가능한 현상이다.[95)]

따라서, $L = 4R^2C$이 성립하는 것은 이론적으로만 가능하다. 아무리 애를 쓰더라도 $\alpha = \omega_0$를 만족하는 경우는 실제 회로에서는 찾을 수가 없다.

3소자 (R, L, C) 중에서 한 개 이상의 값을 적절히 조절함으로써 등식 $\alpha = \omega_0$ 또는 $L = 4R^2C$가 만족되는 상태라면 이론적으로 **임계감쇠**(critical damping)이 일어나도록 할 수 있다.

95) 불가능이란 매우 강한 어투이다. 임의의 값의 1퍼센트에 가까운 요소를 얻는다는 것은 실제로 보기 드문 일이기 때문이다. 결국 L이 $4R^2$과 정확히 같은 것은 이론적으로 가능하다.

2. 임계감쇠(critically damped) 전압 응답의 형태

병렬 RLC 회로에서 임계 감쇠의 응답이 어떤 형태일까?

$$C\frac{d^2v}{dt^2}+\frac{1}{R}\frac{dv}{dt}+\frac{1}{L}v=0$$

$$\frac{d^2v}{dt^2}+\frac{1}{RC}\frac{dv}{dt}+\frac{1}{LC}v=0 \qquad (10.60)$$

임계 상태의 회로는 $\alpha=\omega_0$일 때 미분방정식

$$\frac{d^2v}{dt^2}+2\alpha\frac{dv}{dt}=\alpha^2v=0$$

으로 표시된다. 이 방정식의 해를 구하기가 어렵지 않으며, 미분방정식 교과서를 참고하기 바란다. 결과적으로 이 방정식의 해는 다음과 같다[96].

$$\text{일반해 } v(t)=A_1e^{s_1t}+A_2\,t\,e^{s_2t}\ \text{V} \qquad (10.61)$$

예제 1

오랫동안 동작하여 정상상태에 도달한 병렬 RLC 회로가 있다. 시각 $t=0$에서 전원이 제거된 임계감쇠회로(critically damped circuit) 를 지배하는 미분방정식은 다음과 같다.

$$\frac{d^2v}{dt^2}+\frac{1}{RC}\frac{dv}{dt}+\frac{1}{LC}v=0$$

(a) 네퍼(neper) 주파수 α를 사용하여 미분방정식을 표현하여라.

(b) 미분방정식의 일반해 $v(t)=A_1e^{-s_1t}+A_2\,t\,e^{-s_2t}$를 구하여라.

[풀이] (a) 네퍼주파수 α와 공진주파수 ω_0는 각각 다음과 같이 정의된다.

$$\alpha=\frac{1}{2RC}\ \text{(네퍼 주파수)} \qquad \cdots\cdots\cdots ①$$

$$\omega_0=\frac{1}{\sqrt{LC}}\ \text{(공진 주파수} \qquad \cdots\cdots\cdots ②$$

식 ①에 의하여

$$\frac{1}{RC}=2\alpha$$

96) 유도 과정을 생략하고 결과만 표시한다. 자세한 과정은 미분 방정식 교과서를 참조하기 바람.

두 식 ①, ②에 의하여

$$\frac{1}{\sqrt{LC}} = \frac{1}{2RC},$$

$$\frac{1}{LC} = (\frac{1}{2RC})^2 = \alpha^2$$

를 원래 방정식에 대입하면 다음과 같다.

$$\frac{d^2v}{dt^2} + 2\alpha\frac{dv}{dt} + \alpha^2 v = 0$$

(b) 특성방정식

$$s^2 + 2\alpha s + \alpha^2 = 0$$

$$(s+\alpha)^2 = 0$$

의 중근

$$s = -\alpha, \ -\alpha$$

을

$$v(t) = A_1 e^{-st} + A_2 t e^{-st}$$

에 대입하면 일반해는 다음과 같다.

$$v(t) = A_1 e^{-\alpha t} + A_2 t e^{-\alpha t}.$$

답 (a) $\frac{d^2v}{dt^2} + 2\alpha\frac{dv}{dt} + \alpha^2 v = 0$; (b) $v(t) = A_1 e^{-\alpha t} + A_2 t e^{-\alpha t}$. ■

문제 1

오랫동안 동작하여 정상상태에 도달한 병렬RLC 회로가 있다. 시각 $t=0$에서 전원이 제거된 임계감쇠회로(critically damped circuit)를 지배하는 미분방정식은 다음과 같다.

$$\frac{d^2v}{dt^2} + \frac{1}{RC}\frac{dv}{dt} + \frac{1}{LC}v = 0$$

(a) 소자값 L을 소거하고, 두 소자값 R, C 만으로 미분방정식을 표현하여라.

(b) 미분방정식의 일반해 $v(t) = A_1 e^{-st} + A_2 t e^{-st}$ 를 구하여라.

답 (a) $\frac{d^2v}{dt^2} + \frac{1}{RC}\frac{dv}{dt} + (\frac{1}{RC})^2 v = 0$; (b) $v(t) = A_1 e^{-\frac{1}{2RC}t} + A_2 t e^{-\frac{1}{2RC}t}$. ■

예제 2

다음 미분방정식이 주어져 있다.

$$\frac{d^2v}{dt^2}+8\frac{dv}{dt}+16v=0$$

(a) 일반해를 구하여라. ; (b) 위에서 구한 해가 주어진 미분방적식의 해임을 증명하여라.

[풀이] (a) 특성방정식은

$$s^2+8s+16=0 \quad s=-4,\ -4$$

중근이므로 일반해는 다음과 같다.

$$v=A_1e^{-4t}+A_2te^{-4t}$$

(b) 원식에 대입하여 등식이 만족함을 보인다.

$$v=A_1e^{-4t}+A_2te^{-4t}$$

로부터,

$$v'=-4A_1e^{-4t}+A_2e^{-4t}-4A_2te^{-4t}$$

$$v''=16A_1e^{-4t}-4A_2e^{-4t}-4A_2e^{-4t}+16A_2te^{-4t}$$

$$=16A_1e^{-4t}-8A_2e^{-4t}+16A_2te^{-4t}$$

이다.

$$v''=16A_1e^{-4t}-8A_2e^{-4t}+16A_2te^{-4t} \quad \cdots\cdots\cdots ①$$

$$8v'=-32A_1e^{-4t}+8A_2e^{-4t}-32A_2te^{-4t} \quad \cdots\cdots\cdots ②$$

$$16v=16A_1e^{-4t}+16A_2te^{-4t} \quad \cdots\cdots\cdots ③$$

세 식 ①, ② 및 ③을 원식에 대입하면 등식이 성립한다. $\therefore$ Q.E.D.

답 풀이 참조. ■

문제 (2)

다음 전압 미분방정식이 주어져 있다.

$$\frac{d^2v}{dt^2}+2\frac{dv}{dt}+v=0 \ ; \ v(0)=1,\ v'(0)=2$$

(a) 일반해를 구하여라 ; (b) 특수해를 구하여라;

(c) 위에서 구한 해가 주어진 미분방적식의 해임을 증명하여라.

답 (a) $v(t)=A_1e^{-t}+A_2te^{-t}$; (b) $v(t)=e^{-t}+3te^{-t}$; (c) 생략. ■

예제 3

병렬 RLC 회로에서

$$R = 1\,\Omega,\ L = 1\,\mathrm{H},\ C = \frac{1}{4}\,\mathrm{F}$$

이다. 노드 전압의 일반해를 구하여라.

[풀이 1]

$$C\frac{d^2v(t)}{dt^2} + \frac{1}{R}\frac{dv(t)}{dt} + \frac{1}{L}v(t) = 0$$

$$\frac{1}{4}\frac{d^2v}{dt^2} + 1\frac{dv}{dt} + 1v = 0,\quad \frac{d^2v}{dt^2} + 4\frac{dv}{dt} + 4v = 0$$

$$s^2 + 4s + 4 = 0,\ s_1 = s_2 = -2$$

이므로 critically damped이다. 따라서 고유 응답의 일반형은

$$v(t) = A_1e^{-2t} + A_2te^{-2t}\ \mathrm{V}$$

[풀이 2]

$$R = 1\,\Omega,\ L = 1\,\mathrm{H},\ C = \frac{1}{4}\,\mathrm{F}$$

$$C\frac{d^2v(t)}{dt^2} + \frac{1}{R}\frac{dv(t)}{dt} + \frac{1}{L}v(t) = 0$$

$$\alpha = \frac{1}{2RC} = \frac{1}{2\times1\times\frac{1}{4}} = 2\ \mathrm{rad/sec}$$

$$\omega_0 = \frac{1}{\sqrt{LC}} = \frac{1}{\sqrt{1\times\frac{1}{4}}} = 2\ \mathrm{rad/sec}$$

$$s_1 = -\alpha + \sqrt{\alpha^2 - \omega_0^2} = -2 + \sqrt{(2)^2 - (2)^2} = -2$$
$$s_2 = -\alpha - \sqrt{\alpha^2 - \omega_0^2} = -2 - \sqrt{(2)^2 - (2)^2} = -2$$

따라서, 자연응답의 일반형은 다음과 같다.

$$v(t) = A_1e^{-2t} + A_2te^{-2t}\ \mathrm{V}\ .$$

답 풀이 참조. ■

10.12 전압의 과소감쇠 병렬 RLC 회로

1. 정의식에 의한 관계

$$\alpha = \frac{1}{2RC} \quad ; \omega_0 = \frac{1}{\sqrt{LC}}$$

$$s_1 = -\alpha + \sqrt{\alpha^2 - \omega_0^2}$$

$$s_2 = -\alpha - \sqrt{\alpha^2 - \omega_0^2}$$

임계진동 조건

$$L = 4R^2C$$

을 기준으로 하여

$$L < 4R^2C$$

일 경우에 나타나는 진동이다. 회로 3소자(R, L, C)의 값을 적어도 하나를 변동시킴으로서 과소 감쇠(underdamping)가 일어나도록 할 수 있다.

2. 과소감쇠(underdamped) 전압 응답의 형태

과소**감쇠**의 조건식

$$L < 4R^2C$$

이 만족되도록 회로 3소자(R, L, C)의 값을 상대적으로 변동시키면, α^2가 ω_0^2보다 작게 되어,

$$s_1 = -\alpha + \sqrt{\alpha^2 - \omega_0^2} = -\alpha + j\sqrt{\omega_0^2 - \alpha^2} = -\alpha + j\omega_d$$

$$s_1 = -\alpha - \sqrt{\alpha^2 - \omega_0^2} = -\alpha - j\sqrt{\omega_0^2 - \alpha^2} = -\alpha - j\omega_d$$

로 표시된다. 여기서

$$j = \sqrt{-1}$$

이다. 이 때

$$\omega_d = \sqrt{\omega_0^2 - \alpha^2}$$

는 실수가 되며, 고유공진주파수(natural resonant frequency)라고 한다.97)

응답 $v(t)$의 일반해를 나타내면 다음과 같다.

97) 기호 β를 써서 $\beta = \sqrt{\omega_0^2 - \alpha^2}$ 로 하기도 한다.

$$v(t) = A_1 e^{s_1 t} + A_2 e^{s_2 t}$$

응답 $v(t)$를 변형해 보자.

$$v(t) = A_1 e^{(-\alpha + j\omega_d)t} + A_2 e^{(-\alpha - j\omega_d)t}$$

$$= A_1 e^{-\alpha t} e^{j\omega_d t} + A_2 e^{-\alpha t} e^{-j\omega_d t}$$

이므로,

$$v(t) = e^{-\alpha t}(A_1 e^{j\omega_d t} + A_2 e^{-j\omega_d t})$$

또는

$$v(t) = e^{-\alpha t}\left\{(A_1 + A_2)\left[\frac{e^{j\omega_d t} + e^{-j\omega_d t}}{2}\right] + j(A_1 - A_2)\left[\frac{e^{j\omega_d t} - e^{-j\omega_d t}}{j2}\right]\right\} \tag{10.62}$$

따라서,

$$i(t) = e^{-\alpha t}[(A_1 + A_2)\cos\omega_d t + j(A_1 - A_2)\sin\omega_d t)]$$

여기서, A_1, A_2는 임의의 복소 켤레(complex conjugate) 상수이므로

$A_1 + A_2$는 실수,

$(A_1 - A_2)$는 허수, $j(A_1 - A_2)$는

실수이다. 간단히 표현하기 위하여 새로운 임의의 상수 B_1, B_2를 사용하면, 과소**감쇠** 일 때의 미분 방정식의해

$$v(t) = e^{-\alpha t}(B_1 \cos\omega_d t + B_2 \sin\omega_d t) \tag{10.63}$$

를 구할 수 있다. 실수의 두 상수 B_1, B_2는 주어진 초기조건을 이용하여 구하여야 한다.

보 기

복소수

$$A_1 = 1 + j\sqrt{3}$$

가 주어져 있다.

(a) 켤레 복소수 A_2 를 구하여라; (b) $A_1 + A_2$ 를 구하여라.

(c) $j(A_1 - A_2)$ 를 구하여라.

[풀이] (a) $A_2 = A_1^* = 1 - j\sqrt{3}$;
(b) $A_1 + A_2 = (1 + j\sqrt{3}) + (1 - j\sqrt{3}) = 2$; (c) $j2$

답 풀이 참조. ■

예제 1

병렬 RLC 회로에서 $R = 5\,\Omega$, $L = 1\,\mathrm{H}$, $C = \frac{1}{10}\,\mathrm{F}$ 이다. 다음 물음에 답하여라.

(1) 일반해 $v(t) = e^{-\alpha t}(B_1 \cos\beta t + B_2 \sin\beta t)$에서 α, β를 구하여 표시하여라.

(2) 초기조건이 $v(0) = 0$, $i(0) = 1.2\,\mathrm{A}$인 경우 특수해를 구하여라.

[풀이] (1)

$$\alpha = \frac{1}{2RC} = \frac{1}{2 \times 5 \times \frac{1}{10}} = 1 \text{ rad/sec}$$

$$\omega_0 = \frac{1}{\sqrt{LC}} = \frac{1}{\sqrt{1 \times \frac{1}{10}}} = \sqrt{10} \text{ rad/sec}$$

$$s_1 = -\alpha + \sqrt{\omega_0^2 - \alpha^2} = -1 + j\sqrt{(\sqrt{10})^2 - (1)^2} = -1 + j3$$
$$s_1 = -\alpha + \sqrt{\omega_0^2 - \alpha^2} = -1 + j\sqrt{(\sqrt{10})^2 - (1)^2} = -1 + j3$$
$$\alpha = 1,\ \beta = 3$$

이므로, 일반해는 다음과 같다.

$$v(t) = e^{-t}(B_1 \cos 3t + B_2 \sin 3t) \qquad \cdots\cdots\cdots ①$$

(2) B_1, B_2 값의 계산

일반해는 다음과 같다.

$$v(t) = e^{-t}(B_1 \cos 3t + B_2 \sin 3t) \qquad \cdots\cdots\cdots ①$$

미지수 B_1, B_2를 구하기 위하여 초기조건 $v(0) = 0$를 이용한다.

$$v(0) = 0 = A_1$$
$$\therefore v(t) = A_2\, e^{-t} \sin 3t \text{ V}$$

도함수는

$$\frac{dv(t)}{dt} = 3A_2 e^{-t} \cos 3t - A_2 e^{-t} \sin 3t$$

미지수 A_2를 구하기 위하여 초기조건 $i(0) = 1.2\,\mathrm{A}$을 이용한다.

$$\frac{dv(0)}{dt} = 3A_2 = \frac{i(0)}{C} = \frac{1.2}{0.1} = 12$$

$$\therefore A_2 = 4$$

$$\therefore v(t) = 4\ e^{-t}\sin 3t\ \text{V}.$$

답 풀이 참조. ■

문제 1

병렬 RLC **회로에서** 저항 $R = 5\,\Omega$, $i_L(t) = 2\,e^{-3t}\sin 4\,t$ A이다.

(a) $v(t)$를 구하여라.

(b) $i_C(t)$를 구하여라.

(c) $i_R(t)$를 구하여라.

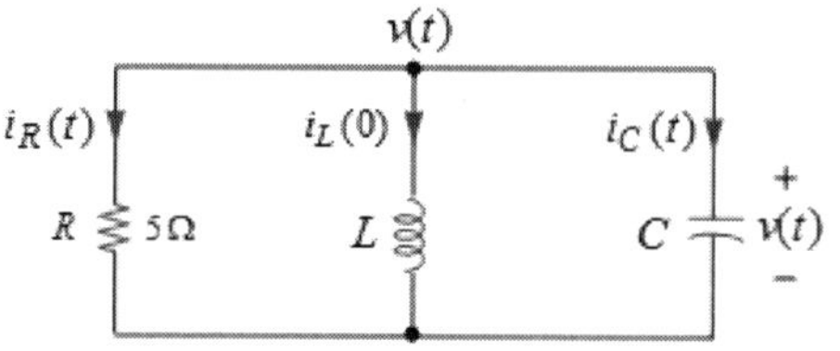

답 생략. ■

연습문제 A

01 복소수

$$A_1 = 1 + j\sqrt{3}$$

가 주어져 있다.

(a) 극좌표 형식으로 변환하여라. (b) 극좌표 형식의 켤레 복소수 A_2 를 구하여라.

(c) A_1A_2 를 구하여라. (d) A_1/A_2 를 구하여라.

02 과소감쇠 병렬 RLC 회로의 노드전압 표현식은 다음과 같다.

$$v(t) = e^{-t}(B_1\cos 3t + B_2\sin 3t) \qquad \cdots\cdots\cdots ①$$

$$v(t) = e^{-t}[A_1 e^{j3t} + A_2 e^{-j3t}] \qquad \cdots\cdots\cdots ②$$

두 식 ①, ② 는 등가임을 증명하여라.

03 다음 회로에서 노드전압 $v(t)$를 고려한다.

(a) 노드전압 $v(t) = A_1e^{s_1} + A_2e^{s_2}$에서 s_1, s_2를 구하여 표시하여라.

(b) 노드전압 $v(t) = A_1e^{s_1} + A_2e^{s_2}$에서, s_1, s_2 및 A_1, A_2를 구하여 표시하여라.

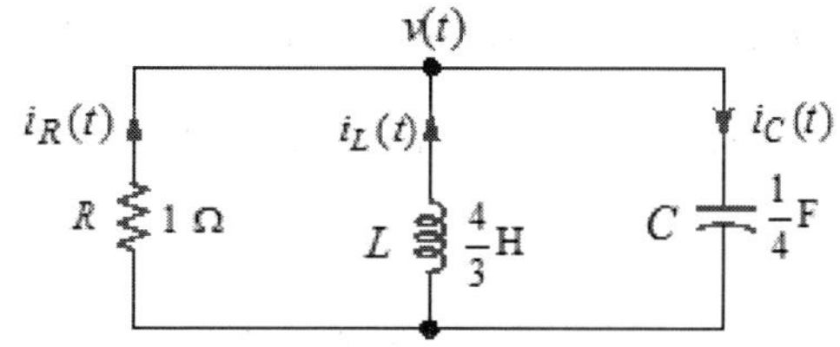

04 다음 회로에서 전압 $v(t)$를 고려한다.

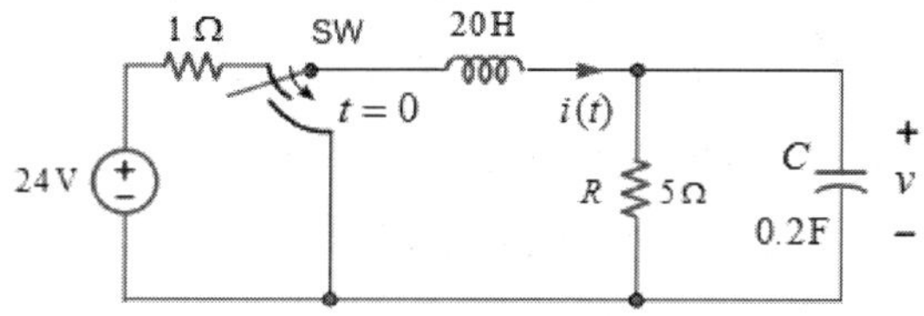

(a) 노드전압 $v(t) = A_1te^{s_1} + A_2e^{s_2}$에서 s_1, s_2를 구하여 표시하여라.

(b) 노드전압 $v(t) = A_1te^{s_1} + A_2e^{s_2}$에서, s_1, s_2 및 A_1, A_2를 구하여 표시하여라.

05 (a) 다음 회로의 일반해 $v(t)$를 구하여라.

(b) 다음 회로의 특수해 $v(t)$를 구하여라.

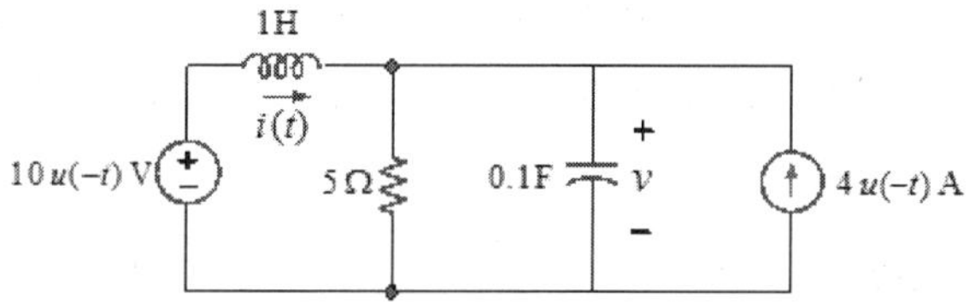

연 습 문 제 B

01 무전원(source-free) 병렬 RLC 회로에서 각 소자의 값들이 다음과 같이 주어졌다. 네퍼 주파수와 공진 주파수의 정의를 사용하여 세 종류의 감쇠회로 즉, 과도감쇠회로(overdamped circuit), 임계감쇠회로 (critically damped circuit), 또는 과소감쇠회로(underdamped circuit) 중에서 어디에 해당하는지를 판단하여라.

(a) $R = 2\ \Omega, L = 5\,\text{H}, C = \frac{1}{5}\,\text{F}$; (b) $R = 1\ \Omega, L = 1\,\text{H}, C = \frac{1}{4}\,\text{F}$

(c) $R = 5\ \Omega, L = 1\,\text{H}, C = \frac{1}{10}\,\text{F}$

02 무전원(source-free) 병렬 RLC 회로에서 각 소자의 값들이 다음과 같은 경우, L와 $4R^2C$를 비교하여 overdamped, underdamped 또는 critically damped 중에서 어디에 해당하는지를 판단하여라.

(a) $R=3, L=5\,\mathrm{H}, C=0.125\,\mathrm{F}$; (b) $R=4, L=6\,\mathrm{H}, C=0.125\mathrm{F}$

(c) $R=1.5, L=4.5\,\mathrm{H}, C=0.5F$; (d) $R=1\,\Omega,\ L=\dfrac{4}{3}\,\mathrm{H},\ C=\dfrac{1}{4}\,\mathrm{F}$.

03 병렬 RLC 회로에서 $L=50\,\mathrm{mH}$, $C=20\,\mu\mathrm{F}$이다.

(a) 공진 주파수를 구하여라.

(b) 과도감쇠(overdamped) 응답을 나타내는 저항값을 구하여라.

(c) 과소감쇠(underdamped) 응답을 나타내는 저항값을 구하여라.

04 인덕터 $5\,\mathrm{mH}$와의 커패시터 $2\,\mu\mathrm{F}$를 가진 RLC 병렬회로에서

(a) 공진 주파수를 구하여라.

(b) 과도감쇠(overdamped) 응답을 나타내는 저항값을 구하여라.

(c) 과소감쇠(underdamped) 응답을 나타내는 저항값을 구하여라.

05 저항$25\ \Omega$과 커패시터 $2\,\mu\mathrm{F}$를 가진 RLC 병렬회로에서

(a) 네퍼(Np) 주파수를 구하여라.

(b) 과도감쇠(overdamped) 응답을 인덕터의 값을 구하여라.

(c) 과소감쇠(underdamped) 응답 나타내는 인덕터의 값을 구하여라.

06 RLC 병렬회로에서 $R=200\Omega$이고, 응답에서

$s_1=-1000\ \mathrm{s}^{-1}$, $s_2=-1000\ \mathrm{s}^{-1}$를 나타낸다. 다음의 값을 구하여라.

(a) α ; (b) C ; (c) L .

07 RLC 병렬회로에서 $R=10\Omega$이고, 응답에서

$s_1=-100\ \mathrm{s}^{-1}$, $s_2=-150\ \mathrm{s}^{-1}$를 나타낸다. 다음의 값을 구하여라.

(a) α ; (b) C ; (c) L .

08 그림에서 보인 것처럼 병렬 RLC 회로에서 $R=2\,\Omega$, $L=5\,\mathrm{H}$, $C=0.2\,\mathrm{F}$라고 한다.

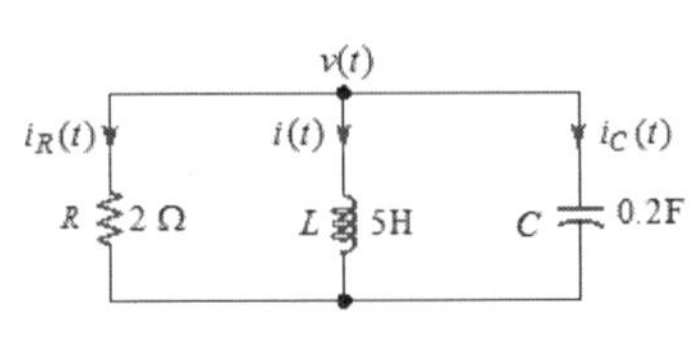

(a) 특성방정식을 이용하여 $v(t)=A_1e^{s_1t}+A_2e^{s_2t}$의 구하여라.

(b) 해 $v = Ae^{st}\,(A \neq 0,\ e^{st} \neq 0)$를 가정하여 $v(t) = A_1 e^{s_1 t} + A_2 e^{s_2 t}$ 를 구하여라.

(c) 관계식 $L > 4R^2 C$ 을 이용하여 $v(t) = A_1 e^{s_1 t} + A_2 e^{s_2 t}$ 를 구하여라.

09 그림에서 보인 것처럼 병렬 RLC 회로에서 $R = 2\,\Omega$, $L = 5\,\text{H}$, $C = 0.2\,\text{F}$라고 한다. 초기조건으로서 초기 인덕터 전류를 $i_L(0) = -1\,\text{A}$, 초기 커패시터 전압을 $v_C(0) = 2\,\text{V}$라고 한다.

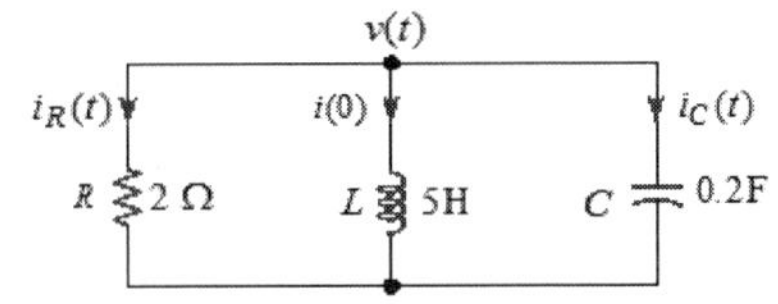

(a) 고유 응답의 일반형을 구하여라.

(b) 고유 응답의 특수해를 구하여라.

(c) 특수해의 그림을 그려라.

10 병렬회로에서 $R = 1\,\Omega$, $L = 1\,\text{H}$, $C = 0.25\,\text{F}$ 고유 응답의 일반형은

$$v(t) = A_1 e^{-2t} + A_2 t e^{-2t}$$

이다. 초기조건이 $v(0) = 0$, $i(0) = 0.5\,\text{A}$인 경우 특수해를 구하여라.

11 병렬회로에서 $R = 4000\,\Omega$, $L = 8\,\text{H}$, $C = 0.125\,\mu\text{F}$ 이다.

(1) 일반해 $v(t) = A_1 e^{s_1 t} + A_2 t e^{s_2 t}$ 를 구하여라.

(2) 초기조건이 $v(0) = 0$, $i(0) = 0.5\,\text{A}$인 경우 특수해를 구하여라.

12 병렬회로에서 $R = 1\,\Omega$, $L = 1\,\text{H}$, $C = 0.25\,\text{F}$

(1) 일반해 $v(t) = A_1 e^{s_1 t} + A_2 t e^{s_2 t}$ 를 구하여라.

(2) 초기조건이 $v(0) = 0$, $i(0) = 0.5\,\text{A}$인 경우 특수해를 구하여라.

13 아래 회로는 임계 감쇠하는 회로이다. 회로의 조건이 다음과 같다.

$$v(0) = 100\,\text{V},\ i(0) = 4\,\text{A},\ R = 10\,\Omega,$$
$$\alpha = 100\ \text{Np/sec}$$

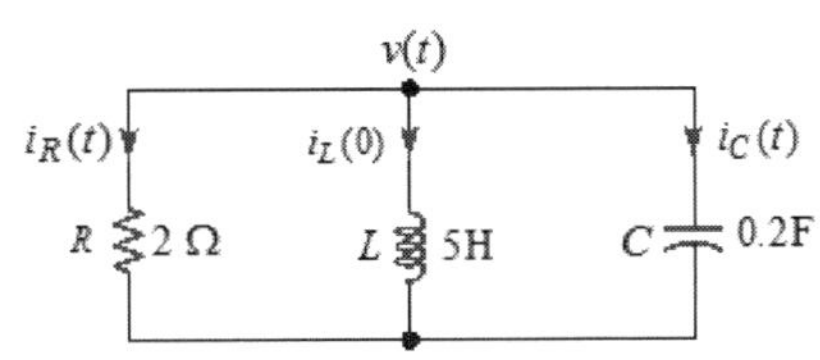

다음 물음에 답하여라.

(a) C 의 값을 구하여라.

(b) L 의 값을 구하여라.

(c) 시간 범위 $t > 0$에서 $v(t)$를 구하여라.

(d) $v(t) = 0$ 일 때는 언제인가?

14 다음의 회로가 임계 감쇠에서 동작하고 있다.

(a) 회로의 R 을 구하여라.

(b) 구한 R 을 사용하여, 시간 $t > 0$에서 $v_C(t)$를 구하여라.

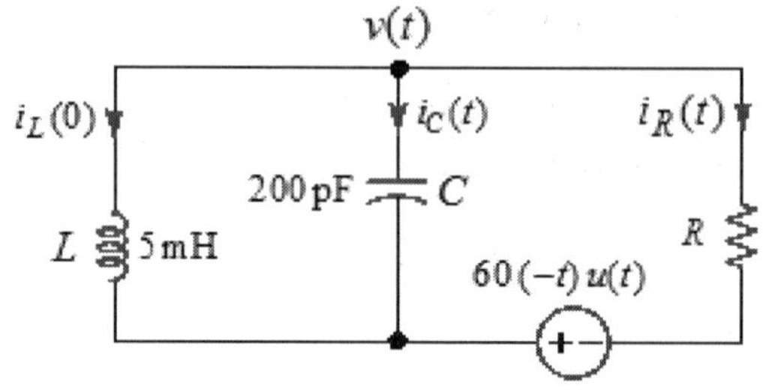

11 Chapter

직렬 *RLC* 회로

서 론

에너지를 저장하는 소자에는 인덕터 L 과 커패시터 C가 있다. 앞에서 L 과 C 중에서 단지 하나의 에너지 저장소자를 갖는 RL 회로와 RC 회로를 학습하였고, 두 소자를 동시에 갖는 무손실의 LC 공진회로를 학습하였다.

RL 회로를 지배하는 미분 방정식과 RC 회로를 지배하는 미분 방정식은 모두 상수계수를 갖는 선형의 1계 (first order) 미분방정식이다. 무손실의 LC 공진회로를 지배하는 미분 방정식은 상수계수를 갖는 선형의 2계 (second order) 미분방정식이다.

이 장에서는 두 종류의 에너지 저장소자 (L, C)를 모두 갖고 있는 직렬 RLC 회로 학습하기로 한다. 지배하는 전류 미분방정식은 상수계수를 갖는 선형의 2계(second order) 미분방정식이다.

Chapter 11 직렬 *RLC* 회로

RLC 회로는 통신 시스템의 일부 회로이다. 주파수에 따라서 구별되는 동작특성을 나타내기 때문에, 방송채널을 선택적으로 수신할 수가 있다. RLC 회로는 주파수 멀티플렉싱(multiplexing) 및 고조파 억제 필터(harmonic-supression filters)에 사용된다. 따라서, RLC 회로의 자연 응답은 통신시스템의 회로, 필터 설계 등의 응용분야에서 매우 중요한 개념이다. 증폭기 회로에 사용되어 특정한 주파수 범위의 신호 증폭하고, 그 외 범위의 신로를 억제하는 필터 동작을 한다. 정류회로의 전압 증배기(Voltage multiplier), 펄스 방전회로에도 쓰인다.[98)]

앞 장에서 RL 및 RC 회로를 해석하기 위하여 자연응답을 먼저 고려했었다.

마찬가지로, 이 장에서도 직렬연결 RLC 회로의 자연 응답을 먼저 고려해 보자.

직렬연결 RLC 회로에 연결되어 있는 한 개 또는 두 개의 에너지 저장 소자는 초기의 에너지를 저장하고 있다고 한다. 회로가 $t \geq 0$에서 동직할 때, 에너지는 $t = 0^+$인 순간에서의 인덕터 전류 및 커패시터 전압을 말한다.

세 종류 소자 (R, L, C)로 구성되어 있는 무전원 직렬연결RLC 회로의 자연 응답을 먼저 구하면, dc 전원, 스위치, 또는 단위계단 전원이 인가된 회로의 강제 응답을 쉽게 구할 수가 있다. 자연응답과 강제응답을 중첩 하면 완전응답이 된다.

직렬 RLC 회로는 병렬 RLC 회로의 쌍대회로이다. 쌍대(duality) 성질을 이용하여 병렬 RLC 회로의 결과만을 이용하면 편리하다. 그러나, 우리는 직렬 RLC 회로의 기본 원리부터 전개하여 학습하기로 한다.[99)] **회로의 기본 원리부터 전개하여 학습하기로 한다.**[100)] 회로의 기본적인 개념과 미분방정식을 학습한 후, 동작 특성을 자세히 살펴보기로 한다.

---

98) Nilsson, James William ; Riedel, Susan A. (2008). Electric Circuits. Prentice Hall. ISBN 0-13-198925-1. p.286.

99) 병렬RLC 회로는직렬 RLC 회로의 쌍대(dual) 회로이므로 물리량들 끼리 대응한다.

"병렬 RLC 회로"의 소자끼리의 쌍대를 대응시키는 명칭은 "직렬$\frac{1}{R}CL$ 회로"이다.

그러나, 편의상 "직렬RCL회로", "직렬 RLC 회로"를 혼용하여 사용하기로 한다.

100) 직렬 RLC 회로와 병렬 RLC 회로는 쌍대(dual) 회로이므로 물리량들 끼리 대응한다.

11.1 직렬 RCL 회로의 기본 개념

1. 쌍대(duality) 성질

직렬 RCL 회로는 병렬 RLC 회로의 쌍대(dual) 회로이므로 다음과 같이 물리량들끼리 대응한다. 쌍대(duality) 성질을 이용하여 해석하면 편리하다(표 11.1).

표 11.1 병렬회로와 직렬회로의 쌍대 표현

	병렬 RLC 회로	직렬 RCL 회로
1	메쉬 (mesh)	노드 (node)
2	양단 전압(voltage across)	통과 전류(current through)
3	$v(t)$ [V]	$i(t)$ [A]
4	C [F]	L [H]
5	L [H]	C [F]
6	$\frac{1}{R}$ [Ω], $R \to \infty$ [Ω]	R [Ω], $R \to 0$ [Ω]
7	$\frac{1}{2RC}$, $R \to \infty$ [Ω]	$\frac{R}{2L}$, $R \to 0$ [Ω]
8	$\frac{1}{\sqrt{LC}}$	$\frac{1}{\sqrt{CL}}$
9	$C\frac{d^2v(t)}{dt^2}+\frac{1}{R}\frac{dv(t)}{dt}+\frac{1}{L}v(t)=0$	$L\frac{d^2i(t)}{dt^2}+R\frac{di(t)}{dt}+\frac{1}{C}i(t)=0$

우리는, 이 장에서 병렬 RLC 회로의 쌍대특성을 이용하지 않고, 직렬 RCL 회로를 처음부터 해석하기로 한다.[101)]

2. 직렬 RLC 회로에 쓰이는 용어의 정의

직렬 RLC **회로**의 자세한 내용은 본문에서 학습하기로 하고, 여기서는 간단히 학습을 하자.

(1) 댐핑(damping, 감쇠)

운동 또는 신호의 진폭이 감소(decay)하는 현상

101) 기타의 쌍대관계는 10장과 11장을 같은 순서로 설명하였으니, 대조 확인하기 바란다.

(2) 직렬 RLC 회로의 지수 감쇠계수

$$\alpha = \frac{R}{2L} \text{ rad/sec}$$

(3) 직렬 RLC 회로의 지수 감쇠계수함수

$$e^{-\alpha t} = e^{-\frac{R}{2L}t}$$

(4) 병렬 RLC 회로의 공진주파수

$$\omega_0 = \frac{1}{\sqrt{LC}} \text{ rad/sec}$$

3. 직렬 RLC 댐핑(damping, 감쇠) 회로와 탱크회로와의 관계

탱크회로는 저항 소자가 없으므로, 에너지 소비가 없기 때문에 댐핑 (damping, 감쇠) 회로가 아니고, 무손실(loseless) 회로 즉, 진동하는 회로이다. 그러나, 직렬 RLC 회로는 저항 R에 의한 에너지 소비가 있기 때문에 댐핑(damping,감쇠)을 나타내는 회로이다. 직렬 RLC 댐핑(damping, 감쇠) 회로에서 $R \rightarrow 0$로 하면 직렬저항이 단락되어 저항이 없어지고, $e^{-\alpha t} = e^0 \rightarrow 1$이므로 감쇠가 없어지는 회로, 즉 LC 회로가 된다. 102)

4. 댐핑 현상을 나타내는 시스템의 동작

물체는 정지하고 있거나 이동(또는 운동)을 한다. 운동하는 물체의 경우 영원히 운동할 수가 없다. 저항 때문에 운동은 멈추게 된다. 모든 시스템의 운동은 댐핑(daming, 감쇠) 현상을 나타낸다. 댐핑 현상을 나타내는 시스템의 동작을 지배하는 미분방정식은 다음과 같다, 상수계수를 갖는 선형의 2계(second order) 미분방정식이다.

$$\frac{d^2y}{dt^2} + m\frac{dy}{dt} + ky = 0$$

여기서, y는 댐핑하는 물리량이고 m, k는 상수이다.

RLC 회로를 지배하는 미분 방정식은 $i(t)$ 또는 $v(t)$에 관한 미분방정식이다. RLC 회로를 지배하는 2계 미분방정식을 풀기위해서는 두 개의 초기조건이 주어져야 한다. 두 개의 에너지 저장소자를 갖는 RLC 회로는 실제로 설계하여 동작하는 발진회로나

102) 저항이 첨가되지 않은 LC 회로를 **무감쇠**(감쇠가 없는, **undamped**) **회로**라고 한다.
LC 회로의 전압 또는 전류 응답은 시간의 함수로서 sine (또는 cosine) 형태로 시간 범위 $-\infty < t < \infty$에서 진폭이 감쇠되지 않은 상태로 주기적으로 진동하는 정상상태를 유지한다.
$R \rightarrow 0$, $e^{-\alpha t} = e^0 \rightarrow 1$이므로 감쇠가 없다.

주파수 선택 필터 등 여러 시스템에서 널리 응용되고 있다. 탱크 LC 회로는 에너지를 소비하는 저항 R이 없기 때문에 메쉬전류와 노드전압은 댐핑(damping, 감쇠) 현상을 나타내지 않고 진폭을 일정하게 유지하면서 계속 진동하는 현상을 나타낸다. 진동의 폭을 점점 감소시키 면서 정상 산태에서 일전한 값으로 수렴하기 위해서는 유한 값의 저항 $R(0 < R < \infty)$을 첨가시켜야 한다. 유한 값의 저항 $R(0 < R < \infty)$을 LC 회로와 **직렬로 연결**하면 직렬 RLC 회로를 얻을 수 있다.

미분방정식의 해

직렬 RLC 회로 세 소자 R, L, C의 상대적인 크기에 따라서 메쉬 전류는 진폭이 감소하는 세 종류의 응답을 나타내면서 동작한다. 응답의 일반꼴과 특정한 예는 다음과 같다.

(1) 과도감쇠(Overdamped) 전류

일반꼴은

$$i(t) = A_1 e^{s_1 t} + A_2 e^{s_2 t};$$

A_1, A_2 임의 상수, 하나가 0 일 수 있음

$s_1 \neq s_2$, s_1, s_2는 영(0) 아닌 임의의 실수

이다. 특정한 예를 들면 다음과 같다.

$$i(t) = 2e^{-3t}, \quad i(t) = 3e^{-t} + 5e^{-2t}$$

$$i(t) = 32e^{-t} - 32e^{-2t}, i(t) = -5e^{-2000t} + 10e^{-10,000t}$$

$$i(t) = -15e^{-2,000t} - 30e^{-8,000t}$$

(2) 임계감쇠(Critically Damped) 전류

일반꼴은

$$i(t) = (A_1 + A_2 t)e^{-3t}$$

A_1, A_2 임의 상수, 하나가 0 일 수 있음

s 는 영(0) 아닌 임의의 실수

이다. 특정한 예를 들면 다음과 같다.

$$i(t) = e^{-2t}(5 + 12t), \quad i(t) = 35e^{-50t}$$

$$i(t) = 2500te^{-3600t}$$

(3) 과소감쇠(Underdamped) 전류

일반꼴은

$$i(t) = e^{-\alpha t}(B_1 \cos \omega_d t + B_2 \sin \omega_d t)$$

B_1, B_2 임의 상수.

이다. 임의 상수 B_1, B_2 중에서 하나가 0 일 수 있음

$\alpha \neq 0$인 임의의 실수

이다. 특정한 예를 들면 다음과 같다.

$$i(t) = 3e^{-t}\cos 2t,\ i(t) = 300e^{-50t}\sin 369t)$$

$$i(t) = 5e^{-2500t}(4\cos 600t + 15\sin 6000t)$$

5. 직렬 RLC 댐핑(damping, 감쇠) 회로의 세 종류의 개념

(1) 과도감쇠(overdamped) 회로

임계값보다 **큰 저항**을 첨가한 경우에 응답을 나타나는 회로를 overdamped circuit(또는 heavy-damped circuit)이라고 한다.

진동(oscillation) 하지 않고 임계감쇠보다 늦은 시간에 정상상태에 수렴한다. 저항값이 크므로 $e^{-\alpha t}$가 급속히 감쇠한다. 진동하지 않는다. 조건 $\alpha > \omega_0$ 일 때 동작한다.

(2) 임계감쇠(critically damped) 회로

가장 빠른 시간에 정상상태에 수렴하는 이상적인 최적값. 즉 임계값의(critical) 감쇠저항이 첨**가된** 회로이다. 회로의 응답을 critically damped response라고 한다. 과도감쇠와 과소감쇠의 경계에 있는 감쇠이다. 진동하지 않는다. 조건 $\alpha = \omega_0$ 일 때 동작한다. 이론적으로 존재 가능하지만, 실제로는 존재 불가능하다.

(3) 과소감쇠underdamped) 회로

임계값보다 **작은 저항**을 첨가한 경우에 응답을 나타나는 회로이다. underdamped circuit (또는 light-damped circuit) 이라고 한다. 진동(oscillation)**하면서 임계감쇠** 보다 오랜 시간이 지난 후에 정상상태에 수렴한다. 조건 $\alpha < \omega_0$ 일 때 동작한다.

그림 11.1은 세 종류의 댐핑 응답(response)을 비교하여 나타낸 그림이다.

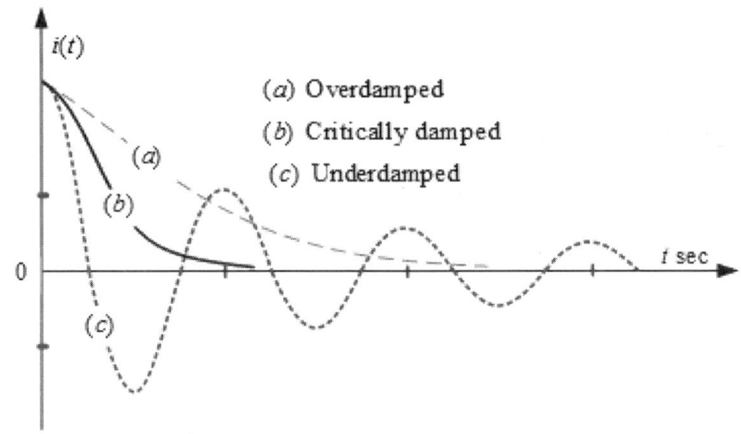

그림 11.1 세 종류의 댐핑 형태

11.2 직렬 *RLC* 회로의 메쉬 전류 미분방정식 예비 학습

이 장을 학습하기 전에 유용한 예비학습을 해보자. 미분방정식 교과목에서는 자세히 유도하고 있다. 우리는 결과만을 이용하기로 한다. 에너지 저장소자 2개가 존재하는 회로를 지배하는 메쉬 전류의 미분방정식은 2계 미분방정식이다. 특성방정식은 2차 방정식이므로 2개의 근을 가지며, 근의 형태에 따라 3가지 경우로 구별한다.

Case 1. Overdamped: 특성방정식의 해가 서로 다른 두 실근을 갖는 경우

특성 방정식을 이용하여 다음 2계 미분 방정식의 해를 구하여라.

$$\begin{cases} \dfrac{d^2i(t)}{dt^2}+4\dfrac{di(t)}{dt}+3i(t)=0 \\ \text{초기전류 조건 } i(0)=1, i'(0)=1 \end{cases}$$

[풀이] (1) 특성방정식: $s^2+4s+3=0$

(2) 특성방정식의 해: $s=-1,\ -3$

(3) 미분방정식의 일반해: $i=A_1e^{-t}+A_2e^{-3t}$

두 개의 초기 조건을 이용하여 두 상수 A_1, A_2를 구한다.

(i) 초기 전류 $i(0)=1$에 의하여 다음 식을 얻는다.

$$A_1+A_2=1 \qquad \cdots\cdots\cdots ①$$

(ii) 초기 조건 $i'(0) = -1$을

$$i' = -A_1 e^{-t} - 3A_2 e^{-3t}$$

에 대입하면 다음 식을 얻는다.

$$A_1 - 3A_2 = -1 \qquad \cdots\cdots\cdots ②$$

두 식 ①, ②에 의하여 구한

$$A_1 = \frac{1}{2},\ A_2 = \frac{1}{2}$$

를 일반해에 대입하면 특수해는 다음과 같다.

$$i = \frac{1}{2}e^{-t} + \frac{1}{2}e^{-3t}$$

Case 2. Critically damped: 특성방정식의 해가 서로 같은 두 실근(중근)을 갖는 경우

특성방정식을 이용하여 다음 2계 미분 방정식의 해를 구하여라.

$$\begin{cases} \dfrac{d^2 i(t)}{dt^2} + 2\dfrac{di(t)}{dt} + i(t) = 0 \\ \text{초기전류조건 } i(0) = 4, i'(0) = -2 \end{cases}$$

[풀이]

(1) 특성방정식: $s^2 + 2s + 1 = 0$

(2) 특성방정식의 해: $s = -1,\ -1$

(3) 전류 미분방정식의 일반해: $i(t) = A_1 e^{-t} + A_2 t e^{-t}$

두 개의 초기 조건을 이용하여 두 상수 A_1, A_2를 구한다.

(i) 초기 전류 $i(0) = 4$에 의하여 다음 식을 얻는다.

$$A_1 = 4 \qquad \cdots\cdots\cdots ①$$

(ii) 초기 조건 $i'(0) = -2$를

$$i'(t) = -A_1 e^{-t} + A_2 (e^{-t} - te^{-t})$$

에 대입하면 다음 식을 얻는다.

$$-A_1 + A_2 = -2 \qquad \cdots\cdots\cdots ②$$

두 식 ①, ②에 의하여 구한

$$A_1 = 4,\ A_2 = 2$$

를 일반해에 대입하면 미분방정식의 특수해는 다음과 같다.

$$i(t) = 4e^{-t} + 2te^{-t} \text{ A}$$

Case 3. Underdamped: 특성방정식의 해가 켤레 복소근을 갖는 경우

특성방정식을 이용하여 다음 2계 미분 방정식의 일반해를 구하여라.

$$\begin{cases} \dfrac{d^2i(t)}{dt^2} + 6\dfrac{di(t)}{dt} + 13i(t) = 0 \\ \text{초기전류 조건 } i(0) = 1, i'(0) = -1 \end{cases}$$

[풀이] (1) 특성방정식: $s^2 + 6s + 13 = 0$

(2) 특성방정식의 해: $s = -3 \pm \sqrt{3^2 - 13} = -3 \pm j2$

(3) 미분방정식의 일반해: $i(t) = e^{-3t}(A_1 \cos 2t + A_2 \sin 2t)$ A

두 개의 초기 조건을 이용하여 두 상수 A_1, A_2를 구한다.

(i) 초기 전류 $i(0) = 1$에 의하여 다음 식을 얻는다.

$$A_1 = 2 \qquad \cdots\cdots\cdots \text{①}$$

(ii) 초기 조건 $i'(0) = -1$을

$$i' = -3e^{-t} \cdot (A_1 \cos 2t + A_2 \sin 2t) + e^{-3t} \cdot (-2A_1 \sin 2t + 2A_2 \cos 2t)$$

에 대입하면 다음 식을 얻는다.

$$-3A_1 + 2A_2 = -1 \qquad \cdots\cdots\cdots \text{②}$$

두 식 ①, ②에 의하여 구한

$$A_1 = 2 \quad A_2 = \frac{5}{2}$$

를 대입하면

$$i(t) = e^{-t}\left(2\cos 3t + \frac{5}{2}\sin 3t\right) \text{ A}$$

와 같다. ■

11.3 상수계수를 갖는 2계 제차 선형 미분방정식

회로의 입력단에서 에너지를 공급하기 위하여 동작하던 전원(source)이 $t = 0$인 순간에 갑자기 제거되어 버리면, 회로는 $t < 0$에서, L, C에 저장되어 있었던 내부 에너지에 의하여 동작하게 된다. 전원이 제거된 후에 동작하는 직렬연결 *RLC* 회로를 지배하는 미분방정식은 다음과 같다.

$$L\frac{d^2i(t)}{dt^2} + R\frac{di(t)}{dt} + \frac{1}{C}i(t) = 0 \tag{11.1}$$

미분 방정식 (11.1)을 푸는 여러 가지 수학적인 방법이 있다. 이러한 방법은 미분방정식 교과목에서 학습하기로 하고, 여기서는 가장 간단한 방법으로 풀어보기로 한다. 우리는 이 과목에서 이 미분 방정식을 풀기 위하여 가장 빠르고 간단한 방법을 이용하자. 즉, 지금까지 우리들이 직관과 경험을 토대로 하여 가능한 여러형태 해 중에서 적합한 것을 선택하는 방법이다.

식 (11.1)에 의하면, 함수 자체 $i(t)$와 1계 도함수 $i'(t)$ 및 2계 도함수 $i''(t)$에 의한 세 항이 합으로 표시되어 있다. 동일한 형태를 가지는 함수이어야만 차원(dimension)이 일치하고, 덧셈이 가능하다.

식을 보자.

어떤 함수와 그 함수를 한번 미분한 것과 두 번 미분한 것을 더했을 때, 영(0)이 될 수 있는 함수는 어떤 함수일까? 이런 성질을 갖는 함수는 무엇일까? 미분을 하더라도 자기 본래의 형태를 포함하고 있는 함수이어야만 한다. 이런 특징을 갖는 함수로서는 지수함수가 유일하다. 지수함수는 미분을 해도 적분을 해도 동일한 형태를 포함하는 함수이다.[103] 따라서 미분 방정식의 해가 일반적인 꼴의 지수함수

$$i(t) = Ae^{st},\ A \neq 0,\ e^{st} \neq 0 \tag{11.2}$$

라고 가정한다. 여기서 A와 s는 일반적으로 복소수이다. 식 (11.2)가 방정식의 해이므로 식 (11.1)에 대입하면 등식이 만족된다. 즉, 식 (11.2)를 식 (11.1)에 대입하면 다음과 같다.

$$LAs^2e^{st} + RAse^{st} + \frac{1}{C}Ae^{st} = 0$$

$$Ae^{st}(Ls^2 + Rs + \frac{1}{C}) = 0 \tag{11.3}$$

등식 (11.3)을 만족하기 위해서는 A 또는 e^{st}가 0이면 $v(t)$가 0이 된다. 그러나, 이 해는 미분방정식의 자명한(trivial) 해로서 주어진 초기조건을 만족하지 못하는 무의미한 해이다. 따라서, 처음 주어진 조건에 의하여 $A \neq 0$, $e^{st} \neq 0$이므로 s에 관한 2차 방정식

$$Ls^2 + Rs + \frac{1}{C} = 0$$

103) 삼각함수는 짝수 번 미분 or 짝수 번 적분하면 자기 본래의 형태를 유지하게 된다.

$$s^2 + \frac{R}{L}s + \frac{1}{CL} = 0 \tag{11.4}$$

이 성립해야 한다. 방정식 (11.4)를 직렬 RLC 회로의 **보조방정식**(auxiliary equation) 또는 **특성방정식**(characteristic equation)이라고 한다. 계수의 크기에 따라, 세 종류

(i) 서로 다른 두실근,

(ii) 서로 같은 두 실근(중근),

(iii) 허근

의 해를 갖는다. 미분방정식 (11.1)의 해 (11.2)를 만족하는 s를 구해보자. s에 관한 2차 방정식 (11.4)를 만족하는 두 개의 해를 각각 s_1, s_2라고 하면,

$$s_{1,2} = \frac{-\frac{R}{L} \pm \sqrt{\left(\frac{R}{L}\right)^2 - 4\frac{1}{CL}}}{2} \tag{11.5}$$

이다. 식 (11.5)를 정리하면,

$$\begin{aligned} s_{1,2} &= -\frac{R}{2L} \pm \frac{1}{2}\sqrt{\left(\frac{R}{L}\right)^2 - \frac{4}{CL}} \\ &= -\frac{R}{2L} \pm \sqrt{(\frac{1}{2})^2\left(\frac{R}{L}\right)^2 - (\frac{1}{2})^2\frac{4}{LC}} \\ &= -\frac{R}{2L} \pm \sqrt{\left(\frac{R}{2L}\right)^2 - \frac{1}{LC}} \\ &= -\alpha \pm \sqrt{\alpha^2 - \omega_0^2} \end{aligned} \tag{11.6}$$

이다.[104] 따라서, 특성방정식 (11.6)의 두 개의 해 s_1, s_2는 다음과 같다.

$$s_1 = -\frac{R}{2L} + \sqrt{\left(\frac{R}{2L}\right)^2 - \frac{1}{LC}} \tag{11.7}$$

$$s_2 = -\frac{R}{2L} - \sqrt{\left(\frac{R}{2L}\right)^2 - \frac{1}{LC}} \tag{11.8}$$

소자 R, C, L 의 상대적인 크기에 따라서 다음 셋 중 하나의 감쇠해(damped solution)를 갖는다. 각각의 경우에 따라서 자연응답 $i(t)$의 모양은 달라진다.

1. 세 종류의 damping(감쇠) 회로

회로는 선형회로이므로, 가정한 해를 원식에 대입하면 특성 방정식이 갖는 근(root)

104) s_1, s_2를 편리하게 $s_1, s_2 = -\alpha \pm \sqrt{\alpha^2 - \omega_0^2}$ 로 표현한다. 11.9절에서 설명하기로 한다.

은 이중 근호($\sqrt{\ }$)의 값에 따라, 세 종류의 미분방정식의 일반해를 얻는다.

일반해가 갖는 상수 A_1, A_2는 주어지는 초기조건에 의하여 구한다.

1. 특성방정식이 서로 다른 두 실근 s_1, s_2을 갖는 overdamped circuit은

overdamped solution

$$i(t) = A_1 e^{s_1 t} + A_2 e^{s_2 t} \text{ A} \tag{11.9}$$

을 갖는다. 상수 A_1, A_2는 주어지는 초기조건에 의하여 구한다.

2. 특성방정식이 서로 같은 두 실근(중근), $s = s_1 = s_2$을 갖는

critically damped circuit은 critically damped solution

$$\begin{aligned} i(t) &= A_1 e^{st} + A_2\, t\, e^{st} \\ &= (A_1 + A_2\, t)\, e^{st} \text{ A} \end{aligned} \tag{11.10}$$

을 갖는다. 상수 A_1, A_2는 주어지는 초기조건에 의하여 구한다.

3. 복소허근 $s = -\alpha \pm j\omega_d$을 갖는 underdamped circuit은

underdamped solution

$$i(t) = e^{-\alpha t}(A_1 \cos\omega_d t + A_2 \sin\omega_d t) \text{ A} \tag{11.11}$$

을 갖는다. 상수 A_1, A_2는 주어지는 초기조건에 의하여 구한다.

2. 세 종류 damping(감쇠) 회로의 응답

회로의 응답을 학습하기 위하여 예를 들어 각각의 경우를 살펴 보기로 한다.

Case I. Overdamped circuit

회로를 지배하는 미분방정식의 특성방정식은 서로 다른 두 실근을 갖는다. 전류 $i(t)$는 다음의 미분 방정식을 만족하고 있다.

$$L\frac{d^2 i(t)}{dt^2} + R\frac{di(t)}{dt} + \frac{1}{C}i(t) = 0$$

다음과 같은 소자값 상수와 초기전압을 갖는 경우, 전압 $i(t)$를 구하여라.

소자값 ; $R = \frac{1}{2}\ \Omega$, $C = 5\text{ F}$, $L = \frac{1}{5}\text{ H}$

초기전류 ; $i(0) = 1$, $i'(0) = -1$

[풀이] 소자값을 방정식에 대입하면,

$$\frac{1}{5}\frac{d^2i(t)}{dt^2}+\frac{1}{2}\frac{di(t)}{dt}+\frac{1}{5}i(t)=0.$$

$$\frac{d^2i(t)}{dt^2}+2.5\frac{di(t)}{dt}+i(t)=0$$

특성방정식,

$$s^2+2.5s+1=0$$

은 서로 다른 두 실근

$$s=\frac{-2.5\pm\sqrt{2.5^2-4}}{2}=\frac{-2.5\pm1.5}{2}=-0.5,\ -2$$

을 가지므로 overdamped solution은 다음과 같다.

$$i(t)=A_1e^{-0.5t}+A_2e^{-2t}\ \mathrm{A}$$

계수 A_1, A_2를 구하기 위하여 초기 전류조건을 이용한다,

$$i(0)=1,\ i'(0)=-1$$

(i) 초기 조건 $i(0)=1$을 일반해에 대입하면

$$A_1+A_2=1 \qquad \cdots\cdots\cdots ①$$

(ii) 초기 조건 $i'(0)=-1$을

$$i'=-0.5A_1e^{-0.5t}-2A_2e^{-2t}$$

에 대입하면,

$$-0.5A_1-2A_2=-1 \qquad \cdots\cdots\cdots ②$$

두 식 ①, ②를 풀면

$$A_1=\frac{2}{3},\ A_2=\frac{1}{3}$$

이다. 따라서, 특정해는 다음과 같다.

$$i(t)=\frac{2}{3}e^{-0.5t}+\frac{1}{3}e^{-2t}\ \mathrm{A}.$$

■

문제 ①

전류의 함수

$$i(t)=\frac{2}{3}e^{-0.5t}+\frac{1}{3}e^{-2t}$$

가 미분방정식

$$\frac{d^2 i(t)}{dt^2} + 2.5\frac{di(t)}{dt} + i(t) = 0$$

의 해임을 증명하여라.

답 생략. ■

Case II. Critically damped circuit (임계감쇠 회로)

회로를 지배하는 미분방정식의 특성방정식은 서로 같은 중근을 갖는다.

전류 $i(t)$는 다음의 미분 방정식을 만족하고 있다.

$$L\frac{d^2 i(t)}{dt^2} + R\frac{di(t)}{dt} + \frac{1}{C}i(t) = 0$$

다음과 같은 상수와 초기전압을 갖는 경우, 전류 $i(t)$를 구하여라.

소자값 ; $R = 1\ \Omega,\ C = 1\,\mathrm{F},\ L = \frac{1}{4}\ \mathrm{H}$

초기전압 ; $i(0) = 1,\ \ i'(0) = -1$

[풀이] 소자값을 방정식에 대입하면

$$\frac{1}{4}\frac{d^2 i(t)}{dt^2} + \frac{di(t)}{dt} + i(t) = 0$$

정리하면,

$$\frac{d^2 i(t)}{dt^2} + 4\frac{di(t)}{dt} + 4\,i(t) = 0$$

특성방정식은

$$s^2 + 4s + 4 = 0$$

과 같다. 특성방정식은 서로 다른 두 실근을 갖는다.

$$s = -2,\ -2 \ \ \text{Critically damped}$$

일반해는

$$i(t) = A_1 e^{-2t} + A_2 t e^{-2t}$$

(i) 초기 조건 $i(0) = 1$을 일반해에 대입하면

$$A_1 = 1 \qquad \cdots\cdots\cdots ①$$

(ii) 초기 조건 $i'(0) = -1$ 을

$$i' = -2A_1 e^{-2t} + A_2 e^{-2t} - 2A_2 t e^{-2t}$$

에 대입하면, 다음 식을 얻는다.

$$-2A_1 + A_2 = -1 \qquad \cdots\cdots\cdots ②$$

두 식 ①, ②에 의하여 구한

$$A_1 = 1,\ A_2 = 1$$

를 대입하면

$$i(t) = e^{-2t} + te^{-2t} \text{ A}$$

과 같다.

문제 ②

전류의 함수

$$i(t) = e^{-2t} + te^{-2t}$$

가 미분방정식

$$\frac{d^2 i(t)}{dt^2} + 4\frac{di(t)}{dt} + 4\, i(t) = 0$$

의 해임을 증명하여라.

답 생략. ■

Case III. Underdamped circuit (과소감쇠 회로)

회로를 지배하는 미분방정식의 특성방정식은 **한 쌍의 복소근을** 갖는다.

전류 $i(t)$는 다음의 미분 방정식을 만족하고 있다.

$$L\frac{d^2 i(t)}{dt^2} + R\frac{di(t)}{dt} + \frac{1}{C} i(t) = 0$$

다음과 같은 상수와 초기 전압을 갖는 경우, 전압 $v(t)$를 구하여라.

소자값 ; $R = \frac{1}{5}\ \Omega,\ C = 1\,F,\ L = \frac{1}{10}\ \text{H}$

초기전류 ; $i(0) = 2,\ i'(0) = -1$

[풀이] 소자값을 방정식에 대입하면

$$\frac{1}{10}\frac{d^2 i(t)}{dt^2} + \frac{1}{5}\frac{di(t)}{dt} + \frac{1}{1} i(t) = 0$$

정리하면,

$$\frac{d^2 i(t)}{dt^2} + 2\frac{di(t)}{dt} + 10\,i(t) = 0$$

특성방정식,

$$s^2 + 2s + 10 = 0$$

은 켤레 복소수근을 갖는다.

$$s = \frac{-1 \pm \sqrt{1^2 - 10}}{1} = -1 \pm j3 = -\alpha \pm j\omega_d \text{ Underdamped}$$

$$\alpha = -1,\ \omega_d = 3$$

일반해는

$$i(t) = e^{-t}(A_1 \cos 3t + A_2 \sin 3t)\ \ \text{A}$$

이다.

(i) 초기 전압 $i(0) = 2$에 의하여 다음 식을 얻는다.

$$A_1 = 2 \qquad \cdots\cdots\cdots ①$$

(ii) 초기 조건 $i'(0) = -1$을

$$i' = -e^{-t}\cdot(A_1 \cos 3t + A_2 \sin 3t) + e^{-t}\cdot(-3A_1 \sin 3t + 3A_2 \cos 3t)$$

에 대입하면 다음 식을 얻는다.

$$-A_1 + 3A_2 = -1 \qquad \cdots\cdots\cdots ②$$

두 식 ①, ②에 의하여 구한

$$A_1 = 2 \quad A_2 = \frac{1}{3}$$

를 대입하면,

$$i(t) = e^{-t}\left(2\cos 3t + \frac{1}{3}\sin 3t\right)\ \ \text{V.}$$ ■

과 같다.

문제 ③

전류의 함수

$$i(t) = e^{-t}\left(2\cos 3t + \frac{1}{3}\sin 3t\right)\ \ \text{A}$$

가 미분방정식

$$\frac{d^2 i(t)}{dt^2} + 2\frac{di(t)}{dt} + 10\,i(t) = 0$$

의 해임을 증명하여라.

답 생략. ■

11.4 전원이 제거되기 전에 동작하는 직렬 RLC 회로의 초기전압

실제의 인덕터에서 소비하는 에너지를 고려하기 위하여 유한(finite) 저항을 이상(ideal) 인덕터와 직렬로 연결하고, 실제(real) 커패시터에서 소비되는 에너지를 고려하기 위하여 유한 저항을 이상 커패시터와 병렬로 연결한다.

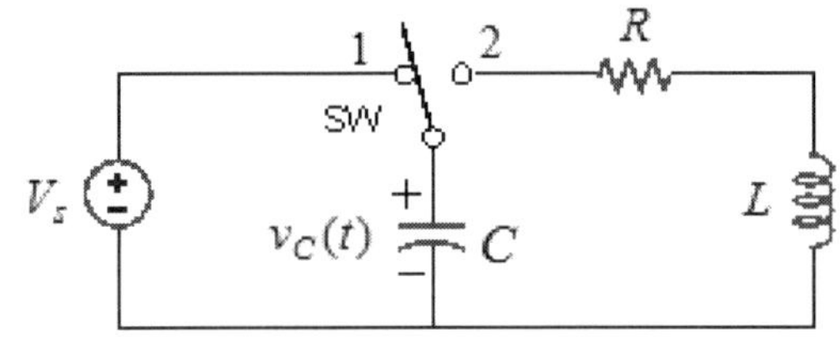

그림 11.2 **전원이 있는 병렬 RLC 회로**

그림 11.2는 이러한 사실을 고려한 직렬RLC 회로를 나타낸다. 인덕터와 커패시터는 이상적인 모델이다.

시간 $t<0$에서 스위치(SW)는 1의 위치에 오랫동안 있어서 회로가 정상상태에 도달하였기 때문에 커패시터는 배터리 전압 $v(t) = V_s$로 충전되어 일정량의 에너지를 저장하고 있었다. 스위치(sw) 우측의 저항과 인덕터는 분리되어 있었다. **회로를 구성하지 못한 상태이므로, 회로 방정식을 세울 수 없고, 따라서 해석을 할 수가 없다.**

11.5 전원이 제거된 후에 동작하는 병렬 RLC 회로

무전원(source-free) 회로는 연결되어 동작하던 전원(source)이 갑자기 제거되어 버린 회로이므로, 커패시터나 인덕터에 저장되어있는 내부 에너지에 의하여 동작한다.

무전원(source-free) 회로의 응답을 자연응답(natural response)라고 한다.

이상적인 저항, 커패시터 및 인덕터를 직렬로 접속한 회로의 자연 응답을 알아보자. 이상적인 저항은 직렬 LC 또는 직렬 RLC 회로에 연결된 실제 저항일 수도 있고, 인덕터에서의 저항 손실 및 자성 코어에서의 손실, 또는 이들 전부와 기타의 에너지 흡수 장치를 나타낼 수도 있다.

그림 11.3은 시간 $t=0$에서 스위치(SW)는 2로 옮겨져서 전원이 제거되는 순간의 직렬 RLC 회로를 나타낸다. 이 회로는 무전원 직렬 RLC 회로가 되고, 커패시터에 저장

되어 있었던 초기 에너지는 저항에서 열로 소비된다. 회로를 동작시키는 초기 조건은

(1) 커패시터 및 인덕터의 전압

$$v_C(t)\big|_{t=0^+} = v_C(0^+),\ v_L(t)\big|_{t=0^+} = v_L(0^+) \tag{11.12}$$

(2) 전류의 초기값

$$i(t)\big|_{t=0^+} = i(0^+), \tag{11.13}$$

이다.

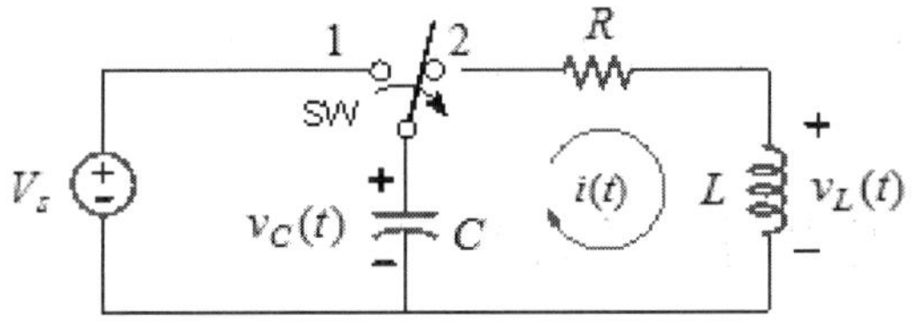

그림 11.3 전원이 제거되는 순간의 직렬 RLC 회로

1. 무전원(전원이 없는) 병렬 RLC 회로

전원을 제거하면 무전원 회로가 된다. 무전원(source-free)회로는 연결되어 동작하던 전원(source)이 갑자기 제거되어 버린 회로이므로, 커페시터에 저장되어있는 내부 에너지에 의하여 동작한다.[105)]

그림 11.4는 전원을 제거한 후 $t \geq 0$의 직렬 RLC의 동작을 나타낸다. 시간 범위 $t \geq 0$에서 존재하는 회로를 자연 응답을 구하여 보자.

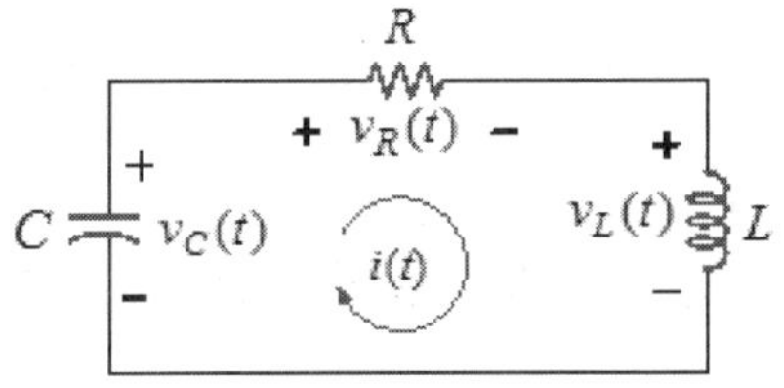

그림 11.4 전원이 제거된 직렬 RLC 회로

2. 무전원(전원이 없는) 병렬 RLC 회로를 지배하는 미분방정식

그림 11.4의 회로의 메쉬에서 KVL

105) 전류가 흐르지 않는 커패시터에는 에너지가 저장될 수도 있고, 안될 수도 있다.
전류가 흐르지 않는 인덕터에는 에너지가 저장되지 않는다.

$$v_L(t)+v_R(t)-v_C(t)=0 \tag{11.14}$$

을 적용하면, 미적분 방정식

$$L\frac{di(t)}{dt}+R\cdot i(t)+\frac{1}{C}\int_0^t i(\tau)\,d\tau-\ v_C(0)\ =0 \tag{11.15}$$

이 얻어진다. 식 (11.15)의 미적분 방정식을 풀기 위하여, 양변을 t로 미분하면, 상수계수를 갖는 2계 제차 선형 상미분 방정식,

$$L\frac{d^2i(t)}{dt^2}+R\frac{di(t)}{dt}+\frac{1}{C}i(t)=0 \tag{11.16}$$

을 얻는다.106) 방정식을 풀어서 자연응답 $i(t)$를 구해야한다.

11.6 전류 미분방정식과 특성방정식

1. 미분방정식의 형태와 해의 가정

그림 11.5와 같이 전원이 제거된 회로를 지배하는 상수계수의 2계 제차(homogeneous) 선형 상미분 방정식은 다음과 같은 형태를 갖는다.

$$L\frac{d^2i(t)}{dt^2}+R\frac{di(t)}{dt}+\frac{1}{C}i(t)=0 \tag{11.17}$$

이 식을 풀면 회로의 자연응답 $i(t)$를 구할 수 있다.

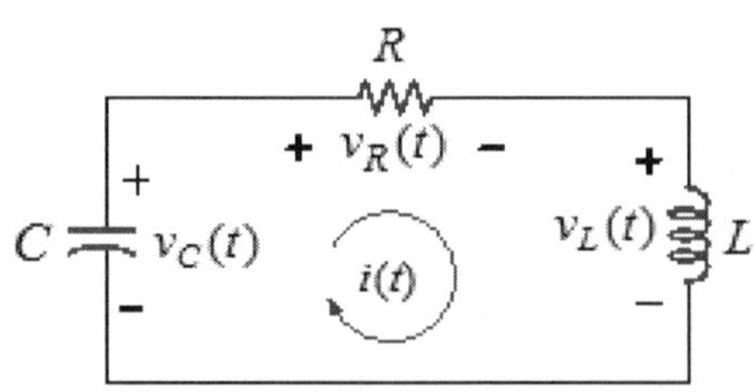

그림 11.5 전원이 제거된 직렬 RLC 회로

미분방정식 (11.7)를 풀기위한 여러 가지 수학적인 방법이 있다. 이러한 방법은 미분방정식 교과목에서 다루기로, 여기서는 가장 간단한 방법으로 풀어보기로 한다.

직관과 경험에 의한 몇 가지 가능한 형태를 갖는 해들 중에서 적합한 하나를 선택하는 방법이다. 우리는 이 과목에서 이 미분 방정식을 풀기 위하여 가장 빠르고 간단한

106) 병렬회로의 커패시터 전압과 인덕터 전류의 초기조건은 직렬회로의 인덕터 전류, 커패시터 전압의 초기조건에 대응되며, 전압응답은 전류응답에 대응된다.

방법을 이용하자. 즉, 지금까지 우리들이 직관과 경험을 토대로 하여 가능한 여러 해 중에서 적합한 것을 선택하는 방법이다. 식 (11.17)에 의하면, 함수 자체와 1계 도함수 및 2계 도함수가 동일한 형태를 가지는 함수이어야만 한다.

어떤 함수와 그 함수를 한번 미분한 것과 두 번 미분한 것을 더했을 때, 영(0)이 될 수 있는 함수는 어떤 함수일까? 이런 성질을 갖는 함수는 무엇일까? 미분을 해도 적분을 해도 동일한 형태를 갖는 함수는 무엇일까? 미분을 하더라도 자기 본래의 형태를 유지하고 있는 함수이어야만 한다. 이런 특징을 갖는 함수로서는 지수함수가 유일하다.

가정하여, 미분 방정식의 해가 지수함수

$$i(t) = Ae^{st}, \ A \neq 0, \ e^{st} \neq 0 \tag{11.18}$$

의 꼴을 갖는다고 하자. 여기서 A와 s는 일반적으로 복소수이다. 식 (11.17)이 방정식의 해이므로 식 (11.16)에 대입하면 등식이 만족된다.

$$LAs^2e^{st} + RAse^{st} + \frac{1}{C}Ae^{st} = 0$$

$$Ae^{st} \cdot \left(Ls^2 + Rs + \frac{1}{C}\right) = 0 \tag{11.19}$$

등식을 만족하는 해는 다음과 같다.

$$A = 0, \ e^{st} = 0, \ \text{or} \ \ (Ls^2 + Rs + \frac{1}{C}) = 0 \tag{11.20}$$

A 또는 e^{st}가 0이면 $v(t)$가 0이 된다. 그러나 이 해는 미분방정식의 자명한(trivial) 해로서 주어진 초기조건을 만족하지 못하는 무의미한 해이다. 따라서, 처음 주어진 조건에 의하여 $A \neq 0$, $e^{st} \neq 0$ 이다.

2. 특성 방정식

미분 방정식이 해를 가지기 위해서는 다음이 성립해야 한다.

$$Ls^2 + Rs + \frac{1}{C} = 0 \tag{11.21}$$

식 (11.21)은 s에 관한 2차 방정식이므로 두 개의 해를 갖는다. 등식을 만족하는 s는 존재한다면, 가정한 해 (11.18)은 해가 된다. 미분방정식을 만족하는 s를 구해보자.

이 방정식을 **특성방정식**(characteristic equation) 또는 **보조방정식**(auxiliary equation)이라고 한다. 계수의 크기에 따라, 세 종류의 근을 갖는다.

(i) 서로 다른 두 실근,

(ii) 서로 같은 두 실근(중근),

(iii) 허근

2차 방정식 (11.21)를 만족하는 s를 구해보자. 두 개의 해를 각각 s_1, s_2라고 하면

$$s_{1,\,2} = \frac{-R \pm \sqrt{R^2 - 4\frac{L}{C}}}{2L} \qquad (11.22)$$

이다. 정리하면,

$$\begin{aligned} s_{1,2} &= -\frac{R}{2L} \pm \frac{1}{2L}\sqrt{R^2 - \frac{4 \cdot L}{C}} \\ &= -\frac{R}{2L} \pm \sqrt{\left(\frac{1}{2L}\right)^2 \left[R^2 - \frac{4 \cdot L}{C}\right]} \\ &= -\frac{R}{2L} \pm \sqrt{\left(\frac{1}{2L}\right)^2 R^2 - \left(\frac{1}{2L}\right)^2 \frac{4 \cdot L}{C}} \\ &= -\frac{R}{2L} \pm \sqrt{\left(\frac{R}{2L}\right)^2 - \frac{1}{LC}} \end{aligned} \qquad (11.23)$$

두 개의 해 s_1, s_2는

$$s_1 = -\frac{R}{2L} \pm \sqrt{\left(\frac{R}{2L}\right)^2 - \frac{1}{LC}} \qquad (11.24)$$

$$s_2 = -\frac{R}{2L} \pm \sqrt{\left(\frac{R}{2L}\right)^2 - \frac{1}{LC}} \qquad (11.25)$$

가정한 해

$$i(t) = Ae^{st},\ A \neq 0,\ e^{st} \neq 0 \qquad (11.26)$$

의 s에 이들 값을 대입하면, 미분방정식을 만족하므로 해가 된다. 식(11.18) 또는 (11.26)의 s대신에 두 개의 해를 각각 s_1, s_2를 대입하면

$$i_1(t) = A_1 e^{s_1 t} \quad A_1 \neq 0,\ e^{s_1 t} \neq 0 \qquad (11.27)$$

$$i_2(t) = A_2 e^{s_2 t} \quad A_2 \neq 0,\ e^{s_2 t} \neq 0 \qquad (11.28)$$

이다.

예제 1

다음과 같이 전류 $i(t)$가 만족하는 미분방정식이 주어 져 있다.

$$\frac{d^2i(t)}{dt^2}+4\frac{di(t)}{dt}+3i(t)=0$$

지수함수의 꼴을 갖는 다음의 전류가 위 미분방정식의 해임을 증명하여라.

$$(a)\ \ i(t)=3e^{-3t}\ \ ;\ (b)\ \ i(t)=Ae^{-t}.$$

[풀이] (a) 지수함수

$$i(t)=3e^{-3t},\ i'(t)=-9e^{-3t},\ i''(t)=27e^{-3t}$$

를 주어진 미분방정식에 대입하면 성립한다.

$$27e^{-2t}+4(-9e^{-2t})+3(3e^{-2t})\ \ 27e^{-2t}-36e^{-2t}+9e^{-2t}=0\ \ \therefore \text{Q.E.D.}$$

(b) 지수함수

$$i(t)=-Ae^{-t},\ i'(t)=Ae^{-t},\ i''(t)=-Ae^{-t}$$

를 주어진 미분방정식에 대입하면 성립한다.

$$(-Ae^{-2t})+4(Ae^{-2t})+3(Ae^{-2t})=0\ \ \therefore \text{Q.E.D.}$$ ■

문제 1

다음과 같이 전류 $i(t)$가 만족하는 미분방정식이 주어 져 있다.

$$L\frac{d^2i}{dt^2}+R\frac{di}{dt}+\frac{1}{C}i=0$$

지수함수의 꼴을 갖는 두 전류

$$i_1(t)=A_1e^{s_1t}\ \ (A_1\neq 0,\ e^{s_1t}\neq 0\ ),$$

$$i_2(t)=A_2e^{s_2t}\ \ (A_2\neq 0,\ e^{s_2t}\neq 0)$$

가 이 미분방정식을 각각 만족하는 해이다. 두 해의 합

$$i=i_1+i_2=A_1e^{s_1t}+A_2e^{s_2t}$$

도 미분방정식을 만족하는 해임을 증명하여라.

답 생략. ■

11.7 전류 미분방정식의 세 종류 해

전류 $i(t)$가 만족하는 미분방정식

$$L\frac{d^2i(t)}{dt^2}+R\frac{di(t)}{dt}+\frac{1}{C}i(t)=0$$

$$\frac{d^2i(t)}{dt^2}+\frac{R}{L}\frac{di(t)}{dt}+\frac{1}{RC}i(t)=0 \tag{11.29}$$

의 해는

$$i(t)=A_1e^{s_1t}+A_2e^{s_2t} \tag{11.30}$$

이다. 여기서

$$s_1=-\frac{R}{2L}\pm\sqrt{(\frac{R}{2L})^2-\frac{1}{LC}} \tag{11.31}$$

$$s_2=-\frac{R}{2L}\pm\sqrt{(\frac{R}{2L})^2-\frac{1}{LC}} \tag{11.32}$$

이다. 소자값 R, C, L 의 상대적인 크기에 따라서 다음과 같이, 셋 중 하나의 해를 갖는다. 각각의 경우에 따라서 자연응답 $v(t)$의 모양은 달라진다.

1. 서로 다른 두 실근(real roots) s_1, s_2을 갖는 경우 자연응답 $i(t)$는

$$i=A_1e^{s_1t}+A_2e^{s_2t}\ \text{A} \tag{11.33}$$

과 같다. 상수 A_1, A_2는 주어지는 초기조건에 의하여 구한다. 이 경우,

회로를 **과도감쇠회로(overdamped circuit)**

응답을 **과도감쇠응답(overdamped response)이라고 한다.**

2. 서로 같은 두 실근(중근) (double roots) $s=s_1=s_2$을 갖는 경우 자연응답 $i(t)$는

$$i=A_1e^{st}+A_2\,t\,e^{st}\ \text{A}$$

$$=(A_1+A_2\,t)\,e^{st}\ \text{V} \tag{11.34}$$

과 같다. 상수 A_1, A_2는 주어지는 초기조건에 의하여 구한다.

이 경우,

회로를 임계**감쇠회로(critically damped circuit)**

응답을 임계**감쇠응답(critically damped response)이라고 한다.**

3. 켤레복소허근(conjugate complex roots) $s = -\alpha \pm j\omega_d$을 갖는 경우, 자연응답 $i(t)$는

$$i(t) = e^{-\alpha t}(A_1 \cos\omega t + A_2 \sin\omega t) \text{ A} \qquad (11.35)$$

과 같다. 상수 A_1, A_2는 주어지는 초기조건에 의하여 구한다.

이 경우,

회로를 과소**감쇠회로(underdamped circuit)**

응답을 과소**감쇠응답(underdamped response)이라고 한다.**

자연응답 $v(t)$가 시간의 함수로서 지수항 s_1, s_2와 상수계수 A_1와 A_2에 따라서 응답 곡선의 모양은 달라진다.

예제 1

직렬 RCL 회로의 소자값이 다음과 같다.

$$\text{소자값 ; } R = 1\ \Omega,\ C = \frac{4}{3}\text{F},\ L = \frac{1}{4}\text{H}$$

메쉬 전류는 다음 미분 방정식을 만족한다.

$$L\frac{d^2 i(t)}{dt^2} + R\frac{di(t)}{dt} + \frac{1}{C}i(t) = 0 \qquad \cdots\cdots\cdots ①$$

(a) 전류

$$i(t) = A_1 e^{s_1 t} + A_2 e^{s_2 t} \text{ (임의 상수 } A_1,\ A_2 \text{)}$$

가 미분방정식 ①의 해가되기 위한 지수 s_1, s_2의 값을 구하여라.

(b) 지수 s_1, s_2로 표시한 $i(t)$가 ①의 해임을 증명하여라.

[풀이] (a) 소자값으로 표시한 미분 방정식은 다음과 같다.

$$\frac{1}{4}\frac{d^2 i(t)}{dt^2} + \frac{1}{1}\frac{di(t)}{dt} + \frac{3}{4}i(t) = 0 \qquad \cdots\cdots\cdots ②$$

지수 s_1과 s_2는 다음과 같다.

$$s_{1,2} = -\frac{1}{2RC} \pm \sqrt{\left(\frac{1}{2RC}\right)^2 - \frac{1}{LC}}$$

$$= -\frac{1}{2\times 1\times \frac{1}{4}} \pm \sqrt{\left(\frac{1}{2\times 1\times \frac{1}{4}}\right)^2 - \frac{1}{\frac{4}{3}\times\frac{1}{4}}}\ .$$

$$=-2\pm\sqrt{(2)^2-3}\ =-2\pm 1=-1,\ -3$$

(b) 지수 $s_1=-1$, $s_2=-3$로 표시한 $i(t)$는

$$i(t)=Ae^{-t}+Be^{-3t}\ (\text{임의 상수 } A,\ B\ )$$

이다.

$$i(t)=Ae^{-t}+Be^{-3t}\ ;\ i'(t)=-Ae^{-t}-3Be^{-3t}$$

$$i''(t)=Ae^{-t}+9Be^{-3t}$$

를 식 ②에 대입하면,

$$\frac{1}{4}(Ae^{-t}+9Be^{-3t})+(-Ae^{-t}-3Be^{-3t})+\frac{3}{4}(Ae^{-t}+Be^{-3t})$$

동류항끼리 묶으면.

$$(\frac{1}{4}-1+\frac{3}{4})Ae^{-t}+(\frac{9}{4}-3+\frac{3}{4})Be^{-3t}=0 \qquad \therefore \text{Q.E.D.}$$

답 풀이 참조. ■

11.8 공진주파수와 네퍼 주파수

무전원(source-free) 직렬 RCL 회로가 나타내는 세 종류의 해를 **"간단히 표현 하기 위하여"** 새로운 주파수 물리량을 정의하자.

지수 s_1t와 s_2t는 영차원(dimensioless, 무차원)이므로 s_1와 s_2의 단위는 per second (즉, "second^{-1}")이어야 한다. 따라서,

$$\frac{R}{2L}\text{와 }\frac{1}{\sqrt{CL}}$$

의 단위가 s^{-1} 즉 second^{-1}로 되어야 한다. 이와 같은 s^{-1} 즉 second^{-1}라는 단위를 **주파수** (frequency)라고 한다.

1. 네퍼(neper) 주파수 또는 지수 감쇠계수

새로운 용어 **네퍼(neper)** 주파수 또는 **지수 감쇠계수** α를

$$\alpha=\frac{R}{2L}\quad \text{rad/sec} \tag{11.36}$$

로 정의한다. α는 고유 응답이 얼마나 빨리 감쇠해서 정상 값에 도달하는가의 정도를 나타내는 척도이다[107].

107) 지수 감쇠계수 라는 용어가 회로의 물리적인 동작의미를 더 잘 나타낸다.

2. 공진주파수

$$\omega_0 = \frac{1}{\sqrt{CL}} \quad \text{rad/sec} \tag{11.37}$$

는 회로에서 저항이 없는 것처럼 동작할 때의 주파수이다. 진동진폭이 가장 크도록 하는 주파수를 말한다. 회로가 진동하는 에너지를 저장하기 때문에 입력 값이 작더러 도 가장 큰 출력을 발생시키게 된다.

도입한 물리량

$$s_1,\ s_2,\ \alpha \ \text{그리고}\ \omega_0$$

는 RLC 회로를 해석하기 위하여 편의상 도입된 기호일 뿐이며, 어떤 새로운 개념을 나타내는 것은 아니다. 따라서,

"$R/2L$"이라고 하는 것보다 "α"

"$\sqrt{CL}$ 의 역수"라고 하는 것보다 "ω_0"

라고 하는 것이 편리할 뿐이다.[108]

예제 1

소자값이 다음과 같은 직렬 RCL 회로의 전류응답을 살펴본다.

$$\text{소자값 ; } R = 1\ \Omega,\ C = \frac{4}{3}\,\text{F},\ L = \frac{1}{4}\,\text{H}$$

(a) 네퍼(neper) 주파수 α [rad/sec]를 구하여라.

(b) 네퍼(neper) 주파수가 증가하면 회로는 어떤 동작을 하는가?

(c) 공진 주파수 ω_0 [rad/sec] 를 구하여라.

(d) 공진 주파수 가 증가하면 회로는 어떤 동작을 하는가?

[풀이] (a) **네퍼(neper)** 주파수

$$\alpha = \frac{R}{2L} = \frac{1}{2 \times \frac{1}{4}} = 2 \text{ rad/sec}$$

(b) **네퍼(neper)** 주파수가 증가하면, 저항에서의 열(heat) 에너지 소모가 점점 증가

108) Hayt, Kemmerly, and Durbin, *Engineering Circuit Analysis*, 7th Ed, McGraw Hill, p.323, ISBN 978-0-07-110690-6, New York, USA, 2007.

허여 회로의 전압 전류신호는 $e^{-\alpha t}$의 추세에 따라 빠른 시간에 소멸한다. R 증가 and/or L 감소에 의하여 α [rad/sec]가 증가한다.

(c) **공진 주파수**

$$\omega_0 = \frac{1}{\sqrt{CL}} = \frac{1}{\sqrt{\frac{4}{3} \times \frac{1}{4}}} = \sqrt{3} \ \ \text{rad/sec}$$

(d) **공진 주파수** 증가하면, 회로의 전류 전압신호는 주기가 감소하며 커패시터와 인덕터의 에너지 교환이 더 짧은 주기 동안에 이루어진다. C 감소 and/or L 감소에 의하여 ω_0 [rad/sec]가 증가한다.

답 풀이 참조. ■

문제 ①

직렬 RCL 회로의 소자값이 다음과 같다.

$$\text{소자값 ; } R = \frac{1}{5}\ \Omega,\ C = 1\,\text{F},\ L = \frac{1}{10}\ \text{H}$$

(a) 네퍼(neper) 주파수 α [rad/sec]를 구하여라.

(b) 공진 주파수 ω_0 [rad/sec] 를 구하여라.

답 (a) $\alpha = 1$ rad/sec ; $(b)\omega_0 = \sqrt{10}$ rad/sec. ■

11.9 공진주파수와 네퍼 주파수를 사용한 전류 자연응답의 표시

직렬 RCL 회로에서 메쉬 전류의 자연 응답은

$$i(t) = A_1 e^{s_1 t} + A_2 e^{s_2 t} \tag{11.38}$$

과 같다. 여기서 상수 A_1, A_2는 주어진 초기조건을 이용하여 구한다.

직렬 RCL 회로에서 고유응답을 **네퍼(neper) 주파수**와 **공진 주파수**로써 나타내 보자. 켤레 복소주파수에 사용된 "α"와 "ω_0" 다음과 같다[109].

$$\alpha = \frac{R}{2L} \ \text{rad/sec (지수 감쇠계수)} \tag{11.39}$$

109) ω_0에 대한 α의 비율은 제어 시스템에서 감쇠비(damping ratio)라고 하며 ζ(zeta)로 표시된다.

$$\omega_0 = \frac{1}{\sqrt{CL}} \text{ rad/sec} \quad (\text{공진 주파수}) \tag{11.40}$$

$$s_1 = -\alpha + \sqrt{\alpha^2 - \omega_0^2} \tag{11.41}$$

$$s_2 = -\alpha - \sqrt{\alpha^2 - \omega_0^2} \tag{11.42}$$

회로에서 R, C, L 값이 달라지면, α와 ω_0의 상대적인 크기가 달라지고, **그에 따라** s_1, s_2 의 값이 달라진다. 이식에서 루트($\sqrt{\ }$) 속의 값은 다음 세 가지가 가능하다.

1. (Case Ⅰ) Overdamped response (과도감쇠 응답)

만약 $\alpha > \omega_0$이면 $\alpha^2 > \omega_0^2$ 이므로, 이때의 s에 관한 2차 방정식의 두 근 s_1 s_2는 모두 실수가 되며, 응답을 **과도감쇠 응답이라고 한다.**

$$s_1 = -\alpha + \sqrt{\alpha^2 - \omega_0^2} \tag{11.42}$$

$$s_2 = -\alpha - \sqrt{\alpha^2 - \omega_0^2} \tag{11.43}$$

따라서, 선형성(linearity)에 의하여 자연응답은 다음과 같다.

$$i(t) = A_1 e^{s_1 t} + A_2 e^{s_2 t} \quad \text{A} \tag{11.44}$$

특성방정식이 두 개의 실근을 갖는 경우를 과(도)감쇠(overdamped)라고 하며, 진동은 발생하지 않는다.

두 계수 A_1, A_2는 2개의 초기조건을 이용하여 구할 수 있다. 저항값이 크면 응답은 진동현상없이 정상상태로 도달한다. 도달 시간은 임계감쇠시간 보다는 길고, 과소감쇠시간 보다는 짧다.

2. (Case Ⅱ) Critically damped response (임계감쇠 응답)

만약 $\alpha = \omega_0$**이면,** $\alpha^2 = \omega_0^2$ **이므로, 이때의** s**에 관한 2차 특성방정식은 하나의 실근(중근)을 가지며,** $s = s_1 = s_2$**가 되는 경우이다.**

이 응답을 임계감쇠응답이라고 한다.

$$s_1 = -\alpha, \ s_2 = -\alpha \quad s = s_1 = s_2 \tag{10.45}$$

에 의하여 임계감쇠**응답은**

$$i(t) = (A_1 + A_2 t)\, e^{-\alpha t} \quad \text{A} \tag{11.46}$$

과 같다. 과도감쇠**응답과** 과소감쇠응답의 극적인 경계의 응답이다.

과도감쇠**응답과** 마찬가지로 회로는 overshoot[110)] 현상없이, 진동없이 정상상태에 도달한다. 임계감쇠 회로의 응답은 최단 시간에 정상상태에 도달하는 응답이다.

3. (Case III) Underdamped response (과소감쇠 응답)

만약 $\alpha < \omega_0$이면 $\alpha^2 < \omega_0^2$ 이므로, s에 관한 2차 특성방정식의 두 근 s_1와 s_2는 모두 허수성분 (제로가 아닌) 을 갖는 복소근을 갖는 경우이다.

이때의 응답을 **과소감쇠 응답이라고 한다.** 진동이 발생한다. 정상상태 값을 초과했다가 미달하는 특성을 지속하면서 정상상태에 도달한다.

$$\omega_d = \sqrt{\omega_0^2 - \alpha^2} \quad \text{(감쇠 주파수)} \tag{11.47}$$

$$s_1 = -\alpha + j\omega_d \tag{11.48}$$

$$s_2 = -\alpha - j\omega_d \tag{11.49}$$

을 사용하여 응답을 표시하면 다음과 같다.

$$i(t) = e^{-\alpha t}(A_1 \cos\omega_d t + A_2 \sin\omega_d t) \ \text{A} \tag{11.50}$$

예제 1

알파 (α)와 오메가 (ω_0)에 의한 판단

무전원(source-free) 직렬 RCL 회로에서 각 소자의 값들이 다음과 같이 주어졌다. 네퍼 주파수와 공진 주파수의 정의를 사용하여 세 종류의 감쇠회로 즉, 과도감쇠회로(overdamped circuit), 임계감쇠회로(critically damped circuit), 또는 과소감쇠회로(underdamped circuit) 중에서 어디에 해당하는지를 판단하여라.

(a) $R = \frac{1}{2}\ \Omega,\ C = 5\ \text{F},\ L = \frac{1}{5}\ \text{H}$;

(b) $R = 1\ \Omega,\ C = 1\text{F},\ L = \frac{1}{4}\ \text{H}$;

(c) $R = \frac{1}{5}\ \Omega,\ C = 1\text{F},\ L = \frac{1}{10}\ \text{H}$

110) 정상상태 값을 최초로 초과하는 현상

[풀이] (a) $R=\frac{1}{2}\ \Omega,\ C=5\ \text{F},\ L=\frac{1}{5}\ \text{H}$;

$$\alpha=\frac{R}{2L}=\frac{1/2}{2\times1/5}=1.25\ \ \text{rad/sec}$$

$$\omega_0=\frac{1}{\sqrt{CL}}=\frac{1}{\sqrt{5\times0.2}}=1\ \text{rad/sec}$$

$\therefore\ \alpha>\omega_0$이므로, overdamped circuit이다.

(b) $R=1\ \Omega,\ C=1\ \text{F},\ L=\frac{1}{4}\ \text{H}$

$$\alpha=\frac{R}{2L}=\frac{1}{2\times1/4}=2\ \ \text{rad/sec}$$

$$\omega_0=\frac{1}{\sqrt{CL}}=\frac{1}{\sqrt{1\times0.25}}=2\ \text{rad/sec}$$

$\therefore\ \alpha=\omega_0$이므로 critically damped circuit이다.

(c) $R=\frac{1}{5}\ \Omega,\ C=1\ \text{F},\ L=\frac{1}{10}\ \text{H}$

$$\alpha=\frac{R}{2L}=\frac{1/5}{2\times1/10}=1\ \ \text{rad/sec}$$

$$\omega_0=\frac{1}{\sqrt{CL}}=\frac{1}{\sqrt{1\times0.1}}=3.162\ \text{rad/sec}$$

$\therefore\ \alpha<\omega_0$이므로, underdamped circuit이다.

답 (a) Overdamped ; (b) Critically damped ; (c) Underdamped. ■

문제 1

무전원(source-free) 직렬 RCL 회로에서 각 소자의 값들이 다음과 같은 경우, 네퍼주파수와 공진주파수의 정의를 사용하여 overdamped, underdamped 또는 critically damped 중에서 어디에 해당하는지를 판단하여라.

(a) 상수 ; $R=1\ \Omega,\ C=\frac{4}{3}\ \text{F},\ L=\frac{1}{4}\ \text{H}$; (b) 상수 ; $R=2\ \Omega,\ C=1\ \text{F},\ L=1\ \text{H}$;

(c) 상수 ; $R=6\ \Omega,\ C=\frac{1}{13}\ \text{F},\ L=1\ \text{H}$.

답 (a) Overdamped ; (b) Critically damped ; (c) Underdamped. ■

11.10 전류의 과도감쇠 직렬 RLC 회로

파리미터들을 다시 한 번 표시하면 다음과 같다.

$$\alpha = \frac{R}{2L} \text{ rad/sec (지수 감쇠계수)} \tag{11.51}$$

$$\omega_0 = \frac{1}{\sqrt{CL}} \text{ rad/sec (공진 주파수)} \tag{11.52}$$

$$s_1 = -\alpha + \sqrt{\alpha^2 - \omega_0^2} \tag{11.53}$$

$$s_2 = -\alpha - \sqrt{\alpha^2 - \omega_0^2} \tag{11.54}$$

파리미터 들끼리의 상대적 크기에 의한 관계를 보자.

(1) 부등식을 정리하면 루트 속의 표현식에서,

$\alpha^2 - \omega_0^2 > 0$, $\alpha > \omega_0$ 일 때, s_1, s_2는 실수가 된다.

$$\alpha = \frac{R}{2L} > \omega_0 = \frac{1}{\sqrt{LC}}$$

$$\frac{R}{2L} > \frac{1}{\sqrt{LC}}, \quad \frac{R^2}{4L^2} > \frac{1}{LC}, \quad LCR^2 > 4L^2$$

즉,

$$C > \frac{4L}{R^2} \tag{11.55}$$

의 조건이 만족되어야 한다.

(2) 두 실 근 s_1, s_2의 대소 관계

파라미터 α와 ω_0는 다음 부등식을 만족한다,

$$\sqrt{\alpha^2 - \omega_0^2} < \alpha$$

$$-\sqrt{\alpha^2 - \omega_0^2} < \sqrt{\alpha^2 - \omega_0^2} < \alpha$$

부등식의 세 항에 $-\alpha$를 더하면

$$\left(-\alpha - \sqrt{\alpha^2 - \omega_0^2}\right) < \left(-\alpha + \sqrt{\alpha^2 - \omega_0^2}\right) < 0$$

이므로,

$$s_2 < s_1 < 0 \tag{11.56}$$

가 성립한다. 따라서, s_1, s_2는 음의 실수가 된다. 따라서 $i(t)$의 응답

$$i(t) = A_1 e^{s_1 t} + A_2 e^{s_2 t} \tag{11.57}$$

임의 상수 A_1, A_2를 구하기 위하여 초기조건을 이용한다. (11.56)은 $t \to \infty$ 때, 0으로 수렴하는 두 감쇠 지수함수의 합이므로 $v(t) \to 0$이다. 근 s_2의 절댓값은 근 s_1의 절댓값보다 크므로 $A_2 e^{s_2 t}$은 $A_1 e^{s_1 t}$에 비하여 더욱 급격한 비율로 감소한다. 따라서 t가 증가할수록

$$i(t) \to A_1 e^{s_1 t} \to 0, \ t \to \infty$$

의 변화추세를 따라 감소한다.

예제 1

아래 주어진 직렬 RCL 회로 회로에서
$i(0) = i_L(0) = 10\,\text{A}$, $v_C(0) = -5\,\text{V}$이다.
(a) 자연응답의 일반형을 구하여라.
(b) 자연응답의 특수형을 구하여라.

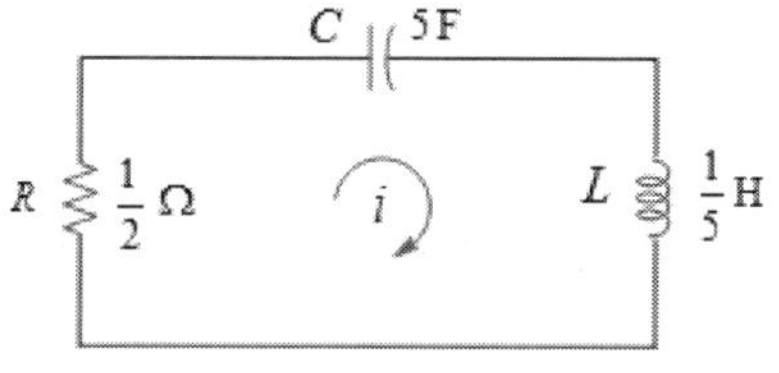

[풀이] (a) $R = \dfrac{1}{2}\,\Omega$, $C = 5\,\text{F}$, $L = \dfrac{1}{5}\,\text{H}$로부터,

$$\alpha = \frac{R}{2L} = \frac{1/2}{2 \times 1/5} = 1.25\ \text{rad/sec}$$

$$\omega_0 = \frac{1}{\sqrt{CL}} = \frac{1}{\sqrt{5 \times 1/5}} = 1\ \text{rad/sec}$$

이므로, overdamped case이다.

$$L\frac{d^2 i(t)}{dt^2} + R\frac{di(t)}{dt} + \frac{1}{C} i(t) = 0$$

소자값을 대입하면,

$$\frac{1}{5}\frac{d^2 i(t)}{dt^2} + 2\frac{di(t)}{dt} + \frac{1}{5} i(t) = 0$$

$$\frac{d^2 i}{dt^2} + 2.5\frac{di}{dt} + i = 0$$

특성방정식

$$s^2 + 2.5s + 1 = 0$$

의 해는

$$s_1 = -0.5, \ s_2 = -2.0$$

따라서, 고유 응답의 일반형은 다음과 같다.

$$i(t) = A_1 e^{-0.5t} + A_2 e^{-2t} \text{ A}$$

(*b*) 초기조건

$$i(0) = A_1 + A_2 = 10$$

에 의하여,

$$\left.\frac{di}{dt}\right|_{t=0} = -0.5A_1 - 2A_2 = \frac{i_C(0)}{C}$$

$$= \frac{-i_R(0) - i_L(0)}{C} = \frac{-0-(-5)}{1/5} = 25$$

따라서, 연립방정식

$$\begin{cases} A_1 + \ \ A_2 = 10 \\ 0.5A_1 + 2A_2 = -25 \end{cases}$$

를 풀면,

$$A_1 = 30,\ A_2 = -20$$

따라서, 전류응답은 다음과 같다.

답 (*a*) $v(t) = A_1 e^{-0.5t} + A_2 e^{-2t}$; (*b*) $v(t) = 30e^{-0.5t} - 20e^{-2t}$ V. ■

11.11 전류의 임계감쇠응답(Critically damped response)

1. 정의식에 의한 관계

임계감쇠(critically damped)는 과도감쇠(overdamped)와 과소감쇠(underdamped)의 경계 상태에서 존재하는 **극적인 경우**이다.

$$L\frac{d^2 i}{dt^2} + R\frac{di}{dt} + \frac{1}{C}i = 0 \tag{11.58}$$

보조방정식 또는 특성방정식

$$Ls^2 + Rs + \frac{1}{C} = 0$$

의 해는,

$$s_{1,2} = -\frac{R}{2L} \pm \frac{1}{2L}\sqrt{R^2 - \frac{4\cdot L}{C}}$$

$$= -\frac{R}{2L} \pm \sqrt{\left(\frac{1}{2L}\right)^2 \left[R^2 - \frac{4\cdot L}{C}\right]}$$

$$= -\frac{R}{2L} \pm \sqrt{\left(\frac{1}{2L}\right)^2 R^2 - \left(\frac{1}{2L}\right)^2 \frac{4 \cdot L}{C}}$$

$$= -\frac{R}{2L} \pm \sqrt{(\frac{R}{2L})^2 - \frac{1}{LC}}$$

$$= -\alpha \pm \sqrt{\alpha^2 - \omega_0^2} \tag{11.59}$$

여기서

$$\alpha = \frac{R}{2L}$$

$$\omega_0^2 = \frac{1}{CL} \ (\text{즉, } \omega_0 = \frac{1}{\sqrt{CL}})$$

정의식을 다시 한 번 표시하면 다음과 같다.

$$\alpha = \frac{1}{2RC} \ , \ \omega_0 = \frac{1}{\sqrt{CL}}$$

$$s_{1,2} = -\alpha \pm \sqrt{\alpha^2 - \omega_0^2}$$

루트 속의 표현식에서, $\alpha^2 - \omega_0^2 = 0$, $\alpha = \omega_0$ 일 때, α와 ω_0가 같은 회로를 임계감쇠 critical damping 회로라고 한다. 임계감쇠(critical damping)는 다음 조건을 만족할 때 존재한다. 아래 다섯 경우는 표현은 달라도 모두 같은 내용이다.

(1) 루트($\sqrt{\ }$)가 영(0) 일 때, (2) $\alpha = \omega_0$ 일 때,

(3) s_1, s_2가 중근을 가질 때, (4) $\left(\frac{R}{2L}\right)^2 - \frac{1}{LC} = 0$ 일 때,

(5) $\frac{1}{4}\frac{R^2}{L^2} = \frac{1}{LC}$, $\frac{1}{4}\frac{R^2}{L} = \frac{1}{C}$, $\therefore C = 4 \cdot \frac{1}{R^2} L$ 일 때,

직렬 RCL 회로 세 소자 R, C, L 중에서 최소 하나의 값을 적절히 조절하여 위 조건이 만족되는 순간, 임계감쇠(critical damping)이 발생한다. 그러나, 임계현상은 이론적으로는 α와 ω_0가 같아지는 (즉, $\alpha = \omega_0$를 만족하는) 한순간이 나타나지만, 실제 회로에서는 존재 불가능한 현상이다.[111]

따라서, $C = 4 \cdot \frac{1}{R^2} L$이 성립하는 것은 이론적으로만 가능하다. 아무리 애를 쓰더라

111) 불가능이란 매우 강한 어투이다. 임의의 값의 1퍼센트에 가까운 요소를 얻는다는 것은 실제로 보기 드문 일이기 때문이다. 결국 L이 $4R^2$과 정확히 같은 것은 이론적으로 가능하다.

도 $\alpha=\omega_0$를 만족하는 경우는 실제 회로에서는 찾을 수가 없다.

3소자(R, C, L) 중에서 한 개 이상의 값을 적절히 조절함으로써 등식 $\alpha=\omega_0$ 또는 $C=4\cdot\frac{1}{R^2}L$가 만족되는 상태라면 이론적으로 **임계감쇠**(critical damping)이 일어나도록 할 수 있다.

2. 임계감쇠(critically damped) 전류 응답의 형태

직렬 RCL **회로에서** 임계 감쇠의 응답이 어떤 형태일까?

$$L\frac{d^2i(t)}{dt^2}+R\frac{di(t)}{dt}+\frac{1}{C}i(t)=0$$

$$\frac{d^2i}{dt^2}+\frac{R}{L}\frac{di}{dt}+\frac{1}{CL}i=0 \tag{11.60}$$

임계 상태의 회로는 $\alpha=\omega_0$ 일 때 미분방정식

$$\frac{d^2i}{dt^2}+2\alpha\frac{di}{dt}=\alpha^2 i=0$$

으로 표시된다. 이 방정식의 해를 구하기가 어렵지 않으며, 미분방정식 교과서를 참고하기 바란다. 결과적으로 이 방정식의 해는 다음과 같다[112].

$$\text{일반해 } i(t)=A_1e^{s_1t}+A_2\,te^{s_2t}\ \text{A} \tag{11.61}$$

예제 1

오랫동안 동작하여 정상상태에 도달한 **직렬** RCL 회로가 있다.
시각 $t=0$에서 전원이 제거된 임계감쇠회로(critically damped circuit)를 지배하는 전류 미분방정식은 다음과 같다.

$$\frac{d^2i}{dt^2}+\frac{R}{L}\frac{di}{dt}+\frac{1}{CL}i=0$$

(a) 네퍼(neper) 주파수 α를 사용하여 미분방정식을 표현하여라.

(b) 미분방정식의 일반해 $i(t)=A_1e^{-s_1t}+A_2\,te^{-s_2t}$를 구하여라.

112) 유도 과정을 생략하고 결과만 표시한다. 자세한 과정은 미분 방정식 교과서를 참조하기 바람.

[풀이] (a) 네퍼주파수 α와 공진주파수 ω_0는 각각 다음과 같이 정의된다.

$$\alpha = \frac{R}{2L} \text{ (네퍼 주파수)} \quad \cdots\cdots\cdots ①$$

$$\omega_0 = \frac{1}{\sqrt{CL}} \text{ (공진 주파수)} \quad \cdots\cdots\cdots ②$$

식 ①에 의하여

$$\frac{R}{L} = 2\alpha$$

두 식 ①, ②에 의하여

$$\frac{1}{\sqrt{CL}} = \frac{R}{2L},\ \frac{1}{CL} = \left(\frac{R}{2L}\right)^2 = \alpha^2$$

를 원래 방정식에 대입하면 다음과 같다.

$$\frac{d^2 i}{dt^2} + 2\alpha \frac{di}{dt} + \alpha^2 i = 0$$

(b) 특성방정식

$$s^2 + 2\alpha s + \alpha^2 = 0$$

$$(s+\alpha)^2 = 0$$

의 중근

$$s = -\alpha,\ -\alpha$$

을

$$i(t) = A_1 e^{-st} + A_2 t e^{-st}$$

에 대입하면 일반해는 다음과 같다.

$$i(t) = A_1 e^{-\alpha t} + A_2 t e^{-\alpha t}. \blacksquare$$

답 (a) $\frac{d^2 i}{dt^2} + 2\alpha \frac{di}{dt} + \alpha^2 i = 0$; (b) $i(t) = A_1 e^{-\alpha t} + A_2 t e^{-\alpha t}$. ■

문제 1

정상상태에 도달한 **직렬** RCL 회로가 있다. 시각 $t=0$에서 전원이 제거된 임계감쇠회로(critically damped circuit)를 지배하는 전류 미분방정식은 다음과 같다.

$$\frac{d^2 i}{dt^2} + \frac{R}{L}\frac{di}{dt} + \frac{1}{CL} i = 0$$

(a) 소자값 C를 소거하고, 두 소자값 R, L만으로 미분방정식을 표현하여라.

(b) 미분방정식의 일반해 $i(t)=A_1e^{-st}+A_2\,te^{-st}$를 구하여라.

답 (a) $\dfrac{d^2i}{dt^2}+\dfrac{R}{L}\dfrac{di}{dt}+(\dfrac{R}{2L})^2i=0$; (b) $v(t)=A_1e^{-\frac{R}{2L}t}+A_2\,te^{-\frac{R}{2L}t}$. ■

문제 ②

다음 미분방정식이 주어져 있다.

$$\frac{d^2i}{dt^2}+8\frac{di}{dt}+16i=0$$

(a) 일반해를 구하여라.

(b) 위에서 구한 해가 주어진 미분방적식의 해임을 증명하여라.

답 (a) $i=A_1e^{-4t}+A_2te^{-4t}$; (b) $v(t)=A_1e^{-\frac{R}{2L}t}+A_2\,te^{-\frac{R}{2L}t}$; (b) 생략. ■

11.12 전류의 과소감쇠 직렬 *RLC* 회로

1. 정의식에 의한 관계

$$\alpha=\frac{R}{2L}\quad ;\ \omega_0=\frac{1}{\sqrt{CL}}$$

$$s_{1,\,2}=-\alpha\pm\sqrt{\alpha^2-\omega_0^2}$$

임계진동 조건

$$C=\frac{4L}{R^2}$$

을 기준으로 하여

$$C<\frac{4L}{R^2}$$

일 경우에 나타나는 진동이다. 회로 3소자 $(R,\,C,\,L)$의 값을 적어도 하나를 변동시킴으로서 과소감쇠(underdamping)가 일어나도록 할 수 있다.

2. 과소감쇠(underdamped) 응답의 형태

과소**감쇠**의 조건식

$$C < \frac{4L}{R^2}$$

이 만족되도록 회로 3소자 R, C, L 의 값을 상대적으로 변동시키면, α^2가 ω_0^2보다 작게 되어,

$$s_1 = -\alpha + \sqrt{\alpha^2 - \omega_0^2} = -\alpha + j\sqrt{\omega_0^2 - \alpha^2} = -\alpha + j\omega_d$$

$$s_1 = -\alpha - \sqrt{\alpha^2 - \omega_0^2} = -\alpha - j\sqrt{\omega_0^2 - \alpha^2} = -\alpha - j\omega_d$$

로 표시된다. 여기서

$$j = \sqrt{-1}$$

이다. 이 때

$$\omega_d = \sqrt{\omega_0^2 - \alpha^2}$$

는 실수가 되며, 고유공진주파수((natural resonant frequency)라고 한다.[113])

응답 $v(t)$의 일반해를 나타내면 다음과 같다.

$$i(t) = A_1 e^{s_1 t} + A_2 e^{s_2 t}$$

응답 $i(t)$를 변형해 보자.

$$i(t) = A_1 e^{(-\alpha + j\omega_d)t} + A_2 e^{(-\alpha - j\omega_d)t}$$

$$= A_1 e^{-\alpha t} e^{j\omega_d t} + A_2 e^{-\alpha t} e^{-j\omega_d t}$$

이므로,

$$i(t) = e^{-\alpha t}(A_1 e^{j\omega_d t} + A_2 e^{j\omega_d t})$$

또는

$$i(t) = e^{-\alpha t}\left\{(A_1 + A_2)\left[\frac{e^{j\omega_d t} + e^{-j\omega_d t}}{2}\right] + j(A_1 - A_2)\left[\frac{e^{j\omega_d t} - e^{-j\omega_d t}}{j2}\right]\right\} \qquad (11.62)$$

따라서,

$$i(t) = e^{-\alpha t}[(A_1 + A_2)\cos\omega_d t + j(A_1 - A_2)\sin\omega_d t)]$$

여기서, A_1, A_2는 임의의 복소 결례(complex conjugate) 상수이므로

113) 기호 β를 써서 $\beta = \sqrt{\omega_0^2 - \alpha^2}$ 로 하기도 한다.

$A_1 + A_2$ 는 실수,

$(A_1 - A_2)$는 허수, $j(A_1 - A_2)$는

실수이다. 간단히 표현하기 위하여 새로운 임의의 상수 B_1, B_2를 사용하면, 과소**감쇠** 일 때의 미분 방정식의해

$$i(t) = e^{-\alpha t}(B_1 \cos \omega_d t + B_2 \sin \omega_d t) \qquad (11.63)$$

를 구할 수 있다. 실수의 두 상수 B_1, B_2는 주어진 초기조건을 이용하여 구하여야 한다.

예제 1

직렬 RCL **회로**에서 $R = \frac{1}{5}\,\Omega,\ C = 1\,\text{F},\ L = \frac{1}{10}\,\text{H}$ 이다. 다음 물음에 답하여라.

(1) 일반해 $i(t) = e^{-\alpha t}(A_1 \cos \beta t + A_2 \sin \beta t)$에서 α, β를 구하여 표시하여라.

(2) 초기 조건이 $i(0) = 0,\ v(0) = 1.2\,\text{A}$인 경우 특수해를 구하여라.

[풀이] (1)

$$\alpha = \frac{R}{2L} = \frac{1/5}{2 \times \frac{1}{10}} = 1 \text{ rad/sec}$$

$$\omega_0 = \frac{1}{\sqrt{CL}} = \frac{1}{\sqrt{1 \times \frac{1}{10}}} = \sqrt{10} \text{ rad/sec}$$

$$s_{1,2} = -\alpha \pm \sqrt{\alpha^2 - \omega_0^2} = -1 \pm \sqrt{(1)^2 - (\sqrt{10})^2} = -1 \pm j3$$

$$\alpha = -1,\ \beta = 3$$

이므로,

$$i(t) = e^{-t}(A_1 \cos 3t + A_2 \sin 3t)$$

(2) A_1, A_2 **값의 계산**

일반해는 다음과 같다.

$$i(t) = e^{-t}(A_1 e^{j3t} + A_2 e^{-j3t})$$

이 식에서 미지수 A_1, A_2를 구하기 위하여 초기조건 $v(0) = 0\quad i(0) = 1.2\,\text{A}$을 이용한다.

$$i(0) = 0 = A_1$$

$$i(t) = A_2 e^{-t} \sin 3t$$

도함수는

$$\frac{di(t)}{dt} = 3A_2 e^{-t}\cos 3t - A_2 e^{-t}\sin 3t$$

$$\frac{di(0)}{dt} = 3A_2 = \frac{i(0)}{C} = \frac{1.2}{0.1} = 12$$

$$A_2 = 4$$

$$\therefore i(t) = 4e^{-t}\sin 3t. \blacksquare$$

연 습 문 제 A

01 순시(instantaneous) 전류 $i(t)$는 다음의 미분 방정식을 만족하고 있다.

$$L\frac{d^2i(t)}{dt^2} + R\frac{di(t)}{dt} + \frac{1}{C}i(t) = 0$$

다음과 같은 상수와 초기 전류을 갖는 경우, 순시 전류 $i(t)$를 구하여라.

(a) 계수 ; $R = 1\,\Omega,\ C = \frac{4}{3}\,\mathrm{F},\ L = \frac{1}{4}\,\mathrm{H}$; 초기 전류 ; $i(0) = 1,\ i'(0) = -1$

(b) 계수 ; $R = 2\,\Omega,\ C = 1\,\mathrm{F},\ L = 1\,\mathrm{H}$; 초기 전류 ; $i(0) = 4,\ i'(0) = -2$

(c) 계수 ; $R = 6\,\Omega,\ C = \frac{1}{13}\,\mathrm{F},\ L = 1\,\mathrm{H}$; 초기 전류 ; $i(0) = 1,\ i'(0) = -1$

02 직렬 RCL 회로를 나타내는 미분방정식은 다음과 같다.

$$L\frac{d^2i(t)}{dt^2} + R\frac{di(t)}{dt} + \frac{1}{C}i(t) = 0 \cdots\cdots\cdots ①$$

식 ①에서 소자값을 사용하여 표시하면 다음과 같다.

(a) $\frac{d^2i(t)}{dt^2} + 4\frac{di(t)}{dt} + 3i(t) = 0$; (b) $\frac{d^2i(t)}{dt^2} + 2\frac{di(t)}{dt} + i(t) = 0$

(c) $\frac{d^2i(t)}{dt^2} + 6\frac{di(t)}{dt} + 13i(t) = 0$

네퍼(neper) 주파수 α [rad/sec]와 공진 주파수 ω_0 [rad/sec] 의 관계에 의한 damping 의 종류를 판단하여라.

연 습 문 제 B

01 그림에서 보인 것처럼 직렬 RCL 회로에서 $R = 1\,\Omega,\ C = \frac{4}{3}\,\mathrm{F},\ L = \frac{1}{4}\,\mathrm{H}$ 라고 한다.

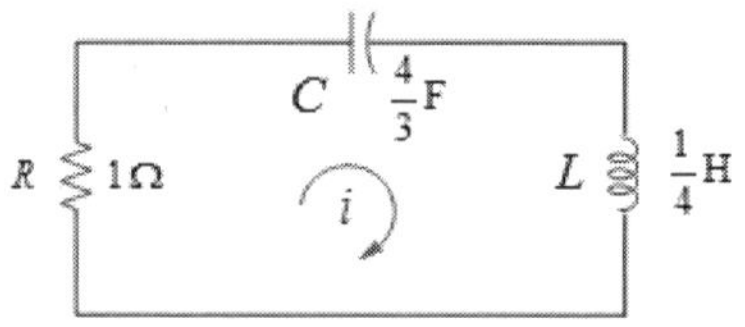

초기조건으로서 초기 커패시터 전압를 $v_C(0) = -3\,\mathrm{V}$, 초기 인덕터 전류를 $i_L(0) = i(0) = 2\,\mathrm{A}$ 라고 한다. 이 회로의 자연응답을 구하여라.

02 다음 미분 방정식이 주어져 있다.

$$\frac{d^2 i}{dt^2} + 2\frac{di}{dt} + i = 0 \qquad i(0) = 1,\ i'(0) = 2$$

(a) 일반해를 구하여라. ; (b) 특수해를 구하여라.

(c) 위에서 구한 해가 주어진 미분방적식의 해임을 증명하여라.

03 직렬 RCL 회로에서 소자값이 다음과 같다.

$$R = 1\,\Omega,\ C = 1\,\mathrm{F},\ L = \frac{1}{4}\,\mathrm{H}$$

(a) 특성방정식을 이용하여 메쉬 전류의 일반해 $i(t) = A_1 e^{s_1 t} + A_2 e^{s_2 t}$ A 를 구하여라.

(b) 알파와 오메가를 이용하여 메쉬 전류의 일반해 $i(t) = A_1 e^{s_1 t} + A_2 e^{s_2 t}$ A 를 구하여라.

04 과소감쇠 전류응답

$$i(t) = e^{-\alpha t}(B_1 \cos\omega_d t + B_2 \sin\omega_d t)$$

에서, 상수

$$B_1 = A_1 + A_2,\ B_2 = j(A_1 - A_2)$$

로 치환하여

$$i(t) = e^{-\alpha t}\ (A_1 e^{j\omega_d t} + A_2 e^{-j\omega_d t})$$

로 변형하여라.

문 제 풀 이

본 문 의 문 제 풀 이

Chapter 01. 전기회로의 물리량

1.1 단위의 정의

2. 지수 10^n 꼴의 SI 접두어

문제 1

(a) $15\ \mu s = 15 \times 10^{-6}\ s = 1.5 \times 10^{-5}\ s$

(b) $1\ km = 10^3 (0.00062137)\ mi$; $1\ mi = (0.62137)^{-1}\ km = 1.609\ km$

(c) $\text{work} = \text{force} \times \text{distance} = (200 \times 10^{-6} N)(50\ m) = 10^{-2} J = 10\ mJ$

답 (a) $1.5 \times 10^{-5}\ s$; (b) $1.609\ km$; (c) $10\ mJ$. ■

1.3 전하와 전류

2. 전류

문제 1

(a) $i(t) = \begin{cases} 2t\ A, & 0 \le t < 2 \\ 2\ A, & 2 \le t < 3 \\ 0\ A, & t \ge 3 \end{cases}$

(b) $q(t) = \int_0^3 i(t)\,dt = \int_0^2 2t\,dt + \int_2^3 2\,dt = [t^2]_0^2 + 2[t]_2^3$

$= [2^2 - 0^2] + 2[3-2] = 4 + 2 = 6\ C$

(c) $q(t) = \int_1^4 i(t)\,dt = \int_1^2 2t\,dt + \int_2^3 2\,dt + \int_3^4 0\,dt$

$= [t^2]_1^2 + 2[t]_2^3 + [0]_3^4 = [4-1] + 2[3-2] + 0 = 3 + 2 + 0 = 5\ C$

답 (a) 풀이 참조 ; (b) $q(t) = 6\ C$; (c) $q(t) = 5\ C$. ■

[주] 전류-시간 그래프에서 적분연산을 하면 전하가 구해진다.
면적을 구한 결과이다.

(b) $Area = \frac{1}{2} \times (4A \times 2\sec) + 2A \times 1\sec$

$= 4A \cdot \sec + 2A \cdot \sec = 6A \cdot \sec = 6C$

$$(c)\ Area = \frac{1}{2}(2\,\text{A} \times 1\,\text{sec}) + (2\,\text{A} \times 2\,\text{sec})$$
$$= 1\,\text{A}\cdot\text{sec} + 4\,\text{A}\cdot\text{sec} = 5\,\text{A}\cdot\text{sec} = 5\,\text{C}$$

1.4 신호의 형태

문제 ①

(a) $i_1 = -3$ A ; (b) $i_2 = +3$ A. ■

1.10 능동소자와 수동소자

2. 소자의 부호 규칙

문제 ① (i) a, e, f ; (ii) b, c, d. ■

1.11 전력의 공급과 흡수

문제 ①

(a) 소자 S_1 은 수동부호규칙을 따르므로 소자는 전력을 흡수한다. 양(+)의 단자로 +3 A의 전류가 유입하므로 소자가 흡수하는 전력은 다음과 같다.

$$P = (4\,\text{V}) \times (3\,\text{A}) = 12\,\text{W}$$

(b) 겉보기에는 다르지만 실제로는 a 와 같은 회로이다. 수동부호규칙을 따르므로 소자는 전력을 흡수한다. 양(+)의 단자로 −4 A의 전류가 유입하므로 소자가 흡수하는 전력은 다음과 같다.

$$P = vi = (-4\,\text{V}) \times (-3\,\text{A}) = 12\,\text{W}$$

따라서, 위의 두 경우는 실제로는 동일하다 그 이유는, 윗 단자로 +4 A의 전류가 흘러 들어가는 것은 아래 단자에서+4 A의 전류가 흘러나오는 것과 같고, 마찬가지로 아래 단자에서 −4 A의 전류가 흘러 들어가는 것과 같기 때문이다.

(c) 능동부호규칙을 적용하는 공급하는 전력을 계산하면 다음과 같다.

$$P = (4\,\text{V})(-3\text{A}) = -12\,\text{W}$$

공급전력이 음의 값이므로 실제로는 회로가 +12 W의 전력을 흡수하고 있는 것이다.

(d) 능동부호규칙을 적용하는 공급하는 전력을 계산하면 다음과 같다.

$$P = (-4\,\text{V})(-3\text{A}) = 12\,\text{W}$$

답 (a) 12 W ; (b) 12 W ; (c) 12 W ; (d) −12 W. ■

1.14 단락회로와 개방회로

1. 단락회로

문제 1

(a) 접속점(node) n_1으로 유입하는 전류 i_{SC}는 세 갈래 도선으로 유출하는 전류와 같다.

$$i_{SC} = (5) + (3) + i_1 = 8 + i_1$$

접속점(node) n_2 으로 유입하는 전류 i_1 은 유출하는 전류 $-(5+i_2)$ 와 같다.

$$i_1 = -(5+i_2)$$

이므로,

$$\therefore\ i_{SC} = (5) + (3) + i_1 = 5 + 3 - 5 - i_2 = 3 - i_2$$

(b) 저항 $6\,\Omega$ 은 단락(short) 되었으므로, 전류가 흐르지 못한다.

$$\therefore\ i_{SC} = \frac{12\text{ V}}{3\,\Omega} = 4\text{ A}$$

답 (a) $i_{SC} = 3 - i_2$; (b) $\therefore\ i_{SC} = 4\text{ A}$. ■

1.14 단락회로와 개방회로

2. 개방회로

문제 1

(a) 전압 v_{OC}는 6개 소자의 양단전압과 같다.

$$v_{OC} = (6) + (-7) + (-5) + (-2) + (-3) + (-3) = -14\text{ V}$$

(b) 저항 $4\,\Omega$ 으로는 전류가 흐르지 않는다.

저항 $3\,\Omega$ 에는 2 A 의 전류가 흐르고 양단전압은 $v_{3\Omega} = 3\Omega \times 2\text{ A} = 6\text{ V}$ 이다.

저항 $2\,\Omega$ 에는 2 A 의 전류가 흐르고 양단전압은 $v_{2\Omega} = 2\Omega \times 2\text{ A} = 4\text{ V}$ 이다.

전압 v_{OC}는 $v_{2\Omega}$ 과 같다.

$$\therefore\ v_{OC} = 4\text{ V}$$

답 $(a)\ v_{OC} = -14\text{ V}$; $(b)\ v_{OC} = 4\text{ V}$. ■

Chapter 02. 전압법칙과 전류법칙

2.1 회로해석을 하기 위한 용어의 정의

문제 1

(a) 두 번 ,두 번 ;(b) 두 번 ; 두 번. ■

문제 2

(a) Yes, No, No; (b) No, No, No; (c) No, No, No ;
(d) Yes, Yes, Yes; (e) Yes, Yes, No; (f) Yes, Yes, No . ■

2.2 옴의 법칙

문제 1

(a) $i = \dfrac{v}{R} = \dfrac{4}{2} = 2\,\mathrm{A}$; (b) $v = iR = (-3) \times 2 = -6\,\mathrm{V}$;

(c) $v = iR = (3) \times 2 = 6\,\mathrm{V}$; (d) $v = iR = (3)2 = 6\,\mathrm{V}$;

(e) $i = \dfrac{V}{R} = \dfrac{12}{2} = 6\,\mathrm{V}$; (f) $i = \dfrac{V}{R} = \dfrac{-4}{2} = -2\,\mathrm{V}$.

답 (a) $i = 2\,\mathrm{A}$; (b) $v = -6\,\mathrm{V}$; (c) $v = 6\,\mathrm{V}$;
(d) $v = 6\,\mathrm{V}$; (e) $i = 6\,\mathrm{V}$; (f) $i = -2\,\mathrm{V}$. ■

문제 2

(a) Ohm's law에 의하여 전압 $v_2 = (2\Omega) \times (3\,\mathrm{A}) = 6\,\mathrm{V}$;
(b) Ohm's law에 의하여 전압 $v_4 = (4\Omega) \times (4\,\mathrm{A}) = 16\,\mathrm{V}$;
(c) 점 a 에서 $i_6 = i_2 + i_4 = 2\,\mathrm{A} + 4\,\mathrm{A} = 6\,\mathrm{A}$;
전압 $v_6 = (6\,\Omega) \times (i_6\,\mathrm{A}) = (6\,\Omega) \times (6\,\mathrm{A}) = 36\,\mathrm{V}$.

답 (a) $v_2 = 6\,\mathrm{V}$; (b) $v_4 = 16\,\mathrm{V}$; (c) $v_6 = 36\,\mathrm{V}$. ■

2.3 전력의 소모(=흡수)

문제 1

$$p(t) = v(t) \cdot i(t) = v(t) \cdot \frac{d}{dt} 4\cos 10t = 4\cos 10t \times (-40)\sin 10t$$
$$= -160 \sin 10t \times \cos 10t = -320 \sin^2 10t \ \mathrm{W}.$$

답 $p(t) = -320\sin^2 10t$ W. ■

문제 (2)

(a) $R = 2\,\Omega,\ v = -3\,\text{V};\ i = \dfrac{V}{R} = \dfrac{-10}{2} = -5\,\text{A}$

(b) $R = 5\,\Omega,\ p = 20\,\text{W};\ v = \sqrt{Rp} = \sqrt{5\times 20} = \pm 10\,\text{V}$

(c) $R = 4\,\Omega,\ v = -8\,\text{V};\ p = \dfrac{v^2}{R} = \dfrac{64}{4} = 16\,\text{W}$

(d) $i = -3\,\text{A},\ p = 36\,\text{W};\ p = i^2R,\ \ R = 4\,\Omega$

(e) $G = 5\,\mho,\ i = -15\,\text{A};\ v = \dfrac{i}{G} = \dfrac{-15}{5} = -3\,\text{V}$

답 (a) $i = -5$ A; (b) $v = \pm 10$ V;
(c) $p = 16$ W; (d) $R = 4\,\Omega$; (e) $v = -3$ V. ■

2.4 소자들의 직렬연결 및 병렬연결

문제 (1)

답 (a) 방의 불을 끄거나 켤 때 다른 제품들은 꺼지지 않는다. 병렬연결
(b) 위급할 때 한꺼번에 전기가 차단된다. 직렬연결. ■

문제 (2)

답 가전제품들은 모두 병렬연결되어 있다.
가전제품들이 병렬로 많이 열결 될수록 저항이 적어져서 많은 전류가 흐르게 된다.
최대 허용 전류 이상의 전류가 흐르면 회로차단기(두꺼비집)의 회로가 차단된다. ■

문제 (3)

답 (a) (i) 저항R_1, 저항R_2; (ii) 저항R_2, 저항R_4; (b) 없다. ;
(c) 저항R_1, R_2를 함께 생각한 저항은 전압원과 병렬연결이다.
저항R_2, R_4를 함께 생각한 저항은 전압원과 병렬연결이다. ■

2.5 전압원의 직렬 연결 및 전류원의 병렬연결

2. 전류원의 병렬연결

문제 (1)

(a) 전류원 3개가 병렬접속 되어있다. 위쪽의 단자를 "+"로 갖는 전류원으로 대체하기 위하여 우측 5V 전원을 기준으로 전류의 대수적인 합을 구하여 나타내면 그림과 같다.

(*b*) 위쪽 node에 KCL을 적용하면,

$$6+\frac{v}{1}+\frac{v}{3}=0\,\text{A},\quad \frac{4v}{3}=-6\,,\ v=-\frac{9}{2}\text{V}\ .$$

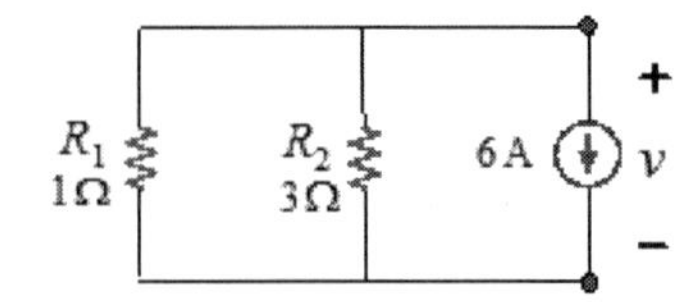

(*c*) 저항 R_2 가 소비하는 전력 ;

$$p_{3\Omega}=\frac{v^2}{R}=\frac{(-9/2)^2}{3}=\frac{81}{4\times 3}=\frac{27}{4}\text{ W}\ .$$

답 (*a*) 그림 참조 ; (*b*) $v=-\frac{9}{2}\text{V}$; (*c*) $p_{3\Omega}=\frac{27}{4}\text{ W}$. ■

2.5 전압원의 직렬 연결 및 전류원의 병렬연결

2. 전압원 및 전류원의 유효한 연결

문제 ①

(*a*) No. !! 각기 다른 두 전류원은 동일한(the same) 전류를 동일한(the same) 단자 a, b 에 공급해야 한다. 그렇지 못하므로, 이 회로는 존재 불가능하다.

(*b*) Yes. !! 이상 전압원은 통과 전류에 무관하게 일정전압을 공급해야 한다.
이상 전류원은 양단 전압에 무관하게 일정전류를 공급해야 한다.
통과 전류가 5 A 인 동안 전압원은 3 V 전압을 단자 a, b 에 공급하고 있다.
양단 전압 3 V 인 동안 전류원은 5 A 일정전류를 단자 a, b 에 공급하고 있다.
이 회로는 존재 가능하다.

(*c*) Yes. !! 저항 양단에 전압 $V_{ab}=-3\text{ V}$ 가 걸린다.

답 (*a*) No. !! ; (*b*) Yes. !! ; (*c*) Yes. !! ■

2.6 저항의 직렬연결, 병렬연결 및 직병렬연결

1. 저항의 직렬연결

문제 ①

(*a*) 메쉬 전류 $i=4\text{A}$ 이다. 각각의 전압원이 공급하는 전력은 다음과 같다.

$$p_{30\text{V}}=30\text{V}\times 4\text{A}=120\text{W};$$

$$p_{10\text{V}}=10\text{V}\times(-4\text{A})=-40\text{ W}\ \text{(즉, 40 W 소비한다)};$$

$$p_{20\text{V}}=20\text{V}\times(4\text{A})=80\text{ W};$$

따라서, 세 전압원이 공급하는 전체전력은 다음과 같다.

$$p_{\text{공급}}=120+(-40)+80=160\text{ W}$$

(b) 메쉬 전류 $i = 4\,\text{A}$ 이다. 각각의 저항이 소비하는 전력은 다음과 같다.

$$p_{4\Omega} = 4\,\Omega \cdot (4\,\text{A})^2 = 64\,\text{W};\ p_{2\Omega} = 2\,\Omega \cdot (4\,\text{A})^2 = 32\,\text{W}$$

$$p_{1\Omega} = 1\,\Omega \cdot (4\,\text{A})^2 = 16\,\text{W};\ p_{3\Omega} = 3\,\Omega \cdot (4\,\text{A})^2 = 48\,\text{W}$$

따라서, 세 저항이 소비하는 전체전력은 다음과 같다.

$$p_{\text{소비}} = 64 + 32 + 16 + 48 = 160\ \text{W}$$

답 (a) $p_{\text{공급}} = 160\ \text{W}$; (b) $p_{\text{소비}} = 160\ \text{W}$. ■

2. 저항의 병렬연결

문제 1

(a) node 1에서 KCL을 적용한다. 유출하는 전류의 합은 영(0)이다.

$$-4i_6 + 2 + \frac{v_1}{3} + i_6 = 0 \qquad \cdots\cdots\cdots ①$$

가지 $6\,\Omega$ 에서 KVL을 적용한다.

$$v_1 = 6i_6 \qquad \cdots\cdots\cdots ②$$

가지 $3\,\Omega$ 에서 KVL을 적용한다.

$$v_1 = 3i_3 \qquad \cdots\cdots\cdots ③$$

식 ②를 ①에 대입하면,

$$-4i_6 + 2 + \frac{6i_6}{3} + i_6 = 0,\ -4i_6 + 2 + 2i_6 + i_6 = 0,\ \therefore i_6 = 2\ \text{A}$$

식 ②에 의하여

$$v_1 = 6i_6 = 12\ \text{V}$$

식 ③에 의하여

$$i_3 = \frac{12}{3} = 4\ \text{A}$$

따라서,

$$i = 2 + i_3 + i_6 = 2 + 4 + 2 = 8\ \text{A}$$

$$\therefore i_6 = 2\ \text{A},\ v_1 = 12\ \text{V},\ i_3 = \frac{12}{3} = 4\ \text{A},\ i_3 = 8\ \text{A}.$$

(b) 종속전류원이 회로에 공급하는 전력은

$$p_{\text{종속}} = v_1 \times 4i_6 = 12\,(4)(2) = 96\,\text{W}.$$

(c) 독립전류원이 회로에 공급하는 전력은

$$p_{독립} = (-v_1) \times 2\,\mathrm{A} = -12 \times 2\mathrm{A} = -24\,\mathrm{W}.$$

(d) $3\,\Omega$ 이 소비하는 전력

$$p_{3\Omega} = i^2 \times R = 16 \times 3 = 48\ \mathrm{W}.$$

(e) $6\,\Omega$ 이 소비하는 전력

$$p_{6\Omega} = i^2 \times R = 4 \times 6 = 24\ \mathrm{W}.$$

답 (a) $i_6 = 2\ \mathrm{A}$, $v_1 = 12\ \mathrm{V}$, $i_3 = \frac{12}{3} = 4\ \mathrm{A}$, $i_3 = 8\ \mathrm{A}$;
(b) $p_{종속} = 96\,\mathrm{W}$; (c) $p_{독립} = -24\,\mathrm{W}$; (d) $p_{3\Omega} = 48\ \mathrm{W}$; (e) $p_{6\Omega} = 24\ \mathrm{W}$. ■

3. 저항의 직병렬연결

문제 ①

(a) $R_{xy} = \frac{3 \times 6}{3+6} = 2\ \Omega$; (b) $R_{xy} = \frac{3 \times 6}{3+6} + \frac{6 \times 12}{6+12} = 2 + 4 = 6\ \Omega$

(c) $R_{xy} = (\frac{1}{8} + \frac{1}{12} + \frac{1}{24})^{-1} = 4\ \Omega$; (d) $R_{xy} = (\frac{1}{8} + \frac{1}{12} + \frac{1}{24} + \frac{1}{4})^{-1} = 2\ \Omega$

답 (a) $R_{xy} = 2\ \Omega$; (b) $R_{xy} = 6\ \Omega$; (c) $R_{xy} = 4\ \Omega$; (d) $R_{xy} = 2\ \Omega$. ■

문제 ②

답 $S = 1 + \frac{12}{7} = \frac{19}{7}\ \mathrm{S}$ ■

문제 ③

각각의 저항을 $R_1 = R\ \Omega$, $R_2 = 2R\ \Omega$ 라고 하자. 병렬 연결하면 등가 저항은

$$R_{eq} = (R) \| (2R) = \frac{R\ \Omega \times 2R\ \Omega}{R\ \Omega + 2R\ \Omega} = \frac{3R}{2}\ \Omega$$

과 같다. 문제에서 등가 저항이 $100\,\Omega$ 로 주어졌으므로,

$$\frac{3R}{2}\ \Omega = 100\ \Omega\ ,\ \ \therefore R = \frac{3}{2} \times 100 = 150$$

따라서, $R_1 = 150\ \Omega$, $R_2 = 2R = 2 \times 150 = 300\ \Omega$ 이다.

답 (a) $150\ \Omega$ 과 $300\ \Omega$. ■

2.7 컬롭의 전류 및 전압 법칙

1. 컬롭의 전류법칙(KCL)

문제 1

$(i_1)+(-i_2)+(-i_3)+(-i_4)+(i_5)=0$

$\therefore\ i_5=(-2)+(-2)+(7)+(3)=6\,\mathrm{A}$

답 $i_5=6\,\mathrm{A}$. ■

2. 컬롭의 전압법칙(KVL)

문제 1

(a) $6-3=i_x(3+4+5),\ i_x=\dfrac{3}{12}=0.25\,\mathrm{A}$;

(b) $v_x=-i_x\times 3=-(0.25)(3\Omega)=0.75\,\mathrm{V}$

(c) $p=v\cdot i=(-3)\times(0.25)\,\mathrm{m}=-0.75\,\mathrm{W}$

답 (a) $i_x=0.25\,\mathrm{A}$; (b) $v_x=0.75\,\mathrm{V}$; (c) $p=-0.75\,\mathrm{W}$. ■

문제 2

(a) 소자의 출구(exit) 부호를 선택하면 KVL 방정식은 다음과 같다.

$$-10+v_2+v_3=0$$

(b) Ohm' law $v=Ri$ 에 의하여 각 전압을 전류 i 로 표시한다.

$$-10+(2i)+(3i)=0$$

(c) 위의 식을 정리하면,

$$5i=10,\ \therefore\ i=2\,\mathrm{A}$$

답 (a) $-10+v_2+v_3=0$; (b) $-10+(2i)+(3i)=0$; (c) $i=2\,\mathrm{A}$. ■

문제 3

(a) $2i+3i-10=0\ \therefore i=2\,\mathrm{A}.\ \ \therefore v=2\times i=2\times 2=4\,\mathrm{V}$

(b) $v+4v-10=0\ \therefore v=2\,\mathrm{V},\ \therefore i=\dfrac{v}{2}=\dfrac{2}{2}=1\,\mathrm{A}$

답 (a) $i=2\,\mathrm{A},\ v=4\,\mathrm{V}$; (b) $v=4\,\mathrm{V},\ i=2\,\mathrm{A}$. ■

문제 4

(a) $v_B=4+(-6)=-2\,\mathrm{V},\ i+5=2\ \therefore i=-3\,\mathrm{A}$

(b) 각 소자가 흡수하는 전력은 다음과 같다.

소자 A: $p_A = (-3\text{A}) \times (6\text{V}) = -18\text{ W}$;

소자 B: $p_B = vi = (-5\text{ A}) \times (-2\text{V}) = 10\text{ W}$

전류원: $p_{2\text{A}} = (-2\text{A})(2\text{V}) = -4\text{ W}$

전압원: $p_{4\text{V}} = (3\text{A})(4\text{V}) = 12\text{ W}$

(c) $-18 + 10 - 4 + 12 = 0\text{ W}$, $\therefore$ Q.E.D.

답 (a) $i = 2\text{ A}$, $v = 4\text{ V}$;
(b) $p_A = -18\text{ W}$, $p_B = 10\text{ W}$, $p_{2\text{A}} = -4\text{ W}$, $p_{4\text{V}} = 12\text{ W}$;
(c) $-18 + 10 - 4 + 12 = 0\text{ W}$. ■

2.8 전압분배와 전류분배

1. 전압분배

문제 1

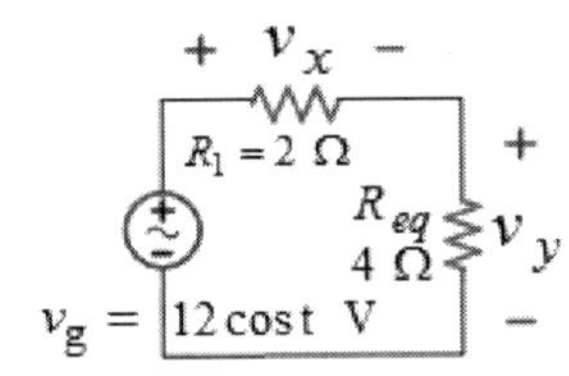

(a) 저항 R_2 와 R_3 의 등가저항은 $R_{eq} = 4\ \Omega$ 이다.
회로는 그림과 같다.

(b) 전압 v_y 는 병렬로 접속된 R_2저항과 R_3 저항 양단에 나타나는 전압이므로, 등가 저항 R_{eq}에도 마가지로 v_y가 된다. 저항 R_1 과 R_{eq}는 직렬연결되어 있다.
전압분배법칙을 적용하면 R_3의 양단에 걸리는 전압은 다음과 같다.

$$v_x = (12\cos t) \times \frac{2}{2+4} = 4\cos t\text{ V}$$

(c) 회로에 전압분배법칙을 적용하면 R_1의 양단에 걸리는 전압은 다음과 같다.

$$v_y = (12\cos t) \times \frac{4}{2+4} = 8\cos t\text{ V}$$

답 (a) 풀이 참조; (b) $v_x = 4\cos t$ V; (c) $v_y = 8\cos t$ V. ■

2. 전류분배

문제 1

(a) $4\,\Omega$ 에 흐르는 전류 i 은 다음과 같다.

$$i(t) = \frac{24\cos t}{4 + 6 \parallel 12} = \frac{24\cos t}{4 + \dfrac{6 \times 12}{6+12}} = \frac{24\cos t}{4+4} = 3\cos t\text{ A};$$

(b) 저항 $6\,\Omega$ 에 흐르는 전류 i_1은 다음과 같다.

$$i_1(t) = i \times (\frac{12}{6+12}) = (3\cos t)(\frac{12}{18}) = 2\ \cos t\ \text{A};$$

(c) 저항 12 Ω 에 흐르는 전류 i_2 는 다음과 같다.

$$i_2(t) = i \times (\frac{6}{6+12}) = (3\cos t)(\frac{6}{18}) = 1\ \cos t\ \text{A}.$$

답 (a) $i(t) = 3\cos t$ A; (b) $i_1(t) = 2\cos t$ A; (c) $i_2(t) = 1\cos t$ A. ■

문제 (2)

(a) $R_{ab} = 2 + 4 + \left(\frac{1}{8} + \frac{1}{12} + \frac{1}{24}\right)^{-1} = 2 + 4 + 4 = 10\,\Omega,$

$i = \frac{20\text{ V}}{R_{ab}} = \frac{20\text{ V}}{10\ \Omega} = 2\text{ A};$

(b) $v_1 = 2 \cdot i = 2 \times 2 = 4\text{ V};\ v_2 = 4 \cdot i = 4 \times 2 = 8\text{ V};$

$v_3 = 20\text{ V} \times \frac{4\,\Omega}{(2\,\Omega + 4\,\Omega) + 4\,\Omega} = 8\text{ V}.$

(c) $i_1 = \frac{v_3}{8\Omega} = \frac{8\text{ V}}{8\,\Omega} = 1\text{ A},\quad i_2 = \frac{v_3}{12\,\Omega} = \frac{8\text{ V}}{12\,\Omega} = \frac{2}{3}\text{ A},$

$i_3 = \frac{v_3}{24\,\Omega} = \frac{8\text{ V}}{24\,\Omega} = \frac{1}{3}\text{ A}.$

답 (a) $i = 2$ A; (b) $v_1 = 4$ V, $v_1 = 8$ V, $v_3 = 8$ V;
(c) $i_1 = 1$ A, $i_2 = \frac{2}{3}$ A, $i_3 = \frac{1}{3}$ A. ■

2.9 단일 메쉬로 구성된 회로

문제 (1)

Mesh 전류 i를 정의하고 전압 v_3 에 대한 기준 극성을 표시하면 그림과 같다.

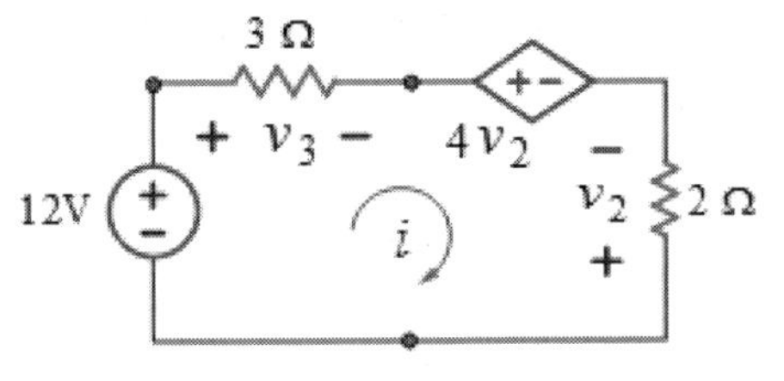

저항 2 Ω 에는 전압을 따로 정할 필요가 없다. 왜냐하면 종속 전원의 제어전압이 되는 v_2 가 이미 표시되어 있기 때문이다(그러나 수동부호규칙(passive sign convention)에 의해 정해지는 부호를 따르기 위해 v_A 의 기준부호를 반대로 정할 수 있다).

종속전압원이 하나 있는데 v_2 를 구하기 전에는 값을 알 수 없다. 그대신 $2v_2$ 를 숫자

값처럼 사용할 수 있다. KVL을 적용하면

$$(-12)+(v_3)+(4v_2)+(-v_2)=0$$

$$(-12)+(v_3)+(3v_2)=0 \qquad \cdots\cdots\cdots ①$$

를 얻는다. Ohm's law 에 의하여

$$v_3 = 3i \ \text{그리고}\ v_2 = -2i$$

이므로, 식 ①대입하면

$$(-12)+(3i)+(-6i)=0$$

이 얻어진다. 이를 풀면 $i=-4\,\text{A}$ 를 얻는다.

각 소자가 흡수하는 전력을 계산하면 다음과 같다.

$$p_{12\text{V}}=(12)(4)=48\,\text{W};\quad p_{3\Omega}=(4)^2(3)=48\,\text{W};$$

$$p_{\text{dep}}=(4v_2)\times 4=(4[-2][4]))\times 4=-128\,\text{W};\ p_{2\Omega}=(4)^2(2)=32\,\text{W}$$

답 (a) $p_{12\text{V}}=48\,\text{W}$; (b) $p_{3\Omega}=48\,\text{W}$; (c) $p_{\text{dep}}=-128\,\text{W}$; (d) $p_{2\Omega}=32\,\text{W}$. ■

문제 ②

(a) KVL : $v=-12+3v+10i \qquad \cdots\cdots\cdots ①$

종속전압원: $v=-2i \qquad \cdots\cdots\cdots ②$

식 ②를 ①에 대입하면, $-2i=-12-6i+10i,\ 12=2i-6i+10i,\ 12=6i$

$\therefore i=2\,\text{A} \qquad \therefore v=-2i=-2\times 2=-4\,\text{V}.$

(b) 각 소자가 흡수하는 전력

소자 #1 $p_1=8\,\text{W}$, 소자 #2 $p_2=-24\,\text{W}$,

소자 #3 $p_3=-24\,\text{W}$, 소자 #4 $p_4=40\,\text{W}$.

(c) $8-24-24+40=0\ \text{W}\left(=\dfrac{\text{J}}{\text{sec}}\right)$ $\therefore$ Q.E.D.

답 (a) $i=2\,\text{A}, v=-4\,\text{V}$;
(b) $p_1=8\,\text{W}$, $p_2=-24\,\text{W}$, $p_3=-24\,\text{W}$, $p_4=40\,\text{W}$; (c) $8-24-24+40=0\,\text{J}$. ■

2.10 노드(node) 쌍 하나로 구성된 회로

문제 ①

(a) 두 저항에서에서 소비되는 전력 p_{R_1}, p_{R_2} 은

$$p_{R_1}=\frac{v^2}{R_1}=\frac{(1/3)^2}{1/4}=\frac{4}{9}\,\text{W},\ p_{R_2}=\frac{v^2}{R_2}=\frac{(1/3)^2}{1/2}=\frac{2}{9}\,\text{W};$$

(b) 두 전류원이 공급하는 전력 p_{5A} , p_{3A} 은

$$p_{5A} = vi = (\frac{1}{3})5 = \frac{5}{3}\ \mathrm{W},\ p_{3A} = vi = \frac{1}{3}(-3) = -1\ \mathrm{W};$$

(c) 두 전류원이 공급하는 전력은 $p_{공급} = \frac{5}{3} - 1 = \frac{5-3}{3} = \frac{2}{3}\ \mathrm{W}$,

저항이 소비되는 전력은 $p_{소비} = p_{R_1} + p_{R_2} = \frac{4}{9} + \frac{2}{9} = \frac{6}{9} = \frac{2}{3}\mathrm{W}.$

답 (a) $p_{R_1} = \frac{4}{9}\ \mathrm{W},\ p_{R_2} = \frac{2}{9}\ \mathrm{W};$ (b) $p_{5A} = \frac{5}{3}\ \mathrm{W},\ p_{3A} = -1\ \mathrm{W};$

(c) $p_{공급} = \frac{2}{3}\ \mathrm{W},\ p_{소비} = p_{R_1} + p_{R_2} = \frac{2}{3}\mathrm{W}.$ ■

Chapter 03. 회로 해석법

3.3 노드(node)전압 해석법: 종속전원이 없는 특정한 예

문제 1

정의한 node 1과 node 2에 KCL을 적용한다.

(i) node 1에서 유출하는 전류의 대수합은 영(0)이다.

$$-9 + \frac{v_1}{8} + \frac{v_1 - v_2}{16} = 0$$

(ii) node 2에서 유출하는 전류의 대수합은 영(0)이다.

$$(-3) + \frac{v_2 - v_1}{16} + \frac{v_2}{16} = 0$$

정리하면,

$$\left(\frac{1}{8} + \frac{1}{16}\right)v_1 - \frac{1}{16}v_2 = 9$$

$$-\frac{1}{16}v_1 + \left(\frac{1}{12} + \frac{1}{16}\right)v_2 = 3$$

$$3v_1 - v_2 = 144$$

$$-3v_1 + 7v_2 = 144$$

방정식을 풀면

$$v_1 = 63\ \mathrm{V}\ ;\ v_2 = 48\ \mathrm{V}$$

이다.

답 (a) $v_1 = 63\ \mathrm{V};\ v_2 = 48\ \mathrm{V}.$ ■

문제 ②

아래쪽 node를 reference node로 선택한다. 위쪽 node 1의 전압을 v_1 으로 하고, KCL을 적용한다.

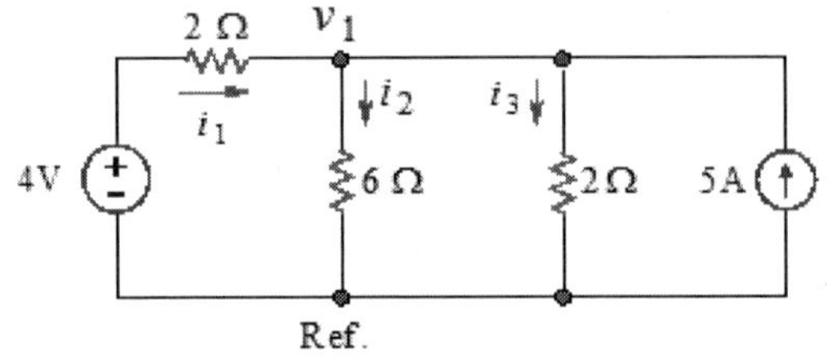

(a) 3개의 저항을 통해 흘러 나가는 전류의 합은 전류원으로 부터 node로 흘러 들어오는 전류의 합과 같다. 따라서, node 1에서 유출하는 전류는

$$\frac{v_1-4}{2}+\frac{v_1}{6}+\frac{v_1}{2}=5.$$

정리하면,

$$3v_1-12+v_1+3v_1=30\ ,\ 7v_1=42,\ v_1=6\ \mathrm{V};$$

(b) node 1에서 각각의 저항에 Ohm's law를 적용한다.

$$i_1=\frac{4-v_1}{2}=\frac{4-6}{2}=-1\,\mathrm{A}$$

$$i_2=\frac{6\,\mathrm{V}}{6\,\Omega}=1\,\mathrm{A},\quad i_3=\frac{6\,\mathrm{V}}{2\,\Omega}=3\,\mathrm{A}$$

(c) 전압원(4 V)이 공급하는 전력은 $p_{4\mathrm{V}}=vi_1=(4)(-1)=-4\,\mathrm{W}$
소비하는 전력은 $p_{4\mathrm{V}}=vi_1=(4)(1)=4\,\mathrm{W};$

(d) 전류원(3 A)이 공급하는 전력은 $p_{5\mathrm{A}}=vi=(6)(5)=30\ \mathrm{W}$
소비하는 전력은 $p_{5\mathrm{A}}=vi=(6)(-5)=-30\ \mathrm{W};$

(e) 저항 (R)에서 소비하는 전력은 i^2R 이다. 세 저항이 소비하는 전력은

$$p_{4\mathrm{V}}=(-1)^2\times(2)+(1)^2\times(6)+(3)^2\times(2)=26\ \mathrm{W}.$$

[주] 전압원과 전류원이 공급하는 전력은 $-4\,\mathrm{W}+30\ \mathrm{W}=26\ \mathrm{W}$ 이고
세 저항이 소비하는 전력은 26 W이다.

답 $(a)\,v_1=6\ \mathrm{V};\ (b)\,i_1=-1\,\mathrm{A},\ i_2=1\ \mathrm{A},\ i_3=3\,\mathrm{A};$
$(c)\ p_{4\mathrm{V}}=-4\,\mathrm{W};\ (d)\ p_{5\mathrm{A}}=30\ \mathrm{W};\ (e)\ p_{4\mathrm{V}}=26\ \mathrm{W}.$ ■

문제 ③

(a) KCL:

$$\frac{v_1}{3}+\frac{v_1-v_2}{2}=1+2,\ 2v_1+3v_1-3v_2=18$$

$$5v_1-3v_2=18 \qquad \cdots\cdots\cdots ①$$

$$\frac{v_2-v_1}{2}+\frac{v_2}{1}=3-2,\ v_2-v_1+2v_2=2$$

$$v_1-3v_2=-2 \qquad \cdots\cdots\cdots ②$$

두 식 ①, ②를 풀면,

$$v_1=5\text{ V},\ v_2=2.33\text{ V};$$

(b) Ohm's Law:

$$i=\frac{v_1-v_2}{4}=\frac{5-2.33}{4}=0.668\text{ A}$$

답 (a) $v_1=5\text{ V},\ v_2=2.33\text{ V}$; (b) $i=0.668\text{ A}$. ■

3.4 노드(node)전압 해석법: 종속 전원이 있는 특정한 예

문제 ①

(a) 그림 (b)와 같이 node전압 v_1, v_2를 정의한다.

KCL @ node 1,

$$5=\frac{v_1-v_2}{1}+\frac{v_1}{4},\ 20=4v_1-4v_2+v_1$$

$$5v_1-4v_2=20 \quad \cdots\cdots\cdots ①$$

KCL @ node 2,

$$2v_2=\frac{v_2-v_1}{1}+\frac{v_2}{2},\ 4v_2=2v_2-2v_1+v_2$$

$$2v_1+v_2=0 \quad \cdots\cdots\cdots ②$$

두식 ①, ②를 풀면,

$$v_1=\frac{\begin{vmatrix}20 & -4\\ 0 & 1\end{vmatrix}}{\begin{vmatrix}5 & -4\\ 2 & 1\end{vmatrix}}=\frac{(20)-(0)}{(5)-(-8)}=\frac{20}{13}=1.538\text{ V}$$

$$v_2 = \frac{\begin{vmatrix} 5 & 20 \\ 2 & 0 \end{vmatrix}}{\begin{vmatrix} 5 & -4 \\ 2 & 1 \end{vmatrix}} = \frac{(0)-(40)}{(5)-(-8)} = \frac{-40}{13} = 3.077\,\text{V}$$

$$\therefore\ v_1 = 1.538\,\text{V},\ v_2 = 3.077\,\text{V};$$

(b) 이 회로에서 종속전원이 공급하는 전력은

$$p = v \times i = v_2 \times 2v_2 = (3.077) \times 2(3.077) = 18.936\ \text{W};$$

답 (a) $v_1 = 1.538\,\text{V}$, $v_2 = 3.077\,\text{V}$; (b) $p = 18.936\ \text{W}$. ■

2. 전류로 제어되는 종속 전류원이 있는 경우

문제 ①

정의한 node 1과 node 2에 KCL을 적용한다.

(i) Node 1에서 KCL을 적용한다.

$$\frac{v_1}{2} + \frac{v_1 - v_2}{4} = 2i_1 - 4,\ 2v_1 + (v_1 - v_2) = 8i_1 - 16,$$

$$3v_1 - v_2 = 8i_1 - 16\ ; \qquad \cdots\cdots\cdots ①$$

(ii) Node 2에서 KCL을 적용한다.

$$\frac{v_2 - v_1}{4} + \frac{v_2}{1} = 3 - 2i_1,\ (v_2 - v_1) + 4v_2 = 12 - 8i_1,$$

$$-v_1 + 5v_2 = 12 - 6i_1\ ; \qquad \cdots\cdots\cdots ②$$

(ii) Node 1에서 Ohm's law를 적용한다.

$$v_1 = 2i_1 \qquad \cdots\cdots\cdots ③$$

식 ③을 두 식 ①, ②에 대입하면,

$$6i_1 - v_2 = 8i_1 - 16$$
$$-2i_1 + 5v_2 = 12 - 6i_1\ ;$$

정리하면,

$$2i_1 + v_2 = 16\ ;$$
$$4i_1 + 5v_2 = 12\ ;$$

플면,

$$i_1 = \frac{\begin{vmatrix} 16 & 1 \\ 12 & 5 \end{vmatrix}}{\begin{vmatrix} 2 & 1 \\ 4 & 5 \end{vmatrix}} = \frac{(80)-(12)}{(10)-(4)} = \frac{68}{6} = 11.333\ \text{A};$$

$$v_2 = \frac{\begin{vmatrix} 2 & 16 \\ 4 & 12 \end{vmatrix}}{\begin{vmatrix} 2 & 1 \\ 4 & 5 \end{vmatrix}} = \frac{(24)-(64)}{(10)-(4)} = \frac{-40}{6} = -6.667\,\text{V}.$$

답 $(a)\ i_1 = 11.333\ \text{V}\ ;\ (b)\ v_2 = -6.667\ \text{V}.$ ■

3.5 수퍼노드(node) 해석

1. 전압원 가지(branch)의 전류를 가정하는 방법

문제 1

전압원 가지(branch)의 전압원을 흐르는 전류를 모른다. 두 노드 n_1, n_2 사이에 존재하는 전압원에서 양단 전압은 통과전류와 무관하다. 통과전류가 아무런 값을 갖더라도 수퍼노드의 전압원은 4 V로 동작한다. 따라서 양단 전압과 통과전류의 관계식을 구할 수 없다. 다음 세 step을 따른다.

(1) 전압원 가지(branch)의 전압원 통과전류 i 를 미지수로 지정하여, 양끝 두 노드에 KCL 방정식을 세운다.

(2) Node와 node 사이에서 KVL($v_2 - v_1 = 4$)을 적용한다.

(3) 위 두 방정식들에서 미지수 i 를 소거한다.

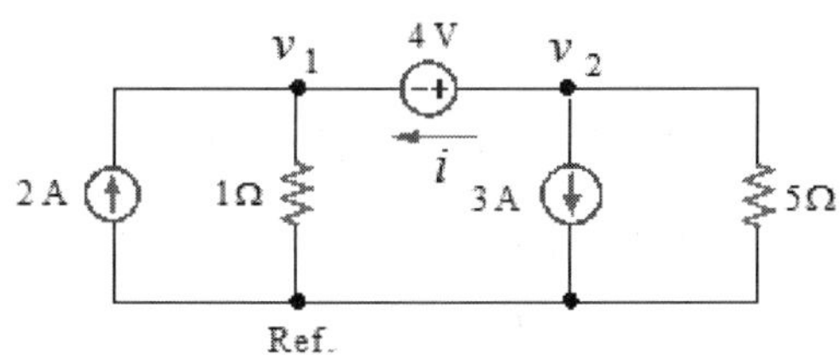

위 절차 (1), (2), (3)에 따라 해를 구해보자.

(1) 전압원 가지(branch)에서 전압원의 통과전류를 i 로 한다.

노드 1에서 KCL $\quad \dfrac{v_1}{1} = 2 + i$

노드 2에서 KCL $\quad \dfrac{v_2}{5} = -i - 3$

(2) Node 1과 node 2에 KVL을 적용한다. $v_2 - v_1 = 4$

세 식을 각각 정리하면,

$$v_1 = 2 + i \qquad \cdots\cdots\cdots ①$$
$$v_2 = -5i - 15 \qquad \cdots\cdots\cdots ②$$
$$v_2 - v_1 = 4 \qquad \cdots\cdots\cdots ③$$

(3) 위 두 방정식들에서 미지수 i 를 소거한다. 관계식 ② - ① = ③에 의하여

$$4 = -17 - 6i,\ i = \frac{-21}{6} = \frac{-7}{2}\text{ A}\ .$$

식 ①에 의하여

$$v_1 = 2 + i = 2 - \frac{7}{2} = \frac{-3}{2} = -1.5\text{ V}$$

식 ②에 의하여

$$v_2 = -5i - 15 = -5\left(\frac{-7}{2}\right) - 15 = \frac{35}{2} - 15 = \frac{35-30}{2} = 2.5\text{ V}$$

답 $(a)\ v_1 = -1.5\text{ V}$; $(b)\ v_2 = 2.5\text{ V}$. ■

2. 전압원 가지(branch)를 수퍼노드(supernode)로 정의하는 방법

문제 1

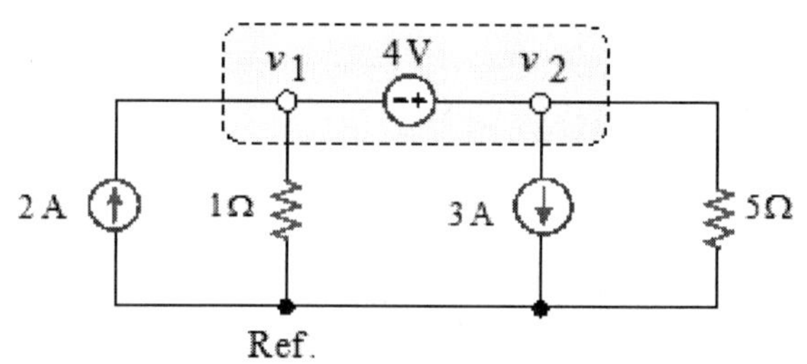

Node 1, node 2, 전압원 4 V를 수퍼 노드로 정의한다.

(i) 수퍼 노드에 KCL을 적용한다[114].

$$\frac{v_1}{1} + \frac{v_2}{5} = 2 - 3$$

(ii) 수퍼 노드에 KVL을 적용한다.

$$v_2 - v_1 = 4$$

114) 수퍼 노드에 KCL을 적용한다. 이 작업은 다음 세 step을 한 단계로 줄이게 한다.
(1) 수퍼 노드의 통과전류 i를 미지수로 가정하여, 양끝 두 노드에 KCL 방정식을 세운다.
(2) KVL 방정식을 세운다.
(3) 위 두 방정식들에서 미지수 i를 소거한다.

두 식을 정리하면,

$$5v_1 + v_2 = -5 \qquad \cdots\cdots\cdots ①$$

$$v_1 - v_2 = -4 \qquad \cdots\cdots\cdots ②$$

두 식에서 ①+②하면,

$$6v_1 = -9, \ v_1 = -1.5 \text{ V}$$

식 ②에 의하여

$$v_2 = v_1 + 4 = -1.5 + 4 = 2.5 \text{ V}$$

답 $(a)\ v_1 = -1.5$ V ; $(b)\ v_2 = 2.5$ V. ■

3.6 메쉬전류(mesh)를 해석하는 법

4. 2-mesh 평면 회로의 예

(2) 메쉬전류(mesh current)를 이용한 KVL

문제 1

(a) 세 전압원이 공급하는 전력 $p_{공급}$

(1) 9 V 전압원이 공급하는 전력 ;

$$p_{9\text{V}} = v \cdot i_1 = 9\text{ V} \times \frac{43}{13}\text{ A} = \frac{387}{13}\text{ W}$$

(2) 5 V 전압원이 공급하는 전력 ;

$$p_{5\text{V}} = v \cdot i_2 = 5 \times \frac{24}{13} = \frac{120}{13}\text{ W}$$

(3) 2 V 전압원이 공급하는 전력 ;
양(+)의 단자에서 흘러 나가는 전류를 i_3 이라면,

$$i_3 = i_1 - i_2 = \frac{43}{13} - \frac{24}{13} = \frac{19}{13}\text{ A}$$

이므로,

$$p_{2\text{V}} = v \cdot i_3 = 2\text{ V} \times \frac{19}{13} = \frac{38}{13}\text{ W}$$

따라서, 세 전압원이 공급하는 전력은 다음과 같다.

$$p_{공급} = \frac{38}{13} + \frac{387}{13} + \frac{120}{13} = \frac{545}{13}\text{ W}$$

(b) 세 저항이 소비하는 전력 $p_{소비}$

(1) 저항 $2\,\Omega$ 이 소비하는 전력은

$$p_{2\Omega} = R \cdot i_1^2 = 2\,\Omega \times (\frac{43}{13}\text{ A})^2 = \frac{3698}{169}\text{ W}$$

(2) 저항 $4\,\Omega$ 이 소비하는 전력은

$$p_{2\Omega} = R \cdot i_2^2 = 4\,\Omega \times (\frac{24}{13}\text{ A})^2 = \frac{2304}{169}\text{ W}$$

(c) 저항 $3\,\Omega$ 이 소비하는 전력은

$$p_{2\Omega} = R \cdot i_3^2 = 3\,\Omega \times (\frac{19}{13}\text{ A})^2 = \frac{1083}{169}\text{ W}$$

따라서, 세 저항이 소비하는 전력은 다음과 같다.

$$p_{소비} = \frac{3698 + 2304 + 1083}{169}\text{ W} = \frac{7085}{169} = \frac{545}{13}\text{ W}$$

답 (a) $p_{공급} = \frac{545}{13}$ W ; (b) $p_{소비} = \frac{545}{13}$ W. ■

문제 ②

(i) 메쉬 1에서 성립하는 시계방향 KVL 방정식을 세우면 다음과 같다.

$$-6 + 3i_1 + 2 + 2(i_1 - i_2) = 0,\ (3+2)i_1 - 2i_2 = 4$$

(ii) 메쉬 2에서 성립하는 시계방향 KVL 방정식을 세우면 다음과 같다.

$$2(i_2 - i_1) - 2 + 4i_2 + 5 = 0,\ -2i_1 + (2+4)i_2 = 3$$

두 식을 정리하면 각각 다음과 같다.

$$5i_1 - 2i_2 = 4 \quad \cdots\cdots\cdots ①$$

$$2i_1 - 6i_2 = -3 \quad \cdots\cdots\cdots ②$$

두 식 ①, ②에 에서

$$i_1 = \frac{\begin{vmatrix} 4 & -2 \\ -3 & -6 \end{vmatrix}}{\begin{vmatrix} 5 & -2 \\ 2 & -6 \end{vmatrix}} = \frac{(-24)-(6)}{(-30)-(-4)} = \frac{-30}{-26} = 1.154\text{ A}$$

$$i_2 = \frac{\begin{vmatrix} 5 & 4 \\ 2 & -3 \end{vmatrix}}{\begin{vmatrix} 5 & -2 \\ 2 & -6 \end{vmatrix}} = \frac{(-15)-(8)}{(-30)-(-4)} = \frac{-23}{-26} = 0.885\text{ A}$$

따라서

답 $(a) i_1 = 1.154\ \mathrm{A}$; $(b) i_2 = 0.885\ \mathrm{A}$. ■

5. 전류원이 한 쪽 메쉬에 포함된 회로

(1) 종속전원이 메쉬전류(또는 메쉬전류들의 합)에 따르는 경우

문제 ①

전류 i 는 가지전류이다. 메쉬해석법을 적용하기 위해 메쉬전류를 사용하여 그리면 다음과 같다.

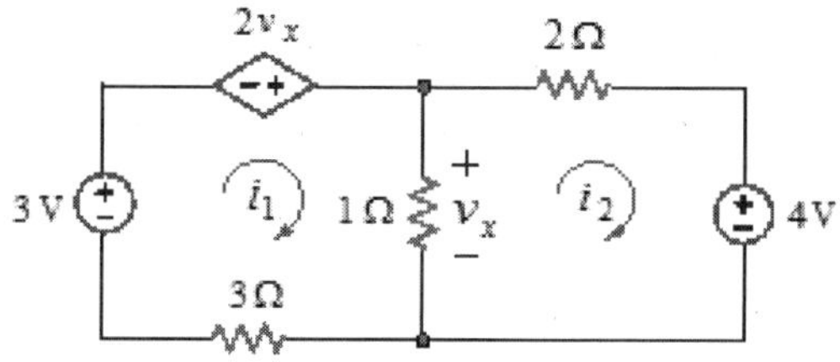

(b) 메쉬해석법을 적용하기 위해 메쉬전류를 표시한 회로.

종속전원이 메쉬전류 i_2 **에 종속되기 때문에** 이 2-메쉬 회로를 해석하기 위해서는 2개의 방정식만이 필요하다.

왼쪽 메쉬에서 KVL을 적용하면

$$-3 - 2i_2 + 1(i_1 - i_2) + 3i_1 = 0$$

오른쪽 메쉬에서 KVL을 적용하면 다음과 같다.

$$1(i_2 - i_1) + 2i_2 + 4 = 0$$

양변의 항을 정리하면 아래와 같이

$$\begin{cases} 4i_1 - 3i_2 = 3 \\ i_1 - 3i_2 = 4 \end{cases}$$

위의 두 식을 풀면

$$i_1 = -0.333\,\mathrm{A},\ i_2 = -1.444\ \mathrm{A}\ .$$

따라서, $i = i_2 = -1.444\ \mathrm{A}$

답 $i = -1.444\ \mathrm{A}$. ■

Chapter 04. 편리한 회로해석기법

4.1 선형성과 중첩정리

2. 중첩의 정리

문제 ①

입력 $i_1(t)$ 일 때의 출력은 $i_1(t) \rightarrow v_1(t) = R\,i_1(t)$

입력 $i_2(t)$ 일 때의 출력은 $i_2(t) \rightarrow v_2(t) = R\,i_2(t)$

입력 $i_3(t)$ 일 때의 출력은 $i_3(t) \rightarrow v_3(t) = R\,i_3(t)$

입력을 $i_3(t) = \alpha\, i_1(t) + \beta i_2(t)$로 나타내면 출력은

$$v_3(t) = R[\alpha\, i_1(t) + \beta i_2(t)] = \alpha R\, i_1(t) + \beta R i_2(t) = \alpha v_1(t) + \beta v_2(t)$$

$$\therefore\ v_3(t) = \alpha v_1(t) + \beta v_2(t)$$

중첩의 정리가 성립하므로 선형 소자이다. $\therefore$ Q.E.D.

문제 ②

(a) $v_3 = 2v_1 + 3v_2 = 6 + 15 = 21\,\text{V}$ 일 때, 전류가 $i_3 = 18 + 45 = 63\,\text{A}$ 흐른다.

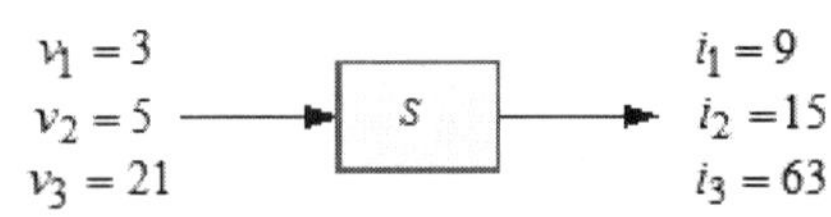

(b) $v_3 = 3v_1 + \dfrac{12}{5}v_2 = 9 + 12 = 21\,\text{V}$ 일 때, 전류가 $i_3 = 27 + 36 = 63\,\text{A}$ 흐른다.

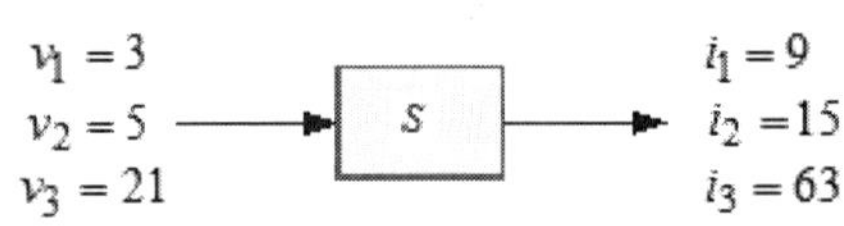

답 (a) $i = 63\,\text{A}$; (b) $i = 63\,\text{A}$. ■

3. 회로에서 중첩의 정리를 적용하는 순서

문제 ①

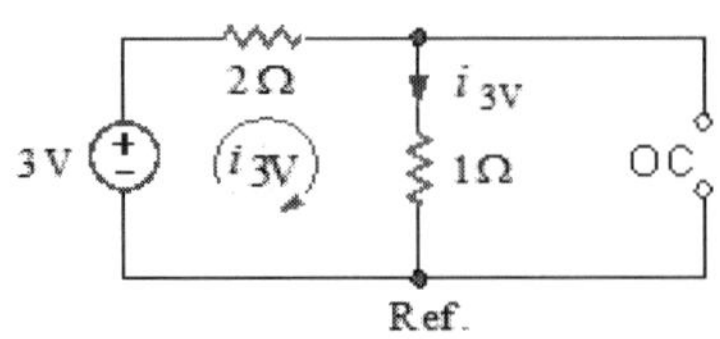

(a)전압원만 동작하는 회로.

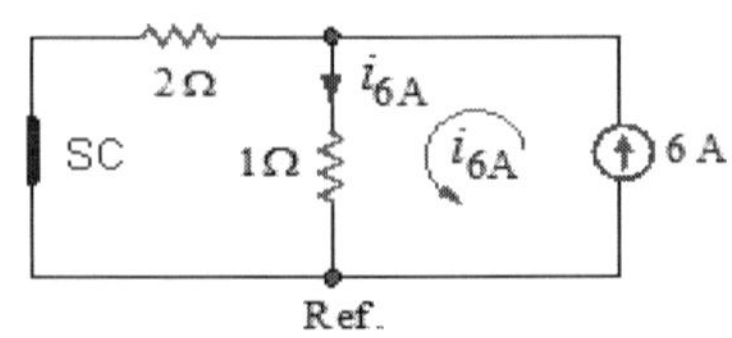

(b) 전류원만 동작하는 회로.

(1) 전압원의 크기가 3배 감소하면, 응답도 3배 감소한다.

$$i_{3\,\mathrm{V}} = i_{9\,\mathrm{V}} \times \frac{1}{3} = 3\mathrm{A} \times \frac{1}{3} = 1\,\mathrm{A}$$

(2) 전류원의 크기가 2배 증가하면, 응답도 2배 증가한다.

$$i_{6\,\mathrm{A}} = i_{3\,\mathrm{A}} \times 2 = 2\,\mathrm{A} \times 2 = 4\,\mathrm{A}$$

(3) 두 전류의 중첩 $i = i_{3\,\mathrm{V}} + i_{6\,\mathrm{A}}$은 다음과 같다.

$$i = i_{3\,\mathrm{V}} + i_{6\,\mathrm{A}} = 1 + 4 = 5\,\mathrm{A}$$

답 $(a)\, i_{3\mathrm{V}} = 1\,\mathrm{A};\ (b)\, i_{6\mathrm{A}} = 4\,\mathrm{A};\ (c)\, i = 5\,\mathrm{A}.$ ■

4.2 분수함수의 최댓값

문제 ①

(a) $R_L = 10\ \Omega$ 일 때,

$$i_L = \frac{12\,\mathrm{V}}{(6+R_L)\,\Omega} = \frac{12\,\mathrm{V}}{(6+10)\,\Omega} = 0.75\ \mathrm{A},$$

$$v_L = 12 \cdot \frac{R_L}{6+R_L} = 12\,\mathrm{V} \cdot \frac{10\ \Omega}{(6+10)\,\Omega} = 7.5\,\mathrm{V}.$$

같은 애기지만, 소비전력을 다음 3가지로 표현해 보자.

$$P_L = V_L \cdot i_L = (7.5\ \Omega) \cdot (0.75\,\mathrm{A}) = 5.625\ \mathrm{W}$$

$$P_L = i^2 \cdot R_L = (0.75\,\mathrm{A})^2 \cdot 10\ \Omega = 5.625\ \mathrm{W}$$

$$P_L = \frac{V_L^2}{R_L} = \frac{(7.5\,\mathrm{A})^2}{10\ \Omega} = 5.625\ \mathrm{W}$$

(b) 부하 R_L에 걸릴 수 있는 최대 전압을 구하기 위해서 분수식의 극한을 이용한다.

$$i_L = \frac{12\,\mathrm{V}}{(6+R_L)\,\Omega} = \frac{12}{6+R_L}\ \mathrm{A}$$

에서,

$$i_L\big|_{R\to\infty} = \left.\frac{12}{6+R_L}\right|_{R\to\infty} = 0\ \mathrm{A},$$

$$V_L\big|_{R\to\infty} = 12 \cdot \left.\frac{R_L}{6+R_L}\right|_{R\to\infty} = 12 \cdot \left.\frac{1}{\frac{6}{R_L}+1}\right|_{R\to\infty} = 12\ \mathrm{V}$$

같은 애기지만, 소비전력을 다음 3가지로 표현해 보자.

$$P_L = V_L \cdot i_L = (0) \cdot (12) = 0 \text{ W}$$
$$P_L = i^2 \cdot R_L = (0)^2 \cdot (\infty) = 0 \text{ W}$$
$$P_L = \frac{V_L^2}{R_L} = (12)^2 \frac{1}{\infty} = 0 \text{ W}$$

[참고] 회로가 동작하는 상태를 보자. 부하저항 $R_L = \infty$ 일 때, 부하의 통과전류는 0 A, 부하의 양단전압은 12 V이다. $R_L = \infty$은 아주 크다는 의미이며, 어떤 숫자를 나타내지 않는다. 회로애서 보면, $R_L = \infty$은 회로가 개방되어 있다는 의미이다. 따라서, 부하에 전류가 흐르지 않고, 저항 6 Ω에도 전류가 흐르지 않는다. 따라서, 부하의 양단전압은 전압원 12 Volts가 모두 걸리는 전압이다.

답 $(a)\ P_L = 5.625 \text{ W}$; $(b)\ i = \frac{7}{6} \text{ A}$. ■

4.3 테브닌 회로와 노튼 회로

문제 1

(a) 전류분배에 의하여 $i = \frac{20}{9} \times \frac{6}{6+9} = \frac{4}{3} \times \frac{2}{3} = \frac{8}{9} \text{ A}$;

(b) Ohm's law 에 의하여 $v = i \times R_L = \frac{8}{9} \text{A} \times 9\,\Omega = 8 \text{V}$.

[별해] 저항 부하에 걸리는 전압 v는 합성저항 $6\,\Omega \parallel 9\,\Omega$ 에 걸리는 전압이다.

$$v = i_{sc} \times (6 \| 9) = i_{sc} \times \frac{6 \times 9}{6+9} = \frac{20}{9} \times \frac{54}{15} = 8 \text{ V}$$
$$\therefore v = 8 \text{ V}$$

답 $(a)\ i = \frac{8}{9} \text{ A}$; $(b)\ v = 8 \text{ V}$. ■

3. 테브닌(Thèvenin) 회로와 노튼(Norton) 회로의 상호 변환

문제 1

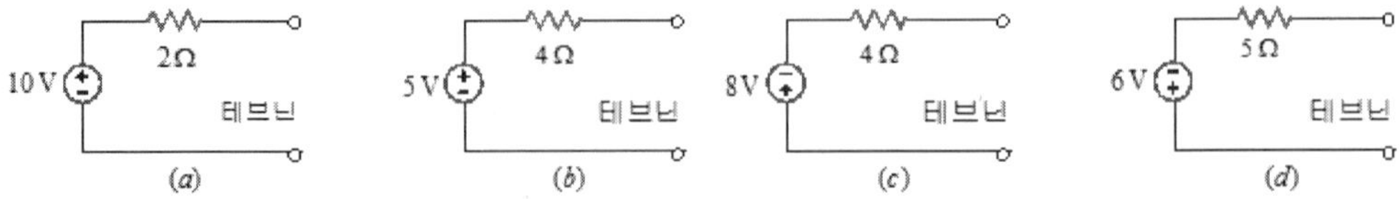

4.4 테브닌의 회로를 구하는 방법

문제 1

(a) 주어진 회로를 두 개의 회로 A와 B로 구분한다. 단자 ab 좌측의 회로 A는 다음 그림과 같다.

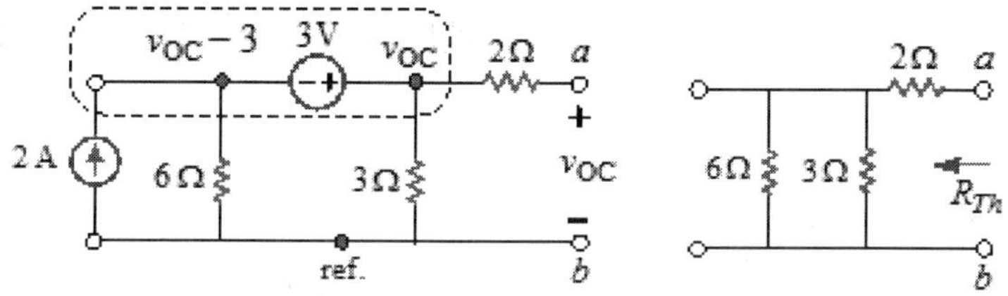

(i) 양단전압 V_{OC} (ii) 저항 R_{Th}

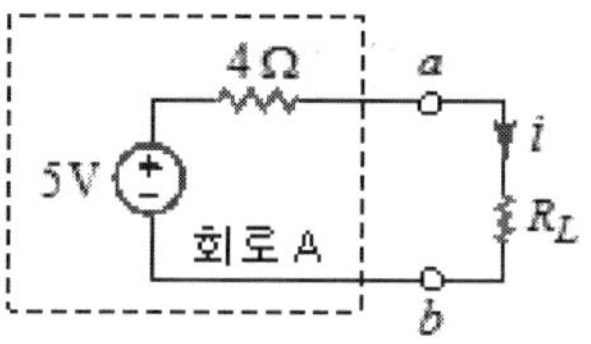

(i) 수퍼노드에서 개방회로전압 v_{oc} 를 구한다.

$$\frac{v_{oc}-3}{6}+\frac{v_{oc}}{3}=2,\ \ \therefore\ v_{oc}=5\ \mathrm{V}$$

(ii) 독립전원을 제거하고 등가저항 R_{Th}를 구한다.

$$R_{th}=2+\frac{(3)(6)}{3+6}=4\ \Omega$$

(iii) 따라서, Thévenin 등가회로는 우측 그림과 다음과 같다.

(b) 부하전류 i 는 다음과 같다.

$$i=\frac{5\ \mathrm{V}}{(4+R)\,\Omega}=\frac{5}{4+R}\ \mathrm{A}$$

답 (a) 풀이 참조 ; (b) $i=\dfrac{5}{4+R}\ \mathrm{A}$. ■

문제 2

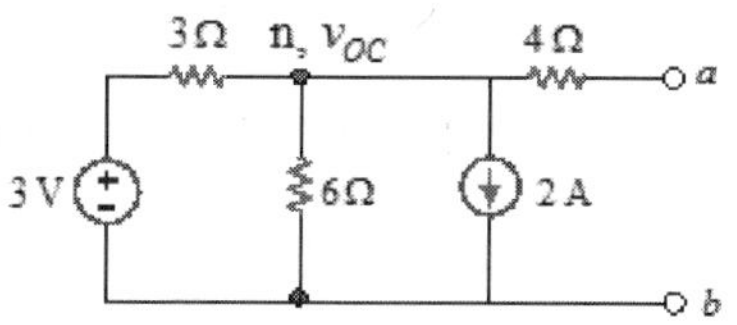

(i) 개방 v_{oc}의 값: 단자 ab가 개방되어 있으므로 노드 n의 전압이 개방 전압이다.
노드 n에서 KCL 방정식을 세우면,

$$\frac{v_{OC}-3}{3}+\frac{v_{OC}}{6}=-2,\ \therefore\ v_{OC}=-2\,\mathrm{V}$$

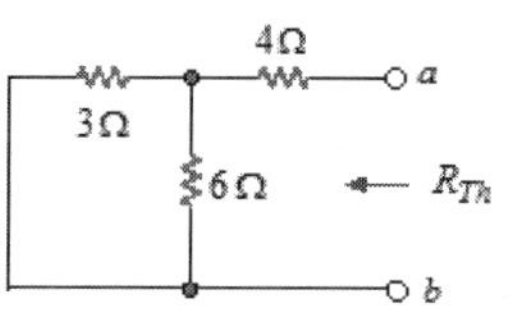

(ii) 테브닌 저항 R_{Th}의 값; $R_{Th}=4+3\|6=6\ \Omega$

그러므로, 테브닌의 등가회로는 그림과 같다.

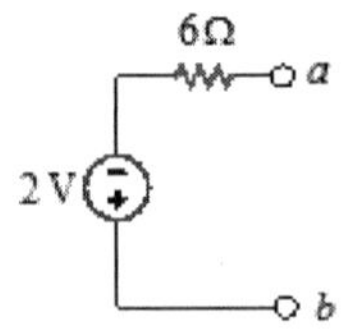

답 $(a)\ v_{Th} = -2\,\mathrm{V}$; $(b)\ R_{Th} = 6\ \Omega$. ■

문제 ③

(1) 개방회로 전압 v_{OC}를 구한다.

$$-10 + 3i - 2i + 4i = 0,\ i = 2\,\mathrm{A}$$
$$\therefore\ v_{OC} = 4i = 4\Omega \times 2\,\mathrm{A} = 8\,\mathrm{V}$$

(2) 단자 ab에 단락회로를 연결하고, 단락전류 i_{SC}를 구한다. 단락전류 i_{SC}는 메쉬 전류 i_2와 같다.

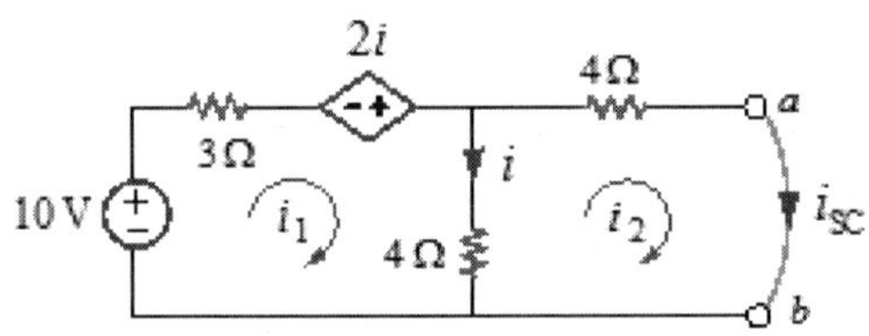

(i) 메쉬 # 1에서 KVL을 적용한다.

$$-10 + 3i_1 - 2i + 4(i_1 - i_2) = 0$$

(ii) 메쉬 # 2에서 KVL을 적용한다.

$$4(i_2 - i_1) + 4i_2 = 0$$

(iii) 위 두 방정식 ①, ②는 미지수 3개이다. 방정식 하나가 더 필요하다.
메쉬 사이의 가지 (branch) 전류는

$$i = i_1 - i_2$$

이다. 세 식을 정리하면,

$$7i_1 - 4i_2 - 2i = 10 \qquad \cdots\cdots\cdots ①$$
$$-4i_1 + 8i_2 = 0 \qquad \cdots\cdots\cdots ②$$
$$i_1 - i_2 - i = 0 \qquad \cdots\cdots\cdots ③$$

세 식 ①, ② 및 ③을 풀면,

$$i_1 = 2.5\,\mathrm{A},\ i_2 = 1.25\,\mathrm{A}\ \ i_3 = 1.25\,\mathrm{A},$$
$$\therefore\ i_{SC} = i_2 = 1.25\ \mathrm{A}$$

(3) 테브닌 등가저항을 구한다. $R_{Th} = \dfrac{v_{OC}}{i_{SC}} = \dfrac{8}{1.25} = 6.4\ \Omega$

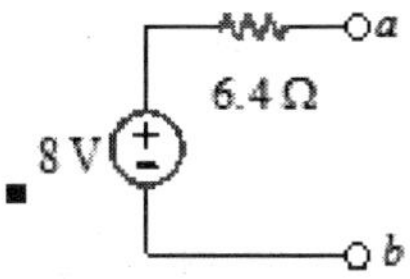

답 $(a)\ v_{Th} = 8\,\text{V}\ ;\ (b)\ R_{Th} = 6.4\ \Omega$. ■

4.5 노튼의 회로를 구하는 방법

문제 ①

(i) 단자 ab에 개방회로를 연결하고 개방전압 $v_{\text{oc}} = v_{\text{ab}}$를 구한다.
준 회로에서. 단자 ab에 개방회로가 이미 연결되어 있다.
개방전압은 $v_{\text{oc}} = v_{\text{ab}}$이다.

좌측 mesh에서, KVL을 적용하면,

$$-24 + 12i + v_{ab} = 0 \qquad \cdots\cdots\cdots ①$$

우측 mesh에서, Ohm's law를 적용하면,

$$v_{ab} = 3(-2i) = -6i \qquad \cdots\cdots\cdots ②$$

식 ②에 의하여,

$$i = \frac{-v_{ab}}{6} \qquad \cdots\cdots\cdots ③$$

식 ③을 ①에 대입하면,

$$-24 + 12\left(\frac{-v_{ab}}{6}\right) + v_{ab} = 0$$

$$-24 - 2v_{ab} + v_{ab} = 0,\ v_{ab} = -24$$

(ii) 단자 ab에 단락회로를 연결하고 단락전류i_{sc}를 구한다.
단자 ab에 단락회로(short circuit, sc)를 연결하고, 단락전류i_{SC}를 구한다.

$$v_{\text{SC}} = v_{\text{ab}} = 0$$

이므로,

$$i = \frac{-24\,\text{V}}{12\,\Omega} = -2\,\text{A}$$

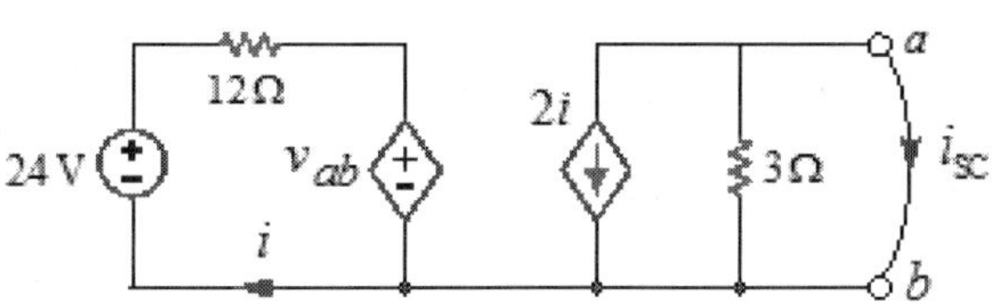

전류 $2i$가 i_{sc}의 반대방향으로 흐르므로,

$$i_{sc} = -2i = -2 \times 2A = -4A.$$

(iv) Norton 저항

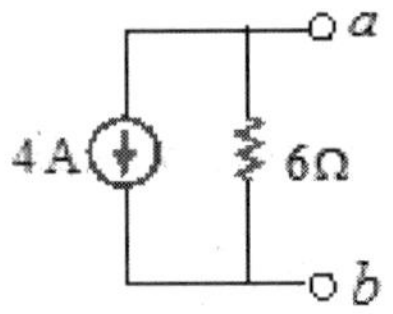

$R_{No} = \dfrac{v_{OC}}{i_{SC}}$, $R_{No} = \dfrac{v_{ab}}{1}$를 구한다.

$$R_{No} = \frac{v_{OC}}{i_{SC}} = \frac{-24}{-4} = 6\,\Omega$$

답 (a) $i_{No} = -4A$; (b) $R_{No} = 6\,\Omega$. ■

문제 ②

(i) 독립 전원을 구동시키고, 단자 ab의 단락전류 i_{sc}를 구한다. 저항 $12\,\Omega$ 의 통과전류는 없다. 전류분배에 의하여 i_{sc}를 구하면,

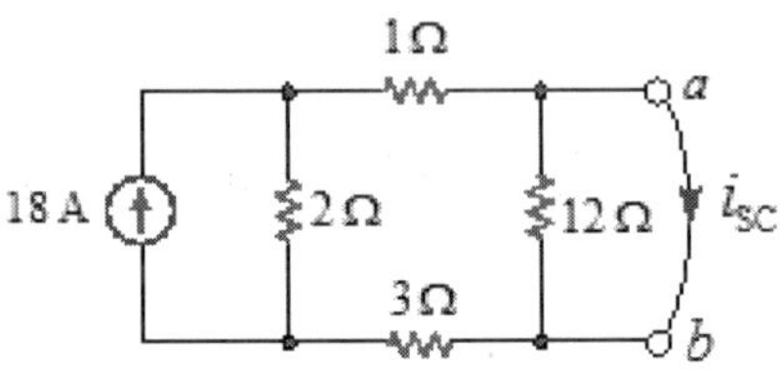

$$i_{sc} = 18 \times \frac{2}{2+4} = 6\,A$$

(ii) 독립전원을 제거하고, 단자 ab 좌측을 들여다 본 등가저항 R_{Th}를 구한다.

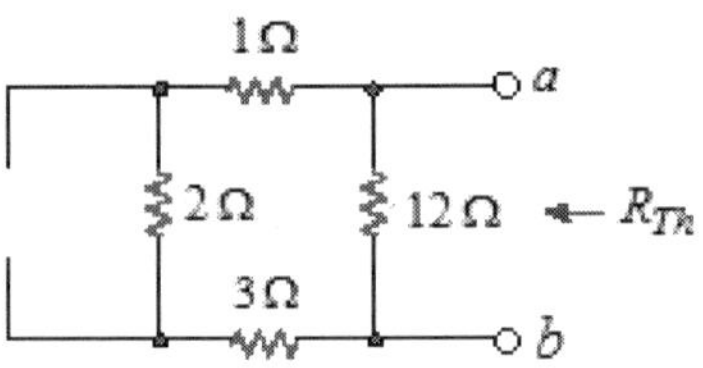

$$R_{Th} = (1+2+3)\,\Omega \parallel 12\,\Omega = \frac{6 \times 12}{6+12} = 4\,\Omega$$

(iii) Norton 저항 $R_{No} = \dfrac{v_{ab}}{1}$를 구한다.

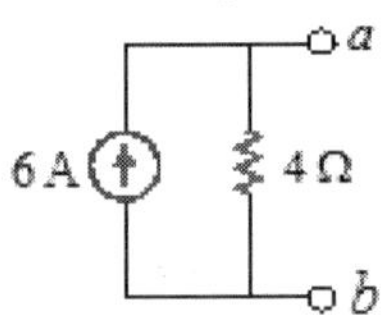

답 (a) $i_{No} = 6A$; (b) $R_{No} = 4\,\Omega$. ■

문제 ③

(a)

(i) 전원을 제거하고 Norton 등가저항을 구한다.

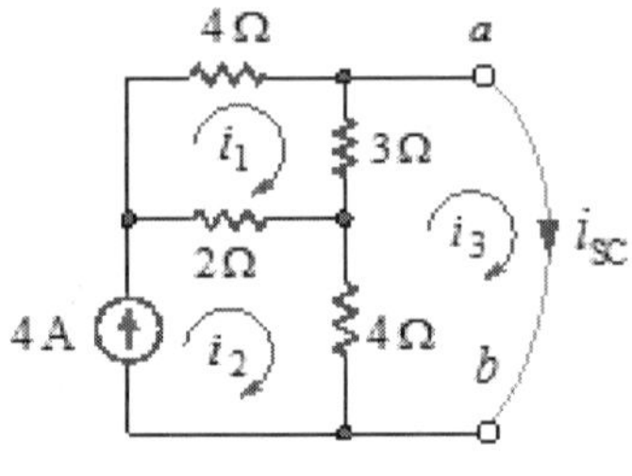

$$R_{Nor} = 4 + \frac{3 \times (2+4)}{3+(2+4)} = 6\,\Omega$$

(ii) 메쉬 전류 i_1, i_2, i_3를 정의하고 KVL을 세운다.

$$9i_1 - 3i_3 - 2(4) = 0$$
$$-3i_1 - 1(4) + 4i_3 = 0$$

정리하면,

$$9i_1 - 3i_3 = 8 \quad \cdots\cdots\cdots ①$$
$$-3i_1 + 4i_3 = 4 \quad \cdots\cdots\cdots ②$$

두 식 ①, ②에 의하여,

$$\therefore\ i_3 = \frac{20}{9}\,\text{A} = i_3$$

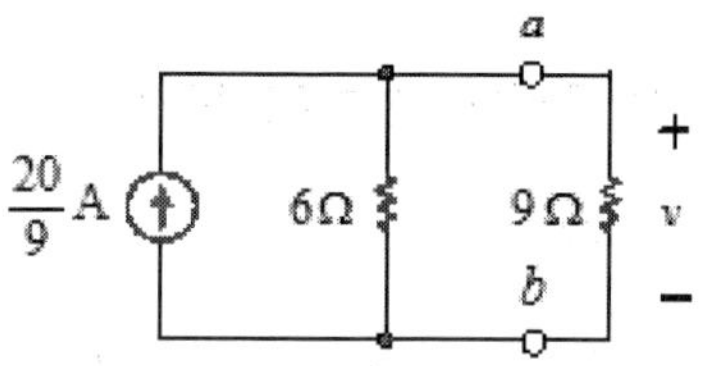

따라서, Norton 등가회로는 우측 그림과 같다.

(b) 저항 부하에 걸리는 전압 v는 합성저항 $6\,\Omega \,\|\, 9\,\Omega$ 에 걸리는 전압니다.

$$v = i_{sc} \times (6\|9) = i_{sc} \times \frac{6\times 9}{6+9} = \frac{20}{9} \times \frac{54}{15} = 8\,\text{V}$$
$$\therefore\ v = 8\text{ V}$$

답 (a) $i_{No} = \dfrac{20}{9}\,\text{A},\ R_{No} = 6\,\Omega$; (b) $v = 8\,\text{V}$. ■

4.6 최대 전력전달

1. 전압원이 최대 전력을 부하에 공급하는 조건

문제 1

부하를 구동하는 회로는 Thévenin 회로이다. Thévenin 회로의 최대 전력전달 조건은

$$R_L = 2\ \Omega$$

일 때이다.

(i) 부하의 통과 전류는 다음과 같다.

$$i_L = \frac{12\text{ V}}{(2+R_L)\,\Omega} = 6\cdot\frac{2}{(2+2)\,\Omega} = 3\text{ A}$$

(ii) 부하에 공급하는 전력은 다음과 같다.

$$p_L = i_L^2 R_L = (3\text{ A})^2 \cdot (2\,\Omega) = 18\text{ W}$$

[별해] 식

$$p_L = \frac{v_s^2}{4R_L}$$

에 대입하면,

$$p_L = \frac{v_s^2}{4R_L} = \frac{12^2}{4 \times 2} = 18 \text{ W}$$

답 $p_L = 18$ W. ■

2. 전류원이 최대 전력을 부하에 공급하는 조건

문제 1

(a) 부하전류 i 는 다음과 같다.

$$i = \frac{5}{4} \times \frac{4\ \Omega}{4\ \Omega + R_L\ \Omega} = \frac{5}{4 + R_L} \text{A}$$

부하전압 v 는 다음과 같다.

$$v = R_L \times i = R_L \times \frac{5\ \Omega}{4\ \Omega + R_L\ \Omega} = \frac{5R_L}{4 + R_L} \text{V}$$

(b) 부하전력 p 는 다음과 같다.

$$p = vi = \frac{5R_L}{4 + R_L} \frac{5}{4 + R_L} = \frac{25R_L}{(4 + R_L)^2} \text{W};$$

(c) $R_L = 4$ 일 때,

$$p = \frac{25R_L}{(4 + R_L)^2} = \frac{25 \times 4}{(4 + 4)^2} = \frac{100}{256} \text{W}.$$

답 (a) $i = \frac{5}{4 + R_L}$ A, $v = \frac{5R_L}{4 + R_L}$ V; (b) $p = \frac{25R_L}{(4 + R_L)^2}$ W; (c) $p = \frac{100}{256}$ W. ■

4.7 브리지 회로(Bridge Circuit)

문제 1

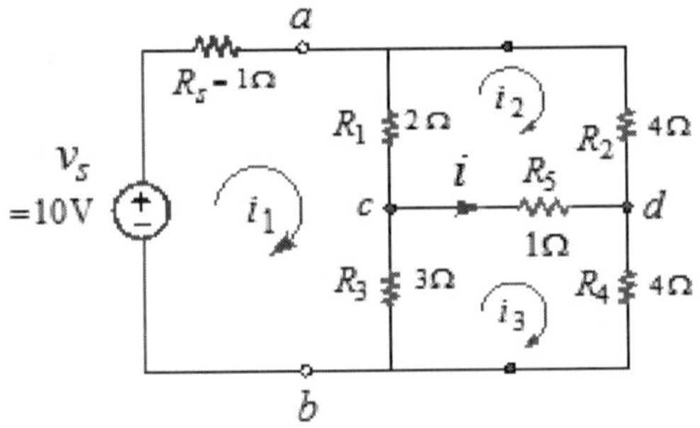

(a) 메쉬 1,2 3에서 성립하는 KVL은

$$i_1(1+2+3) - 2i_2 - 3i_3 = 10$$
$$i_2(2+4+1) - 2i_1 - 1i_3 = 0$$
$$i_3(1+4+3) - 3i_1 - 1i_2 = 0$$

이다. 정리하면 3원 3차 연립방식

$$\begin{cases} 6i_1 - 2i_2 - 3i_3 = 10 \\ -2i_1 + 7i_2 - 1i_3 = 0 \\ -3i_1 - 1i_2 + 8i_3 = 0 \end{cases}$$

을 얻는다. 풀면 각각의 메쉬 전류는 다음과 같다.

$$i_1 = 2.4664\text{ A},\ i_2 = 0.8520\text{ A},\ i_3 = 1.0314\text{ A}$$

$$\therefore i = i_3 - i_2 = 1.0314\text{ A} - 0.8520\text{ A} = 0.1794\text{ A}$$

(b) $i = i_3 - i_2 \neq 0$ 이므로 불평형 브리지 회로이다.
즉, $R_1R_4 \neq R_2R_3$ 이므로 평형 조건식이 성립하지 않는다.

답 (a) $i = 0.1794\text{ A}$; (b) No !. ■

문제 2

(a) 노드(node) c와 노드(node) d는 같은 노드(node)로 되었으므로 c, d로 표시하여 회로를 다시 그리면 아래와 같다.

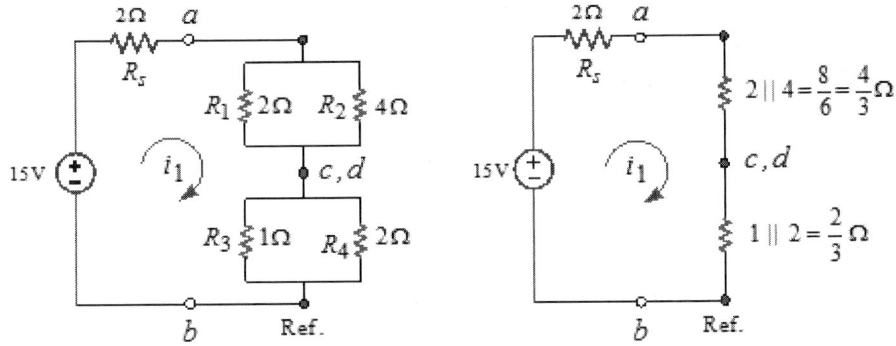

따라서, 단자 a, c, d 를 통과하는 전류는 각각 다음과 같다.

$$i_1 = 3.75\text{ A},\quad i_{ac} = i_1 - i_2 = 3.75 - 1.25 = 2.5\text{ A},\ i_2 = 1.25\text{ A}$$

(b)

(i) 전압분배에 의하여

$$v_a = 15\text{ V} \times \frac{\frac{4}{3}\,\Omega + \frac{2}{3}\,\Omega}{2\,\Omega + (\frac{4}{3}\,\Omega + \frac{2}{3}\,\Omega)} = 15\text{ V} \times \frac{6\,\Omega}{12\,\Omega} = 7.5\text{ V}$$

(ii) 전압분배에 의하여

$$v_c = v_a \times \frac{\frac{2}{3}\,\Omega}{\frac{4}{3}\,\Omega + \frac{2}{3}\,\Omega} = 7.5\text{ V} \times \frac{2\,\Omega}{4\,\Omega + 2\,\Omega} = 2.5\ V$$

(iii) $v_d = v_c = 2.5\text{ V}$

답 (a) $i_1 = 3.75\,\mathrm{A}$, $i_{ac} = 2.5\,\mathrm{A}$, $i_2 = 1.25\,\mathrm{A}$;
(b) $v_a = 7.5\,\mathrm{V}$, $v_c = 2.5\,\mathrm{V}$, $v_d = v_c = 2.5\,\mathrm{V}$. ■

4.9 Y←△(와이←델타) 변환과 △←Y(델타←와이) 변환

문제 ①

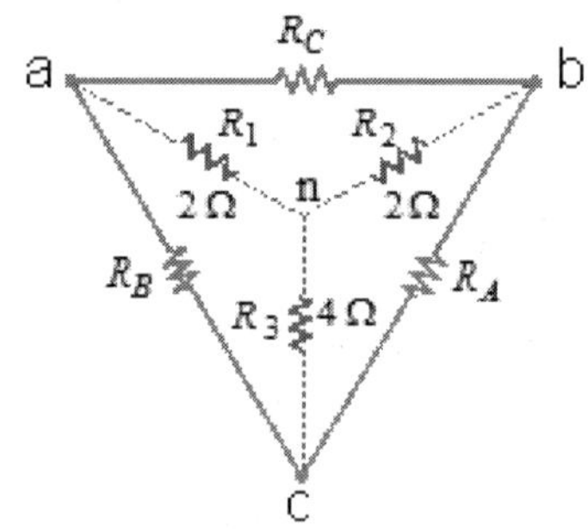

$$R_A = \frac{R_1 R_2 + R_2 R_3 + R_3 R_1}{R_1} = \frac{2\times2+2\times4+4\times2}{2} = \frac{4+8+8}{2} = 10\,\Omega$$

$$R_B = \frac{R_1 R_2 + R_2 R_3 + R_3 R_1}{R_2} = \frac{2\times2+2\times4+4\times2}{2} = \frac{4+8+8}{2} = 10\,\Omega$$

$$R_C = \frac{R_1 R_2 + R_2 R_3 + R_3 R_1}{R_3} = \frac{2\times2+2\times4+4\times2}{4} = \frac{4+8+8}{4} = 5\,\Omega$$

답 등가회로, $\triangle(R_A, R_B, R_C) = (10, 10, 5)\,\Omega$. ■

문제 ②

여러 경우가 있겠으나, 가지 ad를 등가 변환해 보면 아래 그림과 같다.

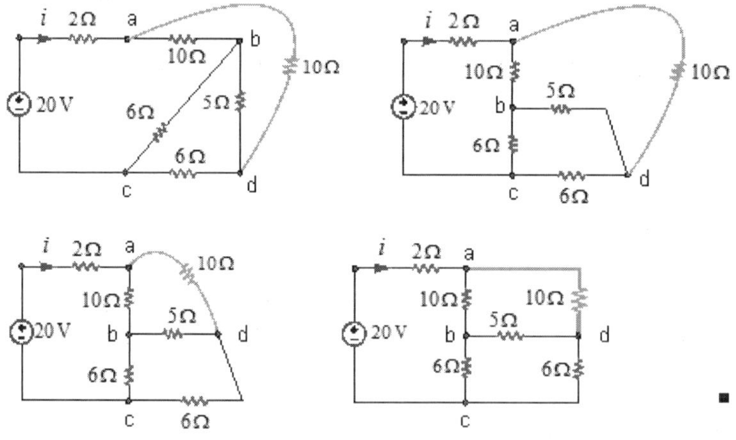

■

4.10 휘트스톤 브리지

문제 ①

(i) 직렬연결된 커패시터에서 다음 관계식이 성립한다.

$$Q = C_1 V_1 = C_2 V_2$$

값들을 대입하면.

$$5\,\mu\text{F}\ V_1 = 20\,\mu\text{F}\ V_2 \qquad \cdots\cdots\cdots ①$$

(ii) 전압분배에 의하여

$$V_1 + V_2 = 20 \qquad \cdots\cdots\cdots ②$$

(iii) 정리하면

$$\begin{cases} V_1 = 4\ V_2 \\ V_1 + V_2 = 20 \end{cases}$$

풀면,

$$V_2 = 4\ \text{V},\ V_1 = 16\ \text{V},$$

이므로,

$$V_2 = V_\text{A} = 4\ \text{V},\ V_\text{B} = 15\ \text{V}$$

$$\therefore V_{BA} = V_B - V_A = 15 - 4 = 11\,\text{V}$$

답 점B가 점A보다 11 V 높다. ■

Chapter 05. 커패시터 (Capacitor)

5.3 커패시터 시스템의 입력전압이 발생시키는 출력전류

문제 1

$$v(t) = \begin{cases} t \ , \ t < 1 \\ 2t \ , \ 1 \le t < 2 \\ -1.5t \ , \ t \ge 2 \end{cases} \Rightarrow i(t) = C\frac{dv(t)}{dt}$$

각 구간에서 전류를 미분하여 전압을 구한다.

$$i(t) = C\frac{dv(t)}{dt} = \begin{cases} 1 \times \frac{d}{dt}t = 1\ \text{A}\ , & t < 1\ \text{sec} \\ 1 \times \frac{d}{dt}2t = 2\ \text{A}\ , & 1 \le t < 2\ \text{sec} \\ 1 \times \frac{d}{dt}(-1.5t) = -1.5\ \text{A}\ , & t \ge 2\ \text{sec} \end{cases}$$

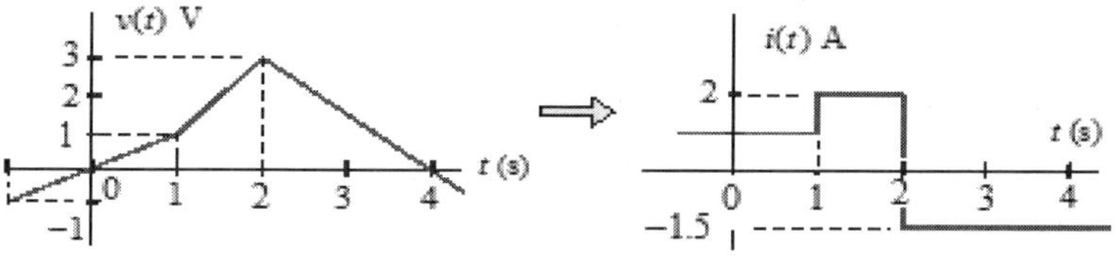

답 풀이 참조. ■

5.4. Capacitor 미분방정식을 적분 방정식으로 변환하는 방법

문제 ①

용량 $C = 1\,\text{F}$의 통과전류 $i(t) = \cos t\ \text{A}$

$$v(t) = \frac{1}{1}\int_{-\infty}^{t} \cos\tau\, d\tau + v(-\infty)$$

$$= [\sin\tau]_{-\infty}^{t} = \sin t - \sin(-\infty) + i(-\infty)$$

$\sin(-\infty)$의 값과 $i(-\infty)$를 모두 알아야 $v(t)$를 구할 수 있다.
이 값들을 모르므로, 준 식을 사용하여 전압 $v(t)$를 구할 수 없다.

답 풀이 참조. ■

5.5. Capacitor의 입력전류가 발생시키는 출력전압

문제 ①

용량 1F인 capacitor의 양단에 인가한 전류가 (a)와 같다. 양단 전압을 구하여라.
$t \le 0$에서 전류가 0이었으므로, capacitor 극판에는 전하가 저장되지 않았으며, 따라서 극판 양단의 전압은 0이다. $v(t_0) = v(-\infty) = 0$

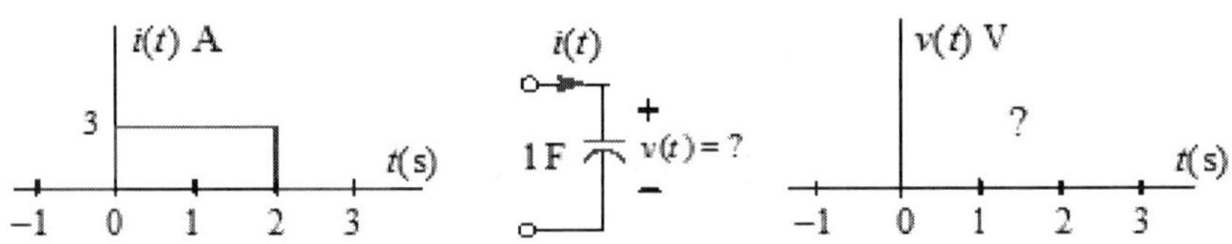

(a) (b) (c)

커패시터 시스템의 입력 전류신호 $i(t)$가 주어 졌을 때 출력 전압신호 $v(t)$를 구하는 문제이다.

$$\Rightarrow v(t) = \frac{1}{C}\int_{t_0}^{t} i(\tau)\, d\tau + v(t_0) \quad i(t) = \begin{cases} 0 & ,\ t < 0 \\ 3 & ,\ 1 \le t < 2 \\ 0 & ,\ t \ge 2 \end{cases}$$

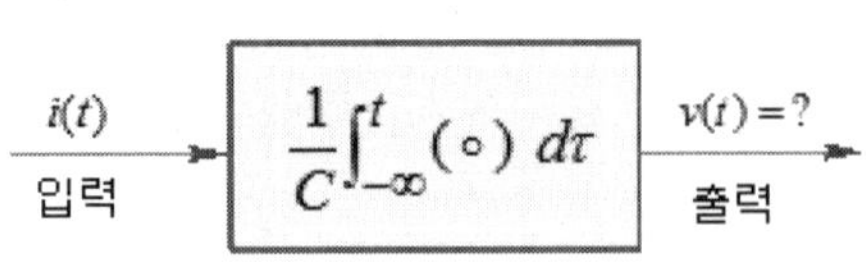

피적분 함수 전류 $i(\tau)$의 적분구간을 세 구간,

$$-\infty < t \le 0,\ 0 \le t \le 2,\ \text{및}\ t \ge 2$$

으로 구별한다.

(i) $-\infty < t \le 0$

$$v(t) = \frac{1}{C}\int_{t_0}^{t} i(\tau)\, d\tau + v(t_0) = \frac{1}{1}\int_{t_0 = -\infty}^{t} i(\tau)\, d\tau + v(-\infty)$$

$$= \frac{1}{1}\int_{t_0 = -\infty}^{t} 0\ d\tau + 0 = 0$$

$$\therefore v(t) = 0$$

(ii) $0 \le t \le 2$

$$v(t) = \frac{1}{C}\int_{t_0}^{t} i(\tau)\, d\tau + v(t_0) = \frac{1}{C}\int_{t_0 = -\infty}^{t} i(\tau)\, d\tau + v(-\infty)$$

$$= \frac{1}{C}\left[\int_{t_0 = -\infty}^{t=0} i(\tau)\, d\tau + \int_{t=0}^{t} i(\tau)\, d\tau\right] + v(-\infty)$$

$$= \frac{1}{C}\left[\int_{t_0 = -\infty}^{t=0} 0\ d\tau + \int_{t=0}^{t} 3\ d\tau\right] + v(-\infty)$$

$$= \frac{1}{C}\left[0 + \int_{t=0}^{t} 3\ d\tau\right] + 0 = \frac{1}{1}\int_{t=0}^{t} 3\ d\tau = 1 \cdot 3 \cdot [\tau]_{\tau=0}^{t} = 3t$$

$$\therefore v(t) = 3t$$

(iii) $t \ge 2$

$$v(t) = \frac{1}{C}\int_{t_0}^{t} i(\tau)\, d\tau + v(t_0) = \frac{1}{C}\int_{t_0 = -\infty}^{t} i(\tau)\, d\tau + v(-\infty)$$

$$= \frac{1}{C}\left[\int_{t_0 = -\infty}^{t=0} i(\tau)\, d\tau + \int_{t=0}^{t=2} i(\tau)\, d\tau + \int_{t=2}^{t} i(\tau)\, d\tau\right] + v(-\infty)$$

$$= \frac{1}{C}\left[\int_{t_0 = -\infty}^{t=0} 0\ d\tau + \int_{t=0}^{t=2} 3\ d\tau + \int_{t=2}^{t} 0\ d\tau + \right] + v(-\infty)$$

$$= \frac{1}{1}\left[\int_{t_0 = -\infty}^{t=0} 0\ d\tau + \int_{t=0}^{t=2} 3\ d\tau + \int_{t=2}^{t} 0\ d\tau + \right] + 0$$

$$= \frac{1}{1}[0 + 6 + 0] = 6\ \text{V}$$

$$\therefore v(t) = 6$$

따라서, 출력 전압신호 $v(t)$는 아래와 같다.

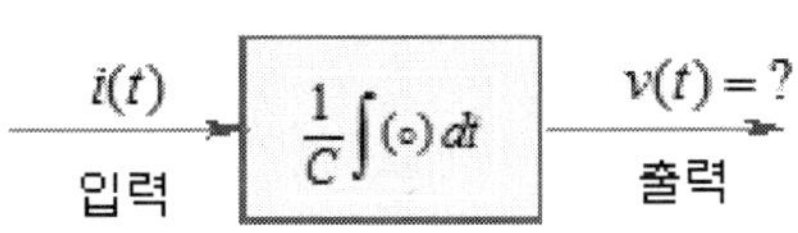

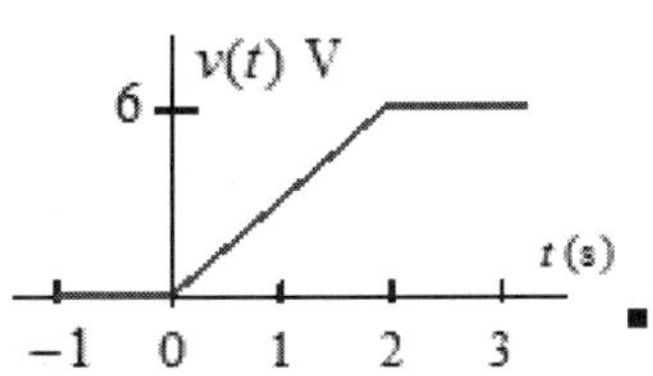

■

5.6 커패시터에 저장되는 전력과 에너지

문제 1

$$(a)\ p(t) = Cv(t)\frac{dv(t)}{dt} = 2\cdot(1-e^{-t})\times\frac{d}{dt}(1-e^{-t}) = 2\cdot(1-e^{-t})\cdot e^{-t}$$

$$p(2) = 2\cdot(1-e^{-2})\cdot e^{-2} = 0.234 = 234\ \text{mW};$$

$$(b)\ w_C(t) = \frac{1}{2}Cv^2 = \frac{1}{2}\cdot 2\cdot(1-e^{-t})^2 = (1-e^{-t})^2$$

$$w_C(2) = (1-e^{-2})^2 = 0.748 = 748\ \text{mJ}.$$

답 $(a)\,p(2) = 234\ \text{mW};\ (b)\,w_C(2) = 748\ \text{mJ}.$ ■

5.8 커패시터의 연결

(2) 병렬연결

문제 1

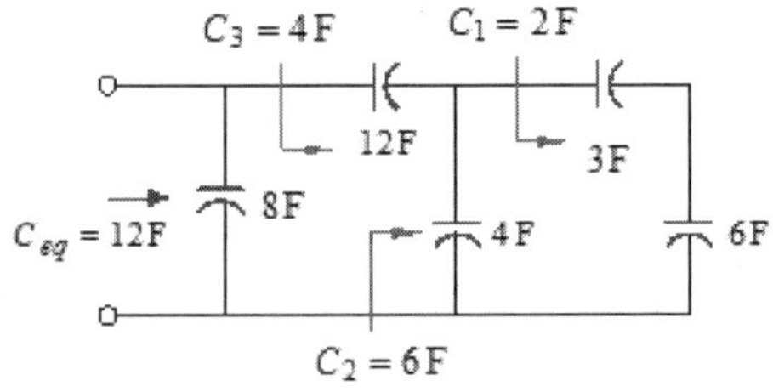

$$C_1 = \frac{3\times 6}{3+6} = 2\,\text{F}\ ;\ C_2 = 4 + C_1 = 4+2 = 6\,\text{F}$$

$$C_3 = \frac{12C_2}{12+C_2} = \frac{12\times 6}{12+6} = 4\,\text{F}\ ;\ C_{eq} = 8 + C_3 = 8+4 = 12\,\text{F}$$

답 $C_{eq} = 12\,\text{F}.$ ■

문제 2

$$i = i_1 + i_2 = C_1\frac{dv}{dt} + C_2\frac{dv}{dt} = (C_1+C_2)\frac{dv}{dt}\quad \therefore \frac{dv}{dt} = i\times\frac{1}{C_1+C_2}$$

$$i_1 = C_1\frac{dv}{dt} = C_1\frac{1}{C_1+C_2}i = \frac{C_1}{C_1+C_2}i\ ;$$

$$i_2 = C_2\frac{dv}{dt} = C_2\frac{1}{C_1+C_2}i = \frac{C_2}{C_1+C_2}i\ ;$$

답 $(a)\,i_1 = C\frac{C_1}{C_1+C_2}i;\ \ (b))\ i_2 = \frac{C_2}{C_1+C_2}i.$ ■

Chapter 06. 인덕터(inductor)

6.3. 인덕터 시스템의 입력전류가 발생시키는 출력전압

문제 1

$$i(t) = \begin{cases} t \ , & t < 1 \\ 2t \ , & 1 \le t < 2 \\ -1.5t \ , & t \ge 2 \end{cases} \Rightarrow v(t) = L\frac{di(t)}{dt}$$

각 구간에서 전류를 미분하여 전압을 구한다.

$$v(t) = L\frac{di(t)}{dt} = \begin{cases} 1 \times \frac{d}{dt}t = 1\text{ V} \ , & t < 1\text{ sec} \\ 1 \times \frac{d}{dt}2t = 2\text{ V} \ , & 1 \le t < 2\text{ sec} \\ 1 \times \frac{d}{dt}(-1.5t) = -1.5\text{ V} \ , & t \ge 2\text{ sec} \end{cases}$$

(이하 생략)

답 생략. ■

6.4. 인덕터 미분방정식을 적분 방정식으로 변환하는 방법

문제 1

용량 $L = 1$ H의 양단전압 $v(t) = \cos t$ V

$$i(t) = \frac{1}{1}\int_{-\infty}^{t} \cos\tau\, d\tau + i(-\infty)$$

$$= [\sin\tau]_{-\infty}^{t} = \sin t - \sin(-\infty) + i(-\infty)$$

$\sin(-\infty)$의 값과 $i(-\infty)$를 모두 알아야 $i(t)$를 구할 수 있다.
이 값들을 모르므로, 준 식을 사용하여 전류 $i(t)$를 구할 수 없다.

답 풀이 참조. ■

6.5. 인덕터의 입력전압이 발생시키는 출력전류

문제 1

Inductor 시스템의 입력 전압신호 $v(t)$가 주어 졌을 때 출력 전류신호 $i(t)$를 구하는 문제이다.

$$\Rightarrow i(t) = \frac{1}{L}\int_{t_0}^{t} v(\tau)\,d\tau + i(t_0) \quad v(t) = \begin{cases} 0 & , \ t < 0 \\ 3 & , \ 1 \le t < 2 \\ 0 & , \ t \ge 2 \end{cases}$$

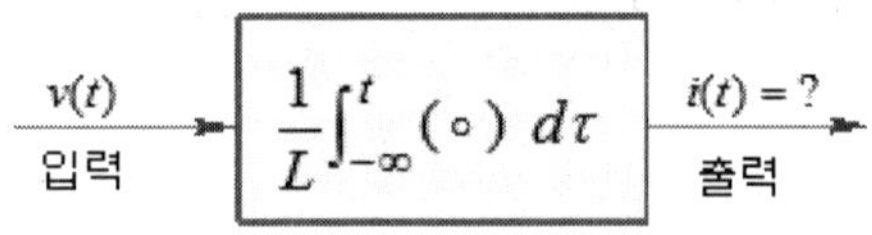

피적분함수 전압 $v(\tau)$의 적분구간을 세 구간,

$$t \le 0,\ 0 \le t \le 2,\ \text{및}\ t \ge 2$$

으로 구별한다.

(i) $-\infty < t \le 0$

$$i(t) = \frac{1}{L}\int_{t_0}^{t} v(\tau)\,d\tau + i(t_0) = \frac{1}{1}\int_{t_0 = -\infty}^{t} v(\tau)\,d\tau + i(-\infty)$$

$$= \frac{1}{1}\int_{t_0 = -\infty}^{t} 0\ d\tau + 0 = 0, \quad \therefore i(t) = 0$$

(ii) $0 \le t \le 2$

$$i(t) = \frac{1}{L}\int_{t_0}^{t} v(\tau)\,d\tau + i(t_0) = \frac{1}{C}\int_{t_0 = -\infty}^{t} i(\tau)\,d\tau + v(-\infty)$$

$$= \frac{1}{L}\left[\int_{t_0 = -\infty}^{t=0} v(\tau)\,d\tau + \int_{t=0}^{t} v(\tau)\,d\tau\right] + i(-\infty)$$

$$= \frac{1}{L}\left[\int_{t_0 = -\infty}^{t=0} 0\ d\tau + \int_{t=0}^{t} 3\ d\tau\right] + i(-\infty)$$

$$= \frac{1}{L}\left[0 + \int_{t=0}^{t} 3\ d\tau\right] + 0 = \frac{1}{1}\int_{t=0}^{t} 3\ d\tau = 1 \cdot 3 \cdot [\tau]_{\tau=0}^{t} = 3t$$

$$\therefore i(t) = 3t$$

(iii) $t \ge 2$

$$i(t) = \frac{1}{L}\int_{t_0}^{t} v(\tau)\,d\tau + i(t_0) = \frac{1}{L}\int_{t_0 = -\infty}^{t} v(\tau)\,d\tau + i(-\infty)$$

$$= \frac{1}{L}\left[\int_{t_0 = -\infty}^{t=0} v(\tau)\,d\tau + \int_{t=0}^{t=2} v(\tau)\,d\tau + \int_{t=2}^{t} v(\tau)\,d\tau\right] + i(-\infty)$$

$$= \frac{1}{L}\left[\int_{t_0 = -\infty}^{t=0} 0\ d\tau + \int_{t=0}^{t=2} 3\ d\tau + \int_{t=2}^{t} 0\ d\tau + \right] + i(-\infty)$$

$$= \frac{1}{1}\left[\int_{t_0 = -\infty}^{t=0} 0\ d\tau + \int_{t=0}^{t=2} 3\ d\tau + \int_{t=2}^{t} 0\ d\tau + \right] + 0$$

$$= \frac{1}{1}[0 + 6 + 0] = 6 \text{ V}, \quad \therefore i(t) = 6$$

따라서, 출력 전류신호 $i(t)$는 아래와 같다.

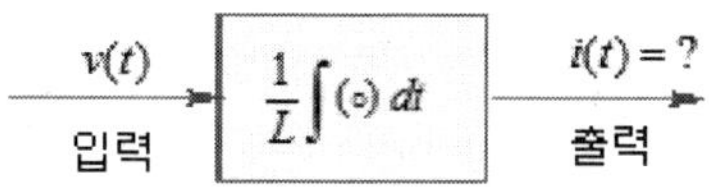

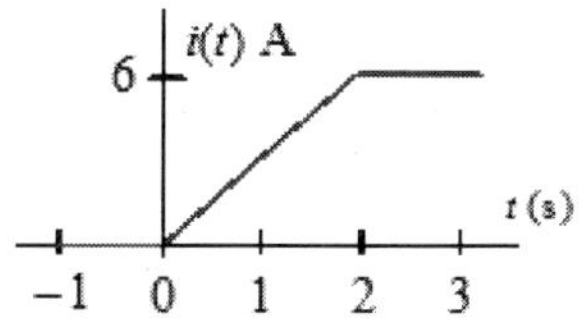

답 풀이 참조. ■

6.4 인덕터에 저장되는 에너지

문제 1

(a) $p(t) = Li\dfrac{di}{dt} = 2\cdot(1-e^{-t}) \times \dfrac{d}{dt}(1-e^{-t}) = 2\cdot(1-e^{-t})\cdot e^{-t}$

$$p(2) = 2\cdot(1-e^{-2})\cdot e^{-2} = 0.234 = 234 \text{ mW}$$

(b) $w_L(t) = \dfrac{1}{2}Li^2 = \dfrac{1}{2}\cdot 2\cdot(1-e^{-t})^2 = (1-e^{-t})^2$

$$w_L(2) = (1-e^{-2})^2 = 0.748 = 748 \text{ mJ}$$

답 (a) $p(2) = 234$ mW; (b) $w_L(2) = 748$ mJ. ■

6.9 쌍대관계의 회로망

문제 1

(a)

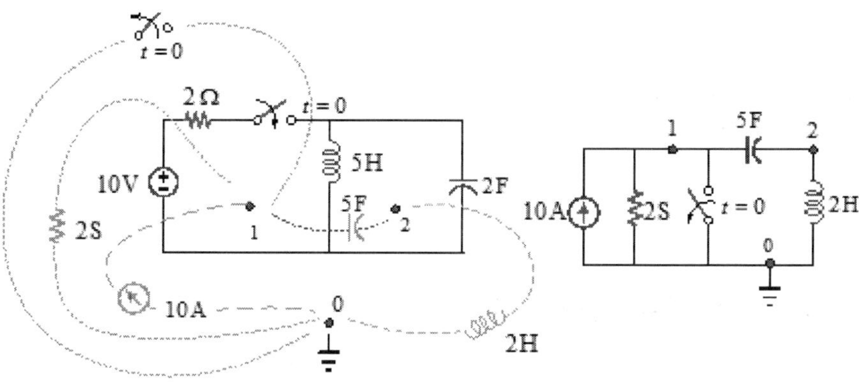

(b)

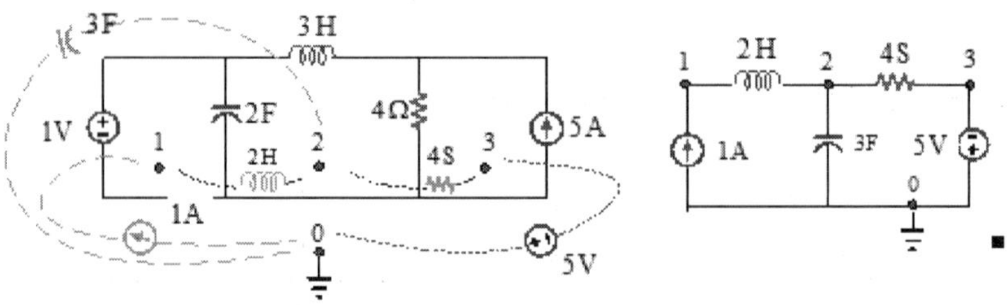

Chapter 07. *RL* 회로

7.3 메쉬 전류의 계산

문제 1

(a) $i_L(t) = 5e^{-5000t}$ A

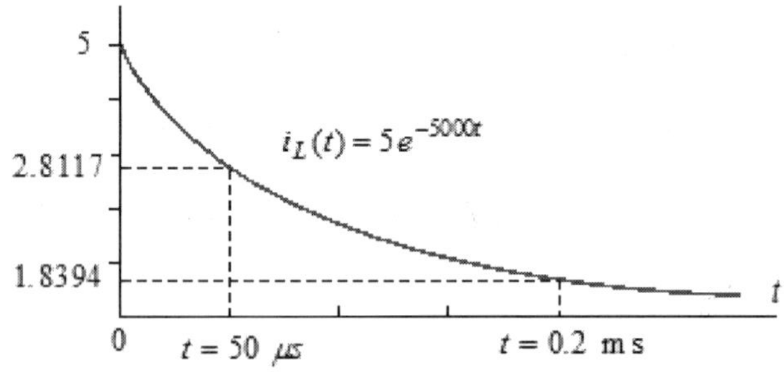

(b) 시각 $t = 50 \times 10^{-6}$s을 대입하면

$$i_L(t) = 5e^{-5000 \times 50 \times 10^{-6}} = 5e^{-0.2500} = 2.8117 \text{ A}$$

(c) 시각 $t = 0.2ms$을 대입하면

$$i_L(t) = 5e^{-5000 \times 0.2 \times 10^{-3}} = 5 \times e^{-1} = 1.8394 \text{ A}$$

답 $i_L(t) = 5e^{-5000t}$ A. ■

7.4 RL 회로의 지수함수 응답의 성질

문제 1

$$i(t) = i(0)\, e^{-\frac{1}{\tau}t} = I_0\, e^{-\frac{1}{\tau}t}$$

(a) $\dfrac{i(\tau)}{i(0)}=\dfrac{I_0 e^{-1}}{I_0}=e^{-1}=0.368$

(b) $\dfrac{i(2\tau)}{i(1.8\tau)}=\dfrac{I_0 e^{-2}}{I_0\, e^{-1.8}}=e^{-2+1.8}=e^{-0.2}=0.819$

(b) $\dfrac{i(t)}{i(0.5\tau)}=\dfrac{I_0 e^{-\frac{1}{\tau}t}}{I_0\, e^{-0.5}}=e^{-\frac{1}{\tau}t+0.5}=0.8$

$-\dfrac{1}{\tau}t+0.5=\ln 0.8 \quad \dfrac{1}{\tau}t=0.5-\ln 0.8=0.723$

(d) $i(0)-i(2t)=i(0)\,1\text{n}3$

$\dfrac{t}{\tau}=-\ln(1-\ln 1.5)\dfrac{1}{2}=0.260,\ i(2t)=i(0)-i(0)\,1\text{n}3,\ i(2t)=i(0)[1-\ln 3]$

$I_0 e^{-\frac{2t}{\tau}}=i(0)[1-\ln 3],\ e^{-\frac{2t}{\tau}}=1-\ln 3$

$\dfrac{2t}{\tau}=-\ln(1-\ln 3),\ \dfrac{t}{\tau}=-\ln(1-\ln 1.5)\dfrac{1}{2}=0.260$

답 (a) 0.368; (b) 0.819; (c) 0.723; (d) 0.260. ■

7.6 미분방정식에 의한 직렬 RL 회로 해석

문제 1

(a) 전류 $i(t),\ t\le 2^-$

단위 계단 함수는 $t<2$에서 0값을 가지므로 $u(t-2)=0$

$$i(t)=(75-75e^{-50,000(t-2)})\times 0=0\ \text{mA}$$

$$\therefore\ i=0\,\text{mA}$$

(b) 전류 $i(t),\ t\ge 2^+$

단위 계단 함수는 $t\ge 2$에서 $u(t-2)=1$

$$i(t)=(75-75e^{-50,000(t-2)})\times 1\ \text{mA}$$

(c) $i(\infty)$

$$i(t)=(75-75e^{-50,000(t-2)})u(t-2)\text{mA}$$

$$i(\infty)=75-75e^{-50,000(\infty-2)}=75-75e^{-\infty}=75-0=75\ \text{A}$$

(d) 스위치가 닫힌 후 130 μs은 $t=0$으로부터 경과 시점은

$$t=2+130\times 10^{-6}\text{s}=2.0001$$

이가. 식 (1)과 (2)에 대입하면 시간 130 μs에서 전원값이 변한 후

$$i(t) = (75 - 75e^{-50,000(2.0001-2)})\ \text{mA}$$
$$= 75 \times (1 - e^{-50,000 \times 0.0001}) = 75 \times (1 - e^{-5}) = 75.475\ \text{mA}$$

이다.

답 $(a) \therefore\ i = 0\,\text{mA}$; $(b)\ i(t) = (75 - 75e^{-50,000(t-2)})\ \text{mA}$; $(c)\ i(\infty) = 75\ \text{A}$; $(d)\ i(t) = 75.475\ \text{mA}$. ■

7.7 적분인자를 이용한 응답 계산

문제 ①

1계 선형 미분방정식

$$\frac{di(t)}{dt} + P(t)\,i(t) = Q(t)$$

의 해 $i(t)$는

$$i(t) \cdot e^{\int P(t)\,dt} = \int Q \cdot e^{\int P(t)\,dt} dt + C$$

에서 구한다. 1계 선형 미분방정식

$$\frac{di(t)}{dt} + i(t) = e^{-t}$$

의 해 $i(t)$는

$$P(t) = 1,\ \ Q(t) = e^{-t}$$

를

$$i(t) \cdot e^{\int P(t)\,dt} = \int Q \cdot e^{\int P(t)\,dt} dt + C$$

에 대입하여 구한다.

$$e^{\int 1\,dt} = e^{\int 1\,dt} = e^{t}$$

이므로,

$$i(t) \cdot e^{t} = \int e^{-t} \cdot e^{t}\ dt + C = \int dt + C = t + C$$
$$\therefore\ i(t) = e^{-t}(t + C)$$

$i(0) = 0$에 의하여,

$$i(1) = e^{-1}(1 + C) = 0,\ \ \therefore\ C = -1$$
$$\therefore\ i(t) = e^{-t}(t - 1)$$

답 $i(t) = e^{-t}(t-1)$ A. ■

Chapter 08. RC 회로

8.3 상수계수의 1계 선형 제차 상미분방정식

문제 1

회로에서 시계방향의 mesh를 따라 KVL을 적용하면, 전압관계식은

$$v_R(t) - v_C(t) = 0 \tag{1}$$

이다. 수동소자부호규칙에 의하여 전류로 표시하면 적분방정식

$$R \cdot i(t) - \left\{ -\left(\frac{1}{C} \int_0^t i(\tau)\, d\tau + v_0(0) \right) \right\} = 0$$

$$R \cdot i(t) + \frac{1}{C} \int_0^t i(t)\, d\tau + v_0(0) = 0$$

을 얻는다. 양변을 t로 미분하면 미분방정식,

$$R \cdot \frac{di(t)}{dt} + \frac{1}{C} i(t) = 0 \tag{2}$$

$$\frac{di(t)}{dt} + \frac{1}{RC} i(t) = 0$$

을 얻는다.

식 (2)의 해는

$$i(t) = i(0) e^{-\frac{1}{RC}t} = I_0\, e^{-\frac{1}{RC}t} \tag{3}$$

이다. 식 (3)에 의하여

$$v(t) = Ri(t) = Ri(0) e^{-\frac{1}{RC}t} = V_0\, e^{-\frac{1}{RC}t} \tag{4}$$

답 $(a)\ i(t) = I_0\, e^{-\frac{1}{RC}t}$ A ; $(b) v(t) = V_0\, e^{-\frac{1}{RC}t}$ V. ■

8.4 단위 계단 함수(unit step function)

문제 1

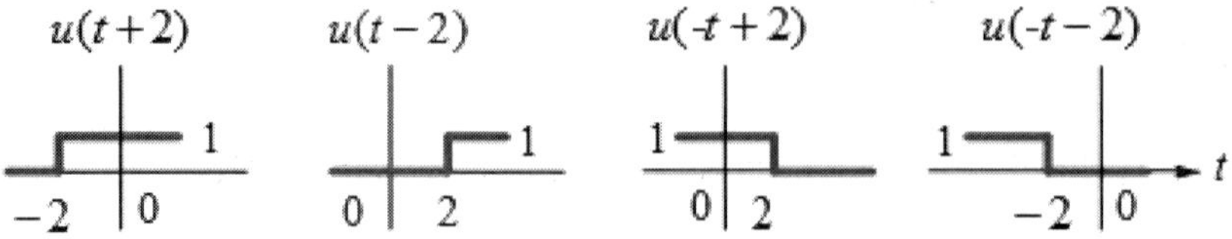

(a) (b) (c) (d) ■

Chapter 09. LC 탱크 회로

9.5 공진 주파수

문제 1

(a) $I_0 = V_0\sqrt{\dfrac{C}{V}} = 2\sqrt{\dfrac{8}{2}} = 4\,\mathrm{A}$; (b) $i(t) = I_0 \sin\omega_0 t = 4\sin\omega_0 t$ A . ■

9.6 *LC* 회로의 에너지

문제 1

$\omega_C = \dfrac{1}{2}LI_0^{\,2},\ 16 = \dfrac{1}{2}\times 2\times I_0^{\,2},\quad \therefore I_0 = 4\,\mathrm{A}.$ ■

9.7 극판 전하량가 $q(t) = Q_0\cos\omega t$ 인 *LC* 회로의 에너지

문제 1

(a) 공진주파수는

$$\omega_0 = \frac{1}{\sqrt{LC}} = \frac{1}{\sqrt{2\times 8}} = \frac{1}{4} = 0.25\ \mathrm{rad/sec}$$

(b) 커패시터의 초기 전압은

$$v(0^+) = V_0 = 2\,\mathrm{V}$$

이고 소자값은

$$C = 8\,\mathrm{F},\ L = 2\,\mathrm{H}$$

이므로 전류의 진폭은

$$I_0 = V_0\sqrt{\frac{C}{L}} = 2\cdot\sqrt{\frac{8}{2}} = 2\cdot 2 = 4\ \text{A}$$

이다.

$$i_L(t) = I_0 \sin\omega_0 t\ \text{A} = 4\sin 0.25t\ \text{A}$$

[주] $i_L(0^+) = 0$ 이다,

(c) 인덕터의 i, v 관계식에 대입하면

$$v_L(t) = L\frac{di(t)}{dt}$$
$$= 2\frac{d}{dt}(4\sin 0.25t) = 2(0.25\times 4\cos 0.25t)$$
$$= 2\cos 0.25t\ \text{V}$$

[주] $v_L(0^+) = 2$ V 이다,

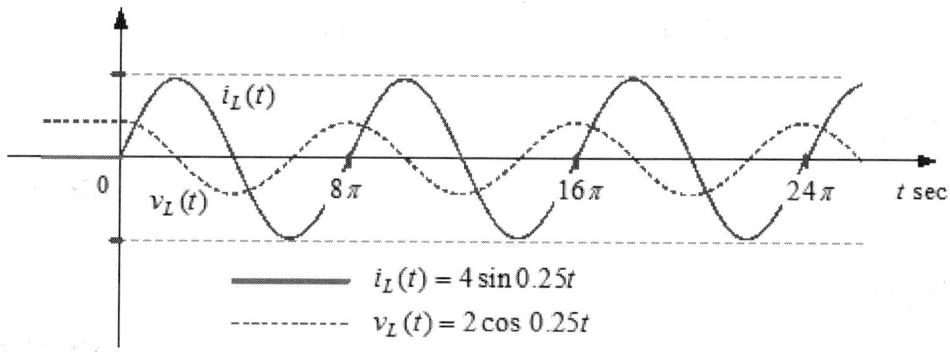

답 (a) $\omega_0 = 0.25$ rad/sec; (b) $i_L(t) = 4\sin 0.25t$ A; (c) $v_L(t) = 2\cos 0.25t$ V. ■

Chapter 10. 병렬 RLC 회로

10.3 상수계수를 갖는 2계 제차 선형 미분방정식

문제 ①

$$v(t) = \frac{2}{3}e^{-0.5t} + \frac{1}{3}e^{-2t}$$

$$v' = -\frac{1}{3}e^{-0.5t} - \frac{2}{3}e^{-2t},$$

$$v'' = \frac{1}{6}e^{-0.5t} + \frac{4}{3}e^{-2t}$$

를

$$\frac{d^2v(t)}{dt^2} + 2.5\frac{dv(t)}{dt} + v(t)$$

에 대입하면,

$$(\frac{1}{6}e^{-0.5t} + \frac{4}{3}e^{-2t}) + 2.5(-\frac{1}{3}e^{-0.5t} - \frac{2}{3}e^{-2t}) + (\frac{2}{3}e^{-0.5t} + \frac{1}{3}e^{-2t})$$

동류항끼리 묶으면,

$$\left[\frac{1}{6} + 2.5(-\frac{1}{3}) + \frac{2}{3}\right]e^{-0.5t} + \left[\frac{4}{3} + 2.5(-\frac{2}{3}) + \frac{1}{3}\right]e^{-2t}$$

정리하면,

$$\left[\frac{1}{6} + (-\frac{5}{6}) + \frac{4}{6}\right]e^{-0.5t} + \left[\frac{4}{3} + (-\frac{5}{3}) + \frac{1}{3}\right]e^{-2t} = 0 \quad \therefore \text{Q.E.D.}$$

문제 ②

답 생략

문제 ③

답 생략

문제 ④

(a) 상수계수 ; $R = 1\ \Omega,\ L = \frac{4}{3}\,\text{H},\ C = \frac{1}{4}\,\text{F}$

$$\frac{1}{4}\frac{d^2v(t)}{dt^2} + \frac{1}{1}\frac{dv(t)}{dt} + \frac{3}{4}v(t) = 0$$

$$\frac{d^2v(t)}{dt^2} + 4\frac{dv(t)}{dt} + 3v(t) = 0$$

$$s^2 + 4s + 3 = 0 \quad s = -1,\ -3 \quad \text{Overdamped}$$

$$v = A_1e^{-t} + A_2e^{-3t}$$

초기 전압 ; $v(0) = 1$

$$A_1 + A_2 = 1 \qquad \cdots\cdots\cdots ①$$

초기 전압 ; $v'(0) = -1$

$$v' = -A_1 e^{-t} - 3A_2 e^{-3t}$$

$$A_1 - 3A_2 = -1 \qquad \cdots\cdots\cdots ②$$

두 식 ①, ②에 의하여,

$$A_1 = 1 - A_2$$

$$1 - A_2 - 3A_2 = -1 \quad 4A_2 = 2 \quad A_2 = \frac{1}{2}$$

$$A_1 = \frac{1}{2}$$

$$v(t) = \frac{1}{2}e^{-t} + \frac{1}{2}e^{-3t} \text{ V}$$

(b) $R = \frac{1}{2}\ \Omega,\ L = 1\,\text{H},\ C = 1\,\text{F}$

$$C\frac{d^2v(t)}{dt^2} + \frac{1}{R}\frac{dv(t)}{dt} + \frac{1}{L}v(t) = 0$$

$$v(0) = 4,\ v'(0) = -2$$

$$\frac{d^2v(t)}{dt^2} + 2\frac{dv(t)}{dt} + \frac{1}{1}v(t) = 0$$

$$s^2 + 2s + 1 = 0$$

$$s = -1,\ -1 \text{ Critically damped}$$

$$v(t) = (A_1 + A_2 t)e^{-t} \text{ V}$$

$$v(0) = 4,\ A_1 = 4$$

$$v'(t) = A_2 e^{-t} + (-A_1 - A_2 t)e^{-t}$$

$$v'(0) = 0,\ A_2 + (-A_1) = -2$$

$$A_2 = 2$$

$$v(t) = (4 + 2t)e^{-t} \text{ V}$$

(c)

상수 ; $R = \frac{1}{6}\ \Omega,\ L = \frac{1}{13}\ \text{H},\ C = 1\,\text{F}$

초기 전압 ; $v(0) = 1,\ v'(0) = -1$

$$C\frac{d^2v(t)}{dt^2} + \frac{1}{R}\frac{dv(t)}{dt} + \frac{1}{L}v(t) = 0$$

$$R = \frac{1}{6}\ \Omega,\ L = \frac{1}{13}\ \text{H},\ C = 1\,\text{F}$$

$$\frac{d^2v(t)}{dt^2}+6\frac{dv(t)}{dt}+13v(t)=0$$

특성방정식은

$$s^2+6s+13=0$$

과 같다. 특성방정식은 켤레 복소수근을 갖는다.

$$s=-3\pm\sqrt{3^2-13}=-3\pm j2=-\alpha\pm j\omega_d \text{ Underdamped}$$
$$\alpha=-3,\ \omega_d=2$$

일반해는

$$v(t)=e^{-3t}(A_1\cos 2t+A_2\sin 2t)\ \text{V}$$

이다.

(i) 초기 전압 $v(0)=1$에 의하여 다음 식을 얻는다.

$$A_1=2 \quad \cdots\cdots\cdots ①$$

(ii) 초기 조건 $v'(0)=-1$을

$$v'=-3e^{-t}\cdot(A_1\cos 2t+A_2\sin 2t)+e^{-3t}\cdot(-2A_1\sin 2t+2A_2\cos 2t)$$

에 대입하면 다음 식을 얻는다.

$$-3A_1+2A_2=-1 \quad \cdots\cdots\cdots ②$$

두 식 ①, ②에 의하여 구한

$$A_1=2\ \ A_2=\frac{5}{2}$$

를 대입하면

$$v(t)=e^{-t}(2\cos 3t+\frac{5}{2}\sin 3t)\ \text{V}$$

과 같다.

답 (a) $v(t)=\frac{1}{2}e^{-t}+\frac{1}{2}e^{-3t}$ V; (b) $v(t)=(4+2t)e^{-t}$ V ;

(c) $v(t)=e^{-t}(2\cos 3t+\frac{5}{2}\sin 3t)$ V. ■

10.6 미분방정식과 특성방정식

문제 1

미분방정식에 해 v_1을 대입하면 등식이 성립한다.

$$C\frac{d^2v_1}{dt^2}+\frac{1}{R}\frac{dv_1}{dt}+\frac{1}{L}v_1=0 \quad \cdots\cdots\cdots ①$$

미분방정식에 해 v_2를 대입하면 등식이 성립한다.

$$C\frac{d^2v_2}{dt^2}+\frac{1}{R}\frac{dv_2}{dt}+\frac{1}{L}v_2=0 \quad \cdots\cdots\cdots ②$$

$v=v_1+v_2=A_1e^{s_1t}+A_2e^{s_2t}$를 대입하면,

$$C\frac{d^2(v_1+v_2)}{dt^2}+\frac{1}{R}\frac{d(v_1+v_2)}{dt}+\frac{1}{L}(v_1+v_2)$$

이다. 미분 연산자는 선형연산자이므로 전개하면,

$$C\frac{d^2v_1}{dt^2}+C\frac{d^2v_2}{dt^2}+\frac{1}{R}\frac{dv_1}{dt}+\frac{1}{R}\frac{dv_2}{dt}+\frac{1}{L}v_1+\frac{1}{L}v_2$$

이다. 정리하면 두 식 ①, ②에 의하여,

$$C\frac{d^2v_1}{dt^2}+\frac{1}{R}\frac{dv_1}{dt}+\frac{1}{L}v_1+C\frac{d^2v_2}{dt^2}+\frac{1}{R}\frac{dv_2}{dt}+\frac{1}{L}v_2=0$$

이다. 따라서, 준 미분방정식은 선형미분방정식이므로, 두 해의 합

$$v=v_1+v_2=A_1e^{s_1t}+A_2e^{s_2t}$$

도 역시 주어진 미분방정식의 해가 되다. ∴ Q.E.D. ■

10.8 공진주파수와 네퍼 주파수

문제 1

(a) 네퍼(neper) 주파수

$$\alpha=\frac{1}{2RC}=\frac{1}{2\times5\times\frac{1}{10}}=1\ \text{rad/sec};$$

(b) 공진 주파수

$$\omega_0 = \frac{1}{\sqrt{LC}} = \frac{1}{\sqrt{1 \times \frac{1}{10}}} = \sqrt{10} = 3.162 \text{ rad/sec.}$$

답 (a) $\alpha = 1$ rad/sec; (b) $\omega_0 = 3.162$ rad/sec. ■

10.9 공진주파수와 네퍼 주파수를 사용한 자연응답의 표시

문제 ①

(a) $R = 1\,\Omega,\ L = \frac{4}{3}\,\text{H},\ C = \frac{1}{4}\,\text{F}.$

$$\alpha = \frac{1}{2RC} = \frac{1}{2 \times 1 \times (1/4)} = 2 \text{ rad/sec}$$

$$\omega_0 = \frac{1}{\sqrt{LC}} = \frac{1}{\sqrt{\frac{4}{3} \times \frac{1}{4}}} = \frac{1}{\sqrt{\frac{1}{3}}} = \sqrt{3} = 1.732 \text{ rad/sec}$$

$\alpha > \omega_0$ $\therefore$ Overdamped case

(b) $R = \frac{1}{2}\,\Omega,\ L = 1\,\text{H},\ C = 1\,\text{F}$

$$\alpha = \frac{1}{2RC} = \frac{1}{2 \times \frac{1}{2} \times 1} = 1 \text{ rad/sec}$$

$$\omega_0 = \frac{1}{\sqrt{LC}} = \frac{1}{\sqrt{1 \times 1}} = 1 \text{ rad/sec}$$

$\therefore$ Critically damped

(c) $R = \frac{1}{6}\,\Omega,\ L = \frac{1}{13}\,\text{H},\ C = 1\,\text{F}$

$$\alpha = \frac{1}{2RC} = \frac{1}{2 \times \frac{1}{6} \times 1} = 3 \text{ rad/sec}$$

$$\omega_0 = \frac{1}{\sqrt{LC}} = \frac{1}{\sqrt{1 \times \frac{1}{13}}} = 3.61 \text{ rad/sec}$$

$\therefore$ Underdamped

답 (a) Overdamped; (b) Critically damped; (c) Underdamped. ■

10.10 과도감쇠 병렬RLC 회로

문제 ①

(a) 병렬RLC 회로의 각 파라미터 값을 다음과 같이 쉽게 계산할 수 있다.

$$\frac{d^2v}{dt^2}+\frac{1}{RC}\frac{dv}{dt}+\frac{1}{LC}v=0 \qquad \cdots\cdots\cdots ①$$

주어진 조건으로부터

$$\alpha=\frac{1}{2RC}=\frac{1}{2\cdot1\cdot\frac{1}{4}}=2$$

$$\omega_0=\frac{1}{\sqrt{LC}}=\frac{1}{\sqrt{\frac{4}{3}\cdot\frac{1}{4}}}=\sqrt{3}$$

에서 $\alpha>\omega_0$이므로 과도감쇠 (overdamped) 경우이다.

$$s_1=-2+\sqrt{2^2-(\sqrt{3})^2}=-2+1=-1$$
$$s_2=-2-\sqrt{2^2-(\sqrt{3})^2}=-2-1=-3$$

(1) 따라서 자연응답의 일반형은 다음과 같다.

$$\begin{aligned}v(t)&=A_1e^{s_1}+A_2e^{s_2}\\&=A_1e^{-t}+A_2e^{-3t}\end{aligned} \qquad \cdots\cdots\cdots ②$$

(2) 자연응답의 식 ②에서 A_1, A_2 값을 구한다.
두 조건에서의 응답 $v(t)$를 알면 두 상수의 값은 식 ④에 대입하여 할 수 있다.

(i) 커패시터 초기전압 $v(t)$의 초기값을 식 ②에 대입하면,

$$A_1+A_2=2 \qquad \cdots\cdots\cdots ③$$

(ii) 인덕터 초기전류 $i(0)=I_0=-3\,\mathrm{A}$을 이용하면 얻을 수 있다.
식 ②의 도함수를 구하면,

$$\frac{dv}{dt}=-A_1e^{-t}-3A_2e^{-3t}$$

$t=0$에서의 도함수를 구하면

$$\left.\frac{dv}{dt}\right|_{t=0}=-A_1-3A_2 \qquad \cdots\cdots\cdots ④$$

가 된다. 커패시터의 전류는

$$i_C = C\frac{dv}{dt} \qquad \cdots\cdots\cdots ⑤$$

이다. 키르히호프의 전류법칙을 이용하면

$$i_C(0) + i_L(0) + i_R(0) = 0$$

$$i_C(0) = -i_L(0) - i_R(0) \qquad \cdots\cdots\cdots ⑥$$

식 ⑤와 ⑥으로 부터,

$$C\frac{dv(0)}{dt} = -i_L(0) - i_R(0)$$

$$= -i_L(0) - \frac{v(0)}{R} = -(-3) - \frac{2}{1} = 1$$

커패시터 C로 나눈 값은 다음과 같다.

$$\frac{dv(0)}{dt} = \frac{1}{C} = \frac{1}{1/4} = 4 \qquad \cdots\cdots\cdots ⑦$$

그래서 두 번째 방정식은 다음과 같다.

$$4 = -A_1 - 3A_2 \qquad \cdots\cdots\cdots ⑧$$

식 ③, ⑧을 연립하여 풀면 $A_1 = 5$와 $A_2 = -3$를 얻을 수 있다. 따라서 이 회로의 고유 응답은 다음과 같다.

$$v(t) = 5e^{-t} - 3e^{-3t} \text{ V}$$

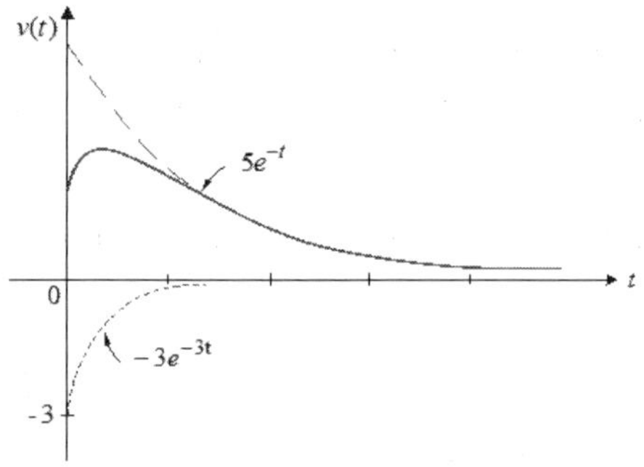

병렬 RC 회로의 전압 응답

■

10.11 임계감쇠응답 (Critically damped response)

문제 1

(a) $$\alpha = \frac{1}{2RC} \qquad \cdots\cdots\cdots ①$$

$$\omega_0 = \frac{1}{\sqrt{LC}} \qquad \cdots\cdots\cdots ②$$

두 식 ①, ②에 의하여

$$\frac{1}{\sqrt{LC}} = \frac{1}{2RC}, \ \frac{1}{LC} = (\frac{1}{2RC})^2$$

$$\frac{d^2v}{dt^2} + \frac{1}{RC}\frac{dv}{dt} + (\frac{1}{RC})^2 v = 0$$

(b) 특성방정식

$$s^2 + \frac{1}{RC}s + \frac{1}{4R^2C^2} = 0, \ (s + \frac{1}{2RC})^2 = 0,$$

중근

$$s = -\frac{1}{2RC}, -\frac{1}{2RC}$$

을 가지므로,

$$v(t) = A_1 e^{-st} + A_2 t e^{-st}$$

에 대입하면 일반해는 다음과 같다.

$$v(t) = A_1 e^{-\frac{1}{2RC}t} + A_2 t e^{-\frac{1}{2RC}t}$$

답 (a) $\frac{d^2v}{dt^2} + \frac{1}{RC}\frac{dv}{dt} + (\frac{1}{RC})^2 v = 0$; (b) $v(t) = A_1 e^{-\frac{1}{2RC}t} + A_2 t e^{-\frac{1}{2RC}t}$. ■

문제 ②

(a) 특성방정식은

$$s^2 + 2s + 1 = (s+1)^2 = 0 \ \ s = -1, \ -1$$

중근이므로 일반해는 다음과 같다.

$$v(t) = A_1 e^{-t} + A_2 t e^{-t}$$

상수 A_1, A_2은 조기 조건에 의하여 구해진다.

(b) 일반해

$$v(t) = A_1 e^{-t} + A_2 t e^{-t}$$

에서 상수 A_1, A_2를 수치로 나타내면 특수해이다.

(i) $v(0)=1$

$$A_1 = 1 \qquad \cdots\cdots\cdots ①$$

(ii) $v'(t) = -A_1 e^{-t} + A_2 e^{-t} - A_2 t e^{-t}$

$$v'(0) = 2 \quad -A_1 + A_2 = 2 \qquad \cdots\cdots\cdots ②$$

두 식 ①, ②에 의하여 $A_2 = 3$

$$v(t) = e^{-t} + 3te^{-t}$$

(c) 원식에 대입하여 등식이 만족함을 보인다.

$$v(t) = e^{-t} + 3te^{-t}$$

로부터

$$v'(t) = -e^{-t} + 3e^{-t} - 3te^{-t} = 2e^{-t} - 3te^{-t}$$

$$v''(t) = -2e^{-t} - (3e^{-t} - 3te^{-t}) = -5e^{-t} + 3te^{-t}$$

이다.

$$v''(t) = -5e^{-t} + 3te^{-t} \qquad \cdots\cdots\cdots ①$$

$$2v'(t) = 4e^{-t} - 6te^{-t} \qquad \cdots\cdots\cdots ②$$

$$v(t) = e^{-t} + 3te^{-t} \qquad \cdots\cdots\cdots ③$$

세 식 ①, ② 및 ③을 원식에 대입하면 등식이 성립한다. ∴ Q.E.D.

답 (a) $v(t) = A_1 e^{-t} + A_2 te^{-t}$; (b) $\omega_0 = 3.162$ rad/sec ; (c) 생략. ■

10.12 과소감쇠 병렬 RLC 회로

문제 1

(a) $v(t)$

$$i(t) = 2e^{-3t}\sin 4t$$

$$\omega_d{}^2 = \omega_0^2 - \alpha^2$$

$$\omega_0^2 = \omega_d{}^2 + \alpha^2 = 4^2 + 3^2 = 25$$

$$\left(\frac{1}{\sqrt{LC}}\right)^2 = 25 \quad \frac{1}{LC} = 25 \quad L = \frac{1}{25C} = \frac{1}{25 \times \frac{1}{10}} = 0.4\text{ H}$$

$$v(t) = L\frac{di}{dt} = 0.4(-6e^{-3t}\sin 4t + 8e^{-3t}\cos 4t)$$

$$= e^{-3t}(-2.4\sin 4t + 3.2\cos 4t)\ \text{V},\ t > 0$$

(b) $i_C(t) = -i - \dfrac{v(t)}{R}$

$$= -2e^{-3t}\sin 4t - \frac{1}{5}e^{-3t}(-2.4\sin 4t + 3.2\cos 4t)\ \text{A},\ t > 0$$

$$= -2e^{-3t}\sin 4t + \frac{2.4}{5}e^{-3t}\sin 4t - \frac{3.2}{5}e^{-3t}\cos 4t)\ \text{A},\ t > 0$$

$$= e^{-3t}(-1.52\sin 4t - \frac{3.2}{5}\cos 4t)\ \text{A},\ t > 0$$

(c) $i_R(t) = e^{-4t}(-\dfrac{2.4}{5}\sin 28t + \dfrac{3.2}{5}\cos 28t)\ \text{A},\ t > 0$

$$= e^{-4t}(-0.48\sin 28t + 0.64\cos 28t)\ \text{A},\ t > 0$$

답 (a) $v(t) = e^{-3t}(-2.4\sin 4t + 3.2\cos 4t)$ V, $t > 0$;
(b) $i_C(t) = e^{-3t}(-1.52\sin 4t - \dfrac{3.2}{5}\cos 4t)$ A, $t > 0$;
(c) $i_R(t) = e^{-4t}(-0.48\sin 28t + 0.64\cos 28t)$ A, $t > 0$. ■

Chapter 11. 직렬 *RLC* 회로

11.3 상수계수를 갖는 2계 제차 선형 미분방정식

문제 1

$$i(t) = \frac{2}{3}e^{-0.5t} + \frac{1}{3}e^{-2t}$$

$$i' = -\frac{1}{3}e^{-0.5t} - \frac{2}{3}e^{-2t},$$

$$i'' = \frac{1}{6}e^{-0.5t} + \frac{4}{3}e^{-2t}$$

를

$$\frac{d^2i(t)}{dt^2} + 2.5\frac{di(t)}{dt} + i(t)$$

에 대입하면,

$$(\frac{1}{6}e^{-0.5t} + \frac{4}{3}e^{-2t}) + 2.5(-\frac{1}{3}e^{-0.5t} - \frac{2}{3}e^{-2t}) + (\frac{2}{3}e^{-0.5t} + \frac{1}{3}e^{-2t})$$

동류항끼리 묶으면,

$$\left[\frac{1}{6}+2.5\left(-\frac{1}{3}\right)+\frac{2}{3}\right]e^{-0.5t}+\left[\frac{4}{3}+2.5\left(-\frac{2}{3}\right)+\frac{1}{3}\right]e^{-2t}$$

정리하면,

$$\left[\frac{1}{6}+\left(-\frac{5}{6}\right)+\frac{4}{6}\right]e^{-0.5t}+\left[\frac{4}{3}+\left(-\frac{5}{3}\right)+\frac{1}{3}\right]e^{-2t}=0 \quad \therefore \text{Q.E.D.}$$

■

11.6 미분방정식과 특성방정식

문제 ①

미분방정식에 해 i_1을 대입하면 등식이 성립한다.

$$L\frac{d^2i_1}{dt^2}+R\frac{di_1}{dt}+\frac{1}{C}i_1=0 \qquad \cdots\cdots\cdots ①$$

미분방정식에 해 i_2를 대입하면 등식이 성립한다.

$$L\frac{d^2i_2}{dt^2}+R\frac{di_2}{dt}+\frac{1}{C}i_2=0 \qquad \cdots\cdots\cdots ②$$

$i=i_1+i_2=A_1e^{s_1t}+A_2e^{s_2t}$를 대입하면,

$$L\frac{d^2(i_1+i_2)}{dt^2}+R\frac{d(i_1+i_2)}{dt}+\frac{1}{C}(i_1+i_2)$$

이다. 미분 연산자는 선형연산자이므로 전개하면,

$$L\frac{d^2v_1}{dt^2}+L\frac{d^2v_2}{dt^2}+R\frac{dv_1}{dt}+R\frac{dv_2}{dt}+\frac{1}{C}v_1+\frac{1}{C}v_2$$

이다. 정리하면 두 식 ①, ②에 의하여,

$$L\frac{d^2i_1}{dt^2}+R\frac{di_1}{dt}+\frac{1}{C}i_1+L\frac{d^2i_2}{dt^2}+R\frac{di_2}{dt}+\frac{1}{C}i_2=0$$

이다. 따라서, 준 미분방정식은 선형미분방정식이므로, 두 해의 합

$$v=i_1+i_2=A_1e^{s_1t}+A_2e^{s_2t}$$

도 역시 주어진 미분방정식의 해가 되다. ∴ Q.E.D.

11.8 공진주파수와 네퍼 주파수

문제 1

(a) 네퍼(neper) 주파수

$$\alpha = \frac{R}{2L} = \frac{1/5}{2\times\frac{1}{10}} = 1 \text{ rad/sec};$$

(b)공진 주파수

$$\omega_0 = \frac{1}{\sqrt{CL}} = \frac{1}{\sqrt{1\times\frac{1}{10}}} = \sqrt{10} = 3.162 \text{ rad/sec}.$$

답 (a) $\alpha = 1$ rad/sec ; (b) $\omega_0 = 3.162$ rad/sec. ■

11.9 공진주파수와 네퍼 주파수를 사용한 자연응답의 표시

문제 1

(a) $\alpha > \omega_0$, Overdamped case

$$\alpha = \frac{R}{2L} = \frac{1}{2\times(1/4)} = 2 \text{ rad/sec}$$

$$\omega_0 = \frac{1}{\sqrt{CL}} = \frac{1}{\sqrt{\frac{4}{3}\times\frac{1}{4}}} = \frac{1}{\sqrt{\frac{1}{3}}} = \sqrt{3} = 1.732 \text{ rad/sec}$$

(b) $\alpha = \omega_0$, Critically damped

$$\alpha = \frac{R}{2L} = \frac{2}{2\times1} = 1 \text{ rad/sec}$$

$$\omega_0 = \frac{1}{\sqrt{CL}} = \frac{1}{\sqrt{1\times1}} = 1 \text{ rad/sec}$$

(c) $\alpha < \omega_0$, Underdamped case

$$\alpha = \frac{R}{2L} = \frac{6}{2\times1} = 3 \text{ rad/sec}$$

$$\omega_0 = \frac{1}{\sqrt{CL}} = \frac{1}{\sqrt{\frac{1}{13}\times1}} = 3.61 \text{ rad/sec}$$

답 (a) Overdamped; (b) Critically damped; (c) Underdamped case. ■

11.11 임계감쇠응답 (Critically damped response)

문제 1

(a)

$$\alpha = \frac{R}{2L} \qquad \cdots\cdots\cdots ①$$

$$\omega_0 = \frac{1}{\sqrt{CL}} \qquad \cdots\cdots\cdots ②$$

두 식 ①, ②에 의하여

$$\frac{1}{\sqrt{CL}} = \frac{R}{2L}, \quad \frac{1}{CL} = (\frac{R}{2L})^2$$

$$\frac{d^2i}{dt^2} + \frac{R}{L}\frac{di}{dt} + (\frac{R}{2L})^2 i = 0$$

(b) 특성방정식

$$s^2 + \frac{R}{L}s + (\frac{R}{2L})^2 = 0, \ (s + \frac{R}{2L})^2 = 0,$$

중근

$$s = -\frac{R}{2L}, \ -\frac{R}{2L}$$

을 가지므로,

$$i(t) = A_1 e^{-st} + A_2\, t e^{-st}$$

에 대입하면 일반해는 다음과 같다.

$$v(t) = A_1 e^{-\frac{R}{2L}t} + A_2\, t e^{-\frac{R}{2L}t}$$

답 (a) $\frac{d^2i}{dt^2} + \frac{R}{L}\frac{di}{dt} + (\frac{R}{2L})^2 i = 0$; (b) $v(t) = A_1 e^{-\frac{R}{2L}t} + A_2\, t e^{-\frac{R}{2L}t}$. ■

문제 2

(a) 특성방정식은

$$s^2 + 8s + 16 = 0 \quad s = -4, \ -4$$

중근이므로 일반해는 다음과 같다.

$$i = A_1 e^{-4t} + A_2 t e^{-4t}$$

(b) 원식에 대입하여 등식이 만족함을 보인다.

$$i = A_1 e^{-4t} + A_2 t e^{-4t}$$

로부터,

$$i' = -4A_1 e^{-4t} + A_2 e^{-4t} - 4A_2 t e^{-4t}$$
$$i'' = 16A_1 e^{-4t} - 4A_2 e^{-4t} - 4A_2 e^{-4t} + 16A_2 t e^{-4t}$$
$$= 16A_1 e^{-4t} - 8A_2 e^{-4t} + 16A_2 t e^{-4t}$$

이다.

$$i'' = 16A_1 e^{-4t} - 8A_2 e^{-4t} + 16A_2 t e^{-4t} \quad \cdots\cdots\cdots ①$$
$$8i' = -32A_1 e^{-4t} + 8A_2 e^{-4t} - 32A_2 t e^{-4t} \quad \cdots\cdots\cdots ②$$
$$16i = 16A_1 e^{-4t} + 16A_2 t e^{-4t} \quad \cdots\cdots\cdots ③$$

세 식 ①, ② 및 ③을 원식에 대입하면 등식이 성립한다.

∴ Q.E.D.

■

연 습 문 제 풀 이

Chapter 01. 전기회로의 물리량

연 습 문 제 Chapter 01-A

01 (a) $q = +1$ C;
(b) $q = -1.602 \times 10^{-19}$ C.

02 (a) $W = \int_0^3 \mathrm{F} \cdot d\mathrm{L} = \; = \int_0^3 20\, dx = 20 \times 3 = 60$ Joule;

(b) $p = \dfrac{dW}{dt} = \dfrac{60 \text{ Joule}}{5 \text{ sec}} = 12$ J/sec $= 12$ Watt ;

03 운동에너지는

$$E_k = \frac{1}{2} mv^2$$

이므로, 숫자를 대입한다.

$$50 = \frac{1}{2} \times 4 \times v^2 \quad \therefore v = 5 \text{ m/s}.$$

04 $x = v \cdot t = 300 \times 10^6 \text{ m/s} \times 20 \times 10^{-9} \text{ s} = 6 \text{ m}.$

05 $i(t) = \dfrac{d}{dt} q(t) = \dfrac{d}{dt} 2\sin 10t = 20\cos 10t$ C, $t \geq 0$.

06 양(+)전하의 이동은 전류를 발생시킨다. 주어 진 전하 $q(t)$를

$$i(t) = \frac{dq(t)}{dt}$$

에 의하여 시간 t로 미분하면, 전류 $i(t)$는 각각 직선의 기울기이다.

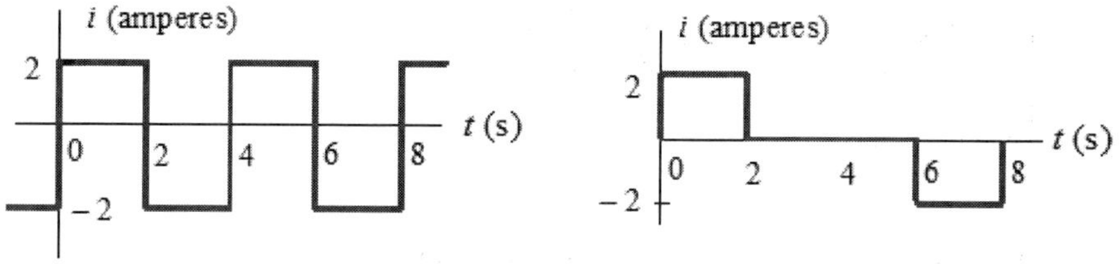

(a) (b)

07

(a) $i(t) = \dfrac{dq(t)}{dt} = \dfrac{d}{dt} Q_0 \cos 10t = -10\, Q_0 \sin 10t$ A

(b) $i(t) = \dfrac{dq(t)}{dt} = \dfrac{d}{dt} Q_0\, e^{-2t} = -2\, Q_0\, e^{-2t}$ A

08

(a) 전류파형은

$$i(t) = \frac{dq(t)}{dt}$$

에 의하여, 우측 그림과 같다.

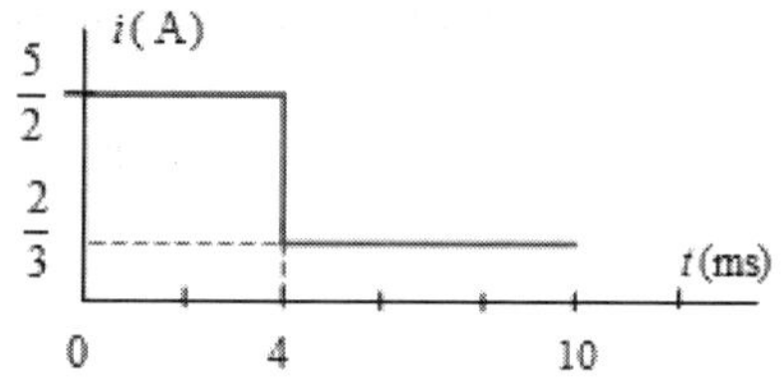

(b) $p(3\text{ ms}) = 6 \cdot i(6\text{ ms}) = 6 \cdot \dfrac{5}{2} = 15$ W ;

(c) $p(7\text{ms}) = 6 \cdot i(7\text{ms}) = 6 \cdot \dfrac{2}{3} = 4$ W;

(d)

$$w = \int_0^{10\times10^{-3}} vi\,dt = 6\int_0^{10\times10^{-3}} i\,dt = 6[\int_0^{4\times10^{-3}} i\,dt + 6\int_{4\times10^{-3}}^{10\times10^{-3}} i\,dt]$$

$$= 6\int_0^{4\times10^{-3}} i\,dt + 6\int_{4\times10^{-3}}^{10\times10^{-3}} i\,dt = 6\ [\frac{5}{2}\times 4\times10^{-3}] + 6[\frac{2}{3}\times 6\times10^{-3}]$$

$$= 6\ [10\times10^{-3}] + 6[4\times10^{-3}] = 84\times10^{-3} = 84\text{ mJ}\ .$$

09

(a)

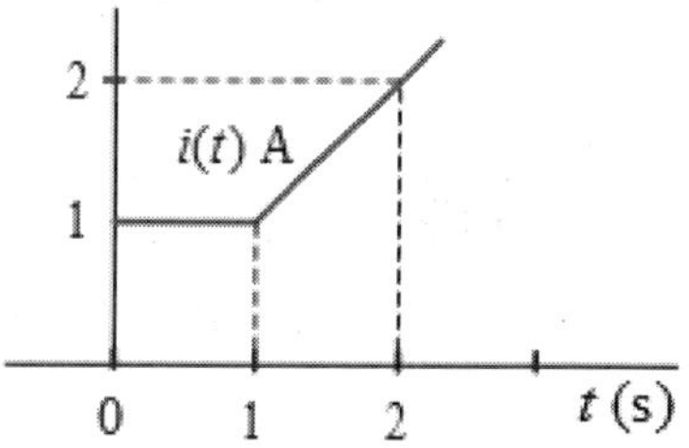

$$q(t) = \int_0^{0.5} i(\tau)\,d\tau + q(0) = \int_0^{t} 1\,d\tau + 3 = [\tau]_0^{0.5} + 3$$

$$= (0.5 - 0) + 3 = 3.5\text{ C} = \frac{1}{2}t^2 + \frac{5}{2}\text{ C}\ ;$$

(b) $q(t) = \displaystyle\int_0^{2} i(\tau)\,d\tau + q(0) = \int_0^{1} 1\,d\tau + \int_1^{2} \tau\,d\tau + 3$

$$= [\tau]_0^1 + \frac{1}{2}[\tau]_1^2 + 3$$

$$= (1-0) + \frac{1}{2}(2-1) = 1 + \frac{1}{2} = \frac{3}{2}\ \mathrm{C}$$

$$= \frac{1}{2}t^2 + \frac{5}{2}\ \mathrm{C}.$$

10

(a) $v(t) = v_B - v_A = (-3) - (2) = -5\,\mathrm{V}$;

(b) $v = v_A - v_B$, $-4 = v(t) - (-3), v(t) = -7\,\mathrm{V}$;

Or,

$$v(t) - v_B = -4,\ \ v(t) - (-3) = -4,\ v(t) = -4 + (-3) = -7\,\mathrm{V}\ .$$

11

단자 x 에서 직접 남쪽(south)을 향하여 단자 y 로 여행하면서 측정한 전압은, 좌측 디근 (ㄷ) 글자를 따라 돌면서 단자 y 에 도착하는 여행하면서 측정한 전압과 같다(KVL을 적용하는 방법이다. 2장에서 학습하기로 한다).

$$\therefore v_{OC} = v_3 + v_2 - v_1 + v_5 + v_5$$
$$= +3 + 4 - 5 + 1 + 2 = 5\,\mathrm{V}$$

12

(a) 3 V ; (b) 3 V ; (c) 3 V ; (d) 3 V, 3 V.

13

(a) $p = i\,(v_A - v_B) = 3\,\mathrm{A} \times [(10\mathrm{V}) - (-10\mathrm{V})] = 60\,\mathrm{W}$;

(b) $p = (-i) \times (v_B - v_A) = (-3\,\mathrm{A}) \times [(-2\mathrm{V}) - (-6\mathrm{V})] = -12\,\mathrm{W}$.

14

(a) $p = vi = 5 \times 3 = 15\,\mathrm{W}$;

(b) $p = vi = 5 \times (-2) = -10\,\mathrm{W}$;

(c) $p = vi = 2 \times 3 = 6\,\mathrm{W}$.

15

(a) $P = -7 \times 4 = -28\,\mathrm{W}$; (b) $P = -6 \times (-4) = 24\,\mathrm{W}$;

(c) $P = -5 \times (2) = -10\,\mathrm{W}$; (d) $P = 5 \times 3 = 15\,\mathrm{W}$;

(e) $P = 2 \times 4 = 8\,\mathrm{W}$; (f) $P = -e^{-3t} \times 3 = -3e^{-3t}\,\mathrm{W}$.

연 습 문 제 Chapter 01-B

01

$$P = \frac{W}{t} = \frac{Fx}{t} = \frac{5 \times (10)}{t} = 20 \times 10^3 \text{ J/sec}$$

$$t = \frac{50}{20 \times 10^3} = 0.0025 \text{ sec} = 2.5\,\text{ms}$$

02

전자를 이동하는데 필요한 일은 $W = 7.2 \times 10^{-16}$ J이므로,

$$v = \frac{7.2 \times 10^{-16}}{1.6 \times 10^{-19}} = 450 \text{ J}$$

03

전류는 양전하(positive charge)의 이동에 의하여 발생한다. 따라서, (+) 방향으로 이동하는 양전하는 $+x$ 방향으로 흐르는 전류를 발생시키고, $-x$ 방향으로 이동하는 음전하(negative charge)는 $+x$ 방향으로 흐르는 전류를 발생시키므로 두 전류를 중첩하면 총전류가 된다.

$$i = \frac{+3\text{ C}}{0.5\text{ sec}} - \frac{-2\text{ C}}{0.2\text{ sec}} = 6\text{ A} - (-4)\text{A} = 10\text{ A}$$

04

(a) $p(t) = v(t)\cdot i(t) = v(t)\cdot\frac{dq(t)}{dt} = (2\sin 125\pi t) \times \frac{d}{dt}(\cos 125\pi t)$

$$= (2\sin 125\pi t) \times (-125\pi \sin 125\pi t) = -250\pi \sin^2 125\pi t \text{ W}$$

(b) $p(2\text{ ms}) = -250\pi \times \sin^2(125 \times 2 \times 10^{-3}) = -250\pi \times \sin^2(125\pi \times 2 \times 10^{-3})$

$$= -250\pi \times \sin^2\left(\frac{250\pi}{10^3}\right) = -250\pi \times \sin^2\frac{\pi}{4}$$

$$= -250\pi \times \left(\frac{1}{\sqrt{2}}\right)^2 = -392.5 \text{ W}$$

05

전하량 1 C은 6.24×10^{18}개의 전자가 갖는 전기량이다. 따라서,

1개의 전자는 $\frac{-1}{6.24 \times 10^{18}}$ C $= -1.602 \times 10^{-19}$ C 의 전기량을 띈다.

(a) 전자 10^7개는

$$Q = 10^7 \times (-1.602 \times 10^{-19}\text{ C}) = -1.602 \times 10^{-12}\text{ C} = -1.602\text{ pC}$$

의 전기량을 띈다.

(b) 전자 10^8개가 띄는 전기량

$$Q_{전자} = 10^8 \times (-1.602 \times 10^{-19}\text{ C}) = -1.602 \times 10^{-11}\text{ C}$$

양성자 2×10^7개가 띄는 전기량

$$Q_{양성자} = 2 \times 10^7 \times (1.602 \times 10^{-19}\ \mathrm{C}) = 3.204 \times 10^{-12}\ \mathrm{C}$$

체 전기량 ;

$$\begin{aligned} Q_{전체} &= Q_{전자} + Q_{양성자} \\ &= -1.602 \times 10^{-11}\ \mathrm{C} + 3.204 \times 10^{-12}\ \mathrm{C} \\ &= -16.02 \times 10^{-12}\ \mathrm{C} + 3.204 \times 10^{-12}\ \mathrm{C} \\ &= (-16.02 + 3.204) \times 10^{-12}\ \mathrm{C} = -12.816\ \mathrm{pC} \end{aligned}$$

[별해]

전자 10^8개와 양성자 2×10^7가 동시에 존재하면 전자 8×10^7가 존재하는 것과 같다. 전자 8×10^7개는

$$Q = 8 \times 10^7 \times (-1.602 \times 10^{-19}\ \mathrm{C}) = -12.816\ \mathrm{pC}$$

의 전기를 띈다.

(c) 일순간 $t = 0.2$ s를 대입한다.

$$q(0.2) = 3e^{-10t}\ \mathrm{C} = 3e^{-2}\ \mathrm{C} = 0.406\ \mathrm{C}$$

06

(a) $i(t) = \dfrac{dq(t)}{dt} = 2\ \mathrm{A}$;

(b) $i(t) = \dfrac{dq(t)}{dt} = -2e^{-2t}\ \mathrm{A}$.

07

(a) $$\begin{aligned} q(t) &= \int_0^t i(\tau)\, d\tau + q(0) = \int_0^t 2\tau\, d\tau + 3 = \frac{1}{2}[\tau^2]_0^t + 3 \\ &= \frac{1}{2}(t^2 - 1) + 3 = \frac{1}{2}t^2 - \frac{1}{2} + 3 = \frac{1}{2}t^2 + \frac{5}{2}\ \mathrm{C}; \end{aligned}$$

(b) $$\begin{aligned} q(t) &= \int_0^t i(\tau)\, d\tau + q(0) = \int_0^t e^{-2\tau}\, d\tau + 3 = \frac{1}{-2}[e^{-2\tau}]_0^t + 3 \\ &= \frac{1}{-2}(e^{-2t} - 1) + 3 = -\frac{1}{2}e^{-2t} + \frac{1}{2} + 3 \\ &= -\frac{1}{2}e^{-2t} + \frac{1}{2} + 2 = -\frac{1}{2}e^{-2t} + \frac{5}{2}\ \mathrm{C}. \end{aligned}$$

08

(a) $0 \le t \le 1$ sec

$$q(t) = \int_0^t i(\tau)\, d\tau + q(0) = \int_0^t 1\, d\tau + 0 = t \text{ C} ;$$

(b) $t \geq 1$ sec

$$q(t) = \int_0^t i(\tau)\, d\tau + q(0)$$
$$= \int_0^1 1\, d\tau + \int_1^t \tau\, d\tau + 0$$
$$= [\tau]_0^1 + \frac{1}{2}[\tau^2]_1^t$$
$$= (1-0) + \frac{1}{2}(t^2 - 1)$$
$$= 1 + \frac{1}{2}t^2 - \frac{1}{2} = \frac{1}{2}t^2 + \frac{1}{2} \text{ C.}$$

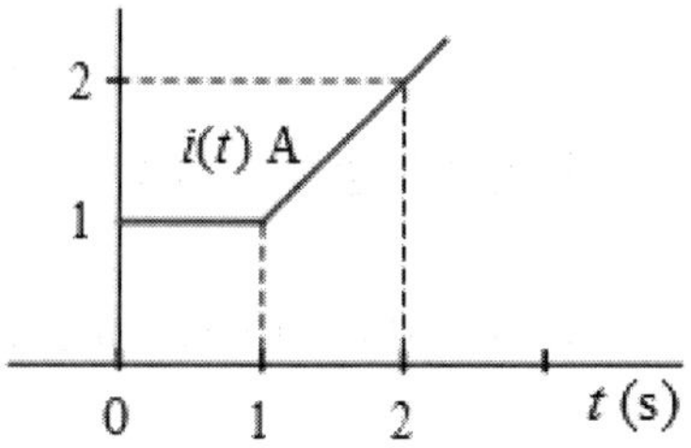

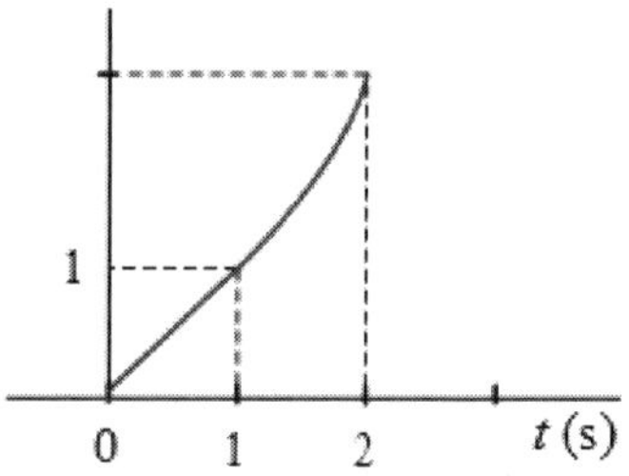

09 두 성질(scaling property & additive property)이 모두 성립하는 원리를 중첩의 원리(princilpe of superposition)한다. 중첩의 원리가 성립하는 성질을 선형성(linearity)이라고 한다.

(i) Scaling property

입력 전류가 $i_1(t)$, $i_2(t)$이면 출력 전압은 각각 다음과 같다.

$$i_1(t) \rightarrow v_1(t) = L\frac{di_1(t)}{dt}$$
$$i_2(t) \rightarrow v_2(t) = L\frac{di_2(t)}{dt}$$

입력 전류가 $\alpha\, i_1(t)$, $\beta\, i_2(t)$이면 출력 전압은 각각 다음과 같다.

$$v(t) = L\frac{d\,\alpha i_1(t)}{dt} = \alpha\, L\frac{d\,i_1(t)}{dt} = \alpha\, v_1(t)$$
$$v(t) = L\frac{d\,\beta i_1(t)}{dt} = \beta\, L\frac{d\,i_1(t)}{dt} = \beta\, v_1(t)$$

즉, Scaling property

$$\alpha\, i_1(t) \rightarrow \alpha\, v_1(t)$$
$$\beta\, i_2(t) \rightarrow \beta\, v_2(t)$$

가 성립한다.

(ii) Additive property

$$i_1(t) \rightarrow v_1(t) = L\frac{di_1(t)}{dt}$$

$$i_2(t) \rightarrow v_2(t) = L\frac{di_2(t)}{dt}$$

두 입력을 중첩한 입력

$$i_3(t) = \alpha i_1(t) + \beta i_2(t)$$

을 인가하면, additive property

$$i_3(t) \rightarrow v_3(t) = L\frac{di_3(t)}{dt}$$
$$= L\frac{d}{dt}[\alpha i_1(t) + \beta i_2(t)]$$
$$= \alpha L\frac{d}{dt}i_1(t) + \beta L\frac{d}{dt}i_2(t)$$
$$= \alpha v_1(t) + \beta v_2(t)$$

가 성립한다.

따라서, 준 소자는 선형소자이다. ∴ Q.E.D.

[주] 미분 연산자 $\frac{di(t)}{dt}$와 적분 연산자 $\int i(t)\,dt$ 는 선형성이 성립하는 선형연산자(linear operator)이다.

10 (a)

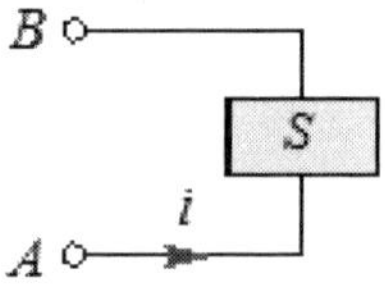

$$Q = \int i\,dt$$

$$Q = \int_{-\infty}^{0} e^{-|t|}dt = \int_{-\infty}^{0} e^{t}dt = e^{t}|_{-\infty}^{0} = 1\text{ C}$$

(b)

$$\int_{-1}^{1} e^{-|t|}dt = \int_{-1}^{0} e^{-|t|}dt + \int_{0}^{1} e^{-|t|}dt$$
$$= \int_{-1}^{0} e^{t}dt + \int_{0}^{1} e^{-t}dt = e^{t}|_{-1}^{0} - e^{-t}|_{0}^{1}$$
$$= (1 - e^{-1}) - (e^{-1} - 1) = 2 - e^{-1} = 1.63\text{ C}$$

(c) 시각 $t = 1\text{ s}$ 를 대입한다.

$$\therefore i = e^{-|t|} = e^{-1}\text{ A} = e^{-1}\text{ C/s} = 0.368\text{ C/s}$$

11 (a) $p = vi = (-4) \times (-3) = 12\text{ W};$

(b) $p(t) = v(t)i(t) = 4\cos(120\pi t + 120^\circ)\text{ V} \times 3\cos(120\pi t + 60^\circ)\text{ A}$

$p(0) = v(0) \cdot i(0) =$

$4\cos(120^\circ)\text{ V} \times 3\cos(60^\circ)\text{ A} = (-2) \times (1.5) = -3\text{ W}.$

12 (a) $20 \times (-2) = -40$ W ; (b) $5\,\mathrm{V} \times 2\,\mathrm{A} = 10$ W ;
(c) $2\,\mathrm{V} \times 3\,\mathrm{A} = 6$ W ; (d) $3 \times (-5) = -15$ W ;
(e) $6 \times 5\,\mathrm{V} \times (-3\,\mathrm{A}) = -90$ W.

13

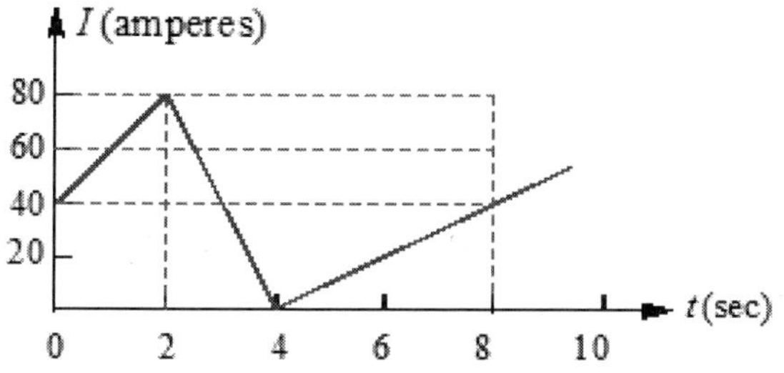

그림으로 주어진 전류를 수식으로 표시화면 다음과 같다.

$$\begin{cases} i(t) = 20t + 40\ \mathrm{A}, & t = 0-2\ \mathrm{sec}\,; \\ i(t) = -40t + 160\ \mathrm{A}, & t = 2-4\ \mathrm{sec}\,; \\ i(t) = 10t - 40\ \mathrm{A}, & t = 4-8\ \mathrm{sec}\,. \end{cases}$$

(a) 시간 $0 \le t \le 3$ sec 에서,

$$\begin{aligned} Q &= \int i dt = \int_0^2 (20t + 40)dt + \int_2^3 (-40t + 160)dt \\ &= [10t^2 + 40t]_0^2 + [-20t^2 + 160t]_2^3 \\ &= [(40+80)-(0)] + [(-180+480)-(-80+320)] \\ &= 120 + [(300)-(240)] \\ &= 120 + 60 = 180\ \mathrm{C} \end{aligned}$$

(b) 시간 $0 \le t \le 6$ sec 에서,

$$\begin{aligned} Q &= \int i dt = \int_0^7 i dt = \int_0^2 i dt + \int_2^4 i dt + \int_4^6 i dt \\ &= \int_0^2 (20t+40)dt + \int_2^4 (-40t+160)dt + \int_4^6 (10t-40)dt \\ &= [10t^2 + 40t]_0^2 + [-20t^2 + 160t]_2^4 + [5t^2 - 40t]_4^6 \\ &= [(40+80)-(0)] + [(-320+640)-(-80+320)] + [(180-240)-(80-160)] \\ &= 120 + 80 + 20 \\ &= 220\ \mathrm{C} \end{aligned}$$

14 (a) $i(t) = \begin{cases} 2t\ \mathrm{A}, & 0 \le t < 2 \\ 2\ \mathrm{A}, & 2 \le t < 3 \\ 0\ \mathrm{A}, & t \ge 3 \end{cases}$

(b) $q(t) = \int_0^3 i(t)\,dt = \int_0^2 2t\,dt + \int_2^3 2\,dt = [t^2]_0^2 + 2[t]_2^3$

$= [2^2 - 0^2] + 2[3-2] = 4 + 2 = 6\,\text{C}$

(c) $q(t) = \int_1^4 i(t)\,dt = \int_1^2 2t\,dt + \int_2^3 2\,dt + \int_3^4 0\,dt$

$= [t^2]_1^2 + 2[t]_2^3 + [0]_3^4 = [4-1] + 2[3-2] + 0$

$= 3 + 2 + 0 = 5\,\text{C}$

[주] 전류-시간 그래프에서 적분연산을 하면 전하가 구해진다.
면적을 구한 결과이다.

(b) $Area = \frac{1}{2} \times (4\,\text{A} \times 2\,\text{sec}) + 2\,\text{A} \times 1\,\text{sec}$

$= 4\,\text{A}\cdot\text{sec} + 2\,\text{A}\cdot\text{sec} = 6\,\text{A}\cdot\text{sec} = 6\,\text{C}$

(c) $Area = \frac{1}{2}(2\,\text{A} \times 1\,\text{sec}) + (2\,\text{A} \times 2\,\text{sec})$

$= 1\,\text{A}\cdot\text{sec} + 4\,\text{A}\cdot\text{sec} = 5\,\text{A}\cdot\text{sec} = 5\,\text{C}$

15 (a) $q(t) = 2^{-1} v(t) = 0.5 \times e^{-t}$ C

$\therefore i(t) = \frac{dq(t)}{dt} = -0.5 \times e^{-t}$ A

(b) $i(t) = -0.5 e^{-0.1} = -0.452$ A

(c) $v = e^{-t} = e^{-0.1} = 0.905$ V

$p(t) = i(t) \cdot v(t) = (-0.452\,\text{A}) \times (0.905\,\text{V}) = 0.409\,\text{W}$

(d) 전압, 전류가

$$v(t) = e^{-t}\,\text{V},\ i(t) = -0.5 \times e^{-t}\,\text{A}$$

이므로, 전력은

$$p(t) = v(t) \times i(t) = (e^{-t}) \times (-0.5\ e^{-t}) = -0.5\ e^{-2t}\ \text{W}$$

이다. 적분하면 에너지

$$w(t) = \int_0^t p(\tau)\,d\tau + w(0)\ \text{Joule}$$

를 얻는다. 양변에 $t = 0.1$ sec을 대입하면,

$$w(0.1) = \int p\,dt = \int_0^{0.1} (-0.5\ e^{-2t})\,dt + 5 \times 10^{-2}$$

$$= \frac{-0.5}{-2} e^{-2t} \Big|_0^{0.1} + 5 \times 10^{-2}$$
$$= 0.25 \left(e^{-0.2} - 1 \right) + 5 \times 10^{-2}$$
$$= -4.53 \times 10^{-2} + 5 \times 10^{-2} \text{ Joule}$$
$$\therefore w(0.1\,\text{s}) = 0.47 \times 10^{-2} \text{ Joule}$$

16 (a) $Q = \int i dt = \int_0^3 e^{-t} dt$

$$= \left[-e^{-t} \right]_0^3 = (-e^{-3}) - (-1) = 0.950\ \text{C}$$

(b) $p(t) = v(t) \cdot i(t) = 5 \times e^{-t} = 5e^{-t}$ W

(c) $W = \int p dt = \int_0^3 5e^{-t} dt$

$$= \left[-5e^{-t} \right]_0^3 = (-5)\left[e^{-3} - 1 \right] = 4.751\ \text{C}$$

(d) $p = \dfrac{dW}{dt} = \dfrac{4.751\,\text{J}}{3\,\text{sec}} = 1.584$ W

Chapter 02. 전압법칙과 전류법칙

연 습 문 제 Chapter 02-A

01 (a) No. !! 독립 전압원과 종속 전압원이 동일한(the same) 전압을 동일한(the same) 단자 a, b에 공급해야 한다. 독립 전압원이 3 V 전압을 단자 a, b에 공급하고, 종속 전압원이 6 V 전압을 단자 a, b에 공급한다. 따라서, 이 회로는 존재 불가능하다.

(b) Yes. !! 독립 (or 종속) 전압원은 통과전류와 무관하게 일정한 전압을 공급한다.
독립 (or 종속) 전류원은 양단전압과 무관하게 일정한 전류을 공급한다.
독립 전압원이 3 V 전압을 단자 a, b에 공급하고, 종속 전류원이 6 A 전압을 단자 a, b에 공급한다. 따라서, 이 회로는 존재 가능하다.

(c) Yes. !! 독립 (or 종속) 전압원은 통과전류와 무관하게 일정한 전압을 공급한다.
독립 (or 종속) 전류원은 양단전압과 무관하게 일정한 전류를 공급한다.
독립 전류원이 3 A 전압을 단자 a, b에 공급하고, 종속 전압원이 6 V 전압을 단자 a, b에 공급한다. 따라서, 이 회로는 존재 가능하다.

(d) No. !! 독립 (or 종속) 전류원은 양단전압과 무관하게 일정한 전류를 공급한다.
독립 전류원이 전류3 A 을 단자 b에서 a로 공급하고, 종속 전류원이 전류6 A 을 단자 b에서 a로 공급하고, 따라서, 이 회로는 존재 불가능하다.
양단전압과 무관하게 일정한 전류를 공급한다.

02

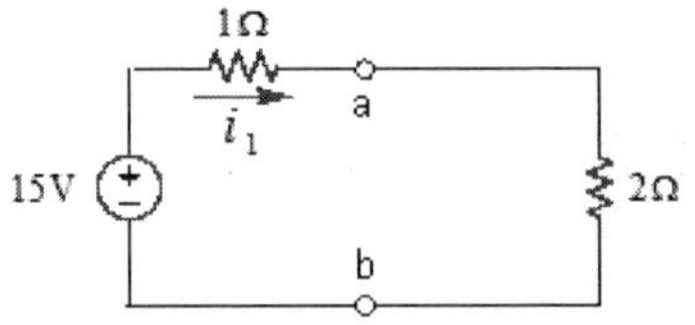

(a) $i_1 = \dfrac{15\text{ V}}{3\,\Omega} = 5\text{ A}$

(b) $v_a = 2\,\Omega \times 5\text{ A} = 10\text{ V}$,

$$i_3 = \frac{10\text{ V}}{3\,\Omega} = \frac{10}{3}\text{ A}$$

(c) $i_6 = \dfrac{10\text{ V}}{6\,\Omega} = \dfrac{10}{6}\text{ A} = \dfrac{5}{3}\text{ A}$

03

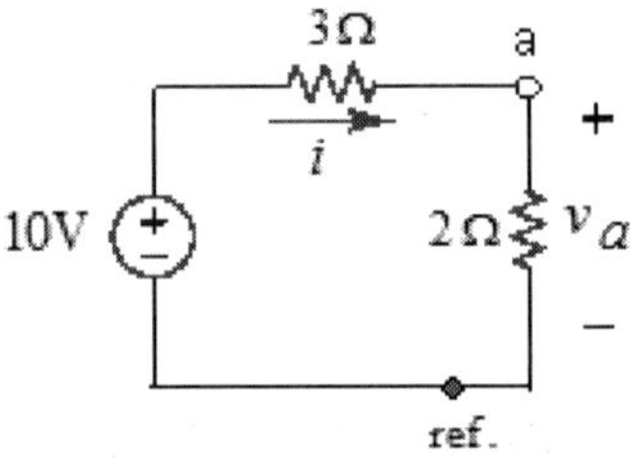

(a) 두 병렬 저항을 하나로 대치하면

$$3\,\Omega \| 6\,\Omega = 2\,\Omega$$

이다.

$$\therefore i = \frac{10\text{V}}{5\Omega} = 2\text{A};$$

(b) Ohm's law에 의하여

$$v_a = 4\text{V};$$

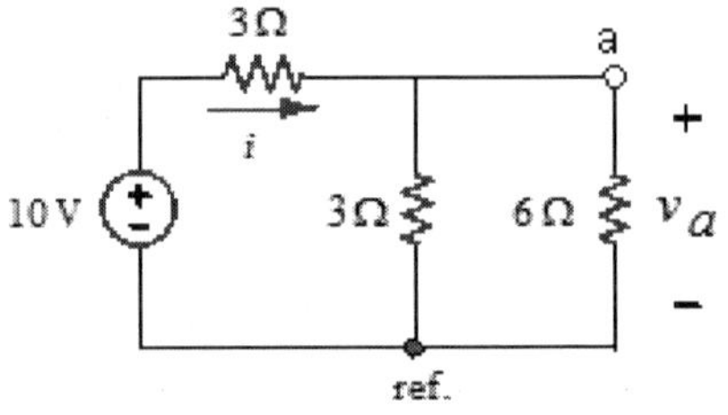

(c) 전류원 10 V가 공급하는 전력은 다음과 같다.

$$p_{20\text{A}} = 10\text{ V} \times 2\text{ A} = 20\text{ Watt}.$$

연 습 문 제 Chapter 02-B

01

(a) 회로의 우측에서 부터 저항들의 등가저항을 구한다.
직렬 저항 $1\,\Omega, 2\,\Omega$ 의 등가저항, $1\,\Omega + 2\,\Omega = 3\,\Omega$
병렬 저항 $3\Omega, 6\,\Omega$ 의 등가저항, $3\,\Omega \| 6\,\Omega = 2\,\Omega$
직렬 저항 $2\,\Omega, 4\,\Omega$ 의 등가저항, $2\,\Omega + 4\,\Omega = 6\,\Omega$
병렬 저항 $6\Omega, 12\,\Omega$ 의 등가저항, $6\,\Omega \| 12\,\Omega = 4\,\Omega$

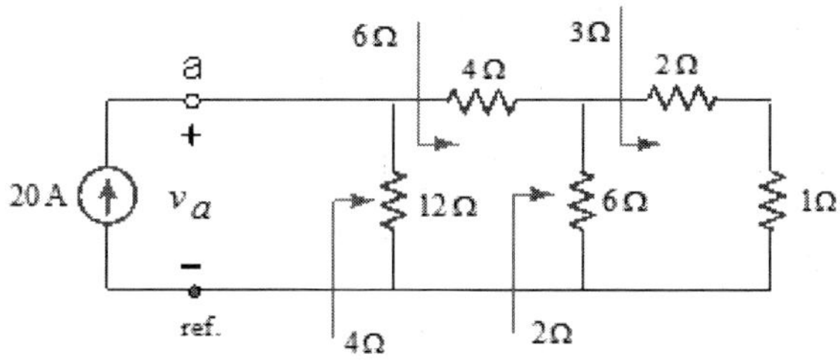

따라서, 가장 간단한 1-mesh의 등가회로는 아래 그림과 같다.

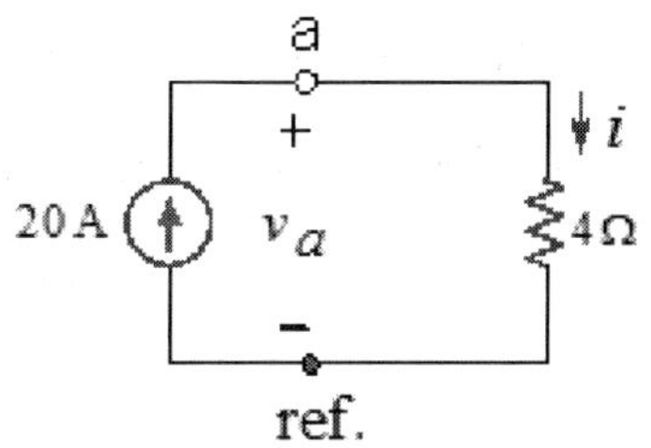

(b) Ohm's law를 사용하여 점 a의 전압을 구한다.

$$v_a = 4\,\Omega \times 20\,\mathrm{A} = 80\,\mathrm{V}$$

(c) 전류원 20 A가 공급하는 전력은 다음과 같다.

$$p_{20\mathrm{A}} = 80\,\mathrm{V} \times 20\,\mathrm{A} = 1600\ \mathrm{Watt}$$

02

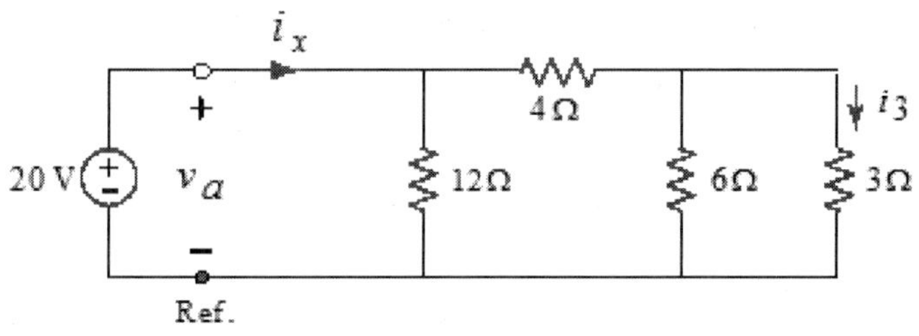

(a) 주어진 회로를 간단히 하자.

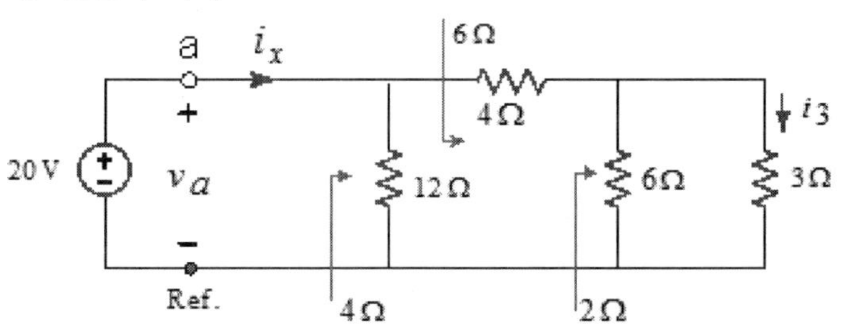

우측 저항들로부터 등가저항을 구한다.

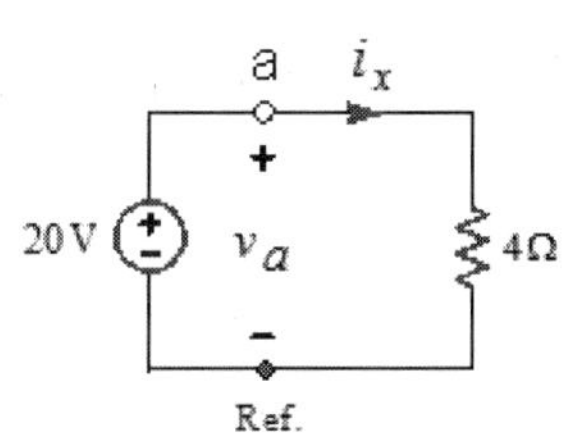

(i) 두 병렬 저항 $3\,\Omega$, $6\,\Omega$의 등가 저항,

$$3\,\Omega \parallel 6\,\Omega = 2\,\Omega$$

(ii) 두 직렬 저항 $2\,\Omega$, $4\,\Omega$의 등가 저항,

$$2\,\Omega + 4\,\Omega = 6\,\Omega$$

(iii) 두 병렬 저항 6Ω, 12Ω의 등가 저항,

$$6\,\Omega \parallel 12\,\Omega = 4\,\Omega$$

따라서, 1-mesh 등가회로는 우측과 같다.

(b) 등가 회로에서 전류 i_x는

$$i_x = \frac{20\,\text{V}}{4\,\Omega} = 5\,\text{A}$$

(c) 전류 분배법칙을 두 번 사용한다.

(i) 아래 회로에서 전류 분배에 의한 전류 i_y을 구하면,

$$i_y = i_x \times \frac{12\,\text{V}}{12+6\Omega} = 5\,\text{A} \times \frac{12\,\text{V}}{18\,\Omega} = 5\,\text{A} \times \frac{2\,\text{V}}{3\,\Omega} = \frac{10}{3}\,\text{A}$$

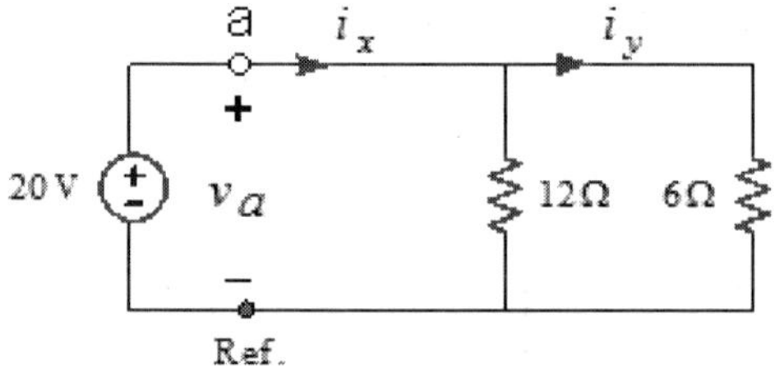

(ii) 아래 회로에서 전류 분배에 의항 전류 i_3을 구하면,

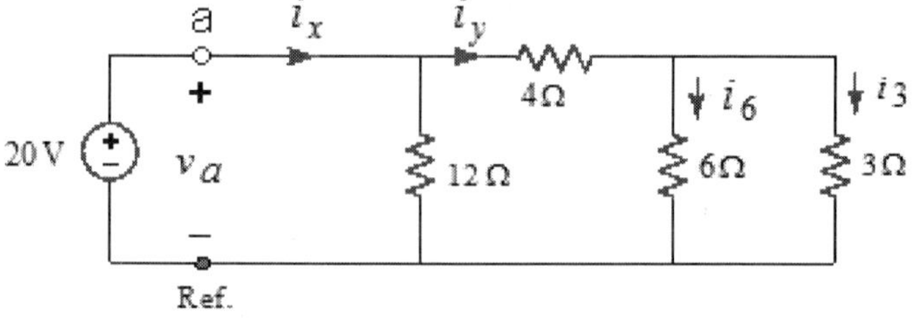

$$i_3 = i_y \times \frac{12\,\text{V}}{12+6\Omega} = \frac{10}{3}\,\text{A} \times \frac{12\,\text{V}}{12+6\Omega}$$
$$= \frac{10}{2}\,\text{A} \times \frac{12\,\text{V}}{18\,\Omega} = \frac{10}{3}\,\text{A}$$

따라서, 저항 $3\,\Omega$ 이 소비하는 전력은 다음과 같다.

$$p_{3\Omega} = i_3^2\,R = (\frac{10}{3}\,\text{A})^2 \times 6\,\Omega$$
$$= \frac{100}{9}\,\text{A}^2 \times 6\,\Omega = \frac{100}{3}\,\text{A}^2 \times 2\,\Omega = \frac{200}{3}\,\text{Watt}$$

03 (a) 전류분배에 의하여

$$i = 6\text{ A} \times \frac{R}{6+R} = 2\text{ A}$$

풀면,

$$6R = 2(6+R),\ 3R = 6+R,\ \therefore R = 3\,\Omega$$

[별해]

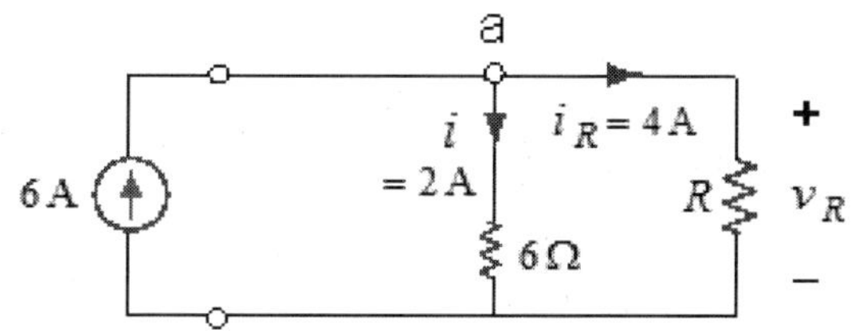

노드 a에서 전류가 분리되므로

$$i_R = 6\text{ A} - 2\text{A} = 4\text{ A}$$

이고, 노드 a에서의 전압

$$Va = 6\,\Omega \times 2\text{ A} = 12\text{ V}$$

는 저항 양단의 전압 V_R과 같다.

$$R = \frac{V_R}{i_R} = \frac{12\text{ V}}{4\text{ A}} = 3\ \Omega.$$

(b)

$$i_R = 6\text{ A} \times \frac{6}{6+3} = 4\text{ A}$$

$$(\text{OR } i_R = 6\text{ A} - 2\text{A} = 4\text{ A}\ )$$

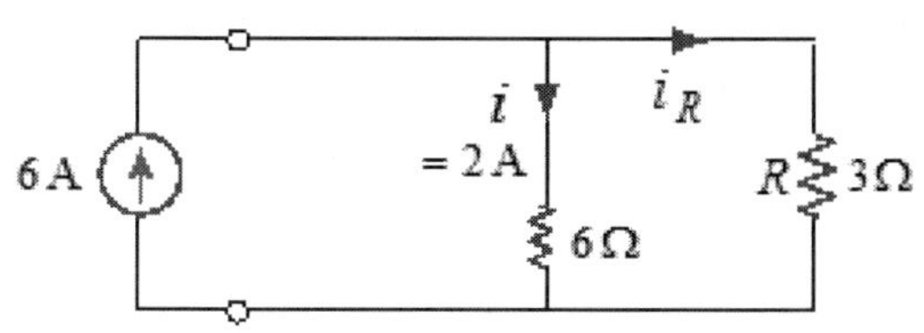

$$p_{3\Omega} = (i_R)^2 \times R = (4\text{ A})^2 \times (3\,\Omega) = 48\text{ W}$$

04 (a) $R_{eq} = (\frac{1}{10} + \frac{1}{24} + \frac{1}{40})^{-1} = (\frac{24\times40 + 10\times40 + 10\times24}{10\times24\times40})^{-1}$

$$= (\frac{1600}{9600})^{-1} = (\frac{1}{6})^{-1} = 6\,\Omega$$

(b) 전류

$$i_{10} = 30\,\mathrm{A} \times \frac{24\,\Omega \parallel 40\,\Omega}{10\,\Omega + (24\,\Omega \parallel 40\,\Omega)} = 30\,\mathrm{A} \times \frac{15\,\Omega}{10\,\Omega + 15\,\Omega} = 18\,\Omega$$

$$i_{24} = 30\,\mathrm{A} \times \frac{10\,\Omega \parallel 40\,\Omega}{24\,\Omega + (10\,\Omega \parallel 40\,\Omega)} = 30\,\mathrm{A} \times \frac{8\,\Omega}{24\,\Omega + 8\,\Omega} = 7.5\,\Omega$$

$$i_{40} = 30\,\mathrm{A} \times \frac{10\,\Omega \parallel 24\,\Omega}{40\,\Omega + (10\,\Omega \parallel 24\,\Omega)}$$

$$= 30\,\mathrm{A} \times \frac{\frac{240}{34}\,\Omega}{40\,\Omega + \frac{240}{34}\,\Omega} = 30\,\mathrm{A} \times \frac{240\,\Omega}{40 \times 34\,\Omega + 240\,\Omega}$$

$$= 30\,\mathrm{A} \times \frac{240\,\Omega}{1600\,\Omega} = 30\,\mathrm{A} \times \frac{3\,\Omega}{20\,\Omega} = 4.5\,\Omega$$

(c) 전류원 30 A 대신 전압원 180 V을 연결하면 단자 a에 전류 30 A가 공급된다.

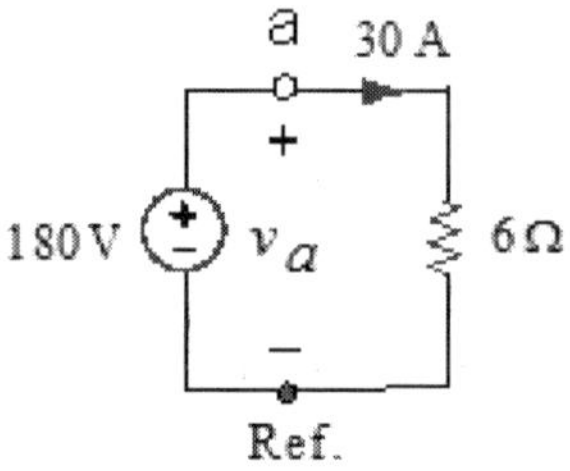

Chapter 03. 회로 해석법

연 습 문 제 Chapter 03-A

01 (a) 노드 전압은 v, $v-4$, 14 V이다. KCL에 의하여,

$$\frac{(v-4)-14}{4} + \frac{v-4}{2} + \frac{v}{12} + \frac{v}{4} = 0 \quad \therefore v = 6\,\mathrm{V}$$

$$i = \frac{v-4}{2} = \frac{6-4}{2} = 1\,\mathrm{A}, \quad \therefore i = 1\,\mathrm{A}$$

(b) $i_{12} = \frac{6}{12} = 0.5\,\mathrm{A}$, $i_4 = \frac{6}{4} = 1.5\,\mathrm{A}$, $i_{14} = 1 + 0.5 + 1.5 = 3\,\mathrm{A}$

02 (a) 전압원 4 V를 제거(단락)시킨 회로에서, 등가저항은

$$R = 4 + \left(\frac{1}{2} + \frac{1}{12} + \frac{1}{4}\right)^{-1} = 4 + 1.2 = 5.2\,\mathrm{A}$$

이므로, 전류는 다음과 같다.

$$i_{14V} = \frac{14}{5.2} = 2.692\,\mathrm{A}$$

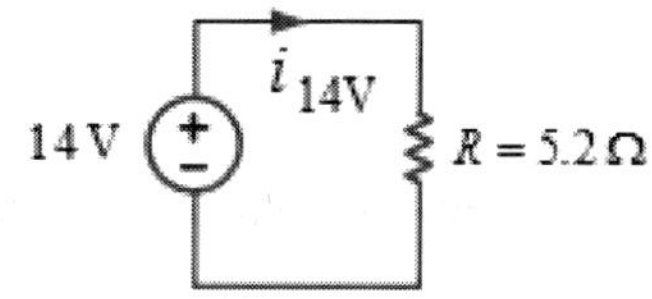

(b) 전압원 14 V를 제거(단락) 시킨회로는 다음과 같다.

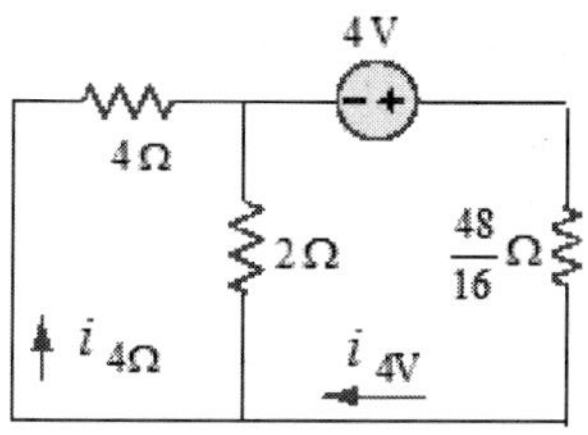

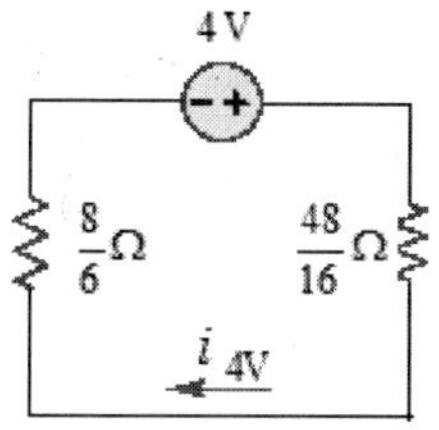

회로에서, 8/6 Ω 저항의 통과전류는

$$i_{4V} = \frac{4}{(4\,\Omega \| 2\,\Omega\,) + (4\,\Omega \| 12\,\Omega\,)} = \frac{4}{\frac{8}{6} + \frac{48}{16} +} = \frac{4}{\frac{416}{96}} = \frac{384}{416}\ \mathrm{A}$$

전류분배에 의하여, 4 Ω 저항의 통과전류는

$$i_{4\Omega} = \frac{384}{416} \times \frac{2}{4+2} = \frac{128}{416} = \frac{4}{13}\ \mathrm{A}$$

(c) 중첩한 전류는

$$i = \frac{14}{5.2} + \frac{4}{13} = \frac{140}{52} + \frac{4}{13} = \frac{2028}{676} = 3\ \mathrm{A}\,.$$

03

(a)

(i) 전원을 제거하고 Norton 등가저항을 구한다.

$$R_{Nor} = 4 + \frac{3 \times (2+4)}{3+(2+4)} = 6\ \Omega$$

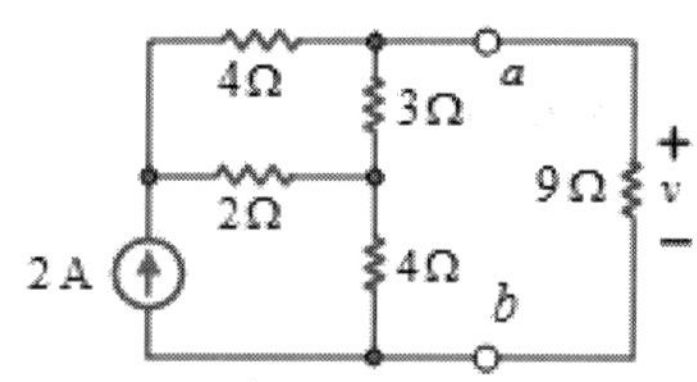

(ii) 메쉬 전류 i_1, i_2 ,i_3 를 정의하고 KVL을 세운다.

$$9i_1 - 3i_3 - 2(4) = 0 \quad (1)$$

$$-3i_1 - 1(4) + 4i_3 = 0 \quad (2)$$

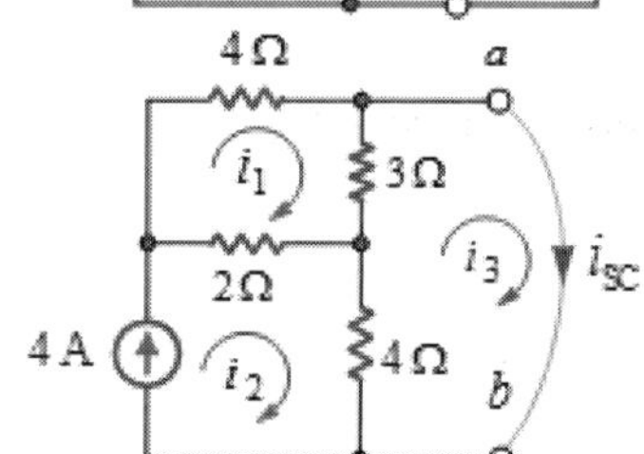

$$9i_1 - 3i_3 = 8 \quad \cdots\cdots\cdots ①$$

$$-3i_1 + 4i_3 = 4 \quad \cdots\cdots\cdots ②$$

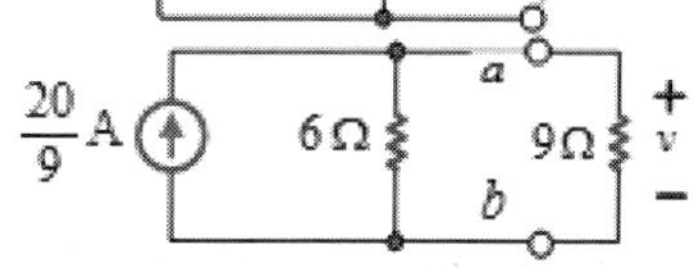

두 식 ①, ②에 의하여,

$$\therefore \ i_3 = \frac{20}{9}\,\text{A} = i_3$$

따라서, Norton 등가회로는 우측 그림과 같다.

(*b*) 저항 부하에 걸리는 전압 v 는 합성저항 $6\,\Omega \parallel 9\,\Omega$ 에 걸리는 전압니다.

$$v = i_{sc} \times (6 \| 9) = i_{sc} \times \frac{6 \times 9}{6+9} = \frac{20}{9} \times \frac{54}{15} = 8\,\text{V}$$

$$\therefore v = 8\,\text{V}$$

04 노드(node) n_1, n_2, n_3 의 전압을 $v_1,\ v_2,\ v_3$라고 가정한 회로는 다음과 같다. 각 노드(node) n_1, n_2, n_3 에 KCL을 적용한다.

(i) 노드(node) n_1 ;

$$\left(\frac{1}{6} + \frac{1}{12}\right)v_1 - \frac{1}{12}v_2 - i = 0 \ ;$$

정리하면

$$\frac{3}{12}v_1 - \frac{1}{12}v_2 - i = 0 \ ;$$

$$3v_1 - v_2 - 12i = 0 \ ; \qquad \cdots\cdots\cdots ①$$

(ii) 노드(node) n_2 ;

$$-\frac{1}{12}v_1 + \left(\frac{1}{6} + \frac{1}{12}\right)v_2 - \frac{1}{6}v_3 = 5$$

정리하면

$$-\frac{1}{12}v_1 + \frac{3}{12}v_2 - \frac{1}{6}v_3 = 5$$

$$-v_1 + 3v_2 - 2v_3 = 60 \qquad \cdots\cdots\cdots ②$$

(iii) 노드(node) n_3 ;

$$-\frac{1}{6}v_2 + \left(\frac{1}{6} + \frac{1}{18}\right)v_3 + i = 0$$

정리하면

$$-\frac{1}{6}v_2 + \frac{4}{18}v_3 + i = 0$$

$$-3v_2 + 4v_3 + 18i = 0 \qquad \cdots\cdots\cdots ③$$

노드(node) 1, 3 사이에 성립하는 KCL은 다음과 같다.

$$v_3 = v_1 + 4i \qquad \cdots\cdots\cdots ④$$

식 ④를 식①, ②, ③에 대입하면 다음과 같다.

$$3v_1 - v_2 - 12i = 0$$
$$-v_1 + 3v_2 - 2(v_1 + 4i) = 60$$
$$-3v_2 + 4(v_1 + 4i) + 18i = 0$$

이다. 정리하면 3원 3차 연립 방정식

$$\begin{cases} 3v_1 - v_2 - 12i = 0 \\ -3v_1 + 3v_2 - 8i = 60 \\ 4v_1 - 3v_2 + 34i = 0 \end{cases}$$

을 얻는다.

$$v_1 = \frac{\begin{vmatrix} 0 & -1 & -12 \\ 60 & 3 & -8 \\ 0 & -3 & 34 \end{vmatrix}}{\begin{vmatrix} 3 & -1 & -12 \\ -3 & 3 & -8 \\ 4 & -3 & 34 \end{vmatrix}} = \frac{4200}{200} = 21\text{ V}$$

$$v_2 = \frac{\begin{vmatrix} 3 & 0 & -12 \\ -3 & 60 & -8 \\ 4 & 0 & 34 \end{vmatrix}}{\begin{vmatrix} 3 & -1 & -12 \\ -3 & 3 & -8 \\ 4 & -3 & 34 \end{vmatrix}} = \frac{9000}{200} = 45\text{ V}$$

$$i = \frac{\begin{vmatrix} 3 & -1 & 0 \\ -3 & 3 & 60 \\ 4 & -3 & 0 \end{vmatrix}}{\begin{vmatrix} 3 & -1 & -12 \\ -3 & 3 & -8 \\ 4 & -3 & 34 \end{vmatrix}}$$

$$\therefore v_3 = v_1 + 4i = 21 + 4 \times 1.5 = 65.5\text{ V}$$

05 노드(node) n_1 에서 KCL을 세우면,

$$5 - \frac{v_x}{6} - \frac{v_x - v_y}{2} = 0$$
$$\frac{v_x}{6} + \frac{v_x - v_y}{2} = 5$$
$$v_x + 3v_x - 3v_y = 30$$
$$4v_x - 3v_y = 30 \qquad \cdots\cdots\cdots ①$$

노드(node) n_2 에서 KCL을 세우면,

$$\frac{v_x - v_y}{2} - \frac{v_y}{3} - 4 - \frac{v_y}{6} = 0$$
$$3v_x - 3v_y - 2v_y - v_y = 24$$

$$3v_x - 7v_y = 24 \qquad \cdots\cdots\cdots ②$$

두 식 ①, ②에 의하여

$$v_x = \frac{\begin{vmatrix} 30 & -3 \\ 24 & -7 \end{vmatrix}}{\begin{vmatrix} 4 & -3 \\ 3 & -7 \end{vmatrix}} = \frac{(-210)-(-42)}{(-28)-(-9)} = \frac{-168}{-19} = \frac{168}{19}\ \text{V}$$

$$v_y = \frac{\begin{vmatrix} 4 & 30 \\ 3 & 24 \end{vmatrix}}{\begin{vmatrix} 4 & -3 \\ 3 & -7 \end{vmatrix}} = \frac{(96)-(90)}{(-28)-(-9)} = \frac{-6}{-19} = \frac{6}{19}\ \text{V}$$

06

메쉬 1, 2에서

$$42 - 9i_1 - 18(i_1 - i_2) = 0 \qquad \cdots\cdots\cdots ①$$

$$20 + 18(i_1 - i_2) - (0.1v_A + i_2) \times 3 = 0 \qquad \cdots\cdots\cdots ②$$

$$v_A = 9i_1 \qquad \cdots\cdots\cdots ③$$

를 얻는다. 식 ③을 ②에 대입하면,

$$\begin{cases} +27\,i_1 - 18i_2 = 42 \\ -15.3i_1 + 21i_2 = 20 \end{cases}$$

풀면,

$$i_1 = 4.26\ \text{A},\ i_2 = 4.06\ \text{A}$$

식 ③에 의하여

$$v_A = 9i_1 = 38.3\ \text{V}$$

이다.

$$\therefore i_3 = -0.1\,v_A = -0.1 \times 9i_1 = -0.1 \times (38.3) = -3.83\,\text{A}$$

07

(a)

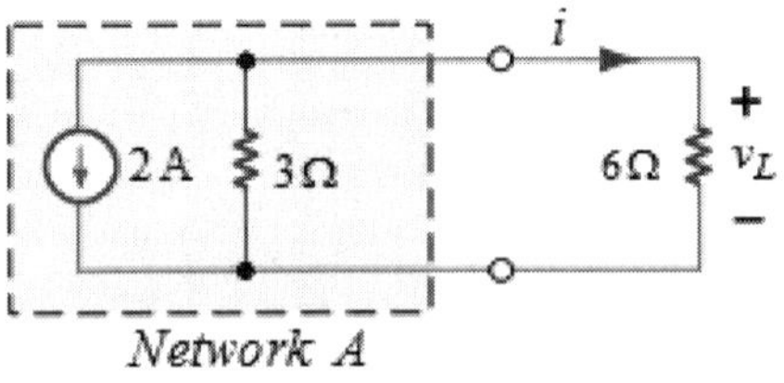

$$v_L = -2 \cdot \frac{3 \times 6}{3 + 6} = -4\ \text{V}$$

$$i = -2 \times \frac{3}{3 + 6} = -\frac{2}{3}\ \text{A}$$

[참고] 저항 3 Ω의 통과전류는 다음과 같다.

$$i_{3\Omega} = -2 \times \frac{6}{3+6} = -\frac{4}{3}\text{ A}$$

(b)

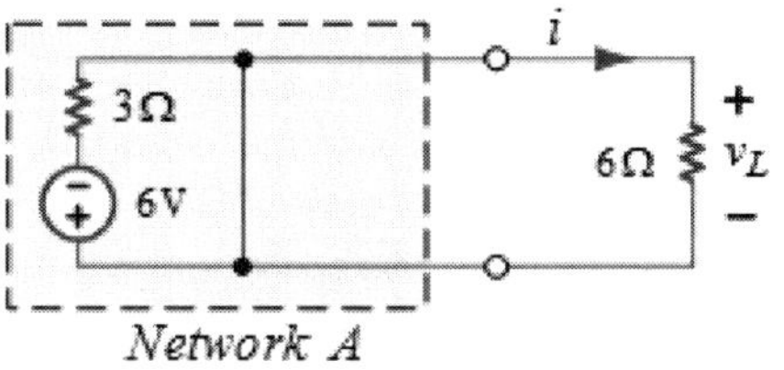

$$v_L = -6 \times \frac{6}{3+6} = -4\text{ V}$$

$$i = \frac{-6\text{ V}}{3\,\Omega + 6\Omega} = -\frac{2}{3}\text{ A}$$

(c)

(a) $P_{3\Omega} = \frac{v_L^2}{3} = \frac{16}{3}$ W

(b) $P_{3\Omega} = i_{RL}^2 \times 3 = (-\frac{6}{9})^2 \times 3 = \frac{4}{9} \times 3 = \frac{4}{3}$ W

(d)

$$P_L = (\frac{6}{R_L+3})^2 \times R_L$$

$$P_L = \frac{36}{(R_L+3)^2} \times R_L = \frac{36R_L}{(R_L+3)^2}$$

$$\frac{d}{dR_L}P_L = \frac{36 \times (R_L+3)^2 - 36R_L \times 2(R_L+3)}{(R_L+3)^4}$$

$$= \frac{36 \times (R_L+3) - 36R_L \times 2}{(R_L+3)^3}$$

$$36 \times (R_L+3) = 36R_L \times 2,\ \ R_L+3 = R_L \times 2\ \ \therefore R_L = 3\ \Omega$$

08 (a)

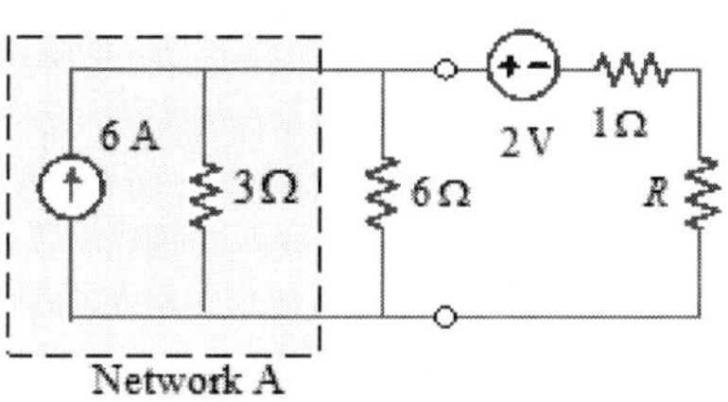

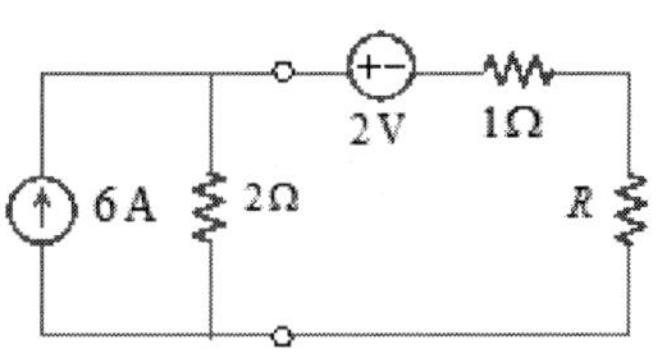

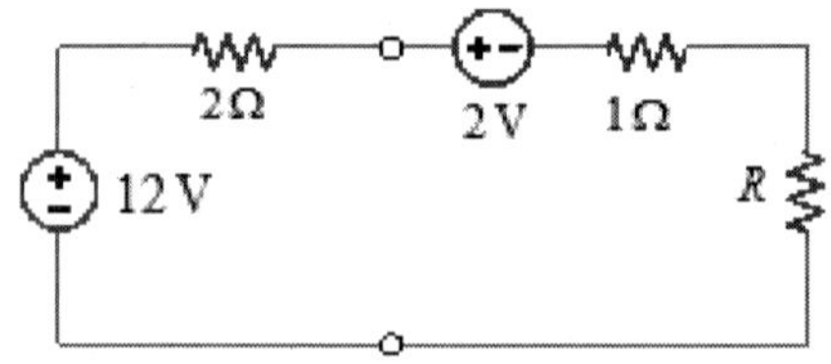

(b)

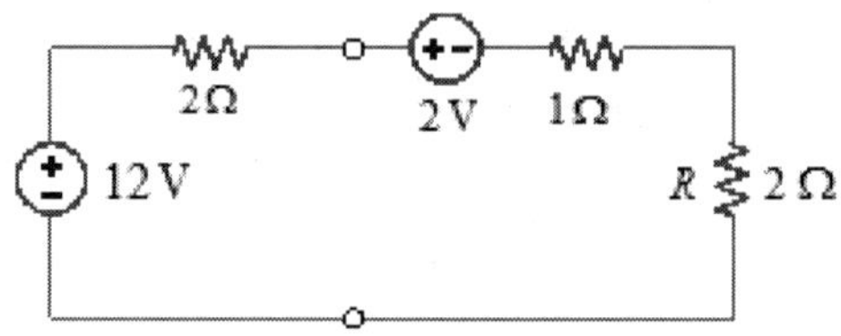

$$P_R = \left(\frac{12-2}{2+1+2}\right)^2 \times 3 = \left(\frac{10}{5}\right)^2 \times 2 = 8\ \mathrm{W}$$

(c)

$$R = 2+1 = 3\ \Omega$$

$$P_R = \left(\frac{12-2}{2+1+(3)}\right)^2 \times 3 = \left(\frac{10}{6}\right)^2 \times 3 = \frac{25}{9} \times 3 = \frac{25}{3}\ W$$

(d)

$$8 = \left(\frac{10}{3+R}\right)^2 \times R,\ 8 = \frac{100}{R^2+6R+9} \times R,\ 8R^2+48R+72 = 100R$$

$$8R^2-52R+72=0$$

$$R = \frac{26 \pm \sqrt{26^2-8\times 72}}{8} = \frac{26\pm 10}{8} = \frac{36}{8} = 4.5\ \Omega$$

09 전압원 4 V 동작 (나머지 전압원 short)

$$i_{4\,\mathrm{V}} = \frac{-4\ \mathrm{V}}{1\ \Omega} = -4\ \mathrm{A}$$

전압원 6 V 동작 (나머지 전압원 short)

$$i_{8\,\mathrm{V}} = \frac{6\ \mathrm{V}}{1\ \Omega} + \frac{6\ \mathrm{V}}{3\ \Omega} = 6+2 = 8\ \mathrm{A}$$

전압원 −12 V 동작 (나머지 전압원 short)

$$i_{12\,\mathrm{V}} = \frac{12\ \mathrm{V}}{3\ \Omega} = 4\ \mathrm{A}$$

$$\therefore i = i_{4\mathrm{V}} + i_{6\mathrm{V}} + i_{-12\mathrm{V}} = -4+8+4 = 8\ \mathrm{A}$$

10 전압원 12 V 동작

$$i_{12\,\mathrm{V}} = \frac{12\,\mathrm{V}}{(2+3)\Omega} = \frac{12\,\mathrm{V}}{5\,\Omega} = 2.4\,\mathrm{A}$$

전압원 6 A 동작

$$i_{6\,\mathrm{A}} = -6\,\mathrm{A} \times \frac{3\,\Omega}{2\,\Omega + 3\Omega} = -\frac{18\,\mathrm{A}\cdot\Omega}{5\,\Omega} = -3.6\,\mathrm{A}$$

전압원 4 V 동작

$$i_{4\mathrm{A}} = 4\mathrm{A} \times \frac{2\Omega}{2\,\Omega + 3\,\Omega} = \frac{8\,\mathrm{A}\cdot\Omega}{5\,\Omega} = \frac{8\mathrm{A}}{5} = 1.6\,\mathrm{A}$$

모두 더하면

$$\therefore i = i_{12\mathrm{V}} + i_{6\mathrm{A}} + i_{4\mathrm{A}} = 2.4.\,\mathrm{A} - 3.6\,\mathrm{A} + 1.6\,\mathrm{A} = 0.4\,\mathrm{A}$$

연 습 문 제 Chapter 03-B

01 (i) 노드 1 (n1)에서 전압 v_A를 사용한 nodal equation를 세우면,

$$\frac{v_A}{2} + \frac{v_A + 3}{1} = 6 \qquad \cdots\cdots\cdots ①$$

식 ①을 풀면,

$$v_A + 2v_A + 6 = 12,\ 3v_A = 6,\ \therefore v_A = 2\ \mathrm{V}$$

저항 $1\,\Omega$ 에서 Ohm's law에 의하여,

$$i_B = \frac{v_A + 3}{1} \qquad \cdots\cdots\cdots ②$$

식 ②에 $v_A = 2$를 대입하면, $\therefore i_B = 5\ \mathrm{A}$

(ii) 노드 2 (n2)에서 전압 v_A를 사용한 nodal equation를 세우면,

$$6 - 2i_B + \frac{v_B}{2} = 0 \qquad \cdots\cdots\cdots ③$$

식 ③에 $i_B = 5\ \mathrm{A}$를 대입하면,

$$6 - 10 + \frac{v_B}{2} = 0 \quad \therefore v_B = 8\ \mathrm{V}$$

02 두 노드에서 KCL을 적용하면,

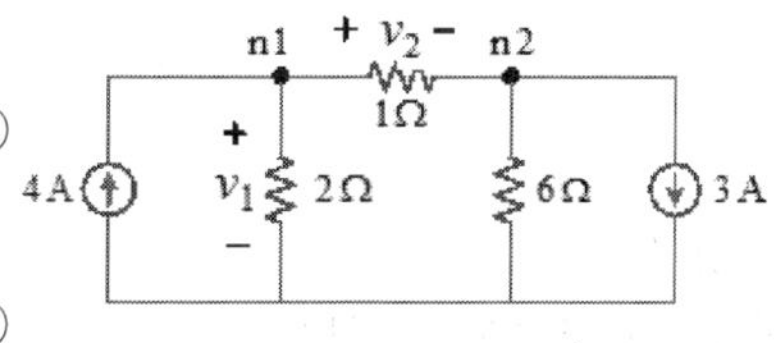

$$N_1 : 4 = \frac{v_1}{2} + \frac{v_2}{1} \qquad \cdots\cdots\cdots ①$$

$$N_2 : -3 = -\frac{v_2}{1} + \frac{v_1 - v_2}{6} \qquad \cdots\cdots\cdots ②$$

두 식 ①, ②에 의하여,

$$v_1 = \frac{20}{9}\ \text{V},\ v_2 = \frac{26}{9}\ \text{V}$$

03

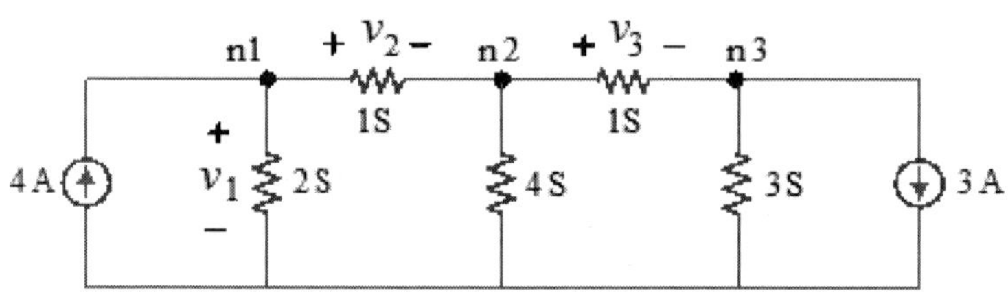

세 노드에서 KCL을 적용하면,

$$N_1 : 2v_1 + v_2 = 4 \quad \cdots\cdots\cdots ①$$
$$N_2 : 0 = -1\cdot v_2 + 4\cdot(v_1 - v_2) + 1\cdot v_3 \quad \cdots\cdots\cdots ②$$
$$N_3 : -3 = -1\cdot v_3 + 3\cdot(v_1 - v_2 - v_3) \quad \cdots\cdots\cdots ③$$

정리하면

$$N_1 : 2v_1 + v_2 = 4 \quad \cdots\cdots\cdots ①$$
$$N_2 : 4v_1 - 5v_2 + v_3 = 0 \quad \cdots\cdots\cdots ②$$
$$N_3 : 3v_1 - 3v_2 - 4v_3 = -3 \quad \cdots\cdots\cdots ③$$

식 ①, ②, ③을 MatLab으로 풀면 다음과 같다.

$$v_1 = 1.369\ \text{V},\ v_2 = 1.262\ \text{V},\ v_2 = 0.831\ \text{V}$$

04

수퍼 노드(supernode) ; 독립전압원 또는 종속 전압원으로 구성된 가지이다.
수퍼노드의 전입원을 흐르는 전류를 모른다. 전압원의 양단전압은 통과전류와 무관하다.
통과전류가 아무런 값을 갖더라도 수퍼노드의 전압원은 4 V로 동작한다.
따라서, 양단 전압과 통과전류의 관계식을 구할 수 없다.

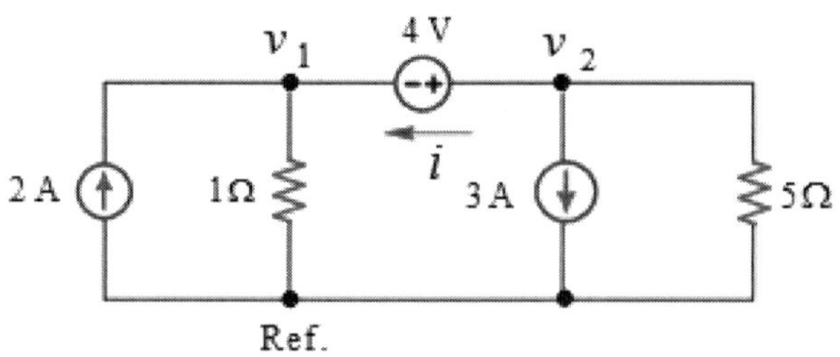

방법 1.
다음 세 step을 따른다.

(1) 수퍼노드의 통과전류 i 를 미지수로 가정하여, 양끝 두 노드에 KCL 방정식을 세운다.
(2) Ohm's law 방정식을 세운다.
(3) 위 두 방정식들에서 미지수 i 를 소거한다.

수퍼노드를 구성하는 가지(branch)에서 전밥압원의 통과전류를 i 로 한다.
노드 1에서 KCL

$$\frac{v_1}{1} = 2 + i \qquad \cdots\cdots\cdots ①$$

노드 2 에서 KCL

$$\frac{v_2}{5} = -i - 3 \qquad \cdots\cdots\cdots ②$$

Node 1 과 node 2에 Ohm's law를 적용한다

$$v_2 - v_1 = 4 \qquad \cdots\cdots\cdots ③$$

식 ①, ②에서, $\frac{v_1}{1} + \frac{v_2}{5} = -1 \quad 5v_1 + v_2 = -5$ ········· ④

식 ③, ④에서

$$-4v_1 = -1, \ v_1 = \frac{-1}{-4} = 0.25 \text{ V}$$

$$v_2 = v_1 + 4 = (0.25) + 4 = 4.25 \text{ V}$$

이다.

방법 2.

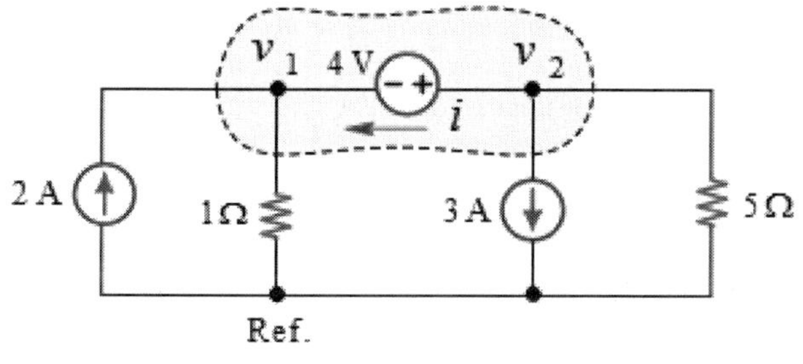

수퍼 노드에 KCL을 적용한다[115].

115) 수퍼 노드에 KCL을 적용한다. 이 작업은 다음 세 step을 한 단계로 줄이게 한다.
(1) 수퍼 노드의 통과전류 i 를 미지수로 가정하여, 양끝 두 노드에 KCL 방정식을 세운다.
(2) Ohm's law 방정식을 세운다.
(3) 위 두 방정식들에서 미지수 i 를 소거한다.

$$\frac{v_1}{1}+\frac{v_2}{5}=2-3 \qquad \cdots\cdots\cdots ①$$

이제 node 1과 node 2에 Ohm's law를 적용한다

$$v_1-v_2=2 \qquad \cdots\cdots\cdots ②$$

식 ① ,②에서,

$$v_1=\frac{-1}{-4}=0.25\ \text{V}$$

$$v_2=v_1+4=(0.25)+4=4.25\ \text{V}$$

05 수퍼 노드에 KCL을 적용한다.

$$\frac{v_1-v_2}{1}+\frac{v_3-v_2}{2}=1-2,$$

$$2v_1-2v_2+v_3-v_2=-2\quad 2v_1-3v_2+v_3=-2 \qquad \cdots\cdots\cdots ①$$

수퍼 노드의 양단 노드 1, 3에서

$$v_3=v_1+4 \qquad \cdots\cdots\cdots ②$$

노드 2에서

$$v_2=-3 \qquad \cdots\cdots\cdots ③$$

식 ②, ③을 식 ①에 대입하면,

$$2v_1-3(-3)+v_1+4=-2$$

$$3v_1+9+4=-2,\ 3v_1=-15,\ v_1=-5\ \text{V}$$

따라서,

$$v_1=-5\ \text{V},\ v_2=-3\ \text{V},\ v_3=-1\ \text{V}$$

이다.

06 수퍼노드를 폐곡선으로 포위하고 변수를 표시하면 다음과 같다.

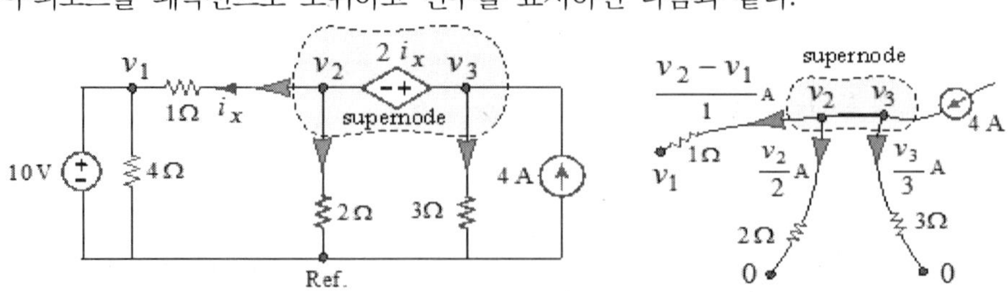

(i) 수퍼노드 (노드 2, 3)에서 KCL을 적용하면,

$$\frac{v_2 - v_1}{1} + \frac{v_2 - 0}{2} + \frac{v_3 - 0}{3} = 4, \quad \frac{v_2 - 10}{1} + \frac{v_2}{2} + \frac{v_3}{3} = 4$$

$$6v_2 - 60 + 3v_2 + 2v_3 = 24$$

정리하면,

$$9v_2 + 2v_3 = 104 \qquad \cdots\cdots\cdots ①$$

(ii) 수퍼노드 (노드 2, 3)에서 Ohm's law를 적용하면,

$$v_3 - v_2 = 2i_x \qquad \cdots\cdots\cdots ②$$

(iii) 노드 2, 2에서 KCL을 적용하면,

$$i_x = \frac{v_2 - v_1}{2} = \frac{v_2 - 10}{2} \qquad \cdots\cdots\cdots ③$$

식 ③을 ②에 대입하면,

$$v_3 - v_2 = 2\frac{v_2 - 10}{2}$$

$$v_3 - v_2 = v_2 - 10$$

$$2v_2 - v_3 = 10 \qquad \cdots\cdots\cdots ④$$

두 식 ①, ④에 의하여

$$\begin{cases} 9v_2 + 2v_3 = 104 \\ 2v_2 - \ \ v_3 = 10 \end{cases}$$

풀면,

$$v_2 = \frac{\begin{vmatrix} 104 & 2 \\ 10 & -1 \end{vmatrix}}{\begin{vmatrix} 9 & 2 \\ 2 & -1 \end{vmatrix}} = \frac{(-104) - (20)}{(-9) - (4)} = \frac{-124}{-13} = 9.538 \text{ V}$$

$$v_3 = \frac{\begin{vmatrix} 9 & 104 \\ 2 & 10 \end{vmatrix}}{\begin{vmatrix} 9 & 2 \\ 2 & -1 \end{vmatrix}} = \frac{(90) - (208)}{(-9) - (4)} = \frac{-118}{-13} = 9.077 \text{ V}$$

07 메쉬 1, 2, 및 3에 KVL을 적용하면,

$$-5 + 2i_1 + 1(i_1 - i_2) = 0$$

$$1(i_2 - i_1) + 4i_1 + 6(i_2 - i_3) = 0$$

$$2(i_3 - i_2) + 3i_3 + 3 = 0$$

각 식을 정리하면, 연립방정식

$$\begin{cases} 3i_1 - i_2 = 5 & \cdots\cdots\cdots ① \\ 3i_1 + 7i_2 - 6i_3 = 0 & \cdots\cdots\cdots ② \\ -2i_2 + 6i_3 = 3 & \cdots\cdots\cdots ③ \end{cases}$$

을 얻는다. 세 식 ①, ② 및 ③을 풀면,

$$i_1 = 1.6964\ \text{A},\ i_2 = 0.0893\ \text{A},\ i_3 = 0.9524\ \text{A}$$

이다.

08 Mesh 1, 2, 3에 KVL을 적용하면.

$$-5 + 1\cdot(i_1 - i_2) + 2(i_1 - i_3) = 0$$

$$3i_1 - i_2 - 2i_3 = 5 \qquad \cdots\cdots\cdots ①$$

$$1\cdot(i_2 - i_1) + 4i_2 + 3(i_2 - i_3) = 0$$

$$-i_1 + 8i_2 - 3i_3 = 0 \qquad \cdots\cdots\cdots ②$$

$$2\cdot(i_3 - i_2) + 3(i_3 - i_2) + 4i_x = 0$$

$$-5i_2 + 5i_3 + 4i_x = 0 \qquad \cdots\cdots\cdots ③$$

가지전류를 메쉬전류로 나타내면,

$$i_x = i_1 - i_3 \qquad \cdots\cdots\cdots ④$$

식 ④를 ③에 대입하여 정리하면,

$$-5i_2 + 5i_3 + 4(i_1 - i_3) = 0$$

$$4i_1 - 5i_2 + 4i_3 = 0 \qquad \cdots\cdots\cdots ⑤$$

세 식 ①, ② 및 ⑤에 의하여, 연립방정식은

$$\begin{cases} 3i_1 - i_2 - 2i_3 = 5 \\ -i_1 + 8i_2 - 3i_3 = 0 \\ 4i_1 - 5i_2 + 4i_3 = 0 \end{cases}$$

과 같다.

09 (i) 전류원의 양단전압을 가정하여 KVL을 적용

(i) 메쉬 1에서

$$-5 + 1\cdot(i_1 - i_2) + v + 2i_1 = 0 \qquad \cdots\cdots\cdots ①$$

정리하면,

$$3i_1 - i_2 + v = 5$$

(ii) 메쉬 3에서

$$3 + 4i_3 - v + 3(i_3 - i_2) = 0$$

정리하면,

$$-3i_2 + 7i_3 - v = -3 \qquad \cdots\cdots\cdots ②$$

(iii) 메쉬 2에서

$$1\cdot(i_2 - i_1) + 4i_2 + 3(i_2 - i_3) = 0$$

정리하면,

$$-i_1 + 8i_2 - i_3 = -3 \qquad \cdots\cdots\cdots ③$$

(iv) 독립 전류원의 전류를 메쉬 전류로 표시하면 다음과 같다,

$$i_3 - i_1 = 2 \qquad \cdots\cdots\cdots ④$$

두 식 ①, ②를 더하면, v가 소거되어 아래 세 식이 얻어진다.

$$3i_1 - 4i_2 + 7i_3 = 2 \qquad \cdots\cdots\cdots ⑤$$

따라써, ③, ④, ⑤를 정리하여 연립시키면 다음과 같다.

$$\begin{cases} i_1 - 8i_2 + i_3 = 3 \\ i_1 - i_3 = -2 \\ 3i_1 - 4i_2 + 7i_3 = 2 \end{cases}$$

MatLab을 이용하여 풀면,

$$i_1 = -1.3889\ \text{A},\ i_2 = -0.4722\,\text{A},\ \text{및}\ i_3 = 0.6111\,\text{A}$$

이다.

10

수퍼메쉬에서 KVL을 적용

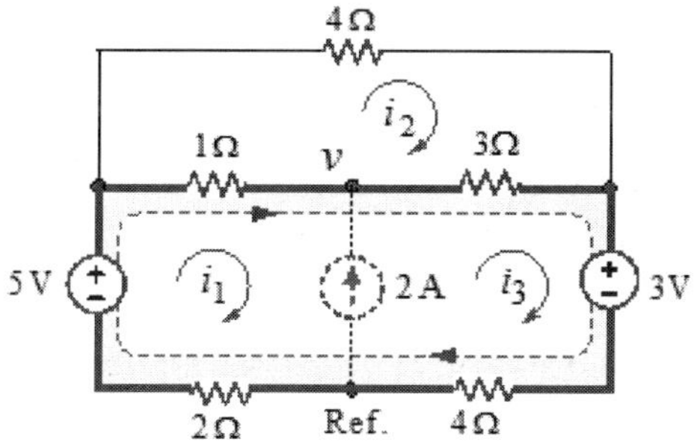

메쉬 1, 3을 하나로 묶어서 수퍼메쉬로 표시한다.

(i) 수퍼메쉬에서 KVL을 적용하면,

$$-5+1\cdot(i_1-i_2)+3\cdot(i_3-i_2)+3+4i_3+2i_1=0$$

$$-5+i_1-i_2+3i_3-3i_2+3+4i_3+2i_1=0$$

정리하면,

$$3i_1-4i_2+7i_3=2 \qquad \cdots\cdots\cdots ①$$

(ii) 메쉬 2에서

$$1\cdot(i_2-i_1)+4i_2+3(i_2-i_3)=0$$

정리하면,

$$-i_1+8i_2-i_3=-3 \qquad \cdots\cdots\cdots ②$$

(iii) 독립 전류원의 전류를 메쉬 전류로 표시하면 다음과 같다,

$$i_3-i_1=2 \qquad \cdots\cdots\cdots ③$$

따라써, 세 식 ①, ② 및 ③을 정리하여 연립시키면 다음과 같다.

$$\begin{cases} 3i_1-4i_2+7i_3=\ 2 \\ i_1-8i_2+\ \ i_3=\ 3 \\ i_1 \qquad\ \ -\ i_3=-2 \end{cases}$$

풀면,

$$i_1=-1.3889\ \text{A},\ i_2=-0.4722\,\text{A},\ \text{및}\ i_3=0.6111\,\text{A}$$

이다.

Chapter 04. 회로 특성의 이용

연 습 문 제 Chapter 04-A

01

(a) $v_3=2v_1+3v_2=6+15=21\,\text{V}$ 일 때, 전류가 $i_3=18+45=63\ \text{A}$ 흐른다.

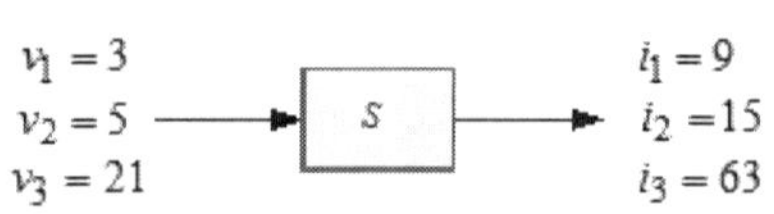

(b) $v_3=3v_1+\dfrac{12}{5}v_2=9+12=21\,\text{V}$ 일 때, 전류가 $i_3=27+36=63\ \text{A}$ 흐른다.

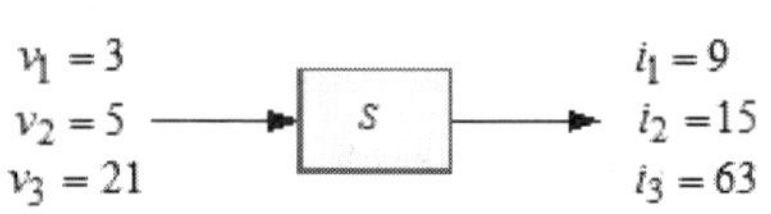

02

전원을 하나 씩 동작시킨다.

(i) 전압원 10 V만에 의한 응답 v_{10} ;

전압원 15 V을 단락(SC), 전류원 5 A을 개방(OC)시킨다.
전압원 10 V에 의한 응답은 전압 분배에 의하여

$$v_{10} = 10\,\frac{2}{3+2} = 4\ \text{V}$$

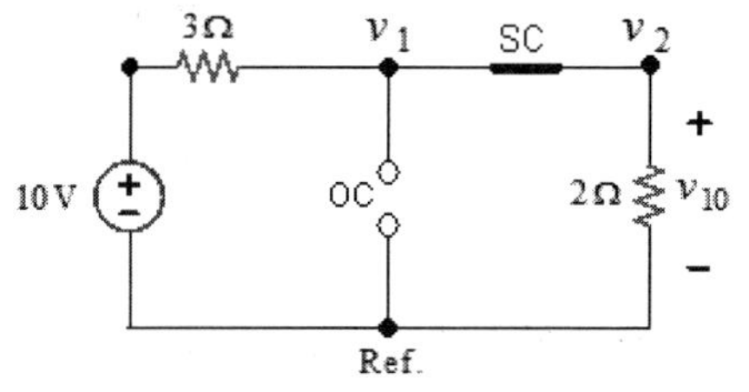

(ii) 전류원 5 A만에 의한 응답 v_5 ;

전압원 10 V을 단락(SC), 전압원 15 V을 단락(SC)시킨다.
전류원 5 A에 의한 응답은 전류분배에 의하여

$$v_5 = 5\,\frac{3}{3+2}\cdot 2 = 6\ \text{V}$$

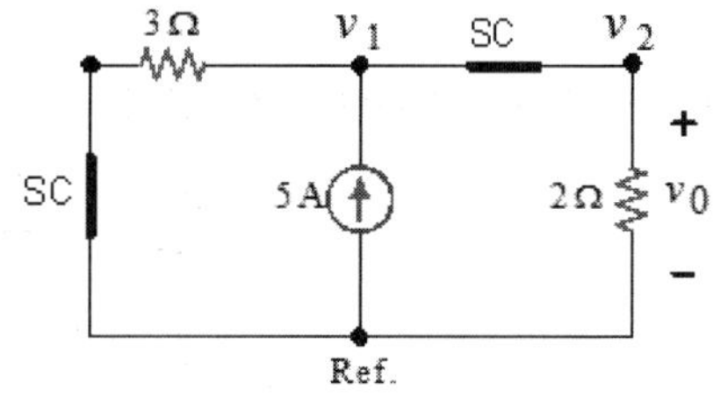

(iii) 전류원 15 A만에 의한 응답 v_{15}

전압원 10 V을 단락(SC), 전류원 5 A을 개방(OC)시킨다.
전류원을 제거한 회로에서.
전압원 15 V에 의한 응답

$$v_5 = (-15)\,\frac{2}{3+2} = -6\ \text{V}$$

따라서, 구하려는 전압 v_0는 다음과 같이 각 응답의 합으로 구해진다.

$$v_o = v_{10} + v_5 + v_{15} = 4 + 6 + (-6) = 4\ \text{V}$$

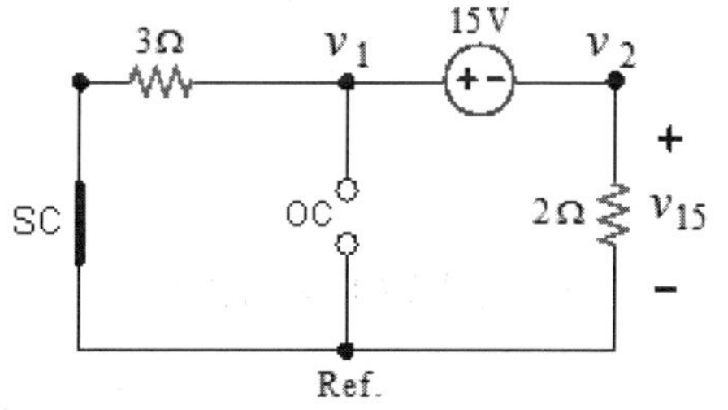

03

독립 전압원 12 V에 의한 응답을 i_{12}
독립 전류원 4 A만에 의한 응답을 i_4
라고 하면, 두 개의 입력신호를 동시에 인가했을 때의 출력신호는 중첩의 원리에 의하여

$$i_x = i_{12} + i_4$$

로 된다.

(1) 독립 전압원 12 V만에 의한 응답 i_{12} ;

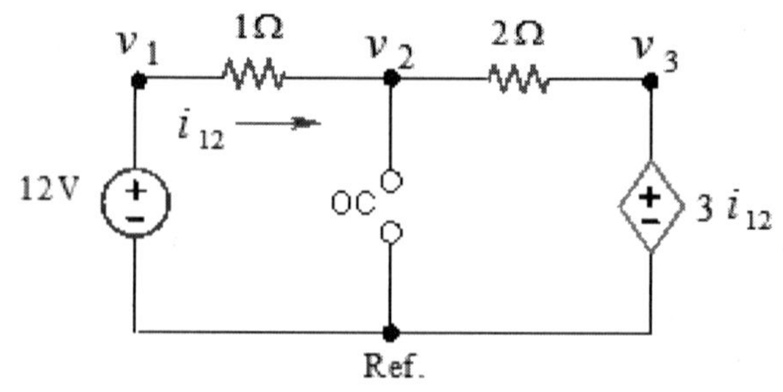

메쉬에 KVL을 적용하면,

$$-12+(1+2)\cdot i_{12}+3\cdot i_{12}=0 \quad \therefore i_{12}=\frac{11}{5}\text{ A}$$

(2) 전류원 4 A만에 의한 응답 i_4 ;

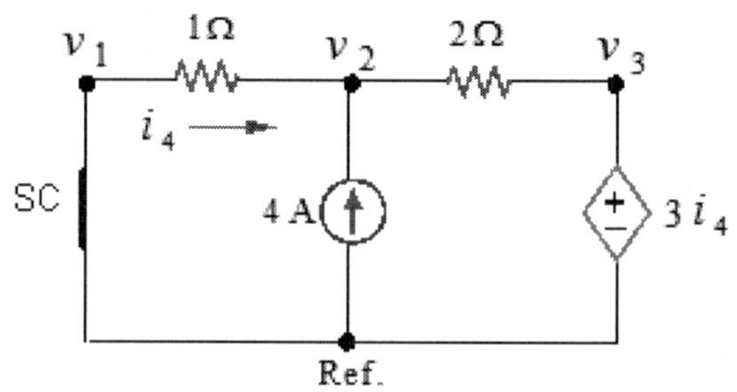

노드 1, 2에서 Ohm's law를 적용하면,

$$i_4=-\frac{v_1}{1}$$

$$\therefore v_1=-i_4 \qquad \cdots\cdots\cdots ①$$

노드 2에서 KCL을 적용하면,

$$i_4+4=\frac{v_1-3i_4}{2},\quad 2i_4+8=v_1-3i_4,$$

$$\therefore 7i_4-v_1=8 \qquad \cdots\cdots\cdots ②$$

식 ①을 ②에 대입하면,

$$7i_4-(-i_4)=8,\ i_4=1\text{ A}$$

(3) 두 개의 입력신호를 동시에 인가했을 때의 출력신호는
중첩의 원리에 의하여

$$i_x=i_{12}+i_4=\frac{11}{5}+1=\frac{16}{5}\text{A}$$

로 된다.

04 (1) 노드 2에서 KVL을 적용하면 다음과 같다.

$$\frac{18-v_2}{2}=3+\frac{v_2}{4}$$

여기서, $v_2 = v_{ab}$ 이므로,

$$\frac{18-v_{\mathrm{ab}}}{2}=3+\frac{v_{\mathrm{ab}}}{4},\ 36-2v_{\mathrm{ab}}=12+v_{\mathrm{ab}}$$

$$3v_{\mathrm{ab}}=24,\quad \therefore v_{\mathrm{ab}}=8\ \mathrm{V}$$

(2) 중첩의 정리를 이용하려면,

(i) 독립 전압원 18 V만에 의한 응답 v_{18}

(ii) 전류원 3 A만에 의한 응답 v_3

라고 하면, 두 개의입력신호를 동시에 인가했을 때의 출력신호는 중첩의 원리에 의하여

$$v_{ab}=v_{18}+v_3$$

로 된다.

(i) 독립 전압원 18 V만에 의한 응답 v_{18}

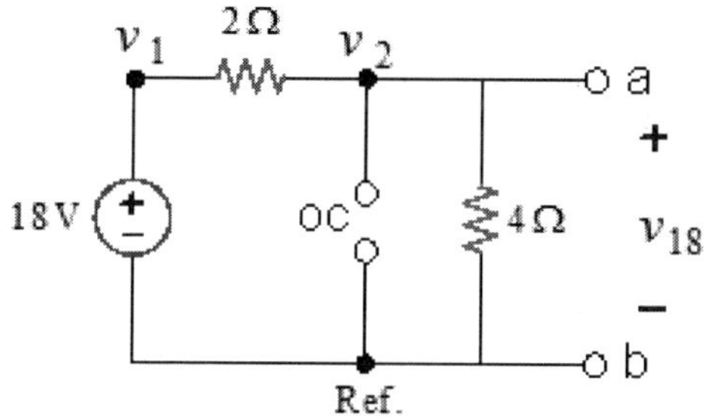

$$v_{18}=18\times\frac{4}{2+4}=12\ \mathrm{V}$$

(ii) 독립 전류원 3 A만에 의한 응답 v_3

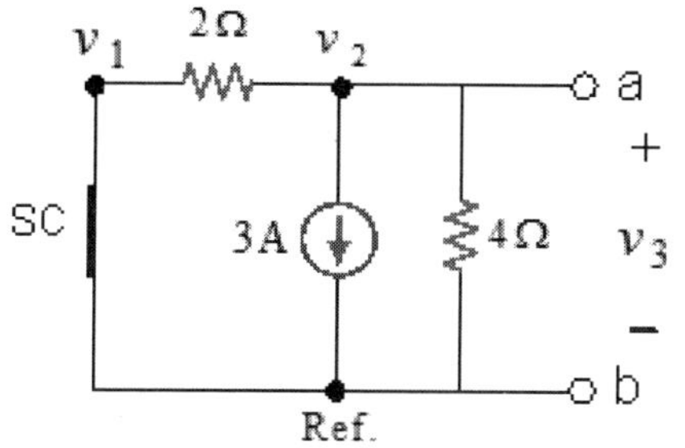

$$v_3=(-3\,\mathrm{A})\times\frac{2\,\Omega}{(2+4)\,\Omega}\times 4\,\Omega$$
$$=-4\ \mathrm{V}$$

(iii) 두 개의 입력신호를 동시에 인가했을 때의 출력신호는 중첩의 원리에 의하여

$$v_{ab} = v_{18} + v_3$$
$$= 12 + (-4) = 8\ \mathrm{V}$$

로 된다.

05

테브닌회로와 노튼회로를 차례로 구한다.

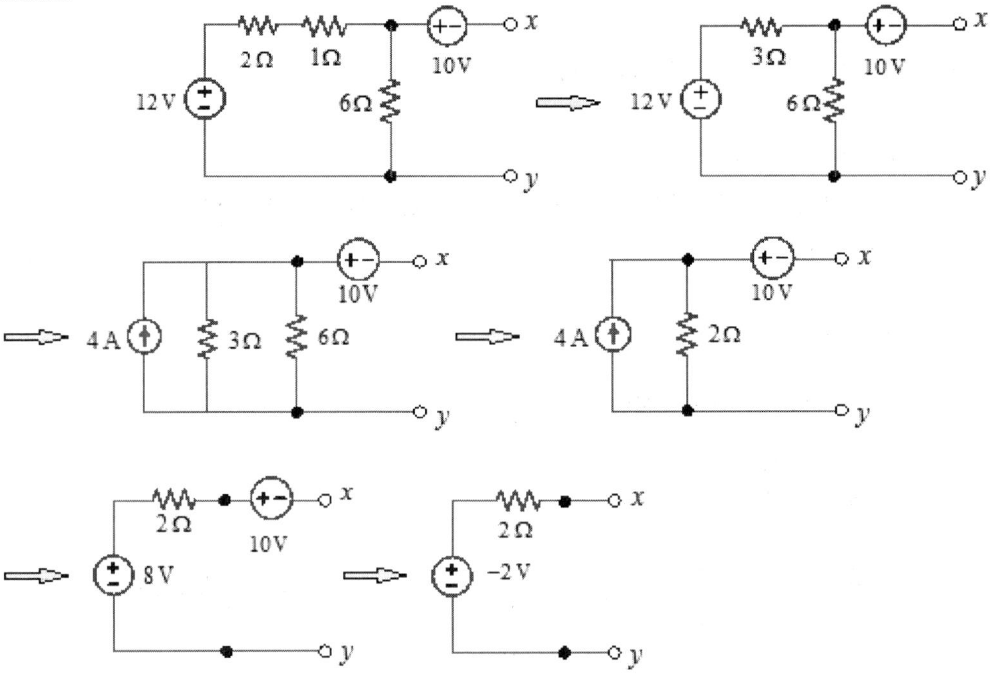

따라서,

$$v_{oc} = -2\ \mathrm{V},\ R_{Th} = 2\ \Omega$$

이다.

06

테브닌 등가회로는 단자 ab의 개방회로(단자개방) 전압 v_{oc}와 테브닌저항 R_{Th}로 구성되어 있다.

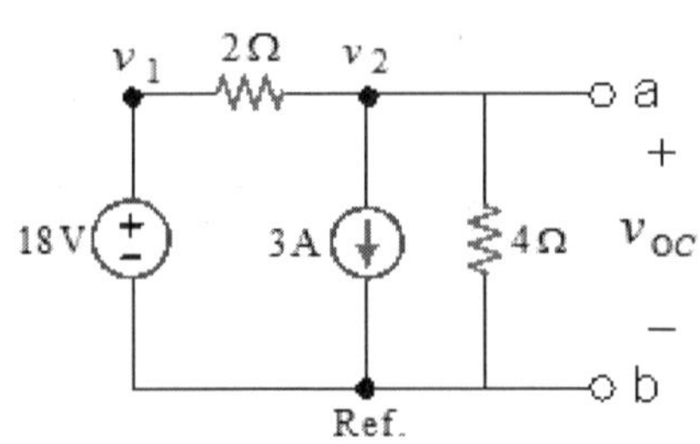

(a) 단자 ab가 개방된 회로의 단자전압

단자 ab가 개방된 회로의 단자전압 v_{oc}는 전류가 흐르지 않으므로 $v_2 = v_{oc}$이다.

노드 2에서 KCL을 적용하면 다음과 같다.

$$\frac{18-v_2}{2}=3+\frac{v_2}{4}$$

여기서, $v_2 = v_{oc}$ 이므로,

$$\frac{18-v_{OC}}{2}=3+\frac{v_{OC}}{4},\ 36-2v_{OC}=12+v_{OC}$$

$$3v_{OC}=24 \quad \therefore v_{OC}=8\ \text{V}$$

(*b*) 단자ab가 단락된 회로의 단자전류

단락도선 ab를 연결한다.

저항 4 Ω 의 양단전압은 영(0)이다.

$v_2 = 0$ 이다.

Ohm's law에 의하여 저항 4 Ω 의 통과전류는 영(0)이다.

전류원 3 A는 양단전압에 무관하게 3 A를 공급한다.

전압원 18 V, 저항 4 Ω, 단락회로 ab 노드 2에서 KCL을 적용한다.

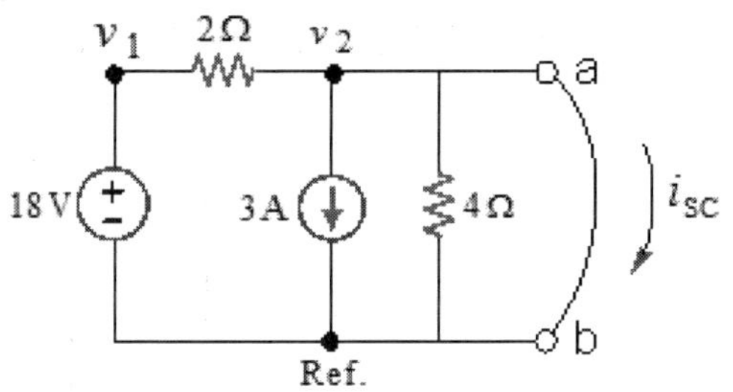

$$\frac{18\ \text{V}-v_2}{2\Omega}=3+0+i_{SC} \quad i_{SC}=6\ \text{A}$$

(*c*) Thevenin 저항 ;

$$R_{th}=\frac{v_{oc}}{i_{sc}}\ ;R_{th}=\frac{8\ \text{V}}{6\ \text{A}}=\frac{4}{3}\ \Omega$$

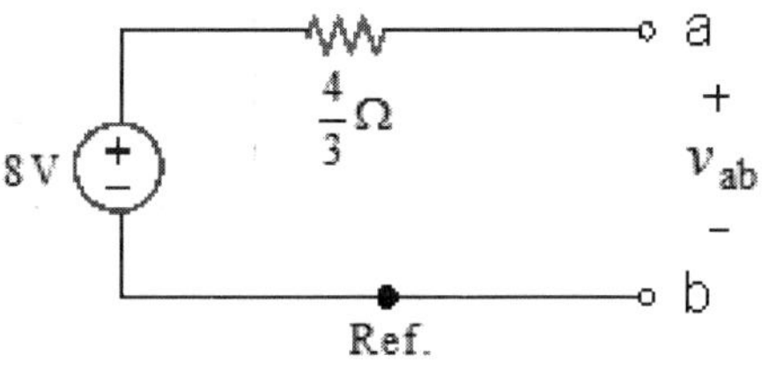

(*d*) Thevenin 등가 회로 ;

$$v_{OC}=8\ \text{V},\ R_{th}=\frac{4}{3}\ \Omega$$

07 단자 ab에서 먼 쪽, 즉 좌측 전압원과 저항(18 V, 2 Ω)은 테브닌으로 주어졌다.

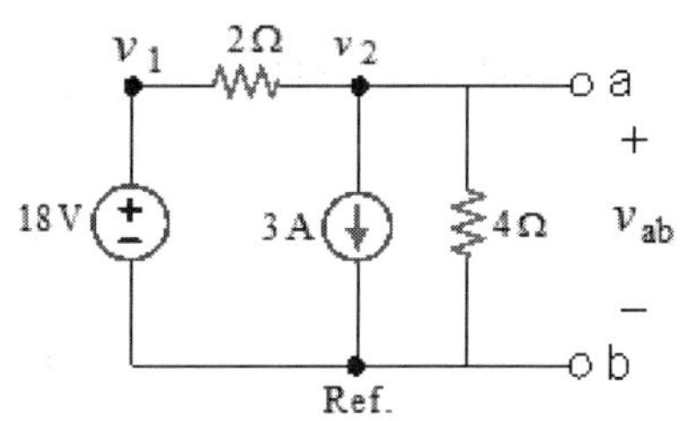

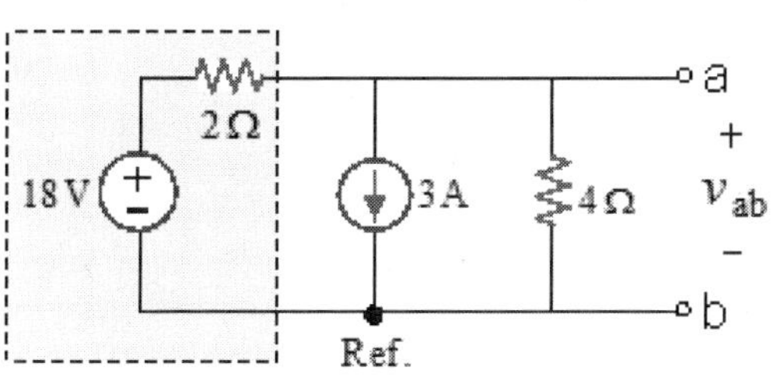

(i) 태브닌(전압원 $18\,\mathrm{V}, 2\Omega$)을 노튼(전류원 $9\,\mathrm{A}, 2\Omega$)으로 변환한다.

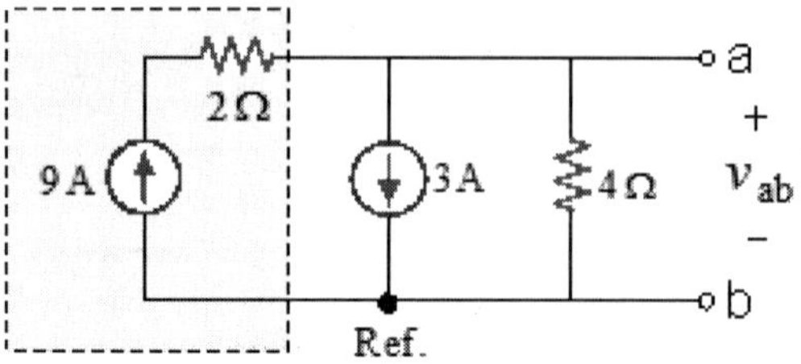

(ii) 두 개의 병렬 전류원을 하나의 등가 전류원으로, 두 개의 병렬 저항을 하나의 등가 저항으로 변환한다. 노튼(전류원 $6\,\mathrm{A}, 2\Omega$)이 얻어진다.

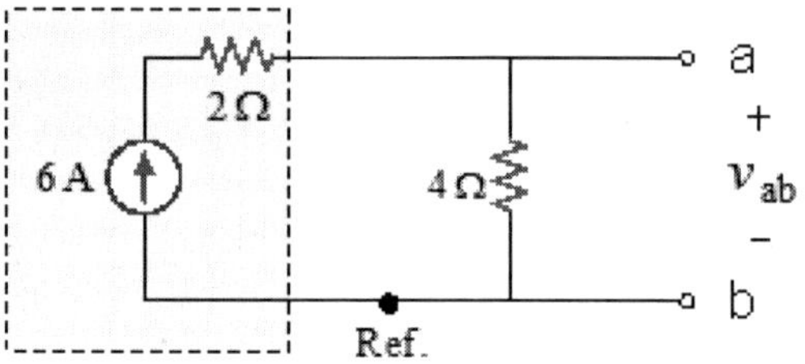

전류원을 제거하고 R_{Th}를 구하면,

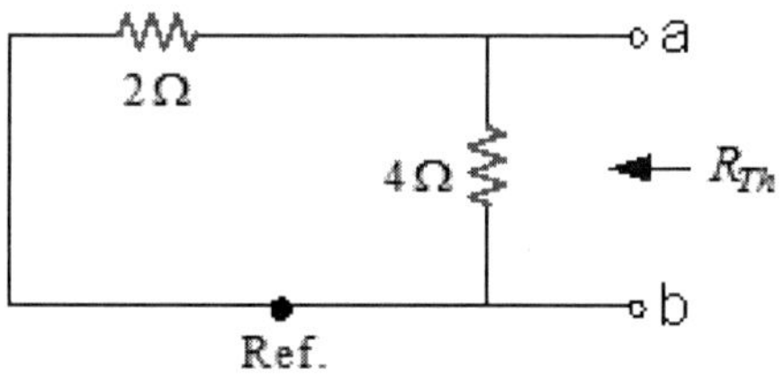

$$R_{Th} = 2//4 = \frac{2\times 4}{2+4} = \frac{8}{6} = \frac{4}{3}\ \Omega$$

이므로, 노튼 회로는 다음과 같다.

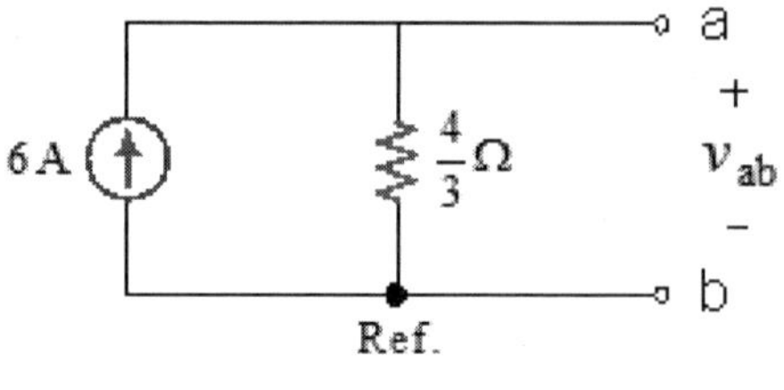

(iii) 테브닌 회로는 다음과 같다.

전류원 $6\,\text{A}$, $\frac{4}{3}\,\Omega$을 전압원 $8\,\text{V}$, $\frac{4}{3}\,\Omega$으로 변환한다.

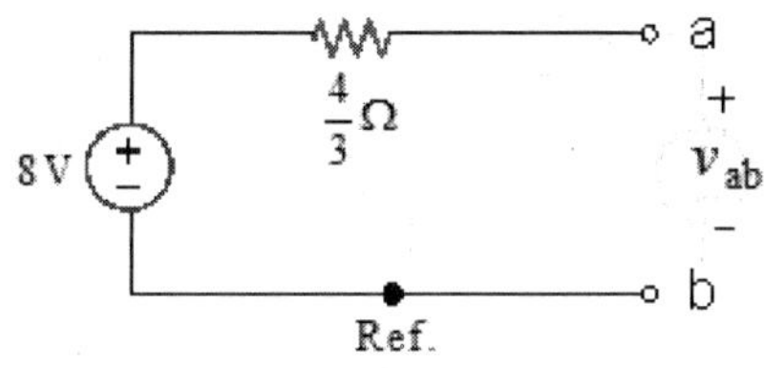

08 (1) 단자 ab가 개방된 회로의 단자전압 v_{OC}

단자 ab가 개방된 회로의 단자전압 v_{oc}를 구하기 위하여 그림과 같이 단자점 a, b 사이를 개방(open) 어 있으므로, $v_{ab} = v_{OC} = V_{Th}$이다.

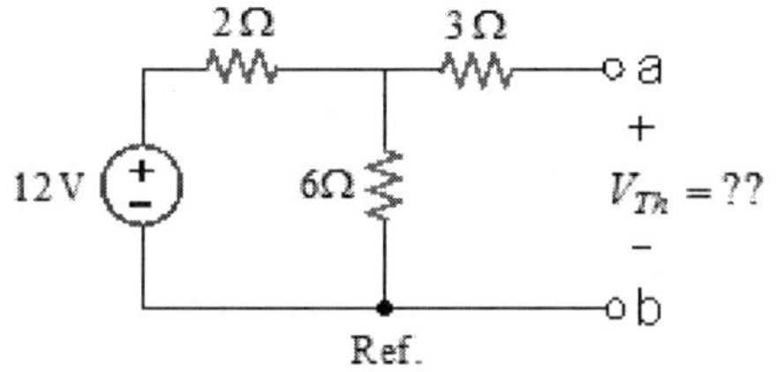

$$V_{Th} = 12\,\text{V} \times \frac{6}{2+6} = 9\,\text{V}$$

(2) 모든 전원을 제거(즉, 전압원은 단락, 전류원은 개방)시키고, 개방 단자 a,b에서 측정한(=들여 다본, looking into) 등가 저항을 구한다.

$$R_{Th} = 3\,\Omega + (2 /\!\!/ 6)\,\Omega = 3 + \frac{2\times 6}{2+6} = 3 + \frac{12}{8} = 3 + \frac{3}{2} = 4.5\,\Omega$$

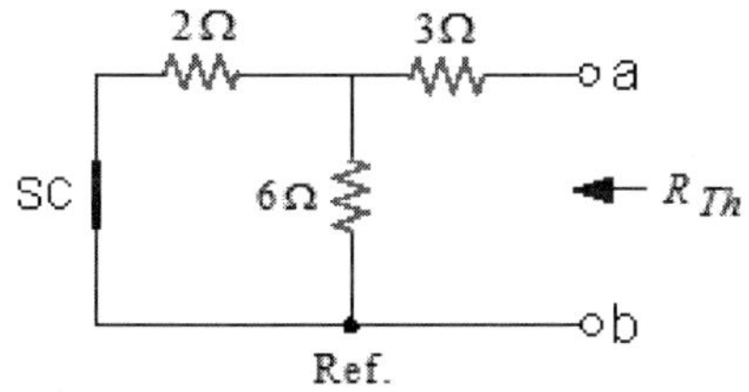

(3) 저항 $2\,\Omega$의 가지를 흐르는 전류는

$$i_2 = \frac{12\,\text{V}}{2\,\Omega + (3 /\!\!/ 6)\,\Omega} = \frac{12\,\text{V}}{2\,\Omega + \dfrac{3\times 6}{3+6}\,\Omega} = \frac{12\,\text{V}}{2\,\Omega + 2\,\Omega} = 3\,\Omega$$

$$i_{SC} = i_2 \times \frac{6}{3+6} = 3\ \Omega \times \frac{6}{9} = 2\ \text{A}$$

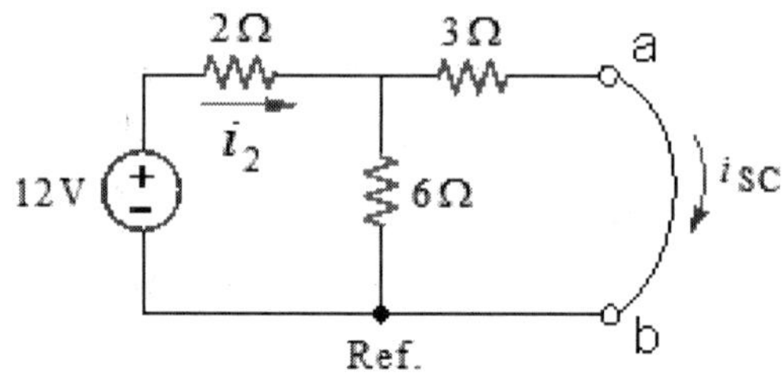

연습문제 Chapter 04-B

01 (i) 단자 ab가 개방되어 있으므로 $i = 0$이다. 따라서, 종속전원 $2i$은 비동작(inactive) 상태가 되므로 $v_{oc} = 0$이다.

(ii) 테브닌 저항 R_{TH}의 값을 구해야 한다. 그런데, v_{oc}와 i_{sc} 둘 다 0이므로

$$R_{TH} = \frac{v_{OC}}{i_{SC}}$$

를 구할 수 없다.

전류 $i \neq 0$이 될 수 있도록

외부에서 전류 ($i \neq 0$ 인 전류)를 공급하여 v_{oc}가 발생 하도록 한다.

가장 간단한 전류 1A를 공급하는 전류원을 연결한다.

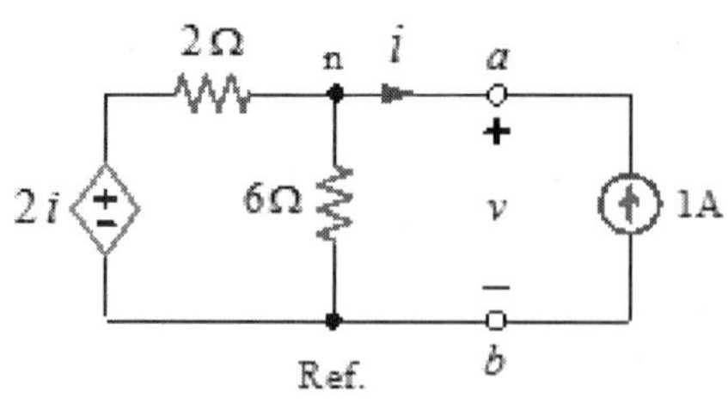

외부에서 1A의 전류를 이 회로에 공급하고 그 결과로 생기는 전압을 v라 할 때 등가 저항은 $R_{TH} = v/1$

$$R_{TH} = \frac{v_{OC}}{i_{SC}} = \frac{v}{1}$$

로 구할 수 있게 된다. 그림에서 $i = -1\text{A}$이므로 마디해석법을 적용하면

$$\frac{v-2i}{2}+\frac{v}{6}=1 \qquad \cdots\cdots\cdots ①$$

$$i=-1 \qquad \cdots\cdots\cdots ②$$

식 ②를 ①에 대입하면,

$$\frac{v+2}{2}+\frac{v}{6}=1 \qquad \cdots\cdots\cdots ③$$

식 ③을 정리하면,

$$3v+6+v=12$$
$$4v=6$$

이 되며, 결과로

$$v=1.5\,\mathrm{V}$$

를 얻는다. 따라서

$$R_{TH}=\frac{1.5\,\mathrm{V}}{1\,\mathrm{A}}=1.5\,\Omega$$

그러므로 테브닌의 등가회로는 그림과 같다.

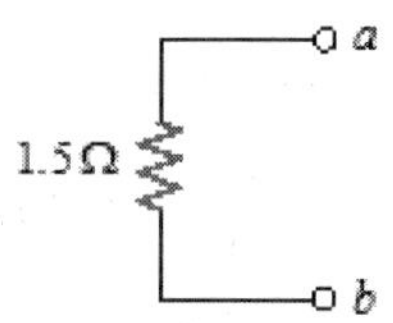

본래의 회로에 대한 테브닌의 등가회로

02 주어진 회로를 분리하여 다음과 같은 두 개의 독립된 회로를 구성한다.
(a) 전압원 6 V만에 의하여 구동하는 회로,
(b) 전류원 2 A만에 의하여 구동하는 회로이다.

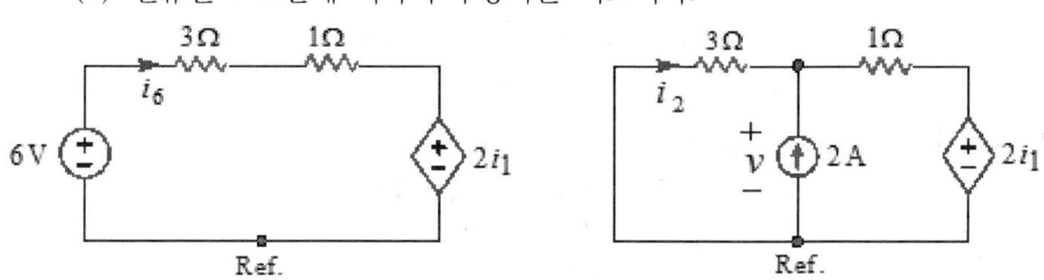

(a) (b)

(a) 2A 전류원을 개방시킨 회로. (b) 6V 전압원을 단락시킨 회로.

(1) 전압원 6 V만에 의한 응답 i_6

2A 전류원을 제거 (즉, 개방) 시키면 그림 (a)와 같다. 메쉬 방정식

$$-6+3i_6+1i_6+2i_6=0$$

을 풀면

$$i_6 = 1\,\mathrm{A}$$

(2) 전류원 2 A만에 의한 응답 i_2

6 V 전압원을 제거(즉, 단락) 시키면 그림 (b)와 같다.

마디방정식이

$$\frac{v}{3} + \frac{v - 2i_2}{1} = 2\,\mathrm{A} \quad \cdots\cdots\cdots ①$$

종속전원의 제어변수 i_2와 v의 관계를 구하기 위하여 좌측 mesh의 3 Ω 저항에 ohm's law를 적용하면 다음 식을 얻는다.

$$v = 2(-i_2) \quad \cdots\cdots\cdots ②$$

식 ①, ②는 미지수가 2개인 연립 1차 방정식이다.

식 ②를 ①에 대입하면,

$$\frac{-3i_2}{2} + \frac{-3i_2 - 2i_2}{1} = 3 \quad \cdots\cdots\cdots ③$$

이다. 식 ③을 풀면

$$-1.5i_2 - 5i_2 = 3, \; -6.5\,i_2 = 3$$

$$i_2 = -\frac{3}{6.5} = -0.462\,\mathrm{A}$$

(3) 전류 i_1는 다음과 같이 두 전류의 합으로 구해진다.

$$i_1 = i_6 + i_2 = 1 + (-0.462) = 0.538\,\mathrm{A}$$

03

(a)

메쉬 1,2 3에서 성립하는 KVL은

$$(3+4+2)i_1 + (-4)i_2 + (-2)i_3 = 10$$

$$(4+2+5)i_2 + (-4)i_2 + (-5)i_3 = 0$$

$$(2+5+1)i_3 + (-2)i_1 + (-5)i_3 = 0$$

이다. 정리하면 3원 3차 연립방식

$$\begin{cases} 9i_1 - 4i_2 - 2i_3 = 10 \\ 4i_1 - 11i_2 + 5i_3 = 0 \\ 2i_1 + 5i_2 - 8i_3 = 0 \end{cases}$$

을 얻는다. 풀면 각각의 메쉬 전류는 다음과 같다.

$$\begin{bmatrix} 9 & -4 & -2 \\ 4 & -11 & 5 \\ 2 & 5 & -8 \end{bmatrix} \begin{bmatrix} i_1 \\ i_2 \\ i_3 \end{bmatrix} = \begin{bmatrix} 10 \\ 0 \\ 0 \end{bmatrix}$$

$$\begin{bmatrix} i_1 \\ i_2 \\ i_3 \end{bmatrix} = \begin{bmatrix} 9 & -4 & -2 \\ 4 & -11 & 5 \\ 2 & 5 & -8 \end{bmatrix}^{-1} \begin{bmatrix} 10 \\ 0 \\ 0 \end{bmatrix}$$

(2) $\det(A) = |A| = \begin{vmatrix} 9 & -4 & -2 \\ 4 & -11 & 5 \\ 2 & 5 & -8 \end{vmatrix} = 315$

$$i_1 = \frac{1}{315} \cdot \begin{vmatrix} 10 & -4 & -2 \\ 0 & -11 & 5 \\ 0 & 5 & -8 \end{vmatrix} = \frac{630}{315} = 2$$

$$i_2 = \frac{1}{315} \cdot \begin{vmatrix} 9 & 10 & -2 \\ 4 & 0 & 5 \\ 2 & 0 & -8 \end{vmatrix} = \frac{420}{315} = \frac{84}{63} = 1.333$$

$$i_3 = \frac{1}{315} \cdot \begin{vmatrix} 9 & -4 & 10 \\ 4 & -11 & 0 \\ 2 & 5 & 0 \end{vmatrix} = \frac{420}{315} = 1.333$$

답 $(a)\ i_1 = 2\,\text{A}\ ;\ (b)\ i_2 = 1.333\,\text{A}\ ;\ (c)\ i_3 = 1.333\,\text{A}.$ ■

04

다음 회로는 "△" 회로이다.

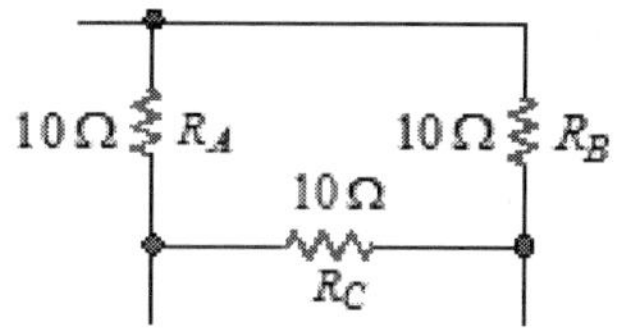

이 회로를 "Y" 회로로 변환하기 위하여

$$R_1 = \frac{R_B R_C}{R_A + R_B + R_C} = \frac{10 \times 10}{10 + 10 + 10} = \frac{10}{3}\ \Omega$$

$$R_2 = \frac{R_A R_C}{R_A + R_B + R_C} = \frac{10 \times 10}{10 + 10 + 10} = \frac{10}{3}\ \Omega$$

$$R_3 = \frac{R_A R_B}{R_A + R_B + R_C} = \frac{10 \times 10}{10 + 10 + 10} = \frac{10}{3}\ \Omega$$

를 계산하면 회로는 다음과 같다.

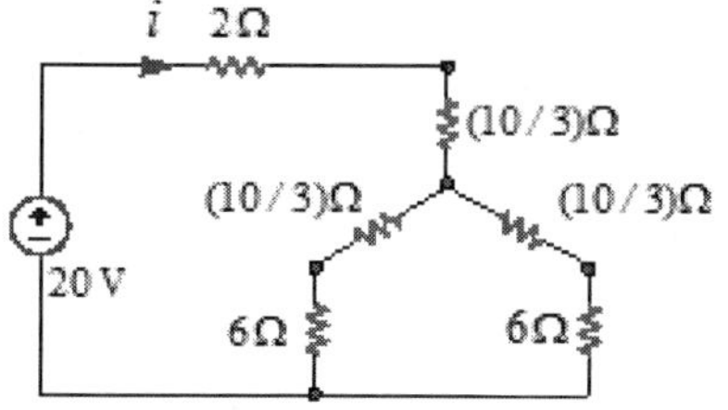

저항 $\frac{10}{3}\Omega$과 6Ω은 직렬 저항이다.

$$\frac{10}{3} + 6 = \frac{28}{3}\ \Omega$$

저항 $\frac{28}{3}\Omega$이 두 개 병렬연결되어 있다.

$$\frac{28}{3}\Omega \parallel \frac{28}{3}\Omega = \frac{14}{3}\Omega$$

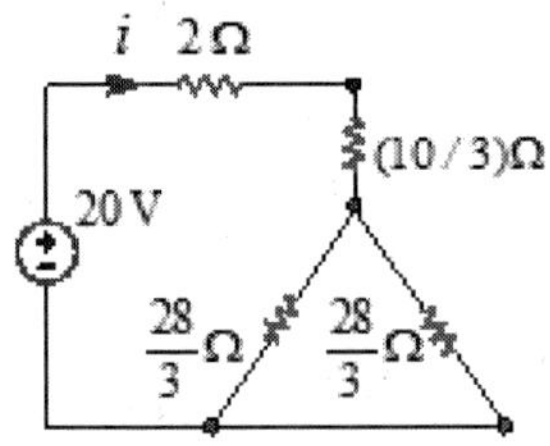

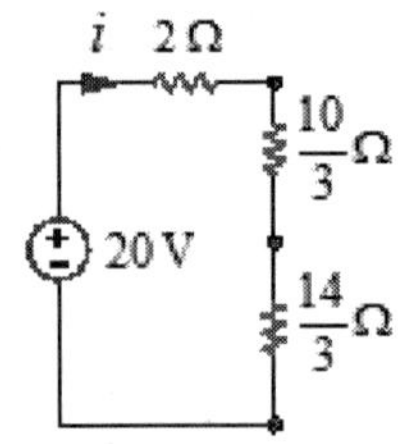

따라서

$$i = \frac{20\,\text{V}}{2\,\Omega + (\frac{10}{3} + \frac{14}{3})\Omega} = \frac{20\,\text{V}}{2\,\Omega + (8\,\Omega)} = 2\,\text{A}$$

[주] 저항 $R = 5\Omega$ 인 경우 $i = 2\,\text{A}$ 이다. 이 특수한 회로에서 R의 값이 아무란 값을 잡다라도 항상 $i = 2\,\text{A}$ 이다.

05

다음 회로는 "Δ" 회로이다.

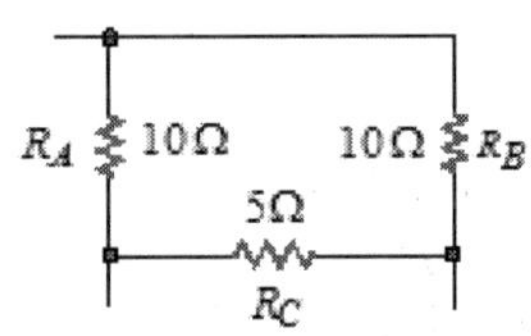

이 회로를 "Y" 회로로 변환학 위하여

$$R_1 = \frac{R_B R_C}{R_A + R_B + R_C} = \frac{10 \times 5}{10 + 10 + 5} = 2\,\Omega$$

$$R_2 = \frac{R_A R_C}{R_A + R_B + R_C} = \frac{10 \times 5}{10 + 10 + 5} = 2\,\Omega$$

$$R_3 = \frac{R_A R_B}{R_A + R_B + R_C} = \frac{10 \times 10}{10 + 10 + 5} = 4\,\Omega$$

를 계산하면 회로는 다음과 같다.

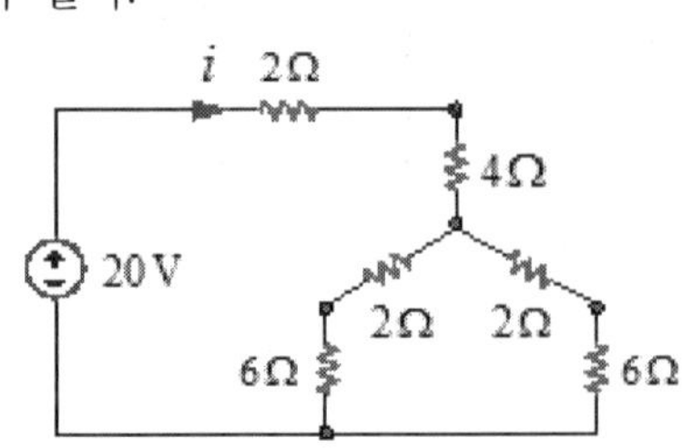

저항 2Ω과 6Ω은 직렬 저항이다.

$$2+6=8\Omega$$

저항 8Ω이 두 개 병렬연결되어 있다.

$$8\Omega \parallel 8\Omega \;=\; 4\Omega$$

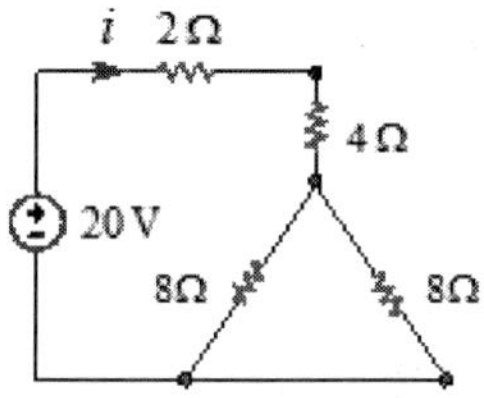

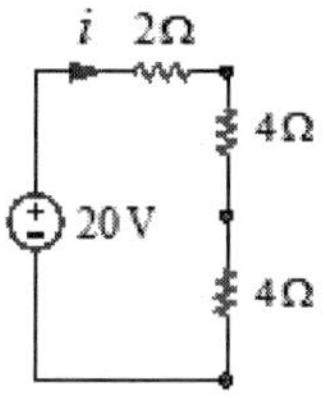

따라서

$$i=\frac{20\,\text{V}}{2\Omega+(4+4)\Omega}=\frac{20\,\text{V}}{2\Omega+(8\,\Omega)}=2\,\text{A}$$

[주] 저항 $R=5\Omega$인 경우 $i=2\,\text{A}$이다. 이 특수한 회로에서 R의 값이 아무란 값을 잡다라도 항상 $i=2\,\text{A}$이다.

06

(i) 전원을 구동시키고, 개방 전압 v_{OC}를 구한다.

저항 $3\,\Omega$은 메쉬에 속하지 않아서 전류가 흐를 수 없다. 따라서, 종속 전류원의 전류가 좌측1 Ω 저항을 통해 흐른다. 메쉬를 따라 시계방향으로 KVL을 적용하면

$$-20+(1\times 4v)+(3\times 0)+v=0$$
$$\therefore v=v_{\text{OC}}=4\,\text{V}=v_{Th}$$

(ii) 단자 ab에 단락회로를 연결하고 단락전류 i_{SC}를 구한다.

출력단자를 단락시키면 $v=0$가 되고 따라서 종속전원은 죽은 상태 (즉 개방 상태) 가 단자 a, b를 흐르는 전류는

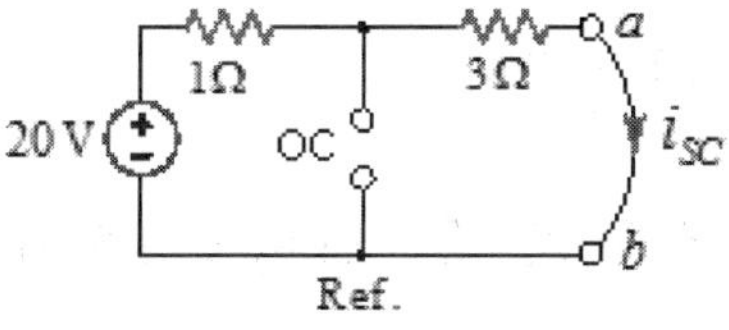

(3) 테브닌 등가저항을 계산하면

$$R_{Th}=\frac{v_{\text{oc}}}{i_{\text{sc}}}=\frac{4\,\text{V}}{5\,\text{A}}=0.8\,\Omega$$

이며, 우측그림과 같이 테브닌의 등가회로가 구해진다.

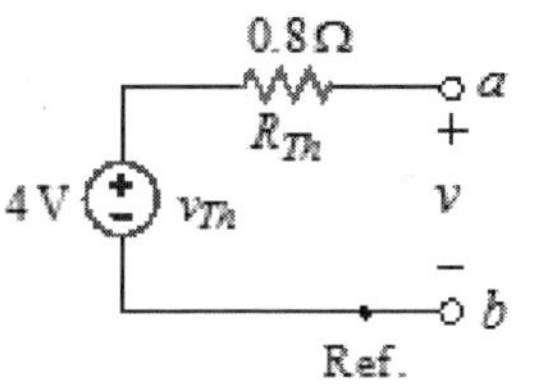

답 (a) $v_{Th}=4\,\text{V}$; (b) $R_{Th}=0.8\,\Omega$. ■

07 (i) 종속 전류원을 종속전압원으로 변환한다.

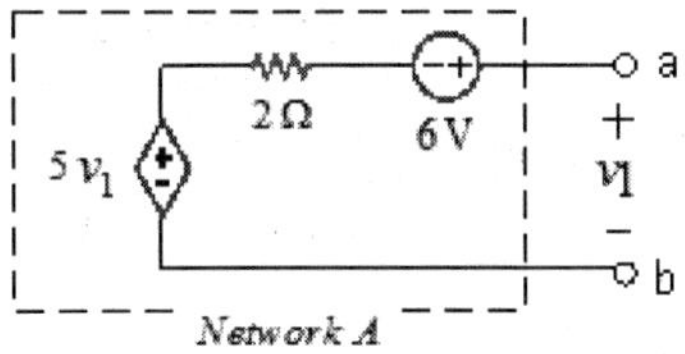

회로 A 에서 KVL을 세우면,

$$-5v_1 - 6 + v_1 = 0 \quad \therefore v_1 = -1.5\,\text{V} = v_{Th}$$

(ii) 단자 a, b 를 단락시키면,

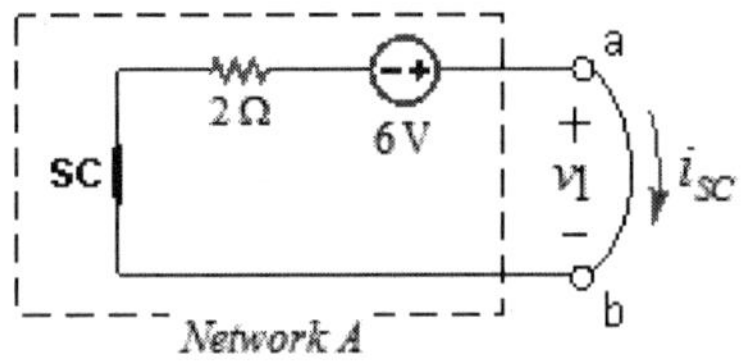

$$2i_{SC} - 6 + 0 = 0 \quad i_{SC} = \frac{6}{2} = 3\,\text{A}$$

(iii) Thevenin 저항을 구한다.

$$R_{Th} = \frac{v_{Th}}{i_{SC}} = \frac{-1.5}{3} = -0.5\,\Omega$$

(iv) Thevenin 등가회로는 다음과 같다.

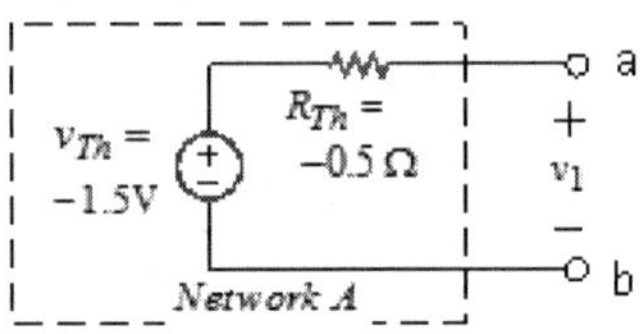

Chapter 05. 커패시터(Capacitor)

연 습 문 제 Chapter 05-A

01 (a) 노드 방정식은 노드에 KCL을 세운다.

$$3e^{-2t} - \frac{v}{4} - 2\frac{dv}{dt} = 0 \qquad \cdots\cdots\cdots ①$$

(b)

$$v = -0.8\,e^{-2t} \qquad \cdots\cdots\cdots ②$$

노드 전압 식 ②를 식 ①에 대입한다.

$$\frac{dv}{dt} = 1.6\,e^{-2t}$$

이므로,

$$3e^{-2t} - \frac{-0.8\,e^{-2t}}{4} - 2\cdot(1.6\,e^{-2t}) = 0$$

$$12e^{-2t} + 0.8\,e^{-2t} - 12.8\,e^{-2t} = 0$$

$$(12 + 0.8 - 12.8)\ e^{-2t} = 0 \ \therefore \ \text{Q.E.D.}$$

02 전류신호는 다음 식으로 표시된다.

$$;\ i(t) = \begin{cases} 1\,\text{A}\ , & 0 \le t \le 2\,\text{sec} \\ 2\,\text{A}\ , & 2 \le t \le 3\,\text{sec} \\ -2\,\text{A}\ , & 3 \le t \le 5\,\text{sec} \\ 0\,\text{A}, & t \ge 5\,\text{sec} \end{cases}$$

(1) $0 \le t \le 2\,\text{sec}$

$$v_1(t) = \frac{1}{C}\int_0^t i(t)dt = \frac{1}{1}\int_0^t i(t)dt = \int_0^t 1\,dt = t \ \therefore v_1(t) = t$$

(2) $2 \le t \le 3\,\text{sec}$

연속 조건 $v_2(t)\,\big|_{t=2\,\text{sec}} = v_1(t)\,\big|_{t=2\,\text{sec}}$

$$v_2(t) = \frac{1}{C}\int_0^t i(t)dt = \frac{1}{C}\left[\int_0^{2s} i(t)\ dt + \int_{2s}^t i(t)dt\right]$$

$$= \frac{1}{1}\left[\int_0^{2s} 1\ dt + \int_{2s}^t 2\ d\tau\right] = 1\times 2 + 2\,(t-2) + k = 2t-2+k$$

시각 $t = 2\,\text{sec}$에서, $v_2(t) = v_1(t)$이므로, 두 전압

$$v_2(t)\,\big|_{t=2} = 2t-2+k\,\big|_{t=2} = 2+k$$

$$v_1(t)\,\big|_{t=2} = t\,\big|_{t=2} = 2$$

을 갖게 놓으면, $2+k=2 \ \therefore k=0$

$$\therefore v_2(t) = 2t-2$$

(3) $3 \le t \le 5\,\text{sec}$

$$v_3(t)\,\Big|_{t=3\,\text{sec}} = v_2(t)\,\Big|_{t=3\,\text{sec}}$$

$$\begin{aligned}
v_{3(t)} &= \frac{1}{C}\int_0^t i(t)dt \\
&= \frac{1}{C}\left[\int_0^{2\,\text{sec}} i(t)\,dt + \int_{2\,\text{sec}}^{3\,\text{sec}} i(t)dt + \int_{3\,\text{sec}}^{t\,\text{sec}} i(\tau)d\tau\right] \\
&= \frac{1}{1}\left[\int_0^{2\,\text{sec}} (1\,\text{A})\,dt + \int_{2\,\text{sec}}^{3\,\text{sec}} (2\,\text{A})dt + \int_{3\,\text{sec}}^{t\,\text{sec}} (-2\text{A})d\tau\right] \\
&= [1\text{A}\times(2-0)\,\text{sec} + 2\,\text{A}\times(3-2)\,\text{sec} + (-2\,\text{A})\times(t-3)\,\text{sec}] + k \\
&= [2\,\text{V} + 2\,\text{V} + (-2)(t-3)\,\text{V}] + k = 4 - 2t + 6 + k
\end{aligned}$$ [116)]

$$= -2t + 10 + k \ \ \text{V}$$

$t = 3\,\text{sec}$에서, $v_3(t) = v_2(t)$이므로, 두 전압

$$v_3(t)\,\Big|_{t=3} = -2t + 10 + k\,\Big|_{t=3} = 4 + k$$

$$v_2(t)\,\Big|_{t=3} = 2t - 2\,\Big|_{t=3} = 4$$

을 갖게 놓으면, $4 + k = 4 \ \ \therefore k = 0$

$$\therefore v_3(t) = -2t + 10$$

(4) $t \ge 5\,\text{sec}$

$$v_4(t)\,\Big|_{t=5\,\text{sec}} = v_3(t)\,\Big|_{t=5\,\text{sec}}$$

$$\begin{aligned}
v_4(t) &= \frac{1}{C}\int_0^t i(t)dt \\
&= \frac{1}{C}\left[\int_0^{2\,\text{sec}} i(t)dt + \int_{2\,\text{sec}}^{3\,\text{sec}} i(t)dt + \int_{3\,\text{sec}}^{5\,\text{sec}} i(t)dt + \int_5^{t\,\text{sec}} i(\tau)d\tau\right] \\
&= \frac{1}{1}\left[\int_0^{2\,\text{sec}} (1\,\text{A})\,dt + \int_{2\,\text{sec}}^{3\,\text{sec}} (2\,\text{A})\,dt + \int_{3\,\text{sec}}^{5\,\text{sec}} (-2\text{A})dt + \int_{5\,\text{sec}}^{t\,\text{sec}} (0\,\text{A})\,d\tau\right]
\end{aligned}$$

정리하면,

$$\begin{aligned}
v_4 &= [1\text{A}\times(2-0)\text{sec} + 2\,\text{A}\times(3-2)\text{sec} + (-2\,\text{A})\times(5-3)\text{sec} + (0\,\text{A})\times(t-5)\text{sec}] + k \\
&= [2\,\text{V} + 2\,\text{V} + (-4\,\text{V}) + (0\,\text{V})] + k = 0 + k
\end{aligned}$$

$t = 5\,\text{sec}$ 에서, $v_3(t) = v_4(t)$ 이므로, 두 전압

$$v_3(t) = -t + 5$$

$$v_4(t) = 0 + k$$

116) 전류단위 ampere 와 시간단위 sec를 곱하면 전압단위 volt 이다.

으로부터,

$$v_3(t)\,\Big|_{t=5} = -t+5\,\Big|_{t=5} = 0$$

$$v_4(t)\,\Big|_{t=5} = k\,\Big|_{t=5} = k$$

이다. $\therefore k=0$, $\therefore v_4(t)=0$

[주] 적분

$$v_4(t) = \frac{1}{C}\int_0^t i(t)dt = \frac{1}{C}\left[\int_0^5 i(t)dt + \int_5^t i(t)dt\right]$$

을 계산하지 않고도, 그래프 에서 (+), (-) 쪽의 면적을 더하면 영(0) 임을 알 수 있다.

따라서, 커패시터의 출력전압 $v(t)$의 그래프는 다음과 같다.

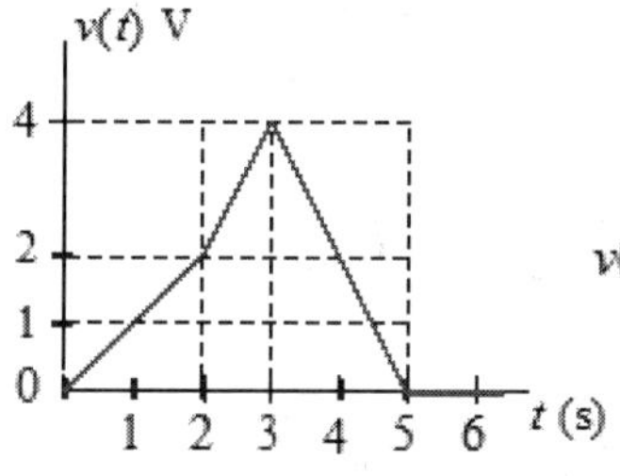

$$v(t) = \begin{cases} t, & 0 \le t < 2 \text{ sec} \\ 2t-2, & 2 \le t < 3 \text{ sec} \\ -2t+10, & 3 \le t < 5 \text{ sec} \\ 0, & t \ge 5 \text{ sec} \end{cases}$$

[주] 커패시터의 출력전압 $v(t)$의 그래프는 $C = 1\,\text{F}$인 경우의 그림이다. 만약, $C = 2\,\text{F}$면 그래프의 함숫값을 절반으로 축소한 그림이 되고, $C = 0.2\,\text{F}$이면 그래프의 함숫값을 5배로 확대한 그림이 된다,

03 (a) 시각 $t = 2.5\,\text{sec}$ 일 때 ;

(i) 그래프에서 $t = 2.5\,\text{sec}$ 일 때, 전류는 $i = 4\,\text{A}$이다.

(ii) 인덕터의 양단전압 $v(t)$는 정의식에 의하여 전류를 적분한다.

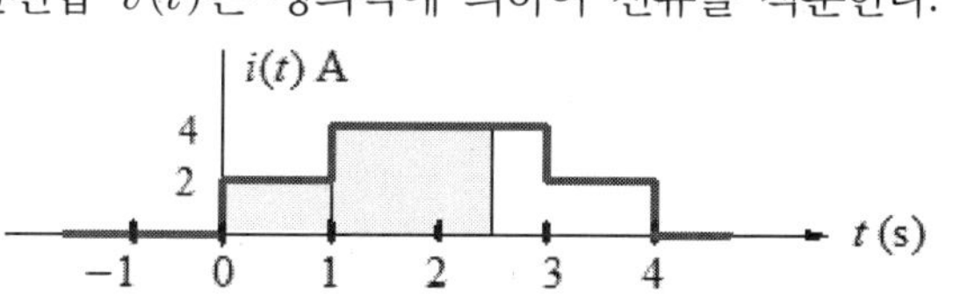

$$v(t) = \frac{1}{2}\int_0^{2.5} i\,dt = \frac{1}{2}\times\left[\int_0^1 i\,dt + \int_1^{2.5} i\,dt\right]$$

$$= \frac{1}{2}\times\left[\int_0^1 2\,dt + \int_1^{2.5} 4\,dt\right] = \frac{1}{2}\times[\,(2\times1)+(4\times1.5)] = 4\,\text{V}$$

이다.

(iii) power는

$$p = i\,v = 2.5 \times 4 = 10\ \text{W}$$

(iv) 저장되는 energy는

$$w = \frac{1}{2}Cv^2 = \frac{1}{2}\times(2)\times 4^2 = 16\ \text{J}$$

(b) 시각 $t = 6\ \text{sec}$ 일 때 ;

(i) 그래프에서 $t = 2.5\ \text{sec}$ 일 때, 전류는 $i = 0\ \text{A}$ 이다.

(ii) 인덕터의 양단전압 $v(t)$는 정의식에 의하여 전류를 적분한다.

$$\begin{aligned} v &= \frac{1}{2}\int_0^5 i\,dt \\ &= \frac{1}{2}\times\left[\int_0^1 i\,dt + \int_1^3 i\,dt + \int_3^4 i dt + \int_4^6 i dt\right] \\ &= \frac{1}{2}\times\left[\int_0^1 2\,dt + \int_1^3 4\,dt + \int_3^4 2\,dt + \int_4^6 0\,dt\right] \\ &= \frac{1}{2}\times[\,(2\times1) + (4\times2) + (2\times1) + (0)\,] = \frac{1}{2}\times 12 = 6 \end{aligned}$$

(iii) power 는

$$p = i\,v = 0 \times 6 = 0\ \text{W}$$

[주] 인덕터의 통과 전류가 $i = 0\ \text{A}$ 이므로 양단전압 $v(t)$의 값에 무관하게 $p = iv = 0\ \text{W}$ 이다. 그러나, $t = 6\ \text{sec}$에서의 전압을 구해 보았다.

(iv) 저장되는 energy는

$$w = \frac{1}{2}Cv^2 = \frac{1}{2}\times(2)\times 6^2 = 36\ \text{J}$$

04 (a)

$$3\ \text{F} \parallel 2\ \text{F} = \frac{(3+2)\ \text{F}}{3+2} = \frac{6}{5}\ \text{F}$$

$$1\ \text{F} \parallel 4\ \text{F} = \frac{(1\times4)\text{F}}{1+4} = \frac{4}{5}\ \text{F}$$

$$\therefore C_{eq} = \frac{6}{5}\ \text{F} + \frac{4}{5}\ \text{F} = \frac{10}{5}\text{F} = 2\ \text{F}$$

(b)

$$3\text{ F} + 1\text{ F} = 4\text{ F}$$
$$4\text{ F} + 2\text{ F} = 6\text{ F}$$

$$\therefore C_{eq} = 4\text{ nF} \parallel 6\text{ nF} = \frac{(4 \times 6)\text{F}}{4+6} = \frac{24}{10}\text{ F} = \frac{12}{5}\text{ F}$$

05 (a) $C_{\max} = 10 \times 2\text{ F} = 20\text{ F}$

(b) $C_{\max} = \dfrac{1}{10} \times 2\text{ F} = 0.2\text{ F}$

06 우측에서부터 하나 씩 등가 변환한다.

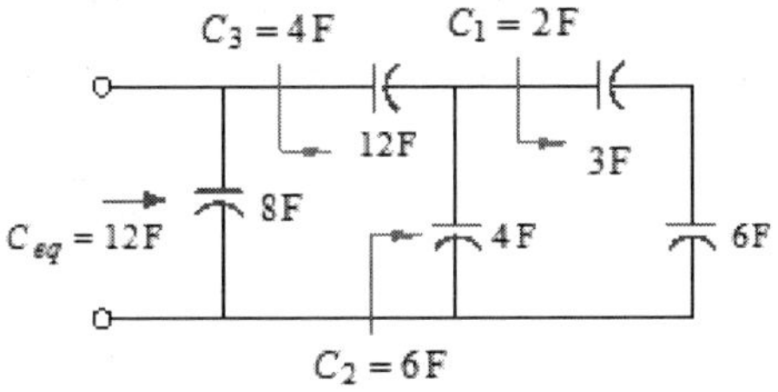

$$C_1 = \frac{3 \times 6}{3+6} = 2\text{ F} \;;\; C_2 = 4 + C_1 = 4 + 2 = 6\text{ F}$$

$$C_3 = \frac{12C_2}{12 + C_2} = \frac{12 \times 6}{12+6} = 4\text{ F} \;;\; \therefore C_{eq} = 8 + C_3 = 8 + 4 = 12\text{ F}$$

07 $i = i_1 + i_2 = C_1\dfrac{dv}{dt} + C_2\dfrac{dv}{dt} = (C_1 + C_2)\dfrac{dv}{dt} \quad \therefore \dfrac{dv}{dt} = i \times \dfrac{1}{C_1 + C_2}$

$$\therefore i_1 = C_1\frac{dv}{dt} = C_1\frac{1}{C_1 + C_2}i = \frac{C_1}{C_1 + C_2}i \;;$$

$$\therefore i_2 = C_2\frac{dv}{dt} = C_2\frac{1}{C_1 + C_2}i = \frac{C_2}{C_1 + C_2}i \;,$$

08 등가 커패시턴스는

$$C = 6\text{ F} \parallel 3\text{ F} = \frac{(6 \times 3)\text{F}}{6+3} = 2\text{F}$$

이다.

(a)

$$v(t) = L\frac{di}{dt} = 2\frac{d}{dt}3\sin 3t = 2 \times 9\cos 3t = 18\cos 3t \text{ V}$$

(b)

$$i(t) = \frac{1}{L_2}\int v dt = \frac{1}{3}\int 18\cos 3t\, dt = \frac{1}{3} \times 6\sin 3t + k$$
$$= 2\sin 3t + k$$

시각 $t = 0$ 에서 $i(t) = 2\text{A}$ 이므로 $\therefore k = 2$

$$\therefore i(t) = 2 + 2\sin 2t \text{ A}$$

09

(a) 용량 100 pF인 커패시터를 10개 직렬연결한다.
(b) 용량 100 pF인 커패시터를 5개 직렬연결한다.
(c) 용량 100 pF인 커패시터를 4개 직렬연결한다.

$$C_{eq} = 25\text{ nF} = \frac{100\text{ nF}}{4}$$

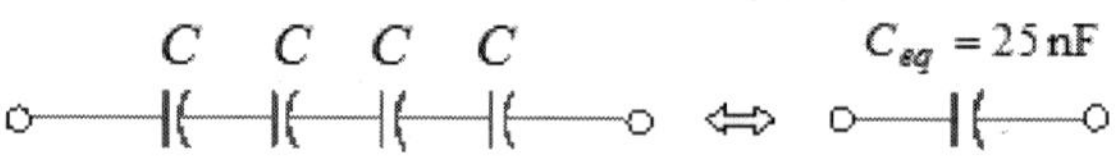

(d) 용량 100 pF인 커패시터를 2개 직렬연결한다.

$$C_{eq} = 50\text{ nF} = \frac{100\text{ nF}}{2}$$

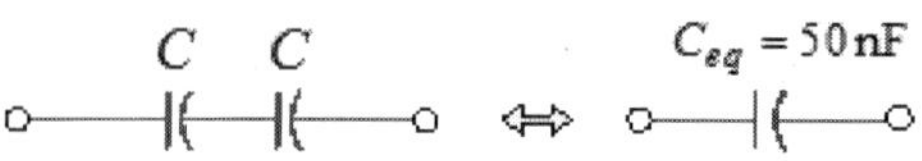

10

(i) 커패시터 100 nF 를 5개 직렬연결하면 $C_1 = 20\text{ nF}$를 얻는다.

$$C_1 = \frac{100\text{ nF}}{5} = 20\text{ nF}$$

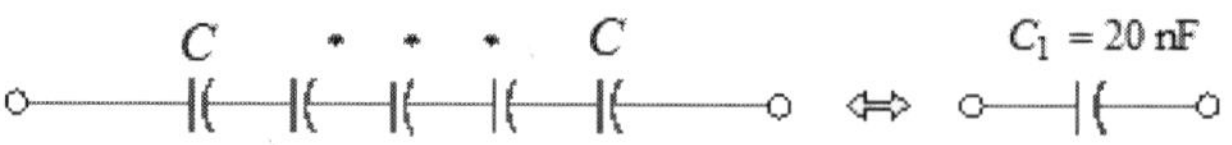

(ii) 커패시터 100 nF 를 10개 직렬연결하면 $C_2 = 10\text{ nF}$를 얻는다.

$$C_2 = \frac{100\text{ nF}}{10} = 10\text{ nF}$$

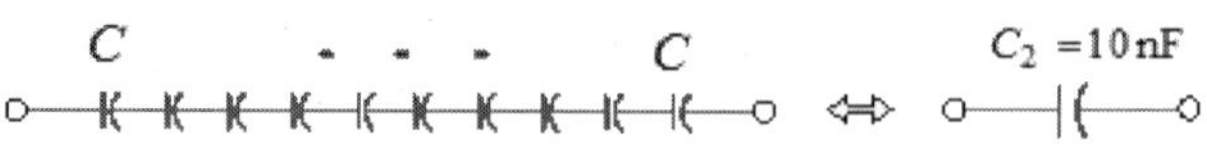

(iii) 두 커패시터 $C_1 = 20\text{ nF}$과 $C_2 = 10\text{ nF}$를 병렬연결하면 $C_{eq} = 30\text{ nF}$를 얻는다.

$$C = C_1 + C_2 = (20+10)\,\text{pF} = 30\,\text{pF}$$

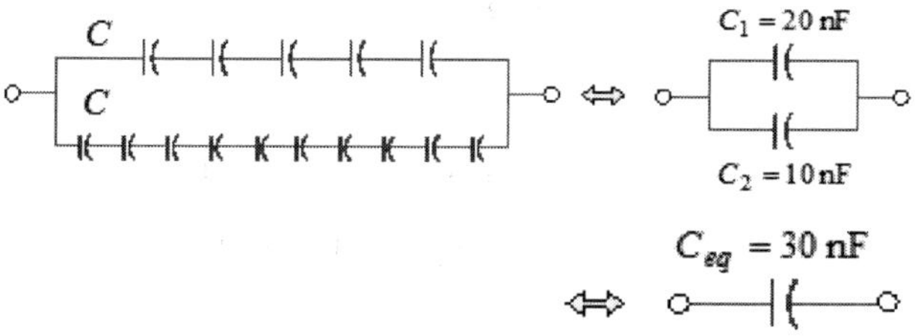

11

$$C_{eq} = 250\,\text{nF} = 50 + (100+100)\,\text{nF}$$
$$= (100 \parallel 100) + (100+100)\,\text{nF}$$
$$= \frac{100 \times 100}{100+100} + (100+100)\,\text{nF}$$

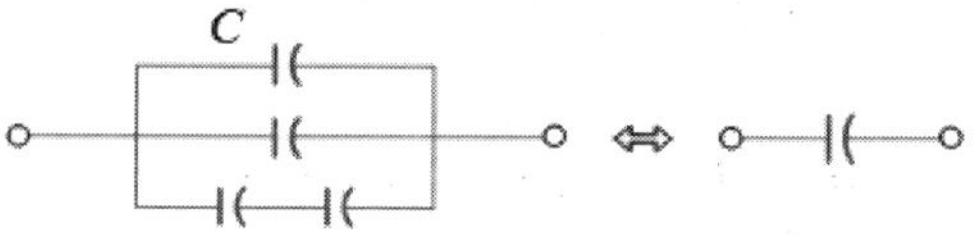

연 습 문 제 Chapter 05-B

01

입력 전압이 발생시키는 출력 전압을 구한다. 식

$$i(t) = C\frac{dv(t)}{dt} \text{ (전압에 의한 전류식)}$$

에서 $C = 1\,\text{F}$ 이다.

$$i(t) = C\frac{dv(t)}{dt} = \begin{cases} \dfrac{d}{dt}0 = 0, & t \le 0\ \text{s} \\ \dfrac{d}{dt}\dfrac{6\,\text{V}}{2\,\text{s}} = 3\,\text{A}, & 0 \le t \le 0\ \text{s} \\ \dfrac{d}{dt}0 = 0, & t \ge 0\ \text{s} \end{cases}$$

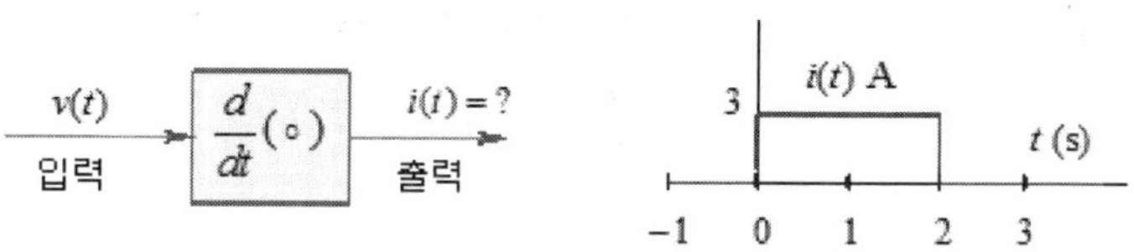

답 $i(t) = 0\,\text{A},\ -\infty < t \le 0\ \text{sec}\ ;\ i(t) = 3\,\text{A},\ 0 \le t \le 2\ \text{sec}\ ;$
$i(t) = 0\,\text{A},\ t \ge 2\ \text{sec.}$ ■

02

$$v(t)=\frac{1}{C}\int_{t_0=-\infty}^{t} i(\tau)\,d\tau+v(-\infty)$$

03

$$v(t_0)=v(-\infty)=0$$
$$v(t_0)=v(0)=0$$
$$i(t)=\begin{cases}0, & t\le 0\\ \frac{1}{2}, & 0\le t<2\\ 0, & t\ge 0\text{ s}\end{cases}$$
$$v(t)=\frac{1}{C}\int_{t_0}^{t} i(\tau)\,d\tau+v(t_0)$$
$$v(t)=\frac{1}{C}\int_{0}^{t} i(\tau)\,d\tau+v(0)$$
$$=\frac{1}{1}\int_{0}^{t} i(\tau)\,d\tau+0=\int_{0}^{t} i(\tau)\,d\tau$$

(i) $-\infty<t\le 0\ \ v(-\infty)=0$

$$v(t)=\frac{1}{C}\int_{t_0}^{t} i(\tau)\,d\tau+v(t_0)$$

에서

$$v(t)=\frac{1}{C}\int_{t_0=-\infty}^{t} i(\tau)\,d\tau+v(-\infty)$$
$$v(t)=\frac{1}{C}\int_{t_0=-\infty}^{t} 0\ d\tau+0$$
$$=0+0=0$$

또는

$$\therefore v(t)=0 \qquad\qquad t\le 0$$

(ii) $0\le t\le 2\ \ v(0)=0$이고, $C=1\text{ F}$ 이므로
다음에 직사각형 펄스가 지속되는 구간을 생각하면 다음을 얻는다.

$$v(t)=\frac{1}{C}\int_{t_0}^{t} i(\tau)\,d\tau+v(t_0)$$
$$v(t)=\frac{1}{C}\int_{t_0=-\infty}^{t} i(\tau)\,d\tau+v(-\infty)$$
$$=\frac{1}{C}\left[\int_{t_0=-\infty}^{t=0} i(\tau)\,d\tau+\int_{t=0}^{t} i(\tau)\,d\tau\right]+v(-\infty)$$

$$= \frac{1}{C}\left[\int_{t_0=-\infty}^{t=0} 0\ d\tau + \int_{t=0}^{t} \frac{1}{2}\ d\tau\right] + v(-\infty)\ \ v(t) = \frac{1}{C}\left[0 + \int_{t=0}^{t} \frac{1}{2}\ d\tau\right] + 0$$

$$v(t) = \frac{1}{1}\int_0^t \frac{1}{2} d\tau + v(0)$$

$$v(t) = \frac{1}{2}t \qquad\qquad 0 \le t \le 2\text{ s}$$

(iii) $t \ge 2$ 직사각형 펄스 다음의 무한 구간에서 $i(t)$의 적분이 다시 0으로 된다. 그러므로

$$v(t) = \frac{1}{C}\int_{t_0}^{t} i(\tau)\ d\tau + v(t_0)$$

$$v(t) = \frac{1}{C}\int_{t_0=-\infty}^{t} i(\tau)\ d\tau + v(-\infty)$$

$$= \frac{1}{C}\left[\int_{t_0=-\infty}^{t=0} i(\tau)\ d\tau + \int_{t=0}^{t=2} i(\tau)\ d\tau + \int_{t=2}^{t} i(\tau)\ d\tau\right] + v(-\infty)$$

$$= \frac{1}{C}\left[\int_{t_0=-\infty}^{t=0} 0\ d\tau + \int_{t=0}^{t=2} \frac{1}{2}\ d\tau + \int_{t=2}^{t} 0\ d\tau + \right] + v(-\infty)$$

$$= \frac{1}{1}\left[\int_{t_0=-\infty}^{t=0} 0\ d\tau + \int_{t=0}^{t=2} \frac{1}{2} d\tau + \int_{t=2}^{t} 0\ d\tau + \right] + 0$$

이므로

$$v(t) = \frac{1}{1}\left[0 + \frac{1}{2}\times 2 + 0\right] = 1\text{ V}$$

$$v(t) = 1\text{ V} \qquad\qquad t \ge 2$$

04 커패시터에 걸리는 전압 v를 미분하면 전류 i를 얻는다.

$$i(t) = C\frac{dv}{dt}$$

입력전압 파형을 인가했을 때, 출력 결과는 그림은 각각 다음과 같다.

(a) $v(t) = e^{-t}$ V

$$i = C\frac{dv}{dt} = 2\cdot\frac{d}{dt}(e^{-t}) = 2\cdot(-1)\,e^{-t}\text{ A} = -2\,e^{-t}\text{ A}$$

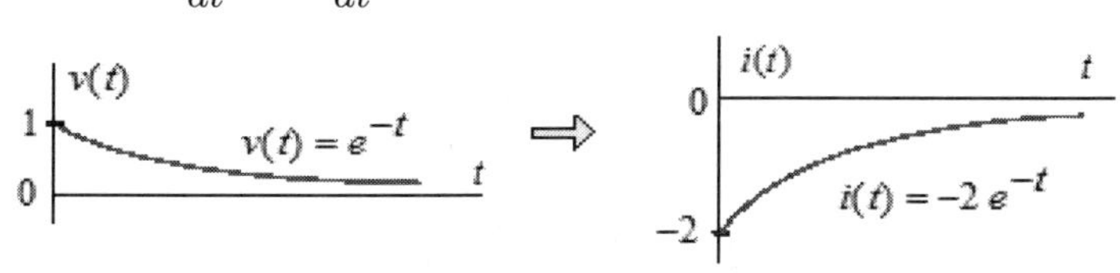

(b) $v(t)=1-e^{-t}$ V

$$i=C\frac{dv}{dt}=2\cdot\frac{d}{dt}(1-e^{-t})=2\cdot(+1)e^{-t}\text{ A }=2e^{-t}\text{ A}$$

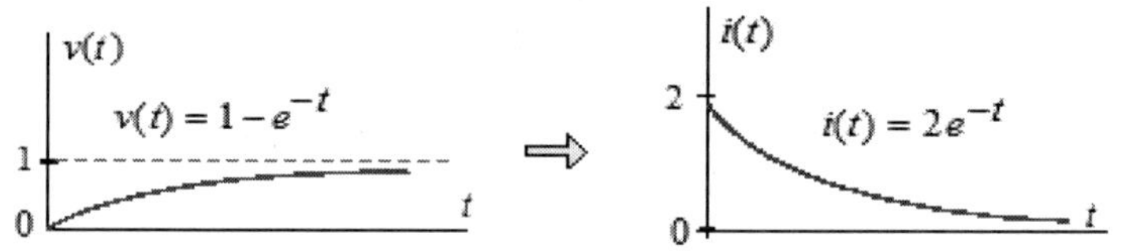

(c) $v(t)=\sin t$ V

$$i=C\frac{dv}{dt}=2\cdot\frac{d}{dt}\sin t=2\cdot\cos t\text{ A}$$

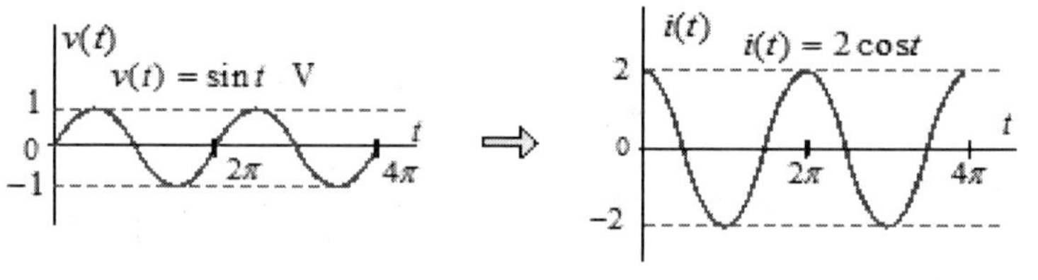

(d) $v(t)=3$ V, $t\geq 0$는 dc이다. 따라서 커패시터를 통과하는 전류는 없다.

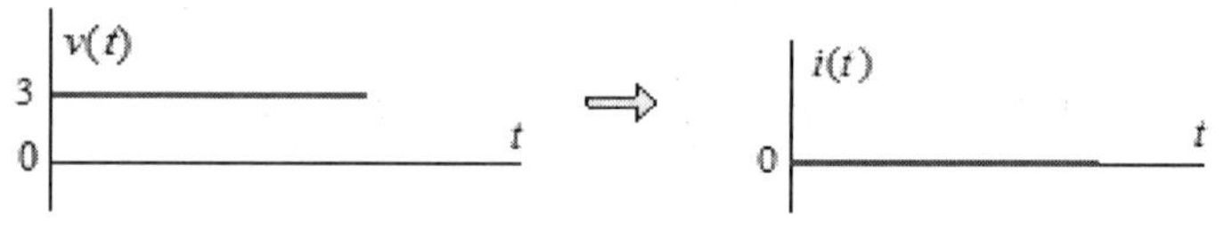

답 (a) $i(t)=-2e^{-t}$ A ; (b) $i(t)=2e^{-t}$ A ;
(c) $i(t)=2\cdot\cos t$ A ; (d) $v(t)=0$ V, $t\geq 0$. ■

05

(a) 용량$C=2$ F, 전류$i(t)=12\cos 3t$ A를 대입하면,

$$v(t)=\frac{1}{2}\int_{\frac{\pi}{2}}^{t}12\cos 3\tau\,d\tau+v(\frac{\pi}{2})=\frac{12}{2}\frac{1}{3}\left[\sin 3\tau\right]_{t_0=\frac{\pi}{2}}^{t}+2$$

$$=2\sin 3t-2\sin\left(\frac{3\pi}{2}\right)+2=2\sin 3t+2+2\quad\therefore\ v(t)=2\sin 3t+4\text{ V}$$

(b) 용량 $C=2$ F, 전류$i(t)=12\cos 3t$ A를 대입하면,

$$v(t)=\frac{1}{2}\int 12\cos 3t\,dt+k=\frac{12}{2}\frac{1}{3}\sin 3t+k=2\sin 3t+k$$

여기서 $t=\pi/2$일 때 $i=2$ A라는 조건을 적용하여 k를 구할 수 있다.
즉,

$$2=2\sin(3\cdot\frac{\pi}{2})+k$$

$$2 = 2\sin(1.5\pi) + k$$
$$2 = -2 + k,\ \ k = 4$$

따라서

$$v(t) = 2\sin 3t + 4\ \ \text{V}$$

(c)

$$v(t) = \frac{1}{2}\int_{-\infty}^{t} 12\cos 3\tau\, d\tau + v(-\infty)$$
$$= \frac{12}{2}\frac{1}{3}[\sin 3\tau]_{-\infty}^{t} + i(-\infty)$$
$$= 2[\sin 3\tau]_{-\infty}^{t} + i(-\infty)$$
$$= 2\sin 3t - 2\sin 3\cdot(-\infty) + v(-\infty)$$

$\sin 3\cdot(-\infty) = \sin(-\infty)$ and $i(-\infty)$의 값을 모르므로, $v(t)$를 구할 수 없다.

capacitor의 입력으로 인가되는 피적분 함수 $i(t) = 12\cos 3t$ A는 이상적인 함수로서 $-\infty < t < +\infty$에서 존재하며, $i(-\infty)$위 값을 모른다.
따라서, capacitor의 출력 전압 $v(t)$ 값도 전혀 모른다.
따라서 준 식을 이용하여 capacitor에 걸리는 전압을 구할 수 없다.
준 식은 $t \to -\infty$ 일 때, 함수의 극한값이 0 (zero)인 경우에만 사용해야한다.

06 (a) capacitor에 저장되어 있는 에너지는 다음과 같다.

$$\omega_C(t) = \frac{1}{2}C v^2(t) = \frac{1}{2}\cdot(2\times 10^{-6})\cdot(\sin \pi t)^2 = \sin^2 \pi t\quad \text{J}$$
$$= 10^{-6}\sin^2 \pi t\quad \text{J}$$

최대 에너지는 10^{-6} J이다.

(b) 함수

$$\omega_C(t) = 10^{-6}\sin^2 \pi t\ \ \text{J}$$

의 그래프는 다음과 같다,117)

$$\omega_C(t) = 10^{-6}\sin^2 \pi t = 10^{-6}\times\frac{1}{2}(1-\cos 2\pi t) = \frac{1}{2}\times 10^{-6}\times(1-\cos 2\pi t)\ \text{J}$$

에너지 신호 $w_L(t)$의 주기는 $t = \frac{2\pi}{2\pi} = 1\,\text{sec}$이므로, $t = 0.5\,\text{sec}$에서 최댓값

117) 그래프 $\sin \pi t$ 의 주기는 $\frac{2\pi}{\pi} = 2\,\text{sec}$이다.
그래프 $\sin^2 \pi t$ 의 주기는 $\frac{2\pi}{2\pi} = 1\,\text{sec}$이다.

$\frac{1}{2} \times 10^{-6}$ J을 갖는다.

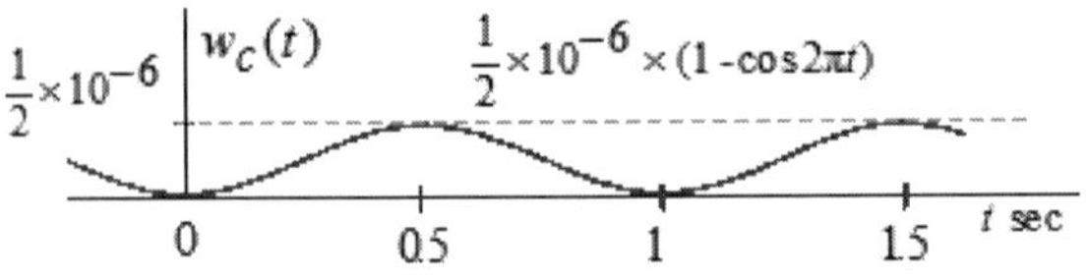

따라서, 에너지는 $t=0$에서 0 J 이었던 것이 $t=0.5\,\text{sec}$ 에는 $\frac{1}{2} \times 10^{-6}$ J로 증가한다.

따라서, capacitor에 저장되어 있는 최대 에너지는 $\frac{1}{2} \times 10^{-6}$ J이다.

시각 $t=0.5\,\text{sec}$에서 최고값에 도달하고, 그 후 $t=0.5\,\text{sec}$ 동안에, capacitor에 저장되어 있던 에너지는 완전히 없어진다.

Capacitor에서 $t=0.5+0.5=1\,\text{sec}$초 동안에 1 J의 에너지를 저장하고 방출시키는 동작을 하게 된다.

(c) 에너지의 손실이 얼마인지 구하여 보자. 저항에서 소비되는 전력은 다음과 같다.

$$i_R(t) = \frac{v}{R} = \frac{\sin \pi t}{10^6} = 10^{-6} \sin \pi t \quad \text{A}$$

그러므로 $t=0.5+0.5=1\,\text{sec}$ 동안에 저항에서 열로 소비되는 에너지는 다음과 같다.

$$\omega_R(t) = \int_0^1 p_R\, dt = \int_0^1 10^{-6} \sin^2 \pi t \quad \text{W}$$

혹은

$$\begin{aligned}\omega_R(t) &= \int_0^1 \frac{1}{2} \times 10^{-6} (1-\cos 2\pi t)\, dt \\ &= \frac{1}{2} \times 10^{-6} \times \left[t - \frac{1}{2\pi} \sin 2\pi t \right]_0^1 \\ &= \frac{1}{2} \times 10^{-6} \times \left(1 - \frac{1}{2\pi} \sin 2\pi \right) = \frac{1}{2} \times 10^{-6}\ \text{J}\end{aligned}$$

그러므로 $t=1\,\text{sec}$ 동안 저장하고 되찾고 하는 과정에서 $\frac{1}{2} \times 10^{-6}$ J의 에너지를 소비한다.

07

$$v = \frac{1}{C_1} \int_{t_0}^{t} i d\tau + \frac{1}{C_2} \int_{t_0}^{t} i d\tau \Rightarrow \int_{t_0}^{t} i d\tau = v \left(\frac{1}{C_1} + \frac{1}{C_2} \right)^{-1}$$

$$v_1 = \frac{1}{C_1} \frac{C_1 C_2}{C_1 + C_2} v = \frac{C_2}{C_1 + C_2} v \ ; \ v_2 = \frac{1}{C_2} \frac{C_1 C_2}{C_1 + C_2} v = \frac{C_1}{C_1 + C_2} v$$

Chapter 06. 인덕터(Inductor)

연 습 문 제 Chapter 06-A

01 (i) $i(-\infty) = 1$이고, $L = 1\,\mathrm{H}$ 이므로

$$i(t) = \frac{1}{1}\int_{-\infty}^{t} (0)\,dt + v(-\infty) = 0 + 1 = 1\,\mathrm{A}\ , \qquad t \le 0$$

(ii) $i(0) = 1$이고, $L = 1\,\mathrm{H}$ 이므로

$$i(t) = \frac{1}{1}\int_{0}^{t} -\frac{1}{2}\,dt + i(0) = \frac{1}{2}t + 1 \quad \mathrm{A},\ 0 \le t \le 2$$

(iii) 따라서, $i(2) = 0$ 이고, 그래서

$$i(t) = \frac{1}{1}\int_{2}^{t} (0)\,dt + v(2) = 0 + 0 = 0\ ,\ t \ge 2$$

을 얻는다.

$$i(t) = \begin{cases} 1\ , & t < 0 \\ -\frac{1}{2}t + 1\ , & 0 \le t < 2 \\ 0\ , & t \ge 2 \end{cases}$$

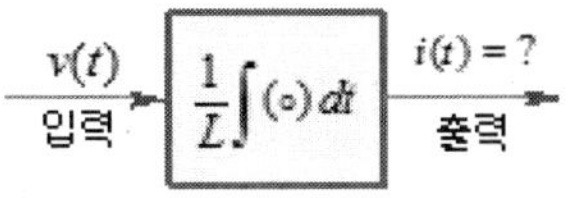

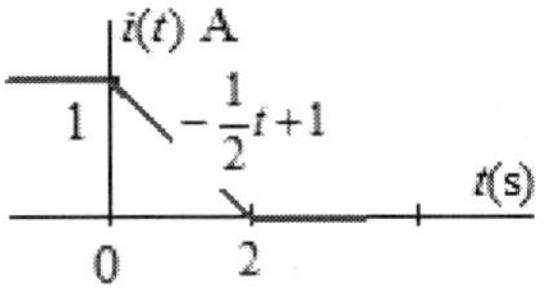

02 (a) 전류식 $i(t) = t + 1$을 미분한다.

$$\therefore v(t) = L\frac{di(t)}{dt} = 1.5 \times 1 = 1.5\ \mathrm{V}$$

(b) 전류식 $i(t) = -t + 3$을 미분한다.

$$\therefore v(t) = L\frac{di(t)}{dt} = 1.5 \times (-1) = -1.5\ \mathrm{V}$$

03

(i) $t < 1$ 일 때, $i(t) = 0$이므로 인덕터 양단의 전압

ㅊ$v(t) = L\dfrac{di(t)}{dt} = 0$

(ii) $t \geq 1$ 일 때, $i(t) = te^{-t}$이므로 인덕터 양단의 전압

$$v(t) = L\frac{di(t)}{dt} = 2\frac{d}{dt}te^{-t} = 2[\ e^{-t} + t(-e^{-t})]$$
$$= 2\ e^{-t}\ (1-t)\ \mathrm{V}$$

04

(a) $v = L\dfrac{di}{dt}$

$$= 2 \times [-e^{-t}\cdot\cos 100t - e^{-t}\sin 100t\cdot 100]_{t=0} = -2\ \mathrm{V}$$

(b) $w_L = e^{-4t} = \dfrac{1}{2}Li^2$

$$\therefore i = \left(\frac{2e^{-4t}}{2}\right)^{\frac{1}{2}} = \left(e^{-4t}\right)^{\frac{1}{2}} = e^{-2t}$$

$$\therefore v = L\frac{di}{dt} = 2\times(-2e^{-2t})|_{t=0} = -4\ \mathrm{V}$$

(c) $i(t) = \dfrac{1}{L}\displaystyle\int v(t)\,dt = \dfrac{1}{2}\int 6t^2\,dt = \dfrac{1}{2}\times 2t^3 + I_0 = t^3 + I_0$

$i(-1) = -1 + I_0 = 3 \quad \therefore I_0 = 3 + 1 = 4$

$\therefore i(t) = t^3 + 4\ \mathrm{A},\ \therefore i(1) = 5\ \mathrm{A}$

(d)

$$i(t) = \frac{1}{L}\int v(t)\,dt = \frac{1}{2}\int 4\sin 2t\,dt$$
$$= \frac{1}{2}\cdot\frac{-4}{2}\cdot\cos 2t + I_0 = -\cos 2t + I_0$$

에너지는

$$w_L(t) = \frac{1}{2}Li^2 = \frac{1}{2}\times 2\times(-\cos 2t + I_0)^2 = (-\cos 2t + I_0)^2$$

이다.

$$w_L(t)\big|_{t=0} = 5\ \mathrm{Joule}$$

에서

$$w_L(t)\big|_{t=0} = (-\cos 2t + I_0)^2\big|_{t=0} = (-1+I_0)^2 = 1 - 2I_0 + I_0^2$$

이므로,

$$\therefore I_0^2 - 2I_0 + 1 = 5,\ I_0^2 - 2I_0 - 4 = 0$$
$$\therefore I_0 = -1 \pm \sqrt{5} = -3.2361,\ 1.2361$$

$$i(t) = -\cos 2t - 3.2361 \text{ A or } i(t) = -\cos 2t + 1.2361 \text{ A}$$

조건 $i(0) > 0$을 만족하는 전류는

$$i(t) = -\cos 2t + 1.2361 \text{ A}$$

이다.

$$\therefore i(0) = -1 + 1.2361 = 0.2361\,\text{A}$$

05 $L_1 = 1 + 2 = 3,\ L_2 = \dfrac{3 \times 6}{3+6} = 2,\ L_3 = 2 + 4 = 6$

$$\therefore L_{eq} = \frac{6 \times 12}{6 + 12} = 4\,\text{H}$$

06 커패시터의 통과전류는

$$i = C\frac{dv_C}{dt} = 2 \times (-3 \cdot \sin 3t) = -6 \cdot \sin 3t$$

인덕터의 양단 전압은

$$v_L = L\frac{di}{dt} = 0.5 \times (-18 \cdot \cos 3t) = -9 \cdot \cos 3t$$

이다.

$$\therefore v_s = v_L + v_C = -9 \cdot \cos 3t + \cos 3t$$
$$= -8 \cdot \cos 3t \text{ V}$$

07 (a) $v(t) = L\dfrac{di(t)}{dt} = 3 \times \dfrac{d}{dt}\dfrac{1}{1+t^2}$

$$= 3 \times \frac{-2t}{(1+t^2)^2} = \frac{-6t}{(1+t^2)^2}$$

(b)

$$\frac{dv}{dt} = \frac{(-6)\cdot(1+t^2)^2 - (-6t)\cdot 2 \cdot (1+t^2)\cdot 2t}{(1+t^2)^2} = 0$$

$(-6)\cdot(1+t^2) - (-6t)\cdot 2 \cdot 2t = 0,\ -6\cdot(1+t^2) + 6t \cdot 2 \cdot 2t = 0,$

$-(1+t^2) + t \cdot 2 \cdot 2t = 0,\ -1 - t^2 + 4t^2 = 0\ ,-1 + 3t^2 = 0$

$3t^2 = 1 \quad \therefore t = \dfrac{1}{\sqrt{3}}\,\text{sec}$

08 $v = L\frac{di}{dt} = 0.5 \times [3 \times 2\pi \times (-\sin 2\pi t)] = -3\pi \sin 2\pi t$ V

$$\therefore v = \begin{cases} -3\pi \sin 2\pi t \text{ V}, & |t| \leq 0.1 \\ 0, & |t| > 0.1 \end{cases}$$

09 (a) 양단 전압은

$$v = L\frac{di}{dt} = 2 \times 20\cos 10t = 40\cos 10t$$

이므로

$$p(t) = i(t) \cdot v(t) = 2\sin 10t \cdot 40\cos 10t$$
$$= 40 \times 2\sin 10t \cdot \cos 20t = 40\sin 20t$$

(b) 등식을 푼다.

$$40\sin 20t = 30$$
$$\therefore \sin 20t = \frac{30}{40} = 0.75$$
$$\therefore 20t = \text{Sin}^{-1}(0.75) = 0.848$$
$$\therefore t = 0.0424 \text{ sec}$$

(c) 등식을 푼다.

$$\therefore 40\sin 20t = -30$$
$$\therefore \sin 20t = -\frac{30}{40} = -0.75$$
$$\therefore 20t = \pi + \text{Sin}^{-1}(-0.75) = \pi + 0.848 = 3.989$$
$$\therefore t = 0.199 \text{ sec}$$

10 준 조건에 의하여,

$$v_L(t) = i_L(t) \quad \cdots\cdots\cdots ①$$
$$v_L(t) = L\frac{di_L(t)}{dt} \quad \cdots\cdots\cdots ②$$

이다. 식 ①을 ②에 대입하면, 미분방정식

$$i_L(t) = L\frac{di_L(t)}{dt}$$

이 얻어진다. 변수를 분리하면,

$$\frac{1}{L}dt = \frac{di_L(t)}{i_L(t)}$$

양변을 적분하면,

$$\frac{1}{L}\int dt = \int \frac{di_L(t)}{i_L(t)}$$

$$\ln\,[i_L(t)] = \frac{t}{L} + k$$

이므로,

$$i_L(t) = e^{\frac{t}{L}+k} = e^{\frac{t}{1}+k} = e^{t+k} = e^k\,e^t$$

임의의 상수를 사용하면,

$$i_L(t) = A\,e^t$$

이다. $t = 0\,\text{sec}$에서 인덕터의 통과전류는 3 A 이므로 $A = 3$이다.

$$\therefore i_L(t) = 3e^t\ \text{A}$$

11

(a) 커패시터 양단 전압 ;

$$v_C = \frac{1}{C}\int i dt = \frac{1}{1}\int 2\sin 2t\,dt$$

$$= -\cos 2t + k = -2\cos 2t + k$$

시각 $t = 0$에서 $v_C = -2\,\text{V}$이므로, $\therefore k = 0$

$\therefore v_C(t) = -2\cos 2t$

(b) 인덕터 양단전압은 ;

$$v_L = L\frac{di}{dt} = 1\times\frac{d}{dt}2\sin 2t = 4\cos 2t$$

(c) 각 소자에 저장되는 에너지를 더한다.

$$w = \frac{1}{2}Cv_C^2 + \frac{1}{2}Li^2$$

$$= \frac{1}{2}\times 1\times[-2\cos 2t]^2 + \frac{1}{2}\times 1\times[2\sin 2t]^2$$

$$= 2\cos^2 2t + 2\sin^2 2t$$

$$= 2\,\text{J},\ \text{for all}\ t$$

12 (a)

$$3\,\text{H} + 2\,\text{H} = 5\,\text{H}$$
$$1\,\text{H} + 4\,\text{H} = 5\,\text{H}$$
$$L_{eq} = 5\,\text{H} \parallel 5\,\text{H} = \frac{(5 \times 5)\text{H}}{5 + 5} = 2.5\,\text{H}$$

(b)

$$3\,\text{H} \parallel 1\,\text{H} = \frac{(3 \times 1)\,\text{H}}{3 + 1} = \frac{3}{4}\,\text{H}$$
$$4\,\text{H} \parallel 2\,\text{H} = \frac{4 \times 2}{4 + 2} = \frac{8\,\text{H}}{6} = \frac{4}{3}\,\text{H}$$
$$\frac{3}{4}\,\text{H} + \frac{4}{3}\,\text{H} = \frac{25}{12}\,\text{H} = L_{eq}$$

13 (a)

$$L_{eq} = L_1 + \frac{(L_3 + L_4)L_2}{(L_3 + L_4) + L_2}$$
$$= \frac{L_1 L_3 + L_1 L_4 + L_1 L_2 + L_2 L_3 + L_2 L_4}{L_2 + L_3 + L_4}$$

(b)

$$C_{eq} = \frac{\left(\dfrac{C_3 C_4}{C_3 + C_4} + C_2\right) C_1}{\left(\dfrac{C_3 C_4}{C_3 + C_4} + C_2\right) + C_1}$$
$$= \frac{(C_3 C_4 + C_2 C_3 + C_2 C_4)\, C_1}{C_3 C_4 + C_2 C_3 + C_2 C_4 + C_1 C_3 + C_1 C_4}$$

14 등가 인덕턴스는

$$:\ L = 3\,\text{H} \parallel 6\,\text{H} = \frac{(3 \times 6)\text{H}}{3 + 6} = 2\,\text{H}$$

이다.

(a)

$$v(t) = L\frac{di}{dt} = 2\frac{d}{dt}3\sin 3t = 2 \times 9\cos 3t = 18\cos 3t\ \text{V}$$

(b)

$$i(t) = \frac{1}{L_2}\int vdt = \frac{1}{3}\int 18\cos 3t\,dt = \frac{1}{3}\times 6\sin 3t + k$$
$$= 2\sin 3t + k$$

시각 $t = 0$에서 $i(t) = 2\,\text{A}$ 이므로 $\therefore k = 2$

$\therefore i(t) = 2 + 2\sin 2t\ \text{A}$

연 습 문 제 Chapter 06-B

01 입력 전류가 발생시키는 출력 전압을 구한다. 식

$$v(t) = L\frac{di(t)}{dt}\quad \text{(전류에 의한 전압식)}$$

에서 $L = 1\,\text{H}$ 이다.

$$v(t) = L\frac{di(t)}{dt} = \begin{cases} \frac{d}{dt}0 = 0, & t \le 0\ \text{s} \\ \frac{d}{dt}\frac{6\,\text{A}}{2\,\text{s}} = 3\,\text{V}, & 0 \le t \le 2\ \text{s} \\ \frac{d}{dt}0 = 0, & t \ge 2\ \text{s} \end{cases}$$

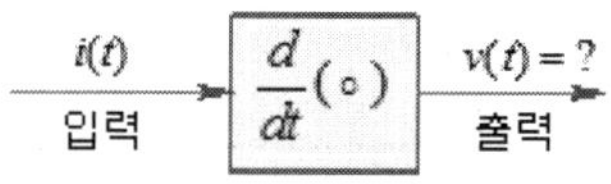

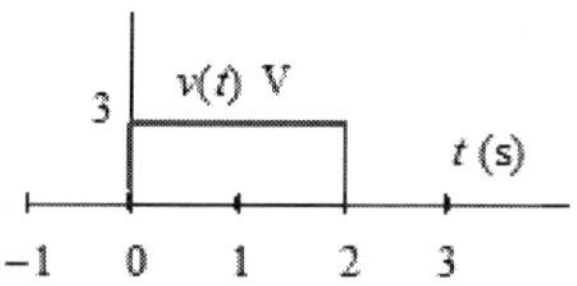

답 $v(t) = 0\ \text{V},\ -\infty < t \le 0\ \text{sec}$; $v(t) = 3\ \text{V},\ 0 \le t \le 2\ \text{sec}$; $v(t) = 0\ \text{V},\ t \ge 2\ \text{sec}$. ■

02 인덕터에 흐르는 전류 i를 미분하면, 전압 v는 얻는다.

$$v(t) = L\frac{di}{dt}$$

입력류 파형을 인가했을 때, 출력 전압결과는 그림은 각각 다음과 같다.

(a) $i(t) = e^{-t}\ \text{A}$

$$v = L\frac{di}{dt} = 2\cdot\frac{d}{dt}(e^{-t}) = 2\cdot(-1)\,e^{-t}\ \text{V} = -2\,e^{-t}\ \text{V}$$

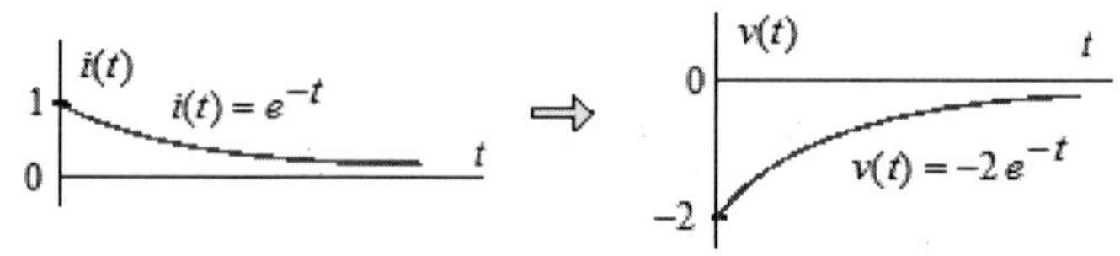

(b) $i(t) = 1 - e^{-t}$ A

$$v = L\frac{di}{dt} = 2\cdot\frac{d}{dt}(1 - e^{-t}) = 2\cdot(+1)\, e^{-t} \text{ V} = 2\, e^{-t} \text{ V}$$

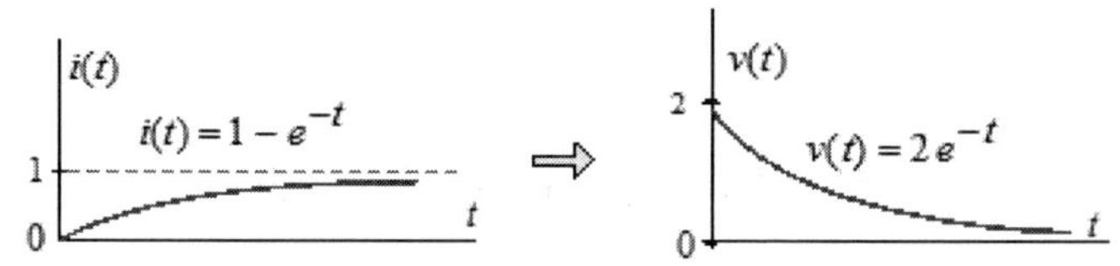

(c) $i(t) = \sin \pi t$ A

$$v = L\frac{di}{dt} = 2\cdot\frac{d}{dt}\sin t = 2\cdot \cos t \text{ V}$$

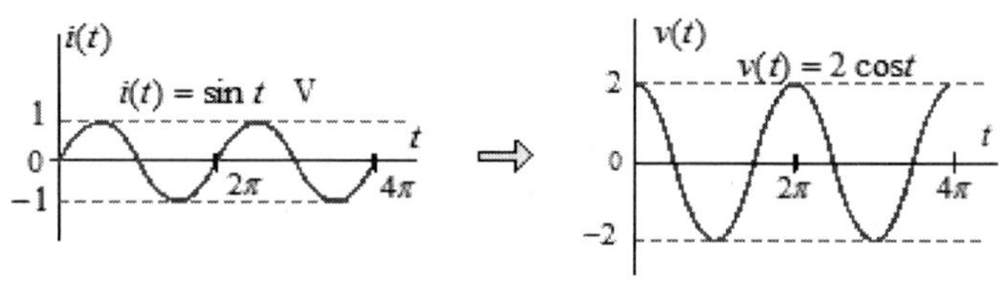

(d) $i(t) = 3$ A, $t \geq 0$는 dc이다. 따라서 인덕터의 양단전압은 없다.

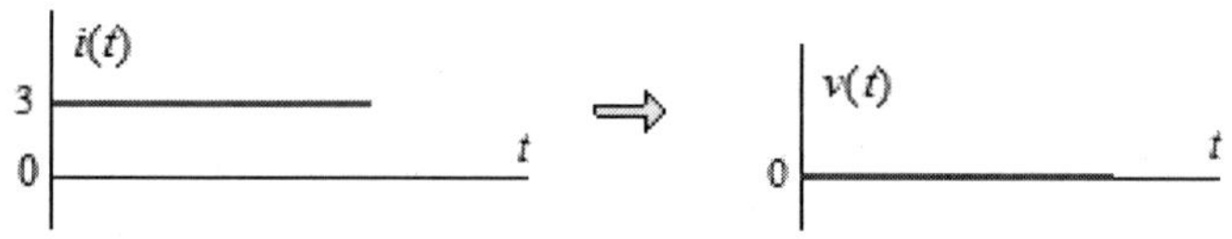

답 (a) $v(t) = -2\, e^{-t}$ V ; (b) $v(t) = 2\, e^{-t}$ V ;
(c) $v(t) = 2\cdot \cos t$ V ; (d) $v(t) = 0$ V, $t \geq 0$. ■

03 인덕터의 정의식에 의하여

$$i(t) = \frac{1}{L}\int_0^t v(\tau)\, d\tau + 0 = \frac{1}{2}\int_0^t 2\tau\, e^{-\tau}\, d\tau = \int_0^t \tau\, e^{-\tau}\, d\tau$$

부분 적분을 하면,[118)]

$$i(t) = \left[(-\tau - 1) e^{-\tau} \right]_0^t = (-t - 1)e^{-t} - (-1)$$
$$= (-t - 1)e^{-t} + 1 = 1 - te^{-t} - e^{-t} \text{ A}$$

118) 부분적분: $I = \int \tau e^{-\tau}\, d\tau = (-\tau - 1)e^{-\tau} + C$

04 (a) $v(t) = L\frac{di}{dt} = 2 \times \frac{d}{dt}(te^{-t}) = 2 \times (e^{-t} - te^{-t})$

$$v(3) = 2 \times (e^{-3} - 3e^{-3}) = -0.199\ \text{V} = 199\,\text{mV}$$

(b) $i(t) = \frac{1}{L}\int_0^t e^{-\tau} d\tau + 2$

$$i(t) = \frac{1}{2}\int_0^t e^{-\tau} d\tau + 2 = \frac{1}{2}(-1)e^{-\tau} + 2 = \frac{1}{2}\cdot(-1)\cdot[\,e^{-\tau}\,]_0^t + 2$$

$$= -\frac{1}{2}\cdot(e^{-t} - 1) + 2 = -\frac{1}{2}e^{-t} + \frac{5}{2}$$

$$i(t) = -\frac{1}{2}e^{-t} + \frac{5}{2}$$

(c) $i(0.1) = -\frac{1}{2}e^{-0.1} + \frac{5}{2} = 2.048\ \text{A}$

05 전압 v와 전류 i가 수동부호규칙을 만족하도록 정의하면

$$v(t) = L\frac{di(t)}{dt} = 1\frac{di}{dt} = \frac{di}{dt}$$

(i) $t < 0$

전류는 $i(t) = 0$ A

$$v(t) = \frac{d}{dt}(0) = 0\ \text{V}$$

(ii) $0 \le t < 1$

전류는 $i(t) = 2t$ A

$$v(t) = \frac{d}{dt}(2t) = 2\ \frac{\text{A}}{\text{sec}} = 2\ \text{V}$$

(iii) $1 \le t < 2$

전류는 $i(t) = 2$ A

$$v(t) = \frac{d}{dt}(3) = 0\ \text{V}$$

(iv) $2 \le t < 3$

전류는 $i(t) = -2t + 6$ A

$$0 = -2\cdot 3 + k,\ k = 6$$

$$v(t) = \frac{d}{dt}(-2t + 6) = -2\ \text{V}$$

(iv) $t \ge 3$

전류는 $i(t)=0$ A

$$v(t)=\frac{d}{dt}(0)=0 \text{ V}$$

그림과 같이. 전압파형을 나타낸다.

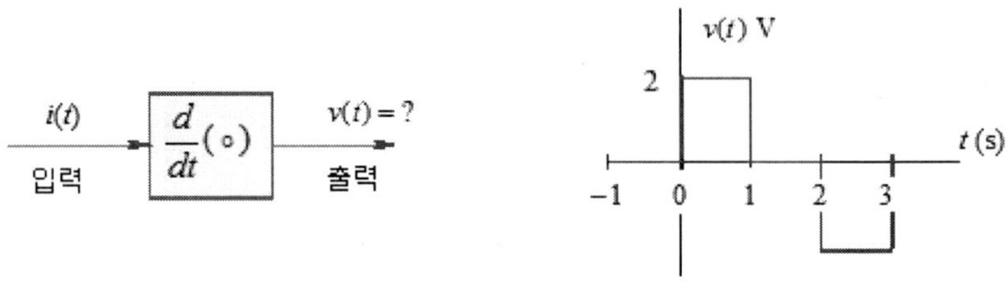

06

(a) 전류신호의 상승시간 $t_r=0.5$ sec, 하강시간 $t_f=0.5$ sec

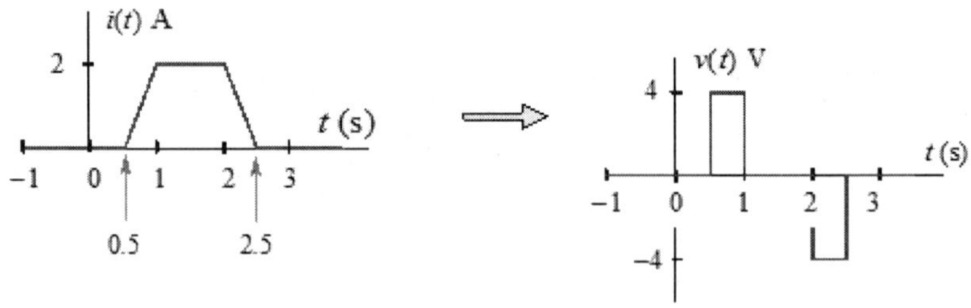

(b) 전류신호의 상승시간 $t_r=0.25$ sec, 하강시간 $t_f=0.25$ sec

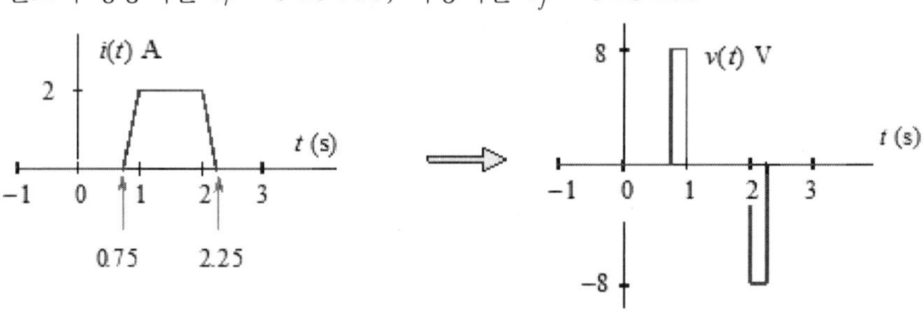

전류 파형에서 상승 및 하강 시간이 점점 더 짧아지면, 그 시간 동안의 전압의 크기는 점점 더 커진다. 그림에서 보인 것처럼 상승 및 하강 시간이 0.5초로 감소한 점을 주의하여라.

미분계수의 크기는 10배로 증가 되어 유기전압도 10배가 된다. 전압 파형으로부터 각각의 전압펄스의 면적은 3V·sec로 일정함을 알 수 있다. A = V·sec

$$L{=}2 \;\; v(t)=L\frac{di(t)}{dt} \;\; v(t)=\frac{d}{dt}i(t)=\frac{d}{dt}\frac{2}{0.5}t+k=4$$

$$A = 4\text{V}\times 0.5\text{sec} = 2 \text{ V}\cdot\text{sec}$$

$$\text{L=2}\ \ v(t) = L\frac{di(t)}{dt}\quad v(t) = \frac{d}{dt}i(t) = \frac{d}{dt}\left(\frac{2}{0.25}t + k\right) = 8$$

$$A = 8\text{V} \times 0.25\text{sec} = 2\ \text{V}\cdot\text{sec}$$

07

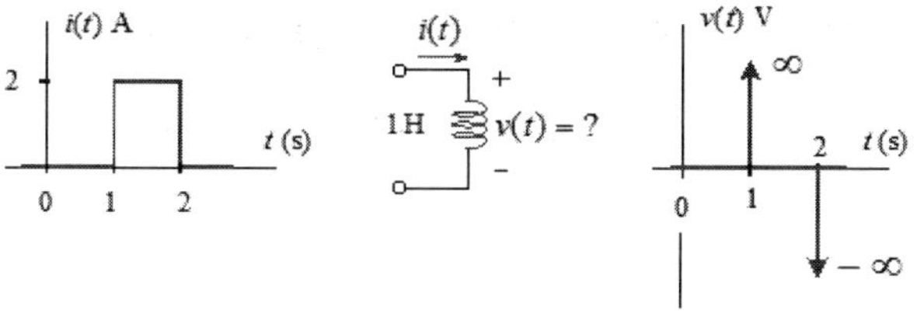

08 (a) 용량 $L=2$ H, 전압$v(t)=12\cos 3t$ V를 대입하면,

$$i(t) = \frac{1}{2}\int_{\frac{\pi}{2}}^{t} 12\cos 3\tau\ d\tau + i\left(\frac{\pi}{2}\right) = \frac{12}{2}\frac{1}{3}\ [\sin 3\tau]_{t_0=\frac{\pi}{2}}^{t} + 2$$

$$= 2\sin 3t - 2\sin\left(\frac{3\pi}{2}\right) + 2 = 2\sin 3t + 2 + 2\quad \therefore\ i(t) = 2\sin 3t + 4\ \text{A}$$

(b) 용량 $L=2$ H, 전압 $v(t)=12\cos 3t$ V를 대입하면,

$$i(t) = \frac{1}{2}\int 12\cos 3t\ dt + k = \frac{12}{2}\frac{1}{3}\sin 3t + k = 2\sin 3t + k$$

여기서 $t=\pi/2$ 일 때 $i=2$A라는 조건을 적용하여 k를 구할 수 있다.

즉,

$$2 = 2\sin\left(3\cdot\frac{\pi}{2}\right) + k$$

$$2 = 2\sin(1.5\pi) + k$$

$$2 = -2 + k,\quad k = 4$$

따라서

$$i(t) = 2\sin 3t + 4\ \text{A}$$

(c)

$$i(t) = \frac{1}{2}\int_{-\infty}^{t} 12\cos 3\tau\, d\tau + i(-\infty)$$

$$= \frac{12}{2}\frac{1}{3}[\sin 3\tau]_{-\infty}^{t} + i(-\infty)$$

$$= 2\,[\sin 3\tau]_{-\infty}^{t} + i(-\infty)$$

$$= 2\sin 3t - 2\sin 3\cdot(-\infty) + i(-\infty)$$

$\sin 3\cdot(-\infty) = \sin(-\infty)$ and $i(-\infty)$의 값을 모르므로, $i(t)$를 구할 수 없다. inductor의 입력으로 인가되는 피적분 함수 $v(t)=12\cos 3t$ V는 이상적인 함수로서 $-\infty < t < +\infty$에서 존재하며, $v(-\infty)$위 값을 모른다.

따라서, inductor의 출력 전류 $i(-\infty)$ 값도 전혀 모른다.
따라서 준 식을 이용하여 inductor에 흐르는 전류를 구할 수 없다.
준 식은 $t \to -\infty$ 일 때, 함수의 극한값이 0 (zero)인 경우에만 사용해야한다.

09 (a) inductor에 저장되어 있는 에너지는 다음과 같다.

$$\omega_L(t) = \frac{1}{2} \cdot L \cdot i^2(t) = \frac{1}{2} \cdot 2 \cdot (\sin \pi t)^2 = \sin^2 \pi t \quad \text{J}$$

최대 에너지는 1 J이다.

(b) 함수

$$\omega_L(t) = \sin^2 \pi t$$

의 그래프는 다음과 같다.[119)]

$$\omega_L(t) = \sin^2 \pi t = \frac{1}{2}(1 - \cos 2\pi t) = \frac{1}{2} - \frac{1}{2}\cos 2\pi t$$

에너지 신호 $w_L(t)$의 주기는 $t = \frac{2\pi}{2\pi} = 1\,\text{sec}$이므로, $t = 0.5\,\text{sec}$에서 최댓값 1을 갖는다.

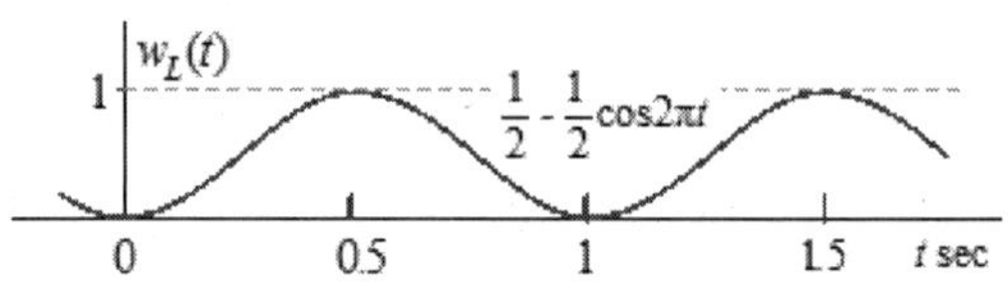

따라서 에너지는 $t = 0$에서 0 J이었던 것이 $t = 0.5\,\text{sec}$에는 1 J로 증가한다.
따라서, inductor에 저장되어 있는 최대 에너지는 1 J이다.
시각 $t = 0.5\,\text{sec}$에서 최고값에 도달하고, 그 후 $t = 0.5\,\text{sec}$ 동안에, inductor에 저장되어 있던 에너지는 완전히 없어진다.

Inductor에서 $t = 0.5 + 0.5 = 1\,\text{sec}$초 동안에 1 J의 에너지를 저장하고 방출시키는 동작을 하게 된다.

(c) 에너지의 손실을 구하여 보자. 저항에서 소비되는 전력은 다음과 같다.

$$p_R(t) = i^2 R = (\sin \pi t)^2 \cdot (0.1) = 0.1 \sin^2 \pi t \quad \text{W}$$

그러므로 $t = 0.5 + 0.5 = 1\,\text{sec}$ 동안에 저항에서 열로 소비되는 에너지는 다음과 같다.

119) 그래프 $\sin \pi t$ 의 주기는 $\frac{2\pi}{\pi} = 2\,\text{sec}$이다.
그래프 $\sin^2 \pi t$ 의 주기는 $\frac{2\pi}{2\pi} = 1\,\text{sec}$이다.

$$\omega_R(t) = \int_0^1 p_R\, dt = \int_0^1 0.1\ \sin^2 \pi t \quad \text{W}$$

혹은

$$\omega_R(t) = \int_0^1 0.1 \times (\frac{1}{2})(1-\cos 2\pi t)\ dt$$

$$= 0.05\ \times \int_0^1 (1-\cos 2\pi t) dt$$

$$= 0.05 \times \left[t - \frac{1}{2\pi} \sin 2\pi t \right]_0^1$$

$$= 0.2 \times \left(1 - \frac{1}{2\pi}\ \sin 2\pi \right) = 0.2\ \text{J}$$

그러므로 $t = 1\,\text{sec}$ 동안 저장하고 되찾고 하는 과정에서 0.2 J의 에너지를 소비한다.

Chapter 07. *RL* 회로

연 습 문 제 Chapter 07-A

01

(*a*)

(1) $i(0^-) = 5\,\text{A}$

(2) $i(0^+) = 5\,\text{A}$, $v(0^+) = -2\,\Omega \times 5\,\text{A} = 10\,\text{V}$

(*b*)

(1) $i(0^-) = \dfrac{6\,\text{V}}{2\,\Omega} = 3\,\text{A}$

(2) $i(0^+) = \dfrac{6\,\text{V}}{2\,\Omega} = 3\,\text{A}$, $v(0^+) = -3\,\text{A} \times 4\,\Omega = -12\,\text{V}$

(c)

(1) $i(0^-) = -\dfrac{6\,\text{V}}{1\,\Omega + 2\,\Omega} = -2\,\text{A}$

(2) $i(0^+) = -\dfrac{6\,\text{V}}{1\,\Omega + 2\,\Omega} = -2\,\text{A}$, $v(0^+) = -2\,\text{A} \times 4\,\Omega = -8\,\text{V}$

02

(a)

$$i(0) = 5\,\mathrm{A} = I_0$$

$$i(t) = I_0 e^{-\frac{R}{L}t} = I_0 e^{-\frac{2}{1}t} = 5e^{-2t}\,\mathrm{A}$$

$$v = -i \cdot R = -5e^{-2t} \times 2 = -10e^{-2t}\,\mathrm{V}$$

(b)

$$i(0) = \frac{6\,\mathrm{V}}{2\,\Omega} = 3\,\mathrm{A} = I_0$$

$$i(t) = I_0 e^{-\frac{R}{L}t} = 3e^{-\frac{4}{3}t} = 3e^{-\frac{4}{3}t}\,\mathrm{A}$$

$$v = -i \cdot R = -3e^{-\frac{4}{3}t}\,\mathrm{A} \times 3\,\Omega = -9e^{-\frac{4}{3}t}\,\mathrm{V}$$

(c)

$$i(0) = -\frac{6\,\mathrm{V}}{1\,\Omega + 2\,\Omega} = -2\,\mathrm{A} = I_0$$

$$i(t) = I_0 e^{-\frac{R}{L}t} = -2e^{-\frac{6}{3}t} = -2e^{-2t}\,\mathrm{A}$$

$$v = i \cdot R = (-2 \times e^{-2t}) \times (4) = -8e^{-2t}\,\mathrm{V}$$

03

(a) 저항 $R = \frac{v}{i} = \frac{10e^{-2t}\,\mathrm{V}}{5e^{-2t}\,\mathrm{A}} = 2\,\Omega$

(b)

$$v(t) = V_0\, e^{-\frac{R}{L}t} = V_0\, e^{-\frac{1}{\tau}t},\ t \geq 0\ \mathrm{V}$$

이다. 준 식

$$v(t) = 10\, e^{-2t},\ t \geq 0\ \mathrm{V}$$

과 비교하면,

시정수, $\tau = \frac{1}{2} = 0.5\,\mathrm{sec}$

시정수 $\frac{1}{\tau} = 2,\ \tau = 0.5\,\mathrm{sec}$

(c) 인덕터

$$\tau = \frac{L}{R} = 0.5,\ L = \tau R = 0.5 \times 2 = 1\,\mathrm{H}$$

(d) 인덕터에 저장된 에너지 $w(t)$

$$w(t) = \frac{1}{2}Li^2(t) = \frac{1}{2}\times 1\times (5e^{-2t})^2$$
$$= \frac{25}{2}e^{-4t}\ \text{J}$$

04 (a) $i(t) = i(0)\cdot e^{-\frac{R}{L}t}$ A, $i(t) = 3\cdot e^{-\frac{2}{1}t} = 3e^{-2t}$ A

(b) $v(t) = Ri(t) = 2\,i(t) = 2\cdot 3e^{-2t} = 6e^{-2t}$ V

(c) 초기에너지

$$w_L = \frac{1}{2}L\,i^2(t) = \frac{1}{2}\times 1\times i^2(0)$$
$$= \frac{1}{2}\times 1\times (3\cdot e^{-2\cdot 0})^2 = \frac{9}{2}\ \text{J}$$

(d) $p(t) = v(t)\cdot i(t) = 6e^{-2t}\cdot 3e^{-2t} = 18\,e^{-4t}$ W

$$w_R = \int_0^\infty p(t)\,dt = \int_0^\infty 18\,e^{-4t}\ dt$$
$$= \frac{18}{-4}\cdot\left[e^{-4t}\right]_0^\infty = \frac{18}{-4}[0-1] = \frac{9}{2}\ \text{J}$$

(e) 위에서 구한 두 에너지

$$w_L = \frac{9}{2}\text{J 와 } w_R = \frac{9}{2}\text{J}$$

가 같은 이유는 인덕터에서 공급한 에너지가 손실없이 모두 저항에 전달되기 때문이다.

05 $i_L(0^-) = i_L(0^+) = \dfrac{20\,\text{V}}{10\,\Omega} = 2\,\text{A}$

$$i(0^+) = \frac{20\,\text{V}}{6\,\Omega} - 2 = \frac{10\,\text{V}}{3\,\Omega} - 2 = \frac{4}{3}\text{A}$$

$$i(\infty) = \frac{20\,\text{V}}{6\,\Omega} = \frac{10\,\text{V}}{3\,\Omega} = \frac{10}{3}A$$

$$i_L(t) = 2e^{-\frac{R}{L}t} = 2e^{-\frac{4}{5}t}\ \text{A}$$

06 $\because i(t) = I_0 e^{-\frac{R}{L}t}$ 여기서 I_0는 초기 전류이다.

(a)

$$i(t) = \frac{1}{2}I_0 = I_0 e^{-\frac{R}{L}t},\ \ln\frac{1}{2} = -\frac{R}{L}t,\ -\ln 2 = -\frac{R}{L}t$$

$$\therefore t = \frac{L}{R} \times \ln 2 = \frac{6}{2}\ln 2 = 2.08\,\text{sec}$$

(b) $w_0 = \frac{1}{2}LI_0^2$

$$w' = \frac{1}{2}w_0 = \frac{1}{4}LI_0^2 = \frac{1}{2}L\left(\frac{I_0}{\sqrt{2}}\right)^2$$

$$\therefore i(t) = \frac{I_0}{\sqrt{2}} = I_0 e^{-\frac{R}{L}t},\ \frac{1}{\sqrt{2}} = e^{-\frac{R}{L}t}$$

$$-\frac{R}{L}t = \ln\frac{1}{\sqrt{2}},\ -\frac{R}{L}t = \ln 2^{-\frac{1}{2}}$$

$$-\frac{R}{L}t = -\frac{1}{2} \times \ln 2,\ \frac{R}{L}t = \frac{1}{2} \times \ln 2$$

$$\therefore \frac{1}{2}\ln 2 = \frac{Rt}{L}\quad t = \frac{1}{2} \times \frac{L}{R}\ln 2$$

$$t = \frac{1}{2} \times \frac{6}{2}\ln 2 = 1.04\,\text{sec}$$

(c) $w_R = I_0^2 R$

$$w'_R = \frac{1}{2}w_R = \left(\frac{I_0}{\sqrt{2}}\right)^2 R$$

$$\therefore i(t) = \frac{I_0}{\sqrt{2}} = I_0 e^{-\frac{R}{L}t}$$

$$\frac{1}{\sqrt{2}} = e^{-\frac{R}{L}t},\ -\frac{R}{L}t = \ln\frac{1}{\sqrt{2}},\ -\frac{R}{L}t = \ln 2^{-\frac{1}{2}}$$

$$-\frac{R}{L}t = -\frac{1}{2} \times \ln 2,\ \frac{R}{L}t = \frac{1}{2} \times \ln 2$$

$$\therefore \frac{1}{2}\ln 2 = \frac{Rt}{L}\quad t = \frac{1}{2} \times \frac{L}{R}\ln 2$$

$$t = \frac{1}{2} \times \frac{6}{2}\ln 2 = 1.04\,\text{sec}$$

07 (*a*) 직렬 *RL* 회로의 자연 응답의 전류

$$i(t) = I_0 e^{-\frac{R}{L}t} = I_0 e^{-\frac{1}{\tau}t}$$

에 두 시점 $t = 1.5\tau$ sec, $t = 0$ sec 을 대입하면,

$$i(1.5\tau) = I_0 e^{-1.5} \quad \cdots\cdots\cdots ①$$

$$i(0) = I_0 \quad \cdots\cdots\cdots ②$$

두 식 ①, ②에 의하여

$$\frac{i(1.5\tau)}{i(0)} = \frac{I_0 e^{-1.5}}{I_0} = e^{-1.5} = 0.223$$

(*b*) 직렬 *RL* 회로의 자연 응답의 전류

$$i(t) = I_0 e^{-\frac{R}{L}t} = I_0 e^{-\frac{1}{\tau}t}$$

에 두 시점 $t = 1.5\tau$ sec, $t = 0.5\tau$ sec 을 대입하면,

$$i(1.5\tau) = I_0 e^{-1.5} \quad \cdots\cdots\cdots ①$$

$$i(0.5\tau) = I_0 e^{-0.5} \quad \cdots\cdots\cdots ②$$

두 식 ①, ②에 의하여

$$\frac{i(1.5\tau)}{i(0.5\tau)} = \frac{I_0 e^{-1.5}}{I_0 e^{-.5}} = e^{-1} = 0.368$$

(*c*) 다음의 세 식을 이용한다.

$$i(t) = 0.4\, i(\tau) \quad \cdots\cdots\cdots ①$$

$$i(t) = I_0 e^{-\frac{R}{L}t} = I_0 e^{-\frac{1}{\tau}t} \quad \cdots\cdots\cdots ②$$

$$i(\tau) = I_0 e^{-\frac{R}{L}\tau} = I_0 e^{-\frac{1}{\tau}\tau} = I_0 e^{-1} \quad \cdots\cdots\cdots ③$$

두 식 ②, ③을 ①에 대입하면,

$$I_0 e^{-\frac{1}{\tau}t} = 0.4\ I_0 e^{-1}, \quad e^{-\frac{1}{\tau}t} = 0.4\ e^{-1}, \quad e^{-\frac{1}{\tau}t+1} = 0.4$$

$$-\frac{1}{\tau}t + 1 = \ln 0.4$$

따라서, 정리하면,

$$\frac{1}{\tau}t = 1 - \ln 0.4 = 1 - (-0.916) = 1.916$$

(d) 저항 R, R' 일 때의 시정수는 각각

$$\tau_1 = \frac{L}{R} = 3\,\text{ms}$$

$$\tau_2 = \frac{L}{R+10} = \frac{L}{R'} = 2\,\text{ms}$$

이다. 시정수의 비(ratio)는 두 형태

$$\frac{\tau_1}{\tau_2} = \frac{3}{2} \qquad \cdots\cdots\cdots \text{①}$$

$$\frac{\tau_1}{\tau_2} = \frac{L/R}{L/R'} = \frac{R'}{R} \qquad \cdots\cdots\cdots \text{②}$$

로 표시된다, 두 식 ①, ②에 의하여 두 저항의 비(ratio)는 다음과 같다.

$$\frac{R'}{R} = \frac{3}{2} = 1.5$$

08 (a) 정상상태에서 인덕터는 short circuit 동작을 하므로, 저항의 역할은 없다. 두 저항의 합성저항은

$$3\,\Omega \| 6\,\Omega = \frac{3\times 6}{3+6} = 2\,\Omega$$

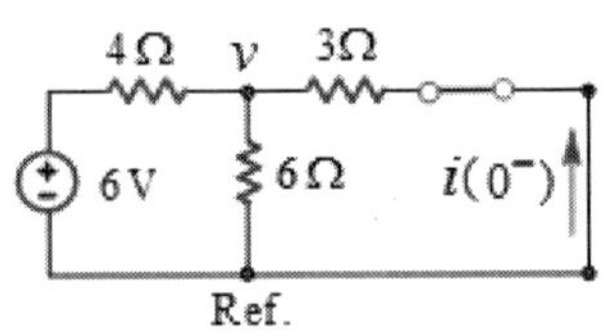

이므로 전압분배에 의하여

$$v = 6\,\text{V} \times \frac{2\Omega}{4\Omega + 2\Omega} = 2\,\Omega$$

Ohm's law에 의하여

$$i(0^+) = i(0^-) = \frac{0-v\ \text{V}}{3\,\Omega} = \frac{0-2\ \text{V}}{3\,\Omega} = \frac{-2}{3}\text{A}$$

(b) 초기에너지

$$w_L(0) = \frac{1}{2}L\,i^2(0) = \frac{1}{2}\times 6 \times \left(\frac{-2}{3}\right)^2 = \frac{4}{3}\ \text{J}$$

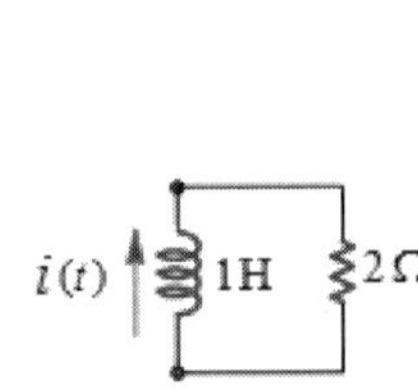

(c) 시간 번위 $t > 0$에서 성립하는 회로는 그림과 같다.

$$\tau = \frac{L}{R} = \frac{1}{2} = 0.5\ \text{sec}$$

(d) $i(t) = i(0^-)\cdot e^{-\frac{R}{L}t}$ A,

$$i(t) = \frac{-2}{3}\cdot e^{-\frac{2}{1}t} = \frac{-2}{3}\cdot e^{-2t}\ \text{A}$$

09 (a) 시간 범위 $t < 0$에서 성립하는 회로는 그림과 같다.

$$\therefore i(0^-) = 6\,\text{A} \times \frac{4}{4+2} = 4\ \text{A}$$

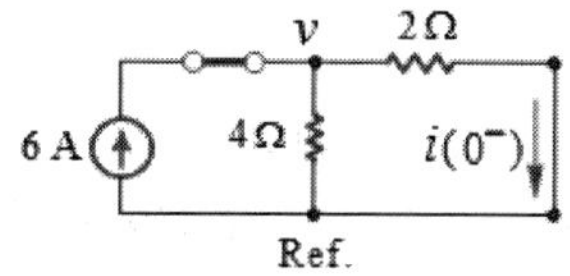

(b) 시간 범위 $t > 0$에서 성립하는 회로는 그림과 같다.

$$R_{eq} = (4\Omega + 2\Omega) \parallel 3\Omega = 2\Omega$$

$$\tau = \frac{L}{R} = \frac{1}{2} = 0.5\ \text{sec}$$

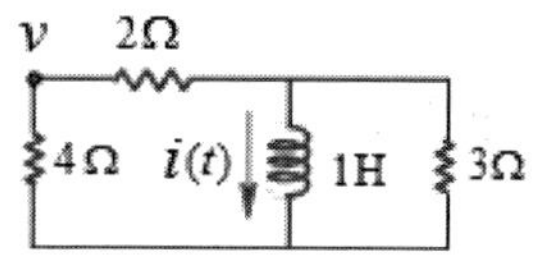

$$\therefore i(t) = i(0) \cdot e^{-\frac{R}{L}t} = 4 \cdot e^{-\frac{2}{1}t} = 4e^{-2t}\ \text{A}$$

10 (a) $i_z(0^-) = i_z(0^+) = \dfrac{20\,\text{V}}{10\,\Omega} = 2\,\text{A}$; (b) $i_x(0^+) = \dfrac{20\,\text{V}}{6\,\Omega} = \dfrac{10}{3}\text{A}$

(c) $i_y(0^+) = i_x(0^+) - i_z(0^+) = \dfrac{10}{3} - 2 = \dfrac{4}{3}\text{A}$

(d) $i(\infty) = \dfrac{20\,\text{V}}{6\,\Omega} = \dfrac{10}{3}\text{A}$; $\quad i_z(t) = 2e^{-\frac{R}{L}t} = 2e^{-\frac{4}{5}t}\ \text{A}$

(f) $i_y(t) = \dfrac{10}{3} - 2e^{-\frac{4}{5}t}\ \text{A}$.

11 (a) $t = 0^-$ 에서, $i_L(0^-) = \dfrac{6\,\text{V}}{2\,\Omega} = 3\,\text{A}$

$$\therefore i_L(0^+) = i_L(0^-) = 3\,\text{A}$$

(b) 자연 응답의 전류식

$$i_L = i_L(0^+)\, e^{-\frac{R}{L}t}$$

에

$$i_L(0^+) = 3\,\text{A}$$

$$R = (3 + 1 + 2) \| 3 = \frac{6 \times 3}{6+3} = 2$$

$$L = 1\,\text{H} \quad \frac{R}{L} = \frac{2}{1} = 2$$

의 값을 대입하면,

$$i_L = i_L(0^+)e^{-2t} = 3\,e^{-2t}\ \text{A}$$

이다. 전류 분배에 의하여

$$i_1 = -i_L \times \frac{3}{9} = \frac{-1}{3} i_L = -\frac{1}{3} \times 3e^{-2t} = -e^{-2t}\ \text{A}$$

이므로, $t = 0.5\,\text{s}$
에서는 전류는 다음과 같다.

$$i_1(0.5\,\text{s}) = -e^{-1} = -0.368\,\text{A}$$

(c) 전류식

$$i_L = i_L(0^+)e^{-2t} = 3\,e^{-2t}\ \text{A}$$

에서 전류 분배에 의하여

$$i_2 = -i_L \times \frac{6}{9} = \frac{-2}{3} i_L = -\frac{2}{3} \times 3e^{-2t} = -2e^{-2t}\ \text{A}$$

이므로 $t = 0.5\,\text{s}$ 에서의 전류는 다음과 같다.

$$i_2(0.5\,\text{s}) = -2e^{-1} = -0.736\,\text{A}$$

12

$t = 0^-$ 까지의 회로는 다음과 같다.

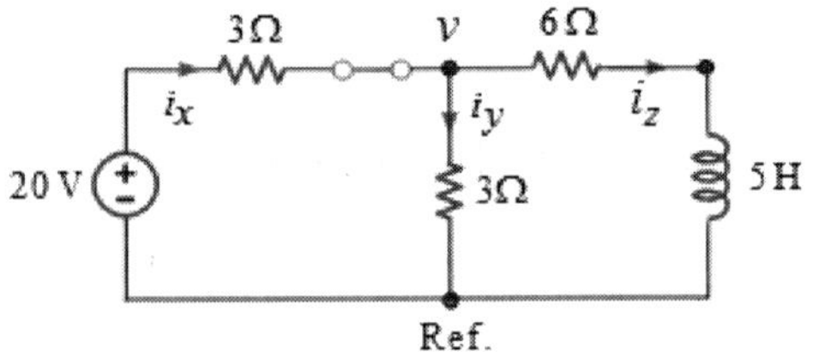

(a)

$$i_x(0^-) = \frac{20\,\text{V}}{3\,\Omega + (3 \| 6)\,\Omega} = 4\,\text{A};\ i_z(0^-) = 4\,\text{A} \times \frac{3}{9} = \frac{4}{3}\,\text{A}$$

$$i_y(0^-) = 4\,\text{A} \times \frac{6}{9} = \frac{8}{3}\,\text{A}$$

(b) $i_z(0^+) = i_z(0^-) = \frac{4}{3}\,\text{A},\ i_y(0^+) = -i_z(0^+) = -\frac{4}{3}\,\text{A}$

(c) $i_z(t) = i_z(0^+)e^{-\frac{R}{L}t} = \frac{4}{3}e^{-\frac{9}{5}t}$;

(d) $i_y(t) = -i_z(t),\quad i_y(t) = -\frac{4}{3}e^{-\frac{9}{5}t},\ t \ge 0^+$

13 (a) 저항 2 Ω 을 통과하는 전류는 $2i_x$ 이다. 우측 mesh 에서 KVL을 적용하면,

$$4\Omega \times i_x + 4\frac{di_x}{dt} + 1\,\Omega \times (-2i_x) = 0$$

$$4i_x + 4\frac{di_x}{dt} - 2i_x = 0$$

정리하면 다음과 같다.

$$\frac{di_x}{dt} + 0.5\,i_x = 0$$

(b) 미분방정식

$$\frac{di_x}{dt} + 0.5\,i_x = 0$$

를 풀면,

$$i_x = i_x(0)e^{-0.5t}\ \mathrm{A}$$

이다. 초기전류 조건을 사용하면,

$$i_x = 3e^{-0.5t}\ \mathrm{A}\ .$$

14 (a)

$$i = I_0 e^{-t/\tau}$$

$$i_1 = I_0 e^{-t_1/\tau},\ i_2 = I_0 e^{-t_2/\tau}$$

$$\frac{i_1}{i_2} = e^{-(t_1 - t_2)/\tau} = \frac{1}{100},\ t_1 - t_2 = 2$$

$$e^{-2/\tau} = \frac{1}{100},\ -\frac{2}{\tau} = \ln\frac{1}{100},\ -\frac{2}{\tau} = -4.605$$

$$\therefore \tau = \frac{2}{4.605} = 9.21\ \mathrm{s}$$

(b)

$$i(t) = I_0 e^{-t/\tau}$$

$$\frac{1}{2}I_0 = I_0 e^{-t_1/\tau},\ \frac{1}{4}I_0 = I_0 e^{-t_2/\tau}$$

$$\therefore \frac{1}{2} = e^{-(t_2 - t_1)/\tau} = e^{-0.2/\tau}\ \ \therefore \frac{1}{2} = e^{-(t_2 - t_1)/\tau} = e^{-0.2/\tau}$$

$$\frac{0.2}{\tau} = \ln\frac{1}{2},\ \frac{0.2}{\tau} = 0.69,\ \therefore \tau = \frac{0.2}{0.69} = 0.29\,\mathrm{s}$$

15

$$t = 2\sec\ 6\text{A},\ 6 = I_0 e^{-2/\tau} \qquad \cdots\cdots\cdots ①$$

$$t = 5\sec\ 3\text{A},\ 3 = I_0 e^{-5/\tau} \qquad \cdots\cdots\cdots ②$$

식 ①을 식 ②로 나누면

$$2 = e^{3/\tau}$$

이므로

$$\frac{3}{\tau} = \ln 2 = 0.693,\ \therefore \tau = \frac{3}{0.693} = 4.328$$

식 ①에서

$$6 = I_0 e^{-2/4.328} = I_0 e^{-0.462},\ \therefore I_0 = \frac{6}{e^{-0.462}} = 9.523$$

식 ②에서

$$3 = I_0 e^{-5/4.328} = I_0 e^{-1.155},\ \therefore I_0 = \frac{3}{e^{-1.155}} = 9.522$$

$$\therefore i(t) = 9.52 \times e^{-t/4.328}\ \text{A}$$

연습문제 Chapter 07-B

01

$$i(t) = i_0 e^{-\frac{R}{L}t},\ \text{A}$$

$$\frac{d}{dt}i(t) = -\frac{R}{L}i_0 e^{-\frac{R}{L}t}$$

$$\left.\frac{d}{dt}i(t)\right|_{t=0} = -\frac{R}{L}i_0\, e^{-\frac{R}{L}\cdot 0} = -\frac{R}{L}i_0 = 2000 \qquad (1)$$

$$\left.\frac{d}{dt}i(t)\right|_{t=0.2} = -\frac{R}{L}i_0\, e^{-\frac{R}{L}\cdot(0.2)} = 100 \qquad (2)$$

식 (1)을 (2)에 대입하면,

$$2000\,e^{-\frac{R}{L}\times(0.2)} = 100\ ,\ e^{-\frac{R}{L}\times(0.2)} = 0.05$$

$$-\frac{R}{L}\times(0.2) = \ln 0.05 = -2.9957$$

$$\frac{R}{L} = \frac{2.9957}{0.2} = 14.979$$

02

$$i(t) = i_0 e^{-\frac{R}{L}t}\text{, A}$$
$$i(t) = 0.01\, e^{-250,000t}\ \text{A}$$

03

(a) $v(t) = 0.84 e^{-\frac{1}{20}t}$
(b) 시각 $t = 15\,\text{sec}$에서, $v(t) = 0.387\ \text{V}$를 구하여라.

04

$v_R(t) = v_R(0^+)\, e^{-\frac{1}{0.0125}t} = 10\, e^{-80t}\ \text{V},\ t > 0$

05

$v(t) = 18 e^{-\frac{1}{0.0015}t}$를 구하여라.

06

회로에서 KCL을 적용하면, 전류관계식은

$$i(t) = i_L(t) = i_R(t)$$
$$i(0^-) = i(0^+) = I_0$$

이다. 수동소자부호규칙에 의하여 전류로 표시하면 적분방정식

$$i_L(t) = \frac{1}{L}\int_0^t -v(\tau)\, d\tau + v(0)$$
$$i_R(t) = \frac{v}{R}$$

을 얻는다.

$$\frac{1}{L}\int_0^t -v(\tau)\, d\tau = \frac{v}{R}$$
$$\frac{v}{R} + \frac{1}{L}\int_0^t v(\tau)\, d\tau = 0$$

양변을 t로 미분하면 상수계수의 1계 선형 제차 상미분방정식

$$\frac{1}{R}\frac{dv}{dt} + \frac{1}{L}v = 0$$
$$\frac{dv}{dt} + \frac{R}{L}v = 0$$
$$v(t) = v(0)\, e^{-\frac{R}{L}t} = V_0\, e^{-\frac{R}{L}t}$$

이다.

$$v_R(t) = v(t) = v(0)\,e^{-\frac{R}{L}t} = V_0\,e^{-\frac{R}{L}t}$$

$$v_L(t) = -v(t) = -v(0)\,e^{-\frac{R}{L}t} = -V_0\,e^{-\frac{R}{L}t}$$

$$\therefore\ i = \frac{v_R(t)}{R} = \frac{V_0}{R}e^{-\frac{R}{L}t}$$

07 1계 선형 미분방정식

$$\frac{dv}{dt} - \frac{5}{t}v = t \quad (t > 0)$$

의 해 $i(t)$는

$$P(t) = -\frac{5}{t},\ \ Q(t) = t$$

를

$$v(t)\cdot e^{\int P(t)\,dt} = \int Q\cdot e^{\int P(t)\,dt}\,dt + C$$

에 대입하여 구한다.

$$e^{\int -\frac{5}{t}\,dt} = e^{-5\ln t} = t^{-5}$$

이므로,

$$v(t)\cdot t^{-5} = \int t\cdot t^{-5}\,dt + C = \int t^{-4}\,dt + C = -\frac{1}{3}t^{-3} + C$$

$$\therefore\ v(t) = -\frac{1}{3}t^{-2} + C\,t^{-5}$$

$v(1) = 2$에 의하여,

$$v(1) = -\frac{1}{3}\cdot 1^{-2} + C\cdot 1^{-5} = -\frac{1}{3} + C = 2,\ \therefore\ C = \frac{7}{3}$$

$$\therefore\ v(t) = -\frac{1}{3}t^{-2} + \frac{7}{3}t^{-5}$$

08 준식의 양변을 L로 나누어서 얻은 1계 선형 미분방정식

$$\frac{di(t)}{dt} + \frac{R}{L}\cdot i(t) = \frac{V}{L}$$

의 해 $i(t)$는

$$P(t) = \frac{R}{L}, \quad Q(t) = \frac{V}{L}$$

를 식

$$i(t) \cdot e^{\int P(t)\,dt} = \int Q \cdot e^{\int P(t)\,dt}\,dt + C$$

에 대입하여 구한다.

$$e^{\int P(t)\,dt} = e^{\int \frac{R}{L}dt} = e^{\frac{R}{L}t}$$

이므로,

$$i(t) \cdot e^{\frac{R}{L}t} = \int \frac{V}{L} \cdot e^{\frac{R}{L}t}\,dt + C$$
$$= \frac{V}{L}\frac{L}{R}\,e^{\frac{R}{L}t} + C = \frac{V}{R}\,e^{\frac{R}{L}t} + C$$

따라서, 일반해(general solution)은 다음과 같다.

$$i(t) = \frac{V}{R} + Ce^{-\frac{R}{L}t}$$

미지수 C를 구하기 위하여 초기 조건

$$i(0) = 0$$

를 대입하면

$$0 = \frac{V}{R} + Ce^{-\frac{R}{L}\cdot 0}, \quad \therefore C = -\frac{V}{R}$$

$$i(t) = \frac{V}{R} - \frac{V}{R}e^{-\frac{R}{L}t} = \frac{V}{R}(1 - \frac{V}{R}e^{-\frac{R}{L}t})$$

09

(a) $R = 100\ \Omega$
(b) $C = 2\ \mu\text{F}$

10

(a) 병렬저항에 의한 전류분배이다.

$$i_{10\Omega}(0^-) = 6\,\text{A} \times \frac{30 \| 15}{(30 \| 15) + 10}$$
$$= 6\,\text{A} \times \frac{\frac{30 \times 15}{45}}{\frac{30 \times 15}{45} + 10} = 6\,\text{A} \times \frac{10}{10 + 10} = 3\,\text{A}$$

$$v(0^-) = 10\,\Omega \times i_{10} = 10\,\Omega \times 3\,\text{A} = 30\,\text{V}$$

(b) 전압 $v(t)$는 병렬 세 저항 $(10\,\Omega \| 15\,\Omega \| 30\,\Omega)$의 양단 전압이다.

$$R_{eq} = 10\|15\|30 = (\frac{1}{10} + \frac{1}{15} + \frac{1}{30})^{-1} = 5\,\Omega$$

$$v(0^-) = i(0^-)R_{eq} = 6\,\text{A} \times 5\,\Omega = 30\,\text{V}$$

$$i(0^-) = \frac{v(0^-)}{15\,\Omega} = \frac{30\,\text{V}}{15\,\Omega} = 2\,\text{A}$$

(c) 인덕터 전류는 연속되므로,

$$i(0^+) = i(0^-) = 2\,\text{A}$$

$$\tau = \frac{L}{R_{eq}} = \frac{4}{(1//10)+15} = \frac{4}{\frac{10}{11}+15} = \frac{4}{\frac{10+165}{11}} = \frac{44}{175} = 0.25$$

$$i(t) = 2e^{-\frac{1}{\tau}t} = 2e^{-\frac{1}{0.25}t} = 2e^{-4t}\ \text{A}$$

$$v(t) = -i(t) \times \frac{1}{1+10} = -2e^{-4t} \times \frac{1}{11} = -0.18e^{-4t}\ \text{V}$$

11 회로의 Mesh에 KVL을 적용하면,

$$Ri(t) + L\frac{di(t)}{dt} = v_s(t)$$

$$\frac{di(t)}{dt} + \frac{R}{L}i(t) = \frac{1}{L}v_s$$

여기서, 소자값들

$$R = 2,\ L = 1,\ v_s = 4e^{-3t}u(t)$$

을 대입하면이므로, 미분방정식

$$\frac{di}{dt} + 2i = 4e^{-3t}u(t)$$

의 해는

$$\begin{aligned} i(t) &= e^{-2t}\int 4e^{-3t} \cdot e^{2t}dt + Ae^{-2t} \\ &= e^{-2t}\int 4e^{-t}\ dt + Ae^{-2t} \\ &= e^{-2t} \cdot (-4e^{-t}) + Ae^{-2t} \\ \therefore i(t) &= -4e^{-3t} + Ae^{-2t}\ \text{A} \end{aligned}$$

이다.

시각 $t = 0^-$ 에서 $v_s(t) = 0\,\text{V}$, $i(0^-) = 0$이다. 인덕터의 통과전류는 연속적이므로 $t = 0^+$에서 $i(0^+) = i(0^-) = 0$ $i(0^-) = 0$이다.

$$-4 + A = 0 \quad \therefore A = 4$$

$$\therefore i(t) = -4e^{-3t} + 4e^{-2t} = -4(e^{-3t} - e^{-2t})\ \text{A}$$

(a) $i(t) = -4(e^{-3t} - e^{-2t})\ \text{A}$

(b) $i(0^+) = -4(e^{-3\cdot 0^+} - e^{-2\cdot 0^+}) = (-4)\times(1-1) = 0\ \text{A}$

(c) $i(1) = -4(e^{-3\cdot(1)} - e^{-2\cdot(1)}) = (-4)(e^{-3} - e^{-2}) = 0.342\ \text{A}$

(d) $i(\infty) = 0\ \text{A}$

12 중첩의 원리를 이용하여 인덕터의 통과전류를 구한다.

(i) 전압원 100 V에 의한 전류 i_1은

$$i_1 = \frac{-100}{15+10} = -4\ \text{A},\ t > 0$$

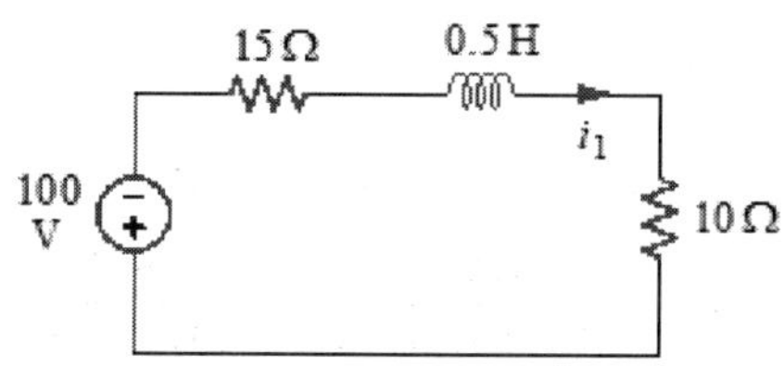

(ii) 전류원 $4u(t)$ A에 의한 전류 i_2는

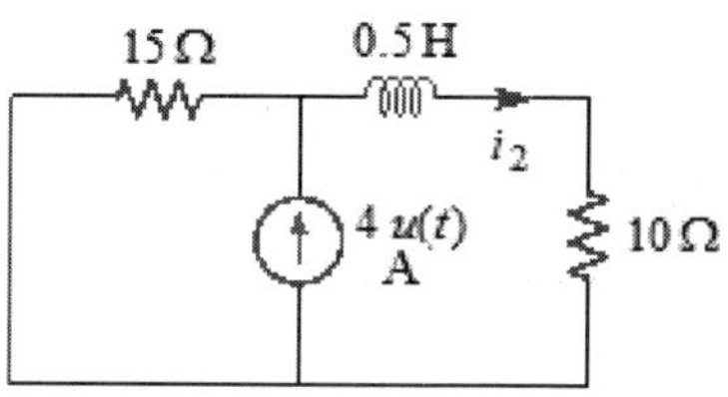

$$i_2(0^+) = 0\ \text{A},\ R = 25\ \Omega,\ L = 0.5\ \text{H}$$

$$\tau = \frac{0.5}{25} = \frac{1}{50},\ i_2(\infty) = 4 \times \frac{15}{25} = 2.4\ \text{A}$$

따라서,

$$i_2(t) = [i_2(0^+) - i_2(\infty)]\, e^{-\frac{1}{\tau}t} + i_2(\infty)$$

에 대입하면,

$$i_2(t) = [0 - 2.4]e^{-50t} + 2.4\ \text{A},\ t > 0$$

$$= 2.4 - 2.4e^{-50t}\ \text{A},\ t > 0$$

두 전류를 중첩하면,

$$\begin{aligned} i(t) &= i_1(t) + i_2(t) \\ &= (-4) + (2.4 - 2.4e^{-50t}) \text{ A}, \ t > 0 \\ &= -1.6 - 2.4e^{-50t} \text{ A}, \ t > 0 \end{aligned}$$

13

(*a*)

$$t = 0^- \quad 6u(t) = 0 \text{ V}$$

$$\therefore i_A(0^-) = 0 \text{ A}, \ v_B(0^-) = 0 \text{ V} \ ;$$

(*b*)

$$t = 0^+ \quad 6u(t) = 6 \text{ V}$$

$$\therefore i_A(0^+) = \frac{6}{(1+6)} = \frac{6}{7} = 0.86 \text{ A}$$

$$v_B(0^+) = i_A(0^+) \times 6 = \frac{36}{7} = 5.143 \text{ V}$$

(*c*)

$$t \to \infty, \ v_B(\infty) = 0 \text{ V}$$

$$\therefore i_A(\infty) = \frac{6 \text{ V}}{1\,\Omega + (3\|6)\,\Omega} = \frac{6 \text{ V}}{1\,\Omega + 2\,\Omega} = 2 \text{ A}$$

(*d*) 위 (*a*), (*b*), (*c*)로부터

$$\begin{aligned} i_A(t) &= [i_A(0^+) - i_A(\infty)]\, e^{-\frac{1}{\tau}t} + i_A(\infty) \\ &= [0.86 - 2]\, e^{-t/\tau} + 2 \\ &= -1.14\, e^{-t/\tau} + 2 \end{aligned}$$

이다. 여기서

$$\tau = \frac{L}{R_{eq}}$$

이고,

$$L = 1 \text{ H}$$

$$R_{eq} = 3 + 6\|1 = 3 + \frac{6}{7} = 3.857 \ \Omega$$

이므로

$$\tau = \frac{1}{3.857}$$

이다.

$$\therefore i_A(t) = -1.14 e^{-0.259t} + 2 \text{ A}$$

(*d*) 위 (*a*), (*b*), (*c*)로부터

$$v_B(t) = [v_B(0^+) - v_B(\infty)]\, e^{-\frac{1}{\tau}t} + v_B(\infty)$$

$$= [5.143 - 0]\, e^{-\frac{1}{\tau}t} + 0 = 5.143\, e^{-0.259t}$$

Chapter 08. *RC* 회로

연 습 문 제 Chapter 08-A

01 (*a*) 커패시터의

양단전압 $v_C(t) = v(t) = V_0\, e^{-\frac{1}{RC}t}$

통과전류 $i_C = -C\dfrac{dv(t)}{dt} = -C\dfrac{d}{dt}V_0 e^{-\frac{1}{RC}t}$

$$= -C\,V_0\,(-\frac{1}{RC})e^{-\frac{1}{RC}t} = \frac{V_0}{R}e^{-\frac{1}{RC}t}$$

(*b*) 저항의

양단전압 $v_R(t) = v(t) = V_0\, e^{-\frac{1}{RC}t}$

통과전류 $i_R(t) = \dfrac{v(t)}{R} = \dfrac{V_0}{R}\, e^{-\frac{1}{RC}t}$. ■

02 회로 (*a*):

(1) $v(0^-) = 6\,\text{V} \times \dfrac{2\,\Omega}{1\Omega + 3\Omega + 2\Omega} = 2\,\text{V}$

(2) $v(0^+) = v(0^-) = 2\,\text{V},\ i(0^+) = \dfrac{v(0^+)}{3\Omega + 3\,\Omega} = \dfrac{2\,\text{V}}{6\,\Omega} = \dfrac{1}{3}\text{A}$

회로 (*b*):

(1) $v(0^-) = 3\,\text{V}$

(2) $v(0^+) = 3\,\text{V},\ i(0^+) = \dfrac{3\,\text{V}}{6\,\Omega} = \dfrac{1}{2}\,\text{A}$

회로 (c):

(1) $v(0^-) = 3\text{A} \times \dfrac{3\,\Omega}{3\,\Omega + (4\,\Omega + 5\,\Omega)} \times 4\,\Omega = 3\,\text{V}$

(2) $v(0^+) = v(0^-) = 3\,\text{V},\ i(0^+) = 3\,\text{A}$

03 회로 (a):

$$v(0^+) = v(0^-) = 2\,\text{V}$$
$$v(t) = v(0^+)e^{-t/RC}$$
$$R = 6\|2 = \frac{12}{8}\,\Omega = \frac{3}{2}\,\Omega \quad C = 2\,\text{F}$$
$$RC = \frac{3}{2}\times 2 = 3,\ \frac{1}{RC} = \frac{1}{3} = 0.33$$
$$\therefore v(t) = 2e^{-0.33t}\,\text{V},\ i(t) = \frac{v_C(t)}{6\Omega} = \frac{2}{6}e^{-0.33t} = \frac{1}{3}e^{-0.33t}\,\text{A}$$

회로 (b):

$$v(t) = v(0^+)e^{-t/RC},\ v(0^+) = 3\,\text{V}$$

소자 $R = 6\,\Omega \quad C = 2\,\text{F}$이므로

$$RC = 6\times 2 = 12 \quad 1/RC = 1/12$$
$$\therefore v(t) = 3e^{-\frac{1}{12}t}\,\text{V},\ i(t) = \frac{v(t)}{6} = \frac{1}{2}e^{-\frac{1}{12}t}\,\text{A}$$

회로 (c):

$$v(t) = v(0^+)e^{-t/RC} \quad v(0^+) = 3\,\text{V}$$

소자 $R = 5\,\Omega,\ C = 2\,\text{F}$이므로

$$RC = 10,\ 1/RC = 0.1$$
$$\therefore v(t) = 3e^{-0.1t}\,\text{V},\ i(t) = 3\,\text{A}$$

04 (a) $v_C(0^+) = v_C(0^-) = 5\,\text{V}$

(b) 시간 $t \geq 0^+$에서

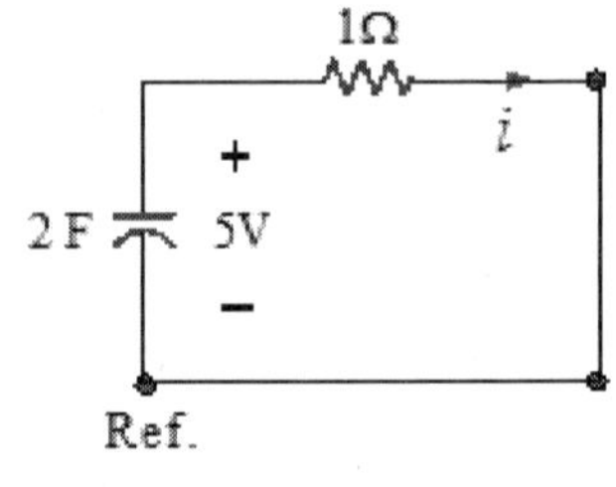

$$C_{eq} = 3\,\text{F} \,\|\, 6\,\text{F} = 2\,\text{F}$$
$$\tau = RC = 1\times 2 = 2\,\text{sec}$$
$$i(0) = \frac{5\,\text{V}}{1\,\Omega} = 5\,\text{A}$$
$$\therefore i = i(0)e^{-\frac{1}{\tau}t} = 5e^{-0.5t}\,\text{A},\ t \geq 0^+$$

(c) $v_1(t), t \geq 0^+$

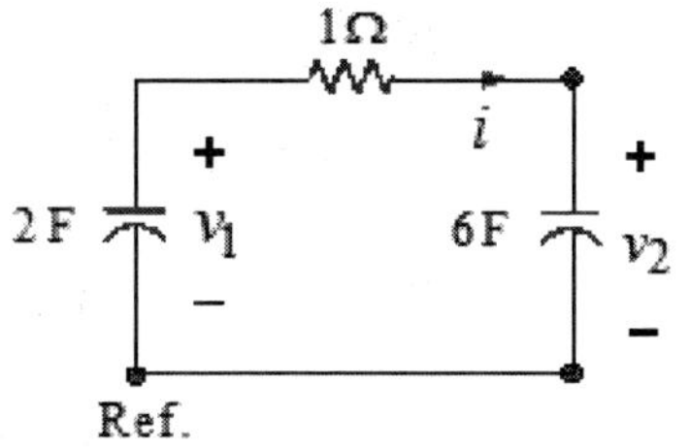

$$v_1(t) = \frac{1}{C_1}\int_0^t i(\tau)\,d\tau + v_1(t)$$
$$= \frac{1}{2}\int_0^t (-5\,e^{-0.5\tau})\,d\tau + 5$$
$$= \frac{1}{2}\,\frac{-5}{-0.5}\,(e^{-0.5t} - 1) + 5$$
$$= 5\,(e^{-2t} - 1) + 5 \;=\; 5e^{-2t}\ \text{V}$$

(d) $v_2(t), t \geq 0^+$

$$v_2(t) = \frac{1}{C_2}\int_0^t i(\tau)\,d\tau + v_2(0) = \frac{1}{6}\int_0^t 5\,e^{-0.5\tau}\,d\tau + 0$$
$$= \frac{1}{6}\,\frac{5}{-0.5}\,(e^{-0.5t} - 1) + 0$$
$$= -1.67(e^{-2t} - 1) = -1.67e^{-2t} + 1.67$$

05 (a) 저항 $R = \dfrac{v}{i} = \dfrac{12\,e^{-2t}\ \text{V}}{3\,e^{-2t}\ \text{A}} = 4\,\Omega$

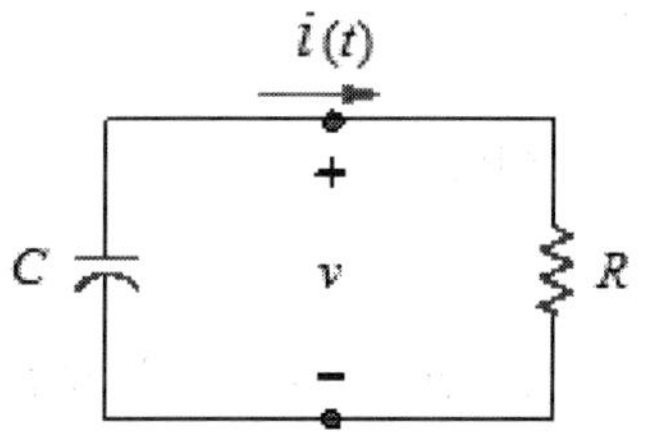

(b) $v(t) = V_0\,e^{-\frac{1}{RC}t} = V_0\,e^{-\frac{1}{\tau}t}\ ,\ t \geq 0\ \text{V}$

이다. 준식

$$v(t) = 12\,e^{-2t}\ ,\ t \geq 0\ \text{V}$$

과 비교하면, 시정수는 다음과 같다.

$$\tau = \frac{1}{2} = 0.5\,\text{sec}$$

(c) 시정수 $\tau = RC$ 로부터,

$$C = \frac{\tau}{R} = \frac{1/2}{4} = \frac{1}{8} = 0.125\,\text{F}$$

(d) 커패시터에 저장된 에너지 $w(t)$

$$w(t) = \frac{1}{2}Cv^2(t) = \frac{1}{2}\times\frac{1}{8}\times(100)^2 \;=\; \frac{25}{2}\,e^{-4t}\ \text{J}$$

06 (a) $v(0) = 2v(0.5)$;

$$v = v_0\,e^{-t/RC}$$

에 대입하면,

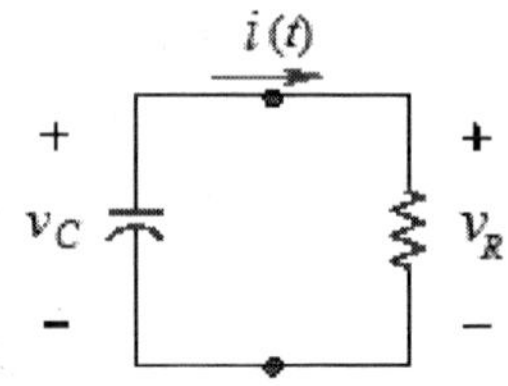

$$v_0 = 2v_0 e^{-\frac{1}{RC}\times 0.5},\quad \frac{1}{2} = e^{-\frac{1}{RC}\times 0.5}$$

$$-\frac{0.5}{RC} = \ln\frac{1}{2} = -0.693,\quad RC = \frac{0.5}{0.693} = 0.721$$

$$RC = 0.721\quad R = \frac{0.721}{C} = \frac{0.721}{2} = 0.361\,\Omega$$

(b) $w_C(0) = 2\,w_C(0.5)$;

RC 회로의 자유 응답 전압신호는

$$v(t) = V_0\, e^{-\frac{1}{RC}t}$$

커패시터 C에 저장되는 에너지는

$$w_C(t) = \frac{1}{2} C\, v^2(t)$$

즉,

$$w_C(t) = \frac{1}{2} C\, (V_0 e^{-\frac{t}{RC}})^2$$

이다.

$$w_C(0) = 2\,w_C(0.5) \qquad \cdots\cdots\cdots ①$$

을 만족 하는 저항 R을 구한다.

$t = 0$ sec에서,

$$w_C(0) = \frac{1}{2} C\, V_0^{\ 2} \qquad \cdots\cdots\cdots ②$$

$t = 0.5$ sec에서,

$$w_c(0.5) = \frac{1}{2} C(\,V_0 e^{-\frac{0.5}{RC}})^2 \qquad \cdots\cdots\cdots ③$$

식 ②, ③을 ①에 대입하여 정리하면,

$$\frac{1}{2} C\cdot \mathrm{V}_0^2 = 2\,\frac{1}{2} C(\,V_0 e^{-\frac{0.5}{RC}})^2$$

$$V_0^2 = 2 \times V_0^{\ 2} e^{-\frac{1}{RC}},$$

$$e^{-\frac{1}{RC}} = \frac{1}{2} \qquad \cdots\cdots\cdots ④$$

식 ④의 양변에 로그를 취하여 정리하면,

$$-\frac{1}{RC}=\ln\frac{1}{2}=-0.693 \quad RC=\frac{1}{0.693}=1.443$$

이다. 따라서,

$$R=\frac{1.443}{C}=\frac{1.443}{2}=0.721\ \Omega$$

(c) 주어진 초기 전압은

$$v(0) = -6\text{ V} \qquad \cdots\cdots\cdots ①$$

이다. 자연 응답 전압식은 다음과 같다.

$$v(t) = v(0)e^{-\frac{t}{RC}}$$

양변을 미분하여 얻은 식,

$$\frac{dv}{dt} = \frac{-v(0)}{RC}e^{-\frac{t}{RC}}$$

에 $t = 0^+$를 대입하면,

$$\frac{dv}{dt} = \frac{-v(0)}{RC} = 10 \qquad \cdots\cdots\cdots ②$$

이다. 두 식 ①, ②에 의하여

$$RC=\frac{6}{10}=0.6$$

이므로,

$$R=\frac{0.6}{C}=\frac{0.6}{2}=0.3\ \Omega$$

이다.

07 (i) 시간 $t < 0$에서 $6u(t-1) = 0$,
$\therefore i = -4\text{ A}$

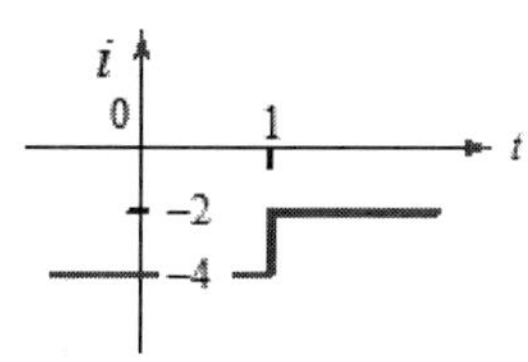

(ii) 시간 $0 < t < 1$에서 $6u(t-1) = 0$, $\therefore i = -4\text{ A}$
(iii) 시간 $t > 1$에서 $6u(t-1) = 6\text{ V}$

$$\therefore i = \frac{6}{3} - 4 = -2\text{ A}$$

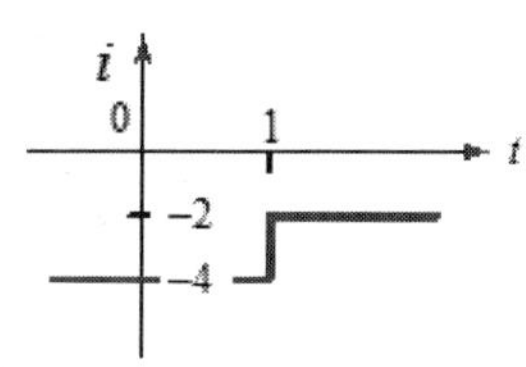

08 (i) 시간 $t < 1$에서 전류는 영(0) 저항의 도선으로 흐른다. $\therefore i = -4\text{ A}$

(ii) 시간 $t > 0.4$에서 중첩된 전류가 흐른다.

$$\therefore i = \frac{6}{3} - 4 = -2\text{ A}$$

09

(a)

$$\begin{aligned} i(t) &= \frac{1}{L}\int v\,dt \\ &= \frac{1}{2}\int [4u(t+1) - 2u(t-2)]\,dt \\ &= \frac{1}{2}[(4t+4)u(t+1) - (2t-4)u(t-2)] \\ &= (2t+2)u(t+1) - (t-2)u(t-2) \end{aligned}$$

(b)

(i) $t = -2$

$i(t) = [2\cdot(-2)+2]\cdot u(-1) - (-2-2)\cdot u(-4) = 0\text{ A}$

$i(t) = [2\cdot(-2)+2]\cdot 0 - (-2-2)\cdot 0 = 0\text{ A}$

$\therefore i(t) = 0\text{ A}$

(ii) $t = 0$

$i(t) = (2\cdot 0+2)\cdot u(1) - (0-2)\cdot u(-2) = 2\text{ A}$

$i(t) = (0+2)\cdot 1 - (-2)\cdot 0 = 2\text{ A}$

$\therefore i(t) = 2\text{ A}$

(iii) $t = 3$

$$\begin{aligned} i(t) &= (2\cdot 3+2)\cdot u(4) - (3-2)\cdot u(1) = 2\text{ A} \\ &= (2\cdot 3+2)\cdot 1 - (3-2)\cdot 1 = 8 - 1 = 7 \end{aligned}$$

$\therefore i(t) = 7\text{ A}$

(c)

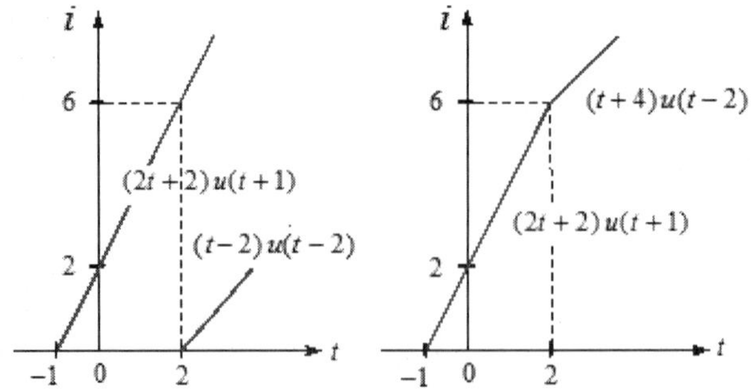

(d)

(i) $t = -2;\quad i(t) = 0\text{ A}$

(ii) $t = 0;\quad i(t) = 2t+2\text{ A},\quad \therefore i(0) = 2\cdot 0+2 = 2\text{A}$

(iii) $t = 3;\quad i(t) = t+4\text{ A},\quad \therefore i(3) = 3+4 = 7\text{ A}$

연 습 문 제 Chapter 08-B

01

$(a)\ u(t-1) = 0$ $(b)\ u(1-t) = 1$

$(c)\ u(\cos 4\pi t) = 1$ $(d)\ u[-(\cos(2\pi t+\pi)] = 1$

02

(a) 커패시터의 전압은 급격히 변화되지 않으므로, $v_C(0^+) = v_C(0^-)$이다.

$$t = 0^- \text{에서 } v_C(0^-) = 400\text{V} = v_C(0^+)$$

$$\therefore Q = C\cdot v_C(0^-) = (5\times 10^{-6})\times 400 = 20\text{ mC}$$

(b) 커패시터의 전압 $v_C(t)$

$$v_C(t) = v_C(0)e^{-\frac{1}{RC}t} = V_0\, e^{-\frac{1}{RC}t}$$

에서

$$V_0 = v_C(0) = v_C(0^+) = 400\text{ V}$$

$$RC = (3+2)\times 5\times 10^{-6} = 25\times 10^{-6}$$

를 대입하면,

$$v_C(t) = 400\exp\left(-\frac{1}{25\times 10^{-6}}t\right)$$

이다.

(c) 순간 $t = 0.4\text{ sec}$에 저장되는 전하

$$v_C(0.05) = 400\cdot\exp\left(-\frac{5\times 10^{-6}}{25\times 10^{-6}}\right) = 400\cdot\exp\left(-\frac{1}{5}\right) = 32.749$$

$$Q = C\cdot v_C(0.05) = (5\times 10^{-6})\times 32.749 = 163.75\ \mu\text{C}$$

03

회로를 스위치가 열리기 전 회로, 스위치가 열린 후 회로가 중첩되어 있도록 해석한다.

(i) $t \le 0$인 경우

커패시턴스의 초기전압을 구한다. dc 전압원 (10 V)에 대하여 커패시터는 개방되므로 우측 경로를 따라 전류가 흐르지 않는다.

$$v(0) = 10\text{V}$$

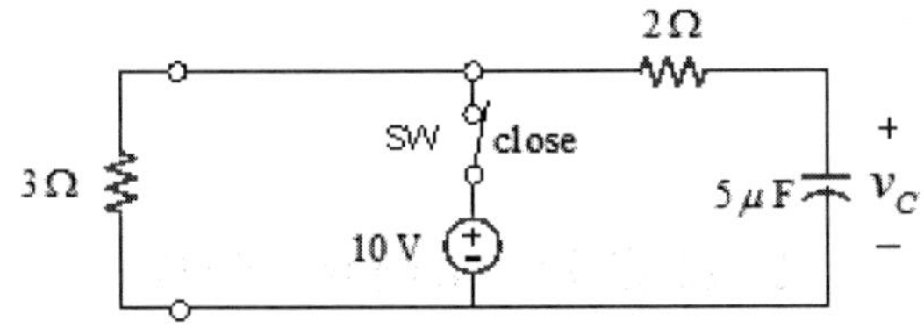

(ii) $t \geq 0$인 경우

스위치가 열린 후 ($t \geq 0$인 경우)의 회로는 직렬 RC 회로이다. 시정수는

$$\tau = RC = (2+3)(5\times 10^{-6}) = 25\times 10^{-6}\text{s}$$

이다.

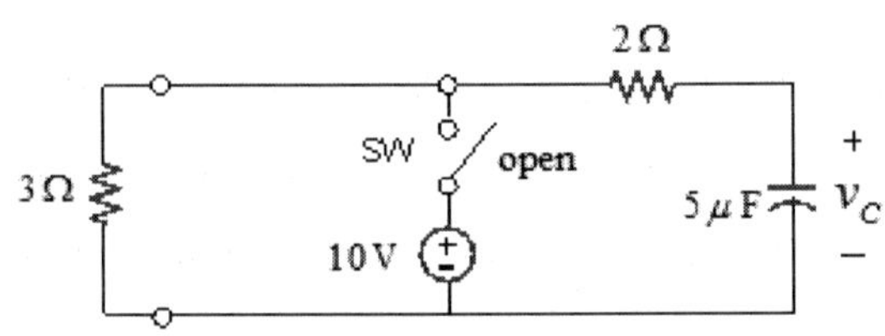

따라서, 식

$$v(t) = v(0)e^{-\frac{1}{RC}t} = V_0 e^{-\frac{1}{RC}t}$$

로 부터

$$v(t) = 5e^{-\frac{1}{25\times 10^{-6}}t}$$

이다.

(1) $t = 25\times 10^{-6}$ 일 때,

$$v(75\times 10^{-6}) = 5e^{-\frac{25\times 10^{-6}}{25\times 10^{-6}}} = 5e^{-1} = 5\times 0.368 = 1.840 \text{ mV}$$

(2) $t = 75\times 10^{-6}$ 일 때,

$$v(75\times 10^{-6}) = 5e^{-\frac{75\times 10^{-6}}{25\times 10^{-6}}} = 5e^{-3} = 5\times 0.0498 = 249 \text{ mV}$$

04

(a)

$t \leq 0$ 일 때, $v(0^-) = (-1.5)\times \dfrac{2000}{1000+2000} + (6\times 10^{-3})\times \dfrac{1000\times 2000}{1000+2000}$

$$= -1 + 4 = 3\text{ V}$$

이므로,

$$v(0^+) = v(0^-) = 3\text{ V}$$

(b) 전압 $v_2(t)$를 구하여라.

$$t \geq 0 \text{ 일 때,}$$

$$v(t) = v(0^+) \cdot e^{-\frac{1}{RC}t}$$

에

$$v(0^+) = v(0^-) = 3\text{ V}$$
$$RC = (2000) \times 2.5 \times 10^{-6} = 5 \times 10^{-3}$$

를 대입하면,

$$v_2(t) = 3\exp\left(-\frac{1}{5 \times 10^{-3}}t\right) = 3\,e^{-200t}\text{ V}$$

05

(a) $i(t) = e^{-t}u(t)$

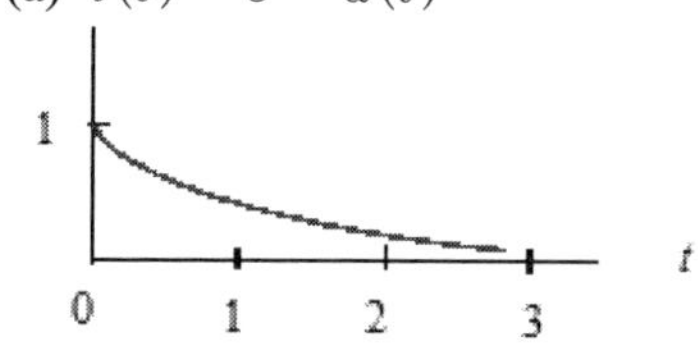

(b) $x(t) = u(2t)$

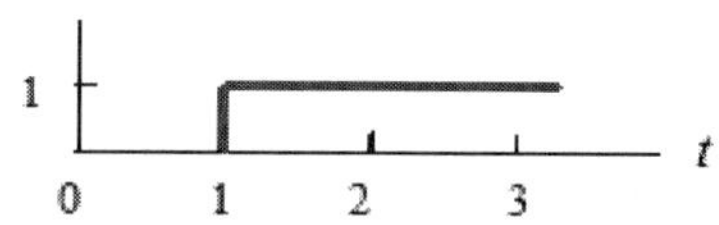

(c) $v(t) = 2u(t) - 1$

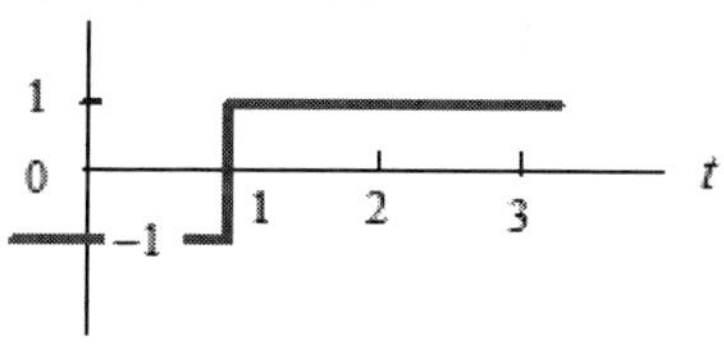

(d) $v(t) = u(t-1) - u(t-2)$

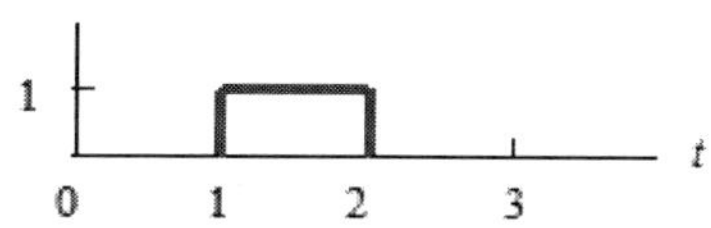

(e) $i(t) = t\,u(t-1)$

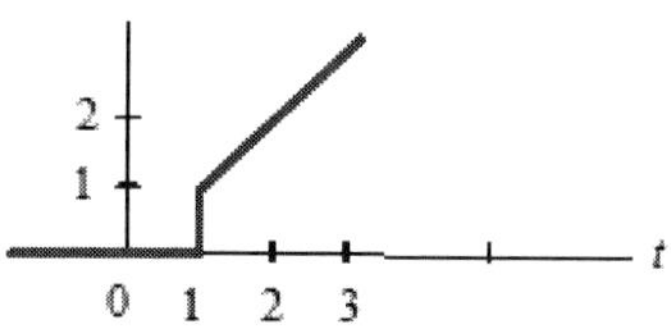

(f) $i(t) = |t+1|\,u(t^2-1)$

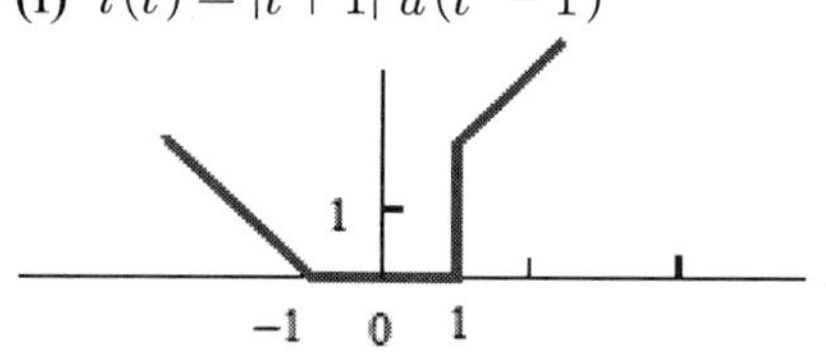

(g) $i(t) = u(\sin 2\pi)$

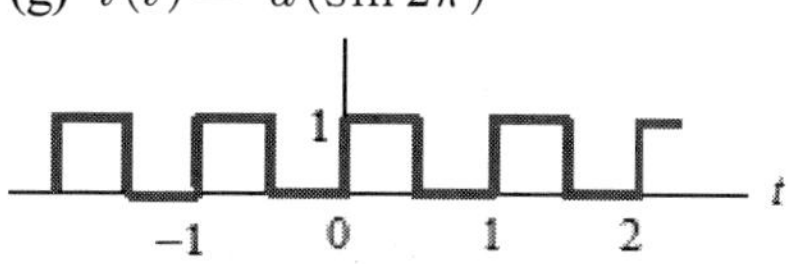

(h) $i(t) = u(t^2 - t - 2)$

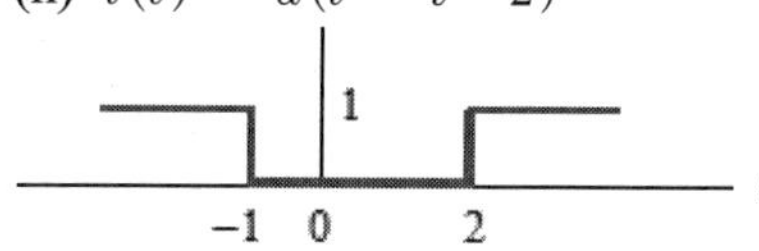

06

$v_1 = 40\text{ V}$; (b) $v_1 = 90\text{ V}$; (c) $v_1 = 34\text{ V}$; (d) $v_1 = 26\text{ V}$.

Chapter 09. *LC* 탱크 회로

연 습 문 제 Chapter 09-A

01 감쇠 지수

$$e^{-\alpha} = e^{-\frac{1}{2RC}}$$

에서 $R \to \infty$ 면, $\alpha \to 0$ $e^{-0} \to 1$로 된다. 저항 가지(branch)가 개방되면 LC 공진회로가 얻어진다.

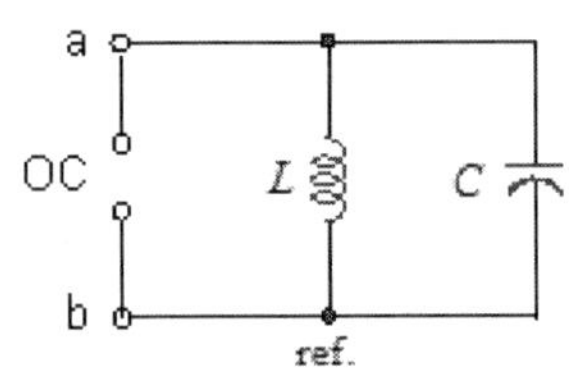

02 감쇠 지수

$$e^{-\alpha} = e^{-\frac{R}{2L}}$$

에서 $R \to 0$면, $\alpha \to 0$ $e^{-0} \to 1$로 된다. 저항 가지(branch)가 단락(short)되면 LC 공진회로가 얻어진다.

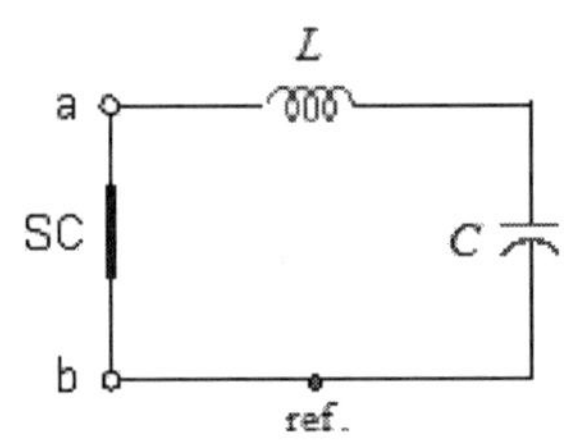

03 $\omega L - \frac{1}{\omega C} = 0$ 일 때 최대 전류가 흐르게 된다.

$$\therefore\ f = \frac{1}{2\pi\sqrt{LC}} = \frac{1}{2\pi\sqrt{4\times 10^{-6}}} = \frac{10^3}{4\pi}\text{Hz}$$

답 $f = \frac{10^3}{4\pi}\text{Hz}$

04 $f_0 = \frac{1}{2\pi\sqrt{LC}} = \frac{1}{2\pi\sqrt{(5\times 10^{-4})\cdot(2\times 10^{-5})}}$

$$f_0 = \frac{1}{2\pi\sqrt{LC}} = \frac{1}{2\pi\sqrt{10^{-8}}} = \frac{10^4}{2\pi} \text{ Hz}$$

답 $f_0 = \dfrac{10^4}{2\pi}$ Hz. ■

05 LC 회로에서 진동 전류의 주파수는 고유 진동수와 같으므로

$$f = \frac{1}{2\pi\sqrt{LC}}$$
$$= \frac{1}{2\times 3.14\times\sqrt{2.5\times 10^{-3}\text{H}\times 50\times 10^{-6}\text{F}}} = 450\text{Hz}$$

답 450 Hz. ■

06 $f = \dfrac{1}{2\pi\sqrt{Lc}}$에서 $f \propto \dfrac{1}{\sqrt{c}}$, $c \to 4$배, $f \to \dfrac{1}{2}$배

답 $\dfrac{1}{2}$배. ■

07 ① $f = \dfrac{1}{2\pi\sqrt{LC}}$

② $\lambda = \dfrac{c}{f} = \dfrac{3\times 10^8 \text{ m/s}}{2\times 10^7 \text{ Hz}} = 15 \text{ m}$

연 습 문 제 9-B

01

(a) 커패시터의 분포 전하는

$$Q_0 = CV_0 = 2.5\times 20 = 5 \text{ Coulomb}$$

$$\omega_0 = \frac{1}{\sqrt{LC}} = \frac{1}{\sqrt{0.1\times 2.5}} = 2 \text{ rad/sec}$$

이므로,

$$q(t) = Q_0\cos\omega_0 t = 5\cos 2t \text{ C} .$$

(b) $i(t) = \dfrac{d}{dt}q(t) = -10\sin 2t$;

(c) $q(t) = Q_0 \cos\omega_0 t = 5\cos 2\times 1.2 = -3.687$ Coulomb .

(d) $i(t) = -10 \times \sin 2 \times 1.2 = -10 \times \sin 2.4 = -9.32$ A .

(e) $f = \dfrac{\omega_0}{2\pi} = \dfrac{2}{2\pi} = 0.328$ Hz.

(f) $T = \dfrac{1}{f} = \pi = 3.14$ sec.

(g) 우측 그림과 같다.

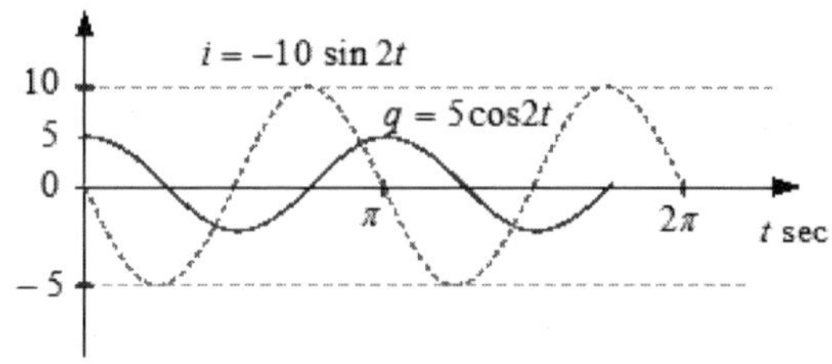

02 (a) $\omega_0 = \dfrac{1}{\sqrt{LC}} = \dfrac{1}{\sqrt{2\times 8}} = \dfrac{1}{4} = 0.25$ rad/sec

(b) $T = \dfrac{2\pi}{\omega} = 2\pi\sqrt{LC}$

$T = 2\pi\sqrt{2\times 8} = 4\pi$ sec

(c) 인덕터의 양단 전압

$$v_L = -L\frac{di}{dt} = -L\frac{d^2q}{dt^2}$$
$$= -L\frac{d^2q}{dt^2} = -L\frac{d}{dt}\left(\frac{d}{dt}Q_0\cos\omega_0 t\right)$$
$$= -L\frac{d}{dt}(-\omega_0 Q_0 \sin\omega_0 t) = L\omega_0^2 Q_0 \cos\omega_0 t$$
$$= 2\left(\frac{1}{4}\right)^2 Q_0 \cos 0.25t = 0.125\, Q_0 \cos 0.25t$$

03 $i(t) = V_0\sqrt{\dfrac{C}{L}}\sin\omega_0 t$

$$= 2\sqrt{\frac{8}{2}}\sin\omega_0 t = 2\times 2\sin\omega_0 t = 4\sin\omega_0 t \text{ A}$$

$$I_{max} = 4 \text{ A}$$

04

$w_L = \dfrac{1}{2}LI_{max}{}^2 \quad w_L = \dfrac{1}{2}\times 2\times 4^2 = 16$ Joule

$$I_0 = \sqrt{\frac{2w_L}{L}} = \sqrt{\frac{2w_L}{2}} = \sqrt{\frac{2\times 16}{2}} = 4\text{ A}$$

05 (a) $q(t) = Q_{\max}\cos\omega t$

(b) 커패시터에 저정된 최대에너지

$$w_C = \frac{{Q_{\max}}^2}{2C}$$

커패시터에 저장된 순간에너지

$$w_C = \frac{q(t)^2}{2C}$$

의 절반이 되어야 하므로,

$$\frac{q(t)^2}{2C} = \frac{1}{2}\frac{{Q_{\max}}^2}{2C}$$

가 성립한다. 이 식을 풀면 다음과 같다.

$$q(t) = \frac{1}{\sqrt{2}}Q_{\max}$$

(c)

$$q(t) = Q_{\max}\cos\omega t$$

에서

$$Q_{\max}\cos\omega t = \frac{1}{\sqrt{2}}Q_{\max}$$

$$\cos\omega t = \frac{1}{\sqrt{2}},\ \omega t = \frac{\pi}{4}\ \text{rad}$$

$$\omega = \frac{1}{\sqrt{LC}} = \frac{1}{\sqrt{2\times 8}} = 0.25\ \text{rad/sec}$$

(d) 에너지가 전계와 자계에 같은 량으로 분포하는 시각을 구하여라.

$$t = \frac{1}{\omega}\times\frac{\pi}{4} = \frac{1}{0.25\ \text{rad/sec}}\times\frac{\pi}{4} = \pi\,\text{sec}$$

(e) $f = \frac{\omega}{2\pi} = \frac{0.25}{2\pi} = 0.040\ \text{Hz}$; (f) $T = \frac{1}{f} = \frac{1}{0.040} = 25.132\ \text{sec}$

Chapter 10. 병렬 *RLC* 회로

연습문제 Chapter 10-A

01 (a) $A_1 = 2e^{j60^\circ}$; (b) $A_2 = A_1^* = 2e^{-j60^\circ}$;
(c) $A_1 A_2 = A_1 A_1^* = (2e^{j60^\circ})(2e^{-j60^\circ}) = 4.$
(d) $A_1 / A_2 = A_1 / A_1^* = (2e^{j60^\circ}) / (2e^{-j60^\circ}) = 1.$ ■

02 Euler 항등식

$$\cos 3t = \frac{e^{j3t} + e^{-j3t}}{2}, \ \sin 3t = \frac{e^{j3t} - e^{-j3t}}{2j}$$

을 식 ①에 대입하면,

$$v(t) = e^{-t}\left(B_1 \frac{e^{j3t} + e^{-j3t}}{2} + B_2 \frac{e^{j3t} - e^{-j3t}}{2j}\right)$$
$$= e^{-t}\left(B_1 \frac{e^{j3t} + e^{-j3t}}{2} - jB_2 \frac{e^{j3t} - e^{-j3t}}{2}\right)$$

지수항으로 묶어내면,

$$v(t) = e^{-t}\left[\left(\frac{B_1}{2} - j\frac{B_2}{2}\right) e^{j3t} + \left(\frac{B_1}{2} + j\frac{B_2}{2}\right) e^{-j3t}\right]$$

상수

$$\frac{B_1}{2} - j\frac{B_2}{2}, \ \frac{B_1}{2} + j\frac{B_2}{2}$$

는 복소 켤레(comlex conjugate)이다. 새로운 상수로 두면

$$A_1 = \frac{B_1}{2} - j\frac{B_2}{2}, A_2 = \frac{B_1}{2} + j\frac{B_2}{2}$$

$$\therefore v(t) = e^{-t}\left[A_1 e^{j3t} + A_2 e^{-j3t}\right] \qquad \therefore \text{Q.E.D.}$$

■

03 (a) 회로소자 $R = 1\ \Omega, L = \frac{4}{3}\text{H}, \ C = \frac{1}{4}\text{F}$에 의하여,

$$\alpha = \frac{1}{2RC} = \frac{1}{2 \times 1 \times (1/4)} = 2 \text{ rad/sec}$$

$$\omega_0 = \frac{1}{\sqrt{LC}} = \frac{1}{\sqrt{\frac{4}{3} \times \frac{1}{4}}} = \frac{1}{\sqrt{\frac{1}{3}}} = \sqrt{3} = 1.732 \text{ rad/sec}$$

관계식 $\alpha > \omega_0$ 이므로 overdamped case 이다. 지수는

$$s_1 = -2 + \sqrt{2^2 - (\sqrt{3})^2} = -2 + 1 = -1$$
$$s_2 = -2 - \sqrt{2^2 - (\sqrt{3})^2} = -2 - 1 = -3$$

따라서, 고유 응답의 일반형은 다음과 같다.

$$v(t) = A_1 e^{s_1} + A_2 e^{s_2} = A_1 e^{-t} + A_2 e^{-3t}$$

(i) $v(t)$을 이용한 방정식 :

$$v(t) = A_1 e^{-t} + A_2 e^{-3t}$$

로부터,

$$v(0) = A_1 + A_2 = 6 \qquad \cdots\cdots\cdots ①$$

(ii) $v'(t)$을 이용한 방정식 :

커패시터 정의식에 의하면

$$\left.\frac{dv(t)}{dt}\right|_{t=0} = \left.\frac{i_C(t)}{C}\right|_{t=0}$$

이다. 미분식에 의하여 좌변은

$$\left.\frac{dv(t)}{dt}\right|_{t=0} = \left. -A_1 e^{-t} - 3A_2 e^{-3t}\right|_{t=0} = -A_1 - 3A_2$$

이다. 우변

$$\left.\frac{i_C(t)}{C}\right|_{t=0} = \frac{i_C(0)}{C} = \frac{i_R(0) + i_L(0)}{C}$$

에서

$$i_R(0) = \frac{-6}{1} = -6 \text{ A}$$
$$i_L(0) = 8 \text{ A}$$

이므로,

$$\left.\frac{i_C(t)}{C}\right|_{t=0} = \frac{i_C(0)}{C} = \frac{i_R(0) + i_L(0)}{C}$$
$$= \frac{-6+8}{C} = \frac{2}{C} = \frac{2}{0.2} = 10$$

$$-A_1 - 3A_2 = 10 \qquad \cdots\cdots\cdots ②$$

두 식 ①, ②에 의하여,

$$-2A_2 = 16,\ A_2 = -8\,\text{V},\ A_1 = 14\,\text{V}$$
$$\therefore v(t) = 14e^{-t} - 8e^{-3t}\ \text{V}$$

04

시각 $t = 0^-$에서

$$v(0^-) = 24\,\text{V} \times \frac{5\,\Omega}{1\,\Omega + 5\,\Omega} = 24\,\text{V} \times \frac{5}{6} = 20\ \text{V}$$
$$i(0^-) = \frac{24\,\text{V}}{1\,\Omega + 5\,\Omega} = 4\ \text{A}$$

이므로

$$i(0^+) = i(0^-) = 4\ \text{A},\ v(0^+) = 20\ \text{V}$$

이다.

$$\alpha = \frac{1}{2\times 5\times 0.2} = \frac{1}{2}$$
$$\omega_0 = \frac{1}{\sqrt{LC}} = \frac{1}{\sqrt{20\times 0.2}} = \frac{1}{2}$$
$$\therefore \text{ Critically damped}$$

(a) $v(t) = A_1 t e^{s_1 t} + A_2 e^{s_1 t}$

$$= A_1 t e^{-\frac{1}{2}t} + A_2 e^{-\frac{1}{2}t}$$

(b) $v(0) = A_2 = 20$

$$\left.\frac{dv}{dt}\right|_{t=0} = \left.\frac{-1}{2}A_1 t e^{\frac{-1}{2}t} + A_1 e^{\frac{-1}{2}t} - \frac{1}{2}A_2 e^{\frac{-1}{2}t}\right|_{t=0}$$
$$= A_1 - \frac{1}{2}A_2 = 0,\ \therefore A_1 = 10$$
$$\therefore v(t) = 10te^{\frac{-1}{2}\times 2} + 20e^{\frac{-1}{2}\times 2}$$
$$\therefore v(t) = 10te^{-t} + 20e^{-t}$$

05

(a)

$$v(0^-) = 10\ \text{V}$$
$$v(0^+) = v(0^-) = 10\ \text{V} \qquad \cdots\cdots\cdots \text{(a)}$$
$$i(0^-) = \frac{10}{5} + (-6) = -4\ \text{A}$$

$$i(0^+) = -4\ \text{A} \qquad \cdots\cdots\cdots \text{(b)}$$

소자값 $R = 5\ \Omega, L = 1\,\text{H}, C = 0.1\ \text{F}$ 에 의하여,

$$\alpha = \frac{1}{2RC} = \frac{1}{2 \times 5 \times 0.1} = 1$$

$$\omega_0 = \frac{1}{\sqrt{LC}} = \frac{1}{\sqrt{1 \times 0.1}} = \frac{1}{\sqrt{0.1}} = \sqrt{10}$$

이므로 $\alpha < \omega_0$, Underdamped (과소제동) 의 경우이다.

$$s_1 = -\alpha + j\sqrt{\omega_0^2 - \alpha^2} = -1 + j\sqrt{(\sqrt{10})^2 - (1)^2} = -1 + j3$$

$$s_1 = -\alpha - j\sqrt{\omega_0^2 - \alpha^2} = -1 - j\sqrt{(\sqrt{10})^2 - (1)^2} = -1 - j3$$

일반해는

$$v(t) = e^{-t}(A_1 \cos 3t + A_2 \sin 3t)\ \ \text{V}$$

이다.

(b) $v(0) = 10 = A_1$

$$v' = -e^{-t} \cdot (A_1 \cos 3t + A_2 \sin 3t) + e^{-t} \cdot (-3A_1 \sin 3t + 3A_2 \cos 3t)$$

$$\left.\frac{dv}{dt}\right|_{t=0} = -(A_1) + (3A_2) = \frac{-i_C(0)}{C} = -40$$

$$-(A_1) + (3A_2) = -40,\ 3A_2 = A_1 - 40\ \ A_2 = -10$$

특수해는 다음과 같다.

$$v(t) = e^{-t}(A_1 \cos 3t + A_2 \sin 3t)\ \ \text{V}$$

연 습 문 제 Chapter 10-B

01 (a) Overdamped $\alpha > \omega_0$

$$\alpha = \frac{1}{2RC} = \frac{1}{2 \times 2 \times 0.2} = 1.25\ \ \text{rad/sec}$$

$$\omega_0 = \frac{1}{\sqrt{LC}} = \frac{1}{\sqrt{5 \times 0.2}} = 1\ \text{rad/sec}$$

(b) Critically damped $\alpha = \omega_0$

$$\alpha = \frac{1}{2RC} = \frac{1}{2 \times 1 \times \frac{1}{4}} = 2\ \ \text{rad/sec}$$

$$\omega_0 = \frac{1}{\sqrt{LC}} = \frac{1}{\sqrt{1 \times 0.25}} = 2 \text{ rad/sec}$$

(c) Underdamped $\alpha < \omega_0$

$$\alpha = \frac{1}{2RC} = \frac{1}{2 \times 5 \times \frac{1}{10}} = 1 \text{ rad/sec}$$

$$\omega_0 = \frac{1}{\sqrt{LC}} = \frac{1}{\sqrt{1 \times \frac{1}{10}}} = 3.162 \text{ rad/sec}$$

02 (a) $L > 4R^2C$ overdamped case

$$R = 3, L = 5\,\text{H}, C = 0.125\,\text{F}$$

$$4R^2C = 4 \times 3^2 \times 0.125 = 4.5$$

(b) $L < 4R^2C$ underdamped case

$$R = 4, L = 6\,\text{H}, C = 0.125\text{F}$$

$$4R^2C = 4 \times 4^2 \times (0.125) = 8$$

(c) $L = 4R^2C$ critically damped case

$$R = 1.5, L = 4.5\,\text{H}, C = 0.5F$$

$$4R^2C = 4 \times 1.5^2 \times (0.5) = 4.5$$

(d) $L > 4R^2C$ Overdamped case

$$R = 1\,\Omega,\ L = \frac{4}{3}\text{H},\ C = \frac{1}{4}\text{ F}$$

$$4R^2C = 4 \cdot 1^2 \cdot \frac{1}{4} = 1$$

03 (a) 회로의 공진 주파수는 다음과 같다

$$\omega_0 = \sqrt{\frac{1}{LC}} = \sqrt{\frac{1}{(50 \times 10^{-3})(20 \times 10^{-6})}} = \sqrt{\frac{10^9}{10^3}} = 10^3 \text{rad/s}$$

(b) 과도감쇠(overdamped)의 경우 $\alpha > \omega_0$이다.

$$\frac{1}{2RC} > 10^3$$

$$\frac{1}{2 \times R \times (20 \times 10^{-6})} > 10^3$$

$$R < \frac{1}{2 \times (20 \times 10^{-6}) \times 10^3} = 25$$

따라서, $R < 25\Omega$ 에서 과도감쇠(overdamped) 응답을 나타낸다.

(c) 과소감쇠(underdamped)의 경우 $\alpha < \omega_0$이다.

$$\frac{1}{2RC} < 10^3$$

$$\frac{1}{2 \times R \times (20 \times 10^{-6})} < 10^3$$

$$R > \frac{1}{2 \times (20 \times 10^{-6}) \times 10^3} = 25$$

따라서, $R > 25\Omega$ 에서 과도감쇠(overdamped) 응답을 나타낸다.

04 (a) 회로의 공진 주파수는 다음과 같다.

$$\omega_0 = \sqrt{\frac{1}{LC}} = \sqrt{\frac{1}{(5 \times 10^{-3})(2 \times 10^{-6})}} = 10^4 \mathrm{rad/s}$$

(b) 과도감쇠(overdamped)의 경우 $\alpha > \omega_0$이다.

$$\alpha = \frac{1}{2RC} > \omega_0 = \frac{1}{\sqrt{LC}}$$

$$\frac{1}{2RC} > 10^4$$

$$\frac{1}{10^4}\frac{1}{2C} > R$$

$$\frac{1}{10^4}\frac{1}{2 \times 2 \times 10^{-6}} > R$$

$$R < \frac{1}{10^4}\frac{1}{4 \times 10^{-6}} = 25\ \Omega$$

따라서, $R < 25\Omega$ 에서 과도감쇠(overdamped) 응답을 나타낸다.

(c) 과소감쇠(underdamped)의 경우 $\alpha < \omega_0$이다.

$$\alpha = \frac{1}{2RC} < \omega_0 = \frac{1}{\sqrt{LC}}$$

$$\frac{1}{2RC} < 10^4$$

$$\frac{1}{10^4}\frac{1}{2C} < R$$

$$\frac{1}{10^4}\frac{1}{2 \times (2 \times 10^{-6})} < R$$

$$R > \frac{1}{10^4}\frac{1}{2\times2\times10^{-6}} = 25\,\Omega$$

따라서, $R > 25\,\Omega$ 에서 과도감쇠(overdamped) 응답을 나타낸다.

05 (a) 공진 주파수

$$\alpha = \frac{1}{2RC} = \frac{1}{2\times25\times(2\times10^{-6})} = 10^4\ \text{Np}$$

(b) 과도감쇠의 경우 $\alpha > \omega_0$ 이다.

$$\alpha = \frac{1}{2RC} > \omega_0 = \frac{1}{\sqrt{LC}}$$

$$(10)^4 > \frac{1}{\sqrt{L\times(2\times10^{-6})}}$$

$$(10)^8 > \frac{1}{L\times(2\times10^{-6})}$$

$$L > \frac{1}{(10)^8\times(2\times10^{-6})} = \frac{1}{2\times10^2} = 0.005 = 5\ \text{mH}$$

(c) $\alpha < \omega_0$ 이면 과소감쇠응답을 나타낼 것이다.

$$L < 5\ \text{mH}$$

06 (a) α

$$s_1 + s_2 = -2\alpha,\ -2500 = -2\alpha$$

$$\alpha = 1250\ \text{s}^{-1}$$

(b) C

$$\alpha = \frac{1}{2RC}$$

$$C = \frac{1}{2R\alpha} = \frac{1}{2\times1250\times2000} = 0.2\ \mu\text{F}$$

(c) L .

$$s_1 - s_2 = 2\sqrt{\alpha^2 - \omega_0^2} = 500$$

$$\alpha^2 - \omega_0^2 = (250)^2 = 62500$$

$$\omega_0^2 = \alpha^2 - 62500 = 1500000 = \frac{1}{LC}$$

$$L = \frac{1}{1500000\times(2\times10^{-7})} = \frac{1}{30\times10^{-2}} = \frac{1}{0.3} = 3.33\ \text{H}$$

07 (a) α

$$s_1 + s_2 = -2\alpha,\ -250 = -2\alpha$$
$$\alpha = 125\ \mathrm{s}^{-1}$$

(b) C

$$\alpha = \frac{1}{2RC}$$
$$C = \frac{1}{2R\alpha} = \frac{1}{2\times 10\times 125} = 0.0004 = 4\times 10^{-4}\ \mathrm{F} \cdots\cdots\cdots\cdots \text{(b)}$$

(c) L.

$$s_1 - s_2 = 2\sqrt{\alpha^2 - \omega_0^2} = 50$$
$$\alpha^2 - \omega_0^2 = (25)^2 = 625$$
$$\omega_0^2 = \alpha^2 - 625 = (125)^2 - 625 = 15000 = \frac{1}{LC}$$
$$L = \frac{1}{\omega_0^2 C}$$
$$= \frac{1}{15000\times(4\times 10^{-4})} = 0.1667\ \mathrm{H} \cdots\cdots \text{(c)}$$

08 (a) 과도감쇠의 경우 RLC 병렬회로의 각 파라미터 값을 다음과 같이 쉽게 계산할 수 있다.

$$C\frac{d^2v}{dt^2} + \frac{1}{R}\frac{dv}{dt} + \frac{1}{L}v = 0$$
$$\frac{d^2v}{dt^2} + \frac{1}{RC}\frac{dv}{dt} + \frac{1}{LC}v = 0$$

$R = 2\,\Omega$, $L = 5\,\mathrm{H}$, $C = \frac{1}{5}\,\mathrm{F}$를 대입하면,

$$\frac{d^2v}{dt^2} + 2.5\frac{dv}{dt} + v = 0$$

특성방정식은 $s^2 + 2.5s + 1 = 0$

$$s_1 = -0.5,\ s_2 = -2.0,$$

따라서 고유 응답의 일반형은

$$v(t) = A_1 e^{-2t} + A_2 e^{-0.5t}$$

(b)

$$C\frac{d^2v}{dt^2}+\frac{1}{R}\frac{dv}{dt}+\frac{1}{L}v=0$$

$v=Ae^{st}$를 해라고 가정 하고 대입하면,

$$CAs^2e^{st}+\frac{1}{R}Ase^{st}+\frac{1}{L}Ae^{st}=0$$

$$Ae^{st}(Cs^2+\frac{1}{R}s+\frac{1}{L})=0,\ Cs^2+\frac{1}{R}s+\frac{1}{L}=0$$

$$s^2+\frac{1}{RC}s+\frac{1}{LC}=0$$

$R=2\,\Omega,\ L=5\,\mathrm{H},\ C=\frac{1}{5}\,\mathrm{F}$를 대입하면,

$$s^2+\frac{1}{2\cdot(0.2)}s+\frac{1}{5\cdot(0.2)}=0$$

특성방정식은 $s^2+2.5s+1=0$

$$s_1=-0.5,\ s_2=-2.0$$

따라서 고유 응답의 일반형은

$$v(t)=A_1e^{-2t}+A_2e^{-0.5t}$$

(c)

$$L=5\,\mathrm{H},\ 4R^2C=4\cdot2^2\cdot\frac{1}{5}=3.2$$

$L>4R^2C$이므로 Over damped이다.

$$\alpha=\frac{1}{2RC}=\frac{1}{2\cdot2\cdot(0.2)}=1.25\ \ \mathrm{NP}$$

$$\omega_0=\frac{1}{\sqrt{LC}}=\frac{1}{\sqrt{5\cdot(0.2)}}=1$$

$$s_1=-\alpha+\sqrt{\alpha^2-\omega_0^2}=-1.25+\sqrt{(1.25)^2-(1)^2}=-1.25+0.75=-0.5$$

$$s_2=-\alpha-\sqrt{\alpha^2-\omega_0^2}=-1.25-\sqrt{(1.25)^2-(1)^2}=-1.25-0.75=-2.0$$

따라서 고유 응답의 일반형은

$$v(t)=A_1e^{-2t}+A_2e^{-0.5t}$$

09

(a) 고유 응답의 일반형은 다음과 같다.

$$v(t)=A_1e^{-2t}+A_2e^{-0.5t}\qquad\cdots\cdots\text{①}$$

(b) 두 시각에서의 응답 $v(t)$를 알면 식 ①의 두 상수 A_1,A_2를 구할 수 있다. 그러나, 당장은 $v(t)$의 초기값 $v_C(0)=v(0)=2\,\mathrm{V}$만 알고 있다.

이를 식 ①대입하면, 방전식 하나를 얻는다.

$$4 = A_1 + A_2 \qquad \cdots\cdots\cdots ②$$

또 하나의 방정식은 식 ① 에서 $v(t)$의 도함수를 구한 다음 초기조건 $i(0) = I_0 = -3\,\text{A}$을 이용하면 얻을 수 있다. 식 ① 의 도함수를 구하면,

$$v(t) = A_1 e^{-2t} + A_2 e^{-0.5t}$$

$$\frac{dv(t)}{dt} = -2A_1 e^{-2t} - 0.5A_2 e^{-0.5t}$$

가 된다. 여기에서 도함수의 초기 값을 구하는 문제를 고려한다.
커패시터의 전류는

$$i_C = C\frac{dv}{dt}$$

이다. Kirchoff의 전류법칙을 이용하면

$$i_C(0) + i_L(0) + i_R(0) = 0$$

$$C\frac{dv(t)}{dt} + \frac{v(t)}{R} + i_L(0) = 0$$

$$C\frac{dv(t)}{dt} = -\frac{v(t)}{R} - i_L(0)$$

$$\frac{dv(t)}{dt} = -\frac{v(t)}{RC} - \frac{1}{R}i_L(t) = -\frac{v(t) + R\cdot i_L(t)}{RC}$$

시각 $t = 0$에서

$$\frac{dv(0)}{dt} = -\frac{v(0)}{RC} - \frac{1}{R}i_L(0) = -\frac{v(0) + R\cdot i_L(0)}{RC}$$

$$\frac{dv(0)}{dt} = -\frac{4 + (2)(-1)}{(2)(1/5)} = -\frac{2}{2/5} = -5\ \text{V/s}$$

$$\frac{dv(t)}{dt} = -2A_1 e^{-2t} - 0.5A_2 e^{-0.5t}$$

그래서 두 번째 방정식은 다음과 같다.

$$-5 = -2A_1 - 0.5A_2 \qquad \cdots\cdots\cdots ③$$

식 ②, ③을 연립하여 풀면 $A_1 = 2$와 $A_2 = 2$를 얻을 수 있다. 따라서 이 회로의 고유 응답은 다음과 같다.

$$v(t) = 2e^{-2t} + 2\,e^{-0.5t}$$

(c) MatLab을 이용하여 그리면 다음과 같다.

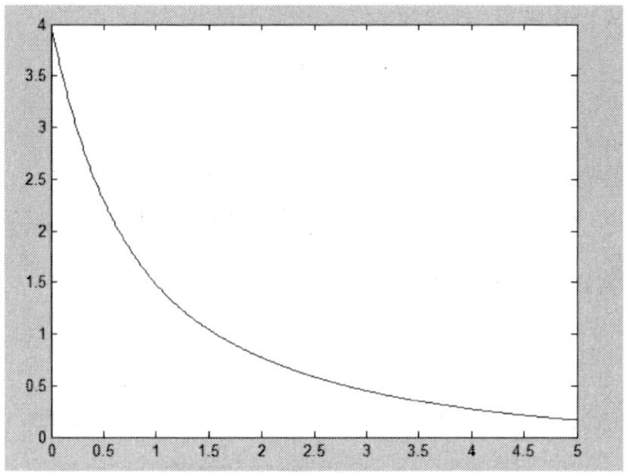

10

$v(0) = 0,\ i(0) = 0.5\,\mathrm{A}$을 이용한다.

$$v(0) = 0 = A_1$$

$$\frac{dv(t)}{dt} = -\frac{v(t) + Ri(t)}{RC}$$

$$\frac{dv(t)}{dt} = A_2\left(e^{-2t} - 2t\cdot e^{-2t}\right)$$

$$\frac{dv(t)}{dt} = A_2\left(e^{-2t} - 2t\cdot e^{-2t}\right) = -\frac{v(t) + Ri(t)}{RC}$$

$$\frac{dv(0)}{dt} = A_2 = -\frac{v(0) + Ri(0)}{RC}$$

$$A_2 = -\frac{0 + 1(0.5)}{1\cdot 0.25} = -2$$

$$v(t) = -2te^{-2t}$$

11

(1) 다음과 같은 값을 얻을 수 있다.

$$\alpha = \frac{1}{2RC} = \frac{1}{2\cdot(4\times10^3)\cdot(0.125\times10^{-6})} = 10^3\ /s$$

$$\omega_0 = \frac{1}{\sqrt{LC}} = \frac{1}{\sqrt{8\cdot 0.125\times10^{-6}}} = 10^3\ /s$$

이므로,

$$s_1 = -\alpha + \sqrt{\alpha^2 - \omega_0^2} = -10^3 + \sqrt{(10^3)^2 - (10^3)^2} = -10^3$$

$$s_2 = -\alpha + \sqrt{\alpha^2 - \omega_0^2} = -10^3 - \sqrt{(10^3)^2 - (10^3)^2} = -10^3$$

$$v(t) = A_1e^{-1000t} + A_2te^{-1000t}$$

(2) 초기조건 $v(0) = 5,\ i(0) = 10\mathrm{A}$을 이용한다.

$$v(0) = 5 = A_1$$

$$\frac{dv(0)}{dt} = -\frac{v(0) + Ri(0)}{RC}$$

$$\frac{dv(t)}{dt} = -1000 \cdot A_1 e^{-1000t} + A_2 (e^{-1000t} - 1000t \cdot e^{-1000t})$$

$$\frac{dv(0)}{dt} = -1000 \cdot A_1 + A_2$$

$$10 = -1000 \cdot A_1 + A_2$$

$$A_2 = 10 + 1000 \cdot A_1 = 5010$$

일반식에 대입하면 특수해는 다음과 같다.

$$v(t) = 5 \cdot e^{-1000t} + 5010 \cdot te^{-1000t}$$

12

(1)

$$\alpha = \frac{1}{2RC} = \frac{1}{2 \cdot 1 \cdot (0.25)} = 2 \ \ /s, \qquad 11$$

$$\omega_0 = \frac{1}{\sqrt{LC}} = \frac{1}{\sqrt{1 \cdot 0.25}} = 2 \ \ /s \qquad 10$$

이므로,

$$s_1 = -\alpha + \sqrt{\alpha^2 - \omega_0^2} = -2 + \sqrt{(2)^2 - (2)^2} = -2 \qquad 12$$

$$s_1 = -\alpha + \sqrt{\alpha^2 - \omega_0^2} = -2 - \sqrt{(2)^2 - (2)^2} = -2 \qquad 13$$

이므로 Critically damped 이다. 따라서 일반해는 다음과 같다.

$$v(t) = A_1 e^{-2t} + A_2 te^{-2t}$$

[별해] 식 10~13를 이용하여 $v(t)$를 구한다.

소자 값에 의하여,

$$L = 1\,\mathrm{H}, \ 4R^2C = 4 \cdot 1^2 \cdot 0.25 = 1$$

$L = 4R^2C$이므로 임계감쇠(critically damped)이다. 식 10~13를 이용한다.

$$\alpha = \frac{1}{2RC} = \frac{1}{2 \cdot 1 \cdot 0.25} = 2 \quad 11$$

$$\omega_0 = \frac{1}{\sqrt{LC}} = \frac{1}{\sqrt{1 \cdot 0.25}} = 2 \ \ 12$$

$$s_1 = -\alpha + \sqrt{\alpha^2 - \omega_0^2} = -2 + \sqrt{(2)^2 - (2)^2} = 2$$

$$s_2 = -\alpha - \sqrt{\alpha^2 - \omega_0^2} = -2 - \sqrt{(2)^2 - (2)^2} = 2$$

따라서 고유 응답의 일반형은

$$v(t) = A_1 e^{-2t} + A_2 t e^{-2t}$$

(2) $v(0) = 0,\ i(0) = 0.5\,\text{A}$을 이용한다.

$$v(0) = 0 = A_1$$

$$\frac{dv(t)}{dt} = -\frac{v(t) + Ri(t)}{RC}$$

$$\frac{dv(t)}{dt} = A_2 (e^{-2t} - 2t \cdot e^{-2t})$$

$$\frac{dv(t)}{dt} = A_2 (e^{-2t} - 2t \cdot e^{-2t}) = -\frac{v(t) + Ri(t)}{RC}$$

$$\frac{dv(0)}{dt} = A_2 = -\frac{v(0) + Ri(0)}{RC}$$

$$A_2 = -\frac{0 + 1(0.5)}{1 \cdot 0.25} = -2$$

$$v(t) = -2te^{-2t}$$

13

(a) $\alpha = 100 = \omega_0 = \dfrac{1}{2\text{RC}} = \dfrac{1}{2 \times 10 \times \text{C}}$

$$C = \frac{1}{2000} = 0.5\ \text{mF}$$

(b) $100^2 = \dfrac{10^4}{5L},\ \therefore L = 0.2\ \text{H}$

(c) $v(t) = e^{-100t}(At + B)$에서

$$v(0) = 100 \quad \therefore B = 100$$

$$v(t) = e^{-100t}(At + 100)$$

$$Cv(0^+) = -i_R(0^+) - i(0) = -\frac{100}{10} - 4$$

$$0.5 \times 10^{-3}(A - 100 \times 100) = -14$$

$$\therefore A = -18000$$

$$v(t) = e^{-100t}(-18000t + 100),\ t > 0$$

14

(a) $\alpha = \omega_0 = \dfrac{1}{\sqrt{LC}} = \dfrac{1}{\sqrt{5 \times 200 \times 10^{-15}}} = 10^6$

$$\frac{10^{12}}{2 \times R \times 200} = 10^6,\ R = 400$$

(b) $v_C(0) = 0\ ;\ i_L(0) = -24\ \text{mA}$

$$v(t) = e^{-100t}(At + B) \quad \therefore B = 0$$

$$v(t) = e^{-10^6} At$$

$$C v_C{}'(0^+) + i_L(0) + \frac{v_C(0)}{R} = 0$$
$$2\times 10^{-10} - 0.024 + 0 = 0 \quad \therefore A = 1.2\times 10^8$$
$$v_C(t) = 1.2\times 10^8\, t e^{-10^6 t}\ \mathrm{V},\ t>0$$
$$\therefore i_C(t) = C\ v_C{}'(t) = 24 t e^{-10^6 t}(1-10^6 t)\ \mathrm{mA},\ t>0$$

[별해]

$$L = 1\,\mathrm{H},\ 4R^2C = 4\cdot 5^2\cdot 0.1 = 10$$

$L < 4R^2C$이므로 under damped이다.

Chapter 11. 직렬 *RLC* 회로

연 습 문 제 Chapter 11-A

01 (a) 계수를 대입하면,

$$\frac{1}{4}\frac{d^2i(t)}{dt^2} + \frac{1}{1}\frac{di(t)}{dt} + \frac{3}{4}i(t) = 0,$$
$$\frac{d^2i(t)}{dt^2} + 4\frac{di(t)}{dt} + 3i(t) = 0$$

특성방정식

$$s^2 + 4s + 3 = 0$$

의 해는

$$s = -1,\ -3 \quad \therefore \text{Overdamped}$$

이므로, 일반해 전류 $i(t)$는 다음과 같다.

$$i = A_1 e^{-t} + A_2 e^{-3t}$$

(i) 초기 전류 ; $i(0) = 1$를 대입하면,

$$A_1 + A_2 = 1 \qquad \cdots\cdots\cdots ①$$

(ii) 초기 전류 ; $i'(0) = -1$를 대입하면,

$$v' = -A_1 e^{-t} - 3A_2 e^{-3t}$$
$$A_1 - 3A_2 = -1 \qquad \cdots\cdots\cdots ②$$

두 식 ①, ②에 의하여,

$$A_1 = \frac{1}{2},\ A_2 = \frac{1}{2}$$

이므로, 특수해 전류 $i(t)$는 다음과 같다.

$$i(t) = \frac{1}{2}e^{-t} + \frac{1}{2}e^{-3t}\ \text{A}$$

(b) 계수를 대입하면,

$$L\frac{d^2 i(t)}{dt^2} + R\frac{di(t)}{dt} + \frac{1}{C}i(t) = 0$$

$$\frac{d^2 i(t)}{dt^2} + 2\frac{di(t)}{dt} + \frac{1}{1}i(t) = 0$$

특성방정식

$$s^2 + 2s + 1 = 0,$$

의 해는

$$s = -1,\ -1\ \therefore\ \text{Critically damped}$$

이므로, 일반해 전류 $i(t)$는 다음과 같다.

$$i(t) = (A_1 + A_2 t)e^{-t}\ \text{A}$$

(i) 초기 전류 ; $i(0) = 4$를 대입하면,

$$A_1 = 4 \qquad \cdots\cdots\cdots ①$$

(ii) 초기 전류 ; $i'(0) = -2$를 대입하면,

$$i'(t) = A_2\ e^{-t} + (-A_1 - A_2 t)e^{-t}$$

$$i'(0) = 0,\ A_2 + (-A_1) = -2$$

$$A_2 = 2 \qquad \cdots\cdots\cdots ②$$

두 식 ①, ②에 의하여, 특수해 전류 $i(t)$는 다음과 같다.

$$i(t) = (4 + 2t)e^{-t}\ \text{A}$$

(c) 계수를 대입하면,

$$L\frac{d^2 i(t)}{dt^2} + R\frac{di(t)}{dt} + \frac{1}{C}i(t) = 0$$

$$\frac{d^2 i(t)}{dt^2} + 6\frac{di(t)}{dt} + 13i(t) = 0$$

특성방정식은

$$s^2 + 6s + 13 = 0$$

은 켤레 복소수근을 갖는다.

$$s = -3 \pm \sqrt{3^2 - 13} = -3 \pm j2 = -\alpha \pm j\omega_d$$

$$\alpha = -3,\ \omega_d = 2\ \therefore\ \text{Underdamped}$$

일반해 전류 $i(t)$는 다음과 같다.

$$i(t) = e^{-3t}(A_1 \cos 2t + A_2 \sin 2t) \quad \text{A}$$

(i) 초기전압 $i(0) = 1$에 의하여 다음 식을 얻는다.

$$A_1 = 2 \qquad \cdots\cdots\cdots ①$$

(ii) 초기조건 $i'(0) = -1$을

$$i' = -3e^{-t} \cdot (A_1 \cos 2t + A_2 \sin 2t) + e^{-3t} \cdot (-2A_1 \sin 2t + 2A_2 \cos 2t)$$

에 대입하면 다음 식을 얻는다.

$$-3A_1 + 2A_2 = -1 \qquad \cdots\cdots\cdots ②$$

두 식 ①, ②에 의하여 구한

$$A_1 = 2 \quad A_2 = \frac{5}{2}$$

를 대입하면 특수해 전류 $i(t)$는 다음과 같다.

$$i(t) = e^{-t}\left(2\cos 3t + \frac{5}{2}\sin 3t\right) \quad \text{A}$$

02 (a) 방정식 ①과 비교하면,

$$R = 4\ \Omega,\ C = \frac{1}{3}\ \text{F},\ L = 1\ \text{H} \ ;$$

이다.

$$\alpha = \frac{R}{2L} = \frac{4}{2 \times 1} = 2 \quad \text{rad/sec}$$

$$\omega_0 = \frac{1}{\sqrt{CL}} = \frac{1}{\sqrt{\frac{1}{3} \times 1}} = \sqrt{3} \ \text{rad/sec}$$

$\alpha > \omega_0$ overdamped case 서로다를 두 실근

(b) 방정식 ①과 비교하면,

$$R = 2\ \Omega,\ C = 1\,\text{F},\ L = 1\ \text{H}$$

$$\alpha = \frac{R}{2L} = \frac{2}{2 \times 1} = 1 \quad \text{rad/sec}$$

$$\omega_0 = \frac{1}{\sqrt{CL}} = \frac{1}{\sqrt{1 \times 1}} = 1 \ \text{rad/sec}$$

$\alpha = \omega_0$ Critically damped 중근

(c) 방정식 ①과 비교하면,

$$R = 6\ \Omega,\ C = \frac{1}{13}\,\text{F},\ L = 1\ \text{H}$$

$$\alpha = \frac{R}{2L} = \frac{6}{2 \times 1} = 3 \text{ rad/sec}$$

$$\omega_0 = \frac{1}{\sqrt{CL}} = \frac{1}{\sqrt{\frac{1}{13} \times 1}} = \sqrt{13} \text{ rad/sec}$$

Underdamped 한 쌍의 복소근

연 습 문 제 Chapter 11-B

01 (a) 직렬 RCL 회로의 각 파라미터 값을 다음과 같이 쉽게 계산할 수 있다.

$$L\frac{d^2 i(t)}{dt^2} + R\frac{di(t)}{dt} + \frac{1}{C}i(t) = 0 \qquad \cdots\cdots\cdots ①$$

주어진 조건으로부터

$$\alpha = \frac{R}{2L} = \frac{1}{2 \times \frac{1}{4}} = 2 \text{ rad/sec}$$

$$\omega_0 = \frac{1}{\sqrt{CL}} = \frac{1}{\sqrt{\frac{4}{3} \cdot \frac{1}{4}}} = \sqrt{3} \text{ rad/sec}$$

$\alpha > \omega_0$이므로 과도감쇠 (overdamped) 경우이다.

$$s_1 = -2 + \sqrt{2^2 - (\sqrt{3})^2} = -2 + 1 = -1$$
$$s_2 = -2 - \sqrt{2^2 - (\sqrt{3})^2} = -2 - 1 = -3$$

(1) 따라서 고유 응답의 일반형은 다음과 같다.

$$i(t) = A_1 e^{s_1} + A_2 e^{s_2} \qquad \cdots\cdots\cdots ②$$

$$= A_1 e^{-t} + A_2 e^{-3t}$$

(2) 자연응답의 식 ②에서 A_1, A_2 값을 구한다.

두 조건에서의 응답 $i(t)$를 알면 두 상수의 값은 식 ④에 대입하여 할 수 있다.

(i) 인덕터 초기전류 $i(t)$의 초기값을 식 ②에 대입하면,

$$A_1 + A_2 = 2 \qquad \cdots\cdots\cdots ③$$

(ii) 커패시터 초기전압 $v(0) = V_0 = -3\text{V}$을 이용하면 얻을 수 있다.

식 ②의 도함수를 구하면,

$$\frac{di}{dt} = -A_1 e^{-t} - 3A_2 e^{-3t}$$

$t=0$에서의 도함수를 구하면

$$\left.\frac{di}{dt}\right|_{t=0} = -A_1 - 3A_2 \qquad \cdots\cdots\cdots ④$$

가 된다. 인덕터의 전압는

$$v_L = L\frac{di}{dt} \qquad \cdots\cdots\cdots ⑤$$

이다. 키르히호프의 전압법칙을 이용하면

$$v_L(0) - v_C(0) - i_R(0) = 0$$

$$v_L(0) = v_C(0) + v_R(0) \qquad \cdots\cdots\cdots ⑥$$

식 ⑤와 ⑥으로 부터,

$$L\frac{di(0)}{dt} = v_C(0) + v_R(0) \ = -(-3) + R(-i) = 3 + 1(-2) = 1$$

인덕터 L로 나눈 값은 다음과 같다.

$$\frac{di(0)}{dt} = \frac{1}{L} = \frac{1}{1/4} = 4 \text{ A/sec} \qquad \cdots\cdots\cdots ⑦$$

그래서 두 번째 방정식은 다음과 같다.

$$4 = -A_1 - 3A_2 \qquad \cdots\cdots\cdots ⑧$$

식 ③, ⑧을 연립하여 풀면 $A_1 = 5$와 $A_2 = -3$를 얻을 수 있다.

(a) 회로의 자연응답은 다음과 같다.

$$i(t) = 5e^{-t} - 3e^{-3t} \text{ A}$$

(b) 그래프를 그리면 다음과 같다.

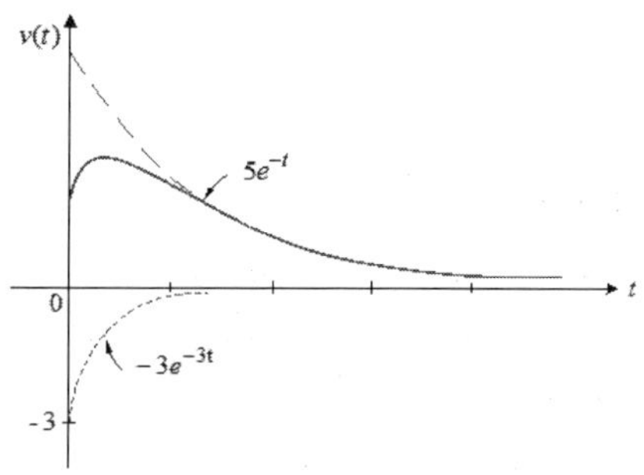

병렬 RCL 회로의 전압 응답

02

(a) 특성방정식은

$$s^2 + 2s + 1 = (s+1)^2 = 0 \quad s = -1,\ -1$$

중근이므로 일반해는 다음과 같다.

$$i(t) = A_1 e^{-t} + A_2 t e^{-t}$$

상수 A_1, A_2은 조기 조건에 의하여 구해진다.

(b) 일반해

$$v(t) = A_1 e^{-t} + A_2 t e^{-t}$$

에서 상수 A_1, A_2를 수치로 나타내면 특수해이다.

(i) $i(0) = 1$

$$A_1 = 1 \qquad \cdots\cdots\cdots ①$$

(ii) $i'(t) = -A_1 e^{-t} + A_2 e^{-t} - A_2 t e^{-t}$

$$i'(0) = 2 \quad -A_1 + A_2 = 2 \qquad \cdots\cdots\cdots ②$$

두 식 ①, ②에 의하여 $A_2 = 3$

$$i(t) = e^{-t} + 3te^{-t}$$

(c) 원식에 대입하여 등식이 만족함을 보인다.

$$i(t) = e^{-t} + 3te^{-t}$$

로부터

$$i'(t) = -e^{-t} + 3e^{-t} - 3te^{-t} = 2e^{-t} - 3te^{-t}$$

$$i''(t) = -2e^{-t} - (3e^{-t} - 3te^{-t}) = -5e^{-t} + 3te^{-t}$$

이다.

$$i''(t) = -5e^{-t} + 3te^{-t} \qquad \cdots\cdots\cdots ①$$

$$2i'(t) = 4e^{-t} - 6te^{-t} \qquad \cdots\cdots\cdots ②$$

$$i(t) = e^{-t} + 3te^{-t} \qquad \cdots\cdots\cdots ③$$

세 식 ①, ② 및 ③을 원식에 대입하면 등식이 성립한다.

Q.E.D.

03 (a) 소자값을 대입하면,

$$L\frac{d^2 i(t)}{dt^2} + R\frac{di(t)}{dt} + \frac{1}{C}i(t) = 0$$

$$\frac{1}{4}\frac{d^2 i(t)}{dt^2} + 1\frac{di(t)}{dt} + 1i(t) = 0$$

$$\frac{d^2 i(t)}{dt^2} + 4\frac{di(t)}{dt} + 4i(t) = 0$$

특성방정식

$$s^2 + 4s + 4 = 0$$

의 해가

$$s_1 = s_2 = -2$$

이므로 Critically damped이다. 따라서, 고유 응답의 일반형은 디음과 같다.

$$i(t) = A_1 e^{-2t} + A_2 t e^{-2t} \ \text{A}$$

(b) 알파와 오메가는 각각 다음과 같다.

$$\alpha = \frac{R}{2L} = \frac{1}{2 \times \frac{1}{4}} = 2\,\text{rad/sec}$$

$$\omega_0 = \frac{1}{\sqrt{CL}} = \frac{1}{\sqrt{1 \times \frac{1}{4}}} = 2\,\text{rad/sec}$$

따라서, Critically damped이다.

$$s_1 = -\alpha + \sqrt{\alpha^2 - \omega_0^2} = -2 + \sqrt{(2)^2 - (2)^2} = -2$$

$$s_2 = -\alpha - \sqrt{\alpha^2 - \omega_0^2} = -2 - \sqrt{(2)^2 - (2)^2} = -2$$

따라서, 자연응답의 일반형은 다음과 같다.

$$v(t) = A_1 e^{-2t} + A_2 t e^{-2t}$$

04 Euler 항등식을 이용하여,

$$i(t) = e^{-\alpha t} B_1 \cos\omega_d t + e^{-\alpha t} B_2 \sin\omega_d t$$

를 변형하면.

$$i(t) = e^{-\alpha t} B_1 \frac{e^{j\omega_d t} + e^{-j\omega_d t}}{2} + e^{-\alpha t} B_2 \frac{e^{j\omega_d t} - e^{-j\omega_d t}}{2j} t$$

이다. 정리하면,

$$i(t) = \frac{e^{-\alpha t}}{2} [B_1 (e^{j\omega_d t} + e^{-j\omega_d} t) - j B_2 (e^{j\omega_d t} - e^{-j\omega_d t})]$$

$$= \frac{e^{-\alpha t}}{2} [(A_1 + A_2)(e^{j\omega_d} + e^{-j\omega_d}) + (A_1 - A_2)(e^{j\omega_d} - e^{-j\omega_d})]$$

$$= \frac{e^{-\alpha t}}{2} [A_1 e^{j\omega_d} + A_1 e^{-j\omega_d} + A_2 e^{j\omega_d} + A_2 e^{-j\omega_d} + A_1 e^{j\omega_d} - A_1 e^{-j\omega_d} - A_2 e^{j\omega_d} + A_2 e^{-j\omega_d}]$$

$$= \frac{e^{-\alpha t}}{2} [A_1 e^{j\omega_d t} + A_2 e^{-j\omega_d t} + A_1 e^{j\omega_d t} + A_2 e^{-j\omega_d t}]$$

$$\therefore i(t) = \frac{e^{-\alpha t}}{2} [2A_1 e^{j\omega_d t} + 2A_2 e^{-j\omega_d t}]$$

$$i(t) = e^{-\alpha t} (A_1 e^{j\omega_d t} + A_2 e^{-j\omega_d t}) \qquad \therefore \text{Q.E.D.}$$

참 고 자 료

이 책을 엮기 위해 참고한 교과서의 일부를 나열하면 다음과 같다.

1	Alexander, C.K. Sadiku, M.	Fundamentals of Electric Circuits, 5th ed.	McGraw-Hill	2012
2	Bell, D. A.	Fundamentals of Electric Circuits: Lab Manual, 7th ed.	Oxford University Press	2009
3	Benson, H.	University Physics	Wiley	1996
4	Boylestad, R. L.	Introductory Circuit Analysis, 13th ed.	Pearson	2015
5	Dorf, R. C.	Introduction to Circuit Analysis, 2nd ed.	Wiley	1989
6	Floyd, T.L.	Electric Circuits Fundamentals with Lab Manual, 8th ed.	Prentice Hall	2009
7	Halliday, D. Resnick, R. Walker, J.	Fundamentals of Physics Extended, 9th ed.	Wiley	2010
8	Hayt, W. Kemmerly, J.	Engineering Circuit Analysis, 3rd ed.	McGraw-Hill	1978
9	Hayt, W. Kemmerly, J. Durbin, S.	Engineering Circuit Analysis, 8th ed.	McGraw-Hill	2011
10	Horowitz, P. Hill, W.	The Art of Electronics 3rd ed.	Cambridge U. Pr.	2015
11	Irwin, J. D. Nelms, R. M.	Basic Engineering Circuit Analysis	Wiley	2015
12	Johnson, D. E. Johnson, J. R. Johnson, J. L.	Electric Circuit Analysis, 2nd ed.	Prentice Hall	1992
13	Kreyszig, E.	Advanced Engineering Mathematics, 9th ed.	Wiley	2005
14	Kuhn, K. F.	Basic Physics: A Self-Teaching Guidem, 2nd ed.	Wiley	1996
15	Moore, H.	MATLAB for Engineers, 5th ed.	Pearson	2017
16	Neamen, D. A.	Microelectronics Circuit Analysis and Design, 4th ed.	McGraw-Hill	2009
17	Nilsson, J. W. Riedel, S.	Electric Circuits, 9th ed.	Pearson	2010
18	Papoulis, A.	Circuits and Systems	HRW	1980
19	Santiago, J.	Circuit Analysis For Dummies	For Dummies	2013
20	Sedra, A. S. Kenneth C. S.	Microelectronic Circuits,7th ed.	Oxford U. Press	2014
21	Serway, R. A. Jewett, J. W.	Physics for Scientists and Engineers	Thomson-Brooks Cole	2004
22	Svoboda, J. A. Dorf, R. C.	Introduction to Electric Circuits, 9th ed.	Wiley	2013
23	VanValkenberg, M. E.	Network Analysis, 3rd ed.	Prentice Hall	1974
24	Strang. G.	Differential Equations and Linear Algebra, 9th ed.	Wellesley-Cambridge	2014
25	엄기홍	대학물리의 기초: 전기 및 자기	복두출판사	2016
26	엄기홍	알기쉽게 풀어쓴 전자기학	복두출판사	2016
27	엄기홍	신호 및 시스템	내하 출판사	2008

찾 아 보 기

엄 기 홍

학 력

BS: 한양대학교 전자공학과
MS: Dept. of Electrical & Computer Engineering, Polytechnic Institute of Engineering, NYU (New York University), New York, USA
PhD: Dept. of Electrical & Computer Engineering, New Jersey Institute of Technology (NJIT), New Jersey, USA

경 력

TA, RA, and Lecturer at NJIT (New Jersey, USA)
Researcher at RS Microwave Company, Inc. (New Jersey, USA)
Researcher at Princeton University(New Jersey, USA)
Adjunct Professor at NJIT (New Jersey, USA)
강남대, 상명대, 한양대 강사
현재 한세대학교 IT 학부 교수

새로운 접근 **회로이론** (원리와 응용)

초판발행 2017년 12월 29일

지은이 엄기홍
펴낸이 오판근
펴낸곳 (주) 교우
주　소 서울시 동대문구 약령시로 8 교우빌딩 2층 (주)교우
전　화 02-925-2861 / **팩　스** 02-925-2860, **편집부** 02-925-2825
홈페이지&북스토어 www.kyowoo.co.kr / **이메일** kyowoo@kyowoo.co.kr

등　록 1994년 3월 24일 제1994-000013호
ISBN 979-11-251-0221-2 (93560)

Published by Kyowoo Co., Ltd. Printed in Korea

(주) 교우는 보다 혁신적이고 참신한 도서를 다양하게 기획하고 있습니다.
책으로 펴내고자 하는 아이디어나 원고는 메일로 보내주세요.
(주) 교우는 전과정을 책임지고 최선을 다하겠습니다.

값 35,000원

교우미디어는 (주) 교우의 Imprint 사입니다.
수학정원·과학정원은 (주) 교우의 새로운 브랜드명입니다.

잘못된 책은 구입하신 서점에서 교환해 드립니다.